U0865653

中 国 国 家 标 准 汇 编

2011 年修订-13

中国标准出版社　编

中国标准出版社

北　京

图书在版编目(CIP)数据

中国国家标准汇编:2011 年修订.13/中国标准出版社编.—北京:中国标准出版社,2012
ISBN 978-7-5066-6921-4

Ⅰ.①中… Ⅱ.①中… Ⅲ.①国家标准-汇编-中国-2011 Ⅳ.①T-652.1

中国版本图书馆 CIP 数据核字(2012)第 197799 号

中国标准出版社出版发行
北京市朝阳区和平里西街甲 2 号(100013)
北京市西城区三里河北街 16 号(100045)

网址 www.spc.net.cn
总编室:(010)64275323 发行中心:(010)51780235
读者服务部:(010)68523946

中国标准出版社秦皇岛印刷厂印刷
各地新华书店经销

*

开本 880×1230 1/16 印张 40.5 字数 1 103 千字
2012 年 9 月第一版 2012 年 9 月第一次印刷

*

定价 220.00 元

如有印装差错 由本社发行中心调换
版权专有 侵权必究
举报电话:(010)68510107

出 版 说 明

1.《中国国家标准汇编》是一部大型综合性国家标准全集。自1983年起，按国家标准顺序号以精装本、平装本两种装帧形式陆续分册汇编出版。它在一定程度上反映了我国建国以来标准化事业发展的基本情况和主要成就，是各级标准化管理机构，工矿企事业单位，农林牧副渔系统，科研、设计、教学等部门必不可少的工具书。

2.《中国国家标准汇编》收入我国每年正式发布的全部国家标准，分为"制定"卷和"修订"卷两种编辑版本。

"制定"卷收入上一年度我国发布的、新制定的国家标准，顺延前年度标准编号分成若干分册，封面和书脊上注明"20××年制定"字样及分册号，分册号一直连续。各分册中的标准是按照标准编号顺序连续排列的，如有标准顺序号缺号的，除特殊情况注明外，暂为空号。

"修订"卷收入上一年度我国发布的、被修订的国家标准，视篇幅分设若干分册，但与"制定"卷分册号无关联，仅在封面和书脊上注明"20××年修订-1,-2,-3,……"字样。"修订"卷各分册中的标准，仍按标准编号顺序排列(但不连续)；如有遗漏的，均在当年最后一分册中补齐。需提请读者注意的是，个别非顺延前年度标准编号的新制定的国家标准没有收入在"制定"卷中，而是收入在"修订"卷中。

读者配套购买《中国国家标准汇编》"制定"卷和"修订"卷则可收齐由我社出版的上一年度我国制定和修订的全部国家标准。

3. 由于读者需求的变化，自1996年起，《中国国家标准汇编》仅出版精装本。

4. 2011年我国制修订国家标准共1 989项。本分册为"2011年修订-13"，收入新制修订的国家标准6项。

中国标准出版社

2012年8月

目　　录

目　　录

ICS 73.040
D 27

GB

中华人民共和国国家标准

GB/T 16417—2011
代替 GB/T 16417—1996

煤炭可选性评定方法

Method for evaluating the washability of coal

2011-09-29 发布　　2012-03-01 实施

中华人民共和国国家质量监督检验检疫总局
中国国家标准化管理委员会　发布

前　言

本标准按照 GB/T 1.1—2009 给出的规则起草。

本标准代替 GB/T 16417—1996《煤炭可选性评定方法》。

本标准与 GB/T 16417—1996 相比，主要变化如下：

——删除了规范性引用文件中"GB 7186—87　选煤名词术语"（1996 年版的第 2 章）；

——将附录 A 改为资料性附录（见附录 A）；

——将 A3 中"附录 A"改为"附录 C"，删除"可选性曲线绘制在 200 mm×200 mm 的坐标纸上"（见 1996 年版的附录 A）；

——将附录 A 中的灰分、沉矸、低密度物数值的表示，改为小数点后保留两位有效数字（见附录 A）；

——删除 A4.2.2 标题中的"最终值"（见 1996 年版的附录 A）。

本标准由中国煤炭工业协会提出。

本标准由全国煤炭标准化技术委员会（SAC/TC 42）归口。

本标准起草单位：煤炭科学研究总院唐山研究院。

本标准主要起草人：曹学章、郭秀军、安文华。

本标准所代替标准的历次版本发布情况为：

——MT/T 56—1981；

——GB/T 16417—1996。

煤炭可选性评定方法

1 范围

本标准规定了煤炭可选性评定方法、等级的命名和划分。

本标准适用于大于 0.5 mm 粒级的煤炭。

2 规范性引用文件

下列文件对于本文件的应用是必不可少的。凡是注日期的引用文件，仅注日期的版本适用于本文件。凡是不注日期的引用文件，其最新版本(包括所有的修改单)适用于本文件。

GB/T 478　煤炭浮沉试验方法

MT/T 320　煤芯煤样可选性试验方法

3 评定方法

3.1　煤炭可选性评定采用“分选密度±0.1 含量法”(简称“δ±0.1 含量法”)。

3.2　浮沉试验应符合 GB/T 478 或 MT/T 320 的规定。

3.3　δ±0.1 含量的计算：

a)　δ±0.1 含量按理论分选密度计算；

b)　理论分选密度在可选性曲线上按指定精煤灰分确定(准确到小数点后两位)；

c)　理论分选密度小于 1.70 g/cm^3 时，以扣除沉矸(>2.00 g/cm^3)为 100%计算 δ±0.1 含量；理论分选密度等于或大于 1.70 g/cm^3 时，以扣除低密度物(<1.50 g/cm^3)为 100%计算 δ±0.1 含量；

d)　δ±0.1 含量以百分数表示，计算结果修约至小数点后一位。

3.4　煤炭可选性评定可参照附录 A 进行。

4 等级命名和划分

按照分选的难易程度，将煤炭可选性划分为五个等级，各等级的名称及 δ±0.1 含量见表 1。

表 1　煤炭可选性等级的划分

δ±0.1 含量/%	可选性等级
≤10.0	易选
10.1～20.0	中等可选
20.1～30.0	较难选
30.1～40.0	难选
>40.0	极难选

附 录 A
（资料性附录）
煤炭可选性评定示例

A.1 浮沉试验资料

某原煤 50 mm～0.5 mm 粒级(综合级)浮沉试验资料如表 A.1 所示。该资料符合 GB/T 478 的规定。

表 A.1 50 mm～0.5 mm 粒级(综合级)原煤浮沉试验资料

密度级/(g/cm³)	产率/%	灰分/%	累计				δ±0.1	
			浮物		沉物		密度/(g/cm³)	产率/%
			产率/%	灰分/%	产率/%	灰分/%		
<1.30	10.69	3.46	10.69	3.46	100.00	20.50	1.30	56.84
1.30～1.40	46.15	8.23	56.84	7.33	89.31	22.54	1.40	66.29
1.40～1.50	20.14	15.50	76.98	9.47	43.16	37.85	1.50	25.31
1.50～1.60	5.17	25.50	82.15	10.48	23.02	57.40	1.60	7.72
1.60～1.70	2.55	34.28	84.70	11.19	17.85	66.64	1.70	4.17
1.70～1.80	1.62	42.94	86.32	11.79	15.30	72.04	1.80	2.69
1.80～2.00	2.13	52.91	88.45	12.78	13.68	75.48	1.90	2.13
>2.00	11.55	79.64	100.00	20.50	11.55	79.64		
合计	100.00	20.50						
煤泥	1.01	18.16						
总计	100.00	20.48						

A.2 确定精煤灰分

用 δ±0.1 含量法评定原煤可选性，是指在某一精煤灰分时的可选性。精煤灰分由用户提出或根据有关资料假定一个或几个精煤灰分值。本示例中假定精煤灰分为 10.00%和 13.00%，评定这两种条件下的煤炭可选性。

A.3 绘制可选性曲线

按照 GB/T 478 附录 C 示例，依据表 A.1 在坐标纸上绘制五条可选性曲线如图 A.1 所示。

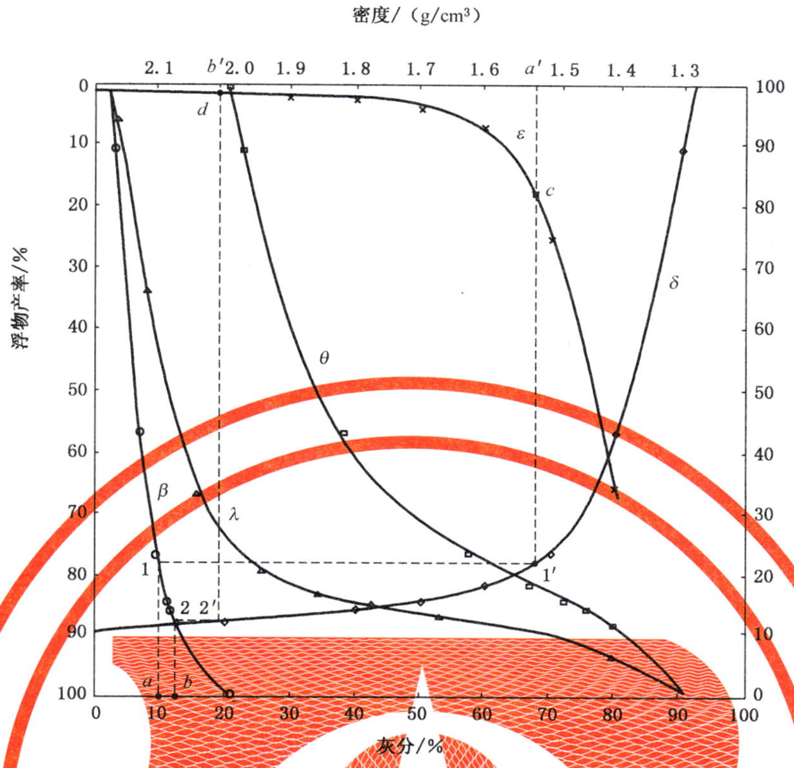

图 A.1 可选性曲线

A.4 计算 δ±0.1 含量

A.4.1 确定理论分选密度

在灰分坐标上分别标出灰分为10.00%和13.00%的两点（a 和 b），从 a 和 b 点向上引垂线分别交 β 曲线于1和2点。由1和2点引水平线分别交 δ 曲线于1′和2′两点。再由1′和2′两点向上引垂线分别交密度坐标于 a' 和 b' 两点，交 ε 曲线于 c 和 d 两点。a' 和 b' 两点代表的密度值即为精煤灰分分别为10.00%和13.00%时的理论分选密度，即1.53 g/cm³ 和2.01 g/cm³。

A.4.2 计算 δ±0.1 含量

A.4.2.1 确定 δ±0.1 含量（初始值）

图A.1 ε 曲线上 c 和 d 两点左侧纵坐标的产率值18.30%和1.70%即为所求的 δ±0.1 含量（初始值）。

A.4.2.2 计算 δ±0.1 含量

将求得的 δ±0.1 含量（初始值）按照3.3c)的规定扣除沉矸或者低密度物。

当精煤灰分为10.00%时，理论分选密度为1.53 g/cm³，小于1.70 g/cm³。所以此时求得的 δ±0.1 含量（18.30%）应当扣除沉矸。

由表A.1可知，沉矸数值为11.55%，故 δ±0.1 含量为：

$$\frac{18.30}{100.00-11.55}\times 100\%=20.7\%$$

当精煤灰分为13.00%时，理论分选密度为2.01 g/cm^3，大于1.70 g/cm^3。所以此时求得的$\delta\pm0.1$含量(1.70%)应当扣除低密度物。

从表A.1可知，低密度物为76.98%，故$\delta\pm0.1$含量为：

$$\frac{1.70}{100.00-76.98}\times100\%=7.4\%$$

A.5 确定可选性等级

A.5.1 当精煤灰分为10.00%时，扣除沉矸后的$\delta\pm0.1$含量为20.7%，根据表1，可选性等级为“较难选”。

A.5.2 当精煤灰分为13.00%时，扣除低密度物后的$\delta\pm0.1$含量为7.4%，根据表1，可选性等级为“易选”。

ICS 77.150.10
H 60

中华人民共和国国家标准

GB/T 16474—2011
代替 GB/T 16474—1996

变形铝及铝合金牌号表示方法

Designation system for wrought aluminium and aluminium alloy

2011-12-30 发布　　2012-10-01 实施

中华人民共和国国家质量监督检验检疫总局
中国国家标准化管理委员会　发布

前　言

本标准按照 GB/T 1.1—2009 给出的规则起草。

本标准代替 GB/T 16474—1996《变形铝及铝合金牌号表示方法》。

本标准与 GB/T 16474—1996 相比，主要技术变化如下：

——本标准增加了四位字符体系牌号的变形铝及铝合金化学成分注册要求的密度计算公式。

本标准使用重新起草法参考 ANSI H35.1(M)—2006《铝合金、状态代号体系》编制，与 ANSI H35.1(M)—2006 的一致性程度为非等效。

本标准由全国有色金属标准化技术委员会(SAC/TC 243)归口。

本标准负责起草单位：东北轻合金有限责任公司、福州麦特新高温材料有限公司、江苏豪然喷射成型合金有限公司、江苏亚太轻合金科技股份有限公司。

本标准参加起草单位：中铝瑞闽铝板带有限公司、山东兖矿轻合金有限公司。

本标准主要起草人：吴欣凤、柯东杰、张豪、彭俊芳、邱龙涛、郝志刚、郑力、张浩然、聂波、王美琪、徐涛、侯显智、曹永亮。

本标准于 1996 年首次发布。

变形铝及铝合金牌号表示方法

1 范围

本标准规定了变形铝及铝合金的牌号表示方法。

本标准适用于变形铝及铝合金加工产品及其坯料。

2 规范性引用文件

下列文件对于本文件的应用是必不可少的。凡是注日期的引用文件，仅注日期的版本适用于本文件。凡是不注日期的引用文件，其最新版本(包括所有的修改单)适用于本文件。

GB/T 8005.1 铝及铝合金术语

GB/T 8170 数值修约规则与极限数值的表示和判定

3 术语、定义

GB/T 8005.1 界定的以及下列术语和定义适用于本文件。

3.1

组合元素 combination of elements

在规定化学成分时，对某两种或两种以上的元素总含量规定极限值时，这两种或两种以上的元素统称为一组组合元素。

3.2

极限含量算术平均值 arithmetic mean of limits

合金元素允许的最大与最小百分含量的算术平均值。

4 牌号命名的基本原则

4.1 国际四位数字体系牌号[1)](见附录 C)可直接引用。

4.2 未命名为国际四位数字体系牌号的变形铝及铝合金，应采用四位字符牌号(但试验铝及铝合金采用前缀×加四位字符牌号)命名，并按附录 A 的要求注册化学成分，按附录 B 计算变形铝及铝合金的密度。四位字符牌号命名方法应符合第 5 章的规定。

5 四位字符体系牌号命名方法

5.1 牌号结构

四位字符体系牌号的第一、三、四位为阿拉伯数字，第二位为英文大写字母(C、I、L、N、O、P、Q、Z 字

1) 变形铝及铝合金国际四位数字体系牌号是指按照 1970 年 12 月制定的变形铝及铝合金国际牌号命名体系推荐方法命名的牌号。此推荐方法是由承认变形铝及铝合金国际牌号体系协议宣言的世界各国团体或组织提出，牌号及成分注册登记秘书处设在美国铝业协会(AA)。

母除外)。牌号的第一位数字表示铝及铝合金的组别,如表1所示。除改型合金外,铝合金组别按主要合金元素(6×××系按 Mg_2Si)来确定。主要合金元素指极限含量算术平均值为最大的合金元素。当有一个以上的合金元素极限含量算术平均值同为最大时,应按Cu、Mn、Si、Mg、Mg_2Si、Zn、其他元素的顺序来确定合金组别。牌号的第二位字母表示原始纯铝或铝合金的改型情况,最后两位数字用以标识同一组中不同的铝合金或表示铝的纯度。

5.2 纯铝的牌号命名法

铝含量不低于99.00%时为纯铝,其牌号用1×××系列表示。牌号的最后两位数字表示最低铝百分含量。当最低铝百分含量精确到0.01%时,牌号的最后两位数字就是最低铝百分含量中小数点后面的两位。牌号第二位的字母表示原始纯铝的改型情况。如果第二位字母为A,则表示为原始纯铝;如果是B~Y的其他字母,则表示为原始纯铝的改型,与原始纯铝相比,其元素含量略有改变。

表 1

组别	牌号系列
纯铝(铝含量不小于99.00%)	1×××
以铜为主要合金元素的铝合金	2×××
以锰为主要合金元素的铝合金	3×××
以硅为主要合金元素的铝合金	4×××
以镁为主要合金元素的铝合金	5×××
以镁和硅为主要合金元素并以 Mg_2Si 相为强化相的铝合金	6×××
以锌为主要合金元素的铝合金	7×××
以其他合金为主要合金元素的铝合金	8×××
备用合金组	9×××

5.3 铝合金的牌号命名法

铝合金的牌号用2×××~8×××系列表示。牌号的最后两位数字没有特殊意义,仅用来区分同一组中不同的铝合金。牌号第二位的字母表示原始合金的改型情况。如果牌号第二位的字母是A,则表示为原始合金;如果是B~Y的其他字母,则表示为原始合金的改型合金。改型合金与原始合金相比,化学成分的变化,仅限于下列任何一种或几种情况:

a) 一个合金元素或一组组合元素形式的合金元素,极限含量算术平均值的变化量符合表2的规定;

b) 增加或删除了极限含量算术平均值不超过0.30%的一个合金元素,或增加或删除了极限含量算术平均值不超过0.40%的一组组合元素形式的合金元素;

c) 为了同一目的,用一个合金元素代替了另一个合金元素;

d) 改变了杂质的极限含量;

e) 细化晶粒的元素含量有变化。

表 2

原始合金中的极限含量算术平均值范围	极限含量算术平均值的变化量，不大于
≤1.0%	0.15%
>1.0%～2.0%	0.20%
>2.0%～3.0%	0.25%
>3.0%～4.0%	0.30%
>4.0%～5.0%	0.35%
>5.0%～6.0%	0.40%
>6.0%	0.50%
注： 改型合金中的组合元素极限含量的算术平均值，应与原始合金中相同组合元素的算术平均值或各相同元素（构成该组合元素的各单个元素）的算术平均值之和相比较。	

附　录　A
（规范性附录）
四位字符体系牌号的变形铝及铝合金化学成分注册要求

四位字符体系牌号的变形铝及铝合金化学成分注册时应符合下列要求：

a）化学成分明显不同于其他已经注册的变形铝及铝合金。

b）元素含量的极限值应表示到表 A.1 所示的有效位数。

表 A.1

元素含量的极限值/%		有效位数
<0.001		0.000×
0.001～<0.01		0.00×
0.01～<0.10	用精炼法制得的纯铝	0.0××
	用非精炼法制得的纯铝和铝合金	0.0×
0.10～0.55		0.××[a]
>0.55	纯铝中的组合元素 Fe+Si	0.××、1.××
	其他元素	0.×、×.×、××.×
[a] 0.30%～0.55%范围内的极限值应表示为 0.×0 或 0.×5。		

c）规定各元素含量的极限值时按以下顺序排列：Si、Fe、Cu、Mn、Mg、Cr、Ni、Zn、Ti、Zr、其他元素的单个和总量、Al。当还要规定其他的有含量范围限制的元素时，应按化学符号字母表的顺序，将这些元素依次插到 Zn 和 Ti 之间，或在角注中注明。

d）纯铝中铝的质量分数应有明确规定。对于用精炼法制取的纯铝，其铝的质量分数为 100.00% 与所有质量分数不小于 0.001 0%的元素总量的差值，在确定元素总量之前，各元素数值应表示到小数点后面第三位，作减法运算前应先将其总量修约到小数点后面第二位。对于非精炼法制取的纯铝，其铝的质量分数为 100.00%与所有质量分数不小于 0.010%的元素总量的差值，在确定元素总量之前，各元素数值要表示到小数点后面第二位。数值修约规则按 GB/T 8170 的有关规定进行。

e）铝合金中铝的质量分数应规定为“余量”。

f）应计算新注册合金牌号的密度（计算方法见附录 B）。

附　录　B
（规范性附录）
铝及铝合金密度的计算

B.1　确定被测铝及铝合金中各元素质量分数的算术平均值

B.1.1　元素质量分数的算术平均值应根据元素质量分数极限值来计算。当元素质量分数仅有最大极限值规定时，其最小极限值视为零。算术平均值应修约至表B.1所示的有效位数，数值修约规则按GB/T 8170的有关规定进行。

表 B.1

元素质量分数的算术平均值/%		有效位数
<0.001		0.000×
0.001～<0.01		0.00×
0.01～<0.10	用精炼法制得的纯铝	0.0××
	用非精炼法制得的纯铝和铝合金	0.0×
0.10～0.55		0.××
>0.55		0.×、×.×

B.1.2　对于质量分数极限仅有最大值规定的组合元素，如（铁＋硅），其中各单个元素均被视为质量分数等同，其质量分数算术平均值用组合元素质量分数的算术平均值（按B.2计算和修约）除以该组合元素中单个元素的个数来计算。计算结果修约至表B.1所示的有效位数，数值修约规则按GB/T 8170的有关规定进行。

B.1.3　铝的质量分数大于等于99.90%，但小于等于99.99%时，其算术平均值用100.00%减去所有的质量分数最大极限不小于0.001 0%的元素的质量分数算术平均值总和来确定，求和前各元素质量分数算术平均值要表示到0.0××%，求和后将总和修约到0.0×%。数值修约规则按GB/T 8170的有关规定进行。

B.1.4　铝的质量分数大于等于99.00%，但小于99.90%时，其算术平均值用100.00%减去所有的质量分数最大极限不小于0.010%的元素的质量分数算术平均值总和来确定，求和前各元素质量分数算术平均值要表示到0.0×%。数值修约规则按GB/T 8170的有关规定进行。

B.1.5　铝的质量分数小于99.00%时，其算术平均值用100.00%减去各元素的质量分数算术平均值之和，所得结果修约至小数点后第二位，数值修约规则按GB/T 8170的有关规定进行。

B.2　计算密度

B.2.1　按公式(B.1)计算铝及铝合金密度，即：将上述方式得出的每一元素的质量分数算术平均值乘以表B.2中给出的各自对应的系数（密度的倒数值）所得结果修约至小数点后第三位（数值修约规则按GB/T 8170的有关规定进行），再将所得数值全部相加，所得之和的倒数即为铝合金密度 D 的计算值，该值应按下面的方法进行修约：

——铝的质量分数最小极限值大于等于 99.35%时,所得数值四舍五入至 0.005 最近的倍数,表示为:×.××0 或×.××5。

——铝的质量分数最小极限值小于 99.35%时,所得数值四舍五入至 0.01 最近的倍数,表示为:×.××。

$$D = 1/(Al\%/D_{Al} + Cu\%/D_{Cu} + Fe\%/D_{Fe} + \cdots\cdots) \quad \text{(B.1)}$$

式中:

D ——所测铝及铝合金的密度,单位为克每立方厘米(g/cm^3);

Al%、Cu%、Fe%、…… ——被测合金中各元素的质量分数算术平均值(%);

D_{Al}、D_{cu}、D_{Fe}、…… ——各元素的密度,单位为克每立方厘米(g/cm^3)。

表 B.2

元　　素	系数(1/密度)/(cm^3/g)
Ag	0.095 3
Al	0.370 5
B	0.427 4
Be	0.541 1
Bi	0.102 0
Cd	0.115 6
Ce	0.149 9
Co	0.113 0
Cr	0.139 1
Cu	0.111 6
Fe	0.127 1
Ga	0.169 3
Li	1.441 0
Mg	0.552 2
Mn	0.134 6
Ni	0.112 3
O	0.537 8
Pb	0.088 2
Si	0.429 2
Sn	0.137 1
Ti	0.221 9
V	0.163 9
Zn	0.140 1
Zr	0.154 1

B.2.2 铝及铝合金密度计算方法示例(以牌号 1145 为例)见表 B.3。

表 B.3

纯铝 1145 密度的计算					
元素	元素质量分数的最大极限/%	元素质量分数的算术平均值/%	系数(1/密度)	元素质量分数的算术平均值×系数/%	密度/(g/cm³)
Si	Si+ Fe:0.55	0.14[a]	0.429 2	0.060	1/37.006% =2.702 264 4 修约至 2.700
Fe		0.14[a]	0.127 1	0.018	
Cu	0.05	0.02	0.111 6	0.002	
Mn	0.05	0.02	0.134 6	0.003	
Mg	0.05	0.02	0.552 2	0.011	
Zn	0.05	0.02	0.140 1	0.003	
V	0.05	0.02	0.163 9	0.003	
Ti	0.03	0.02	0.221 9	0.004	
小计	—	0.40	—	0.104	
Al	—	99.60	0.370 5	36.902	
合计	—	—	—	37.006	

[a] (0.55−0)/2=0.275,修约至 0.28,则每个元素为 0.14。

附 录 C
（资料性附录）
国际四位数字体系牌号简介

C.1 国际四位数字体系牌号组别的划分

国际四位数字体系牌号的第1位数字表示组别，如下所示：

a) 纯铝(铝含量不小于99.00%)　　1×××

b) 合金组别按下列主要合金元素划分

1) Cu　　2×××

2) Mn　　3×××

3) Si　　4×××

4) Mg　　5×××

5) Mg+Si　　6×××

6) Zn　　7×××

7) 其他合金　　8×××

8) 备用组　　9×××

C.2 国际四位数字体系 1×××牌号系列

在1×××中，最后两位数字表示最低铝含量，与最低铝含量中小数点右边的两位数字相同。如1060表示最低铝含量为99.60%的工业纯铝。第一位数字表示对杂质范围的修改，若是零，则表示该工业纯铝的杂质范围为生产中的正常范围；如果为1～9中的自然数，则表示生产中应对某一种或几种杂质或合金元素加以专门控制。例如，1350工业纯铝是一种铝含量应≥99.50%的电工铝，其中有3种杂质应受到控制，即 w(V+Ti)≤0.02%，w(B)≤0.05%，w(Ca)≤0.03%。

C.3 国际四位数字体系 2×××～8×××牌号系列

在2×××～8×××系列中，牌号最后两位数字无特殊意义，仅表示同一系列中的不同合金，但有些是表示美国铝业公司过去用的旧牌号中的数字部分，如2024合金，即过去的24S合金。不过，这样的合金为数甚少。第二位数字表示对合金的修改，如为零，则表示原始合金，如为1～9中的任一整数，则表示对合金的修改次数。对原始合金的修改仅限于下列情况之一或同时几种：

1) 对主要合金元素含量范围进行变更，但最大变更量与原始合金中合金元素的含量关系如下：

原始合金中合金元素含量的算术平均值范围/%	允许最大变化量/%
≤1.0%	0.15
>1.0～2.0	0.20
>2.0～3.0	0.25
>3.0～4.0	0.30
>4.0～5.0	0.35
>5.0～6.0	0.40
>6.0	0.50

2） 增加或删除了极限含量算术平均值不超过 0.30%的一个合金元素，或增加或删除了极限含量算术平均值不超过 0.40%的一组组合元素形式的合金元素。

3） 用一种作用相同合金元素代替另一种合金元素。

4） 改变杂质含量范围。

5） 改变晶粒细化剂含量范围。

6） 使用高纯金属，将铁、硅含量最大极限值分别降至 0.12%、0.10%或更小。

C.4 试验合金的牌号

试验合金的牌号也按上述规定编制，但在数字前面加大写字母“×”。试验合金的注册期不得超过 5 年。对试验合金的成分，申请注册的单位有权改变。当合金通过试验合格后，去掉“×”，成为正式合金。

ICS 35.240.30
M 19

中华人民共和国国家标准

GB/T 16520—2011
代替 GB/T 16520—1996

消息处理业务
电子数据交换消息处理业务

Message handling services—Electronic data interchange messaging service

(ITU-T F.435:1999,IDT)

2011-07-29 发布　　2011-11-01 实施

中华人民共和国国家质量监督检验检疫总局
中国国家标准化管理委员会　发布

前　言

本标准按照 GB/T 1.1—2009 给出的规则起草。

本标准代替 GB/T 16520—1996《消息处理　电子数据交换消息处理业务》。

本标准与 GB/T 16520—1996 相比主要变化如下：

——标准名称由《消息处理　电子数据交换消息处理业务》改为《消息处理业务　电子数据交换消息处理业务》；

——修改了第 1 章“范围”的内容；

——将第 2 章“引用标准”改为“规范性引用文件”，将所有引用标准的版本更新，并去掉 ISO/IEC 10021-1(1988)、ISO/IEC 10021-2(1988)、ISO/IEC 10021-5(1988)、ISO/IEC 10021-n、ISO/IEC 9594-2(1988)、ISO/IEC 9594-8(1988)、ISO/IEC 9594-7(1988)；

——将第 3 章“定义”改为“术语和定义”；

——增加了四个服务要素，分别是 EDI 消息的自动证实、B.3 EDI 消息的自动相关、B.4 EDI 通知的自动证实、B.33 合并存储消息的 EDI 消息的提交，全文相关文字作修改；

——附录 B 中增加四节，分别是 B.2 EDI 消息的自动证实、B.3 EDI 消息的自动相关、B.4 EDI 通知的自动证实、B.33 合并存储消息的 EDI 消息的提交；

——本标准修订时将 GB/T 16520—1996 的附录 C、附录 D、附录 E 由“提示的附录”改为“规范性附录”。

本标准使用翻译法等同采用 ITU-T F.435:1999《消息处理业务　电子数据交换消息处理业务》(英文版)。

本标准由中华人民共和国工业和信息化部提出。

本标准由中国通信标准化协会归口。

本标准起草单位：工业和信息化部电信研究院、上海贝尔股份有限公司。

本标准主要起草人：吴英桦、杨洁。

本标准于 1996 年首次发布，本次是第一次修订。

引　言

本标准是有关消息处理的一组标准之一。这一组标准为由任意个合作开放系统组成的消息处理提供了一个综合性的规范。

消息处理系统和服务能使用户在存储转发的基础上交换消息。由某个用户(始发者)提交的一份消息,由消息传送系统(MTS)(即一个较大型消息处理系统(MHS)的基本组成部分)加以运送,然后投递给一个或多个其他用户(消息接受者)。

一个MHS是由各种各样的互连功能实体组成的。消息传送代理(MTA)合作完成存储转发式的消息传送功能。消息存储(MS)为消息提供存储功能,并提交、检索和管理这些消息。用户代理(UA)帮助用户访问MHS。访问单元(AU)提供接至其他通信系统的和各种类型的服务,例如,其他远程信息处理业务和邮政业务的连接。

本标准规定了称为EDI消息处理的消息处理应用的总的系统与业务说明。

本版本规定了新的业务要素(EOS),这些EOS可以提供与用于消息存储关联和服务的IPM消息存储功能类似的EDI消息存储。

消息处理业务
电子数据交换消息处理业务

1 范围

本标准规定了 EDI 消息处理的总系统与业务。

在其他标准中，规定了消息处理系统与业务的其他方面。消息处理系统和业务相关标准均在 ITU-T F.400/X.400 的表 1 中列出。ITU-T F.400 系列标准规定了在 MHS 上构成的公用业务，以及公用业务对 MHS 间的相互访问。

ITU-T X.400 系列标准规定了 MHS 技术方面的内容，在 ITU-T X.402/ ISO/IEC 10021-2 中规定了 MHS 总的系统结构。在 ITU-T X.435/ISO/IEC 10021-9 中规定了 EDI 消息处理技术方面的内容。

2 规范性引用文件

下列文件对于本文件的应用是必不可少的。凡是注日期的引用文件，仅注日期的版本适用于本文件。凡是不注日期的引用文件，其最新版本(包括所有的修改单)适用于本文件。

ISO/IEC 10021-1 信息技术 消息处理系统(MHS) 第 1 部分：系统和服务概述(Information technology—Message Handling Systems (MHS)—Part 1：System and service overview)

ITU-T F.400/X.400 消息处理系统与业务综述(Message handling services：Message handling system and service overview)

ITU-T F.401 消息处理业务 共用消息处理业务的命名与寻址(Message handling services：Naming and addressing for public message handling services)

ITU-T F.415 消息处理业务 与公用物理投递业务的互通(Message handling services：Intercommunication with public physical delivery services)

ITU-T X.402(1999) | ISO/IEC 10021-2：1999 消息处理系统 总体结构(Information technology—Message Handling Systems (MHS)：Overall architecture)

ITU-T X.413(1999) | ISO/IEC 10021-5：1999 消息处理系统 消息存储 抽象服务定义(Information technology—Message Handling Systems(MHS)：Message store—Abstract service definition)

ITU-T X.435(1999) | ISO/IEC 10021-9 消息处理系统 电子数据交换消息处理系统(Information technology—Message Handling Systems(MHS)：Electronic data interchange messaging system)

ITU-T X.501(1997) | ISO/IEC 9594-2：1998 信息技术 开放系统互连 号码簿：模型(Information technology—Open Systems Interconnection—The Directory：Models)

ITU-T X.509(1997) | ISO/IEC 9594-8：1998 信息技术 开放系统互连 号码簿：公钥和属性鉴别框架(Information technology—Open systems interconnection—The Directory：Public-key and attribute certificate frameworks)

ITU-T X.521(1997) | ISO/IEC 9594-7：1998 信息技术 开放系统互连 号码簿 已选的客体类别(Information technology—Open Systems Interconnection—The Directory：Selected object classes)

3 术语和定义

下列术语和定义以及附录A中的术语和定义适用于本文件。

本标准的附录B中包含有适用于EDI消息处理的服务要素的定义。在本标准中提出了适用于消息传送业务和由EDI消息处理所用的服务要素。但其定义则放在ITU-T F.400的附录B中。

3.1

EDI转发 EDI forwarding

将收到的EDIM向前传送给由进行转发的EDI用户代理/消息存储决定的一个还是多个接受者。

在已投递到某个EDI用户代理或EDI消息存储的EDI消息，向前转发给另一个EDI用户代理或EDI消息存储时发生EDI转发。

3.2

EDI消息 EDI message

在EDI消息处理用户间传送电子形式的信息。EDI消息在EDI消息处理用户间运送的主信息客体类别的成员。

参见ITU-T X.435的第5章。

3.3

EDI消息处理用户 EDI messaging user

参与EDI消息处理的用户。EDI消息处理用户始发、接收或既始发又接收EDI消息。EDI消息处理环境包含任意数目的EDI消息处理用户。EDI消息处理用户可以是人，也可以是计算机进程。EDI消息处理用户可通过访问单元访问EDI消息处理系统。

3.4

EDI通知 EDI notification

次信息客体类别的成员，它给EDI消息的始发者指出EDI消息的EDIM责任的安排。

3.5

EDI消息责任 EDI message responsibility

EDI消息责任指出某个特定的用户是否已通过它的EDI用户代理/消息存储提供可用的主题EDI消息。EDI消息责任在本标准和ITU-T X.435建议中不具有法定意义。

4 缩略语

下列缩略语适用于本标准。

ANSI	美国国家标准协会	American National Standards Institute
AU	访问单元	Access unit
DIT	号码簿信息树	Directory information tree
DL	分发表	Distribution list
DUA	号码簿用户代理	Directory user agent
EDI	电子数据交换	Electronic data interchange
EDIFACT	电子数据交换用于行政、商业和运输	Electronic data interchange for Administration commerce and transport
EDIM	EDI消息	EDI message

EDIME	EDI 消息处理环境	EDI messaging environment
EDIMG	EDI 消息处理	EDI messaging
EDIMS	EDI 消息处理系统	EDI messaging system
EDI-AU	EDI 访问单元	EDI access unit
EDI-MS	EDI 消息存储	EDI message store
EDI-UA	EDI 用户代理	EDI user agent
EDIN	EDI 通知	EDI notification
FN	已转发通知	Forwarded notification
ID	标识符	Identifier
MD	管理域	Management domain
MH	消息处理	Message handling
MHS	消息处理系统	Message handling system
MS	消息存储	Message store
MT	消息传送	Message transfer
MTA	消息传送代理	Message transfer agent
MTS	消息传送系统	Message transfer system
NDN	未投递通知	Non-delivery notification
NN	否定通知	Negative notification
O/R	始发者/接受者	Originator/Recipient
PD	物理投递	Physical delivery
PDAU	物理投递访问单元	Physical delivery access unit
PDS	物理投递系统	Physical delivery system
PN	肯定通知	Positive notification
PRMD	专用管理域	Private management domain
TLMA	远程信息处理代理	Telematic agent
UA	用户代理	User agent
UNTDI	联合国贸易数据交换	United Nations, trade data interchange
UTC	协调通用时间	Coordinated universal time

5 约定

在第 2 章中,引用的是 ISO/IEC 取得一致的标准。

使用大写字母时,尽可能地使用通用语言习惯。

6 EDI 消息处理业务

6.1 引言

EDI 消息处理业务给 EDI 消息处理用户提供一些特性,以便有助于与其他 EDI 消息处理用户消息处理。在大多数情况下,EDI 消息处理用户是计算机进程。EDI 消息处理业务利用消息传送业务的能力(见 ITU-T F.410)发送和接收 EDI 消息。描述 EDI 消息处理业务特性的服务要素在附录 B 中定义，并在第 14 章中进行分类。

EDI(电子数据交换)，可描述为计算机与计算机之间结构化的事务数据交换，例如发票和购货单。在某些情况下，EDI 消息处理业务可用来将一次 EDI 互换发送到物理呈现系统，例如物理投递系统或传真机。

EDI 消息处理业务由 EDI 消息处理提供。

6.2 EDI 消息处理

EDI 消息处理(EDIMG)由 EDI 消息(EDIM)的交换和 EDI 通知(EDIN)组成。这些消息和通知均是在 ITU-T X.435 中规定的信息客体。

6.3 EDI 消息处理环境

EDI 消息处理产生的环境可以被模型化为以下称为 EDI 消息处理环境(EDIME)的功能客体。细分(按功能分解)时，EDIME 可以看作是由称为 EDI 消息处理主客体的更小客体组成的。这种主客体包括单个中心客体、EDI 消息处理系统(EDIMS)和若干个称为 EDI 消息处理系统用户(EDIMG 用户)的外围客体。

EDI 消息处理环境结构见图 1。

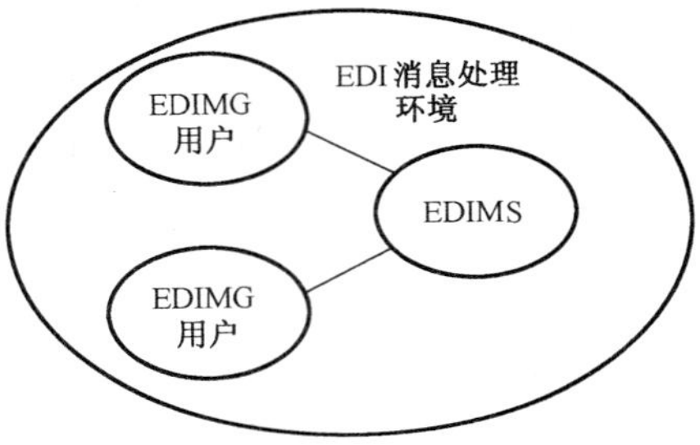

图 1 EDI 消息处理环境

6.4 EDI 消息处理用户

EDI 消息处理用户(EDIMG 用户)是参与 EDI 消息处理的用户。EDIMG 用户可以始发、接收或者既始发又接收 EDIMS。EDIMG 可包含任意数目的 EDIMG 用户。

EDIMG 用户可以是人，也可以是计算机进程。EDIMG 用户通过访问单元访问 EDIMS。

7 EDI 消息处理系统

7.1 引言

EDI 消息处理系统(EDIMS)是所有 EDMIG 用户都通过 EDIMS 相互进行 EDI 消息处理的功能客体。

EDIMS 可被模型化为由更小的相互作用的功能客体组成。这些更小的功能客体称为 EDI 消息处理的次客体。它们包括单个中央客体，即消息传送系统(MTS)和三个种类的若干个外围客体：EDI 用户代理(EDI-UA)、EDI 消息存储(EDI-MS)和 EDI 访问单元(EDI-AU)。

EDIMS 结构见图 2，EDI-UA、EDI-MS 和 EDI-AU 是 EDIMS 用来给 EDIMG 用户提供业务的客体。

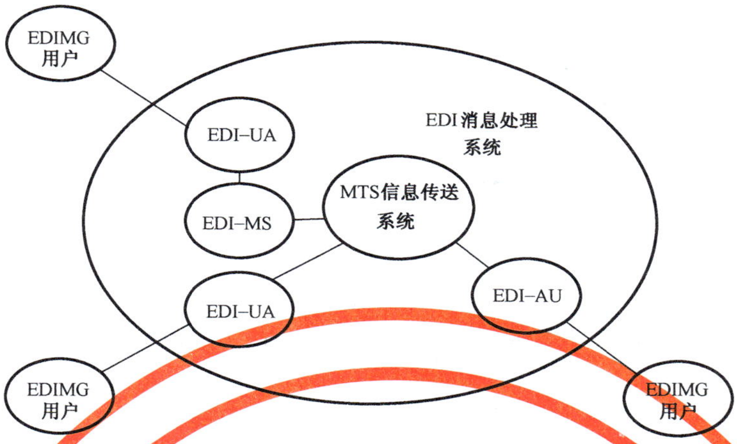

图 2　EDI 消息处理系统

7.1.1　EDI 用户代理

EDI 用户代理(EDI-UA)是定制成更适用于单个 EDIMG 用户参与 EDI 消息处理的用户代理。它帮助 EDIMG 用户始发和接收含有 EDIM 的消息。EDIM 包含任意数目的 EDI-UA。

注：EDIUA 和 EDIMG 用户间的边界的确切定义已超出本标准范围。

7.1.2　EDI 消息存储

EDI 消息存储(EDI-MS)是定制成更适用于单个 EDI-UA 参与 EDI 消息处理的消息存储。它帮助 EDI-UA 提交、投递、存储和检索含有 EDIM 的消息。

7.1.3　消息传送系统

在目前的情况下，消息传送系统(MTS)在 EDI-UA 间或在 EDI-UA 与访问单元间运送 EDIM 或 EDI 通知(EDIN)。EDIM 包含有单个 MTS。

7.1.4　EDI 访问单元

EDIMG 用户可以通过访问单元(AU)访问 EDIMS 或接受 EDIMS 的访问。其中一种类型的访问单元是物理投递访问单元(PDAU)。在 EDIMG 中，物理投递访问单元通过物理投递系统(PDS)向 EDIMG 接受者提供发送消息的能力。

7.2　EDIMS 中的信息流

图 3 是对图 2 的扩展并示出 EDI 消息处理中的主信息流。

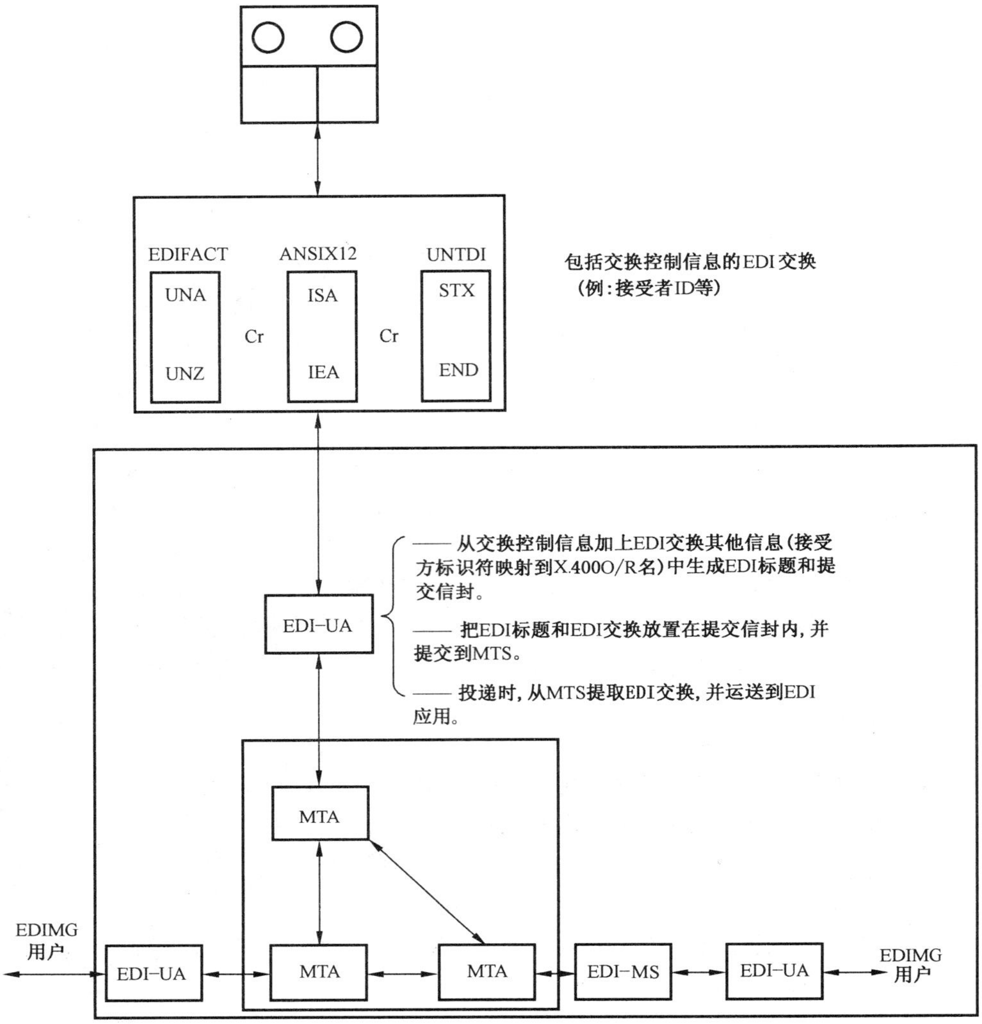

图 3 EDI 消息处理信息流程

7.3 EDI 消息处理业务的功能模型

图 4 中指出 EDI 消息处理业务的功能模型。EDI 消息处理业务中所用的 UA 由一类特定类别的合作的 UA 组成。任选的 PDAU 准许 EDIMG 用户发送消息给 EDI 消息处理环境外的间接用户。EDI 消息处理业务中所用的消息存储,具有专用的 EDI 相关功能,并可由 EDIMG 用户任选地用来代表它们自己投递消息。图 4 中所示的远程信息处理代理(TLMA)准许访问远程信息处理业务。

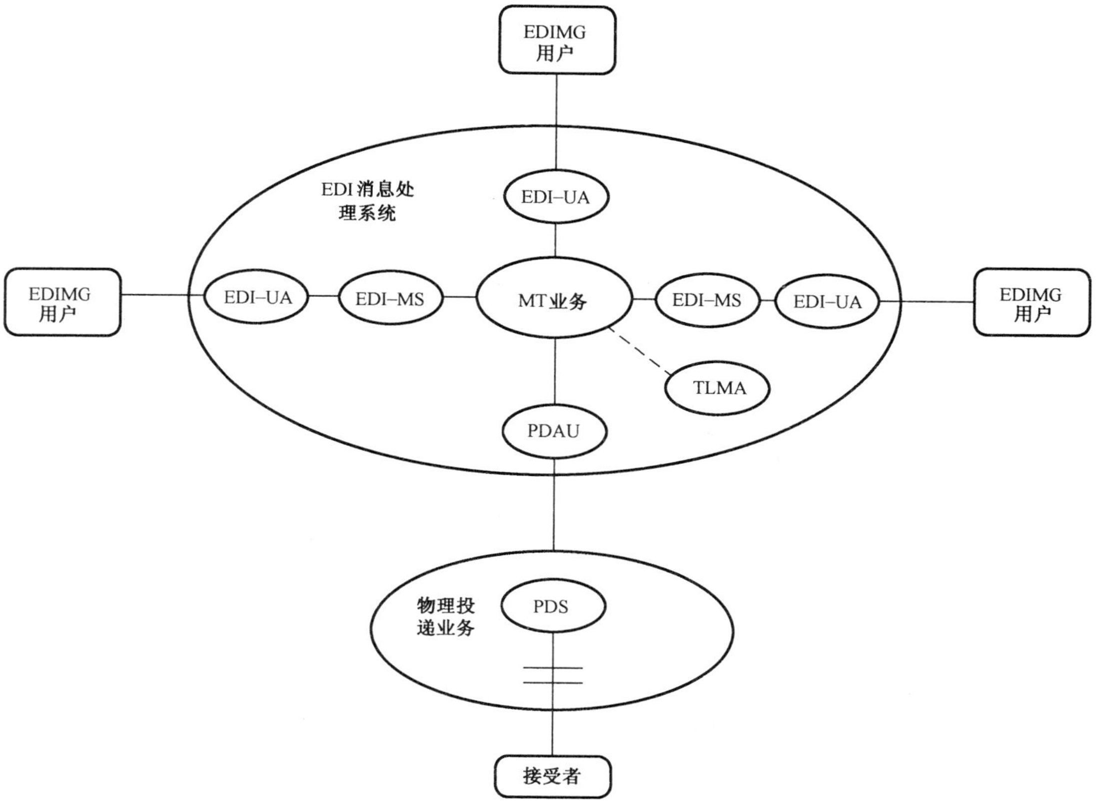

图 4　EDI 消息处理业务的功能模型

7.4　EDI 消息的结构

EDI 类的 UA 创建含有 EDI 消息处理业务特定内容的消息。从一个 EDI-UA 发送给另一个 EDI-UA 的特定内容是始发者的结果。这个始发者通常是一个应用进程，它组成并发送消息，该消息称为 EDI 消息(EDIM)。EDIM 携带 EDI 交换信息，并可选用地携带 EDI 交换有关的其他信息。在一个 EDI 中只包含一个 EDI 交换。每个 EDIM 在始发 EDIM 时应包含一个 EDI 交换的信体部分。转发 EDIM 时，除已转发信体部分不能被移出外，任何后续的信体部分都可以被移出(全部移出，而不是部分移出)。转发时，用位置留用区代替被移出的信体部分，以指出何种类型的信体部分被移出。转发 EDIM 时，EDIM 的标题是不应被移出的。EDIM 结构，当它与 MHS 基本消息结构有关时，示于图 5。当通过 MTS 传送时，EDIM 是用信封传送。

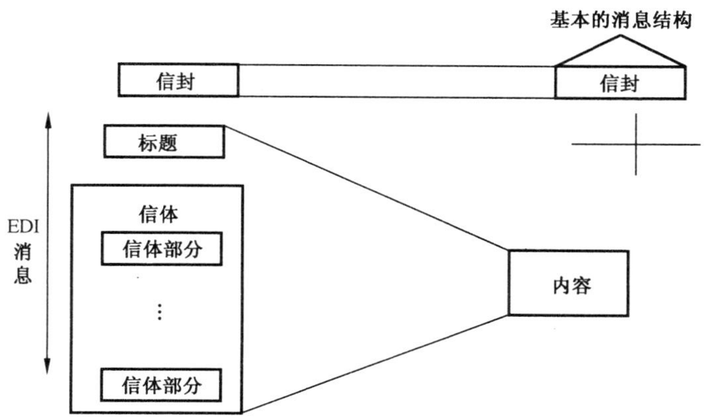

图 5　EDI 消息结构

图 6 中所示的典型的 EDI 交换与相应的 EDI 消息结构间的映射。EDI 交换可以全部映射到称为主信体的信体部分内，EDI 交换可以是 EDIFACT、ANSIX12、UNTDI 或专门定义的 EDI 交换。其他信体部分可以用来运送与该 EDI 交换相关的信息，例如图或解说性文本等。EDIM 标题包含各种信息字段，有些信息字段可以出现在 EDIFACT 交换头部字段中(或是对应 ANSI X125 UNTDI 的 ISA 或 STX 段)，其他的信息字段包含来自始发者的业务请求。标题和信体部分形成 EDIM。

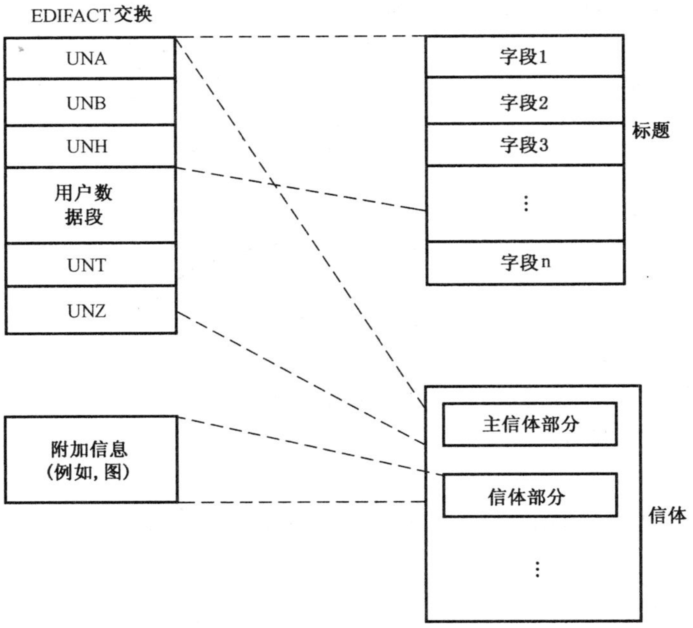

图 6 一个典型的 EDI 交易的消息结构

7.5 EDI 通知

EDIMG 用户可请求接受者返回一个 EDI 通知(EDIN)，指明收到的 EDI 消息的安排。该通知由始发 EDI-UA 提出请求并由接受者 EDI-UA、EDI-MS 或 AU 生成。请求和报告有三种可能的状态，导致生成肯定通知(PN)、否定通知(NN)或已转发通知(FN)。收到的 EDI 消息可原样转发，响应通知请求的责任也有可能转发给被转发 EDI 消息的接受者或中间接受者，中间接受者则应有责任对消息的原始发者进行响应。始发 EDI-UA 可请求告知响应通知请求的责任是否已转发。在这种情况下，转发 EDIM 的 EDI-UA 或 EDI-MS 应给始发 EDI-UA 发送 EDI 已转发通知(FN)。

在所有情况下，包括已被转发 EDIM 的 EDI-UA 发送的通知，都应包含由原始发者所指定的接受者的 O/R 名。

始发 EDI-UA 可向任意组合的发送 EDIM 接受者请求若干个任意组合的 EDIN。若始发者没有请求通知，则接受者什么也不应发送。

8 EDIM 责任与转发

8.1 引言

EDIMS 包括一种称为 EDIM 责任的概念。这种概念是下面描述 EDIN 和转发的关键。为简化下面文本的描述起见,所示的所有转发由 EDI-UA 来完成。应当注意的是,这里描述同样适用于 EDI-MS 完成的转发。

引入 EDIM 责任概念的目的,主要是在 EDI-UA 之间提供一种运送消息证实的方法。在某种情况下,EDIM 责任可适用于访问单元。EDIM 责任的概念描述如下:

EDIM 责任指出接收 EDI-UA 所收到的 EDIM 可为 EDING 用户所用。当转发时,不论 EDI-UA 增加还是移出信体部分,EDIM 责任总应当被接受。EDIM 不能离开 EDIMS,除非 EDIM 责任已被接受(投递到 PDAU 是一种特殊情况)。若始发 EDI-UA 请求这样做,则接受者 EDI-UA 以及可能是中间 EDI-UA(若请求),应给始发 EDI-UA 发送 EDIN。

EDI-UA 接收 EDIM 时,若被请求有 EDIN,它应发送适当的 EDIN,通知始发 EDI-UA,接受者 EDI-UA 已接受或拒绝 EDIM 责任。

若请求通知,则当 EDI-UA 接受、拒绝或转发 EDIM 责任时,它应发送适当的 EDIN 给始发者,若转发,它应在已转发 EDIM 创建适当的标题字段。这些操作的详细情况在 ITU-T X.435 中描述。

被转发的信体部分无论如何是不能被修改的。若 EDIM 责任被转发,被转发的 EDIM 无论如何也是不能被修改的。若 EDIM 责任被接受,则在创建已转发的 EDIM 时,信体部分可从始发 EDIM 移出,也可以加到始发 EDIM 上。转发时被移出的信体部分可用位置留用区代替,以指出何种类型的信体部分被移出。EDIM 责任转发的接受者只限于一个。

EDIMG 包括转发时防止环路的机制。

8.2 转发和二次分发

在 EDIMG 中,可能希望由中央的 EDI 用户代替接收 EDI 消息,然后再转发给最终的 EDI 用户代理。例如,这种做法,使大型的组织能对进入该组织的全部 EDI 消息业务量执行例如日志、审计等集中的功能。在这些功能执行后,消息处理业务量可分配给为接受者 EDI 应用服务的 EDI 用户代理。同样,增值网络的业务提供者也可代表它的用户操作一个类似的中间步骤。下面描述了如何将 EDI-UA 用作这个中间步骤。

中间的 EDI-UA 通常不是最终的 EDI-UA,因此在 EDIMG 中,需要对 EDIM 提供 EDIM 责任接受端对端的证实。"EDI 通知请求"服务要素,准许始发者从每个接受者请求发回肯定、否定和已转发通知。"EDI 通知请求"允许中间的 EDI-UA 用已转发消息和 ITU-T X.435 所定义的协议要素指出是否已接受 EDIM 责任。这些方法准许 EDIM 责任接受推迟到 EDIM 到达最终的 EDI-UA,并提供一个指示表明哪一个 EDI-UA 将给原始发者返回一个通知。

为了说明 EDI-UA 作为中间步骤的使用情况,下面描述三种情况。无论在哪种情况下,EDIM 都始发于 EDI-UA 和终结于 EDI-UA3。EDI-UA2 是中间 EDI-UA。在情况 1 和情况 2 中,假设 EDIM 是内容不改变的转发。在所有三种情况下,均假设 EDI-UA1 已请求通知。

注: 下列表中所描述的事件都不必按表 1 中所给出的顺序严格执行。

8.3 情况 1:无转发

EDI-UA1 制备的 EDIM 寻址到 EDI-UA3。EDIM 提交给 MTA1,然后传送给 MTA3,再投递给 EDI-UA3,最后由 EDIMG 用户 3 检索。EDI-UA3 用 EDIN 响应,拒绝 EDIM 责任(即 PN)。若 EDI-UA3 已决定 EDIMG 用户 3 不能检索消息,EDI-UA3 用 EDIN 响应,拒绝 EDIM 责任(即 NN)。信息流按图 7 中所示。EDIM 和 EDIN 的顺序在表 1 中列出。

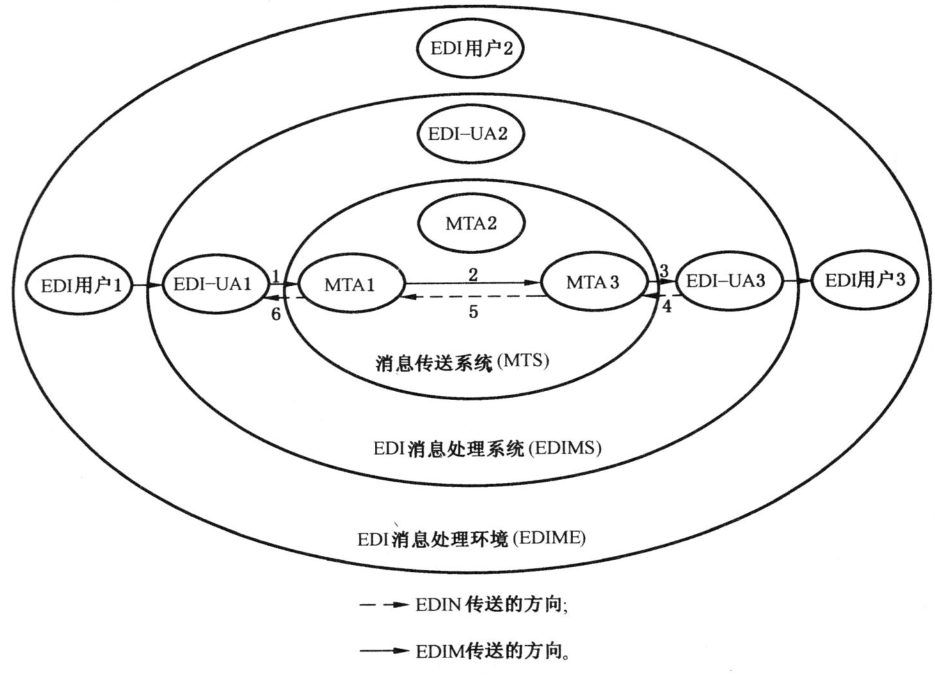

图 7 情况 1:无转发

表 1 情况 1:无转发

事件	EDIM	EDIN
1	EDI-UA1 提交 EDIM 至 MTA1	
2	MTA1 传送 EDIM 至 MTA3	
3	MTA3 投递 EDIM 至 EDI-UA3	
4		EDI-UA3 提交 PN/NN 至 MTA3
5		MTA3 传送 PN/NN 至 MTA1
6		MTA1 投递 PN/NN 至 EDI-UA1

8.4 情况 2:内容不改变和转发 EDIM 责任

在这种情况下,中间 EDI-UA 将消息从 EDI-UA1 转发到 EDI-UA3。最终的接受者是 EDI-UA3, EDI-UA2 执行转发操作,将 EDIM 责任转发给 EDI-UA3。由 EDI-UA1 制备的 EDIM 寻址到 EDI-UA2。EDIM 投递给 EDI-UA2 时,根据 EDI-UA2 已知道的选择准则,EDI-UA2 把它不改变地转发给 EDI-UA3。

EDIM 责任处理如下:

EDI-UA2 转发 EDIM 责任时,它应创建已转发 EDIM,使 EDI-UA1 接收请求的 EDIN(详见 ITU-T X.435)。这样就可发送下列 EDIN。

a) 若 EDI-UA1 请求转发 EDIM 责任通知,EDI-UA2 就给 EDI-UA1 发送已转发通知 FN。EDI-UA2 成功地将 EDIM 提交给 MTA2 时,就可发送 EDIN。

b) 若 EDI-UA2 从 MTA3(经 MTA2)接收未投递通知,它可给 EDI-UA1 发送否定通知(NN)。注意,在这种情况下,EDI-UA2 可以选择发送或不发送 EDIN。

不可以请求或发送其他的 EDIN。例如,EDI-UA2 不能向 EDI-UA3 请求通知,EDI-UA3 也不能给 EDI-UA2 发送 EDIN。

在未投递的情况下，EDI-UA2 可试图重新提交 EDIM 给指定的接受者。在这种情况下，只有当 EDI-UA2 决定不再试图重新提交 EDIM 给 EDI-UA3 时，才发送 NN 给 EDI-UA1。

c) 若转发成功，EDI-UA3 应发送适当的 EDIN 给 EDI-UA1，接受或拒绝 EDIM 责任。

图 8 中表明上述情况 2 所描述的信息流。EDIM 和 EDIN 可能的顺序解释在表 2 中解释。事件(8、11、13 和 15)和(10、12、14 和 16)是相互排斥的。

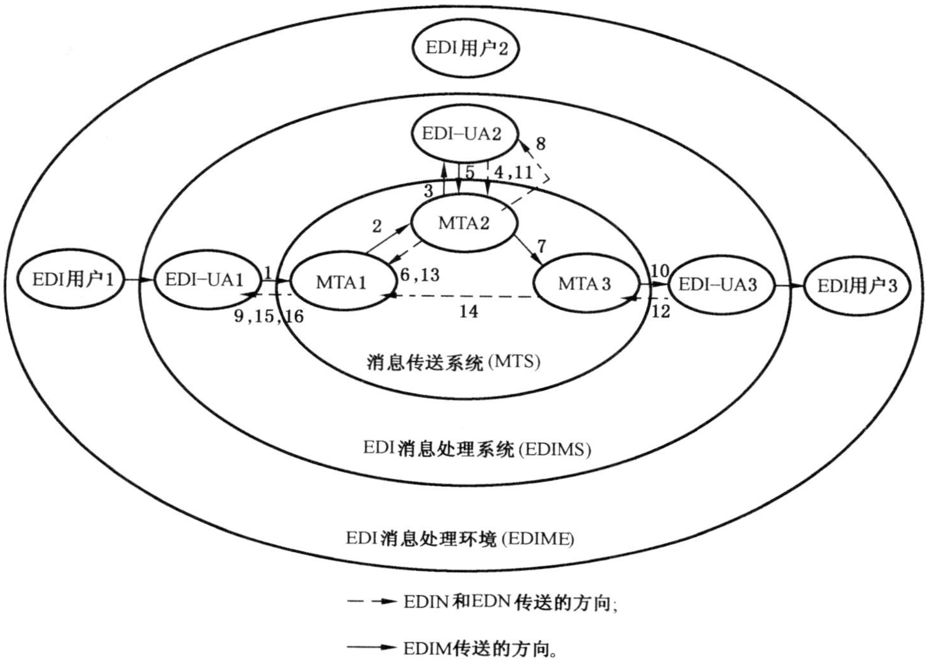

图 8 情况 2:EDIM 责任转发

表 2 情况 2:EDIM 责任转发

事件	EDIM	EDIN	NDN 未投递通告
1	EDI-UA1 提交 EDIM 至 MTA1		
2	MTA1 传送 EDIM 至 MTA2		
3	MTA2 投递 EDIM 至 EDI-UA2		
4		若请求，EDI-UA2 提交 FN 至 MTA12	
5	EDI-UA2 把要转发 EDIM 提交至 MTA2		
6		MTA2 传送 FN 至 MTA1	
7	MTA2 传送 EDIM 至 MTA3		
8			MTA2 发送 NDN 至 EDI-UA2
9		MTA1 投递 FN 至 EDI-UA1	
10	MTA3 投递 EDIM 至 EDI-UA3		
11			EDI-UA2 提交 NN 至 MTA2

表 2（续）

事件	EDIM	EDIN	NDN 未投递通告
12		EDI-UA3 提交 PN/NN 至 MTA3	
13			MTA2 传送 NN 至 MTA1
14		MTA3 传送 PN/NN 至 MTA1	
15			MTA1 投递 NN 至 EDI-UA1
16		MTA1 投递 PN/NN 至 EDI-UA1	

应注意下列事项：

a） 若 EDI-UA1 请求 FN(已转发通知)，它通常会接收到若干个 EDIN；

b） EDI-UA1 可不按创建时的顺序来接收 EDIN；

c） 无论 EDI-UA1 是否请求了 FN，EDI-UA1 也有可能接收不到 EDIN。（例如，MTA2 将 EDIM 投递给 EDI-UA2 后，EDI-UA2 发生了灾难性的故障。）

由 EDI-UA1 正确处理以上三项。例如，通过跟踪下列内容对第一项进行处理。

a） EDIM ID；

b） 原接受者；

c） 提交时间；

d） 预期的 EDI 通知。

可以使用在 EDIN 中包含的 UTC 时间(EDIN 创建时间)来对第二项进行处理。第三项可用 EDI-UA1 的超时机制来处理。处理以上三项的机制是属于本地的实施事宜，因而超出本标准的范围。

8.5 情况 3：不转发 EDIM 责任

这种情况是 EDI-UA1 制备的 EDIM 寻址到 EDI-UA2，EDI-UA2 先接受消息的 EDIM 责任，再转发给 EDI-UA3。例如，若 EDI-UA2 在转发(改变内容)时增加或移出信体部分，则就会出现这种情况。在接受 EDIM 责任时，EDI-UA2 发送 EDIN 给始发者(即 PN)，并创建已转发 EDIM，这样 EDI-UA1(始发者)就不能再接收更多的 EDIN(详见 X.435 建议)。同情况 2 一样，EDI-UA1 将 EDIM 寻址到 EDI-UA2。与前述的两种情况一样，EDI-UA3 表示最终目的地。

检索到 EDIMJF，EDI-UA2 给 EDI-UA1 返回一个适当的通知。于是该消息转发给 EDI-UA3。由于现在已接受了初始 EDIM 责任，EDI-UA2 可根据需要，自由地请求或不请求 EDIM 责任。若请求，其结果是 EDIM 责任的关系只在 EDI-UA3 和 EDI-UA2 间应用，与前面的情况不同，不是端对端的。这里描述的前提是，假设已被请求 EDIM 责任，从而 EDI-UA3 用适当的通知来响应 EDI-UA2。

图 9 和图 10 给出了情况 3 的信息流。EDIM 和 EDIN 的顺序解释都在表 3 中解释。

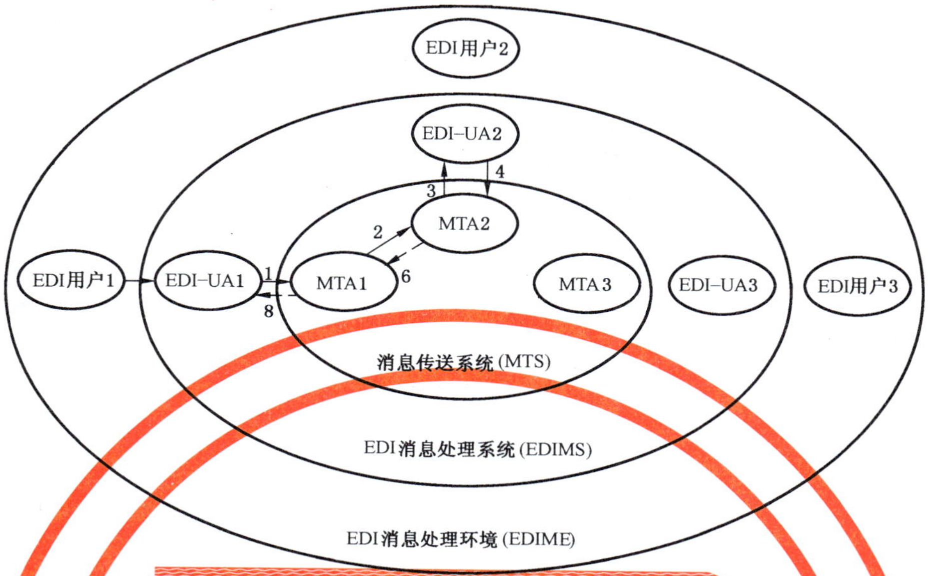

— → EDIN传送的方向;

——→ EDIM传送的方向。

图 9 情况 3:不转发 **EDIM** 责任,第一部分

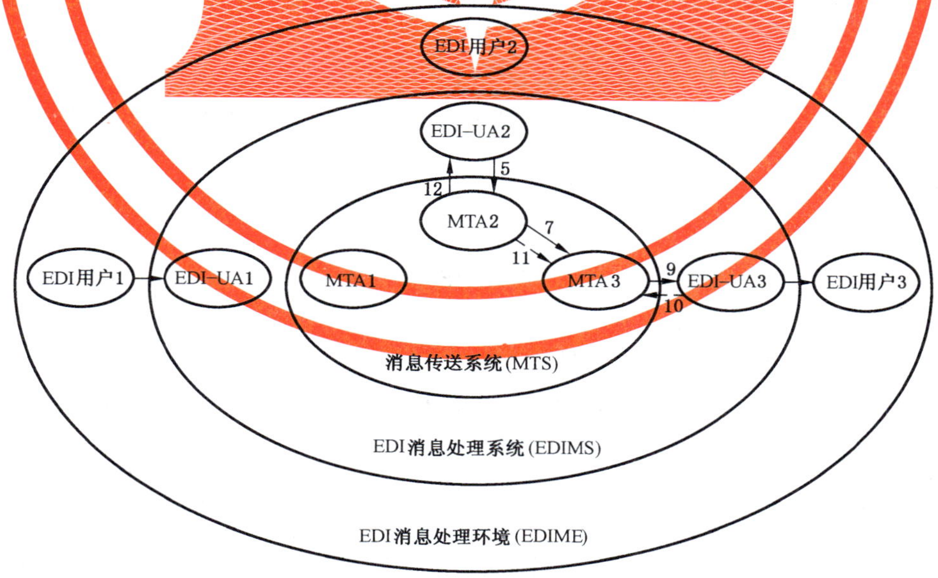

— → EDIN传送的方向;

——→ EDIM传送的方向。

图 10 情况 3:不转发 **EDIM** 责任,第二部分

表 3 情况 3:不转发责任

事件	图 9	图 10
1	EDI-UA1 提交 EDIM 至 MTA1	
2	MTA1 传送 EDIM 至 MTA2	
3	MTA2 投递 EDIM 至 EDI-UA2	
4	EDI-UA2 提交 PN 至 MTA2	
5		EDI-UA2 把要转发 EDIM 提交至 MTA2
6	MTA2 传送 PN 至 MTA1	
7		MTA2 传送 EDIM 至 MTA3
8	MTA1 投递 PN 至 EDI-UA1	
9		MTA3 投递 EDIM 至 EDI-UA3
10		EDI-UA3 提交 PN/NN 至 MTA3
11		MTA3 传送 PN/NN 至 MTA2
12		MTA2 投递 PN/NN 至 EDI-UA2

9 EDI 命名、寻址和号码簿的使用

ITU-T F.400/X.400 的第 13 章对号码簿规定的 MHS 使用是用来提供 EDI 消息处理所需的号码簿的业务。

每个管理域都应给它的 EDIMG 用户提供号码簿业务。

EDI 消息处理、命名和寻址及后来的号码簿业务要求概述于本标准的附录 D。

10 EDI 安全

ITU-T F.400/X.400 的第 15 章中规定的 MHS 安全能力，也适用于 EDI 消息处理。另外，对 ITU-T F.400/X.400 的 15.4 提供了下列扩展。

EDIMG 扩展的安全能力的概述如下(见表 4)：

EDI 通知证明：使 EDIM 的接受者能创建一个 EDIN，EDIN 的接受者可用此 EDIN 来鉴别 EDIN 的始发者。

EDI 通知不可否认：给 EDIN 的接受者提供了源 EDIN 的证明，防止 EDIN 的始发者再有任何试图否认发送了 EDIN。

接收内容证明：使 EDIM 的始发者能验证接受者所收到的消息内容与始发者始发的消息内容相同。

始发内容不可否认：给 EDIM 的始发者提供所收到的消息内容与始发的消息内容有相同的证明。这就防止始发者再有任何试图否认始发的消息内容。

接收内容不可否认：给 EDIM 的始发者提供所收到的消息内容与始发的消息内容有相同的证明。这就防止接受者再有任何试图否认所收到的 EDIM 内容。

表 4 MHS 部件提供和使用的安全消息传输的服务要素

服务要素	EDIM 始发者	MTS	EDIM 接受者
EDI 通知证明	U	—	P
EDI 通知不可否认	U	—	P
接收内容证明	U	—	P
始发内容不可否认	P	—	U
接收内容不可否认	U	—	P
P——服务提供者。 U——服务用户。			

附录 C 描述 EDIMS 脆弱性，并详细介绍各种脆弱性的克服方法。ITU-T X.435 的附录 A 描述了 EDIMS 所需的对 ITU-T 建议 X.402 安全模型的增强(增强型安全服务)。ITU-T X.435 描述了安全服务的操作和规程。

11 与物理投递业务的互通

11.1 引言

与 ITU-T F.415 所规定的一样，MH/PD 互通是消息传送业务的类属能力。若要使用这种能力，始发者在提交时可采用邮政 O/R 地址，或者在提交时若采用号码簿名，则要选择物理投递作为“请求的投递方法”，并要从 MH/PD 服务要素中(ITU-T F.435 表 1 中)选择某些所需要的选项。

始发者按 ITU-T F.401 规定的接受者地址提供邮政 O/R 地址。这可以通过号码簿来实现。

11.2 投递和通知

在 EDIM 从最终的 MTA 传递到 PDAU(MTA 到 EDI-AU)时，发生了到访问单元的投递。

如图 11 所示，与物理投递应用有关的投递通知 EDI 通知按 ITU-T F.415 中的规定，并增加了 EDIN。

这些通知由被认为是共置的 MTA/PDAU 系统部件产生。

ITU-T F.415 提供“T”时间的定义；“Tedi”可定义为：

Tedi＝EDIN 的生成和投递。

注 1：起始时间对应于生成 EDIN 的时间。

注 2：结束时间对应于 EDIMG 用户可用的 EDIN 的时间。

11.3 EDIM 责任的传递

直到 PDAU 将发送给它的 EDIM 去物理再现并接着投递时，PDAU 决不能为 EDIM 接受 EDIM 责任。若要求“EDI 通知请求”，则 PDAU 存在两种可能性。若 PDAU 决定它能为物理投递再现 EDIM 时，则它应给 EDIM 的始发者返回一个 FN。然而，若 PDAU 决定它不能再现或投递 EDIM 时，则它应给 EDIM 的始发者返回一个 NN。

11.4 物理再现

ITU-T F.415 的附录 B 规定的基本物理再现的细节应作为基础，主要用于路由和投递信息的呈现，例如地址块、相对于窗口的页面位置等。

对于专用于 EDI 的硬拷贝特理呈现，标识有三种方法：

a） 标准化的再现；

b） 专用定义的呈现；

c） 再现的伴随信息。

另外，若可能的话，假定接受者能用该信息通过其他的手段提供的指导或消息工作，若没有可用的再现规则时，EDIM 则可简单地“按原样打印”。

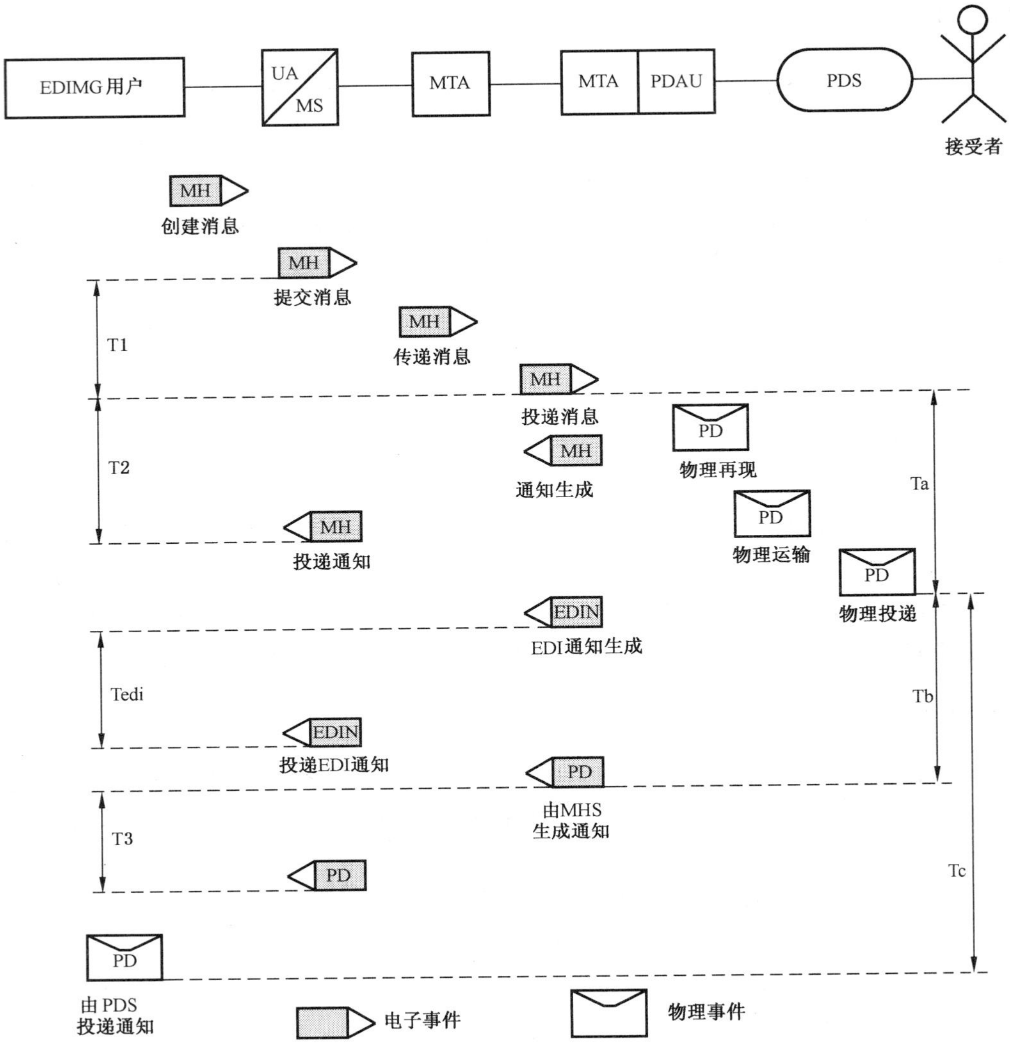

图 11 **MH/PD 投递和通知的时间模型**

12 为 EDI 使用的消息存储

消自存储特性可用于 EDI 消息处理。通用的 MS 服务要素，“存储消息提取”、存储消息列表“、存储消息概要”、“存储消息删除”和“存储消息提醒”都适用于 EDI 消息处理。

ITU-T X.413 描述了一般的 MS 属性和自动动作。ITU-T X.435 描述了 EDI 专用的 MS 属性和自动动作。

一个 EDI 专用的 MS 服务要素，“存储 EDI 消息自动转发”，为 EDI 消息处理提供适当的一个 MS 自动转发通力。

安全政策可限制消息存储服务要素的使用。

13 服务要素

服务要素是 MHS 的特有特性、功能或能力。适用于 EDI 消息处理的服务要素由 MT 服务要素和 EDI 消息处理服务要素组成。EDI 消息处理用的 MT 服务要素在本标准的表 5～表 7 中列出，在 ITU-T F. 400/X. 400 的附录 B 中对其进行了规定。专用 EDI 消息处理服务要素的规定列于表 5～表 7，其定义在附录 B 中。适用于 EDI 消息处理的所有服务要素的实现方法在 ITU-T F. 400/X. 400 系列的其他标准中描述。

14 服务要素的分类

14.1 基本的 EDI 消息处理业务

使用 MT 服务的基本的 EDI 消息处理业务，使 EDIMG 用户能发送和接收 EDI 消息。EDIMG 用户借助 EDI 用户代理(EDI-UA)制备 EDI 消息。EDI-UA 相互合作，帮助相应的 EDIMG 用户间进行消息处理。要发送 EDI 消息时，始发 EDIMG 用户将消息提交给它的 EDI-UA，指定该 EDI 消息接受者的 O/R 名。具有标识码的 EDI 消息被始发者的 EDI-UA 通过消息传送服务发送给接收者 EDI-UA/MS。

在成功地投递到接受者 EDI-UA 之后，EDI 消息可供接受者使用。为了方便实现有意义的消息处理，接受者可以它允许投递给 EDI-UA 的 EDI 消息中，规定编码信息类型以及它愿意接受的 EDI 消息的最大长度。给每份投递的消息都提供有原编码信息类型及指明是否已完成转换的指示和最终编码信息类型。另外，给每份 EDI 消息还提供有提交时间和投递时间。基本的 MT 服务提供有未投递通知。属于基本的 EDI 消息处理服务的服务要素在表 5 中列出。

表 5 属于基本 EDI 消息处理业务的服务要素

服务要素	参考
访问管理	B. 1
内容类型指示	B. 12
已转换指示	B. 15
投递时戳指示	B. 22
EDI 消息标识	EDI. 8
消息标识	B. 41
未投递通知	B. 47
原编码信息类型指示	B. 54
提交时戳指示	B. 89
类型化信体	EDI. 30
用户/UA 能力登记	B. 93
注：B 参考是对应 ITU-T F. 400/X. 400 的附录 B，EDI 参考是对应本标准的附录 B。	

14.2 EDI 消息处理业务的可选用户设施

EDI 消息处理业务的一组服务要素都是可选的用户设施、EDI 消息处理业务可选的用户设施，可以每份消息为基础选用，也可以商定的合同时间内选用，分别在表 6 和表 7 中列出。

以每份消息为基础选用的 EDI 消息处理业务的用户可选设施，由 EDI-UA 分为始发和接收两类。若管理域为 EDI-UA 提供始发用的用户可选设施，则 EDIMG 用户根据相关服务要素规定的过程创建并发送 EDI 消息。若管理域为 EDI-UA/MS/AU 提供接收用的用户可选设施，则接由 EDI-UA/MS/AU 就应能接由和识别相关服务要素的指示，并能将请求可选用户设施通知给 EDIMG 用户。可从两个方面为 EDI-UA/MS/AU 的每个可选用户设施分类为附加的(A)和基本的(E)。

表 6　以每份消息为基础 EDI 消息处理可选用户设施

服务要素	始发	接收	参考
附加物理再现	A	A	B. 2
允许替换接受者	E	E	B. 3
应用安全要素	A	A	EDI. 1
基本物理再现	A	E	B. 7
字符集	E	E	EDI. 2
内容机密性	A	A	B. 10
内容完整性	A	A	B. 11
转换禁止	E	E	B. 13
丢失信息情况下的转换禁止	A	A	B. 14
营业处收集	A	E	B. 16
具有通知的营业处由集	A	A	B. 17
交叉参考信息	A	E	EDI. 3
延迟投递	E	N/A	B. 19
延迟投递取消	E	N/A	B. 20
投递通知	E	N/A	B. 21
经公众传真业务的投递	A	A	B. 23
由号码簿名指定的接受者	A	N/A	B. 24
公开其他接受者	E	E	B. 25
分发表扩展历程的指示	N/A	E	B. 26
禁止分发表扩展	A	N/A	B. 27
EDI 转发	A	N/A	EDI. 4
EDI 消息类型	E	E	EDI. 5
EDI 通知请求	E	E	EDI. 6
EDI 标准指示	E	E	EDI. 7
允许 EDIM 责任转发指示	E	E	EDI. 9
EDIM 接收方	A	E	EDI. 10
EMS(特快专递业务)	A	E	B. 28
日期/时间到期指示	A	E	EDI. 11
显式转换	A	N/A	B. 30
投递选择等级	E	E	B. 32
不完整拷贝指示	A	E	EDI. 12
交换头	E	E	EDI. 13
最迟投递的指定	A	N/A	B. 39

表 6（续）

服务要素	始发	接收	参考
消息流机密性	A	N/A	B. 40
消息源鉴别	A	A	B. 42
消息安全标记	A	A	B. 43
消息顺序完整性	A	A	B. 44
多址投递	E	N/A	B. 45
多部分信体	A	E	EDI. 14
始发内容不可否认	A	A	EDI. 15
接收内容不可否认	A	A	EDI. 16
接收内容不可否认请求	A	A	EDI. 17
投递不可否认	A	A	B. 49
EDI 通知不可否认	A	A	EDI. 18
EDI 通知不可否认请求	A	A	EDI. 19
源不可否认	A	A	B. 50
提交不可否认	A	A	B. 51
废弃指示	A	E	EDI. 20
普通邮件	A	E	B. 53
始发者指示	E	E	EDI. 21
始发者请求的替换接受者	A	N/A	B. 56
MHS 进行的物理投递通知	A	A	B. 57
PDS 进行的物理投递通知	A	E*	B. 58
允许物理转发	A	E*	B. 59
禁止物理转发	A	E*	B. 60
防止未投递通知	A	N/A	B. 61
探查	A	N/A	B. 63
探查源鉴别	A	N/A	B. 64
接收内容证明	A	A	EDI. 22
接收内容证明请求	A	A	EDI. 23
投递证明	A	A	B. 65
EDI 通知证明	A	A	EDI. 24
EDI 通知证明请求	A	A	EDI. 25
提交证明	A	N/A	B. 66
接受者指示	E	E	EDI. 26
始发者不允许改投	A	N/A	B. 68
挂号邮件	A	A	B. 70
给个人的挂号邮件	A	A	B. 71
相关消息	A	E	EDI. 27
报告源鉴别	A	A	B. 74
转发地址请求	A	A	B. 75
请求投递方法	E	N/A	B. 76
业务指示	A	A	EDI. 28
特种投递[a]	A	E*	B. 81
存储消息删除	N/A	E**	B. 84
存储消息提取	N/A	E**	B. 85

表 6（续）

服务要素	始发	接收	参考
存储消息列表	N/A	E**	B.86
存储消息概要	N/A	E**	B.87
带有返回物理消息的不可投递邮件	A	E*	B.91
分发表的使用	A	N/A	B.92

E——就提供可选基本用户设施；

E* ——只适用于 PDAU 的基本可选用户设施；

E** ——只适用于 MS 的基本可选用户设施；

A——可提供的附加可选用户设施；

N/A——不适用。

[a] PADU 和相关 PDS 至少应能支持 EMS 或特种投递。

注 1：若由 EDI-UA 接由归纳为“A”类服务要素，则需要对方协议。

注 2：B 参考对应 ITU-T F.400/X.400 的附录 B，EDI 参考对应本标准的附录 B。

表 7　在商定的合同时间内 EDI 消息处理可选用户设施

服务要素	分类	参考
EDI 消息的自动证实	A	EDI.31
EDI 消息的自动相关	A	EDI.32
EDI 通知的自动相关	A	EDI.33
替换接受者的指定	A	B.4
保持投递	A	B.33
隐式转换	A	B.34
MS 登记	A	B.nn[a]
入消息改投	A	B.69
有限制的投递	A	B.77
安全访问管理	A	B.79
存储 EDI 消息自动转发	A	EDI.29
存储消息提醒	A	B.82
存储消息自动转发	A	B.83[b]
合并存储消息的 EDI 消息的提交	A	EDI.34

注：B 参考对应 ITU-T F.400/X.400 的附录 B，EDI 参考对应本标准的附录 B。

[a] 该服务要素将在 ITU-T F.400/X.400 的下一个版本中定义并指定为“B”号码。所描述的能力在 ITU-T X.413 中支持，但在 ITU-T F.400/X.400 中未描述。

[b] 对于 EDI 消息处理，不鼓励使用这个一般 MS 能力的服务要素。“存储 EDI 消息自动转发”是 EDI 专用的 MS 能力，可提供一种合适的替代者。

15　业务质量

15.1　EDI 消息状态

每份 EDI 消息的唯一的标识，使系统能提供例如与一份 EDI 消息状态有关的信息。

在系统出故障时，所有收到的和未投递的 EDI 消息都应是可跟踪的。若 EDI 消息不能投递，则应通过"未投递通知"。

15.2 EDI 业务提供者的支持

就涉及的系统组成部分而言，若在预定的时间内没有收到未投递通知，则业务提供者应给用户提供帮助。对消息状态和跟踪提供的附加支持，属本国的责任范围。

15.3 投递和通知时间的模型

投递和通知时间的模型见图 12。

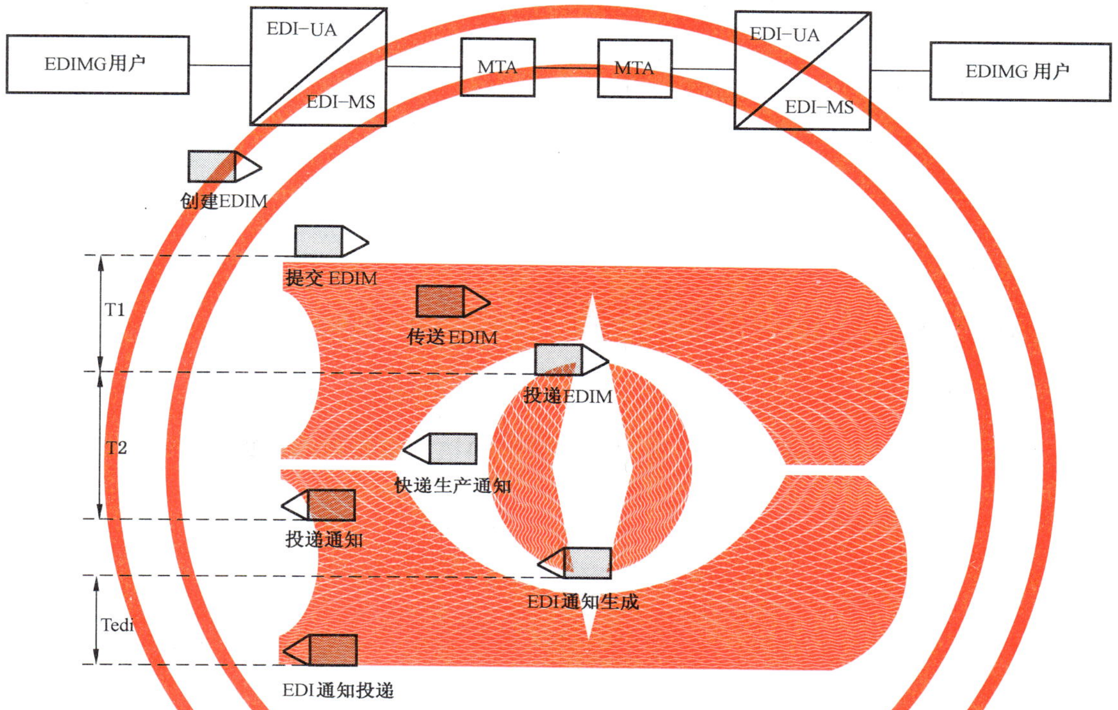

T1——投递时间；

注 1：T1 的起始时间对应于提交时戳指示所标明的时间。

注 2：T1 的结束时间对应于投递时戳指示所标明的时间。

T2——通知投递时间；

注 1：T2 的起始时间对应于投递时戳指示所标明的时间。

注 2：T2 的结束时间对应于 EDIMG 用户通过 EDI-UA 或 EDI-MS 可以获得投递通知的时间。

Tedi——EDI 的通知生成和投递时间。

注 1：Tedi 的起动时间对应于生成 EDIN 的时间。

注 2：Tedi 的结束对应于 EDIMG 用户可以获得 EDIN 的时间。

图 12 投递和通知时间的模型

15.4 EDI 消息投递时间的目标值

投递时间（包括传送时间）的目标值取决于消息传送系统、中转域的数目和消息的长度。这个值比 IPM 业务目前所规定的目标值要小得多。

若 EDI 消息在提交后的 x 小时内（或是延期投递所指出的日期和时间之前）还未投递，接受者 EDI-UA 的管理域应强制发出未投递通知，x 的值取决于始发者请求的投递等级。

15.5 EDI 通知时间的目标

EDI 通知投递时间的目标值取决于本地的安排。当接受方 EDI-UA 发起 EDIN 时，EDIN 的时间目标值与导致 EDIN 产生的 EDI 消息有相同的时间目标值。

表 8 EDIN 时间的目标值

投递等级	在下述时间之前 95%被投递
加急	15 min
普通	60 min
慢件	4 h

注 1：与 PRMD 互通不包括在时间目标计算内。
注 2：这些值是暂定的，可根据成熟的经验进行修改。
注 3：物理投递的业务质量见本标准的第 12 章。

15.6 差错保护

传输中的差错保护由 MHS 提供并服从在 EDI 业务规定中所提供的下层协议。

15.7 业务的可用性

原则上 EDI 业务应是连续可用的。EDI-UA 或 EDI-MS 应能连续用以提交和投递(除非调用保持投递)。在 EDI-UA 不能连续用于投递的情况下，应使用 EDI-MS。

附　录　A
（规范性附录）
术语的词汇表

注：下面给出的说明未必是严格的定义。参见附录 B 中的定义和 ITU-T F.400 中的词汇表，以及其他的 ITU-T X.400 系列标准（尤其是 ITU-T X.435）中所定义的术语。这些术语不是来自一个出处，要视其来源而定。

A.1　EDI 应用（EDI application）

创建与/或处理 EDI 消息的一个计算机进程。参见 A.13。

A.2　EDI 交换（EDI interchange）

参与方之间按有一定消息和服务段的结构化组的形式进行的消息处理，这个组以交换控制头开始，并以交换控制尾结束。（见 ISO 9735）

A.3　EDI 消息（EDIM）

见本标准第 3 章中的定义。

A.4　EDI 消息存储（EDI-MS）

见 ITU-T X.435 中 3.5 的定义。

A.5　EDI 消息处理（EDIME）

EDI 消息处理包括 EDI 消息和 EDI 通知的交换以及相关的规程，这些都是 ITU-T X.435 中规定的信息客体。

A.6　EDI 消息处理环境（EDIME）

在 EDI 消息处理所发生的环境可以模型化为称之 EDI 消息处理环境的功能客体。当细分（即按功能划分）时，则 EDI 消息处理环境可以看成是由更小的称之为 EDI 消息处理的主客体组成。它们包括单个中央客体（EDI 消息处理系统）和许多称为 EDI 消息处理用户的外围客体。

A.7　EDI 消息处理业务（EDI messaging service）

把一些特征提供某个 EDI 消息处理用户有助于与其他 EDI 消息处理用户进行通信的一种业务。在许多情况下，EDI 消息处理用户都是计算机进程。EDI 消息处理业务使用消息传送业务能力，发送和接收 EDI 消息。描述 EDI 消息处理业务特性的某些服务要素在附录 B 中定义，并在本标准的第 15 章中进行分类。

A.8　EDI 消息处理系统(EDIMS)

EDI 消息处理系统是功能客体,用户通过它在 EDI 消息处理中进行相互通信。

EDI 消息处理系统可模型化为相互作用的更小的功能客体组成。这些功能客体称之为 EDI 消息处理的次客体。它们包括单个中央客体(消息传送系统)三个为数众多的外围客体,即 EDI 用户体理、EDI 消息存储和 EDI 访问单元。

A.9　EDI 消息处理用户(EDIMG user)

见 3.3 中的定义。

注:在 ITU-T X.435 的情况下,为了简化起见,术语"用户"具有"EDIMG 用户"的含义。

参见 A.13。

A.10　EDI 通知(EDIN)

见 3.4 中的定义。

在 EDI 消息处理中,EDIMG 用户可以表求接受者返回一个 EDI 通知,指出它对收到的 EDI 消息的安排信息。该通知由发 EDI 用户代理请求,并由接受者 EDI 用户代理/消息存储或访问单元生成。可能请求并报告的情况有三种:导致生成肯定通知(PN)、否定通知(NN)或已经转发通知(FN)。这个通知服务用于携带肯定通知、否定通知或转发通知。有可能收到一份不加改变地转发的 EDI 消息,并把响应通知职责转发给请求的转发接受者或中间接受者,然后接受者对原始发者进行响应。始发 UA 可请求给予通知,响应通知请求的责任是否已经被转发。在这种情况下,转发 EDI 消息的 UA 或 MS 应给始发 UA 发送一个 EDI 已转发通知。

在所有情况下,包括 EDI 消息已经转发到的 UA 所发送的这类通知,都应包含原始发者规定的接受者 O/R 名。

始发 UA 可请求来自 EDI 消息已发送到任意组合的接受者的任意组合的 EDI 通知。若始发者未请求通知,则接受者什么也不应发送。

EDI 通知不能被转发,也不能为 EDI 通知请求 EDI 通知。

A.11　EDI 消息责任(EDI message responsibility)

见 3.5 中的定义。

注:EDIM 责任是一种连续跟踪手段,用于证实和跟踪 EDI 用户代理和 EDI 消息存储中的 EDI 消息所经过的路线。

A.12　EDI 安全(EDI security)

ITU-T F.400/X.400 第 15 章和 ITU-T X.402 中第 10 章所规定的 MHS 的安全能力,这些能力为 EDI 消息处理系统提供安全特性。EDI 消息处理系统的脆弱性及其对策,概述在附录 C 中。

A.13　EDI 用户(EDI user)

见 ITU-T X.435。

EDI用户是一个不一定属于EDI消息处理环境的客体。在消息处理的行文中，很大程度上和EDI消息处理用户等同。

A.14 EDI用户处理(EDI-UA)

见ITU-T X.435中3.5的定义。

注：EDI-UA和EDI消息处理用户两者的界限的确切定义已超出本标准的范围。

A.15 电子数据交换(EDI)

EDI可以定义为计算机对计算机间结构化事务数据(例如发票和购货单)的交换。在ITU-T F.400/X.400系列标准的行文中，EDI指的是采用ITU-T F.435的协议手段和本标准概括的业务来完成交换的标准化方法。

A.16 GS

功能组头。

在ANSI X.12中的段名。

A.17 IEA

交换尾。

在ANSI X.12中的段名。

A.18 交换

见A.2中的EDI交换。

A.19 ISA

交换头。

在ANSI X.12中的段名。

A.20 MHD

消息头。

在UNTDI中的段名。

A.21 ST

交易集头。

在ANSI X.12中的段名。

A.22 STX

在 UNTDI 中的规定。

A.23 UNA

服务串通知。
EDIFACT 中的规定。

A.24 UNB

交换头。
在 EDIFACTK 中的段名。

A.25 UNG

功能组头。
在 EDIFACT 中的段名。

A.26 UNH

消息头。
在 EDIFACT 中的段名。

A.27 UNT

消息尾。
在 EDIFACT 中的段名。

A.28 UNZ

交换尾。
在 EDIFACT 中的段名。

附 录 B
（规范性附录）
服务要素的定义

本附录包含只有 EDI 消息处理才有的服务要素的定义。在附录不包含适用于 EDI 消息处理的 MT 业务的服务要素的定义。这些服务要素的定义包含在 ITU-T F.400/X.400 的附录 B 中。标题行中的缩写词 PR 指的是该服务要素可用于在每个接受者的基础上使用。为了方便查阅，并与消息传送和 IPM 服务要素区分开，EDI 服务要素的编号采用缩写词“EDI. n”

B.1 应用安全要素 EDI.1

该服务要素准许始发者和接受者在 EDI 标题中指出应用安全信息，以支持端对端的安全服务。

B.2 EDI 消息的自动证实 EDI.31

对于每个投递到某个 EDI-MS 的请求得到 PN 的 EDIM，EDI-MS 用户可以利用该服务要素通知该 EDI-MS 自动产生一个肯定通知。当 EDI-MS 用户检索了整个 EDIM 时，或当用户向 EDI-MS 指明他认为消息已经被检索时，发送 PN 消息。该 EoS 的使用意味着每当自动证实发生时责任将被接受。

B.3 EDI 消息的自动相关 EDI.32

该服务要素使 MS 用户可以根据各种相关的 EDI 消息之间的相关性，检索 MS 自动产生的信息。下列类型的消息可以是相关的：

a) 转发（或自动转发）一个 EDI 消息的 EDI 消息；
b) 被接收或被提交的废止一个 EDI 消息的 EDI 消息；
c) 被接收或被提交的交叉引用一个 EDI 消息的 EDI 消息；
d) 被接收或被提交的与一个 EDI 消息相关的 EDI 消息。

B.4 EDI 通知的自动相关 EDI.33

对于以前提交的 EDI 消息，在收到了作为消息的响应的 EDI 通知的情况下，MS 用户可以使用该服务要素检索 MS 自动生成的信息。当 MS 用户或 MS 为了响应一个被投递的 EDI 消息而发送了 EDI 通知时，也可以检索信息。对于一个特定的被提交或被投递的 EDI 消息，MS 对与其相关的每个 EDI 通知（肯定的、否定的或转发的）进行识别，并且对于被提交的消息，还提供一个接收 EDI 通知的摘要。

B.5 字符集 EDI.2

该服务要素准许始发者在 EDI 消息的标题中指出 EDI 信体所用的字符集。

B.6 交叉参与信息 EDI.3

该服务要素准许始发者在 EDI 消息的标题中，指出在一次 EDI 交换内和该 EDI 消息或其他 EDI

消息的信体的部分指定的应用参考 ID 之间所用的交叉参考的信息。

B.7 EDI 转发 EDI.4

该服务要素使 EDI-UA 能够有所改变地或不加改变地转发收到的 EDIM，并 EDI-MS 能不加改变地转发到的 EDIM。转发时仍需要"EDIN 接收方"服务要素的支持。

B.8 EDI 消息类型 EDI.5

该服务要素准许始发者在 EDI 消息标题中指出在 EDI 交换中所包含的 EDI 消息的类型(例如，发票和购货单等)。

B.9 EDI 通知请求 EDI.6

该服务要素准许始发 EDI-UA 请求某个接受者是接受、拒绝还是转发 EDIM 责任通知给它，对携带这种通知请求消息可以任何组合。始发 EDI-UA 运送这个请求给接受者 EDI-UA/MS/AU。

如果接受者 EDI-UA/MS 接受该消息的 EDIM 责任，则它就回送一个肯定通知(PN)，并不再向该消息的始发者返回其他通知。

当接受者 EDI-UA/MS 不接受 EDIM 责任，并且成功转发内容未加改变的消息时，则转发接受 UA/MS，或任一个中间 UA/MS，就响应这个请求而言，与第一个接受 UA/MS 有相同的责任，并且这个响应应由这个消息的原始发者引起的，给始发者返回一个转发通知(FN)。

如果接受者 EDI-UA/MS/AU 拒绝该消息中的 EDIM 责任，或者不能成功转发该消息，它就回发一个带有指出原因的否定通知(NN)给消息的始发者。拒绝消息的 EDIM 责任的原因如下：

a) EDI 交换不能传递到 EDIMG 用户；
b) EDI 交换不能在规定的时限内传递给 EDIMG 用户；
c) 消息在处理前已经废弃；
d) 在投递后但在响应前已经终止接受者预约；
e) 尝试 EDI 转发和 EDIM 责任转发，但未成功；
f) PDAU 不能再现消息；
g) 安全出错；
h) 未规定的本地原因。

在物理投递访问单元中，PN 是无意义的。因此返回一个已经转发通知(FN)给始发者以取代 PN。否定通知指出该消息将不会到达 EDIMG 用户，并意指 EDIM 将不会被 EDI 应用所处理。

因安全政策的关系，消息存储的能力可能受到限制，例如，在请求安全通知时，就不准消息存储生成 PN。

B.10 EDI 标准指出 EDI.7

该服务要素使始发 EDI-UA 能在一份消息的标题中指出在该 EDI 消息中正在使用的 EDI 标准类型(例如，EDIFACT 等)。

B.11 EDI 消息标识 EDI.8

该服务要素使合作的 EDI-UA 能为每一个已发送或收到的 EDI 消息运送一个全球唯一的标识符。

该 EDI 消息标识符由始发者的 O/R 名和就其名称是唯一的标识符构成。EDI-UA 和 EDIMG 用户使用这种标识符作为前面已发送的或收到的 EDI 消息的参考(例如,在 EDI 通知中)。

B.12 标准 EDIM 责任转发指示 EDI.9

该服务要素准许始发 EDI-UA 指出,可由接受者 EDI-UA 转发该 EDI 消息的 EDIM 责任。

B.13 EDIM 接收方 EDI.10

该服务要素准许始发者或转发 EDI-UA/MS,给接受者指出请求通知应返回到这个 O/R 地址。

B.14 日期/时间到期指出 EDI.11

该服务要素准许始发者给接受者指出始发者认为 EDI 消息无效的日期和时间。该服务要素的目的是要说明始发者对当前 EDI 消息可用性的评价。未规定接受者或接受者 EDI-UA 的特定的动作。可能的动作是在传递的日期到期后存档或删除该 EDI 消息。

B.15 不完整拷贝指出 EDI.12

该服务要素准许一个转发 EDI-UA 指出转发的 EDI 消息是一份与始发消息具有同样的 EDI 消息标识符的不完整拷贝。在不完整的拷贝中,缺少始发 EDI 消息的一个或多个信体部分。

B.16 交换头 EDI.13

该服务要素使始发 EDI-UA 能将 EDI 交换头的数据要素放入 EDIM 相应的字段中。

B.17 多部分信体 EDI.14

该服务要素准许始发者给接受者发送由几个部分组成的 EDI 消息信体。每个信体部的特性和属性或者类型,都与信体部分一起运送。

B.18 始发内容不可否认 EDI.15

该服务要素使始发 EDI-UA 能为接受者 EDI-UA 提供一个不可取消的证明,用此证明是对消息提交到 MH 环境时的内容确实性和完整性。

视现行的安全政策,可用两种方式提供相应的证明数据:

a) 采用用始发消息"源不可否认"的安全服务;

b) 采用公证机制。

注:使用的公证机制不反映在协议要素中,但服从于双方协定。

B.19 接收内容不可否认 EDI.16

该服务要素使始发 EDI-UA 能从接受者 EDI-UA 那里得到一个不可取消的证明,用以证明始发主题消息内容已经被接受者 EDI-UA 接受，且 EDIM 责任已经被接受、转发或拒绝。该服务提供不可取消的证明，用以证明所接收内容的完整性和消息接受者的确实性。该服务应防止接受者任何尝试否认后续收到的消息内容。因此，该服务强于“接受内容证明”服务。

视现行的安全政策，可用两种方式提供相应的证明数据。

a) 通过返回“EDI 通知”的“源不可否认”，它应与下列内容紧密结合：

——始发者的“源不可否认”变元(若存在)；

——如果不存在“源不可否认”变元的话，则是完整的始发消息内容。

b) 通过公证机制。

注：使用的公证机制不反映在协议要素中，但服从于双方协定。

B.20 接由内容不可否认请求 EDI.17

该服务要素使始发 EDI-UA 能够请求接受者 EDI-UA，借助于 EDI 通知提供给它一个接收消息内容不可取消的证明。

注：该服务要素也要求存在“EDI 通知请求”。

B.21 EDI 通知不可否认 EDI.18

该服务要素给消息始发者提供不可取消的证明，用以证明接受者 EDI-UA 收到主题消息和 EDIM 责任的接受、转发或拒绝。

该服务应防止接受者 EDI-UA 任何尝试否认后续收到的消息和已按指示那样接受的该消息 EDIM 责任。该服务要素给始发者提供不可取消的“EDI 通知证明”的证明。

目前在 ITU-T X.402 的 10.2.5.1 中规定的，借助于“源不可否认”安全服务所提供的这种证明，适用于通知。

该服务强于“EDI 通知证明”服务。

B.22 EDI 通知不可否认请求 EDI.19

该服务要素与“EDI 通知请求”一起使用，使始发 EDI-UA 能够请求响应 EDI-UA 提供给它以源通知不可取消的证明。

注：该服务要素替代“EDI 通知请求证明”，并假定已有“EDI 通知请求”。

B.23 废弃指示 EDI.20

该服务要素准许始发者给接受者指出，始发者先前发送的一个或多个 EDI 消息已经废弃。携带该指示的 EDI 消息替代废弃的 EDI 消息。

接受者或接受者的 EDI-UA 采取的这种行动是本地的应用。其目的是准许 EDI-UA 或接受者，例如，去移出或归档一个废弃消息。

B.24 始发者指示 EDI.21

该服务要素准许将始发者的身份运送给接受者。

B.25 接收内容证明 EDI.22

该服务要素准许始发 EDI-UA 能从接受者 EDI-UA 得到证明，证实始发主题消息内容已被接受者 EDI-UA 接收，且 EDIM 责任已被接受、转发或拒绝。

相应的证明是通过返回 EDI 通知的源地址证明获得的，证明包含始发者消息源鉴别和/或内容完整性变元(若有的话)，否则就包含完整的源消息内容。

B.26 接收内容证明请求 EDI.23

该服务要素使始发 EDI-UA 能请求接受者 EDI-UA，通地 EDI 通知提供消息内容已经被接收的证明。

注：该服务要素也要求存在“EDI 通知请求”。

B.27 EDI 通知的证明 EDI.24

该服务要素准许消息的始发者获得确证的手段，确切证实主题消息已被接受者 EDI-UA 接收，EDI-IM 责任已被接受、转发或拒绝。借助于“消息源鉴别”安全服务所提供的这种证明，目前在 ITU-T X.402 的 10.2.1.1.1 中规定，适用于 EDI 通知。

B.28 EDI 通知证明请求 EDI.25

该服务要素与“EDI 通知请求”一起使用，使始发 EDI-UA 给请求响应的 EDI-UA 提供一个 EDI 通知源证实。

注：该服务要素假定已存在“EDI 通知请求”。

B.29 接受者指示 EDI.26

该服务要素准许始发者给指定 EDI 消息的接受者，提供一个或多个 EDIMG 用户名和 DL 名。此外，有可能对每个接受者规定动作请求限定符，例如：

a) 采取行动；

b) 拷贝；

c) 其他，按双方规定。

注：该限定符表示始发者方面对于 EDIM 的意图，但接受者不必受这个意图的约束。

B.30 相关信息 EDI.27

该服务要素准许始发者将共享同一标识空间(例如 IP 消息)的一份或多份其他多个消息的全球唯一的标识符与正被发送的 EDI 消息联系起来。该接受者的 EDI-UA，例如，能够从存储器中恢复一个参考消息的拷贝。

B.31 服务指示 EDI.28

该服务要素准许始发者在 EDI 消息标题中给那些双方含义都超出本标准的服务提供者指出各种

服务的请求。

B.32 存储 EDI 消息自动转发 EDI.29

该服务要素准许 EDI-MS 用户在接受或不接受 EDIM 责任的情况下，消息存储拥有自动执行 EDI 转发通力。EDI-MS 用户通过使用“MS 登记”服务要素建立选择 EDIM 的标准，完整的 EDIM，同从始发者接收一样，可以不加改变地转发，如果有请求，可由 EDI-MS 产生一个适当的 EDIN。EDIM 责任转发只限于一个接受者。转发时，仍需要支持“EDIN 接收方”的服务要素。

鉴于现行的安全政策的要求，消息存储的能力可能受到限制，例如，在请求安全通知时就不准许消息存储生成 PN。

B.33 合并存储消息的 EDI 消息的提交 EDI.34

该服务要素使 MS 用户可以通知 EDI-MS 将一个或多个被存储消息部分合并为一个被提交 EDI 消息的消息体部分。被提交 EDI 消息也可以包含 EDI-MS 用户的提交信息中提供的消息体部分。主要的消息体部分将包含一个 EDI 互换或转发 EDIM。

作为一个消息体部分的源的被存储消息可以是被投递、被提交或起草的消息。单独的消息体部分或被存储消息的整个内容可以被合并。EDI-MS 可以选择性地支持非 EDI 消息的消息体部分的转发。

B.34 类型化信体验生活 EDI.30

该服务要素准许把 EDI 信体的性质和特性与信体一起运送。可容许的信体部分类型有 EDI 信体、转发的 EDIM 信体和外部定义的信体部分。

附　录　C
（规范性附录）
安全综述

C.1　引言

本附录详细描述 EDIME 内标识的各种脆弱性和克服这种脆弱性需要的各种安全服务。

本附录基于这样的假设，即 EDIME 可以使 ITU-T F. 400/X. 400 规定的各种安全消息处理服务。对现有的 MHS 安全服务不能有效克服各种脆弱性的情况，但是 ITU-T X. 435 规定了附加的 EDIME 安全服务。

对 EDIME 规定的某些安全服务是通用的消息处理特性，其余的则是专为 EDIME 规定的。对 EDIME 规定的安全服务是专用于 EDIMG 的，全部在 ITU-T X. 435 中规定。

C.2　脆弱性

下面标识的绝大多数范围中也有各种脆弱性及 EDI 应用级（即 EDIMG 用户）相应的服务设想。本文提出的安全模型的假设，这种设想超出本标准考虑的内容。EDIMG 安全模型假设 EDIMG 用户能为 EDI 就用的操作提供足够的安全和可信的功能，足以满足用户对安全政策的要求。

注：实际上可能需要 EDI 应用和 EDI-UA 共置，除非建立适合两种部件的安全环境。

下面对各种脆弱性的描述是以 ITU-T X. 402 附录 D 中对威胁下的规定为依据的。此外，有必要考虑检查与消息顺序无关的消息丢失和信息修改，同时还有必要考虑 ITU-T X. 402 目前未标识出的各种 EDIMG 脆弱性。

ITU-T X. 402 内的安全模型未考虑到的 EDI 环境中的一个重要方面，是在 MHS 环境中消息通路的每一个阶段消息 EDIM 责任的概念。

在 EDI 情况中，商业服务提供者有可能要增加若干个，这或许要求明确标识出 EDIM 责任的转发，无论是对终端用户，还是对这种服务提供者，都要保证提供进一步的保护。

因此，需要建立 EDIM 责任域的概念，这又涉及有关法律问题的其他考虑。EDIME 可按下列的一种可能划分 EDIM 责任域：

——EDIMG 用户环境加 EDI-UA；

——MTS 管理域；

——EDI 消息存储（如果与上述两者之一没有共置）。

C.2.1　假冒

按 ITU-T X. 402 附录 D 的规定。

C.2.2　消息顺序

按 ITU-T X. 402 附录 D 的规定。

用户不应假定 EDIMS 以正确的顺序投递。只要 MHS 提供保护，防止消息在 MHS 环境中信息被修改，EDI 应用就应能从消息重复和失序中恢复。

C.2.3　消息丢失

消息丢失脆弱性在 EDIMG 环境中认为是很严重的。

两种消息丢失的区别：

——灾难性的 EDI-UA、EDI-MS 或 MTA 故障；

——单个消息的丢失。

EDIME 用户和服务提供者可能需要更加周密地考虑 EDIM 责任域间的消息传送问题：

——来自始发 EDI-UA 用户域；

——中继的各域间；

——至接受者 EDI-UA 用户域。

C.2.4 信息改变

遵循 ITU-T X.402 附录 D 的规定。

C.2.5 拒绝服务

遵循 ITU-T X.402 附录 D 的规定。

C.2.6 否认

遵循 ITU-T X.402 附录 D 的规定。

EDIME 环境中的这种否认弱点被认为是很严重的。使用某些 MHS 服务(例如，自动转发和改向)时这种弱点还会增加。

C.2.7 信息的泄漏

遵循 ITU-T X.402 附录 D 的规定。

C.2.8 EDIMG 用户对信息的处置

EDI 共同体还附带地标识了另外的一种脆弱性，消息内容的完整性在 EDI 交换之后被修改(即由始发者 EDI-UA 和或接受者 EDI-UA 修改)。这种脆弱性包括的提交不可否认后，始发者本地存储中的消息内容的处理和/或投递的不可否认后接受者存储中的消息内容的处理。

C.2.9 其他脆弱性

ITU-T X.402 规定的其他脆弱性认为是很重要的，例如：

——错误路由的选择；

——错误投递(在改向的情况下尤其重要)；

——内部威胁；

——接受了 EDI 应用不准备的数据。

C.3 脆弱性的克服

ITU-T X.402 的第 10 章为消息传送提供了一种抽象的安全模型。这种安全模型提供了一种描述安全服务的框架，这些服务可用于克服 MTS 内和 MTS 用户至 MTS 用户间潜在的脆弱性。还可用 ITU-T X.402 现有模型之外的安全服务来克服 EDIMG 脆弱性。下面的章节描述如何使用 ITU-T X.402 的安全服务、ITU-T X.435 规定的增强型安全服务和本标准规定的各种普遍性机制来克服 EDIM 脆弱性。

C.3.1 假冒

能克服这种脆弱性现有的 MHS 安全服务是：

——消息源鉴别；

——安全访问管理；

——安全标记；

——投递证明；

——提交证明。

由于 EDI-UA/MS 在 MHS 结构中被看成是属于一个用户的，所以对 EDI-MS 可能执行的各种操作都提供选择性的访问控制认为是不合适的。但需要进行安全审计跟踪来记录在 EDIMG 用户的活动。

在本标准中，这种安全审计跟踪可作为普遍性机制来实现。

C.3.2 消息顺序

能克服这种脆弱性现有的 MHS 安全服务是：

——消息顺序的完整性。

这种安全服务以始发 EDI-UA 提供的整数为依据而不保证唯一性或连续性，因此它的作用是有限的。

考虑到 MHS 环境不应要求保证消息顺序的完整性，但应支持顺序完整性故障的检测(通过提供附加的审计日志设施和/或提供第三方公证人服务)。在本标准中考虑从顺序差错和消息拷贝中恢复是 EDIMG 用户的责任。

C.3.3 消息丢失

消息丢失可能潜在发生在端对端的消息传输链路上(例如，故意破坏活动)或由于任何 MHS 部件(EDI-UA、EDI-MS 和 MTA)的故障或不正确的行为(有意无意的)所致。

区别下列消息类型的丢失：

——灾难性消息丢失(即某部件出故障)；

——EDI-MS 中单个消息的丢失无论是有意的还是无意的；

——MTS 消息丢失。

C.3.3.1 灾难性故障

EDI-UA 故障超出本标准的范围。

EDI-MS 故障可能是灾难性的，需要某种保护，至少需要检测。这要求提供脱机存档来保存提交和投递的全部消息。在本标准中，使用这种存档机制检测并恢复消息丢失是本地的应用。

MTS 中任何部件出故障也同样可能是灾难性的，这同样可以脱机存档加以保护。至于使用 MTS 存档机制来存储消息检测并恢复消息丢失是本地的事情，超出本标准的范围。

C.3.3.2 EDI-MS 特定的消息丢失

在消息存储中单个消息的丢失(不管是有意无意的)都要求提供安全审计跟踪准许这种丢失进行检测。EDIMG 用户和 EDI-MS 管理需要提供此种服务。在本标准中，安全 EDI-MS 审计跟踪可作为普遍性机制来实现，并且是本地应用。

C.3.3.3 MTS 特定的消息丢失

在 MTS 中单个消息的丢失(不管是有意无意的)，也都应要求提供安全审计跟踪，对这种丢失进行检测。该机制视现行的安全政策，需以每个 MTA 和每个 MD 提供。MTA/MTS 审计跟踪可作为一种普遍性机制来实现，并且是本地应用。

C.3.3.4 端对端消息丢失

下面的描述假设 EDI-UA(包括实现这种功能的有关部件——例如,加密装置)的功能是可信的。

现有的"消息顺序完整性"服务不保证检测出消息丢失,因为它信赖于由始发 EDI-UA 提供的一个整数值。实际上,该服务的有效操作可通过 EDIMG 用户间的实际通用代码来获得,它超出本标准的范围。

因此,可提供消息丢失指示的 MHS 服务仅限于向始发 EDIMG 用户提供服务。尽管有的"提交和投递证明"服务提供了某种可信度,若消息没有丢失,则它们不进行端对端操作。尤其是,它们不考虑接受者 EDI-UA 和 EDI-MS 不是共置的情况。因此,仍需要接受(即通过接受者 EDI-UA)服务的证明。用户请求可能安全的 EDI 通知就可实现,这种能力是由可获得一个 EDI 通知请求的用户实现的。指出所接受、转发或拒绝的 EDIM 责任要素的 EDI 通知包括各种状态,这种要素将通知与主题消息联系起来。

在 EDIMG 环境中,使用现有的 MTS 安全要素签发 EDI 通知服务就可提供接受证明。尤其是在 EDI 通知提交给 MTS 时,可用 EDI-UA 到 EDI-UA 的"消息源鉴别"安全服务来签发 EDI 通知。在本标准中,EDIMG 环境中一种可信形式的 EDI 通知可提供接受证明。

注:该服务在 EDIMG 中,视提供机制的强度,被称为"EDI 通知证明"和"EDI 通知不可否认"。

在消息提交时,提供该服务的 MTS 机制在 ITU-T X.411 的 8.2.1.1.1.28"内容完整性检测"中是作为 MTS 提交抽象操作来定义的。在这种情况下,消息内容是 EDI 通知。主题消息和回复 EDI 通知间联系的证明,由主题消息 EDI 标识符提供。若包括在主题消息中,则有消息内容完整性检验变元。

C.3.4 信息的修改

能克服这种脆弱性现有的 MHS 安全服务是:

——连接完整性;

——内容完整性。

这些安全服务提供的保护措施足以防止消息内容被修改。还需注意的是,使用双信封(即在外信封上使用加密检验和)可提供附加的保护措施。

注:EDI-UA 在内容完整性方面是可信的实体。

C.3.5 拒绝服务

对 EDIMG 用户来讲,这是一种极严重的脆弱性,但超出本标准的范围。

C.3.6 否认

提供保护而防止在 EDIMG 环境中出现否认现象的各种服务,主要涉及 EDIM 责任转发的模型。

ITU-T X.402 规定的安全服务是:

——源的不可否认;

——提交的不可否认;

——投递的不可否认。

这些安全服务只涉及 EDIM 责任域间与传送的某些范围,它在 EDIMG 环境中是重要的(图 C.1 所示)。

本标准规定的各种服务和/或普遍性机制包括:

——传送不可否认证明;

——检索不可否认证明;

——EDI 通知不可否认证明;

——内容不可否认证明。

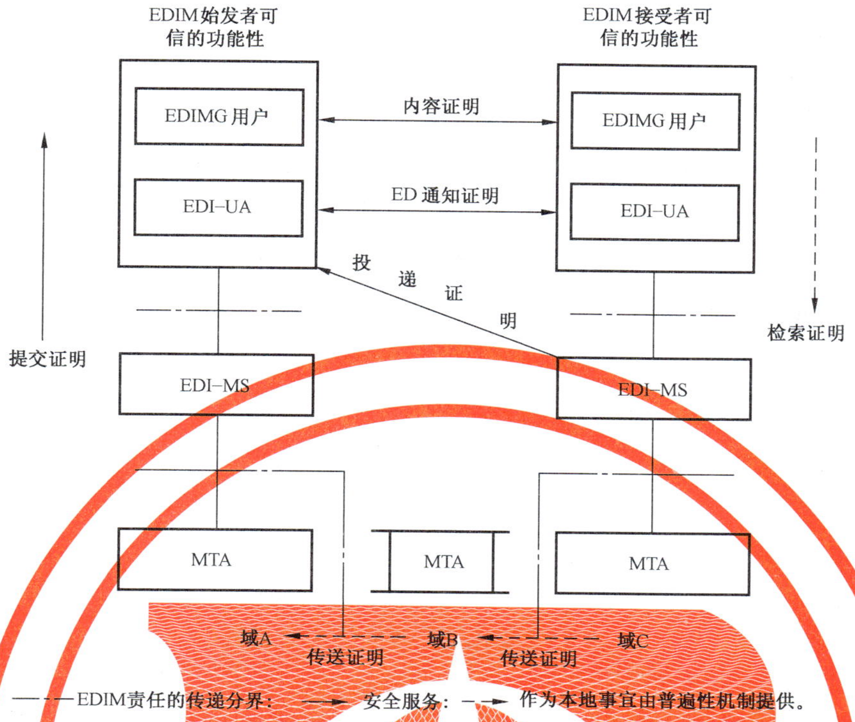

图 C.1 EDIM 责任传送

传送不可否认/证明可反击 MTA 和/或管理域间责任否认的这种脆弱性。EDIMG 环境可提供一种使用附加普遍性机制的服务，例如在 MTA 和/或 MTS 界内的安全登录和存档。这些普遍性机制可提供“安全审计跟踪”，记录消息细节和跟踪信息。

“检索不可否认/证明”可反击 UA 和 MS 间消息否认责任的这种脆弱性。EDIMG 环境可提供一种使用附加普遍性机制的服务，例如在 EDI-MS 内的安全登录和存档。这些普遍性机制可以提供“安全 EDI-MS 审计跟踪”，EDIMG 用户在 EDI 消息存储中的活动。

“EDI 通知不可否认/证明”可反击 EDI-UA 与 EDI-UA 间 EDI 通知否认的这种脆弱性。这种服务专用于 EDIMG，本标准提供了一种完整的解决办法。除了投递给不可信的 EDI 消息存储的情况外，在 EDI 转发和改向等情况下，这种脆弱性特别突出。

已为 EDI 通知不可否认规定了两种机制，第一种机制使用了上述可信的 EDI 通知，第二种机制使用外部公证系统。本标准只对可信的 EDI 通知作了全面规定。外部公证系统可能是将来标准化的课题。

“内容不可否认/证明”可克服 EDI-UA 接收消息后 EDIMG 用户处置信息的这种泄漏。尽管这种泄漏超出 MHS 环境，但 MHS 环境有助于指定返回可靠的内容和公证化服务。现有几种方式使用基于 1988 年提供的安全服务的安全消息处理环境来支持这种要求：

第一，始发 EDI-UA 内容不可否认可由现有的“源不可否认”安全服务提供。

第二，通过在 EDI 通知内返回主题内容，并采用“源不可否认”安全服务将 EDI 通知提交给 MTS，可提供给接受者 EDI-UA 内容的不可否认。

第三，采用公证化服务，通过相互信任的第三方公证人(即采用现有的 MHS 安全服务)转发消息就可获得这种服务。

所有的这三种方法都不需要修改基于现有的 MHS 建议的安全消息处理环境。

注：不可否认的服务(可能涉及第三方)可认为强于“证明”服务。

C.3.7 信息的泄漏

能克服这种脆弱性现有的 MHS 安全服务是：

——连接机密性；

——内容机密性；

——安全访问管理；

——消息流机密性。

这些安全服务提供充分防止消息内容泄漏的保护措施。还注意到，使用双信封能够提供防止某些业务量分析的保护措施。业务量截获超出这个工作领域的范围。

注：就内容和消息流机密性而言，UA 是可信的实体。

C.3.8 EDIMG 用户对信息的处置

使用“内容不可否认”的安全服务可以反击 EDIMG 用户处置信息。

C.3.9 其他脆弱性

使用“安全访问管理”和“安全标记”可反击其他所有的脆弱性。它也适用于 EDIMG 环境。此外，还需要审计和记账能力，至少需要“安全审计跟踪”，这可作为普遍性机制，它是本地的事宜。

C.3.10 其他 EDI 应用脆弱性

在 EDIMG 环境内，EDI 应用本身就可能受到安全威胁的破坏。为了反击这些脆弱性，EDI 应用期望产生它自身的安全服务和机制(例如，EDI 应用至 EDI 应用的签名)。这些 EDI 应用安全服务都是在 EDIMS 安全字段传送，纯粹作为 EDIMG 环境内的服务传送要素的信息，并可用于若干的包括消息恢复和不可否认的服务端对端业务。如何使用 EDI 应用安全服务是本地的事宜。

C.3.11 概要

本附录标识了各种 EDIMG 脆弱性和使用 1988 年有关 MHS 规范克服这些脆弱性需要各种安全服务，还规定了需要的相关服务要素。

EDIMG 可提供下列附加的普遍性机制：

——安全的 EDI-MS 审计跟踪；

——安全的 MT 审计跟踪；

——EDI-MS 存档；

——MTA 管理和路由信息的安全性。

目前本标准准许使用标准的对称权标和标准的非对称权标。使用可信的公证人系统可能是将来标准化的课题。

C.4 附加的普遍性机制

C.4.1 安全的 EDI-MS 审计跟踪

这路设施能监视并记录在消息存储动作上的 EDI-UA。它也提供对“检索证明”的支持。

本标准极力主张使用安全链或本地的其他安全设施来控制“安全 EDI-MS 审计跟踪”。在本标准中，“安全 EDI-MS 审计跟踪”只能作为普遍性机制来实现。上述各种普遍性机制可能是将来标准化的课题。

C.4.2 安全 MT 审计跟踪

该设施能监视并记录所有 MTA 活动还能提供对"提交证明"、"传送证明"、"投递证明"和 MTA 安全管理附加的支持。

在本标准中,安全 MT 审计跟踪可以作为普遍性机制来实现。

C.4.3 EDI-MS 存档

该机制可用于恢复 MS 故障,即对所有已提交和投递的全部消息进行安全的脱机存档是潜在有用的。使用该存档机制检测并恢复消息丢失是本地的应用。

C.4.4 MT 存档

该机制可用于恢复 MTA 故障,即对全部消息进行安全的脱机存档。使用该项存档机制检测并恢复消息丢失是本地的应用。

附 录 D
（规范性附录）
EDI命名、寻址和号码簿的使用

本附录描述的是EDI消息处理业务使用号码簿的情况。虽然任何EDI用户都可以使用号码簿，但本附录只限于EDIMG用户对号码簿的使用。

D.1 引言

本附录描述了EDIMG用户可从号码簿获得功能的情况（如果号码簿可用于EDIMG用户）。如果号码簿不可用，完成本附录所描述的这些功能可看作是本地的应用。

本附录包括下列课题：

a) 在D.2中的EDI命名；

b) 在D.3中对EDI建议的DIT结构；

c) 在D.4中的名分析；

d) 在D.5中的鉴别；

e) 在D.6中的能力评估。

D.2 EDI命名

EDI用户（贸易伙伴）之间通过实质上是一个任意字母数字字符串的“名”来相互标识。在本附录中，就给EDI名定义成这样一个字母数字字符串。EDI标准机构（例如EDIFACT和ANSI X.12）规定了具体的EDI名的实例。EDI名在一个特定的EDI共同体内通常是唯一的，但在全球范围内，就可能不是唯一的。

EDI共同体可有下列三者：

a) 工业集团（例如CEFIC，EDIFICE）；

b) 成为一个大公司的专门贸易集团；

c) 第三方的EDI业务提供者。

上述任一个共同体所使用EDI名可采用下列的形式之一：

a) 由国际公认命名授权机构（例如，DUNS、EAN、SIRET）颁布的形式化名，它是全球唯一的；

b) 由多国公司发布的形式化名，该名在公司的贸易共同体内是唯一的，多国公司在这个集团内就作为命名授权机构；

c) 由贸易伙伴自身指定的自由形式化名，仅服从起到命名授权作用的团体的组织和操作者作唯一性的检查。

注：目前，所有这些名字形式，EDIMG用户，都将维持一段时间，最终将向便于的唯一的命名过渡。

EDI标准准许有一个限定符合EDI名一起使用。限定符标识了指定和签发字母数字字符串的命名权威机构。使用EDI名和适当的限定符代码可以获得全球唯一的EDI名。

在EDI名中不含诸如营运国家的地理成分。

EDIMG用户尽可能少地发送带有地址信息的EDI交换。EDI名是一个长期存在的表态实体，不像地址那样可以随时改变。

D.3 对 EDI 建议的 DIT 结构

ITU-T X.521 附录 B 推荐了一些公用命名的惯例和 DIT 的结构，在 DIT 结构中，地区、国家和根可以直接位于客体类别组织登录项之上。

直接位于根之下的组织表明量个国际组织。在 D.2 中标识的共同体进行国际间的工作，因此，这些共同体的多数都被归类为国际组织。

所建议的号码簿结构是把每个持有 EDI 名的团体置于某组织之下进行分组，该组织是这些团体（如公司、工业集团和服务提供者）的授权命名机构。在这种情况下，与每个 EDI 名相关的登录项是一个别名登录项。EDIMG 用户的真正登录项在 DIT 的各个位置上，如 D.4 中所述。

图 D.1 举例说明一个能适应 EDI 共同体要求的 DIT 结构。产生了一个新的类属客体类别“EDI 用户”。它的登录项的属性标识了 EDIMG 用户名、它们存在的范围、EDIMG 用户的能力以及按 ITU-T X.402 中规定的信息处理用户的属性。

注：图 D.1 说明按照 ITU-T X.435 附录 J 规定的客体类别 EDI 用户所表示的信息树 DIT。

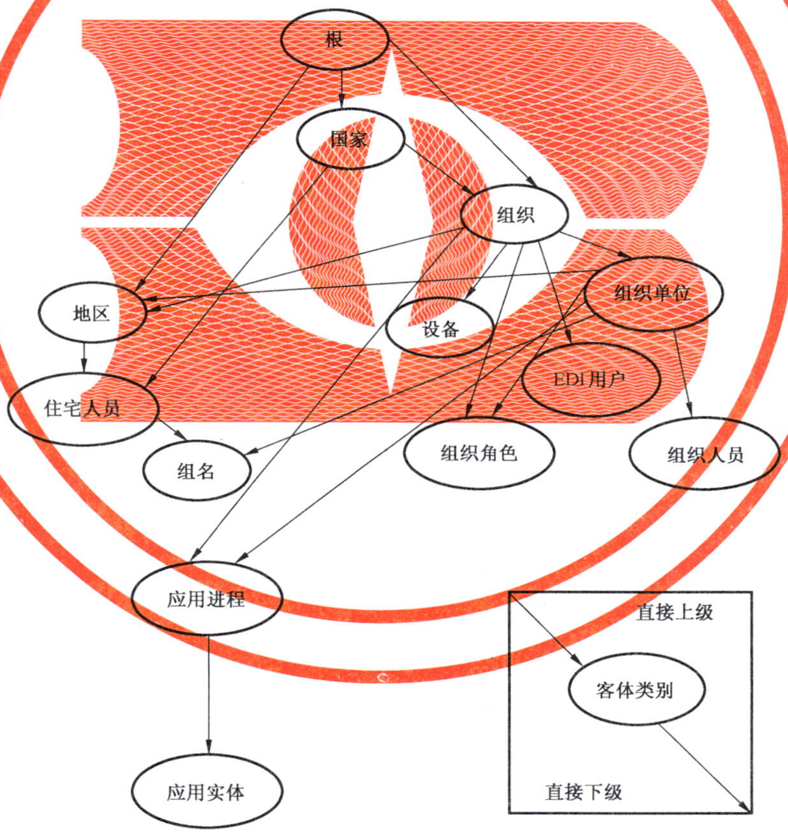

图 D.1 EDI 要求的 DIT 结构

D.4 名分析

EDIMG 用户可以利用号码簿，获得与另一个 EDIMG 用户相对应的 EDI-UA 的消息处理的 O/R 名地址。在 ITU-T X.402 的第 22 章中将此进程规定为“名分析”。

为了获得与拥有号码簿名的 EDIMG 用户相应的 EDI-UA 的消息处理 O/R 地址，该 EDIMG 用户需把它的号簿名呈现给号码簿,并从号码簿属性中得到消息处理 O/R 地址。

为成功地做到这点,EDIMG 用户需向号码簿证实自己,并有权访问所需要的信息。

号码簿名可包括相对识别的,EDI 名。按 ITU-T X.501 的附录 E 的 E.1 中的规定,可把 EDI 名认为是"用户友好名"。

图 D.2 与图 E.1 相类似,说明了 EDI 名的一个例子。无论何时,EDI-UA 需要访问一个 EDIMG 用户的号码簿登录项时,需要使用 DUA 业务,它将构建登录项的识别名。该识别名应包括 EDI 名,发布 EDI 名组织名或命名的授权机构的组织,如果需要,还包括这些组织所属的国家名。EDIMG 用户如何获得 EDI 名,是本地的应用。EDIMG 用户将 EDI 名传递给 EDI-UA,再从 EDI-UA 应传给 DUA。当 EDI 名是全球唯一时,可从 EDI 名的限定符中引出组织名,如需要,引出国家名。当 EDI 名不是全球唯一时,EDIMG 用户或 EDI-UA 应得到组织名,如需要,可通过其他方法得到国家名。

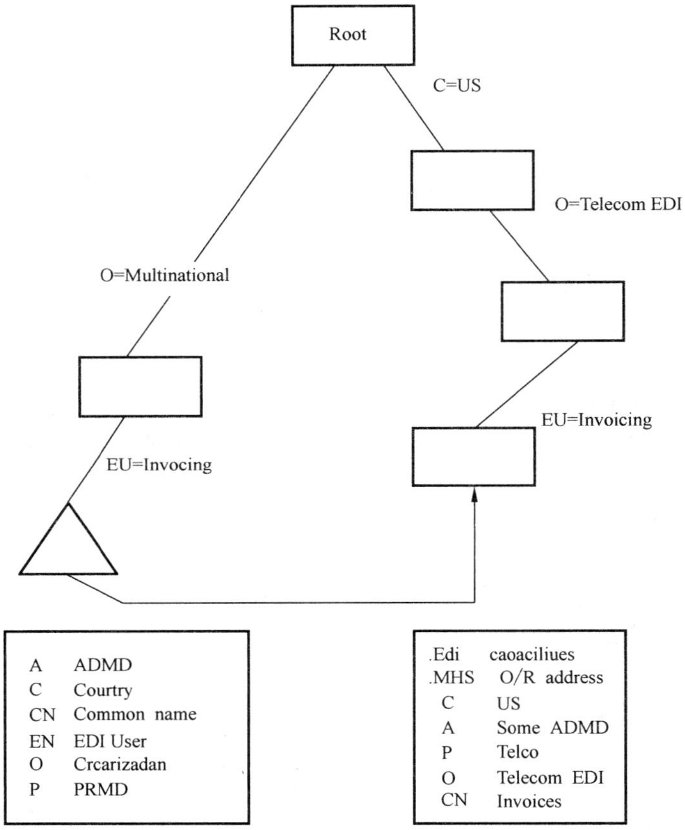

图 D.2 一个别名例子

可用别名直接检索一个特定的登录项,例如,为了提取消息处理的 O/R 地址,用带有组织名和 EDI 名进入号码簿。图 D.2 所示,用名(O=Multinational,EU=Inuoicing)标识 EDI-UA。也可以用(C=US,O=TcomEDI 和 EU=Invoicing)标识 EDI-UA。两上 EDIMG 用户名归结为同一消息处理 O/R 地址(C=US,A=Some ADMD,P=Telco,O=Telecom EDI 和 CN=Invoices)。

图 D.3 说明,如果此组织不是国际组织,那么使用 EDIMG 用户也可用名字成分中的国家名来访问。

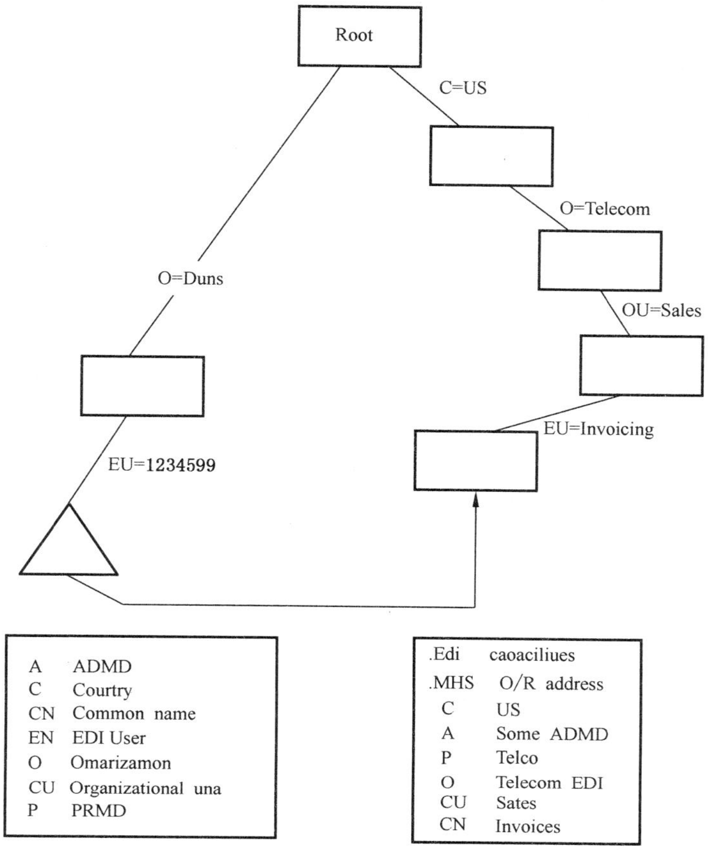

图 D.3 一个面向国家的别名例子

D.5 鉴别

EDIMG 用户可以利用存储在号码簿中的信息完成鉴别。在 ITU-T F.400/X.400 和 ITU-T X.500 中规定了其用法。

D.6 能力评估

一个 EDIMG 用户可以通过号码簿对另一个 EDIMG 用户的能力进行评估。例如，能力评估准许 EDIMG 用户决定其他 EDIMG 用户是否能处理一个特定的版本或发行一份 EDI 文件。

号码簿的下列属性表示了在消息传输业务中的 EDI 能力。

a) 标准；

b) 标准版本；

c) 标准语法标识符；

d) 文件类型；

e) 文件版本；

f) 文件发行；

g) 控制代理；

h) 相关分配码；

i) EDI 字符集。

为了评估拥有号码簿名的 EDIMG 用户的特定能力，该 EDIMG 用户就要将它的名字呈现给号码簿，并从号码簿属性中请求 EDI 能力。

为成功地做到这点，EDIMG 用户应首先向号码簿证实自身，并对请求信息具有访问权。

附　录　E
（规范性附录）
交叉参考的综述

EDIMG用户需要参考EDI交换内的其他信体部分。例如，EDI购货单可能涉及EDIM或另一消息内另一信体部分包含的附图。服务要素“交叉参考信息”可以用来满足这种要求。该服务要素相当于专门用来设计包含参考信息的EDIM标题字段。EDI用户可任意选择应用交叉参考ID。EDI-UA然后使用EDIMG用户提供的信息将交叉参考ID与全球唯一的信体部分ID配对，并将这两者存入交叉参考标题字段中。

信体部分的标识符可以采用不同的形式。如果信体部分包含在EDIM内，它可以是EDIM内信体部分的顺序号。如果信体部分包含在某个其他的EDIM或IP消息内，它将有关EDI消息ID或IP消息ID和信体部分编号拼接起来形成的全球的标识符。

EDIMG用户希望信体部分能在与EDI交换中的应用交叉参考互相联系起来，这样它就能使用应用交叉参考ID来对交叉参考信息进行查阅。它找出数据中相应的信体部分ID，并用它来定位并摘取该信体部分。

当EDIM用户请求EDI-UA产生EDIM时，就要给EDI-UA提供为创建交叉参考所需的信息。同样，在处理收到的EDIM时，EDIMG用户也可以使用交叉参考数据。

为了便于参考，图E.1示出了所提出的机制。在这个例子中，包含附图信体部分2是从主信体部分中EDI交换内引用的，这样就能使购货单中的特定的行项与工程图纸互相联系起来。这里的应用参考ID是“12345”。

若EDIM不加改变地或不增加信体部分的转发，则所有的交叉参考信息者有效，最后的接受者EDI-UA可以采取适当的动作。

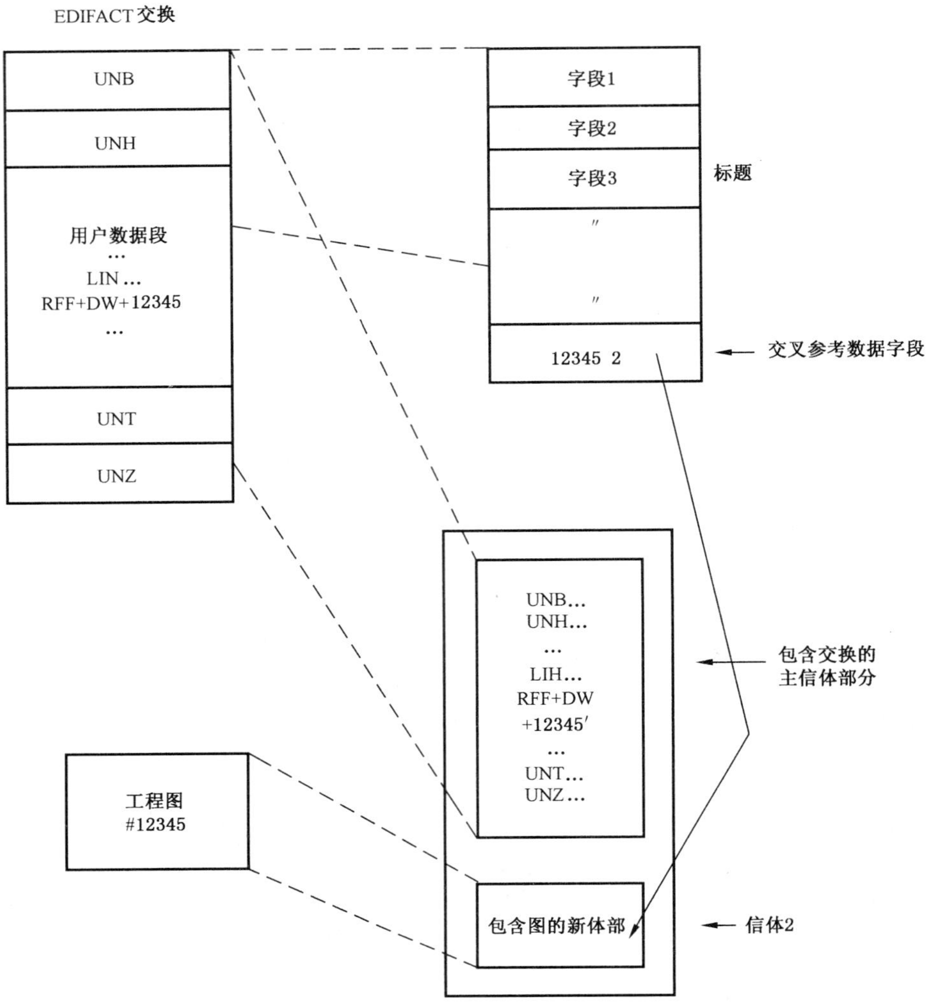

图 E.1 在 EDI 消息处理中的交叉参考

ICS 47.020.50
R 55

中华人民共和国国家标准

GB/T 16560—2011
代替 GB/T 16560—1996,GB 17868—1999

甲板减压舱

Deck decompression chamber

2011-07-20 发布　　2011-12-01 实施

中华人民共和国国家质量监督检验检疫总局
中国国家标准化管理委员会　发布

前言

本标准按照 GB/T 1.1—2009 给出的规则起草。

本标准代替 GB/T 16560—1996《甲板减压舱》和 GB 17868—1999《加压舱消防安全技术要求》。

本标准与 GB/T 16560—1996 相比,主要变化如下:

——修改了甲板减压舱定义(见 3.1);

——对甲板减压舱进行了新的分类(见第 4 章);

——增加了卫生设施具体安全要求(见 5.3.3);

——增加了对舱室深度(压力)表的要求(见 5.3.5);

——增加了加减压管路、补氧管路和软管的设置要求(见 5.4.1.2、5.4.2.9);

——增加了Ⅱ类甲板减压舱控制室的要求(见 5.4.3.1);

——增加了舱内水灭火装置要求(见 5.3.13.2);

——增加了对进舱电机的安全要求(见 5.5.1.5)。

本标准与 GB 17868—1999 相比,主要变化如下:

——仅保留了与舱室有关的消防安全要求,删除了与建筑有关的消防安全要求(见 5.3.13)。

本标准由中华人民共和国交通运输部提出。

本标准由交通运输部救捞与水下工程标准化委员会归口。

本标准起草单位:上海打捞局芜湖潜水装备厂。

本标准主要起草人:洪力云、程红一、蒋巍、柯文海、尹可顺、许胜华、喻晓春、方光才、葛平、蔡涛。

本标准所代替标准的历次版本发布情况为:

——GB/T 16560—1996;

——GB 17868—1999。

甲 板 减 压 舱

1 范围

本标准规定了甲板减压舱产品的分类、要求、试验方法、检验规则、标志及使用说明和包装、运输及贮存。

本标准适用于各种钢制甲板减压舱。

2 规范性引用文件

下列文件对于本文件的应用是必不可少的。凡是注日期的引用文件，仅注日期的版本适用于本文件。凡是不注日期的引用文件，其最新版本(包括所有的修改单)适用于本文件。

GB/T 191 包装储运图示标志
GB 3836.4—2010 爆炸性环境 第4部分:由本质安全型"i"保护的设备
GB/T 7134 浇铸型工业有机玻璃板材
GB 9706.1—2007 医用电气设备 第1部分:安全通用要求
GB/T 12243 弹簧直接载荷式安全阀
GB 18435 潜水呼吸气体及检测方法
GB 50222 建筑内部装修设计防火规范
CB 3022 外螺纹空气信号安全阀
HG 20202 脱脂工程施工及验收规范
JB/T 4730.1 承压设备无损检测 第1部分:通用要求
JB/T 4730.2 承压设备无损检测 第2部分:射线检测
JB/T 4730.3 承压设备无损检测 第3部分:超声检测
JB/T 4730.4 承压设备无损检测 第4部分:磁粉检测
JB/T 4730.5 承压设备无损检测 第5部分:渗透检测
JT/T 742 200 m 氦氧饱和潜水气体配置要求
中国船级社《潜水系统和潜水器入级与建造规范》(1996)
中国船级社《材料与焊接规范》

3 术语和定义

下列术语和定义适用于本文件。

3.1

甲板减压舱 deck decompression chamber

安装在船舶或海上平台上，供潜水从业人员居住并能控制舱内外压力差的装置。

3.2

主舱 main chamber

甲板减压舱内配有必要的生活设施，供潜水从业人员使用的舱室。

3.3

过渡舱 transfer chamber

供潜水从业人员从不同压力环境中出入主舱时使用的压力平衡舱室。

3.4

递物筒 medical lock

为舱内外送递物品而专门设置的专用装置。

3.5

生命支持系统 life support system

供潜水从业人员安全生存所必需的供气系统、呼吸装具、加减压设备和环境控制系统。

3.6

呼吸阻力 breathing resistance

当舱内人员带上呼吸装具，呼气时由呼吸装具引起的阻力总和称呼气阻力。吸气时由呼吸装具引起的阻力总和称吸气阻力。两者统称呼吸阻力。

3.7

舱内照度 lighting in chamber

舱内无自然光照明、电源电压为正常工作状态下的舱内光照度。

3.8

呼吸气体 breathing gas

舱内人员在压力环境下所呼吸的气体。

3.9

内置式呼吸装置 built in breathing system (BIBS)

设置在舱室内，由舱外管道直接向其提供和排放呼吸气体的呼吸装具。

3.10

声力电话 sound powered phone

运用声能实现通讯功能的电话。

4 分类

根据潜水方式不同，甲板减压舱分为两类：

——Ⅰ类指用于常规潜水的甲板减压舱；

——Ⅱ类指用于饱和潜水的甲板减压舱。

5 要求

5.1 一般要求

设计和制造应符合本标准、中国船级社《潜水系统和潜水器入级与建造规范》和中国船级社《材料与焊接规范》及其修改通报中的有关规定，以及有关潜水安全规程的要求。

5.2 舱体

5.2.1 舱室数量

5.2.1.1 甲板减压舱至少具备两个舱室，即主舱和过渡舱。

5.2.1.2 主舱应至少能容纳两名人员。

5.2.2 舱室尺寸

5.2.2.1 Ⅰ类甲板减压舱舱体内径应不小于 1 300 mm。

5.2.2.2 Ⅱ类甲板减压舱舱体内径应不小于 2 100 mm。

5.2.3 舱门

5.2.3.1 门孔的内径应不小于 600 mm。

5.2.3.2 舱室之间应有中间隔离门，允许舱室之间存在压力差。在中间隔离门上应装有平衡阀和防堵塞装置。

5.2.3.3 门的锁紧机构应能从门的两侧进行操作。

5.2.3.4 舱门在打开状态应有固定装置。

5.2.3.5 每扇舱门上应有编号。

5.2.4 观察窗

5.2.4.1 每个舱室都应设有观察窗，观察窗数量应能满足舱外人员可以看到舱内每一个人的情况。

5.2.4.2 观察窗的透光直径应不小于 150 mm。

5.2.4.3 观察窗的设计、制造以及耐压试验应符合中国船级社《潜水系统和潜水器入级与建造规范》的规定；透光材料应为聚甲基丙烯酸甲酯(以下简称有机玻璃)，并应符合 GB/T 7134 中的要求。

5.2.4.4 观察窗有机玻璃的使用年限为 10 年，在使用过程中，有机玻璃上出现银纹等异常现象则应及时更换。

5.2.4.5 观察窗表面应有保护措施以防止有机玻璃受损，观察窗有机玻璃严禁与油漆、丙酮等有机溶剂接触。

5.2.5 递物筒

5.2.5.1 Ⅰ类甲板减压舱至少应在主舱上设置递物筒。

5.2.5.2 Ⅱ类甲板减压舱每个舱室至少设置一只递物筒。

5.2.5.3 递物筒的内径通常应不小于 300 mm。舱体内径小于 1 800 mm 的舱室，递物筒内径应不小于 240 mm。

5.2.5.4 采用快开式外开门的递物筒上应设置安全联锁装置，其锁定压力应不大于 0.02 MPa，复位压力应不大于 0.01 MPa。

5.2.5.5 递物筒上应设置压力表，其量程应与舱室压力表量程一致，精度应不低于 2.5 级。

5.2.5.6 递物筒上应设置平衡阀，并有防堵塞装置。

5.2.6 对接装置

5.2.6.1 Ⅱ类甲板减压舱应具备与潜水钟和其他舱在压力状态下快速对接与分离的装置，对接装置通道应满足潜水员出入要求。

5.2.6.2 采用电动、气动或液压操作的快速对接装置，应配置手动操作机构，且应设有压力联锁装置。

5.2.7 穿舱件

5.2.7.1 舱体上应设置足够数量的穿舱件，便于管道和电缆的进出。

5.2.7.2 穿舱件应采用不锈钢或铜质材料。

5.2.8 安全阀

5.2.8.1 每个舱室上至少设有一只安全阀，主舱室一般设置不少于两只安全阀。

5.2.8.2 安全阀与舱室之间应安装一个手动速闭阀，并以易断金属丝固定在开启状态，其位置应便于人员操作。

5.2.8.3 舱室安全阀应符合 CB 3022 或 GB/T 12243 的规定。

5.2.9 焊接

5.2.9.1 舱体的焊接应符合中国船级社《材料与焊接规范》及其修改通报有关规定。

5.2.9.2 舱体焊缝无损检测见表 1 规定。舱体同一部位的缺陷修补一般不得超过两次，修补完毕后应重新进行无损检测。

表 1 无损检测要求

无损检测方法	射线检测	超声检测	表面检测
依据和合格级别	JB/T 4730.2 Ⅱ级	JB/T 4730.3 Ⅰ级	JB/T 4730.4 或 JB/T 4730.5 Ⅰ级
舱体上对接焊缝	100%	—	—
舱体上全焊透角焊缝	—	100%	—
抽查全部焊缝	—	—	10%
开孔处或接管处的加强焊缝	—	—	100%

5.2.10 耐压性能

对制成或装配完毕的甲板减压舱舱体应以最高工作压力的 1.5 倍进行液压试验，舱体上无渗漏、无可见变形、试验过程中无异常响声；对抗拉强度规定值下限大于等于 540 MPa 的材料，表面无损检测抽查未发现裂纹。

如果观察窗的有机玻璃与本体一起试验，则试验介质温度至少比观察窗设计温度低 14 ℃，但不得低于 4 ℃。加、减压速度不得超过 0.2 MPa/min。

管系及安装件应以 1.5 倍管路设计压力进行液压试验，不得出现渗漏现象。

5.2.11 气密性要求

甲板减压舱总体及管道的气密性要求见表 2 的规定。

表 2 气密性要求

部位	压力/MPa	泄漏率	试验介质
与加压气源相连的管道	该管道系统最高工作压力	≤1.0%/4 h	空气
呼吸气和补氧系统管道	该管道系统最高工作压力	≤1.0%/4 h	氮气
总体气密性	舱室最高工作压力	≤1.0%/4 h	空气
	0.03	≤1.0%/4 h	空气

气密性试验介质宜采用正常工作时使用的气体。

5.2.12 涂装

5.2.12.1 舱体及其配套的容器内壁的涂料应采用无毒型涂料，如食品容器漆或饮水舱漆等。

5.2.12.2 Ⅱ类甲板减压舱外部应有隔热材料防护层。

5.3 舱内设施

5.3.1 舱室地板

5.3.1.1 舱室内应配有地板，安置高度应便于人员活动。

5.3.1.2 舱内的地板应进行可靠的固定，防止滑动和撞击。位于舱底排水口处地板应方便打开。

5.3.1.3 地板应采用不易产生火花和防滑的材料。

5.3.2 床铺

5.3.2.1 Ⅰ类甲板减压舱的主舱应能在地板上铺放床垫。

5.3.2.2 Ⅱ类甲板减压舱的主舱应按额定人数配备床铺，每个床铺的长度不得短于 1 800 mm。

5.3.2.3 舱内的床铺应进行可靠的固定，防止滑动和撞击。

5.3.3 卫生设施

5.3.3.1 Ⅱ类甲板减压舱的过渡舱内应设有卫生设施，满足舱内人员长时间居住要求。

5.3.3.2 洗漱和淋浴设施供水应冷热水分开。

5.3.3.3 在卫生设施通向舱外的排放管道上应有污水罐，且污水罐进出口应设置相互联锁装置。

5.3.3.4 采用座便器的，座便器本体与座垫之间应有足够的空隙，且座便器盖启闭和座便器排放阀之间应设有联锁装置。

5.3.4 舱底积水排放阀

舱外应设舱底积水排放阀，放水口应设在舱体最低位置。

5.3.5 深度(压力)表

每个舱室内至少应配有一只显示舱内压力的深度(压力)表。

5.3.6 温度计

每个舱室内至少应配有一只温度计。

5.3.7 湿度计

Ⅱ类甲板减压舱每个舱室内至少应配有一只湿度计。

5.3.8 消音装置

每个舱室内的供气加压管道的出口端应配有消音装置。

5.3.9 取样口

舱内应设取样口，其位置在舱室任意一侧的中下部，有装饰层时，应伸出装饰层板外。取样口应采取有效保护措施，防止污物堵塞。

5.3.10 医疗急救箱

Ⅱ类甲板减压舱主舱内应设有医疗急救箱。

5.3.11 电源切断装置

Ⅱ类甲板减压舱舱室内应设置进舱电源切断装置。

5.3.12 标识

舱内外每个控制阀门、仪器、仪表和进出舱壁的管道应配有标识，标明其用途或工作状态。

5.3.13 消防

5.3.13.1 进舱口应醒目标识禁火标记。舱内应设置能在高压条件下使用的无毒灭火器材，并能对舱内各部位进行有效的灭火。

5.3.13.2 Ⅰ类甲板减压舱宜设置水灭火装置，在舱内发生火灾时，该装置应能从舱内和舱外任意一侧开启向舱内地板均匀喷水，喷水强度应不小于 50 $L/m^2 \cdot min$；水灭火装置的供水能力应能满足同时向各舱室供水至少 1 min 的水量，喷水动作的响应时间不大于 3 s。

5.3.13.3 水灭火装置的供水管路及阀件应选用耐腐蚀的铜材或不锈钢材料，压力水柜应配置液位指示器，配套容器的内部应作防锈涂层处理。

5.3.13.4 舱内装饰应选用 GB 50222 中规定的 A 级或 B1 级材料；舱内床、椅的包覆面料应经阻燃处理。

5.3.13.5 消音装置应采用 GB 50222 中规定的 A 级材料制造。

5.4 生命支持系统

5.4.1 储气系统

5.4.1.1 气源气体成分应符合 GB 18435 中的规定。Ⅰ类甲板减压舱应有空气和氧气储气系统，用于氦氧混合气潜水时，应备有治疗用混合气；Ⅱ类甲板减压舱应有空气、混合气和氧气储气系统。

5.4.1.2 甲板减压舱至少应有两组独立并可切换使用的加压气源、两组呼吸气源，Ⅱ类甲板减压舱至少还应有一个补氧气源。

5.4.1.3 储气系统的储气压力、有效储气量和储存方式应满足甲板减压舱预期任务的要求。Ⅰ类甲板减压舱每组加压气源至少满足两次供所有舱室加压至 0.5 MPa 压力，Ⅱ类甲板减压舱每组加压气源可根据预期任务，按 JT/T 742 配备。

5.4.1.4 储气系统应通过供气管路与甲板减压舱的有关控制面板连接。

5.4.2 管道与阀门

5.4.2.1 舱体上的每个进出舱壁的管道，应在壳体的内外设置阀门，必要时其中一个阀门应为止回阀。舱内进气管路出口应安装“T”形部件或防护装置，并应有气体扩散通道。

5.4.2.2 舱室内外所有管道应布排有序。

5.4.2.3 加减压管路以及相连的阀和过滤器的工作压力、通径应满足供排气速率的要求。

5.4.2.4 硬质管道应采用不锈钢管或铜管。阀门应用钢阀、铜阀或不锈钢阀。

5.4.2.5 氧气阀门应用铜阀或不锈钢阀。

5.4.2.6 3.45 MPa 以上的管路和 0.8 MPa 以上氧气管路上的阀门应采用渐开式阀门。

5.4.2.7 氧气管路和管路附件安装前应作脱脂处理，并符合 HG 20202 的要求；氧浓度超过 23%的管路，应按氧气管路处理。

5.4.2.8 氧气和氧浓度超过 23%的混合气输送压力应不大于 4 MPa，减压器应刚性的连接在气瓶或气瓶组上。

5.4.2.9 储气系统、控制面板和舱体之间的连接管道应尽量采用硬管,如采用软管相连,软管应具有认可型的管接附件,软管爆破压力应不小于管路设计压力的 4 倍。

5.4.2.10 每根软管应经液压试验,试验压力应不小于设计压力的 1.5 倍。

5.4.2.11 管道、管件及阀门安装前应以 1.5 倍设计压力作耐压试验。

5.4.3 控制室配置要求

5.4.3.1 Ⅱ类甲板减压舱应设有控制室,控制室的控制面板应针对每个舱室有独立的分区。控制室内照明应充分,平均照度大于 65 lx,并具有应急照明。

5.4.3.2 应能保护室内工作人员免受气候和其他因素(如物体坠落、有害气体)的影响或伤害,通风良好。

5.4.3.3 应有测量控制室内氧浓度的氧分析仪,并具有氧浓度高低声光报警功能。

5.4.3.4 如设有气体储存室,其氧浓度高低声光报警应转接到控制室内。

5.4.3.5 控制室或其附近应有船舶报警装置。

5.4.3.6 应有消防设备和应急消防呼吸面罩。

5.4.4 控制面板布置

5.4.4.1 控制面板上的管路与电缆应分开布置,信号电缆与动力电缆也应分开布置。

5.4.4.2 控制面板应与潜水控制面板分开。

5.4.4.3 控制面板上应设有各种气源压力表、舱室深度(压力)表。

5.4.4.4 控制面板上可采用电动或气动操作进行舱室加减压,但应配备一套手动操作的加减压系统。

5.4.4.5 重要的阀门和减压器应能被切断隔离,并有替代。

5.4.4.6 控制面板上应设置舱室呼吸气体供给阀和补氧阀。

5.4.4.7 控制面板上应设置舱内气体取样装置。

5.4.4.8 控制面板上应配有舱室气体氧分析仪。

5.4.4.9 Ⅱ类甲板减压舱控制面板上还应设置每个舱室的二氧化碳分析仪。

5.4.4.10 温度调节装置的控制部分可设在控制面板上,也可设在其他电气控制面板上。

5.4.4.11 控制面板上一般设有舱内温度计。

5.4.4.12 Ⅱ类甲板减压舱的控制面板上应设有舱内湿度计。

5.4.4.13 照明系统的控制装置一般设在控制面板上,也可设在其他电气控制面板上。

5.4.4.14 控制面板与舱内应有双通道有线对讲装置和应急呼叫装置。

5.4.4.15 控制面板上应备有定时钟,24 h 误差不得超过 1 min。

5.4.4.16 控制面板上仪表显示应易于观察,阀件应便于操作,阀门及仪器仪表都应标识功能和状态,管路有路径标识。

5.4.5 舱室压力控制系统

5.4.5.1 控制面板应能与需要的各种气源连接。气源供气管路上应设置供气阀,供气阀上游管路上应配置止回阀。

5.4.5.2 供气阀上游应配置气源压力表。

5.4.5.3 如设置气源气体预分面板,预分面板上应有与气源供气管路连接的气体输入阀、气源压力表,以及与控制面板连接的气体输出管路和气体输出阀。

5.4.5.4 控制面板上应设置对每个舱室的加压管路:

a) 每个舱室至少有两套独立的加压管路,两套加压管路不应使用同一个加压气源;

b) 如果几种气体共用控制面板上同一根加压管路,应安装止回阀和放气阀;

c) 加压管路和加压阀的通径应满足加压速率 0.3 MPa/min 的要求，以供气余压 0.8 MPa 计算；

d) 加压管路出口端应配置消音装置，舱内最大供气噪声不得大于 90 dB(A)，平均供气噪声不得大于 65 dB(A)。

5.4.5.5 控制面板上应设置对每个舱室的减压管路：

a) 每个舱室至少有一套独立的通过控制面板进行减压的减压管路；

b) 每个舱室应有两个以上的减压阀，至少其中一个与控制面板减压管路连接；

c) Ⅱ类甲板减压舱控制面板的减压管路应具有几个口径不同的减压阀，通径应满足主舱最大减压速率 0.08 MPa/min，过渡舱最大减压速率 0.1 MPa/min 的要求；

d) 进气口与排气口应有效隔离，避免气体短路，减压管路出口不得连接到封闭空间。

5.4.5.6 控制面板上应设置对每个舱室的深度(压力)进行单独监测的管路，不得切换使用。

5.4.5.7 每个舱室至少配置两个深度(压力)表，精度分别不低于 1.6 级和 0.4 级，直径不小于 150 mm，使用范围不应超过最大量程的 2/3；Ⅱ类甲板减压舱减压最终阶段使用的深度(压力)表的刻度分隔不得超过 0.5 m。数字式深度(压力)表显示 m 或 ft 应精确到小数点后一位数。量程不同的深度(压力)表之间应有隔断阀。

5.4.5.8 在各舱室之间应设置压力平衡管路和阀件。

5.4.6 内置式呼吸装置

5.4.6.1 控制面板上应设置为每个舱室独立供给呼吸气体的阀门和管路，阀门和管路的通径应满足舱室满员时使用内置式呼吸装置呼吸的要求，按供气压差 0.8 MPa、耗气量每人 45 L/min 计算。

5.4.6.2 如果几种呼吸气体共用控制面板上一根管路，管路上应安装止回阀和放气阀。

5.4.6.3 当供给呼吸气体管路上设置压力调节器时，调节器上下游应有压力表。Ⅱ类甲板减压舱应设置可自动保持供气压差的压力调节器。

5.4.6.4 舱内应有内置式呼吸面罩，数量应满足舱室额定人数，主舱内至少还应有一套备用。面罩吸气阻力不小于－400 Pa，呼气阻力不大于 300 Pa，呼出气应排至舱外。

5.4.7 舱室气体成分监测控制系统

5.4.7.1 控制面板上应能对每个舱室的氧气和二氧化碳成分进行监测。

5.4.7.2 控制面板上应有氧分析仪，氧分析仪应有声光报警功能。氧分析仪的示值与实际值的偏差不应超过量程的 3%，报警误差不应超出示值的 1%。

5.4.7.3 Ⅱ类甲板减压舱控制面板上还应有二氧化碳分析仪。该分析仪的示值与实际值的偏差不应超过量程的 3%。

5.4.7.4 如果几个舱室共用一套分析仪，应有切换装置。

5.4.7.5 Ⅱ类甲板减压舱每个舱室应有补氧管路。采用自动补氧方式时，应有旁通手动补氧管路。采用手动补氧方式时，补氧管路应配置流量计。补氧管路不得向舱内泄漏氧气。

5.4.7.6 补氧管路通径应满足维持舱室氧分压(40～120)kPa 的要求，以供气余压为 0.8 MPa 计算。舱内补氧管路出口位置应有利于氧气扩散。

5.4.7.7 Ⅱ类甲板减压舱每个舱室应有二氧化碳吸收装置，应能满足在舱室满员的条件下，舱内二氧化碳分压不大于 500 Pa 的要求。二氧化碳吸收装置应由耐腐蚀材料制造。

5.4.7.8 取样口的位置不能靠近舱内补氧管路出口和二氧化碳吸收装置。

5.4.8 舱室温湿度监测控制系统

5.4.8.1 Ⅱ类甲板减压舱应设置对舱室温度进行控制的调节装置。Ⅰ类甲板减压舱如设置舱室温度调节装置，温度调节装置的室内机电机应设置在舱外。

5.4.8.2 温度调节装置应满足在满员条件下，在 24 ℃～32 ℃范围内按设定值保持舱室温度，稳压时温度变化率应不大于 3 ℃/min。温度计示值与实际舱内温度允许差为±2 ℃。

5.4.8.3 Ⅱ类甲板减压舱应设置舱内湿度调节装置，满员条件下，能满足在 40%～70%范围内按设定值保持舱室相对湿度。湿度计示值与实际舱内湿度允许差为±10%。

5.4.8.4 Ⅱ类甲板减压舱湿度调节装置室内机电机可设置在舱内，但应符合 5.5.1 的规定。

5.4.8.5 温湿度调节装置舱内噪声应低于 60 dB(A)。

5.4.9 通信系统

5.4.9.1 每个舱室应有与控制面板进行双向语音有线通讯装置。

5.4.9.2 每个舱室应有应急呼叫装置，并带有声光显示报警和复位。

5.4.9.3 Ⅱ类甲板减压舱还应有备用通讯装置，如声力电话。

5.4.9.4 Ⅱ类甲板减压舱的主通讯系统应配备氦氧电话。

5.4.9.5 Ⅱ类甲板减压舱每个床铺应配置一套头戴式通讯装置。

5.4.9.6 Ⅱ类甲板减压舱递物筒舱外侧应有与控制室进行通讯的有线电话。

5.4.9.7 Ⅱ类甲板减压舱控制室应有与潜水控制室、递物筒外侧、高压逃生舱释放操作点、储气区域等进行双向语音对话的通讯装置。

5.4.10 视频监控系统

5.4.10.1 甲板减压舱宜配备对舱室内部进行视频监控的装置，摄像头一般设置在舱外。

5.4.10.2 Ⅱ类甲板减压舱递物筒外侧应配备视频监控装置，并可以在控制室内进行视频监控。

5.4.10.3 视频监控显示屏可切换使用。

5.5 电气系统

5.5.1 总体要求

5.5.1.1 由不同电压供电的线路，布线应彼此分开。

5.5.1.2 舱外的布线应采用铠装电缆或穿管敷设。

5.5.1.3 不得利用减压舱的金属结构作为动力、加热和照明电的载流导体。

5.5.1.4 承压环境中的电气设备，应在加压、减压过程中不会损坏。

5.5.1.5 舱内电机应为全封闭型，且封闭空间内应充以不小于舱内最大工作压力的惰性气体。工作表面温度小于 120 ℃。

5.5.1.6 舱内电气设备的允许电压应不得超过 24 V；使用手提(包括电池供电)的电器或电子设备，或永久性安装在舱内的探测器、通讯设备、信号装置、报警器或遥控设备应符合下列条款中的一条：

a) GB 3836.4—2010 中 5.2 的规定；

b) GB 9706.1—2007 中第 40 章的规定；

c) 全密封，内充惰性气体，温度超过 120 ℃或内部压力降超过初始压力的 10%时能自动切断电源；

d) 扬声器和耳机等通讯设备，电源电压不超过 24 V 且功率不超过 0.25 W。

5.5.1.7 绝缘电阻应符合以下要求：

a) 减压舱供电系统的 AC220 V 馈电线路与舱体的绝缘电阻不小于 1.5 MΩ。

b) 配电盘内各线路对设备壳体的绝缘电阻不小于 2 MΩ。

c) 生物电测试接线柱对舱体的绝缘电阻不小于 50 MΩ、生物电接线柱之间的绝缘电阻不小于 100 MΩ。

5.5.1.8 进舱导线不得有中间接头，并应加保护套管。舱内导线与舱内电器的接点应焊接并裹以绝缘材料。

5.5.1.9 舱内金属活动部件，应做等电位连接。

5.5.1.10 电气设备的所有金属构件应可靠接地。舱体也应可靠接地，舱体的接地桩应与船体钢板相连，并用“⏚”标出接地位置。

5.5.1.11 电气设备应采用自动开关作为安全保护装置。

5.5.2 舱室照明

5.5.2.1 各舱室应具有照明，还应配备自动启动的应急照明装置。

5.5.2.2 Ⅰ类甲板减压舱的舱内照明应采用穿舱灯或外照明，外照明宜采用冷光源。

5.5.2.3 Ⅱ类甲板减压舱的舱内照明如采用内照明，内照明应符合5.5.1相关要求。

5.5.2.4 舱内中心照度不小于100 lx，平均照度应不小于65 lx，并能调节。

5.5.2.5 Ⅱ类甲板减压舱每个床铺应配置冷光源床头灯，床头灯应符合5.5.1相关要求。

5.5.3 电气控制

5.5.3.1 控制面板应有舱上电气控制系统，或设置专门的电气面板。电气系统或电气面板应符合5.5.1相关要求。

5.5.3.2 每个开关应有功能铭牌，并有指示信号显示。

5.5.3.3 电气系统或电气面板应有警示标志。

5.5.4 电源

5.5.4.1 供电系统应由主电源和独立的应急电源两部分组成，并能切换使用。

5.5.4.2 系统电源应满足最大工况用电要求和用户电源电制式要求。

5.5.4.3 配电系统应符合以下要求：

a) 配电系统应具有配电板，应做到任何单一线路的故障都不会妨碍其他设施的工作；

b) 应由来自配电板的线路向舱室照明、生命支持系统的电气设备、通讯和视频监控系统单独供电。

6 试验方法

6.1 舱体

6.1.1 证明材料

检查甲板减压舱舱体有关证明材料。

6.1.2 舱门

6.1.2.1 舱门尺寸

用通用量具测量舱门尺寸。

6.1.2.2 舱门平衡阀

检查中间隔壁的门上是否装有平衡阀。

6.1.3 观察窗

6.1.3.1 观察窗尺寸

用通用量具测量观察窗的尺寸。

6.1.3.2 透光材料

检查透光材料制造厂的产品合格证。

6.1.4 递物筒

6.1.4.1 递物筒内径及压力表

用通用量具测量递物筒内径;检查递物筒上的压力表。

6.1.4.2 递物筒联锁装置

打开递物筒内门,关闭舱门及递物筒外门,升压至联锁机构的锁定压力,然后再降压至联锁机构的复位压力,分别记录锁定压力值和复位压力值。试验时,升压速率和降压速率应不大于0.01 MPa/min。

6.1.5 安全阀

6.1.5.1 舱室安全阀的设置

检查舱室安全阀的设置和安装。

6.1.5.2 舱室安全阀性能

检查厂方提供的安全阀质量证明书和校验证书。

6.1.6 焊缝

按 JB/T 4730.1～4730.5 中的Ⅱ级和Ⅰ级的规定检测。

6.1.7 耐压性能

6.1.7.1 舱体耐压试验应用水作试验介质,保压 1 h。

6.1.7.2 管系及安装件的耐压试验应用水作试验介质,保压 1 h。

6.1.8 管道及总体气密性

6.1.8.1 与加压气源相连的供气管路气密性

管路系统清除杂质并安装完毕后,输入压缩空气并达到该管路系统的最高工作压力值,保压 4 h。测量泄漏率。

6.1.8.2 呼吸气和补氧管路气密性

呼吸气和补氧管路系统安装完毕后,应使用氮气作介质,加压至最高工作压力下进行气密性试验,保压 4 h。测量泄漏率。

6.1.8.3 总体气密性

关闭舱门及递物筒门,将压力升至舱室最高工作压力,保压 4 h,测量舱室最高工作压力下的泄漏率，然后降至 0.03 MPa 保压 4 h，测量低压泄漏率。

6.2 舱内设施

6.2.1 进气噪声检测

关闭舱门，打开递物筒门，使舱内为常压，选用精度不低于 2 级的声级计，置于离声源 1 m 远的测点上，开启供气阀门，以相当于 0.2 MPa/min 的供气速率向舱内供气，测得舱内最大供气噪声。连续供气 20 min，每 4 min 记一读数，取算术平均值求得连续供气时的平均噪声。

6.2.2 消防检查

6.2.2.1 检查消防器材设置。

6.2.2.2 检查不燃及难燃材料的产品合格证或认可的鉴定证书。

6.2.3 水灭火装置的检查

6.2.3.1 检查舱内水灭火装置的配置情况及相关的材质证明。

6.2.3.2 关闭舱门，加压至舱室最高工作压力，开启水灭火装置，用秒表记录启动手动开启控制机构至系统中最远点的喷头喷出水的时间。

灭火装置启动前，记录压力水柜液位计的起始高度，灭火装置启动后开始喷水时用秒表计时至喷水结束止，记录喷水结束后压力水柜液位计的终止高度，计算实际供水量，并按公式(1)计算所得的平均喷水强度值。

$$B = \frac{G}{S \times t} \qquad \cdots\cdots\cdots\cdots(1)$$

式中：

B ——平均喷水强度，单位为升每平方米分钟($L/m^2 \cdot min$)；

G ——实际供水量，单位为升(L)；

S ——作用面积按舱内地板实际面积计算，单位为平方米(m^2)；

t ——喷水时间，单位为分钟(min)。

6.3 生命支持系统

6.3.1 管道和阀门

6.3.1.1 检查系统管路、管路附件、阀件等合格证和材质证明资料。

6.3.1.2 检查舱体上阀门设置和加减压系统上阀门设置。

6.3.2 舱室压力控制系统

6.3.2.1 检查控制面板上的舱室深度(压力)表设置。

6.3.2.2 检查管路清洗和脱脂记录，必要时检查现场管段。

6.3.3 加压速率

调整供气余压，打开进气阀门，以最快速度将舱压升至 0.3 MPa，用秒表记录时间。

6.3.4 减压速率

打开进气阀，使舱压预置在 0.2 MPa 以上，关闭进气阀，将排气阀打开至最大，将舱内压力从 0.2 MPa 降至 0.18 MPa，用秒表记录时间。

6.3.5 内置式呼吸装置

用呼吸模拟器测试面罩的呼吸阻力，先将面罩戴在标准头模上，开启呼吸模拟器，以(18±2)次/min的频率，流量为(30±0.5)L/min，测得呼气阻力和吸气阻力值。

6.3.6 舱室气体成分监测系统

6.3.6.1 舱内氧浓度

舱压为0.05 MPa，舱内吸氧人数为满员，模拟实际工作状况，吸氧30 min，观察控制面板上氧浓度检测仪的示值。

6.3.6.2 氧分析仪

6.3.6.2.1 检查氧分析仪设置。

6.3.6.2.2 检查氧分析仪产品合格证和性能检测报告中的示值误差。

6.3.6.2.3 在常压下，将被检测氧仪的预置报警值设置在22%～23%范围内，向取样口通入氧气，当被检测氧仪发出声、光报警一瞬间，记下被检测氧仪的实际报警值，计算预置值与实际值的绝对差值，重复三次，取平均值。

6.3.6.3 二氧化碳分析仪

6.3.6.3.1 检查二氧化碳分析仪设置。

6.3.6.3.2 舱内加压至0.02 MPa，吸氧人数为满员，模拟实际工作状态1 h，检查舱内二氧化碳浓度。

6.3.6.3.3 检查二氧化碳分析仪产品合格证和性能检测报告中的示值误差。

6.3.7 舱室温湿度监测控制系统

6.3.7.1 温湿度计表示值偏差

6.3.7.1.1 关闭舱门，舱内空气经空调系统搅拌2 min后，于常压下，将标准温度计置于舱内，测出舱内实际温度值与控制面板上显示的温度值比较。

6.3.7.1.2 闭舱门，舱内空气经空调系统搅拌2 min后，于常压下，将标准湿度计置于舱内，测出舱内实际湿度值，与控制面板上显示的湿度值进行比较。

6.3.7.2 温湿度调节装置

温度计的基本误差为±1 ℃，量程范围为0 ℃～50 ℃。加压前半小时启动温度调节装置。以0.01 MPa/min的速率加压，加压至最高工作压力，保压1 h，再以同样的速率降压。观察升(降)压及稳压过程中的舱内温度。测试过程中温度传感器应安放在舱内中下方空间部位，记录温度计的读数、计算温度的变化率。

6.3.7.3 温湿度调节装置噪声

关闭舱门和递物筒门，舱内为常压，开启温湿度调节装置并高速运转，将精度不低于2级的声级计放在离声源1 m远的测点上，测出温湿度调节装置噪声。

6.3.8 通信装置

检查通讯装置配置，在舱室使用过程中通话应灵敏清晰。

6.4 电气系统

6.4.1 舱内照度

关闭舱门，开启照明灯至最大亮度，将照度计置于舱室中心位置，测量中心照度；将照度计置于舱室内每个床铺的中心位置，测得各点照度的算术平均值为其平均照度。

6.4.2 照明灯具

检查Ⅱ类甲板减压舱每个铺位的床头照明灯具的配置及使用说明书。

6.4.3 舱内电机

检查舱内电机的使用说明书或技术资料，并在工作状态下，电机表面温度不再升高时，记录其温度值。

6.4.4 舱内电气设备及工作电压

检查舱内电气设备的使用说明书或其技术资料。

6.4.5 绝缘电阻

选用量程为 0 MΩ～500 MΩ，试验电压 500 V，精度不低于 1.0 级的兆欧表，分别测量交流电源输入端对舱体的绝缘电阻；配电盘内各线路对设备壳体的绝缘电阻；生物电接线柱对舱体的绝缘电阻和生物电接线柱之间的绝缘电阻。

6.4.6 进舱导线及安装工艺

检查进舱导线的标记和合格证，检查进舱导线和舱内电器的接点连接工艺。

7 检验规则

7.1 检验分类

甲板减压舱的检验分安全性能监督检验和出厂（交付）检验两类：

a) 安全性能监督检验：由经国家授权的检验机构按照相关法规、规范的要求，对制造厂生产的甲板减压舱产品逐台检验；

b) 出厂（交付）检验：制造厂应在产品出厂（交付）前进行检验，检验合格后应出具质量证明书和检验报告，出厂（交付）检验应为逐台检验。

7.2 检验项目和判定原则

7.2.1 检验项目

设计文件需通过经国家授权的审图单位审查。

7.2.2 质量判定原则

安全性能监督检验和出厂（交付）检验项目全部合格方可判定为合格产品。

8 标志及使用说明

8.1 铭牌应包括下列内容：

a) 产品名称及型号；
b) 产品编号；
c) 产品标准；
d) 设计压力；
e) 最高工作压力；
f) 额定人数；
g) 每个舱室的容积；
h) 制造厂名称；
i) 制造日期。

8.2 包装箱上应有如下标识：

a) 产品名称及型号；
b) 产品标准；
c) 出厂编号；
d) 出厂日期；
e) 制造厂名称及地址；
f) 制造厂联系电话；
g) 毛重；
h) 体积(长×宽×高)；
i) 贮运图示标志的方法及图形应符合 GB/T 191 的规定。

8.3 产品合格证上应含有以下内容：

a) 制造单位名称；
b) 产品名称及型号；
c) 产品标准；
d) 质检员签字及检验专用章；
e) 检验日期。

8.4 产品使用说明书中至少应包括以下内容：

a) 产品名称、型号、标准号、商标；
b) 制造厂名称和地址(邮政编码)；
c) 制造厂联系电话；
d) 结构原理；
e) 主要规格及技术性能；
f) 操作使用方法；
g) 安全注意事项；
h) 定期检验内容。

9 包装、运输、贮存

9.1 包装箱应符合以下要求：

a) 装箱前应予以清理，箱内不允许有污染物，管道接口应密封以防污染物进入；

b) 包装箱内垫防水膜(层)防止雨水和尘埃与甲板减压舱直接接触;

c) 在包装箱内应牢固定位,压木与产品接触面之间应垫有软性垫料,防止运输中松动和擦伤。

9.2 包装箱内应附有装箱清单。装箱清单应列出下列项目:

a) 装箱设备名称及型号;

b) 配件名称及其数量;

c) 随机文件。

9.3 装入包装箱内的备件及文件应用塑料包装袋封装。

9.4 向使用方提供的资料应包括如下项目:

a) 产品质量证明书;

b) 及各系统调试、检验报告;

c) 配套附件、仪器仪表的合格证、说明书、校验报告等资料;

d) 使用说明书;

e) 竣工图;

f) 完工资料;

g) 监检单位出具的产品监督检验证书。

9.5 包装后应贮存在不受雨淋和阳光直接照射的室内,贮存环境无污染,且通风良好。

9.6 运输方式及要求应按订货合同执行,但应避免造成设备损害和污染。

ICS 23.020.30
J 74

中华人民共和国国家标准

GB 16804—2011
代替 GB 16804—1997

气瓶警示标签

Precautionary labels for gas cylinders

(ISO 7225:2005, Gas cylinders—Precautionary labels, MOD)

2011-12-30 发布　　　　2012-12-01 实施

中华人民共和国国家质量监督检验检疫总局
中国国家标准化管理委员会　发布

前　言

本标准全部技术内容为强制性。

本标准按照 GB/T 1.1—2009《标准化工作导则　第 1 部分：标准的结构和编写》给出的规则起草。

本标准代替 GB 16804—1997《气瓶警示标签》。

本标准与原 GB 16804—1997 相比，主要技术变化如下：

——增加规范性引用文件；

——根据联合国《关于危险物品运输的建议书：规章范本》，明确说明了主要危险性和次要危险性的确定方法；

——规定面签和底签可以印刷在一起；

——增加了“必要时，底签的形状和尺寸可参照 GB 15258 的规定，但所含信息应满足本标准 5.5.2 的要求”的条款，以便用户将化学品安全标签与气瓶警示标签合一。

本标准使用重新起草法修改采用 ISO 7225:2005《气瓶　警示标签》。

本标准与 ISO 7225:2005 相比在结构上有较多调整，附录 A 中列出了本标准与 ISO 7225:2005 的章条编号对照一览表。

本标准与 ISO 7225 的技术性差异及其原因如下：

——关于规范性引用文件，本标准做了具有技术性差异的调整，调整的情况集中反映在第 2 章“规范性引用文件”中，具体调整如下：增加引用了 GB/T 13005、GB 15258、GB 16163 以及联合国关于危险物品运输的建议书　规章范本；

——调整了术语内容，为适应国内标准的使用，将“主要危险性”、“次要危险性”增加至第 3 章“术语和定义”删除了；

——根据联合国《关于危险物品运输的建议书：规章范本》，增加了第 4 章“瓶装介质主要危险性及次要危险性的确定”，以便于标准的使用；

——增加了 5.2.2 中“关于必要时底签的形状和尺寸可参照 GB 15258 的规定，但所含信息应满足本标准 5.5.2 的规定”。

本标准做了以下编辑性修改：

——5.4.1 中增加了“即对易燃气体底色为红色，对非易燃无毒气体底色为绿色，对毒性气体，底色为白色。”的补充说明；

——5.5.1 中增加了“面签上文字和符号的大小应易于识别和辨认。面签上的符号为黑色，文字为黑色印刷体。但对腐蚀性气体，其文字说明‘腐蚀性’应以白色字印在面签的黑底上。每个面签上有一条黑色边线，该线画在边缘内侧，距边缘 0.05a。”的补充说明；

——6.1 中增加了“每只气瓶第一次充装时即应粘贴标签。如发现标签脱落、撕裂、污损、字迹模糊不清时，充装单位应及时补贴或更换标签。”的补充说明；

——6.2 中增加了“应避免标签被气瓶上的任何部件或其他标签所遮盖。标签不应被折叠，面签和底签不应分开粘贴。在气瓶的整个使用期内标签应保持完好无损、清晰可见。”的补充说明。

本标准由全国气瓶标准化技术委员会(SAC/TC 31)提出并归口。

本标准起草单位：中国特种设备检测研究院、大连市锅炉压力容器检验研究院、杭州新世纪混合气体有限公司、北京天海工业有限公司。

本标准主要起草人：梁琳、胡军、沈建林、张贺军、郑宁。

本标准所代替标准的历次版本发布情况为：

——GB 16804—1997。

引　　言

在气瓶上使用警示标签的目的是推动气瓶及所装气体的标识，并对与所装气体相关的主要危险做出警告。警示标签同时能提供其他基本信息，例如，用来显示气体或混合气体的名称及分子式，以及附加的警示说明。

气 瓶 警 示 标 签

1 范围

本标准规定了用于充装单一气体或混合气体的单个气瓶上的警示标签的设计、内容及应用。

本标准不适用于集装气瓶和集装架。

2 规范性引用文件

下列文件对于本文件的应用是必不可少的。凡是注日期的引用文件，仅注日期的版本适用于本文件。凡是不注日期的引用文件，其最新版本(包括所有的修改单)适用于本文件。

GB/T 13005 气瓶术语

GB 15258 化学品安全标签编写规定

GB 16163 瓶装压缩气体分类

联合国关于危险物品运输的建议书 规章范本(UN ST/SG/AC.10/1/Rev.16，United Nations Recommendations on the Transport of Dangerous Goods—Model Regulations)

3 术语和定义

GB/T 13005 确立的以及下列术语和定义适用于本文件。

3.1

主要危险性 primary hazard

反映介质所具有的主要危险特性。

3.2

次要危险性 subsidiary hazard

反映介质所具有的、与主要危险性相比较为次要的危险特性。

4 瓶装介质主要危险性及次要危险性的确定

4.1 瓶装介质的主要危险性及次要危险性由充装单位根据 GB 16163 及《联合国关于危险物品运输的建议书 规章范本》确定：

	类别	项别
主要危险性分为：	第 2 类	气体
		2.1 项：易燃气体
		2.2 项：非易燃无毒气体(包括窒息性气体、氧化性气体以及不属于其他项别的气体)
		2.3 项：毒性气体
次要危险性分为：	第 5 类	氧化性物质和有机过氧化物
		5.1 项：氧化性物质
	第 8 类	腐蚀性物质

具有两个项别以上的气体或混合气体,其危险性的先后顺序如下:

a) 2.3 项优先于所有其他项;

b) 2.1 项优先于 2.2 项。

4.2 如果某一种第 2 类气体具有一种或多种次要危险性,应根据表 1 使用标签。

表 1 具有次要危险性的第 2 类气体标签

项别	主要危险性	次要危险性
2.1	2.1	无
2.2	2.2	无
	2.2	5.1
2.3	2.3	无
	2.3	2.1
	2.3	5.1
	2.3	5.1,8
	2.3	8
	2.3	2.1,8

5 警示标签设计和内容

5.1 一般规定

警示标签应符合《联合国关于危险物品运输的建议书 规章范本》或其他有关运输的规程的要求。警示标签应设计的清晰、可见、易读。警示标签应由面签和底签两部分组成。

a) 面签:即菱形部分。当有两种或三种危险需要明示时,应有一个或两个次要危险性面签与主要危险性面签同时使用;当需要两个或三个危险性面签时,次要危险性面签应放置在主要危险性面签的右边。面签可以部分重叠,如图 1～图 3 所示。在任何情况下代表主要危险性的面签和所有标签上的编号应清晰可见,符号应可以识别。

b) 底签:底签和面签应分别制作并粘贴到气瓶上或印刷在一起。图 1～图 4 所示是底签和面签排列的示例;也可采用其他排列方式,如面签可放在底签的上方或下方。

5.2 尺寸和形状

5.2.1 面签的尺寸和形状见图 1～图 4。面签边长 a 的最小长度按表 2 的规定。

表 2 面签尺寸

气瓶外径 D/mm	面签边长 a/mm
$D<75$	≥ 10
$75 \leq D<180$	≥ 15
$D \geq 180$	≥ 25

5.2.2 底签的尺寸和形状见图1～图4,必要时底签的形状和尺寸可参照GB 15258的规定,但所含信息应满足5.5.2的规定。

5.3 材料

标签和胶合剂所用的材料应在运输、储存和使用条件下经久耐用。标签上的胶合剂应与气瓶外表面的材料相容。

5.4 颜色

5.4.1 面签的底色应符合《联合国关于危险物品运输的建议书 规章范本》的规定,即对易燃气体底色为红色,对非易燃无毒气体底色为绿色,对毒性气体,底色为白色。示例参见见附录B。

5.4.2 底签的颜色和外观应与面签形成对比。

5.5 文字与符号

5.5.1 面签的设计、符号、编号及文字应符合《联合国关于危险物品运输的建议书 规章范本》或其他有关运输的规程的要求。面签上文字和符号的大小应易于识别和辨认。面签上的符号为黑色,文字为黑色印刷体。但对腐蚀性气体,其文字说明"腐蚀性"应以白色字印在面签的黑底上。示例参见附录B。

每个面签上有一条黑色边线,该线画在边缘内侧,距边缘0.05a。

5.5.2 底签上文字的大小应易于识别和辨认,字色为黑色。底签上应记录有关危险货物运输相关法规及危险物质标签相关法规以及准备工作的信息,至少应包含下列内容:

a) 所装气体识别:
——单一气体应有化学名称及分子式;
——混合气体应有导致危险性的主要成分的化学名称及分子式,如果主要成分的化学名称或分子式已被标识在气瓶的其他地方,也可只在底签上印上通用术语或商品名称。

b) 气瓶及瓶内所装气体危险性的附加信息和在运输、储存及使用上应遵守的警示及其他说明。

c) 气瓶充装单位的名称、地址、邮政编码、电话号码。

d) 充装量。

6 警示标签的应用

6.1 充装单位职责

充装单位应保证根据气瓶内所装气体粘贴、除去、更换标签。每只气瓶第一次充装时即应粘贴标签。如发现标签脱落、撕裂、污损、字迹模糊不清时,充装单位应及时补贴或更换标签。

6.2 标签的粘贴

标签应牢固地粘贴在气瓶上并保持标记清晰可见。应避免标签被气瓶上的任何部件或其他标签所遮盖。标签不应被折叠,面签和底签不应分开粘贴。在气瓶的整个使用期内标签应保持完好无损、清晰可见。

6.3 标签的放置

标签不得覆盖任何充装所需的永久性标记。放置面签的首选位置应在气瓶瓶肩上或瓶肩正下(最大 50 mm)。对小气瓶(10 L 及以下),标签可以放置在瓶体上。如尺寸允许,标签可放在气瓶颈圈上。危险性面签等于或大于 100 mm×100 mm 时,应放置在气瓶筒体部位。

6.4 已有标签的处理

只有当原有标签信息内容完全清晰时,才可以用新标签覆盖旧标签。否则,原有标签应被彻底除去。主要危险性面签应部分覆盖在次要危险性面签上面(见图 1)。

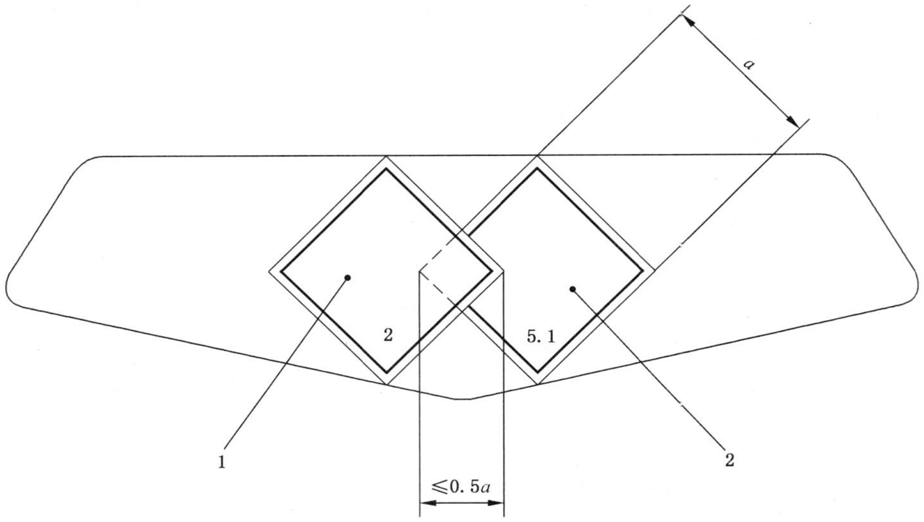

说明:

1——主要危险性面签;

2——次要危险性面签。

图 1 主要和次要危险性面签及底签的示例

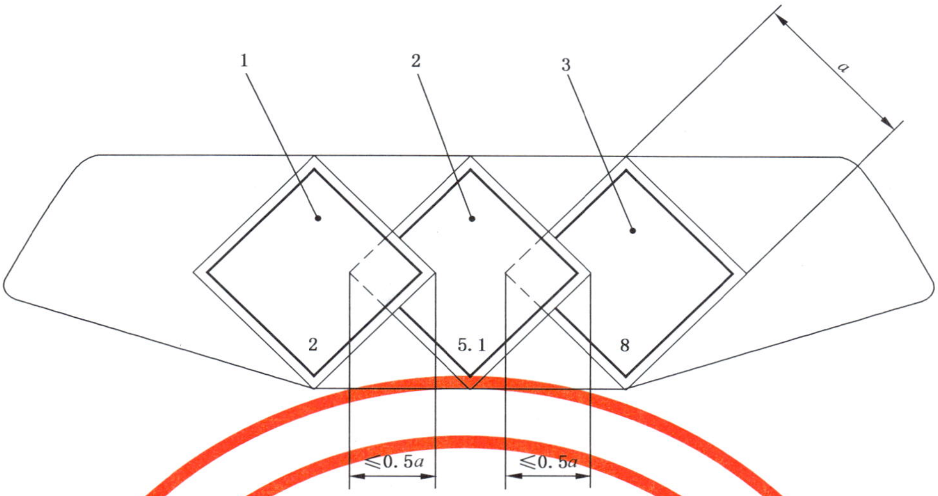

说明：

1——主要危险性面签；

2——第一次要危险性面签；

3——第二次要危险性面签。

图 2　主要和两个次要危险性面签及底签的示例

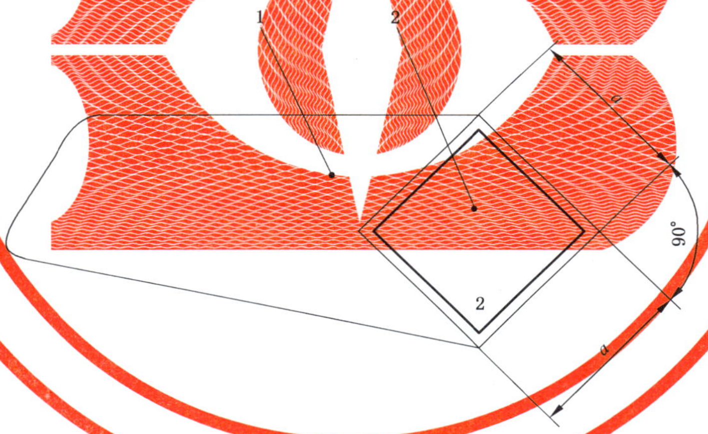

说明：

1——底签包含 5.5.2 中要求的信息，底签的尺寸和形状可自选；

2——危险性面签包含危险符号、表 B.1 中的类别号及危险性描述。

图 3　主要危险性面签及底签的示例

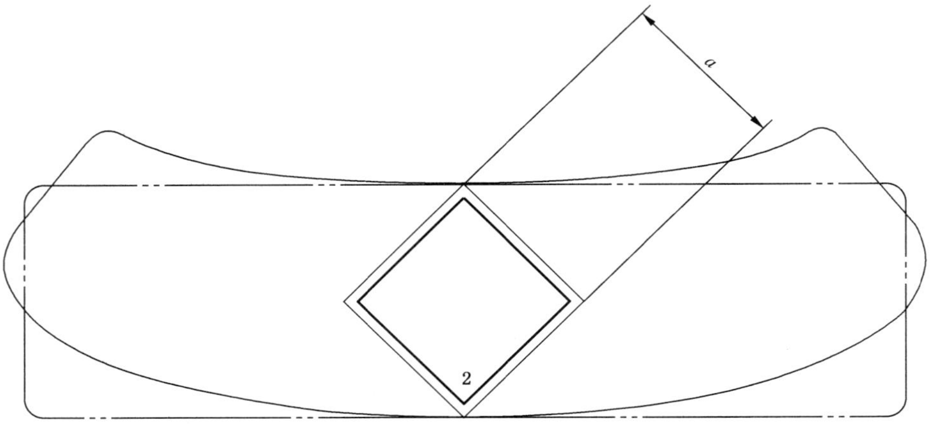

图 4　单个面签及曲边或矩形底签的示例

附　录　A
（资料性附录）
国家标准与国际标准章条编号对照一览表

表 A.1 给出了本标准与 ISO 7225:2005 的章条编号对照情况。

表 A.1　本标准与 ISO 7225:2005 的章条编号对照情况

本标准章条编号	对应 ISO 7225:2005 章条编号
1	1
2	—
—	2.1
3.1	—
3.2	—
4	—
5.1	3.1
5.2	3.2
5.3	3.3
5.4	3.4
5.5	3.5
6.1	4.1
6.2	4.2
6.3	4.3
6.4	4.4
附录 A	—
附录 B	附录 A

附　录　B
（资料性附录）
危险性面签的示例

表 B.1　类别/项别号及面签的颜色

面　　签	在下角的类别/项别号	面 签 颜 色
 或 	2	绿＋白 或 绿＋黑
 或 	2	红＋白 或 红＋黑
	2	白＋黑
	5.1	黄＋黑
	8	白＋黑

表 B.2　带有类别号的气瓶危险性面签示例

项别号 (1)	次要危险性 (2)	面签 (3)					示例 (4)
2.2			或				UN 1013 二氧化碳
2.2	5.1		或		和		UN 1072 氧，压缩性
2.1			或				UN 1011 丁烷
2.3							UN 1062 溴甲烷
2.3	2.1		和				UN 1016 一氧化碳，压缩性
2.3	8		和				UN 1017 氯
2.3	5.1		和				UN 3083 过氯酰氟
2.3	2.1,8		和		和		UN 2189 二氯甲硅烷
2.3	5.1,8		和		和		UN 1045 氟，压缩性

注 1：本表第(1)栏(项别号)和第(2)栏(次要危险性)可以根据《联合国关于危险物品运输的建议书　规章范本》的 3.2 危险物品表中第(3)栏(类别或项别)和第(4)栏(次要危险性)决定。

注 2：记录第 2 类主要危险标签应如表 B.2 所示，将表示类别的数字记在底角。

注 3：所用的颜色(红、绿等)是原色或黑和白。

ICS 35.040
A 24

中华人民共和国国家标准

GB/T 16833—2011
代替 GB/T 16833—2002

行政、商业和运输业电子数据交换(EDIFACT)代码表

Electronic data interchange for administration, commerce and transport (EDIFACT) code list

(UN/CEFACT UNCL. D. 08B, MOD)

2011-07-29 发布　　2011-12-01 实施

中华人民共和国国家质量监督检验检疫总局
中国国家标准化管理委员会　发布

前　言

本标准按照 GB/T 1.1—2009 给出的规则起草。

本标准代替 GB/T 16833—2002《用于行政、商业和运输业电子数据交换的代码表》，与 GB/T 16833—2002 相比，主要变化为：

——本标准修改采用联合国行政、商业和运输业电子数据交换(UN/CEFACT)代码表(UNCL) D.08B，而 GB/T 16833—2002 等同采用 UN/CEFACT 代码表(UNCL)D.97B；

——将原标准的名称《用于行政、商业和运输业电子数据交换的代码表》修改为《行政、商业和运输业电子数据交换(EDIFACT)代码表》；

——增加了术语和定义；

——增加了数据元目录中代码型数据元的分组；

——增加了索引。

本标准使用重新起草法修改采用联合国《行政、商业和运输业电子数据交换的代码表》(UNCL) D.08B。

本标准与 UN/EDIFACT 代码表(UNCL)D.08B 的主要变化为：

——对范围进行了改写；

——增加了术语和定义；

——增加了数据元目录中代码型数据元的分组；

——增加了索引。

请注意本文件的某些内容可能涉及专利。本文件的发布机构不承担识别这些专利的责任。

本标准由中国标准研究院提出。

本标准由全国电子业务标准化技术委员会(SAC/TC 83)归口。

本标准主要起草单位：中国标准化研究院、中国远洋集团运输总公司、海关总署、中国对外贸易经济合作企业协会。

本标准主要起草人：胡涵景、钟小林、李颖、王凌云、江洲、张荫芬、李佳伟、陈兵。

本标准历次版本发布情况为：

——GB/T 16833—1997；

——GB/T 16833—2002。

行政、商业和运输业电子数据交换 (EDIFACT)代码表

1 范围

本标准规定了 GB/T 17699《行政、商业和运输业电子数据交换 数据元目录》中代码型数据元的代码值。

本标准适用于电子数据交换中的数据传输,本标准还适用于国际贸易单证中的代码表示。

2 规范性引用文件

下列文件对于本文件的应用是必不可少的。凡是注日期的引用文件,仅注日期的版本适用于本文件。凡是不注日期的引用文件,其最新版本(包括所有的修改单)适用于本文件。

GB/T 7408 数据元和交换格式 信息交换 日期和时间表示法(GB/T 7408—2005,ISO 8601:2000,IDT)

GB/T 14805.1 行政、商业和运输业电子数据交换(EDIFACT) 应用级语法规则(语法版本号:4,语法发布号:1) 第1部分:公用的语法规则(GB/T 14805—2007,ISO 9735-1:2002,IDT)

GB/T 17699 行政、商业和运输业电子数据交换 数据元目录(GB/T 17699—2008,UN/EDIFACT D.06B,IDT)

3 术语和定义

GB/T 14805.1 中界定的术语和定义适用于本文件。

4 数据元目录中代码型数据元的分组

GB/T 17699 将数据元分为 9 个类目。

本标准按下列类目分组:

第 1 组:(1000~1699)单证、参考

用于数据处理或单证的数据元,例如需要为用户数据交换提供服务的数据元、单证和报文名称、参考和参考号、顺序号(如项号、页号以及单证副本数)。

第 2 组:(2000~2699)日期、时间、期限

所有时间的表示,如日历日期、时间期限(月、星期、日)、时限、起始和终止日期。

对于日期和时间:

——对于数据元"日期时间文本"版本,应给出偶数标记;

——对于数据元常用的"日期时间"数字值表示,应给出下列基数标记,并有一个引导表示,见 GB/T 7408;

——n8 为 YYYYMMDD;

——n17 为 YYYYMMDDHHMMThhmm。

在现有条目与该规则不一致的地方如果已标识业务需求并要求变更时应进行改正。

第 3 组：(3000～3699)参与方、地址、地点、国家

法人和自然人的名称和地址、官员名称、组织机构、地点、国家、路线。

第 4 组：(4000～4699) 条款、条件、术语、说明

鉴证、授权、背书、证明、条目、条件、条款、参考条目、戳记、标签、请求、说明、收据、声明、资料文本。

第 5 组：(5000～5699)金额、费用、百分比

财产价值、金额、费用；用于商业、运输、海关、统计以及其他用途的数额和价值；例如作为发票计算基准的价格、费率、百分率和折扣的详细内容。

第 6 组：(6000～6699)计量标识符、数量(非货币量)

尺码、重量、体积、距离、温度、货币及其他数量(第 5 组中的货币量除外)、计量单位说明符。

在 5000 组和 6000 组中标识的金额、计量和量：

——对于文本版本的该数据元，应给出偶数标记；

——对于该数据元常用的数字值表示，应给出下列基数标记。

在现有条目与该规则不一致的地方如果已标识业务需求并要求变更时应进行改正。

当使用小数点和负号时，每个小数点或负号占一个字符的位置。这不包括在数据元值表示法的数字字符规范中，并且应在数据处理和打印中考虑。

在数值中小数点的位置没有规定，可以根据需要在任何数字之间。系统有时需要有多种特定方法，以便帮助设计者规定小数点的位置，表 1 可以作为指南。

表 1　数值中小数点的位置

01	重量	3 位小数
	体积	4 位小数
	其他量	3 位小数
02	单价	4 位小数
	其他量	3 位小数
03	货币汇率	6 位小数
	百分比	4 位小数
	税率	4 位小数

第 7 组：(7000～7699)货物和物品的描述和标识符

货物和物品的描述、分类和标识、托运物标识符、包装号和种类、危险品细目。

第 8 组：(8000～8699) 运输方式、工具和设备

运输工具和集装箱的标识和描述、运输设备细目、运输方式和动态、航次号和航班号。

第 9 组：(9000～9699)其他数据元(海关等)

5　代码表中指示符的说明

[B]　表示仅用于批式 EDI

[I]　表示仅用于交互式 EDI

[C]　表示用于批式和交互式 EDI

6　代码表的格式

代码表的格式如下所示：

数据元标记　数据元名称
说明：……………………
表示：……………………
代码值

7 代码表

1001　单证名称代码　Document name code　[C]
说明：规定单证名称的代码。
表示：an..3

1　分析证书　Certificate of analysis
提供有分析价值的证书。
2　一致性证书　Certificate of conformity
证明与预先确定的定义相一致的证书。
3　质量证书　Certificate of quality
证明货物、服务等质量的证书。
4　测试报告　Test report
提供测试结果的报告。
5　产品性能报告　Product performance report
说明产品性能值的报告。
6　产品规格型号报告　Product specification report
提供产品规格型号的报告。
7　处理数据报告　Process data report
生产过程中处理各项事件的报告。
8　首次采样测试报告　First sample test report
描述首次采样测试报告的单证或报文。
9　价格/销售目录　Price/sales catalogue
由卖方提供给买方的有关货物或服务的价格或销售目录细目的单证或报文。
10　参与方信息　Party information
提供有关某参与方基本数据的单证/报文。
11　联邦标签认可　Federal label approval
与联邦标签认可要求有关的事先批准的单证。
12　农产品加工厂证书　Mill certificate
证明农产品特定质量的证书。
13　邮件收据　Post receipt
通过邮局运输货物的单证/报文(例:邮件,包裹单等)。
14　重量证书　Weight certificate
证明货物重量的证书。
15　重量单　Weight list
说明货物重量的单证/报文。
16　证书　Certificate
跟单信用证申请人说明该证书的适用条件和证书由谁签发。

17 价格与原产地综合证书 Combined certificate of value and origin
标识货物的单证,发证机构证明相应货物原产于特定国家、某国的部分地区或国家集团的单证。它还说明了货物的价格和/或成本,以确定海关原产地。

18 搬移证书 A. TR. 1 Movement certificate A. TR. 1
由出口方签发的转口申报的特定格式的证书。

19 数量证书 Certificate of quantity
证明货物、服务等数量的证书。

20 质量数据报文 Quality data message
使用 QALITY-报文。

21 查询 Query
基于所定义基准的请求信息。

22 查询回复 Response to query
回复所查询问题的单证或报文。

23 状态信息 Status information
有关报文状态的信息。

24 重新积载 Restow
标识已卸下又重新装在同一运输工具上的集装箱的报文/单证。

25 集装箱卸船清单 Container discharger list
逐个列出将卸船的集装箱的报文/单证。

26 公司退休金分摊通知 Corporate superannuation contributions advice
提供用于公司退休计划分摊通知的单证/报文。

27 行业退休金分摊通知 Industry superannuation contributions advice
提供用于全行业退休金计划分摊通知的单证/报文。

28 公司退休金成员维护报文 Corporate superannuation member maintenance message
用于公司退休金计划的成员维护报文。

29 全行业退休金成员维护报文 Industry superannuation member maintenance message
用于全行业退休金计划的成员维护报文。

30 寿险工资扣除通知 Life insurance payroll deductions advice
人寿保险业中使用的工资扣除通知。

31 保税货物搬移请求 Underbond request
请求将货物从一个海关监管地点移至另一个海关监管地点的报文/单证。

32 保税货物搬移批准 Underbond approval
海关签发的、批准将货物从一个海关监管地点移至另一个海关监管地点的报文/单证。

33 出口肉类封柜证书 Certificate of sealing of export meat lockers
出口国当局签发的、证明肉类出口封柜的单证/报文。

34 货物状态 Cargo status
标识货物状态的报文。

35 库存报告 Inventory report
说明与现有库存有关的信息的报文。

36 身份证 Identity card
标识个人身份的官方证件。

37 回复贸易统计报文 Response to a trade statistics message
国家主管机构对已收到的申请人申报(用于欧洲统计)给出接受或拒绝回复的单证/报文。

38 免疫接种证书 Vaccination certificate
提供对某些疾病具有免疫力的官方证明。
39 护照 Passport
允许在国外旅行的官方证件。
40 驾驶执照(国内驾照) Driving licence (national)
允许在指定国家驾驶汽车的官方证件。
41 驾驶执照(国际驾照) Driving licence (international)
允许某国公民在某些其他国家驾驶汽车的官方证件。
42 免费服务证 Free pass
可免费获得服务的证件。
43 季票 Season ticket
在指定期限内获得服务的单证。
44 运输状态报告 Transport status report
商定的参与方之间报告运输状态和/或运输状态变更(即事件)的报文。
45 运输状态请求 Transport status request
请求获得运输状态报告的报文(如使用国际多式联运状态报告报文)。
46 银行业务状况 Banking status
银行业务状况的单证和/报文。
47 跨欧盟贸易统计申报单 Extra-Community trade statistical declaration
申报人为贸易统计机构提供跨欧盟的货物贸易信息的单证/报文。
该贸易指欧盟内的国家与欧盟外的国家进行贸易。
48 符合 ADR 物品号 10385 的书面说明
Written instructions in conformance with ADR article number 10385
与危险品有关,并在欧洲危险品公路运输协定(ADR)中定义的书面说明。
49 残损证明 Damage certification
发现将运输的货物有损坏的官方证明。
50 有效定价标书 Validated priced tender
有效定价投标书。
51 价格/销售目录回复 Price/sales catalogue response
回复以前发送的价格/销售目录的单证。
52 价格协商结果 Price negotiation result
提供价格协商结果的单证。
53 安全与危险数据表 Safety and hazard data sheet
通知行业客户有关危险品或危险物质的单证或报文,使其能够对这些物质潜在的危害采取措施以保护员工和环境。
54 法定账单 Legal statement of an account
金融机构分类账中已入账项目的账单。
55 账单明细 Listing statement of an account
包括待入账项目的金融机构服务账户的账单。
56 结算账单 Closing statement of an account
包括利息计算和最后计账日期的最终余额期间的最后账单。
57 运输设备起租报告 Transport equipment on-hire report
集装箱或其他运输设备的搬移报告,以记录实际搬移时间和确立租期的开始时间。

58 运输设备停租报告 Transport equipment off-hire report

集装箱或其他运输设备的搬移报告,以记录实际搬移时间和租期的开始时间。

59 无短装溢装残货处理 Treatment—nil outturn

集装箱船卸下的货物无短装溢装或损坏。

60 到期保税货物处理 Treatment—time-up underbond

搬移类型指示符:保税货物到期搬出仓库的标识。

61 海运保税货物处理 Treatment—underbond by sea

搬移类型指示符:海运保税货物运到清关地海关。

62 个人物品处理 Treatment—personal effect

货物含个人物品。

63 木材处理 Treatment—timber

木质货物。

64 初步信用评估 Preliminary credit assessment

由经纪人出据的买方初步信用评估,或卖方要求经纪人提供买方初步信用评估的单证/报文。

65 信用保证 Credit cover

经纪人出据的为买方提供信用担保,或卖方要求经纪人提供信用担保的单证/报文。

66 往来账目 Current account

经纪人签发的、指出卖方或与其有关的另一经纪人账户的资金流动的单证/报文。

67 商业纠纷 Commercial dispute

参与方(通常是买方)签发的、指出一张或多张发票或贷记通知有付款争议的单证/报文。

68 倒扣款项 Chargeback

经纪人给卖方或另一经纪人签发的单证/报文,指出从买方不能收回一张或多张发票的未付剩余金额,以结算分类账发票。

69 再转让 Reassignment

经纪人给卖方或另一经纪人签发的单证/报文,再转让以前转让给其的发票或贷记通知。

70 抵押账户 Collateral account

经纪人签发的单证/报文,指出发票、贷记通知的变动和为卖方账户付款。

71 请求支付 Request for payment

贷记方发给借记方的单证/报文,请求支付一张或多张到期未付发票。

72 卸货许可 Unship permit

签发卸货许可证的报文或单证。

73 统计定义 Statistical definitions

传输一个或多个统计定义。

74 统计数据 Statistical data

传输一项或多项数据或数据组。

75 请求统计数据 Request for statistical data

请求一项或多项统计数据或统计数据组。

76 取消交货 Call-off delivery

参照先前的交货指示提供分批交货的数量和日期的单证/报文。

77 货载状况报告 Consignment status report

关于货载状态信息的报文。

78 库存搬移通知 Inventory movement advice

库存搬移通知。

79 库存状态通知 Inventory status advice
现有库存的通知。

80 与货物或服务有关的借记通知 Debit note related to goods or services
向有关方发送的与货物或服务交易相关的借记信息。

81 与货物或服务有关的贷记通知 Credit note related to goods or services
与货物交易或为相关参与方服务有关的贷记信息。

82 计量服务发票 Metered services invoice
要求在某期限内,用固定计量仪表(如气、电等)测出的消耗量付款的单证/报文。

83 与财务调整有关的贷记通知 Credit note related to financial adjustments
提供与相关参与方进行有关财务调整的贷记信息(如红利)的单证/报文。

84 与财务调整有关的借记通知 Debit note related to financial adjustments
提供与相关参与方进行有关的财务调整的借记信息的单证/报文。

85 海关载货清单 Customs manifest
标识海关载货清单的报文/单证。该单证为向海关申报的载货清单。

86 货差报告 Vessel unpack report
标识在指定卸货港短卸或溢卸货物的报文。

87 杂货汇总清单报告 General cargo summary manifest report
杂货的汇总清单信息报文。

88 托运物拆包报告 Consignment unpack report
托运物拆包报告报文。

89 肉类及其副产品卫生证书 Meat and meat by-products sanitary certificate
出口国主管部门签发的证明肉类及其副产品符合进口国要求的单证或报文。

90 肉制品卫生证书 Meat food products sanitary certificate
出口国主管部门签发的证明肉制品符合进口国要求的单证或报文。

91 家禽卫生证书 Poultry sanitary certificate
出口国主管部门签发的证明家禽产品符合进口国要求的单证或报文。

92 马肉卫生证书 Horsemeat sanitary certificate
出口国主管部门签发的证明马肉产品符合进口国要求的单证或报文。

93 肠衣卫生证书 Casing sanitary certificate
由出口国主管部门签发的证明肠衣产品符合进口国要求的单证或报文。

94 药品卫生证书 Pharmaceutical sanitary certificate
出口国主管部门签发的证明药品符合进口国要求的单证或报文。

95 非食用品卫生证书 Inedible sanitary certificate
由出口国主管部门签发的证明非食用品符合进口国要求的单证或报文。

96 即将到达 Impending arrival
船舶即将到达的详细内容通知。

97 运输工具通知 Means of transport advice
报告运送货物的运输工具的报文。

98 到达信息 Arrival information
货物到达详细内容的报文。

99 货物放行通知 Cargo release notification
办理货运手续参与方发送的、指示货物已离开海关监管的报文/单证。

100 国内税证书 Excise certificate
声明货物离开出口国之前或交付进口国之前已向税务部门纳税的证书。

101 注册文件 Registration document
提供注册细目的正式证件。
102 税务通知 Tax notification
报文是税务通知。
103 运输设备直接交接报告 Transport equipment direct interchange report
报告集装箱或其他运输设备的交接搬移并确定相应的租期。
104 运输设备即将到达通知 Transport equipment impending arrival advice
集装箱或其他运输设备预计到达某地点的通知。
105 订购单 Purchase order
企业为提供销售或向客户供货而进行生产或制造最初采购所需的物品、原材料和服务签发的单证/报文。
106 运输设备残损报告 Transport equipment damage report
报告已返回的运输设备的残损情况。
107 运输设备维修估算通知 Transport equipment maintenance and repair work estimate advice
提供运输设备维修费用估算的通知。
108 运输设备放行指示 Transport equipment empty release instruction
向某参与方或各参与方放行运输设备的指示。
109 运输搬移进场报告 Transport movement gate in report
内陆承运人向场站交付货物、集装箱或其他运输设备进场搬移的报告。
110 制造指示 Manufacturing instructions
企业签发的单证/报文,以便销售的货物开始制造。
111 运输出场报告 Transport movement gate out report
由内陆承运人提取的货物、集装箱或其他运输设备(满或空)的出场报告。
112 运输设备卸货指示 Transport equipment unpacking instruction
从指定集装箱或其他运输设备卸下指定货物的指示。
113 运输设备卸货报告 Transport equipment unpacking report
完成指定集装箱或其他运输设备卸货的报告。
114 提取运输设备请求 Transport equipment pick-up availability request
确认提取运输设备的请求。
115 提取运输设备的确认 Transport equipment pick-up availability confirmation
提取运输设备的确认。
116 运输设备提取报告 Transport equipment pick-up report
运输设备已被提取的报告。
117 运输设备移位报告 Transport equipment shift report
场区内集装箱或其他运输设备移位报告。
118 卸载指示 Transport discharge instruction
从运输工具卸下指定货物、集装箱或运输设备的指示。
119 卸载报告 Transport discharge report
从某一运输工具卸下的货物、集装箱或运输设备的报告。
120 领料单 Stores requisition
企业签发取出存货命令的单证/报文。
121 装载指示 Transport loading instruction
将货物、集装箱或运输设备装上运输工具的说明书。

122 装载报告 Transport loading report
货物、集装箱或运输设备已装上运输工具的报告。

123 运输设备维修认可书 Transport equipment maintenance and repair work authorisation
已经完成运输设备修理或维护的认可书。

124 驶离报告 Transport departure report
运输工具离开场区的报告。

125 运输设备通知 Transport empty equipment advice
一个或多个运输设备可以返还通知。

126 运输设备接收单 Transport equipment acceptance order
接收由内陆承运人(铁路、公路或内河)向指定设施交付的运输设备的单证。

127 运输设备特殊服务指示 Transport equipment special service instruction
对一个或多个运输设备进行特殊服务的指示。

128 运输设备库存报告 Transport equipment stock report
在一个或多个地点存放的运输设备数量的报告。

129 运输货物放行单 Transport cargo release order
给指定参与方的货物或运输设备放行的单证。

130 产品销售单 Invoicing data sheet
企业签发的包含有关货物销售数据的单证/报文。它作为开发票的基础。

131 运输设备装货指示 Transport equipment packing instruction
将货物装入集装箱或其他运输设备的指示。

132 海关清关通知 Customs clearance notice
货物或运输设备的清关通知。

133 海关单证有效期通知 Customs documents expiration notice
说明与货物或运输设备有关的海关单证有效期通知。

134 运输设备租赁请求 Transport equipment on-hire request
租赁运输设备的请求。

135 运输设备租赁单 Transport equipment on-hire order
出租的运输设备出租给租赁人,并指定回收方的单证。

136 运输设备终止租赁请求 Transport equipment off-hire request
在指定时间终止租赁运输设备的请求。

137 运输设备检查单 Transport equipment survey order
对指定的运输设备进行检查的单证。

138 运输设备检查单回复 Transport equipment survey order response
对运输设备检查单的回复。

139 运输设备检查报告 Transport equipment survey report
对指定运输设备的检查报告。

140 包装指示 Packing instructions
企业给出说明指示货物应如何包装的单证/报文。

141 预定一个财务账户的通知项 Advising item to be booked to a financial account
预定一个财务账户的通知项单证和/报文。

142 运输设备维修估价单 Transport equipment maintenance and repair work estimate order
对运输设备维护或修理费用进行估价的单证。

143 运输设备维修通知 Transport equipment maintenance and repair notice
已经完成运输设备修理或维护的报告。
144 空集装箱准用单 Empty container disposition order
空集装箱准许使用的单证。
145 货物卸船单 Cargo vessel discharge order
将指定的集装箱或货物卸船的单证。
146 货物装船单 Cargo vessel loading order
将指定的货物、集装箱或集装箱组装船的单证。
147 复合订单 Multidrop order
包含多个订单的一份订购单,该多个订单包括两个或多个卖方及其相应的交货地点。
148 放货担保合同 Bailment contract
授权担保放货的单证。
149 基本协议 Basic agreement
指出协议的单证,该协议包括两参与方之间未来合同中适用的基本条款和条件。
150 内部运输单 Internal transport order
企业内部货物运输说明的单证/报文。
151 拨款 Grant
指出划拨资金的单证。
152 没有明确数量和交货方式的合同 Indefinite delivery indefinite quantity contract
指出没有明确数量和交货方式的合同的单证。
153 明确数量没有明确交货方式的合同 Indefinite delivery definite quantity contract
指出确定货物数量的不确定交货的合同的单证。
154 需求合同 Requirements contract
指示需求合同的单证,该合同授权在规定的合同期间满足全部购买需求。
155 任务单 Task order
指出订单的单证,该定单包括指派承包方完成指定工作。
156 订做或购买计划 Make or buy plan
指出计划的单证,该计划标识哪些货项需要制作,哪些货项需要购买。
157 分包方计划 Subcontractor plan
指出计划的单证,该计划标识指定合同的分包事宜。
158 费用数据汇总表 Cost data summary
费用数据汇总表的单证。
159 验明的费用和价格数据 Certified cost and price data
已准确验明费用和价格的数据的单证。
160 工资确定 Wage determination
确定应付工资的单证。
161 合同资金状态报告(CFSR) Contract Funds Status Report (CFSR)
提供合同的资金状态的报告。
162 证明检查和测试结果 Certified inspection and test results
检查和测试结果的准确性证明。
163 材料检查和接收报告 Material inspection and receiving report
包括材料的检查报告和接收单证的报告。

164 订购说明书　Purchasing specification
指出购物说明书的单证。
165 支付或履约保证　Payment or performance bond
指出付款或履约保证的单证。
166 合同的安全类别说明书　Contract security classification specification
指出合同的安全和分类要求的说明书的单证。
167 制造说明书　Manufacturing specification
指出如何制造的货项的说明书的单证。
168 美国原产地证明　Buy America certificate of compliance
确认产品成分的50%以上源自美国的产地证书。
169 集装箱停租通知　Container off-hire notice
返还租用的集装箱的通知。
170 收货单　Cargo acceptance order
接收承运人交付的货物的单证。
171 提货通知　Pick-up notice
说明从某地接收已放行货物或集装箱的通知。
172 授权计划和建议订单　Authorisation to plan and suggest orders
可授权的单证/报文，接收方依据本报文的信息制作订单并作为建议将这些订单发送给发送方。
173 授权制作订单和发运单　Authorisation to plan and ship orders
可授权的单证/报文，接收方依据本报文的信息制作订单和发运单。
174 出票　Drawing
出票的单证/报文。
175 成本核算报告(CPR)格式 2　Cost Performance Report (CPR) format 2
标识在指定级别的工程分项结构中合同成本时效的报告(格式 2—组织目录)。
176 成本计划状态报告(CSSR)　Cost Schedule Status Report (CSSR)
提供合同的成本和计划状态的报告。
177 成本核算报告(CPR)格式 1　Cost Performance Report (CPR) format 1
标识合同成本核算的报告，该成本时效在指定级别的工程分项结构中包括了当月实价(格式 1—工程分项结构)。
178 成本核算报告(CPR)格式 3　Cost Performance Report (CPR) format 3
标识合同成本核算的报告，该成本时效汇总从初期实价到终期实价的给定报告期限中对合同的变更(格式 3—基线)。
179 成本核算报告(CPR)格式 4　Cost Performance Report (CPR) format 4
标识合同成本核算的报告，该合同时效包括对合同剩余部分劳力需求的预测(格式 4—人员)。
180 成本核算报告(CPR)格式 5　Cost Performance Report (CPR) format 5
标识合同成本核算的报告，该合同时效包括汇总成本或计划变更的(格式 5—问题分析和解释)。
181 逐步卸货报告　Progressive discharge report
由负责卸船的集装箱码头经营人相继发出，标识已按时卸下指定船的集装箱的单证或报文。
182 余额确认　Balance confirmation
某一记账日的余额确认。
183 拆箱单　Container stripping order
将货物卸下集装箱的单证。

184 装箱单 Container stuffing order
将指定货物或托运物装入集装箱的单证。

185 运输工具到达申报 Conveyance declaration (arrival)
向管理当局报告运输工具即将到达的声明。

186 运输工具离港声明 Conveyance declaration (departure)
向管理当局报告运输工具即将离港的声明。

187 运输工具综合声明 Conveyance declaration (combined)
向管理当局报告运输工具的到达或离港的联合声明。

188 项目恢复计划 Project recovery plan
在延误或疑难解决之后的项目恢复计划。

189 项目投产计划 Project production plan
制品投入生产的计划。

190 统计及其他管理用内部单证 Statistical and other administrative internal documents
企业为收集产品及其他内部统计数据或为其他管理的目的签发的单证/报文。

191 项目总体进度表 Project master schedule
为完成项目而制定的包含所有事项的高级别总体进度表。

192 工程量清单的备选标价 Priced alternate tender bill of quantity
依据备选规约报价的投标。

193 工程量清单的概算报价 Estimated priced bill of quantity
按明细工程量标准(工程量清单)做出的概算。

194 工程量清单草案 Draft bill of quantity
根据以不定价形式签发的工程量清单草案而制定的单证/报文。

195 跟单信用证托收指示 Documentary credit collection instruction
指定跟单信用证的托收要求。

196 跟单信用证修改申请单 Request for an amendment of a documentary credit
跟单信用证的修改申请。

197 跟单信用证的修改资料 Documentary credit amendment information
跟单信用证的修改资料。

198 跟单信用证修改通知单 Advice of an amendment of a documentary credit
跟单信用证的修改通知。

199 跟单信用证修改答复 Response to an amendment of a documentary credit
跟单信用证修改答复。

200 跟单信用证签发通知 Documentary credit issuance information
就跟单信用证的签发提供通知。

201 直接支付估价请求 Direct payment valuation request
请求直接支付估价。

202 直接支付估价 Direct payment valuation
总承包人为使货主直接支付给分包人签发的单证/报文。

203 临时支付估价 Provisional payment valuation
建立临时支付估价的单证/报文。

204 支付估价 Payment valuation
建立工作状况的财务要素的单证/报文。

205 数量估价 Quantity valuation

用数量对建筑合同完成的工作确定的估计的单证/报文。

206 数量估价请求 Quantity valuation request

用数量对建筑工程合同完成的工作提供初步评估的单证/报文。

207 合同数量单 Contract bill of quantities—BOQ

提供正式说明的单证/报文,以标识一项建筑工程项目合同基础的数量和价格。BOQ 指数量单。

208 不标价数量单 Unpriced bill of quantity

针对投标价格,提供详细说明数量的经签发的不标价表格的单证/报文。

209 标价投标数量单 Priced tender BOQ

以不标价的形式对投标价格提供详细的数量基本说明的单证/报文。BOQ 指数量单。

210 询价 Enquiry

对有意订购特定货物和指定项目并符合有关交货条款条件等的参与方签发的单证/报文,该单证/报文直接发给未来的供应方以得到报价。

211 临时支付申请 Interim application for payment

对于已完成的工程合同,为支付请求提供支持的评估的单证/报文。

212 支付协议 Agreement to pay

债务方表示付款意向的单证/报文。

213 金融机构撤销申请 Request for financial cancellation

申请撤销金融机构的报文。

214 预授权直接付款 Pre-authorised direct debit(s)

构成预授权直接付款的报文。

215 意向书 Letter of intent

买方通知卖方有意进行合同谈判的单证/报文。

216 认可的未标价数量单 Approved unpriced bill of quantity

用未标价形式提供核准的详细数量说明(数量单)的单证/报文。

217 未列入计划的支付价格 Payment valuation for unscheduled items

未列入计划的支付价格。

218 完工后的最终支付请求 Final payment request based on completion of work

完工后提交的一系列支付请求中的最终支付请求。

219 已完成部分的支付请求 Payment request for completed units

已完成部分的支付请求。

220 订单 Order

买方与卖方开始交易使用单证/报文,包括按规定提供的货物或服务,以及按照报价提出的条件或买方已知的其他内容。

221 总订单 Blanket order

用于分成批量的总订购和交货日期及可能有交货地点的单证/报文。

222 现货单 Spot order

订购一批现货的单证/报文。

223 租赁单 Lease order

租赁合同中货物的单证/报文。

224 紧急订单 Rush order

紧急订购的单证/报文。

225 修理单 Repair order
货物修理的单证/报文。
226 分订单 Call off order
按照先前的总订单提供分批数量和交货日期的单证/报文。
227 寄售单 Consignment order
在这批库存货物售完后按支付协议发货入库的订单。
228 样品订单 Sample order
订购样品的单证/报文。
229 换货单 Swap order
通知买方或卖方更换先前订购的货物的单证/报文。
230 订购单变更请求 Purchase order change request
变更已发出的订购单。
231 订购单回复 Purchase order response
对已收到的订购单的答复。
232 租用单 Hire order
雇佣人力或租用货物或设备的单证/报文。
233 备件订单 Spare parts order
订购备件的单证/报文。
234 促销价目表/销售目录 Campaign price/sales catalogue
包括仅在特定期限内或特定条件下,特定价格有效的价目表/销售目录。
235 集装箱清单 Container list
参与方签发的单证/报文,标识其负责的集装箱。
236 交货预测 Delivery forecast
传输交货或产品预测要求的报文。
237 通过船坞的服务指示 Cross docking services order
指示通过船坞服务的单证/报文。
238 无预授权直接付款 Non-pre-authorised direct debit (s)
构成无预授权直接付款的报文。
239 拒绝直接付款 Rejected direct debit (s)
构成拒绝直接付款的报文。
240 交货说明 Delivery instructions
由买方签发的并给出有关已订购货物交货说明的单证/报文。
241 交货计划表 Delivery schedule
使用 DELFOR 报文。
242 即时交货 Delivery just-in-time
使用 DELJIT(即时交货)报文。
243 预授权直接付款申请 Pre-authorised direct debit request (s)
构成预授权直接付款申请的报文。
244 无预授权直接付款申请 Non-pre-authorised direct debit request (s)
构成无预授权直接付款申请的报文。
245 交货放行 Delivery release
在收到卖方准备发送的通知后,由买方签发的发货的单证/报文。

246 信用证结算单 Settlement of a letter of credit
信用证结算(或结汇)单。
247 银行间资金转账 Bank to bank funds transfer
银行间资金转账(汇兑、转移)的报文。
248 客户付款委托书 Customer payment order (s)
构成客户付款委托书的报文。
249 低值付款委托书 Low value payment order (s)
构成只进行低值付款委托的报文。
250 乘务人员名单申报表 Crew list declaration
运输工具上乘务人员的申报单。
251 查询单 Inquiry
索取信息的申请。
252 对上一银行交易状态报文的答复 Response to previous banking status message
对上一银行交易状态报文的答复。
253 项目总体计划 Project master plan
为完成项目而制定的包含所有事项的高级别总体计划。
254 项目计划 Project plan
完成项目任务的计划。
255 项目进度 Project schedule
完成项目作业的进度。
256 项目计划内可用资源 Project planning available resources
项目计划确定的可用资源。
257 项目计划日程表 Project planning calendar
项目计划确定的工作日程信息。
258 长期订货单 Standing order
预先安排定期供应固定数量产品的订单。
259 货运事件日志 Cargo movement event log
按日期时间详细记录货物运输相关事件的文件。
260 航次货物分析表 Cargo analysis voyage report
针对航次对货物进行的分析。
261 自行(或反向)开具的扣款单 Self billed credit note
指明客户自行开单认付款项的单证。
262 货物和服务合并贷记单 Consolidated credit note-goods and services
涉及多张发票的货物和服务多重交易的贷记单。
263 库存调整状态报告 Inventory adjustment status report
详细列举库存调整状态的报文。
264 运输设备调动指令 Transport equipment movement instruction
对运输设备进行一项或多项调动的指令。
265 运输设备动态报告 Transport equipment movement report
运输设备一项或多项动态的报告。
266 运输设备状态变更报告 Transport equipment status change report
有关运输设备一项或多项状态变更的报告。

267 熏蒸证书 Fumigation certificate
证明已经进行过熏蒸的证书。

268 葡萄酒证书 Wine certificate
证明葡萄酒质量、产地或命名的证书。

269 羊毛卫生证书 Wool health certificate
证明羊毛无人畜卫生风险的证书。

270 交货通知 Delivery note
随附托运物的纸面单证，用以通知接收方有关本次托运的内容。

271 装箱单 Packing list
说明独立包装件中货物分配的单证/报文(在贸易环境中，发送通知报文用于装箱单)。

272 新代码申请 New code request
进行新代码的申请。

273 代码变更申请 Code change request
对现有代码进行变更的申请。

274 简单数据元申请 Simple data element request
新增简单数据元的申请。

275 简单数据元变更申请 Simple data element change request
对现有简单数据元进行变更的申请。

276 复合数据元申请 Composite data element request
新增复合数据元的申请。

277 复合数据元变更申请 Composite data element change request
对现有复合数据元进行变更的申请。

278 数据段申请 Segment request
新增数据段的申请。

279 数据段变更申请 Segment change request
对现有数据段进行变更的申请。

280 新增报文申请 New message request
新增报文的申请(NMR)。

281 开发报文申请 Message in development request
对报文进行开发的申请(MiD)。

282 对现行报文的变更 Modification of existing message
对现行报文进行变更的申请。

283 跟踪参考号分配报告 Tracking number assignment report
分配跟踪参考号的报告。

284 用户目录定义 User directory definition
定义用户目录或其中部分内容的单证/报文。

285 联合国标准报文申请 United Nations standard message request
联合国标准报文(UNSM)的申请。

286 服务目录定义 Service directory definition
定义服务目录或其中部分内容的单证/报文。

287 状态报告 Status report
处理有关状态信息的报文。

288 调度表 Kanban schedule

描述 Kanban 调度表的报文。

289 产品数据报文 Product data message

供应商向其(潜在)客户或买主提供的以一套基本不变的主数据标识和描述产品报文。

290 零件和/或人工费用索赔 A claim for parts and/or labour charges

引发的一项零件和/或人工费用的索赔。

291 交付进度答复 Delivery schedule response

对之前传输的交付进度表进行答复的报文。

292 检验申请 Inspection request

要求参与方检验物品的报文。

293 检验报告 Inspection report

通知参与方一项检验结果的报文。

294 应用系统的收报确认和错误报告 Application acknowledgement and error report

用于应用系统的收报确认和/或错误报告的报文。

295 差价发票 Price variation invoice

要求对原始发票与应用不同计价结果之间的差价进行支付的发票。

296 差价贷记单 Credit note for price variation

针对差价发票开出的贷记单。

297 收货通知 Instruction to collect

通知参与方收取货物的报文。

298 危险货物清单 Dangerous goods list

列有所载危险货物全部详细资料的清单。

299 注册更新 Registration renewal

确定以前提交的注册资料持续有效的代码。

300 注册变更 Registration change

确定以前提交的注册资料已被修改的代码。

301 对注册的响应 Response to registration

确定对注册报文的出现予以响应的代码。

302 实施指南 Implementation guideline

确定以电子数据交换语法为信息交换标准和格式的文档。

303 转发申请 Request for transfer

申请转发的单证/报文。

304 性能价格比报告 Cost performance report

传达项目或合同性能价格比的报告。

305 应用系统报错和收报确认 Application error and acknowledgement

通知报文签发方之前所发报文已被收报方应用系统收到或被拒收。

306 现金池财务报表 Cash pool financial statement

现金池的财务报表。

307 顺序交付计划 Sequenced delivery schedule

描述产品交付顺序的报文。

308 付款保证金贷记通知 Del-credere credit note

向为多个买方代表支付的贷记通知。

309 保健护理最终履行报告 Healthcare discharge report,final
服务提供方的最终履行护理报告。
310 发盘/报价 Offer/quotation
按货物报价列出的条件确定合同的单证/报文。
311 报价请求 Request for quote
请求特定货物或服务报价的单证/报文。
312 收报确认报文 Acknowledgement message
在有关报文处理的业务应用层提供收报确认信息的报文。
313 应用系统出错报文 Application error message
指出被拒收的报文是由于在应用层遭遇错误的报文。
314 货运航次汇总报告 Cargo movement voyage summary
将一个航次的质量检验报告、航次分析和货运日志所含资料归纳而成的航次汇总报告。
315 合同 Contract
买卖双方之间为提供货物或服务的证明协议的单证/报文,其作用相当于订单确认之类的那些单证。
316 泊位或系泊设施使用申请 Application for usage of berth or mooring facilities
申请使用泊位或系泊设施的单证。
317 指泊地点申请 Application for designation of berthing places
申请指派停泊地点的单证。
318 从港口指泊地点移泊的申请 Application for shifting from the designated place in port
申请从港口指泊地点移泊的单证。
319 为货物申请危险品作业的补充单证
Supplementary document for application for cargo operation of dangerous goods
为货物申请危险品作业的补充单证。
320 订单确认 Acknowledgement of order
确认履行订单的承诺并确定条件或接受条件的单证/报文。
321 申请危险品运输的补充单证
Supplementary document for application for transport of dangerous goods
申请危险品运输的补充单证。
322 光学字符读取(OCR)支付 Optical Character Reading (OCR) payment
由一份光学字符读取(OCR)单证实现的支付。
323 销售预算报告 Preliminary sales report
在获取全部信息之前发出的销售预算报告。
324 运输应急卡 Transport emergency card
针对特定危险品的正式文件,记载有包括危险性质,保护方法,在意外事故、泄漏或火灾中应当采取的措施以及急救方案等资料。
325 形式发票 Proforma invoice
作为一种包含同最后发票一样的全部信息的一预备发票的单证/报文,但并不是实际付款。
326 部分发票 Partial invoice
规定了部分发票细目的单证或报文。
327 操作说明 Operating instructions
描述操作说明的单证或报文。

328 铭牌 Name/product plate
在物品上标识并描述物品的牌子。
329 共同保险分保明细表 Co-insurance ceding bordereau
由分保明细表构成的单证或报文,描述共同保险的分保信息。
330 交货说明请求 Request for delivery instructions
由供货方签发,要求买方提出有关已订货物交付细节说明的单证/报文。
331 附有装箱单的商业发票 Commercial invoice which includes a packing list
含有一份装箱单的商业交易(发票)。
332 贸易数据 Trade data
列举贸易数据的单证/报文。
333 海关验货申报单 Customs declaration for cargo examination
为货物检验而提交海关的申报单。
334 海关验货备用申报单 Customs declaration for cargo examination,alternate
为货物检验而向海关提交的备用申报单。
335 订舱请求 Booking request
由供货方签发给承运人,请求特定托运物预订舱位并指出了期望的航线、发运时间等的单证/报文。
336 乘务人员和运输工具报关 Customs crew and conveyance
由乘务人员名单和运输工具相关信息构成的单证/报文。
337 含有商业明细的备用总报关单
Customs summary declaration with commercial detail,alternate
备用的总报关单,带有商业交易明细资料。
338 财务会计报表的入账项目 Items booked to a financial account report
报告财务入账项目的报文。
339 需要接收方更多资料的交易报告
Report of transactions which need further information from the receiver
报告需要接收方更多资料的交易的报文。
340 装运指令 Shipping instructions
说明货物详细情况和出口方对实际运输要求的单证/报文。
341 托运人说明书(空运) Shipper's letter of instructions (air)
由发货人签发,给出货物细节,能使航空公司或其代理人准备空运单的单证/报文。
342 仅作为信息的交易报告 Report of transactions for information only
仅作为信息报告交易的报文。
343 短途货运单(当地运输) Cartage order (local transport)
给出有关货物当地运输说明的单证/报文,例如从企业的办公室到承担未来运输的承运人。
344 EDI 关联对象管理报文 EDI associated object administration message
指定有关 EDI 关联对象交换的附加信息的报文。
345 待运通知 Ready for despatch advice
由供货方签发,通知买方已订货物准备发运的单证/报文。
346 销售汇总表 Summary sales report
对早期发出的若干份销售报表汇总而成的销售报表。
347 订单状态查询 Order status enquiry
查询先前发出订单状态的报文。

348 订单状态报告 Order status report

报告先前所发订单状态的报文。

349 船舶进出港申报单 Declaration regarding the inward and outward movement of vessel

船舶进出港口申报的单证。

350 发运单 Despatch order

由供应方签发,通知买方(收货人)货物已发运的单证/报文。

351 发运通知 Despatch advice

卖方或发货人通知收货人有关货物发运方式的单证/报文。

352 使用泊位或系泊设施通知单 Notification of usage of berth or mooring facilities

通知使用泊位或系泊设施的单证。

353 船舶夜间入港申请 Application for vessel's entering into port area in night-time

船舶申请夜间进入港区的单证。

354 从港口指泊地点紧急移泊的通知

Notification of emergency shifting from the designated place in port

港内指泊地点一旦要被封锁时,通知从该地移泊的单证。

355 无商务明细的备用汇总报关单

Customs summary declaration without commercial detail,alternate

未附带任何商务交易明细的备用汇总报关单。

356 履约保函 Performance bond

担保履行合约的单证。

357 支付保函 Payment bond

保证支付货币的单证。

358 撤销护理预报 Healthcare discharge report,preliminary

由服务提供方作出的撤销护理预报。

359 提供卫生服务的申请 Request for provision of a health service

构成提供卫生服务申请的文件。

360 报价要求 Request for price quote

要求针对供货开价的单证/报文。

361 报价 Price quote

针对供货确认价格条款的单证/报文。

362 交货报价 Delivery quote

确认供货交付条款的单证/报文。

363 供货及交付报价 Price and delivery quote

确认供货及其交付价格条款的单证/报文。

364 合同报价 Contract price quote

确认供货合同价格条款的单证/报文。

365 合同及交货报价 Contract price and delivery quote

确认供货合同价格条款及交付条款的单证/报文。

366 最终客户专用报价 Price quote,specified end-customer

专为出售给报价单指定的最终客户而确认供货价格条款的单证/报文。

367 最终客户专用的供货及交付报价 Price and delivery quote,specified end-customer

专为出售给报价单指定的最终客户而确认供货价格及交付条款的单证/报文。

368 报价,出货补损 Price quote,ship and debit
供应商发给分销商确认价格条款的单证/报文,货物可由分销商向带有补偿库存价值损耗的报价单所指定的最终客户出售。
369 供货及交付报价,运输和借记 Price and delivery quote,ship and debit
供应商发给分销商确认供货价格及交付条款的单证/报文,货物可由分销商向带有补偿库存价值损耗的报价单所指定的最终客户出售。
370 单证分发通知单 Advice of distribution of documents
在该单证/报文中,负责签发贸易单证的参与方详细说明这些单证原件或复印件的各种接收人,并列明分配给每个接收人的复制数目。
371 提供卫生服务计划 Plan for provision of health service
构成一项提供卫生服务计划的单证。
372 处方 Prescription
配药用药或治疗的规定。
373 处方申请 Prescription request
开出药物或治疗处方的申请。
374 配方发药报告 Prescription dispensing report
包含根据处方配发药品信息的单证。
375 装运证明 Certificate of shipment
(1109)提供确认一票托运货物已经装运的证明文件。
376 持续有效的产品信息查询 Standing inquiry on product information
在产品被注销之前都持续有效的产品查询。
377 参与方信用信息 Party credit information
提供有关参与方信用信息数据的单证/报文。
378 参与方支付习性信息 Party payment behaviour information
提供有关参与方支付习性数据的单证/报文。
379 计量点信息申请 Request for metering point information
索取有关计量点信息的报文。
380 商业发票 Commercial invoice
按卖方和买方协议的条件,为已提供的货物或服务要求支付的单证/报文。
381 贷记通知 Credit note
给有关方提供贷记信息的单证/报文。
382 佣金单 Commission note
在该单证/报文中,卖方确定佣金金额、发票金额的百分比或针对销售代理确定佣金计算的一些基准。
383 借记通知 Debit note
给有关方提供借记信息的单证/报文。
384 更正发票 Corrected invoice
包括修正信息的商业发票,它不同于先前提交的相同发票。
385 合并发票 Consolidated invoice
包括涉及多个卖方的多重交易的商业发票。
386 预付发票 Prepayment invoice
对货物或服务预付一定金额的发票,这些金额将从最终发票里减去。

387 租用发票 Hire invoice
为雇佣人力、租用货物或设备所开据的单证/报文。
388 税务发票 Tax invoice
税收所用发票。
389 自用发票 Self-billed invoice
开票人替卖方开出的发票。
390 保兑发票 Delcredere invoice
开给若干个买方的发票。
391 计量点信息回复 Metering point information response
对索要有关计量点信息的答复。
392 供应商变更通知 Notification of change of supplier
变更供应商的通知。
393 代理发票 Factored invoice
开给托收的第三方的发票。
394 租赁发票 Lease invoice
租赁合同中针对货物使用的 INVOIC 报文。
395 寄售发票 Consignment invoice
一笔交易经多次销售的商业发票。
396 代理贷记单 Factored credit note
与指定发票有关的贷记单。
397 贸易账目汇总表答复 Commercial account summary response
对之前所发贸易账目汇总报文进行答复的报文。
398 越库转运发货通知 Cross docking despatch advice
供应商或发货人通知买方、收货人或配送中心关于在仓库收货后以不入库直接转运的单证。
399 中转发货通知 Transshipment despatch advice
供应商或发货人通知买方、收货人或配送中心有关中转发货的单证。
400 超常订单 Exceptional order
超出协议框架的订单。
401 预先包装越库转运订单 Pre-packed cross docking order
要求按最终交货点包装供货并在配送中心无需更多作业即行越库转运的订单。
402 中途拆装越库转运订单 Intermediate handling cross docking order
要求根据最终交货地点的需要在库场进行拆解并重组作业后再行转运的供货订单。
403 运输工具适用信息 Means of transportation availability information
提供各种运输工具可用性的信息。
404 运输工具时刻表信息 Means of transportation schedule information
提供各种运输工具时刻表的信息。
405 运输设备交付通知 Transport equipment delivery notice
关于交付运输设备的通知。
406 发给供应商的合同终止通知 Notification to supplier of contract termination
向供应商发出的有关终止一项合同的通知。
407 发给供应商的变更计量点的通知 Notification to supplier of metering point changes
向供应商发出的关于计量点变更的通知。

408 计量仪表变更通知 Notification of meter change
关于变更计量仪表的通知。

409 银行转账指示 Instructions for bank transfer
客户指示其账户银行按指定的方式(如远程传输、航空邮件)或银行规定的其他方式以特定货币支付一定金额给另一国家指定方的单证/报文。

410 计量点标识变更的通知 Notification of metering point identification change
变更计量点标识的通知。

411 公用事业时间序列报文 Utilities time series message
公用事业时间序列报文是在负责公用事业基础设施各方之间发送用于报告时间序列及关联的技术和/或行政信息。

412 银行汇票申请 Application for banker's draft
客户向其账户银行申请签发说明汇票的金额和货币、收款人的姓名和付款地点以及付款国家。

413 基础设施状况 Infrastructure condition
关于基础设施构成的信息。

414 供应商变更确认 Acknowledgement of change of supplier
对供应商变更的确认。

415 数据图表 Data Plot Sheet
提供技术说明书和种植业产量信息的单证/报文。

416 土壤分析 Soil analysis
土壤分析的单证。

417 农家肥分析 Farmyard manure analysis
农家肥分析单。

418 WCO 铁路或公路出口货物申报 WCO Cargo Report Export,Rail or Road
依照世界海关组织(WCO)海关数据模型,由陆路商用运输工具(如卡车或火车)载运的出口货物申报。

419 WCO 空运或海运出口货物申报 WCO Cargo Report Export,Air or Maritime
依照世界海关组织(WCO)海关数据模型,经由水上或空中的商用运输工具(如船舶或飞机)载运的出口货物申报。

420 OCR 支付贷记单 Optical Character Reading (OCR) payment credit note
通过光学字符读取(OCR)单证实现的贷记单支付。

421 WCO 铁路或公路进口货物申报 WCO Cargo Report Import,Rail or Road
依照世界海关组织(WCO)海关数据模型,由陆路商用运输工具(如卡车或火车)载运的进口货物申报。

422 WCO 空运或海运进口货物申报 WCO Cargo Report Import,Air or Maritime
依照世界海关组织(WCO)海关数据模型,经由水上或空中的商用运输工具(如船舶或飞机)载运的进口货物申报。

423 WCO 单步完成出口申报 WCO one-step export declaration
依照世界海关组织(WCO)海关数据模型,一次性地完成基于 1999 年京都公约的出口报关手续的海关货物申报。

424 WCO 出口报关的第一步 WCO first step of two-step export declaration
依照世界海关组织(WCO)海关数据模型,完成基于 1999 年京都公约的出口报关手续的海关货物简化申报的第一部分。

425 托收支付通知 Collection payment advice
银行通知已接收一笔付款，并给出资金处理的详细情况和方式所用的单证/报文。

426 跟单信用证支付通知 Documentary credit payment advice
银行通知在跟单信用证项下支付所用的单证/报文。

427 跟单信用证承兑通知 Documentary credit acceptance advice
银行通知在跟单信用证项下承兑所用的单证/报文。

428 跟单信用证议付通知 Documentary credit negotiation advice
银行通知在跟单信用证项下议付所用的单证/报文。

429 银行担保申请 Application for banker's guarantee
客户要求其账户银行签发一个担保给另一国家的指定方，以说明金额、货币和担保特定条款的单证/报文。

430 银行担保 Banker's guarantee
银行在注明条件的情况下，承担给指定方支付有限的货币金额的单证/报文，海关条例中列明的条件除外。

431 赔款的跟单信用证 Documentary credit letter of indemnity
跟单信用证的受益人接受不依从信用证条款和条件的责任并负责偿还已收到的在信用证中列明的货币并包括应计利息和费用的单证/报文。

432 发给电网经营人的合同终止通知 Notification to grid operator of contract termination
向电网经营人发出的有关终止合同的通知。

433 发给电网经营人的变更计量点的通知
Notification to grid operator of metering point changes
向电网经营人发出的关于变更计量点的通知。

434 平衡负责机构变更的通知 Notification of balance responsible entity change
平衡负责机构变更的通知。

435 贷记预先通知 Preadvice of a credit
指明将要进行一笔贷记的预通知。

436 运输设备概况报告 Transport equipment profile report
运输工具概况的报告。

437 供货及交付报价申请，最终用户专用 Request for price and delivery quote,specified end-user
专为出售给报价申请指定的最终客户而申请供货价格和交付条款的单证/报文。

438 报价申请，运输和借记 Request for price quote,ship and debit
分销商发给供应商申请供货价格条款的单证/报文，货物可由分销商向带有补偿库存价值损耗的报价单所指定的最终客户出售。

439 供货及交付报价申请，运输和借记 Request for price and delivery quote,ship and debit
分销商发给供应商申请供货的价格条款和交付条款的单证/报文，货物可由分销商向带有补偿库存价值损耗的报价单所指定的最终客户出售。

440 交付点清单 Delivery point list
交付点地址的列表。

441 运输路线信息 Transport routing information
说明不同地点之间运输路线的单证。

442 交付报价申请 Request for delivery quote
申请供货交付条款的单证/报文。

443 供货及交付报价的申请 Request for price and delivery quote

申请供货价格条款和交付条款的单证/报文。

444 合同报价申请 Request for contract price quote

申请供货合同价格条款的单证/报文。

445 合同供货及交付报价申请 Request for contract price and delivery quote

申请供货合同价格及交付条款的单证/报文。

446 最终客户专用报价申请 Request for price quote,specified end-customer

申请供货价格条款的单证/报文,货物仅供向该报价申请指定的最终客户出售。

447 托收单 Collection order

指示(或要求)银行处理财务和/或商业单证,以便得到承兑和/或支付或者按已定其他条款和条件交付单证的单证/报文。

448 单证提交单 Documents presentation form

将汇票或类似的票据和/或商业单证提交给银行用于承兑、议付、贴现、支付或托收的单证/报文,而不管是否对应一个跟单信用证。

450 付款单 Payment order

包含需要开始付款信息的单证/报文。它可能包括一笔或多笔商业贸易交易的财务结算。一个付款单用于指示订货方银行为受益人安排指定金额的付款。

451 扩展付款单 Extended payment order

包含需要最初付款信息的单证/报文,它可以包括多笔商业贸易交易的财务结算,可能规定特定付款细节部分。它用于指示订货方的银行为受益人安排特定金额付款。

452 多重付款单 Multiple payment order

包含带有一个借记账户和多个贷记账户的付款单的单证/报文。

453 交付货物支付受阻通知 Notice that circumstances prevent payment of delivered goods

用于通知供应商因支付受阻而不能交付货物的报文。

454 贷记通知 Credit advice

由账户服务机构向其账户拥有者之一发出的单证/报文,用于通知其账户拥有者,其账户在指定日期已经或将要贷记特定金额的会计分录。

455 扩展贷记通知 Extended credit advice

由账户服务机构向其账户拥有者发出的单证/报文,用于通知账户拥有者,其账户在指定的日期已经或将要贷记一定金额的会计分录。它提供有关汇款通知的扩展商务的信息。

456 借记通知 Debit advice

一笔借记通知。

457 借记撤销 Reversal of debit

撤销银行借记会计分录。

458 贷记撤销 Reversal of credit

撤销银行贷记会计分录。

459 旅行票证 Travel ticket

表明有权得到旅行服务的客票凭证。

460 跟单信用证申请 Documentary credit application

请求银行签发特定条件跟单信用证所用的单证/报文。

461 支付卡 Payment card

信用卡、支票担保卡或签账卡等证件。

462 中转发运货物备妥通知书 Ready for transshipment despatch advice
通知预定中转的货物已经就绪的单证。

463 预先包装越库转运发货通知 Pre-packed cross docking despatch advice
供应商或发货人通知买方、收货人或配送中心有关依据最终交付点要求按最终交货点包装供货并在配送中心无需更多作业即行越库转运的发货单证。

464 中途拆装越库转运发货通知 Intermediate handling cross docking despatch advice
供应商或发货人通知买方、收货人或配送中心要求根据最终交货地点的需要在库场进行拆解并重组作业后再行越库转运的发货单证。

465 跟单信用证 Documentary credit
银行说明其已签发的跟单信用证，受益人可依据特定的条款和条件以及提交的规定单证和汇票而获得支付、承兑或议付所用的单证/报文。该信用证可以由或不由另一银行确认。

466 跟单信用证通知书 Documentary credit notification
由通知银行签发的单证/报文，用于把跟单信用证传送给受益人或另一通知银行。

467 跟单信用证转让通知 Documentary credit transfer advice
银行通知跟单信用证将要或已经转让给第二受益人作为受款人所用的单证/报文。

468 跟单信用证更改通知书 Documentary credit amendment notification
银行通知跟单信用证的条件和条款已经修改的单证/报文。

469 跟单信用证更改单 Documentary credit amendment
银行通知受益人修改跟单信用证的条件和条款的详细内容的单证/报文。

470 废弃物处理报告 Waste disposal report
航运代理向行政当局报告废弃物处理信息的单证/报文。

481 汇款通知 Remittance advice
通知汇款的单证/报文。

482 港务局废弃物处理报告 Port authority waste disposal report
由一港务局发给另一港务局报告废弃物处理信息的单证/报文。

483 签证 Visa
在护照或任何其他公认旅行证件标明查验无误，特许持有人进入或离开一个国家的签注。

484 多笔直接付款申请 Multiple direct debit request
构成一项贷记一个或多个账户并借记一个或多个债务人的直接付款申请的单证/报文。

485 银行汇票 Banker's draft
由一家银行与另一银行，或一家银行的分行与其总行(或者相反)或与该行的其他分行给第三方开出的汇票，不论哪种情况，该汇票应该符合兑付的国家为支票制定的规范。

486 多笔直接付款 Multiple direct debit
构成贷记一个或多个账户并借记一个或多个债务人的直接付款单证/报文。

487 入境许可证件 Certificate of disembarkation permission
为准许入境签发的证件或报文。

488 (免于)除鼠证书 Deratting exemption certificate
证明对象经查验无鼠并声明对除鼠作业程序予以豁免的文件。

489 冷藏箱加电通知 Reefer connection order
将冷藏集装箱送达冷藏箱位接通电源的通知。

490 汇票 Bill of exchange
根据适用的法规由出票人签发的单证/报文，在见票时按邀请在指定的时间，委托付款人无条件支付确定金额给指定受款人或持票人的票据，以抵付交单。

491 本票 Promissory note
根据适用的法规由出票人签发的单证/报文，承诺自己在见票时或在指定时间无条件支付确定的金额给收款人或持票人的票据，以抵付交单。
493 账户报表报文 Statement of account message
使用STATAC报文。
494 直接交货(运输) Direct delivery (transport)
指定交接时从运输工具直接将货物送达另一运输工具的单证/报文。
495 WCO两步出口申报的第二步 WCO second step of two-step export declaration
依照世界海关组织(WCO)海关数据模型，完成基于1999年京都公约的出口报关手续的海关货物简化申报的第二部分。
496 WCO单步完成进口申报 WCO one-step import declaration
依照世界海关组织(WCO)海关数据模型，一次性地完成基于1999年京都公约的进口报关手续的海关货物申报。
497 WCO两步进口申报的第一步 WCO first step of two-step import declaration
依照世界海关组织(WCO)海关数据模型，完成基于1999年京都公约的进口报关手续的海关货物简化申报的第一部分。
498 WCO两步进口申报的第二步 WCO second step of two-step import declaration
依照世界海关组织(WCO)海关数据模型，完成基于1999年京都公约的进口报关手续的海关货物简化申报的第二部分。
499 先前的运输单证 Previous transport document
标识先前的运输单证。
520 保险凭证 Insurance certificate
发给投保人，证明保险已经有效，保险单已经签发的单证/报文。用于特定货物的该凭证还主要用于货物保险中标明是流动保险单还是开口保险单。按投保人要求保险凭证可以换成保险单。
521 特种货运通行证 Special requirements permit related to the transport of cargo
与货运单证相关的许可证，批准在特别要求的条件下运输货物。
522 油轮危险品通知书 Dangerous Goods Notification for Tanker vessel
承载液体散装货物的船舶适用的危险品通知书。
523 非油轮危险品通知书 Dangerous Goods Notification for non-tanker vessel
除液体散装货物之外承载其他货物船舶的危险品通知书。
524 WCO运输工具到达报告 WCO Conveyance Arrival Report
根据世界海关组织(WCO)海关数据模型，运输工具抵达进入某一海关关境的申报。
525 WCO运输工具出境报告 WCO Conveyance Departure Report
根据世界海关组织(WCO)海关数据模型，运输工具启程离开某一海关关境的申报。
526 记账单据 Accounting voucher
证明一笔会计分录的单证/报文。
527 自行(或反向)开具的收款单 Self billed debit note
指明客户自行开单索取款项的单证。
528 军人身份证 Military Identification Card
军人旅行订位所用的代替护照的官方证件。
529 多次入境许可 Re-Entry Permit
多次进入一个国家的许可。

530 保险单 Insurance policy

由保险人签发，证明保险协议的单证/报文，其中包含了保险协议中的条件以及保险人承担合同规定的危险和意外事故发生后对投保人的损失提供赔偿的特定费用。

531 难民身份证 Refugee Permit

一个国家识别难民的身份证件。

532 运输代理贷记通知 Forwarder credit note

向有关方提供付款信息的单证/报文。

533 记账单据原件 Original accounting voucher

指出这是证明一笔记账分录来自原始单据的单证/报文。

534 记账单据的复印件 Copy accounting voucher

指出这是证明一笔记账分录来自单据复印件的单证/报文。

535 预估的记账单据 Pro-forma accounting voucher

指出这是证明一笔记账分录来自预估单据的单证/报文。

536 国际船舶安全证书 International Ships Security Certificate

声明船舶安全状态的证书。

537 临时国际船舶安全证书 Interim International Ships Security Certificate

声明船舶安全状态的临时证明文件。

538 生产质量管理规范(GMP)证书 Good Manufacturing Practice (GMP) Certificate

食品、药品、化妆品等产品的制造和加工质量保障证书。

550 保险申报单(明细表) Insurance declaration sheet (bordereau)

投保人向其保险人报告双方间保险合同(开口保险单或流动保险单)包括的独立装运的细节时所用的单证/报文。

575 保险人发票 Insurer's invoice

由保险人签发，说明已执行并要求支付保险费所用的单证/报文。

580 承保单 Cover note

由保险人(保险经纪人、代理人等)签发，通知投保人保险已经执行所用的单证/报文。

610 货运指示 Forwarding instructions

签发给一个货运代理人的单证/报文，由货运代理人为接转其中所列货物给出有关办理的指示。

621 货运代理给进口代理的通知 Forwarder's advice to import agent

由出口国货运代理人签发，向进口国的对方通知关于其中所列货物接转事项的单证/报文。

622 货运代理给出口商的通知 Forwarder's advice to exporter

货运代理人签发的单证/报文，通知出口商履行接收的指示。

623 货运代理发票 Forwarder's invoice

由货运代理人开具的发票，列出提供的服务、发生的费用以及为此提出的支付要求。

624 货运代理收据证明 Forwarder's certificate of receipt

货运代理人签发的不可转让的单证，证明其已接受一特定托运货物的控制权，以及将其送交单证指定的收货人或保留货物由其处置的不可撤销的指示，如 FIATA—FCR。

630 托运单 Shipping note

托运人或代理人给承运人、多式联运经营人、场站或其他接货机构提供的的单证/报文，说明有关交运的出口货物情况，并提供必要的收据和责任声明(有时一份多用途的货物处理单证也满足单证 632、633、650 和 655 的功能)。

631 货运代理人仓库收据 Forwarder's warehouse receipt
货运代理人作为仓库保管人签发的单证/报文，承认收到放置于仓库中的货物，并且说明或指出货物保管和发放的管理状况。这份单证含有关于背书所列持有人的权利、所有权转移等的详细条款，如 FIATA—FWR。

632 货物收据 Goods receipt
由港口、仓库/货棚或场站经营人签发的单证/报文、承认按单证中指定的状况收到所列的货物。

633 港口费用单 Port charges documents
详细说明了所提供的服务、堆存和搬运费用，滞期费及其他应由所列货物的所有人支付的费用的单证/报文。

635 栈单 Warehouse warrant
仓库保管人向放置货物于仓库并授予存储货物所有权的人签发的可转让收货单证。

640 提货单 Delivery order
有权发放单证中所列货物的参与方向一个指定收货人签发的应由货物保管人留存的单证/报文。

650 装卸单 Handling order
由货物装卸机构(港务管理部门、场站经营人等)为对其照管的货物进行搬移或其他操作而签发的单证/报文。

655 通行证 Gate pass
准许其中所列货物运出隔离的港口或场站区域的单证/报文。

700 运单 Waybill
证明货物运输合同的不可转让的单证。

701 通用(多用)运输单证 Universal (multipurpose) transport document
证明运输合同的单证/报文，其范围包括国内国际的任何运输方式或联运方式的货物运输。它们应符合任何国际公约或国家法律，并符合承担或安排单证中所列运输的任何承运人或运输经营人的运输条款。

702 运输货物收据 Goods receipt, carriage
承运人或承运人的代理人签发的单证/报文，确认按单证中说明或指定的状况收到运输的货物，使承运人可以签发运输单证。

703 全程运单 House waybill
由代理人/拼装承运人开出的单证，它证明托运人和代理人/拼装承运人之间为安排货物运输而订立的合同。

704 主提单 Master bill of lading
由船长(实际上是指船主与或租船人)签发的提单，它可以包括数份交运提单。

705 提单 Bill of lading
证明一份海运合同并由承运人接管或装载货物，并由承运人据此负责交货的可转让的单证/报文。这一保证被订立在货物应交付给指定收货人或指定收货人或提单持有人的单证条款中。

706 正本提单 Bill of lading original
由运输公司签发的提单正本。海运业签发的正本提单，可作为物权凭证。

707 副本提单 Bill of lading copy
由运输公司签发的提单副本。

708 空集装箱提单 Empty container bill
指示一个空集装箱的提单。

709 油轮提单　Tanker bill of lading

证明液体散货运输的单证。

710 海运单　Sea waybill

证明一份海上货物运输合同并由承运人接管货物的不可转让的单证，并由承运人据此负责将货物交付给单证中指定的收货人。

711 内河提单　Inland waterway bill of lading

由承运人签发给指定人或提单持有人的可转让运输单证，并在收到货物以后交给发货人。

712 不可转让的海运单证(通用)　Non-negotiable maritime transport document (generic)

证明一份海运合同并由承运人接管和装载货物的不可转让的单证，承运人据此负责将货物交付给指定收货人。例如，海运单。

注：在某些国家，如加拿大，使用同义词“直接提单”或“不可转让提单”。

713 大副收据　Mate's receipt

由船舶高级职员签发的单证/报文，确认一票特定的托运货物已装船及货物的外表状况，使承运人可以签发提单。

714 全程提单　House bill of lading

并非由承运人而是由承运人确认的货运代理人/拼装承运人签发的提单。

715 无提单提货保函　Letter of indemnity for non-surrender of bill of lading

由商务当事人或保险公司的银行签发的单证/报文，根据有关条款为担保的受益人承担责任。

716 货运代理人提单　Forwarder's bill of lading

货运代理人签发的不可转让的单证，证明一份海运合同并由货运代理人接管或装载货物，并由货运代理人据此负责将货物交付给单证记名的收货人。

720 铁路托运单(通用条款)　Rail consignment note(generic term)

在发送人和承运人(铁路)之间为运输货物而订立一份合同的运输单证。对于国际铁路运输，该单证必须符合铁路货物运输的国际公约(如 CIM 公约，SMGS 公约)规定的形式。

722 陆运单-SMGS　Road list-SMGS

为每一票托运单编制的会计单证，该单证全程跟随该票托运货物，是一份铁路运输单证。

723 押运正式确认　Escort official recognition

使货主在运输押运托运物的火车上有权行使通常转交警卫的所有职能的单证/报文。

724 分段计费单证　Recharging document

针对前段运输而拟定的运输单证，使得一个承运人的代理人有可能让另一个承运人的代理人(在不同国家)收取有关起始运输(铁路)的费用。

730 公路托运单　Road consignment note

证明在承运人和发货人之间的公路货物运输合同的运输单证/报文(通用条款)。

注：对于国际公路运输，该单证至少应包括由国际公路运输合同公约(GMR)规定的条款。

740 空运单　Air waybill

由托运人或其代理开出的单证/报文，证明托运人和承运人在承运人航线上运输货物的合同，并由航空公司在签发的单证前加顺序号标识(IATA)。

741 主空运单　Master air waybill

出自代理人/拼装承运人或其代理人的单证/报文。证明代理人/拼装承运人与承运人之间在承运人航线上运输一票包括由多个托运人所发货物的托运货物的合同(IATA)。

743 分空运单　Substitute air waybill

由于没有正本，仅包括有限信息的一份临时的空运单。

744 乘务人员物品申报单 Crew's effects declaration
有关运输工具上乘务人员个人物品的海关申报单,相当于 IMO 格式 4。

745 乘客名单 Passenger list
有关运输工具上乘客的海关申报单,相当于 IMO 格式 6。

746 (铁路运输)交货通知 Delivery notice (rail transport)
由发货人或发车站制发的单证/报文,随同运输或寄送给收货人,使收货人或到达站能够证实货物的交付,该单证必须返还给发货人或发车站。

750 (邮递包裹)投递单 Despatch note (post parcels)
根据 UPU 公约"有关邮政包裹的协议"106 款,随附于邮政包裹的单证/报文。

760 多式联运单证(通用) Multimodal/combined transport document (generic)
货物运输中涉及到多种运输方式时所用的运输单证。这是一份多式联运的运输合同或货物收据,它指示负责货物运输的运输的公司的地点、该运输公司责任终止的地点以及所涉及的运输工具。

761 直达提单 Through bill of lading
证明一份从一地到另一地分段运输合同的提单,其中至少有一段是海运运输公司的提单,签单承运人据此为直达提单所列明的内容承担运输。

763 货运代理人运输证书 Forwarder's certificate of transport
货运代理人签发的可转让的单证/报文,证明由其负责按照单证指明的发货人的指示发送和交付特定的托运货物,并对通过由其选择的交货代理人的中介将货物交付给本单证的持有人承担责任。如 FIATA—FCT。

764 联运单证(通用) Combined transport document (generic)
证明一份执行和/或获得执行货物联运合同的可转让或不可转让的单证,其表面冠有"根据有关联运单证的统一规则"(国际商会 298 号手册)签发的可转让的联运单证或冠有"根据有关联运单证的统一规则"(国际商会 298 手册)签发的不可转让的联运单证字样。

765 多式联运单证(通用) Multimodal transport document (generic)
证明一份多式联运合同的单证/报文,由多式联运经营人接管货物,并由其依据合同条款负责交付货物(多式运输国际公约)。

766 多式联运提单 Combined transport bill of lading/multimodal bill of lading
证明一份多式运输合同的单证,由多式运输经营人接管货物,并由其依据合同条款负责交付货物。

770 订舱确认 Booking confirmation
承运人签发的确认运输工具上已为一票托运货物保留舱位的单证/报文。

775 要求交货通知 Calling forward notice
发放或交付货物的指示。

780 运费发票 Freight invoice
运输经营人签发的单证/报文,开列了运输费用和运输业务中发生的其他费用,并说明了支付条件。

781 货物到达通知 Arrival notice (goods)
承运人用书面、电话或其他工具(快递、报文、电报等)给收货人的通知,通知他托运货物已经或不久将被放置于目的地的一个特定地点由其处理。

782 无法交货的通知 Notice of circumstances preventing delivery (goods)
承运人向发送人,也可能是收货人提出的,就交货受阻并且发货人在运输单证没有运回货物要求的情况下,对托运货物的处理给予指示的请求。

783 无法运货的通知 Notice of circumstances preventing transport (goods)
承运人向发送人，也可能是收货人提出的就收到有关托运货物之后，在出发前或途中发生运输受阻情况时对托运货物的处理给予指示的请求。

784 交货通知(货物) Delivery notice (goods)
承运人向发货人发出的书面通知，告诉他按其要求交付货物的实际日期。

785 货物舱单 Cargo manifest
组成运输工具或运输设备货载的货物清单，载货清单提供货物的商务详细情况，如运输单证参考号、发货人、收货人、运输标志、件数和包装种类，以及货名和数量。

786 运费舱单 Freight manifest
包括载货清单相同信息，并加上运费额，附加费等详细说明的单证/报文。

787 公路运输货物清单 Bordereau
用于公路运输的单证/报文，列明载于一辆公路货车的货物，通常指追加的公路托运单的复印件。

788 集装箱载货清单 Container manifest (unit packing list)
详细说明特定的货运集装箱或其他运输设备内装货物的单证/报文，由负责将其装入集装箱或设备的参与方缮制。

789 铁路费用单 Charges note
每当发车站不能计算全程费用(例如，运价表还未更新，部分路程未列入运价表)时，铁路部门用于指定运费或附加费的单证。

790 托收通知 Advice of collection
随同运输或以另外方式寄发的单证，向发车站的铁路部门提供证据表明，在发货人偿付之前，到达站的铁路部门已经兑现交货付款的款额。

791 船舶安全证书 Safety of ship certificate
证明到一特定日期前，船舶安全性能的文件。

792 无线电台安全证书 Safety of radio certificate
证明到一特定日期前，船舶无线电设施安全性能的文件。

793 设备安全证书 Safety of equipment certificate
证明到一特定日期前，船舶设备安全性能的证书。

794 油污民事责任书 Civil liability for oil certificate
申明用油作为推进燃料或载油船舶的船舶所有人责任的文件。

795 载重线证书 Loadline document
详细说明各种条件下，船舶法定吃水限制的文件。

796 免于除鼠证书 Derat document
到有效的特定日期为止证明船上无鼠的文件。

797 航海健康证书 Maritime declaration of health
到有效的特定日期为止证明船上卫生状况的文件。

798 船舶登记证书 Certificate of registry
说明船舶注册的正式证书。

799 船用物品申报单 Ship's stores declaration
有关船用物品的海关申报单(相当于 IMO 格式 3)，即供船舶、飞机或火车上旅客/船员使用的消耗物品。无论是供出售还是自用的，运输工具运行/维护所必需的物品，包括燃料/ 润料不包括零件/设备(IMO)。

810 出口许可证申请 Export licence,application for
由政府主管部门签发的许可证申请书。准许根据一定的数量、目的地国家等特定条件出口一批特定的货物。

811 出口许可证 Export licence
由政府主管部门签发的许可证,准许根据一定的数量、目的地国家等特定条件出口一批特定的货物。

812 出口结汇核销单 Exchange control declaration,export
出口方/卖方填写的单证/报文,根据支付条款及强制的外汇管理规定,主管机构控制由商业交易回笼而增长的外汇额。

820 T 出口单证(海关转运报关单) Despatch note model T
欧共体转运申报。

821 T1 出口单证(内部转运报关单) Despatch note model T1
根据共同体内部转关程序对货物流通的转运申报(欧共体国家之间)。

822 T2 出口单证(原产地证明书) Despatch note model T2
确定所申报的货物源产于一个欧共体国家。

823 T5 管理单证(退运单证) Control document T5
只是不适用于增值税征收、拒收、与合同不符合等退回的情况下,专用的管理单证(出口申报)。

824 铁路运输退运单 Re-sending consignment note
发货人填制的铁路托运单以便最终将货物运返原产地。

825 T2L 出口单证(原产地证明书) Despatch note model T2L
确定所申报的货物源产于一个欧共体国家,仅可被用于从单一发出地点到一交货地点的单一运输工具所载的货物。

830 出口货物报关单 Goods declaration for exportation
为出口清关申报货物的单证/报文,符合京都公约(CCC)有关直接出口的附件 C.1 的附件 I 的基本格式。在一个关税同盟中,“发送”与“出口”有相同的含义。

833 离港货物报关单 Cargo declaration (departure)
适用于根据海关要求提供有关商用运输工具所载货物运输详细情况的单证,有时被称为运输申报。

840 货物监管证书申请表 Application for goods control certificate
向主管部门提交的申请货物监管证书的单证/报文,该证书应按照国家和国际标准,或遵照进口国的法律,或根据合同规定签发。

841 货物监管证书 Goods control certificate
由主管部门按照国家和国际标准,或遵照进口国法律,或根据合同规定签发证明其中声明的货物质量的单证/报文。

850 植物检疫申请表 Application for phytosanitary certificate
向主管部门提交的申请签发植物检疫证书的单证/报文。

851 植物检疫证书 Phytosanitary certificate
由出口国主管部门签发的证明植物、水果或蔬菜不带病害适合消费,并提供了熏蒸及所经过其他处理的详细说明的单证/报文。

852 卫生检疫证书 Sanitary certificate
由出口国主管当局签发的证明食品和动物制品,包括死动物是适合人类消费的,并对其提供了详细说明的单证/报文。

853 动物检疫证书 Veterinary certificate
由出口国主管当局签发的证明活的动物或禽鸟未受病害传染侵害，并提供有关的来源，接种疫苗及所经其他处理的详细说明的单证/报文。

855 商品检验申请 Application for inspection certificate
向主管部门提交的申请签发检验证书的单证/报文，该证书应按照国家或国际标准，或遵照国家的法定要求，或根据合同规定签发。

856 商品检验证书 Inspection certificate
由主管部门签发的证明所述货物已按照国家或国际标准，或遵照国家的法定检验要求，或根据合同规定进行了检验的单证/报文。

860 原产地证书申请 Certificate of origin，application for
有关当事人向主管部门提交申请签发原产地证书的单证/报文。该证书应按照相应标准，基于货物原产地的证明。

861 原产地证书 Certificate of origin
识别货物的单证/报文，其中被授权签发的当局或部门特别证明与该证书有关的货物原产于一个特定的国家。“国家”一词可以包括一组国家，一个地区或一个国家的一部分。该证书还可以包括由制造商、生产商、供货方、出口商或其他的资格人士的申明。

862 原产地申明 Declaration of origin
由与出口货物有关的制造商、生产商、供应商、出口商、商业发票或任何与货物有关的其他单证上的资格人士所作的对货物原产地恰当的陈述。

863 地区名称证书 Regional appellation certificate
按照主管部门或批准部门的规定拟定的证书，证明所述货物限于给定地区的指定地点（例如香槟酒，葡萄牙葡萄酒，巴马干酪）。

864 优惠原产地证书 Preference certificate of origin
描述满足优惠待遇需求的原产地证书的单证和报文。

865 普惠制原产地证书 Certificate of origin form GSP
货物原产地证书的特殊格式，证明普惠制下优惠待遇的资格（包括一份组合原产地申明和证书的表 A）。

870 领事发票 Consular invoice
出口商在其国内缮制递交进口国外交代表的背书和随后又由与其中所列货物进口有关的进口商提出的单证/报文。

890 危险货物申报单 Dangerous goods declaration
由发货人按照适用的公约或规定发出的单证/报文，描述所运输的危险货物或材料的情况，并说明按照有关公约或规定进行包装和标识。

895 出口统计报表 Statistical document，export
由负责国际贸易统计汇总方面，要求出口商提供出口货物信息的单证/报文。

896 国际贸易统计申请单 INTRASTAT declaration
由负责贸易统计汇总方面，要求报关人提供货物信息的单证/报文。

901 交货核对证明 Delivery verification certificate
政府当局（海关或政府）证明货物已经发运的单证/报文。

910 进口许可证申请 Import licence，application for
参与方向主管部门提出申请的单证/报文，批准进口，以进口限制为准，对物品限制数量或该物品在一段限期内取消限额，并说明物品种类、原产地和价值等。

911 进口许可证 Import licence
由主管部门依照强制的进口规定签发的报文，批准指定参与方按照单证中规定的条款进口指定项目的数量限制，或该项目在一限期内取消限额。

913 无商业细目的申报 Customs declaration without commercial detail
不包括报文商业细目数据的 CUSDEC 报文的传输。

914 有商业和项目细目的申报 Customs declaration with commercial and item detail
包括报文商业细目及项目细目数据的 CUSDEC 报文的传输。

915 无项目细目的申报 Customs declaration without item detail
不包括报文项目细目节数据的 CUSDEC 传输。

916 有关单证 Related document
说明与所给出单证/报文关系的单证。

917 海关收据 Receipt (Customs)
支付海关税费的收据。

925 调汇申请 Application for exchange allocation
进口商/买方向主管部门申请划拨一笔外汇转让出口商/卖方以支付货款的单证/报文。

926 调汇许可 Foreign exchange permit
主管部门签发的批准进口商/买方汇出一笔外汇给出口商/卖方以支付货款的单证/报文。

927 进口外汇管理申报 Exchange control declaration (import)
由进口商/买方填写的单证/报文，为便于主管部门管理一项已执行拨付外汇的商业交易管理和依据交付条款和有效的外汇管理规定汇出的款项。

929 进口货物报关单 Goods declaration for importation
向进口海关申报货物的单证/报文(与 830 条相对应)。

930 内销货物报关单 Goods declaration for home use
根据京都公约(CCC)附件 B.1(内销清关)向进口海关申报货物的单证/报文。

931 海关即刻放行报关单 Customs immediate release declaration
进口商签发的单证/报文，通知海关按照海关为批准安排立即放行的货物已从进口的运输工具被转移到进口商的场所，或申请批准此类事件。

932 海关放行通知 Customs delivery note
在海关当局的监管下放行货物，交由有关方处理的单证/报文。
同义词:Customs release note

933 到港货物报关单 Cargo declaration (arrival)
适用于根据海关要求提供有关商用运输工具所载货物(运输)详细情况的单证。

934 货物价格申报单 Value declaration
用于确定进口货物海关价格的单证/报文，其中申报人(进口商)列出发票或其他价格(如售价、相同货物的价格)，还说明了运输、保险和包装等费用、交货和支付条款、与贸易伙伴的关系等。

935 海关发票 Customs invoice
为确定货物交付至的进口国海关价值的单证/报文，其中出口商列出了发票或其他价格(如售价、相同货物的价格)，还说明了运输、保险和包装等费用以及发货和支付条款等。

936 邮包报关单 Customs declaration (post parcels)
根据 UPU 公约“关于邮政包裹的协议”第 106 款，必须随同邮政包裹并在其中详细说明包裹内容的单证/报文。

937 增值税申报单 Tax declaration (value added tax)
进口商按确定增值税的主管部门的要求陈述有关信息的单证/报文。

938 普通税申报单 Tax declaration (general)
包括普通税申报的单证/报文。
940 催税单 Tax demand
包括税款征收的单证/报文。
941 禁运货物许可证 Embargo permit
同意出口特殊货物的单证/报文。
950 海关转运货物报关单 Goods declaration for Customs transit
根据京都公约(CCC)附件E.1(关于转口),发送方为转关申报货物的单证/报文。
951 TIF 国际铁路运输报关单 TIF form
根据1952年简化铁路运输货物跨越边境的国际公约(UIC 的 TIF 公约),发送方申报铁路运输货物的国际转关单证。
952 TIR 国际公路运输报关单 TIR carnet
由海关当局批准的担保团体签发的国际海关单证(国际公路转口),其项下运输的货物在多数情况下,由海关铅封,用公路车辆和/或集装箱运输、符合 TIR Carnets (UN/ECE)的国际货物运输海关 TIR 公约的要求。
953 欧共体海关转运报关单 EC carnet
欧共体海关当局为转口和/或欧共体内货物的临时用户所签发的欧共体海关转口单证。
954 EUR1 欧共体原产地证书 EUR 1 certificate of origin
用于在欧共体国家和欧共体以外的国家之间交换特惠货物的海关证书。
955 ATA 暂准进口单证册 ATA carnet
根据1961年 ATA 公约的条款签发的国际海关文件(暂准进入),结合国际上有效的担保,替代国家的海关文件和作为进口关税/税的保证,用于暂准进口的货物及适用时的货物转口。如果接受对货物的临时出口和再进口的监管,国际担保就不再适用(CCC)。
960 欧共体统一单证 Single administrative document
1988年1月1日推行的替换欧共体内不同(国家)格式的海关申报单的一套单证。
961 一般回复(海关) General response (Customs)
海关向上一报文的发送方传输数据的一般回复的报文。
962 公文回复(海关) Document response (Customs)
海关向上一报文的发送方传输数据的公文回复报文。
963 误差回复(海关) Error response (Customs)
海关向上一报文发送方传输数据的错误回复报文。
964 一揽子回复(海关) Package response (Customs)
海关向上一级报文发送方传输数据的一揽子回复报文。
965 海关计税/确认回复 Tax calculation/confirmation response (Customs)
海关向上一级报文发送方传输数据的计税/确认回复报文。
966 配额预分配证书 Quota prior allocation certificate
主管部门为控制额的预先分配签发的单证/报文。
970 装车报告 Wagon report
包括多车发运情况下有关车皮及其装载托运货物信息的单证。
971 中转承运人单证 Transit Conveyor Document
即非始发端也非到达端的承运人而仅为中转过程承运人的单证。该承运人可就其承担的运输服务直接开票收费。

972 铁路托运单货运代理副本 Rail consignment note forwarder copy
专为货运代理之需打印的铁路托运单副本。
974 暂停征税货物 Duty suspended goods
提供应当缴纳但暂停征收税款的货运明细的单证。
975 中转申报的证据 Proof of transit declaration
为中转申报已被接受提供证据的单证。
976 集装箱调箱单 Container transfer note
运送集装箱的单证。同义词:转运单。
977 NATO 中转单证 NATO transit document
北大西洋公约组织武装力量装运海关监管货物的专用转关单证。
978 境外废品装运授权 Transfrontier waste shipment authorization
由相关运输管理机构授权进行国际间废品运输的单证。
979 境外废品装运单 Transfrontier waste shipment movement document
承运人持有的和收货人使用的进行国际废品运输的单证。
990 最终使用授权书 End use authorization
由海关签发的海关手续最后使用的单证。
991 政府合同 Government contract
描述有政府授权的单证/报文。
995 进口统计表 Statistical document, import
描述用于进口统计目的的单证/报文。
996 跟单信用证开证申请书 Application for documentary credit
申请开出一份跟单信用证的报文。
998 先前海关单证/报文 Previous Customs document/message
对于同一交易海关先前签发的单证/报文。

1049 报文节代码 Message section code [B]
说明:规定报文中一个节的代码。
表示:an..3

1 标头节 Heading section
所引用的该报文节为头。
2 细目节 Detail section
所引用的该报文节为细目。
5 多重节 Multiple sections
引用该报文的多个节。
6 汇总节 Summary section
所引用的该报文节为汇总。
7 分项 Sub-line item
所引用的该报文节为分项。
8 海关申报报文商业标头节 Commercial heading section of CUSDEC
CUSDEC 报文的第 7 段组至第 14 段组。
9 海关申报报文的商业种类细目节 Commercial line detail section of CUSDEC
CUSDEC 报文的第 15 段组至第 22 段组。

10 海关申报报文的海关项目细目节 Customs item detail section of CUSDEC
CUSDEC 报文的第 23 段组至第 33 段组。

11 海关申报报文的海关分项细目节 Customs sub-item detail section of CUSDEC
CUSDEC 报文的第 34 段组至第 35 段组。

1073 单证行行动代码 Document line action code [B]

说明:指出与单证行有关的行动代码。

表示:an..3

1 包括在单证/交易中 Included in document/transaction
单证/交易中包括单证行。

2 不包括在单证/交易中 Excluded from document/transaction
单证/交易中不包括单证行。

1153 参考代码限定符 Reference code qualifier [C]

说明:限定一个参考的代码。

表示:an..3

AAA 订单确认单证标识符 Acknowledgement of order identifier
(1018)标识订单确认的参考号。

AAB 形式发票单证标识符 Proforma invoice document identifier
(1088)标识形式发票的参考号。

AAC 跟单信用证标识符 Documentary credit identifier
(1172)标识跟单信用证的参考号。

AAD 合同附件标识符 Contract document addendum identifier
(1318)标识合同附件的参考号。

AAE 货物申报号 Goods declaration number
为货物申报指定的参考号。

AAF 借记卡参考号 Debit card number
标识一张借记卡的参考号。

AAG 发盘号 Offer number
发布方为发盘指定的参考号。

AAH 用于银行间成批交易参考号 Bank's batch interbank transaction reference number
由银行对一批不同的下层银行间交易指定的参考号。

AAI 银行同业间单笔交易参考号 Bank's individual interbank transaction reference number
银行对特定一笔银行间交易指定的参考号。

AAJ 提货单号 Delivery order number
签发人为提货单指定的参考号。

AAK 发货通知书号 Despatch advice number
签发方为发送通知单指定的参考号。

AAL 提取号 Drawing number
标识特定产品提取的参考号。

AAM 运单号 Waybill number
为运单指定的参考号。见:1001=700。

AAN 交货计划表号 Delivery schedule number

买方为交货计划表指定的参考号。

AAO 收货人分配的货物标识符 Consignment identifier,consignee assigned

(1362)收货人为托运货物指定的参考号。

AAP 分交托运物号 Partial shipment identifier

(1310)构成允许分批交货合同的一部分的某一托运物的参考号。

AAQ 运输设备标识符 Transport equipment identifier

(8260)标识成组运输设备如集装箱或装载设备的标识符。

AAR 市政当局分配的企业登记号 Municipality assigned business registry number

由市政当局为标识企业所分配的参考号。

AAS 运输合同单证标识符 Transport Contract document identifier

(1188) 标识为运输合同单证指定的参考。

AAT 主标签号 Master label number

标识任何包装类型的主标签号。

AAU 发运通知号 Despatch note number

(1128) 标识发运通知指定的参考号。

AAV 查询号 Enquiry number

为一次查询指定的参考号。

AAW 档案参考号 Docket number

标识档案的参考号。

AAX 民事诉讼参考号 Civil action number

标识民事诉讼的参考号。

AAY 承运人的代理人的参考号 Carrier's agent reference number

承运人的代理人为交易指定的参考号。

AAZ 标准承运人字母代码(SCAC)号 Standard Carrier Alpha Code(SCAC)number

海运用的代码,它限定了由美国国家汽车协会发布的标准字母承运人代码(SCAC)。

ABA 海关估价决定号 Customs valuation decision number

进口方给进行货物估价的海关当局做出的先前决定而确定的参考。

ABB 最终使用授权号 End use authorization number

如果产品有特殊用途时,由批准特惠关税率的海关当局发布的参考。见:1001=990。

ABC 反倾销案参考号 Anti-dumping case number

海关当局对过去或现在以低于出口商国内市场价格进行货物倾销的调查发布的参考号。

ABD 关税代号 Customs tariff number

(7282)与海关申报分类名称系统一致的商品代码。

ABE 报关人的参考号 Declarant's reference number

报关人为识别而给单证或报文指定的唯一参考号。

ABF 维修估价单参考号 Repair estimate number

标识一项维修估价的参考号。

ABG 海关决定请求号 Customs decision request number

海关对进口商或代理人所请求的未定关税分类决议发布的参考。

ABH 分提单号 Sub-house bill of lading number

为分提单指定的参考。

ABI 付税标识符 Tax payment identifier

(1168) 标识转运过程中的关税或税的参考号。

ABJ 配额号 Quota number
政府机构为识别配额而指定的参考号。
ABK 转运保证书号 Transit (onward carriage) guarantee (bond) number
标识为转口业务提供的担保或保证的参考号(CCC)。
ABL 海关担保号 Customs guarantee number
为海关担保指定的参考。
ABM 更换部件号 Replacing part number
代替现有部件新的部件号。
ABN 卖方目录号 Seller's catalogue number
为卖方目录指定的标识号。
ABO 发起人参考 Originator's reference
由发起人指定的唯一参考。
ABP 报关人的海关标识号 Declarant's Customs identity number
为接受货物申报和适用的关税及消费税的责任而申报过账债券或证券的参与方的参考号。
ABQ 进口商参考号 Importer reference number
进口商为标识自用目的的特殊运输而分配的参考号。
ABR 出口清关指示参考号 Export clearance instruction reference number
通过不同方式由发货人给出的清关指示的参考号。
ABS 进口清关指示参考号 Import clearance instruction reference number
通过不同方式由发货人/收货人给出的进口清关指示的参考号。
ABT 海关货物申报单证标识符 Goods declaration document identifier,Customs
(1426)海关为标识货物报关指定或接受的号码。
ABU 物品号 Article number
标识物品的号码。
ABV 工厂内部路径 Intra plant routing
定义工厂内部的路径。
ABW 股票保管箱号 Stock keeping unit number
标识股票保管箱的号码。
ABX 文本元素标识符删除参考 Text Element Identifier deletion reference
用于将要删除的指定文本元素标识符(TEI)中的参考。
ABY 调配标识(航空) Allotment identification (Air)
保证代理和其他航空公司等第三方在特定日期可以进行一次或多次特定飞行担保能力的参考号。
ABZ 车辆执照号 Vehicle licence number
政府机构签发的车辆执照号。
AC 空运货物转运舱单 Air cargo transfer manifest
分配给空运货物转运舱单的号码。
ACA 货物接收单参考号 Cargo acceptance order reference number
为货物接收单指定的参考。
ACB 美国政府机构号 US government agency number
标识美国政府机构的号码。
ACC 运输设备标识 Shipping unit identification

用于运输货物的最外层设备上的标识标志。

ACD　附加参考号　Additional reference number

提供另一给定参考之外的参考号。

ACE　相关单证号　Related document number

标识相关单证的参考号。

ACF　收件人参考　Addressee reference

收件人的参考号。

ACG　海关 ATA 单证册号码　ATA carnet number

给海关 ATA 单证指定的参考号。

ACH　包装件标识　Packaging unit identification

标识在包装件上的标志。

ACI　外部包装单位标识　Outerpackaging unit identification

(7070)包括外部运输设备的包装件上的标识标志。

ACJ　用户材料说明书号　Customer material specification number

用户给材料说明书指定的号。

ACK　银行参考　Bank reference

金融机构发布的相互参考号。

ACL　主参考号　Principal reference number

标识主要参考的号码。

ACN　收款通知书单证标识符　Collection advice document identifier

(1030) 标识收款通知书参考号。

ACO　铁锭标记号　Iron charge number

生产钢产品铁锭上的标记号。

ACP　热轧号　Hot roll number

给热轧卷材指定的号。

ACQ　冷轧号　Cold roll number

给冷轧卷材指定的号。

ACR　铁路车厢号　Railway wagon number

(8320) 铁路车厢的注册标识的首字母和号码。

同义词:rail car number。

ACT　发送方唯一索赔参考号　Unique claims reference number of the sender

标识发送方唯一索赔的参考号。

ACU　损失/事件号　Loss/event number

为再保险业遭受每次重大损失指定的唯一参考号。

ACV　预订单参考号　Estimate order reference number

预订单的订购方指定的参考号。

ACW　先前报文的参考号　Reference number to previous message

为先前发出的报文指定的参考(如取消时,已取消的报文的第一个参考号。将被引用在元素中)。

ACX　银行承兑　Banker's acceptance

由承兑的金融机构为银行承兑票据签发的参考号。

ACY　税款缴纳书参考号　Duty memo number

海关为税款缴纳书指定的参考号。

ACZ 设备运输费用参考号 Equipment transport charge number
为一特定设备的运输费用所指定的参考号。

ADA 买方物品号 Buyer's item number
买方为物品指定的参考号。

ADB 存款到期证明 Matured certificate of deposit
由签发的金融机构为存款证明分配的参考号。

ADC 贷款 Loan
贷款金融机构给贷款分配的参考号。

ADD 分析号/测试号 Analysis number/test number
为特定分析或测试指定的号。

ADE 账号 Account number
账户的标识号。

ADF 条约号 Treaty number
标识一个条约的号码。

ADG 灾害号 Catastrophe number
标识一场灾害的号码。

ADI 部门标志(说明参考) Bureau signing (statement reference)
标识部门标志说明参考。

ADJ 公司/企业联合组织(辛迪加)参考1 Company / syndicate reference 1
第一个公司/企业联合组织(辛迪加)参考。

ADK 公司/企业联合组织(辛迪加)参考2 Company / syndicate reference 2
第二个公司/企业联合组织(辛迪加)参考。

ADL 订购客户托运物参考号 Ordering customer consignment reference number
订购客户为托运物指定的参考号。

ADM 船主授权号 Shipowner's authorization number
船主为运输特定货物(如危险品、冷冻或冷藏货物)授权号指定的参考号。

ADN 内陆运输单号 Inland transport order number
参与方为内陆运输单指定的参考号。

ADO 集装箱工作单参考号 Container work order reference number
参与方为一个(一组)集装箱的工作单指定的参考号。

ADP 申明号 Statement number
标识一个申明的参考号。

ADQ 唯一市场参考号 Unique market reference
标识唯一市场的参考号。

ADT 集团会计 Group accounting
标识集团会计的号码。

ADU 经纪人参考1 Broker reference 1
第一个经纪人参考。

ADV 经纪人参考2 Broker reference 2
第二个经纪人参考。

ADW 劳氏索赔机构参考 Lloyds claims office reference
劳氏索赔机构参考号。

ADX 安全交货条款和条件协议参考
Secure delivery terms and conditions agreement reference
标识安全交货条款和条件协议参考。安全交货协议包括供货方在生产和物流过程中无法完成的情况。

ADY 报告号 Report number
承运人在入境点向海关提供的包括运输工具和所载货物信息报告的参考。

ADZ 贸易方账号 Trader account number
海关当局指定的唯一标识贸易方的号(例如:进口商、出口商或报关人)。

AE 经费授权(AFE)号 Authorization for expense (AFE) number
标识经费授权(AFE)的号码。

AEA 政府机构参考号 Government agency reference number
有关政府机构业务的代码型参考号。

AEB 装配号 Assembly number
标识装配的号码。

AEC 标志号 Symbol number
标识标志的号码。

AED 商品号 Commodity number
标识商品的号码。

AEE Eur1 证书号 Eur 1 certificate number
为 Eur1 证书指定的参考号。

AEF 客户手续说明书号 Customer process specification number
由用户定义的手续说明书检索号。

AEG 客户说明书号 Customer specification number
由客户定义的说明书检索号。

AEH 适用的说明书或标准 Applicable instructions or standards
适用于整个报文或报文分项的指示或标准。这些说明书或标准是由中间机构或管理机构或其他有关参与方发布的。

AEI 先前海关申报单的注册号 Registration number of previous Customs declaration
存放先前海关程序的海关申报单登记号。

AEJ 后补报关单参考 Post-entry reference
有关后补报关单的报文参考。

AEK 付款单号 Payment order number
标识付款单的号码。

AEL 交货号(运输) Delivery number (transport)
交付设备时,在集装箱码头由承运人宣布的参考号。

AEM 运输路径 Transport route
各方(如负责组织运输货物和接收货物各方)商定的预定并已规定顺序的接收货物地点。不同的运输路径可以包括相同的取货地点,但其顺序不同。

AEN 客户单位库存号 Customer's unit inventory number
客户为库存为唯一的单位指定的号。

AEO 产品储存号 Product reservation number
卖方为标识特定产品的储存指定的号。

AEP 项目号 Project number

为项目指定的参考号。

AEQ 提取清单号 Drawing list number

标识提取清单的参考号。

AER 项目说明号 Project specification number

标识项目说明的参考号。

AES 主要参考 Primary reference

标识主要参考的号码。

AET 取消请求号 Request for cancellation number

标识取消请求的号码。

AEU 供货方控制号 Supplier's control number

货物离港时,涉及供货方控制的文件的参考。

AEV 托运单号 Shipping note number

为托运单指定的参考号,见 1001=630。

AEW 空集装箱提单号 Empty container bill number

为空集装箱提单指定的参考号。

AEX 不可转让的海运单证号 Non-negotiable maritime transport document number

为海运提单指定的参考号,见 1001=712。

AEY 分空运单号 Substitute air waybill number

为分空运单指定的参考号,见 1001=743。

AEZ 投递单(邮政包裹)号 Despatch note (post parcels) number

(1128)为投递单(邮政包裹)指定的参考号。

AF 航班标识号 Airlines flight identification number

(8110)由航空公司以代码或号码形式为承运人的商务飞行指定的标识。

AFA 直达提单号 Through bill of lading number

为直达提单指定的参考号,见 1001=761。

AFB 货物舱单号 Cargo manifest number

为货物舱单指定的参考号,见 1001=785。

AFC 公路运输货物清单号 Bordereau number

为公路运输货物清单指定的参考号,见 1001=787。

AFD 海关项目号 Customs item number

报关人为项目指定的号(CST 中的 1496)。

AFE 出口控制商品号(ECCN) Export Control Commodity number (ECCN)

在包括实际产品变更功能性的商品控制清单内的有关项目的参考号。

AFF 标志/标签参考 Marking/label reference

标志/标签信息的参考。

AFG 税则号 Tariff number

一列标识税则的号码。

AFH 补充订购单号 Replenishment purchase order number

买方为卖方库存管理程序中的卖方补充订单指定的订购单号。

AFI 保税货物立即运输号 Immediate transportation no. for in bond movement

标识保税货物立即运输的号码。

AFJ 保税货物运输出口号 Transportation exportation no. for in bond movement

标识保税货物运输出口的号码。

AFK 保税货物立即出口号 Immediate exportation no. for in bond movement
标识保税货物立即出口的号码。
AFL 合并发票 Associated invoices
标识合并发票的号码。
AFM 辅助海关参考 Secondary Customs reference
标识辅助海关的参考。
AFN 账户方参考 Account party's reference
标识账户方的参考。
AFO 受益人参考 Beneficiary's reference
受益人的参考。
AFP 第二受益人参考 Second beneficiary's reference
第二受益人的参考。
AFQ 申请人银行参考 Applicant's bank reference
申请人银行的参考号。
AFR 签发行参考 Issuing bank's reference
签发行的参考号。
AFS 受益人银行参考 Beneficiary's bank reference
受益人银行的参考号。
AFT 直接支付估价参考号 Direct payment valuation number
为直接支付估价指定的参考号。
AFU 直接支付估价请求参考号 Direct payment valuation request number
为直接支付估价请求指定的参考号。
AFV 数量估价参考号 Quantity valuation number
为数量估价指定的参考号。
AFW 数量估价请求参考号 Quantity valuation request number
为数量估价请求指定的参考号。
AFX 数量清单参考号 Bill of quantities number
为数量清单指定的参考号。
AFY 支付估价参考号 Payment valuation number
为支付估价指定的参考号。
AFZ 状况参考号 Situation number
给出与确定工作期限有关单证的通用参考号。
AGA 支付协议号 Agreement to pay number
标识支付协议的号码。
AGB 合同方参考号 Contract party reference number
为具体合同方指定的参考号。
AGC 账户方银行参考 Account party's bank reference
账户方银行的参考号。
AGD 代理人银行参考 Agent's bank reference
由代理人银行签发的参考号。
AGE 代理人参考 Agent's reference
代理人的参考号。
AGF 申请人参考 Applicant's reference

申请人的参考号。

AGG 争议号 Dispute number

争议通知的参考号。

AGH 信用调查机构参考号 Credit rating agency's reference number

由信用调查机构为债务人分配的参考号。

AGI 请求号 Request number

标识请求参考号。

AGJ 单笔交易顺序号 Single transaction sequence number

标识单笔交易顺序号。

AGK 应用参考号 Application reference number

标识应用参考的号码。

AGL 交货验证证明 Delivery verification certificate

交货验证证明的正式标识,是海关的正式单证,明确实际货物已交货,它也可根据发票被要求再索税。

AGM 暂时进口单证号 Number of temporary importation document

海关为标识转运货物指定的号。

AGN 报表引用的参考号 Reference number quoted on statement

作为信息,发给受益人的报表所引用的参考号。

AGO 发送方的原报文参考 Sender's reference to the original message

原报文发送方提供的参考。

AGP 公司签发的设备标识 Company issued equipment ID

所有人/经营者、非政府部门签发的设备参考号。

AGQ 国内航班号 Domestic flight number

为起飞、抵达均在同一国家内的飞行指定的航班号。

AGR 国际航班号 International flight number

为起飞、抵达跨越国家的飞行指定的航班号。

AGS 服务机构的雇主标识号 Employer identification number of service bureau

由服务机构为雇主指定的参考号。

AGT 服务组织标识号 Service group identification number

服务团体所用标识。

AGU 成员号 Member number

给作为一团体或服务计划的成员的个人指定的参考号。

AGV 先前的成员号 Previous member number

先前指定给成员的参考号。

AGW 计划号 Scheme/plan number

为服务计划指定的参考号。

AGX 先前计划号 Previous scheme/plan number

为某服务计划预先指定的参考号。

AGY 接收方成员标识 Receiving party's member identification

接收方为服务计划或一团体的成员所用的标识。

AGZ 工资单号 Payroll number

为某组织的工资指定的参考号。

AHA 包装说明书号 Packaging specification number

说明包装要求的技术细节的单证的参考号。

AHB 机构签发的设备标识 Authority issued equipment identification

由管理机构(如政府、机场管理机构)签发的标识。

AHC 训练航班号 Training flight number

为训练而无收入产生的航班。

AHD 资金代码号 Fund code number

标识拨款项目和应付款部门的参考号。

AHE 通信密码号 Signal code number

标识信号的参考号。

AHF 主要部队规划号 Major force program number

依据主要部队规划(美国)的参考号。

AHG 指定号 Nomination number

由船舶公司对管道系统的请求指定的参考号。

AHH 实验室注册号 Laboratory registration number

实验室正式注册号。

AHI 运输合同参考号 Transport contract reference number

运输合同的参考号。

AHJ 收款方参考号 Payee's reference number

受款方的参考号。

AHK 付款方参考号 Payer's reference number

付款方的参考号。

AHL 贷方参考号 Creditor's reference number

贷方的参考号。

AHM 借方参考号 Debtor's reference number

借方的参考号。

AHN 共同投资参考号 Joint venture reference number

为共同投资协议指定的参考号。

AHO 商会注册号 Chamber identification number

商会中已知的公司/机构的注册号。

AHP 税务登记号 Tax registration number

税务部门标识公司/机构的登记号。

AHQ 毛织品标识号 Wool identification number

由运输公司为毛织品托运物指定的运输标记(SIM)。

AHR 毛织品税参考号 Wool tax reference number

支付毛织品税的参考或指示。

AHS 肉类加工厂注册号 Meat processing establishment registration number

由当地检疫和检查机构为已注册的肉类包装工厂指定的注册号。

AHT 检疫/处理状况参考号 Quarantine/treatment status reference number

集装箱及其货物和包装材料检疫/处理状况的代码,它由船运公司根据发货人公司提供的申报而定。

AHU 发盘请求号 Request for quote number

申请人为发盘请求指定的参考号。

AHV 手工处理机构号 Manual processing authority number

为允许一项目手工处理分配的号。

AHW 进口许可号 Import permit number

由签发机构为货物的进口许可指定的参考号。

AHX 费率单号 Rate note number

为特定费率指定的参考号。

AHY 转运号 Freight Forwarder number

转运的标识代码。

AHZ 海关放行代码 Customs release code

为使海关放行货物而按要求提交的代码。

AIA 遵循代码号 Compliance code number

为所遵循规则指定的号。

AIB 运输部门关栈号 Department of transportation bond number

运输部门指定的关栈号。

AIC 出口部门号 Export establishment number

标识出口部门的号码。

AID 确认书 Certificate of conformity

对预先定义进行确认的证明。

AIE 政府批准证书 Ministerial certificate of homologation

部件受法律限制且必须经政府批准的批准证书。

AIF 以前交货指示号 Previous delivery instruction number

以前交货指示的标识。

AIG 护照号 Passport number

为护照指定的号码。

AIH 公共交易参考号 Common transaction reference number

适用于不同类型的交易的参考号。

AII 银行公共交易参考号 Bank's common transaction reference number

银行分配的适用于不同类型交易的银行参考号。

AIJ 客户单独交易参考号 Customer's individual transaction reference number

客户分配给一指定交易的客户参考号。

AIK 银行单独交易参考号 Bank's individual transaction reference number

银行分配给一指定交易的银行参考号。

AIL 客户公共交易参考号 Customer's common transaction reference number

客户分配的适用于不同类型交易的客户参考号。

AIM 单独交易参考号 Individual transaction reference number

一指定交易的参考号。

AIN 协议产品号 Product sourcing agreement number

协议中产品的参考号。

AIO 海关转运号 Customs transhipment number

海关签发的在海关监管之下装运货物的批准号。

AIP 海关优先查询号 Customs preference inquiry number

海关为优先查询指定的号码。

AIQ 包装工厂号 Packing plant number

标识包装部门的号码。

AIR 原产地证书号 Original certificate number
原产地证书号的参考号。

AIS 加工工厂号 Processing plant number
标识加工工厂的号码。

AIT 屠宰工厂号 Slaughter plant number
标识屠宰工厂的号码。

AIU 赊账卡账号 Charge card account number
标识赊账卡账户的号码。

AIV 事件参考号 Event reference number
标识一个事件的号码。

AIW 运输部门参考号 Transport section reference number
标识运输部门的号码。

AIX 力学分析的指定产品 Referred product for mechanical analysis
标识用作力学分析且其结果适于一组产品的产品号码。

AIY 化学分析的指定产品 Referred product for chemical analysis
标识用作化学分析且其结果适于一组产品的产品号码。

AIZ 合并发票号 Consolidated invoice number
包含其他发票的发票号。

AJA 图纸中的部件参考指示符 Part reference indicator in a drawing
指定图纸及部件目录中部件之间交叉参考的号码。

AJB 美国联邦法规汇编 U.S. Code of Federal Regulations (CFR)
指出从美国联邦法规汇编引出的参考。

AJC 购买活动条款号 Purchasing activity clause number
指出购买活动所用条款的号码。

AJD 美国联邦防卫管理条例补充件
U.S. Defense Federal Acquisition Regulation Supplement
指出从美国联邦防卫管理条例补充件引出的参考。

AJE 机构条款号 Agency clause number
指出特定机构所用条款的号码。

AJF 流通出版号 Circular publication number
说明流通出版和号码。

AJG 美国联邦管理条例 U.S. Federal Acquisition Regulation
指出美国联邦管理条例中条款的参考。

AJH 美国总务管理条例 U.S. General Services Administration Regulation
指出美国总务管理条例中条款的参考。

AJI 美国信息资源管理条例 U.S. Federal Information Resources Management Regulation
指出美国信息资源管理条例中条款的参考。

AJJ 段 Paragraph
引出信息的段的参考。

AJK 特殊指示号 Special instructions number
指出特定指示的引用号。

AJL 地点的指定程序、条款和条件号 Site specific procedures,terms,and conditions number
指出一组地点的指定程序、条款和条件的号码。

AJM 总请求程序、条款和条件号
Master solicitation procedures,terms,and conditions number
指出总请求程序、条款和条件的号码。

AJN 美国退伍军人事务管理条例
U. S. Department of Veterans Affairs Acquisition Regulation
指出从美国退伍军人事务条例引出的参考。

AJO 军内采购请求号 Military Interdepartmental Purchase Request (MIPR) number
指出军队使用的部门之间采购请求的号码。

AJP 国外军队销售号 Foreign military sales number
说明销售给国外的销售号。

AJQ 国防优先分配系统优先级 Defense priorities allocation system priority rating
指出给国防采购资源指定的优先级参考。

AJR 工资确定号 Wage determination number
说明工资确定的号码。

AJS 协议号 Agreement number
说明参与方之间协议的号码。

AJT 工业标准分类号 Standard Industry Classification (SIC) number
说明工业标准分类的号码。

AJU 结尾项号 End item number
说明适用于从属条款结尾项的号码。

AJV 联邦供货计划条款号 Federal supply schedule item number
说明联邦供货计划中所列条款的号码。

AJW 技术凭证号 Technical document number
说明技术凭证的号码。

AJX 技术订单号 Technical order number
说明技术变更的订单参考。

AJY 后缀 Suffix
说明附加在基本标识符结尾的后缀的参考。

AJZ 运输账号 Transportation account number
将为运输付费或贷记的账号。

AKA 集装箱配箱单参考号 Container disposition order reference number
为空集装箱配箱单指定的参考。

AKB 集装箱参考号前缀 Container prefix
由标识集装箱所有人的字母代码得出的集装箱唯一标识的第一部分。

AKC 运输设备返回参考 Transport equipment return reference
设备返至地点已知的参考。

AKD 运输设备鉴定参考 Transport equipment survey reference
订购方为运输设备检查单指定的参考号。

AKE 运输设备检查报告号 Transport equipment survey report number
由标识其运输设备检查报告的参与方使用的参考号。

AKF 运输设备装货单 Transport equipment stuffing order
为将货物装入运输设备的单证指定的参考号。

AKG 车辆标识号 Vehicle Identification Number (VIN)

通过车辆使用寿命唯一区别车辆的标识号。

AKH 政府提单 Government bill of lading

政府规定的提单。

AKI 订购客户的第二参考号 Ordering customer's second reference number

订购客户的第二参考号。

AKJ 直接借记参考 Direct debit reference

为直接借记业务指定的参考号。

AKK 交货开始时计量器示数 Meter reading at the beginning of the delivery

交货开始时计量器示数。

AKL 交货结束时计量器示数 Meter reading at the end of delivery

交货结束时计量器示数。

AKM 补充订购单系列开始号 Replenishment purchase order range start number

买方为卖方补充订单指定的订购单系列号的开始号。

AKN 第三方银行参考 Third bank's reference

第三方银行的参考号。

AKO 行动授权号 Action authorization number

授权进行一个行动的参考。

AKP 拨款号 Appropriation number

标识为特定目的(拨款)所提供资金类型的号码。

AKQ 产品变更授权号 Product change authority number

授权对产品的形状、适应性或功能进行变更的号码。

AKR 一般货物托运参考号 General cargo consignment reference number

标识指定一般货物(非集装箱或散货)托运的参考号。

AKS 目录顺序号 Catalogue sequence number

据标准参考号系统在目录中唯一标识某项的号码。

AKT 转运单号 Forwarding order number

订购客户为转运单指定的参考号。

AKU 运输设备检查参考号 Transport equipment survey reference number

将要或已经对运输设备进行检查的地点已知的参考号。

AKV 租赁合同参考 Lease contract reference

租赁合同的参考号。

AKW 运输费参考号 Transport costs reference number

运输费的参考号。

AKX 运输设备卸货单 Transport equipment stripping order

为运输设备卸货单指定的参考号。

AKY 优先保险单号 Prior policy number

优先保险单的号码。

AKZ 保险单号 Policy number

为保险单指定的号码。

ALA 采购预算号 Procurement budget number

标识分配组采购预算的号码。

ALB 国内库存管理代码 Domestic inventory management code

标识国内库存管理的代码。

ALC 为以前支付余额信息指定的客户参考号

Customer reference number assigned to previous balance of payment information

客户报文的先前支付余额信息的标识号。

ALD 以前贷记通知参考号 Previous credit advice reference number

以前贷记通知报文有参考号。

ALE 报告单号 Reporting form number

为报告单指定的参考号。

ALF 除危险品条例外的授权号

Authorization number for exception to dangerous goods regulations

由管理机构分配的参考号。该号码批准除现有危险品条例外的情况。

ALG 危险品安全号 Dangerous goods security number

为保证危险品的安全,管理指定运输工具上的危险品,管理机构分配有参考号。

ALH 危险品运输许可证号 Dangerous goods transport licence number

管理机构为允许指定运输工具运载危险品分配的许可证号。

ALI 以前的租赁协议号 Previous rental agreement number

标识以前的租赁协议号的号码。

ALJ 下一个租赁协议原因号 Next rental agreement reason number

标识下一个租赁协议原因的号码。

ALK 收货人发票号 Consignee's invoice number

收货人指定的发票号。

ALL 报文批号 Message batch number

标识一批报文的号码。

ALM 以前的交货计划号 Previous delivery schedule number

标识以前交货计划的参考号。

ALN 实际库存重新计算参考号 Physical inventory recount reference number

重新计算实际现有库存的参考。

ALO 接收通知号 Receiving advice number

接收通知的参考号。

ALP 可返回集装箱参考号 Returnable container reference number

标识可返回集装箱的参考号。

ALQ 返回通知号 Returns notice number

返回通知的参考号。

ALR 销售预测号 Sales forecast number

标识销售预测的参考号。

ALS 销售报告号 Sales report number

标识销售报告的参考号。

ALT 以前的税务管理号 Previous tax control number

标识以前税务管理号的参考号。

ALU 航空器地面设备需求数据号

AGERD (Aerospace Ground Equipment Requirement Data) number

标识需要进行维护的设备。

ALV 注册资本参考 Registered capital reference

公司的注册资本参考。

ALW 检查单证标准号 Standard number of inspection document
标识所提供的检查单证标准号的代码。

ALX 模型 Model
标识模型的参考。

ALY 财务管理参考 Financial management reference
财务管理参考。

ALZ 取货通知号 NOTIfication for COLlection number (NOTICOL)
发货人为取货通知单指定的参考。

AMA 计量示数的以前请求参考号 Previous request for metered reading reference number
标识计量装置的记录或示数的以前请求的号码。

AMB 下一个租赁协议号 Next rental agreement number
标识下一个租赁协议的号码。

AMC 计量示数请求的参考号 Reference number of a request for metered reading
标识对计量装置的记录或示数进行请求的号码。

AMD 催办号 Hastening number
唯一标识催办某事的请求的号码。

AME 修理数据请求号 Repair data request number
唯一标识与修理有关的数据请求的号码。

AMF 消费数据请求号 Consumption data request number
标识消费数据请求的号码。

AMG 组号 Profile number
为一组独立标准分配的参考号。

AMH 箱号 Case number
给箱指定的号码。

AMI 政府质量保证和管理等级号 Government quality assurance and control level number
标识政府需要的物品质量保证和管理等级的号码。

AMJ 支付计划参考 Payment plan reference
唯一标识支付计划的号码。

AMK 采购预算号 Procurement budget number
唯一标识用于承诺或发票的采购预算的号码。

AML 补充订购单系列结束号 Replenishment purchase order range end number
买方为卖方补充订单指定的订购单系列号的结束号。

AMM 保险人指定的参考号 Insurer assigned reference number
保险人指定的唯一参考号。

AMN 加拿大税务登记号 Canadian excise entry number
加拿大海关指定的税务登记号。

AMO 保险费率表 Premium rate table
标识保险费率表。

AMP 通知所经过银行的参考 Advise through bank's reference
通知行通过其通知跟单信用证的金融机构。

AMQ 美国交通部债券保证代码 US,Department of Transportation bond surety code
美国交通部指定的债券保证代码。

AMR 美国食品药品管理局设立的指示符
US,Food and Drug Administration establishment indicator
美国食品药品管理局指定的设立的指示符。

AMS 美国联邦电信委员会进口条件号
US,Federal Communications Commission (FCC) import condition number
适用于某些规定种类电信设备的美国联邦电信委员会进口条件的号码。

AMT 货物及服务税标识号 Goods and Services Tax identification number
给征收货物及服务税的部门指定的标识号。

AMU 综合物流交叉参考号 Integrated logistic support cross reference number
在综合物流的不同区域之间允许项目交叉参考的标识。

AMV 部门号 Department number
为组织内部门指定的号码。

AMW 买方目录号 Buyer's catalogue number
由买方维护的目录的标识。

AMX 财务结算方参考号 Financial settlement party's reference number
负责进行金融结算的参与方的参考号。

AMY 标准版本号 Standard's version number
为标准指定的版本号。

AMZ 管路号 Pipeline number
标识管路的号码。

ANA 账户服务银行的参考号 Account servicing bank's reference number
账户服务银行的参考号。

ANB 完整的付款单位请求参考 nits payment request reference
完整的付款单位请求参考。

ANC 预付申请参考号 Payment in advance request reference
预先支付申请的参考号

AND 上层文件 Parent file
标识相关文件结构中的上层文件。

ANE 低层文件 Sub file
标识相关文件结构中的低层文件。

ANF CAD 文件层次约定 CAD file layer convention
标识计算机辅助设计(CAD)环境中文件层次约定的参考号。

ANG 技术规程 Technical regulation
标识一项技术规程的参考号。

ANH 绘图文件 Plot file
指出是测绘图形文件的参考号。

ANI 文件转换日志 File conversion journal
标识记录有关文件格式转换明细日志的参考号。

ANJ 授权参考号 Authorization number
唯一标识一项授权的参考号。

ANK 第三方指定的参考号 Reference number assigned by third party
由第三方指定的参考号。

ANL 储蓄参考号 Deposit reference number

标识一笔存款的参考号。

ANM 指定银行参考号 Named bank's reference

指定银行的参考号。

ANN 受票人参考号 Drawee's reference

受票人的参考号。

ANO 所需参与方的参考号 Case of need party's reference

所需参与方的参考号。

ANP 代收银行的参考号 Collecting bank's reference

代收银行的参考号。

ANQ 汇款银行的参考号 Remitting bank's reference

汇款银行的参考号。

ANR 当事人的银行参考号 Principal's bank reference

当事人银行的参考号。

ANS 当前银行的参考号 Presenting bank's reference

当前银行的参考号。

ANT 收货人的参考号 Consignee's reference

收货人的参考号。

ANU 金融交易参考号 Financial transaction reference number

金融交易的参考号。

ANV 存款参考号 Credit reference number

一项存款指示的参考号。

ANW 收报行授权参考号 Receiving bank's authorization number

收报银行的授权参考号。

ANX 清算参考号 Clearing reference

清算程序指定的参考号。

ANY 发报行参考号 Sending bank's reference number

发报银行的参考号。

AOA 跟单支付参考号 Documentary payment reference

跟单支付的参考号。

AOD 会计档案参考号 Accounting file reference

会计档案的参考号。

AOE 发送方文件参考号 Sender's file reference number

由发送方指定的文件参考号。

AOF 接收方文件参考号 Receiver's file reference number

由接收方指定的文件参考号。

AOG 原始单证内部参考号 Source document internal reference

为内部使用而对原始单证指定的参考号。

AOH 当事人参考号 Principal's reference

针对当事人的参考号。

AOI 扣款参考号 Debit reference number

一项扣款指示的参考号。

AOJ 日程表 Calendar

日程表的参考号。

AOK 轮班 Work shift
工班轮换的参考号。
AOL 任务分解结构 Work breakdown structure
对项目任务分解结构进行标识的参考号。
AOM 组织机构分解结构 Organisation breakdown structure
标识组织分解结构的参考号。
AON 工作任务费用参考号 Work task charge number
对特定工作任务费用指定的参考号。
AOO 操作工作组 Functional work group
标识履行工作职能小组的参考号。
AOP 工作团体 Work team
标识执行工作团队的参考号。
AOQ 部门 Department
组织机构的下属单位。
AOR 述职报告 Statement of work
对述职报告的参考号。
AOS 工作细目 Work package
对具体工作细目的参考号。
AOT 计划细目 Planning package
对工作细目计划的参考号。
AOU 成本科目 Cost account
成本控制科目的参考号。
AOV 工单 Work order
对工作通知单的参考号。
AOW 运输控制参考号(TCN) Transportation Control Number (TCN)
指定用于运输的参考号。
AOX 限制性标记 Constraint notation
对限制标记的编码标识。
AOY ETERMS 编码 ETERMS reference
国际商会(ICC)电子商务交易术语和条款的知识库(ETERMS)的编码标识。
AOZ 实施方案版本号 Implementation version number
标识一项实施的方案版本号。
AP 可接收的账户 Accounts receivable number
可接收的账户部门为特定借方的账户指定的参考号。
APA 公司法人的法定参考号 Incorporated legal reference
标识法律认定的公司法人编码。
APB 支付分期参考号 Payment instalment reference number
对分期付款的某一期所设定的参考号,以标识一笔可以按指定时间间隔支付的债务中特定的一次付款事件。
APC 设备所有人参考号 Equipment owner reference number
由设备所有人发布的参考号。
APD 分保人索赔参考号 Cedent's claim number
由分保公司对索赔指定的参考号标识。

APE 再保险人索赔参考号 Reinsurer's claim number
由再保险人对索赔指定的参考号标识。

APF 价目表/销售目录回复参考号 Price/sales catalogue response reference number
标识对价目表/销售目录回复的参考号。

APG 通用报文参考号 General purpose message reference number
标识一份通用报文的参考号。

APH 产品售价单参考号 Invoicing data sheet reference number
标识产品售价单的参考号。

API 盘存报告参考号 Inventory report reference number
标识一份库存报告的参考号。

APJ 最高限额算法参考号 Ceiling formula reference number
标识一个确定最高限额计算公式的参考号。

APK 差价算法参考号 Price variation formula reference number
标识价差计算公式的参考号。

APL 账户服务银行报文参考号 Reference to account servicing bank's message
账户服务银行报文的参考号。

APM 参与方顺序参考号 Party sequence number
标识参与方顺序的参考号。

APN 采购方申请参考号 Purchaser's request reference
对采购方提出申请的参考号标识。

APO 承包人申请参考号 Contractor request reference
对承包人提出申请的参考号标识。

APP 事故参考号 Accident reference number
对一起事故指定的参考号。

APQ 贸易账单汇总表参考号 Commercial account summary reference number
标识一份贸易账单汇总表的参考号。

APR 合同分解参考号 Contract breakdown reference
标识一份特定的分解合同的参考号。

APS 承包人登记号 Contractor registration number
用于标识承包人的参考号。

APT 应用系数标识号 Applicable coefficient identification number
标识适用的系数的编号。

APU 预算专用科目号 Special budget account number
专用预算科目的参考号。

APV 维修授权的参考号 Authorisation for repair reference
对维修进行授权的参考号。

APW 制造商确定的维修费率参考号 Manufacturer defined repair rates reference
由制造商指定的对其维修费率的参考号。

APX 初始提交人的日志参考号 Original submitter log number
由初始提交人指定的控制参考号。

APY 最初提交人上层 DMR 日志参考号
Original submitter,parent Data Maintenance Request (DMR) log number
数据维护申请(DMR)初始提交人对上层 DMR 设定的日志参考号。

APZ 初始提交人下层 DMR 日志参考号
Original submitter,child Data Maintenance Request (DMR) log number
数据维护申请(DMR)初始提交人对下层 DMR 设定的日志参考号。

AQA 登录点评估日志参考号 Entry point assessment log number
由登录点评定小组为 DMR 指定的日志参考号。

AQB 登录点评估日志参考号,上层 DMR Entry point assessment log number,parent DMR
由登录点评定小组为上层数据维护申请(DMR)指定的日志参考号。

AQC 登录点评估日志参考号,下层 DMR Entry point assessment log number,child DMR
由登录点评定小组为下层数据维护申请(DMR)指定的日志参考号。

AQD 数据结构标记 Data structure tag
为数据结构指定的标记。

AQE 中心秘书处日志参考号 Central secretariat log number
由中心秘书处为数据维护申请(DMR)指定的日志参考号。

AQF 中心秘书处上层 DMR 日志参考号
Central secretariat log number,parent Data Maintenance Request (DMR)
由中心秘书处为上层数据维护申请(DMR)指定的日志参考号。

AQG 中心秘书处下层 DMR 日志参考号
Central secretariat log number,child Data Maintenance Request (DMR)
由中心秘书处为下层数据维护申请(DMR)指定的日志参考号。

AQH 国际评估日志参考号 International assessment log number
为国际评估中变更的数据维护申请(DMR)指定的日志参考号。

AQI 对上层 DMR 的国际评估日志参考号
International assessment log number,parent Data Maintenance Request (DMR)
国际评估中针对当前数据维护申请(DMR)的上层变更 DMR 所指定的日志参考号。

AQJ 对下层 DMR 的国际评估日志参考号
International assessment log number,child Data Maintenance Request (DMR)
国际评估中针对当前数据维护申请(DMR)的下层变更 DMR 所指定的日志参考号。

AQK 状态报告参考号 Status report number
一份状态报告的参考号。

AQL 报文设计小组参考号 Message design group number
报文设计小组的参考号。

AQM 美国海关总署(USCS)登录代号 US Customs Service (USCS) entry code
由美国(US)海关总署指定的登录代号。

AQN 作业顺序的起始参考号 Beginning job sequence number
指定作为作业顺序开始的参考号。

AQO 发送方条款参考号 Sender's clause number
标识发送方条款的参考号。

AQP 邓白氏加拿大 8 位标准行业分类(SIC)代码
Dun and Bradstreet Canada's 8 digit Standard Industrial Classification (SIC) code
识别公司经营活动的邓白氏加拿大 8 位标准行业分类(SIC)代码。

AQQ APE 识别码 Activite Principale Exercee (APE) identifier
识别公司主营业务的法国行业代码。

AQR 邓白氏美国8位标准行业分类(SIC)代码
Dun and Bradstreet US 8 digit Standard Industrial Classification (SIC) code
识别公司经营活动的邓白氏美国8位标准行业分类(SIC)代码。

AQS NACE识别码 Nomenclature Activity Classification Economy (NACE) identifier
用于识别公司经营活动的欧洲行业分类代码。

AQT NAF识别码 Norme Activite Francaise (NAF) identifier
法国政府指定的用于识别公司经营活动的法国行业分类代码。

AQU 注册承包商经营种类 Registered contractor activity type
标识注册承包商经营种类的编码。

AQV SBA标识 Statistic Bundes Amt (SBA) identifier
统计处(SBA)为识别公司的经营活动而编发的德国行业分类代码。

AQW 州或省指定的实体单位标识 State or province assigned entity identification
由州政府或省政府指定的实体单位编码。

AQX 证券及期货市场协会(ISFMD)序列号
Institute of Security and Future Market Development (ISFMD) serial number
用于标识国营公司而非上市公司的参考号。

AQY 文件标识参考号 File identification number
为标识文件而指定的参考号。

AQZ 破产程序参考号 Bankruptcy procedure number
标识破产程序的参考号。

ARA 中央政府企业标识码 National government business identification number
由中央政府指定的企业标识编码。

ARB 以前的DUNS参考号 Prior Data Universal Number System (DUNS) number
以前分配的数据通用参考号系统(DUNS)的参考号。

ARC CRO编码 Companies Registry Office (CRO) number
由公司登记处(CRO)分配的识别参考号。

ARD 哥斯达黎加法定参考号 Costa Rican judicial number
哥斯达黎加政府对企业指定的参考号。

ARE 税务参考号 Numero de Identificacion Tributaria (NIT)
在一些拉丁美洲国家中由政府配发的参考号。

ARF 雇主参考号 Patron number
在一些拉丁美洲国家中由政府对企业配发的参考号。"Patron"为西班牙语,并非出资人或其他赞助人。

ARG 税务资料登记(RIF)参考号 Registro Informacion Fiscal (RIF) number
在一些拉丁美洲国家中由政府对企业配发的参考号。

ARH 纳税人唯一税务登记号(RUC) Registro Unico de Contribuyente (RUC) number
在一些拉丁美洲国家中由政府对企业配发的参考号。

ARI TSR企业标识 Tokyo SHOKO Research (TSR) business identifier
由东京商工研究(TSR)对企业分配的参考号。

ARJ 个人身份证参考号 Personal identity card number
配发给个人的身份证参考号。

ARK SIREN代号
Systeme Informatique pour le Repertoire des ENtreprises (SIREN) number

对法国企业配发的名为 SIREN 的识别参考号。

ARL SIRET 代号 Systeme Informatique pour le Repertoire des ETablissements (SIRET) number
对法国企业配发的名为 SIRET 的识别参考号。

ARM 出版物发行号 Publication issue number
标识出版物发行而指定的参考号。

ARN 原件归档参考号 Original filing number
为原件归档分配的参考号。

ARO 文档页面标识 Document page identifier
(1212)标识页面的参考号。

ARP 公共档案登记号 Public filing registration number
登记公共档案时指定的参考号。

ARQ Regiristo Federal de Contribuyentes 联邦纳税人登记号
由墨西哥税务当局分配的联邦税务标识号。

ARR 社会保障参考号 Social security number
由社会保障管理机构对个人指定的识别号。

ARS 文档卷册号 Document volume number
文档卷册的参考号。

ART 书号 Book number
为标识书籍而指定的参考号。

ARU 证券交易所公司标识 Stock exchange company identifier
由证券交易所对一家公司指定的编码。

ARV 归属账户 Imputation account
应记入金额的账户。

ARW 融资阶段参考号 Financial phase reference
标识特定融资阶段的参考号。

ARX 技术阶段参考号 Technical phase reference
标识特定技术阶段的参考号。

ARY 先前的承包商登记号 Prior contractor registration number
先前用于标识承包商的参考号。

ARZ 存货调整参考号 Stock adjustment number
标识一项存货调整的参考号。

ASA 豁免参考号 Dispensation reference
为一项法律或义务的正式豁免而指定的参考号。

ASB 投资参考号 Investment reference number
对一项特定投资的参考号。

ASC 担保公司 Assuming company
标识担保公司的号码。

ASD 预算章节 Budget chapter
一份预算中对章节的参考号。

ASE 免税产品安全参考号 Duty free products security number
为免税产品指定的安全参考号。

ASF 免税产品收据授权参考号 Duty free products receipt authorisation number
对免税产品收据指定的授权参考号。

ASG　参与方信息报文参考号　Party information message reference
标识一份参与方信息报文的参考号。

ASH　正式报表参考号　Formal statement reference
对一份正式报表的参考号。

ASI　交付证据的参考号　Proof of delivery reference number
标识产生于货物收据的交付证据的参考号。

ASJ　供应商债权参考号　Supplier's credit claim reference number
标识供应商债权的参考号。

ASK　产品实物的图片　Picture of actual product
标识产品实物图片的参考号。

ASL　无标牌产品图片　Picture of a generic product
标识无标牌产品图片的参考号。

ASM　贸易伙伴标识号　Trading partner identification number
说明为交易主体指定标识的代码。

ASN　先前的贸易伙伴识别码　Prior trading partner identification number
说明先前为贸易伙伴指定标识的代码。

ASO　口令　Password
用于身份验证的代码。

ASP　正式报告参考号　Formal report number
唯一标识一份正式报告的参考号。

ASQ　基金账号　Fund account number
基金的账户参考号。

ASR　保管参考号　Safe custody number
受托为客户长期保管文件或资财的参考号。

ASS　主账户号　Master account number
标识主账户的号码。

AST　分组参考号　Group reference number
标识一个分组的参考号。

ASU　会计传输参考号　Accounting transmission number
用于标识一笔会计入账传输的参考号。

ASV　产品数据文件参考号　Product data file number
一份产品数据文件的参考号。

ASW　CGC　Cadastro Geral do Contribuinte (CGC)
巴西纳税人参考号。

ASX　外籍居民标识参考号　Foreign resident identification number
政府机构为识别外籍居民而指定的参考号。

ASY　CD-ROM　CD-ROM
只读存储型光盘(CD-ROM)的参考号。

ASZ　物理介质　Physical medium
标识物理介质。

ATA　金融交易撤销参考号　Financial cancellation reference number
对撤销一笔金融交易的参考号。

ATB　出口海关协议购货参考号　Purchase for export customs agreement number

海关为授权准许购货免税而指定的参考号，因其在购买后就将立即出口。

ATC 判决参考号 Judgment number
标识法定裁决的参考号。

ATD 秘书处参考号 Secretariat number
标识秘书处的参考号。

ATE 先前银行业务状态报文参考号 Previous banking status message reference
正要答复先前的银行业务状态报文的报文参考号。

ATF 最后收到的银行业务状态报文的参考号 Last received banking status message reference
最后收到的银行业务状态报文的参考号。

ATG 银行票据程序参考号 Bank's documentary procedure reference
银行对票据程序指定的参考号。

ATH 海关单证处理程序参考号 Customer's documentary procedure reference
海关对单证处理程序指定的参考号。

ATI 保险箱参考号 Safe deposit box number
保险箱的参考号。

ATJ 接收银行直接转账系统参考号 Receiving Bankgiro number
接收银行直接转账系统的参考号。

ATK 发送银行直接转账系统参考号 Sending Bankgiro number
发送银行直接转账系统的参考号。

ATL 银行直接转账系统参考号 Bankgiro reference
银行直接转账系统的参考号。

ATM 担保参考号 Guarantee number
一项担保的参考号。

ATN 托收票证参考号 Collection instrument number
向受益人汇付资金所用票证的标识号。

ATO 转换为邮局直接转账参考号 Converted Postgiro number
使一笔直接转账支付转换到邮局直接转账账户的识别号。

ATP 成本中心定位参考号 Cost centre alignment number
财务管理流程中为调配成本分摊所用的参考号。

ATQ KVK 参考号 Kamer Van Koophandel (KVK) number
荷兰商会对荷兰企业指定的识别号。

ATR IBLC 参考号 Institut Belgo-Luxembourgeois de Codification (IBLC) number
卢森堡国民银行对卢森堡企业分配的识别号。

ATS 外部对象参考号 External object reference
标识外部对象的参考号。

ATT 特种运输授权参考号 Exceptional transport authorisation number
特种运输(使用特种设备、超高超宽、特殊材料和/或特殊的线路)的授权参考号。

ATU CUIT 号 Clave Unica de Identificacion Tributaria (CUIT)
阿根廷的纳税人标识号。

ATV RUT 号 Registro Unico Tributario (RUT)
智利的纳税人标识号。

ATW 框架箱折叠堆装标识号 Flat rack container bundle identification number
对框架集装箱叠堆装运所指定的参考号。

ATX 运输设备接收单参考号 Transport equipment acceptance order reference
对内陆承运人定点交付运输设备查验接收单证所指定的参考号。

ATY 运输设备发放单参考号 Transport equipment release order reference
对内陆承运人定点提取运输设备核准放行单证所指定的参考号。

ATZ 在港船舶参考号 Ship's stay reference number
(1009)港务当局对在港靠泊船舶分配的参考号。

AU 满足授权的竞争号 Authorization to meet competition No.
申请人为开盘开始后续的发盘请求制订的参考号。

AUA 定位地点编码 Place of positioning reference
有关定位地点的编码标识。

AUB 参与方编码 Party reference
对参与方的编码。

AUC 开具处方的标识 Issued prescription identification
对开具处方的标识。

AUD 托收参考号 Collection reference
标识一笔托收的参考号。

AUE 旅行社 Travel service
标识旅行社的编码。

AUF 寄售货物库存托管合同 Consignment stock contract
标识寄售货物库存托管合同的编码。

AUG 进口方信用证参考号 Importer's letter of credit reference
进口方配发的信用证参考号。

AUH 配发处方的标识 Performed prescription identification
已经配制的厨房的标识。

AUI 图形参考号 Image reference
标识一幅图形的参考号。

AUJ 草拟的采购订单参考号 Proposed purchase order reference number
对一份草拟的采购订单指定的参考号。

AUK 资助申请参考号 Application for financial support reference number
对一资助申请指定的参考号。

AUL 制造质量协议参考号 Manufacturing quality agreement number
制造质量协议的参考号。

AUM 软件编辑器参考号 Software editor reference
标识软件编辑器的参考号。

AUN 软件参考号 Software reference
标识软件的参考号。

AUO 软件质量标记 Software quality reference
由质量保证机构对软件授予的标记。

AUP 予以合并订单的参考号 Consolidated orders' reference
标识一份已经或将要被合并的订单的参考号。

AUQ 海关约束性裁定参考号 Customs binding ruling number
海关签发的约束性裁定的参考号。

AUR 海关非约束性裁定参考号 Customs non-binding ruling number

海关签发的非约束性裁定参考号。

AUS 交付路线参考号 Delivery route reference

对交付路线的参考号。

AUT 供应商网络参考号 Net area supplier reference

标识一个供应商在一个网络范围内的编码。

AUU 时序编码 Time series reference

对时间序列的编码。

AUV 到核心电网的联结点 Connecting point to central grid

到核心电网联结点的编码。

AUW 销售计划标识号(MPIN) Marketing plan identification number (MPIN)

标识销售计划的参考号。

AUX 以前的实体参考号 Entity reference number,previous

以前对实体分配的参考号。

AUY 国际标准行业分类(ISIC)代码

International Standard Industrial Classification (ISIC) code

国际标准行业分类规定的代码。

AUZ 海关预核参考号 Customs pre-approval ruling number

由海关编发的预先批准核查的参考号。

AV 付款账号 Account payable number

由付款部门给指定贷方账户分配的参考号。

AVA 首笔金融机构交易参考号 First financial institution's transaction reference

金融机构对单笔交易设定的标识码,为银行间交易环节的交易登入点。

AVB 产品性能目录 Product characteristics directory

产品性能的目录。

AVC 供应商的客户参考号 Supplier's customer reference number

由供应商指定的附加于客户的编码。

AVD 库存报告申请参考号 Inventory report request number

对申请库存报告申请指定的参考号。

AVE 计量点 Metering point

对计量点的编码。

AVF 旅客预订参考号 Passenger reservation number

旅行服务供应商指定的标识旅客预订的参考号。

AVG 屠宰场核准参考号 Slaughterhouse approval number

由国家行政机构向屠宰场核发的兽医执照参考号。

AVH 肉类加工厂核准参考号 Meat cutting plant approval number

由国家行政机构向肉类加工厂核发的兽医执照参考号。

AVI 客户旅行服务标识 Customer travel service identifier

对客户标出一项旅行服务的参考号。

AVJ 出口管制级别参考号 Export control classification number

对一份出口许可证项下货物的分级标识号。

AVK 经纪人标记 3 Broker reference 3

经纪人的第三标记。

AVL 货运信息 Consignment information

标识设定参考号适用于在指定报文中的货运信息段组的代码。

AVM 货物明细信息 Goods item information

标识设定参考号适用于在指定报文中的货物明细信息段组的代码。

AVN 危险品信息 Dangerous Goods information

标识设定参考号适用于在指定报文中的危险品信息段组的代码。

AVO 免除引航服务参考号 Pilotage services exemption number

标识允许不使用引航服务的参考号。

AVP 人员登记号 Person registration number

对个人指定的参考号。

AVQ 包装地点核准参考号 Place of packing approval number

对进行货物包装的地点予以核准的参考号。

AVR 最初授权参考号 Original Mandate Reference

与相关参与方为所属业务或诉讼万一变更授权或托管范围而对其最初委托设立的特定相关的参考号。

AVS 授权参考号 Mandate Reference

由关联方为所属业务或诉讼对一项特定授权设定的参考号。

AVT 预订站点标识 Reservation station indentifier

对进行预订作业站点的参考号。

AWA 定级号 Rate code number

买方为产品定级指定的号码。

AWB 空运单号 Air waybill number

为空运单指定的参考号。见 1001=740。

AWC 跟单信用证更改号 Documentary credit amendment number

跟单信用证更改号。

AWD 通知行参考 Advising bank's reference

通知行的参考号。

AWE 成本中心 Cost centre

标识成本中心的号码。

AWF 工程项目量确定 Work item quantity determination

为工程项目量确定指定的参考。

AWG 内部数据处理号 Internal data process number

标识内部数据处理的号码。

AWH 工作目录参考 Category of work reference

标识工作目录的参考。

AWI 保险单号 Policy form number

为保险单指定的号码。

AWJ 网络范围 Net area

对网络范围的编码。

AWK 服务提供商 Service provider

对服务提供商的编码。

AWL 出错位置 Error position

对报文中一处出错位置的编码。

AWM 服务种类参考号 Service category reference

标识服务种类的编码。

AWN 连接地点 Connected location

对连接地点的编码。

AWO 关联方 Related party

对关联方的编码。

AWP 最新会计分录记录号 Latest accounting entry record reference

标识最新会计分录记录索引的代码。

AWQ 会计分录 Accounting entry

相关项目的会计分录。

AWR 最初单证参考号 Document reference,original

对单证最初的参考号。

AWS 国家卫生证明参考号 Hygienic Certificate number,national

全国范围规定的卫生证明参考号,如公共厕所、流行病等。

BA 开始实际计量器读数 Beginning meter reading actual

在货品计价期开始时的计量器读数。

BC 买方合同号 Buyer's contract number

买方为合同指定的参考号。

BD 招标号 Bid number

由招标的提交人为其招标指定的号。

BE 开始估计计量器读数 Beginning meter reading estimated

实际读数不可得到时,在货品计价期的开始时的计量器读数。

BH 全程提单号 House bill of lading number

为全程提单指定的参考号,见 1001=714。

BM 提单号 Bill of lading number

为提单指定的参考号,见 1001=705。

BN 承运人分配的货物标识符 Consignment identifier,carrier assigned

(1016)承运人或其代理为预定舱位指定的参考号。

BO 一揽子订单号 Blanket order number

订单签发人为一揽子订单指定的参考号。

BR 代理商或销售机构号 Broker or sales office number

标识代理商或销售机构的号码。

BT 批号/总号 Batch number/lot number

制造商为在同等条件下生产的一系列类似产品或货物指定的参考号。

BW 混合号 Blended with number

产品的批次/批量/包装号是混合的。

CAS IATA 货运代理 CASS 地址号 IATA Cargo Agent CASS Address number

IATA 发布标识 CASS 开单代理人地址的代码。

CAT 对称的登录匹配 Matching of entries,balanced

对一次对称的登录匹配的编码。

CAU 登录标记 Entry flagging

对登录标记的引用。

CAV 不对称的登录匹配 Matching of entries,unbalanced

对一次不对称的登录匹配的编码。

CAW 内部单证参考号 Document reference,internal
一份单证的内部参考号。
CAX 欧洲增值税标识号 European Value Added Tax identification
欧洲规定的增值税标识号。
CAY 成本会计凭证 Cost accounting document
对一张成本会计凭证的参考号。
CAZ 电网经营人的客户编码 Grid operator's customer reference number
由电网经营人指定的关联客户的参考号。
CBA 票务管制参考号 Ticket control number
为有权访问所有票务相关细节而配发的参考号。
CD 贷记通知单号 Credit note number
为贷记通知单指定的参考号。
CEC 再保险公司 Ceding company
公司向第三方转卖责任。
CFE 收货人的后续指令 Consignee's further order
运输工具离港后收货人发出指令的参考。
CFO 发货人的后续指令 Consignor's further order
运输工具离港后发货人发出指令的参考。
CG 收货人订单号 Consignee's order number
标识收货人订单的号码。
CH 客户类目号 Customer catalog number
标识用户用途类目的号。
CK 支票号 Cheque number
为某具体支票指定的唯一号。
CKN 检查号 Checking number
由检查方为一特定检查行动指定的号。
CM 贷记记录凭单号 Credit memo number
由签发人为贷记凭单指定的参考号。
CMR 公路托运单号 Road consignment note number
为公路托运单指定的参考号，见 1001=730。
CN 承运人参考号 Carrier's reference number
承运人为一票托运物指定的参考号。
CNO 费用参考号 Charge note reference number
(1070)已制成并附在铁路托运单(CIM76)上的预先印就格式的指示。
COF 取消订单号 Call off order number
标识取消订单的号码。
CP 购买单条款号 Condition of purchase document number
标记与一项购买有关的购买条件的参考号。
CR 客户参考号 Customer reference number
客户为一笔交易指定的参考号。
CRN 运输参考号 Conveyance reference number
(8028)承运人为运输工具的某一航程或启程指定的唯一参考。
CS 销售条件文本号 Condition of sale document number

标识有关销售条件的参考号。

CST 小组指定号 Team assignment number

为负责一具体交易的团组指定的小组号。

CT 合同号 Contract number

参与方之间签定合同的参考号。

CU 发货人参考号 Consignor's reference number

(1140) 发货人为自己或收货人的一次特定托运指定的参考号。

CV 集装箱经营人参考号 Container operators reference number

经营管理运输集装箱的参与方为一笔交易或一票托运物指定的参考号。

CW 件号 Package number

(7070)标识一票托运物中一件或一盒货物的参考号。

CZ 合作合同号 Cooperation contract number

有关方为参与合作两个或多个参与方的合同签发的参考号。

DA 延期批准号 Deferment approval number

管理机构为批准税收付款延期的参与方指定的号。

DAN 借记账号 Debit account number

签发人为借记账户指定的参考号。

DB 买方债务人号 Buyer's debtor number

为债务人指定的参考号。

DI 批发商发票号 Distributor invoice number

签发人为批发商发票指定的参考号。

DL 借记通知单号 Debit note number

签发人为借记通知单指定的参考号。

DM 单证号 Document number

(1004)签发人给单证指定的参考号。

DQ 交付单号 Delivery note number

签发人为交付单指定的参考号。

DR 场站收据号 Dock receipt number

当货物交付到海运码头时提交的货物收据号。

EA 计量器最后实际读数 Ending meter reading actual

在货品计价期最后计量器的读数。

EB 禁运许可号 Embargo permit number

签发人为禁运许可指定的参考号。

ED 出口申报单 Export declaration

出口商为向管理机构提交的出口申报单指定的号。

EE 计量器最后估计读数 Ending meter reading estimated

实际读数不可得到时,一货品计价期最后计量器的读数。

EI 雇主标识号 Employer's identification number

管理机构为雇主签发的号。

EN 禁运号 Embargo number

根据禁运分类为某类或某批货物分配的号。

EP 出口许可号 Export permit number

签发机构为某一产品出口许可指定的参考号。

EQ 设备号 Equipment number
制造商为特定设备指定的号。

ER 集装箱/设备收据号 Container/equipment receipt number
对所收到的满或空的设备签发的设备交接单的参考号。

ERN 出口方参考号 Exporter's reference number
出口货物参与方的参考。

ET 额外运输号 Excess transportation number
为额外运输指定的号。

EX 出口许可证号 Export licence number
(1208)签证机关为出口许可证指定的参考号。

FC 纳税人号 Fiscal number
由公共机构为独立个人以及法人指定的纳税人号,该号与 VAT 注册不同。

FF 货运代理人指定的货载标识符 Consignment identifier Freight forwarder assigned
(1460)货运代理人为托运货物指定的参考号。

FI 文件的行标识符 File line identifier
文件签发方或发送方为标识特定行指定的号。

FLW 流程参考号 Flow reference number
按全部通用的运输条件,指定给按规则把同样的货物发到同一目的地的发送方的号。

FN 货运单据号 Freight bill number
签发人为货运单据指定的参考号。

FO 外汇兑换 Foreign exchange
两种货币按协议汇率兑换。

FS 最终顺序号 Final sequence number
标识最终顺序的号码。

FT 自由贸易区标识符 Free zone identifier
国家一特定地区的标识符,该地区进口的货物其进口税和增值税是被保税的,被认为是在海关管辖以外并不在一般的海关管辖之内的区域(CCC)。

FV 文件版本号 File version number
标识的文件版本的号。

FX 外汇兑换合同号 Foreign exchange contract number
标识外汇合同的参考号。

GA 标准的参考号 Standard's number
标识标准文本的号(例:ISO 9375)。

GC 政府合同号 Government contract number
为特定政府/公共合同指定的参考号。

GD 标准的代码号 Standard's code number
标识一个标准说明里的特定的参数的号(例 M5 的螺钉或 DIN A4 纸)。

GDN 普通申报号 General declaration number
收到卸船货物的申报单的号。

GN 政府参考号 Government reference number
标识政府参考号。

HS 协调制度号 Harmonised system number
按海关合作理事会(CCC)协调的商品名称及编码制度规定货物分类的编号。

HWB 全程提单号 House waybill number
为全程提单指定的参考号，见 1001＝703。

IA 内部卖主号 Internal vendor number
标识公司内部供货部门/单位的号。

IB 未完税海关监管号 In bond number
在进口货物海关正式清关前，海关指定的用于监管进口货物搬移的号。

ICA IATA 货运代理人代码号 IATA cargo agent code number
由 IATA 签发的，用于标识已登记在货物代理人清单上的货运代理人的代码。

ICE 保险凭证参考号 Insurance certificate reference number
标识保险凭证的参考号。

ICO 保险合同参考号 Insurance contract reference number
标识保险合同的参考号。

II 初样检验报告号 Initial sample inspection report number
初样检验的检验报告号。

IL 内部指令号 Internal order number
为内部处理的指令指定的号。

INB 中间商 Intermediary broker
标识中间商的号码。

INN 新交换号 Interchange number new
由交换发送方为标识一特定交换而指定的号。该号表示实际交换。

INO 旧交换号 Interchange number old
由交换发送方为标识一特定交换而指定的号。该号表示以前的交换。

IP 进口许可证标识符 Import licence identifier
(1106)签证机关为进口许可证指定的参考号。

IS 发票号后缀 Invoice number suffix
附加在发票号之后的号码。

IT 内部客户号 Internal customer number
销售方或供应方等为标识其企业内部的客户指定的号。

IV 发票单证标识符 Invoice document identifier
(1334)卖方为商业发票指定的参考号。

JB 工作号 Job number
标识一件工作。

JE 结束工作顺序号 Ending job sequence number
标识结束工作顺序的号码。

LA 装运标签流水号 Shipping label serial number
装运标签上的流水号。

LAN 装货授权号 Loading authorization number
(4092)货物运送受交通限制时(CIM43)由转运站给予授权装货的号码。

LAR 低层编码范围 Lower number of range
在低层编码的范围。

LB 银行保管箱 Lockbox
金融机构为客户应收款的收取提供的现金管理系统的类型。

LC 信用证号 Letter of credit number

标识信用证的参考号。

LI 单证行标识符 Document line identifier

(1156) 标识单证中特定行的标识符。

LO 装货计划号 Load planning number

标识装货计划的号码。

LRC 预订处标识 Reservation office identifier

预定办事机构的标识。

LS 条码标签流水号 Bar coded label serial number

在条码标签上的流水号。

MA 船舶载货通知/清单号 Ship notice/manifest number

为船舶载货通知/清单指定的号码。

MB 主提单号 Master bill of lading number

为主提单指定的参考号,见 1001=704。

MF 制造商部件号 Manufacturer's part number

制造商为其部件或产品指定的参考号。

MG 计量器单位号 Meter unit number

标识唯一计量器单位的号。

MH 制造订单号 Manufacturing order number

制造商为生产产品的数量指定的参考号。

MR 报文接收方 Message recipient

标识报文接收方的号码。

MRN 邮递参考号 Mailing reference number

标识由进口方指定的,接收特定的海关信函而代替直接将信函邮递给进口商的参与方。

MS 报文发送方 Message sender

标识报文发送方的号码。

MSS 制造商的材料安全数据清单号 Manufacturer's material safety data sheet number

标识制造商的材料安全数据清单的号码。

MWB 主空运单号 Master air waybill number

为主空运单指定的参考号。见 1001=741。

NA 北美危险品分类号 North American hazardous goods classification number

北美商业运输中指定为危险品材料的参考号。

OH 当前发票号 Current invoice number

标识当前发票的参考号。

OI 前期发票号 Previous invoice number

标识先前签发的发票的参考号。

ON 买方指定的订单单证标识符 Order document identifier,buyer assigned

(1022) 由买方为订单分配的标识符。

OP 原始购买单 Original purchase order

以前发出的订单的参考。

OR 普通序列号 General order number

给未声明就已离开而且其后搬移到海关仓库里储存的进口商品分配的海关号码。

PB 付款人金融机构账号 Payer's financial institution account number

已发出的公司账号(ACH 转账)、支票、汇票或电汇。

PC 生产代码 Production code

制造商为标识制造日期等作为顺序参考给特定物品或批量指定的号。

PD 推销交易号 Promotion deal number

买主为具体推销行动指定的号。

PE 工厂号 Plant number

标识工厂的号码。

PF 主要订约人合同号 Prime contractor contract number

客户为主要订约人合同指定的参考号。

PI 价格清单版本号 Price list version number

标识价格清单版本的号码。

PK 装箱单号 Packing list number

(1014)为装箱单指定的参考号,见1001=271。

PL 价格清单号 Price list number

为价格清单指定的参考号。

POR 订购单回复号 Purchase order response number

卖方给订购单回复指定的参考号。

PP 订购单变更号 Purchase order change number

买方为订购单的修改指定的参考号。

PQ 支付参考 Payment reference

为支付指定的参考号。

PR 询价单号 Price quote number

卖方为询价单指定的参考号。

PS 订购单后缀 Purchase order number suffix

附加在购买单号之后的号码。

PW 先前订购单号 Prior purchase order number

先前发送给供货方的订购单的参考号。

PY 收款人金融机构账号 Payee's financial institution account number

已接到的公司账号(ACH转账)、支票、汇票或电汇。

RA 汇款通知号 Remittance advice number

标识汇款通知的号码。

RC 铁路/公路路线代码 Rail/road routing code

所有铁路组织使用的,并且客户已知在国际铁路运价表中规定的国际东西欧路线代码。

RCN 铁路托运单号 Railway consignment note number

为路托运单指定的参考号,见1001=720。

RE 发布号 Release number

为标识一套规则、公约、条款等的发布指定的参考号。

REN 货载收据标识符 Consignment receipt identifier

(1150)为到达目的站的铁路托运物指定的参考号(CIM84)。

RF 出口参考号 Export reference number

为出口装运指定的参考号。

RR 付款人金融机构转账路径号(ACH转账)

Payer's financial institution transit routing No.(ACH transfers)

RT 收款人金融机构转账路径号 Payee's financial institution transit routing No.

转账路径号(ACH 转账)。

SA 销售人号 Sales person number

销售人的标识号。

SB 销售地区号 Sales region number

标识销售地区的号码。

SD 销售部门号 Sales department number

标识销售部门的号码。

SE 流水号 Serial number

区分一组项目之外的特殊项目的标识号。

SF 装运地 Ship from

标识装运地点的号码。

SH 前期最新计划表参考号 Previous highest schedule number

前期最新计划表的参考号(ODETTE DELINS)。

SI 托运人为装运定义的参考号 SID (Shipper's identifying number for shipment)

标识托运人为装运定义的参考号。

SM 销售办公室号 Sales office number

标识销售办公室的号码。

SN 运输设备封志标识 Transport equipment seal identifier

(9308)附加在集装箱或其他运输设备上的海关铅封或其他铅封的标识号。

SP 校验行 Scan line

标识校验行的号码。

SQ 设备顺序号 Equipment sequence number

标识一系列设备中某件设备的临时顺序号。

SRN 装运参考号 Shipment reference number

为装运指定的参考号。

SS 卖方参考号 Sellers reference number

卖方为一笔交易指定的参考号。

STA 车站参考号 Station reference number

为每个欧洲火车站指定的国际 UIC 代码(CIM 公约)。

SW 交换单号 Swap order number

卖方为交换单指定的号(见数据元 1001 中的代码 229 的定义)。

SZ 说明书号 Specification number

签发人为其说明书指定的号。

TB 公路提单 Trucker's bill of lading

由汽车货运承运人签发的货物清单描述。

TCR 码头(也可能是“终点场站”)经营人货运参考号

Terminal operator's consignment reference

由码头经营人对一票货物指定的参考号。

TE 电传报文号 Telex message number

标识电传报文的参考号。

TF 转运单号 Transfer number

为货物或集装箱指定的号。其功能相当于一个参考号或授权号,以得到从某参与方放行的货物或集装箱。

TI　TIR 执照号　TIR carnet number
为 TIR 执照指定的参考号。

TIN　运输指示号　Transport instruction number
标识运输指示的参考号。

TL　免税许可证号　Tax exemption licence number
税务局为免税的参与方指定的号。该号与具体业务类型、地区或产品类别有关。

TN　交易参考号　Transaction reference number
在一定时间周期的两个或多个参与方之间应用交易的参考。例如获得海关放行的进口方或中间方的号，也用于管理通过最后清算的申报单(同义词：declaration，entry number)。

TP　检验报告号　Test report number
标识有关产品的检验报告单的参考号。

UAR　上限范围序列号　Upper serial number of range
进口货物的申报范围上限序列号。

UC　最终客户参考号　Ultimate customer's reference number
参与方依次传送的最初者的参考号。

UCN　唯一托运参考号　Unique consignment reference number
(1202) 国际贸易中交换双方在单证或报文中用于标识托运(UCRN)的唯一参考。见 UN/ECE1992 年 3 月第 8 号推荐标准唯一标识代码(UCRN)。

UN　联合国危险品(UNDG)号　United Nations dangerous goods (UNDG) number
(7124) 联合国对运输中常见的危险货物清单中所列物质和物品指定的唯一的序列号。

UO　最终客户订单号　Ultimate customer's order number
参与方依次传送的最初者订单号。

VA　增值税登记号　VAT registration number
相关税务局为标识用于有关增值税(VAT)的参与方指定的唯一号。

VC　供货方合同号　Vendor contract number
卖方为合同指定的号。

VM　船舶标识符　Vessel identifier
(8123)标识船舶的参考。

VN　订单号(卖方)　Order number (vendor)
供应方为买方的购买单指定的参考号。

VON　航次号　Voyage number
(8228)承运人或其代理为船舶航次指定的参考号。

VP　卖方产品号　Vendor product number
卖方为另一制造商的产品指定的号。

VR　卖方 ID 号　Vendor ID number
标识卖方 ID 号。

VS　卖方订单下标　Vendor order number suffix
标识卖方订单下标。

VT　机动车辆标识号　Motor vehicle identification number
(标识用于运输的机动车辆的参考)通常是车辆登记号。

VV　担保人号　Voucher number
标识担保人的参考号。

WE　入库登记号　Warehouse entry number

存放在海关仓库的进口商品的入库登记号。

WM 重量协议号 Weight agreement number

标识重量协议的号码。

WN 井号 Well number

为地下井穴分配的号码。

WR 仓库收据号 Warehouse receipt number

标识仓库收据的号码。

WS 仓库储存位置号 Warehouse storage location number

标识仓库储存位置的号码。

WY 铁路运单号 Rail waybill number

标识铁路运单的号码。

XA 公司/地点注册号 Company/place registration number

按法律要求公司注册和地点。

XC 货物管理号 Cargo control number

标识和管理承运人及最初进入国家到海关货物放行的货物参考号。

XP 先前货物管理号 Previous cargo control number

一票货物拆箱和/或转运到由另一承运人或货运代理人(全程提单)的管理地点,这参照先前的(例:主要运输)货物管理号。

ZZZ 相互协议商定的参考号 Mutually defined reference number

基于参与方商定的参考号。

1159 顺序标识符源代码 Sequence identifier source code [B]

说明:说明顺序标识符源的代码。

表示:an..3

1 播发1 Broadcast 1

第一工作站的报告。

2 播发2 Broadcast 2

第二工作站的报告。

3 制造商顺序号 Manufacturer sequence number

制造商工厂要求的项目交付的顺序号。

4 制造商生产顺序号 Manufacturer production sequence number

请求交货的工厂指定一个指出制成物品的顺序号。

5 传输顺序 Transmission sequence

传输时的位置顺序。

6 结构顺序 Structure sequence

已发布的UN目录中报文结构的位置顺序。

1225 报文功能代码 Message function code [C]

说明:指示报文功能的代码。

表示:an..3

1 取消 Cancellation

取消交易先前传输的报文。

2 增加 Addition

在先前发送的报文中增加项目(例:行项目、货物项目、海关项目、设备项目)的报文。

3 删除 Deletion

在先前发送的报文中删除项目(例:行项目、货物项目、海关项目、设备项目)的报文。

4 变更 Change

在先前发送的报文中变更的项目(例:行项目,货物项目,海关项目,设备项目)的报文。

5 代替 Replace

替代先前报文的报文。

6 确认 Confirmation

确认先前传输细节的报文,要求或建议该确认是按贸易参与协议的条款。

7 重复 Duplicate

该报文是先前产生的报文的重复。

8 状态 Status

指出所参考报文为状态报文的代码。

9 最初的 Original

有关交易的最初传输。

10 未找到 Not found

未填参考号的报文。

11 回复 Response

回答先前报文或单证的报文。

12 未处理 Not processed

指示有关的报文已收到但未处理的报文。

13 请求 Request

指出所参考报文为请求报文的代码。

14 预先通知 Advance notification

指出报文中所含信息为预先通知报文。

15 催单 Reminder

为提醒而重复的报文传输。

16 提议 Proposal

报文内容是提议。

17 取消,将再发送 Cancel,to be reissued

取消有关交易,随后重发的报文。

18 重发 Reissue

先前报文(可能被取消)的重新发布。

19 卖方引起的变更 Seller initiated change

买方提出的变更信息,但由卖方引起。

20 只取代标头节 Replace heading section only

代替先前报文标头节的报文。

21 只取代细目节和汇总节 Replace item detail and summary only

代替先前报文细目节和汇总节的报文。

22 最终传输 Final transmission

构成商业、行政或运输交易的有关系列报文中的最终报文。

23 保持交易 Transaction on hold

在进一步释放信息前没有处理的报文。

24 交货说明 Delivery instruction
只用于传递短期交货说明的交货计划报文。
25 预测 Forecast
只用于传递长期交货说明的交货计划报文。
26 交货说明和预测 Delivery instruction and forecast
代码“24”和“25”的组合。
27 不接收 Not accepted
通知接收方不接收有关报文的报文。
28 接收,在标头节中修改 Accepted,with amendment in heading section
在标头节中修改后接收的报文。
29 无修改的接收 Accepted without amendment
有关报文全部接收。
30 接收,细目节修改 Accepted,with amendment in detail section
细目节修改后接收的报文。
31 复制 Copy
指示报文是已发送的原始报文的复制,如为了执行或信息。
32 批准 Approval
给接收方发送现有有关报文行为的报文。
33 标头节变更 Change in heading section
有关报文标头节变更的报文。
34 有修改的接收 Accepted with amendment
有修改地接收有关报文。
35 再传输 Retransmission
先前发送的报文不加变更地传输。
36 细目节变更 Change in detail section
有关细目节变更的报文。
37 借记的撤消 Reversal of a debit
对先前已记账的借记的撤消。
38 贷记的撤消 Reversal of a credit
对先前已记账的贷记的撤消。
39 取消删除 Reversal for cancellation
指出所参考的报文为取消删除。
40 申请删除 Request for deletion
通知接收方删除有关交易的报文。
41 结束/关闭顺序 Finishing/closing order
取消的最后系列。
42 经特定方式确认 Confirmation via specific means
以其他方式确定先前商定交易的报文(例如电话)。
43 附加传输 Additional transmission
经其他通信渠道已传输的报文,该传输只提供电子传输处理数据方式。
44 无保留接收 Accepted without reserves
无保留接收报文。
45 有保留接收 Accepted with reserves

有保留接收报文。

46 临时的 Provisional

报文内容是临时的。

47 确定的 Definitive

报文内容是确定的。

48 接收,内容拒绝 Accepted,contents rejected

通知先前报文已接收,但因规则法律等问题不能被处理的报文。

49 已解决的争议 Settled dispute

报告的争议已解决。

50 撤回 Withdraw

撤回一个以前批准的报文。

51 授权 Authorisation

为报文或交易授权的报文。

52 建议修改 Proposed amendment

指出发送方建议修改的代码。

53 测试 Test

指出报文将作为测试的代码。

54 摘录 Extract

原作的子集。

55 仅限于通告 Notification only

接收方只用于分析的通告信息。

56 记账项目通知 Advice of ledger booked items

项目已记入总账的通知。

57 待记账项目通知 Advice of items pending to be booked in the ledger

项目尚未记入总账的通知。

58 需详细信息项目预通知 Pre-advice of items requiring further information

项目需要详细信息的预通知。

59 预通知项目 Pre-adviced items

项目的预通知。

60 最后报文以来无处置 No action since last message

标示自最后一份报文出现以来没有进行任何处置这一事实的代码。

61 完整的进度表 Complete schedule

具有一份完整进度表功能的代码。

62 更新的进度表 Update schedule

具有一份更新的进度表功能的代码。

63 假定未被接受 Not accepted,provisional

未被接受,有待确认。

64 验证 Verification

为验证信息传输的报文。

65 未决争议 Unsettled dispute

报告一项未决争议。

1227 计算顺序代码 Calculation sequence code [B]

说明:指示经交换双方商定的累计计算顺序的代码。

表示:an..3

1 计算的第一步 First step of calculation
规定计算的第一步的代码。

2 计算的第二步 Second step of calculation
规定计算的第二步的代码。

3 计算的第三步 Third step of calculation
规定计算的第三步的代码。

4 计算的第四步 Fourth step of calculation
规定计算的第四步的代码。

5 计算的第五步 Fifth step of calculation
规定计算的第五步的代码。

6 计算的第六步 Sixth step of calculation
规定计算的第六步的代码。

7 计算的第七步 Seventh step of calculation
规定计算的第七步的代码。

8 计算的第八步 Eighth step of calculation
规定计算的第八步的代码。

9 计算的第九步 Ninth step of calculation
规定计算的第九步的代码。

1229 行动代码 Action code [C]

说明:说明已经或将要采取行动的代码。

表示:an..3

1 增加 Added
此行项加到有关报文中。

2 删除 Deleted
从有关报文中删除此行项。

3 变更 Changed
在有关报文中变更此行项。

4 无行动 No action
实际报文不影响此行项。

5 无修改接收 Accepted without amendment
卖方全部接收此行项。

6 修改后接收 Accepted with amendment
卖方修改后接收此行项。

7 不接收 Not accepted
卖方不接收此行项。

8 仅为计划 Schedule only
仅说明报文计划的代码。

9 修改 Amendments
说明请求/通知修改的代码。

10 未找到 Not found
在有关报文里未找到此行项。

11 不修改 Not amended
买方不修改此行项。
12 行项号变更 Line item numbers changed
说明行项号变更的代码。
13 买方扣除金额 Buyer has deducted amount
买方从支付中扣除的金额。
14 买方发票索赔 Buyer claims against invoice
买方对未结发票的索赔。
15 卖方反向收费 Charge back by seller
要求经纪人对未结项目反向收费。
16 卖方将签发贷记通知 Seller will issue credit note
卖方同意签发的贷记通知。
17 条款更换为新条款 Terms changed for new terms
同意新协议的条款。
18 遵守谈判结果 Abide outcome of negotiations
经纪人同意遵守买卖双方之间谈判的结果。
19 卖方拒绝争议 Seller rejects dispute
卖方不接收争议的有效性。
20 解决 Settlement
已解决被报告的情况。
21 不交货 No delivery
不需交货的代码。
22 取消交货 Call-off delivery
对规定数量的货物在规定日期规定时间期限内交货的要求。
23 建议修改 Proposed amendment
发送方建议进行修改的代码。
24 不要求确认的修改后接收 Accepted with amendment,no confirmation required
不要求进行确认的修改后接收。
25 经修理的设备 Equipment provisionally repaired
设备或部件经过修理。
26 包括 Included
指示实体包括的代码。
27 在收据和单证核实基础上,我方将根据你方指定日期向你方付款 Upon receipt and verification of documents we shall cover you when due as per your instructions
在收据和单证核实的基础上,我方将根据你方指定日期向你方付款。
28 在收据和单证核实的基础上,我方将在付款日给对方以直接付款授权 Upon receipt and verification of documents we shall authorize you to debit our account with you when due
在收据和单证核实的基础上,我方将在付款日授权你方从我方账户直接扣款。
29 在收据和你方鉴定通知书的基础上,我方将在付款日根据你方指示向你方付款 On receipt of your authenticated advice we shall cover you when due as per your instructions
在收据和你方鉴定通知书的基础上,我方将在付款日根据你方指示向你方付款。
30 在收据和你方鉴定通知书的基础上,我方将在付款日给对方以直接付款授权 On receipt of your authenticated advice we shall authorize you to debit our account with you when due

在收据和你方鉴定通知书的基础上，我方将在付款日授权你方从我方账户直接扣款。

31 在收据和你方鉴定通知书的基础上，我方将在付款日从你方账户直接扣款到我方 On receipt of your authenticated advice we shall credit your account with us when due

在收据和你方鉴定通知书的基础上，我方将在付款日从你方账户直接扣款到我方。

32 为直接付款索取的贷记通知书 Credit advice requested for direct debit

为直接付款索取的贷记通知书。

33 直接付款的贷记通知书和收报确认 Credit advice and acknowledgement for direct debit

为直接付款索要的贷记通知书和收报确认。

34 查询 Inquiry

对资料的索取。

35 查讫 Checked

已经检查。

36 未查 Not checked

尚未检查。

37 取消 Cancelled

放弃。

38 替换 Replaced

规定置换。

39 新增 New

以前不存在。

40 同意 Agreed

赞成。

41 草拟的 Proposed

为审议而提交的。

42 已交付 Already delivered

已经完成交付。

43 延续标准追加下层结构 Additional subordinate structures will follow

追加的下层结构应遵从现行的层次结构标准。

44 不延续标准追加的下层结构 Additional subordinate structures will not follow

追加的下层结构将不遵从现行的层次结构标准。

45 结果相反 Result opposed

通知结果是相反的。

46 保留拍卖 Auction held

通知保留一项拍卖。

47 已寻求法律诉讼 Legal action pursued

通知已经寻求法律诉讼。

48 会议已经召开 Meeting held

通知会议已经召开。

49 驳回决议 Result set aside

通知决议已被驳回。

50 辩论决议 Result disputed

通知决议已在辩论。

51 反诉 Countersued

通知已经提请反诉。

52 待决 Pending

通知一项诉讼正在等待决定。

53 驳回起诉 Court action dismissed

通知不再审理起诉。

54 已接受涉及的项目 Referred item,accepted

涉及到的项目已经被接受。

55 已拒绝涉及的项目 Referred item,rejected

涉及到的项目已被拒绝。

56 借记通知报告方式 Debit advice statement line

通知报告方式是借记通知。

57 贷记通知报告方式 Credit advice statement line

通知报告方式是贷记通知。

58 分组的贷记通知 Grouped credit advices

通知贷记通知是分组的。

59 分组的借记通知 Grouped debit advices

通知借记通知是分组的。

60 已注册 Registered

名称已经注册。

61 支付被拒绝 Payment denied

支付已被拒绝。

62 修订核准 Approved as amended

经修改后核准。

63 提交核准 Approved as submitted

申请已经提交核准。

64 已取消,未激活 Cancelled,no activity

因未激活而取消。

65 调查中 Under investigation

正在进行调查。

66 收到初次申诉 Initial claim received

通知初次申诉已经收到。

67 未处理 Not in process

未处理。

68 因重复拒收 Rejected,duplicate

因其重复而被拒绝。

69 因改动再提交而拒收 Rejected,resubmit with corrections

可能是改动后再提交而被拒绝。

70 待决,不完整 Pending,incomplete

因信息不完整而暂时搁置。

71 处于地区办公室调查中 Under field office investigation

地区正在进行调查。

72 等待补充原材料 Pending,awaiting additional material

因等待收取补充原材料而暂停。

73 等待审核 Pending,awaiting review
因等待审核而暂停。
74 重开 Reopened
再次开启。
75 首要付款人处理,转发其他付款人 Processed by primary,forwarded to additional payer (s)
由首要付款人处理并转发给其他付款人的申请。
76 第二付款人处理,转发其他付款人 Processed by secondary,forwarded to additional payer (s)
由第二付款人处理并转发给其他付款人的申请。
77 第三付款人处理,转发其他付款人 Processed by tertiary,forwarded to additional payer (s)
由第三付款人处理并转发给其他付款人的申请。
78 以前的支付决定已被撤销 Previous payment decision reversed
以前的支付决定已被撤销。
79 不是对我方的索付,转发另一付款人 Not our claim,forwarded to another payer (s)
一项不属于该付款人的要求,而是转发给了另一付款人。
80 转给正确的保险公司 Transferred to correct insurance carrier
申请已经转给正确的保险公司处理。
81 未付,只是预先定价 Not paid,predetermination pricing only
尚未进行支付,所附的答复仅仅是预先确定价格。
82 单证索取 Documentation claim
仅仅是索要单证,而非要求支付。
83 已审核 Reviewed
查讫。
84 重新定价 Repriced
价格发生了变动。
85 已审计 Audited
一项正式的审查已经进行。
86 有条件支付 Conditionally paid
有条件地进行的支付。
87 上诉 On appeal
已决定请求重新审理。
88 关闭 Closed
关闭。
89 重新审计 Reaudited
后续的正式审查已经进行。
90 重新签发 Reissued
再次签发。
91 重开后关闭 Closed after reopening
重开而随之又关闭了。
92 重新决定 Redetermined
再次作出决定或作出不同的决定。
93 首次处理 Processed as primary
初次进行的处理。

94 二次处理 Processed as secondary
第二次进行的处理。
95 三次处理 Processed as tertiary
第三次进行的处理。
96 纠错 Correction of error
对以前传递的有误信息的纠正。
97 一组贷方项目中的一个 Single credit item of a group
通知该贷方项目是一组贷方项目中的单独一项。
98 一组借方项目中的一项 Single debit item of a group
通知该借方项目是一组借方项目中的单独一项。
99 临时作答 Interim response
答复是临时性的。
100 最终答复 Final response
答复是最终的。
101 索取的借记通知 Debit advice requested
为交易索要的借记通知。
102 交易未受影响 Transaction not impacted
通知交易不受影响。
103 应当通知病患 Patient to be notified
应通知病患所采取的措施。
104 应通知卫生保健服务提供方 Healthcare provider to be notified
应通知卫生保健服务提供方所采取的措施。
105 例行通知普科医生 Usual general practitioner to be notified
应例行通知普科医生所采取的措施。
106 没有明细内容的通知 Advice without details
索要或关注一项没有详细内容的通知。
107 带有明细内容的通知 Advice with details
索要或关注一项带有详细内容的通知。
108 索要修改单 Amendment requested
索取一份修改单。
109 资料 For information
所附仅为资料。
110 撤回 Withdraw
标明废止或撤回的代码。
111 交付日期变更 Delivery date change
措施/通知是变更交付日期。
112 数量变更 Quantity change
措施/通知是变更数量。
113 转售并索付 Resale and claim
原定项目已被分销商卖给最终客户，并索要库存价值损耗的补偿。
114 转售 Resale
原定项目已被分销商卖给最终客户。
115 追补 Prior addition

用一个更早的日期使当前行项目成为有效。

1373 单证状况代码 Document status code [B]

说明:标识单证/报文的状态。

表示:an..3

1 已接受 Accepted

接受指定的单证。

2 附属货物 Accompanying goods

通知特定单证将随货。

3 有条件地接收 Conditionally accepted

4 经单独的 EDI 报文到达 To arrive by separate EDI message

特定单证/报文将通过单独 EDI 报文传输的通知。

5 仅供参考 Information only

特定单证或报文仅供参考的通知。

6 经人工方式到达 To arrive by manual means

特定单证或报文将不通过 EDI 发送的通知。

7 提出并发送 To be raised and sent

要求特定报文格式化并传输或要求特定单证提出并发送。

8 拒绝 Rejected

说明单证被拒绝。

9 将印刷 To be printed

单证或报文是印就的。

10 当前有效单证 Document currently valid

某单证当前有效。

11 单证无效 Document not available

给定单证无效。

12 额度用尽并且随附的单证 Document exhausted by declaration and attached

单证涉及的海关申报单用尽单证上所列额度。该单证随附于海关申报单。

13 额度未用尽并且随附的单证 Document not exhausted by declaration and attached

单证涉及的海关申报单没用尽单证上所列额度。该单证不随属海关申报单但存放在海关。

14 额度用尽并且预先提交的单证 Document exhausted by declaration and previously lodged

单证涉及的海关申报单用尽单证上所列额度。单证的使用是完全的。该单证不随附海关申报单但存放在海关。

15 额度未用尽并且预先提交的单证 Document not exhausted by declaration and previously lodged

单证涉及的海关申报单没用尽单证上所列额度。该单证能够继续用于未来海关申报直到额度用尽。该单证不随附海关申报单但存放在海关。

16 不随附的单证 Document not attached

不能随附的特定单证。

17 随附货物单证 Document with the goods

不随附海关申报单但随附货物的单证。

18 随附单证,背书以后返回 Document attached,to be returned after endorsement

随附海关申报单并且要求海关背书后返回给申报人的特定单证。

19 单证申请 Document applied for

单证申请已提交。

20 装运已接收 Received for shipment

指示自货物接收之日起,单证具有法律有效性。

21 已装船 Shipped on board

指示自货物装船之日起,单证具有法律有效性。

22 状态 0 Status 0

报文为状态 0。

23 状态 1 Status 1

报文为状态 1。

24 状态 2 Status 2

报文为状态 2。

25 制定中的报文 Message under development

报文正在制定。

26 非运费单证 Document not freighted

不包括运费的单证。

27 运费单证 Document freighted

包括运费的单证。

28 已归档 Archived

单证或报文已经归档。

29 未定稿 Provisional

单证或报文尚未正式定稿。

30 首次传输的随附单证 Documents enclosed in the first transmission

单证是第一次传输的附件。

31 第二次传输的随附单证 Documents enclosed in the second transmission

单证是第二次传输的附件。

32 不必要的单证,要求放弃 Document not required,waiver issued

单证不是必需的,已经提出要求予以放弃。

33 报文已被接收方存档 Already on file with receiver of this message

单证已经由报文接收方存档。

34 报文仍留存于其发送方、发送方代理人或代表手中

Retained by sender of this message,or by sender's agent or representative

单证为发送方,发送方代理人或代表所占用。

35 单证不完整 Document incomplete

单证是不完整的。

36 单证在以前提交过 Document previously submitted

单证已经被提交过了。

37 完整单证 Document complete

单证是完整的。

1501 计算机环境细目代码限定符 Computer environment details code qualifier [B]

说明:标识计算机环境细目的代码。

表示:an..3

1 硬件平台 Hardware platform

标识装入计算机环境(如 PC、Mac、UNIX—工作站、微机、主机)的硬件类型的代码。

2 操作系统 Operating system

标识计算机环境中使用的操作系统(如 DOS、VMS 等)的代码。

3 应用软件 Application software

标识计算机环境中使用的应用软件(如 AutoCad、Winword 等)的代码。

4 网络 Network

标识计算机环境中使用的网络(如 Ethernet、Winword 等)的代码。

5 发送系统 Sending system

标识交换中作为发送系统的系统。

6 文件生成软件 File generating software

用于生成文件的软件。

7 文件压缩软件 File compression software

用于压缩文件的软件。

8 文件压缩方法 File compression method

用于压缩文件的方法。

1503 数据格式描述代码 Data format description code [C]

说明:说明数据格式的代码。

表示:an..3

1 ASCII

标识 ASCII 格式的代码。

2 EBCDIC

标识 EBCDIC 格式的代码。

3 二进制 Binary

标识二进制格式的代码。

4 模拟 Analogue

标识模拟格式的代码。

1505 值表类型代码 Value list type code [B]

说明:指示值表类型的代码。

表示:an..3

1 非代码表 Non coded list

该表包括一组非代码值。

2 日期和时间表 Date and time list

该表包括一组日期、日期和时间、时间。

3 代码表 Coded list

该表包括一组代码数据值。

4 对应结构链结 Structure correspondence link

列表包含一套不同结构之间的对应链结。

5 复合结构链结 Structure overlapping link

列表包含一套不同结构之间的重叠链结值。

6 历史结构链结 Structure historic link

列表包含一套不同结构之间的历史链结值。

7 层次结构链结 Structure hierarchical link
列表包含一套不同结构之间的层次链结值。
8 分组结构链结 Structure group link
列表包含一套不同结构之间的分组链结值。
9 多重层次结构项目 Multiple hierarchical structure item
列表包含一套结构中多重层级的项目。
10 分类域 Classification domain
列表包含一套来自分类域的项目。
11 单一层次结构项目 Single hierarchical structure item
列表包含一套结构中单一层级的项目。

1507 分配类别的代码 Designated class code [C]
说明:标识一个指定的类别。
表示:an..3
1 EDIFACT 服务数据元代码表 EDIFACT service data element code list
UN/ECE WP.4 服务数据元代码表。
2 WP.4 国际代码表 WP.4 international code list
WP.4 认可的国际代码表。
3 非 WP.4 代码 Non WP.4 code list
未经 WP.4 认可且不由其维护的其他代码表。
4 EDIFACT 用户数据元代码表 EDIFACT user data element code list
UN/ECE WP.4 用户数据元代码表。

2005 日期/时间/期限功能代码限定符 Date/time/period function code qualifier [C]
说明:赋于日期、时间或期限特定含义的代码。
表示:an..3
1 实际完成服务日期/时间 Service completion date/time,actual
完成服务的实际日期/时间。
2 要求交货的日期/时间 Delivery date/time,requested
买方要求交货的日期。
3 发票单证签发日期/时间 Invoice document issue date/time
(2376)签发商业发票的日期。
4 订单单证签发日期/时间 Order document issue date/time
(2010)订单签发的日期。
5 预计适销库存足以保证需要的期限 Saleable stock demand cover period,expected
预计适销库存足以满足产品需求的期限。
6 迁出日期 Moved from location date
实体从某一地点迁出的日期。
7 开始生效日期/时间 Effective from date/time
特定事件或单证开始生效的日期和/或时间。
8 订单收到日期/时间 Order received date/time
卖方收到订购单的日期/时间。
9 处理日期/时间 Processing date/time

处理的日期/时间。

10 要求装运的日期/时间 Shipment date/time,requested

供货方装运或发送货物的日期。

11 发运日期/时间 Despatch date/time

(2170)发运货物的日期/时间。

12 折扣期限到期日期/时间 Terms discount due date/time

在适用的折扣期间应付款的日期。

13 期限的最后到期日 Terms net due date

必须付款的日期。

14 分期付款的日期/时间 Payment date/time,deferred

分期付款到期的日期/时间。

15 促销开始日期/时间 Promotion start date/time

促销活动开始的日期/时间。

16 促销结束日期/时间 Promotion end date/time

促销活动结束的日期。

17 预计交货日期/时间 Delivery date/time,estimated

发运人预计交货的日期和/或时间。

18 安装日期/时间/期限 Installation date/time/period

进行安装的日期/时间/期限。

19 肉类熟成期间 Meat ageing period

宰杀和交付之间肉类熟成的期间。

20 支票日期/时间 Cheque date/time

签发支票的日期/时间。

21 退费日期/时间 Charge back date/time

退费的日期/时间。

22 运费单日期/时间 Freight bill date/time

签发运费单的日期/时间。

23 设备实际翻修日期/时间 Equipment reconditioning date/time,actual

设备翻修的实际日期/时间。

24 中转通知接受日期和时间 Transfer note acceptance date and time

承运人认定有效的中转通知(专用于使用集装箱为设备进行运输的中转单证)的日期和时间。

35 实际交货日期/时间 Delivery date/time,actual

在目的地收到货物或托运物的日期/时间。

36 有效截止日期 Expiry date

具有有效期限的参考单证、价格信息或其他参考数据元的有效截止日期。

37 最早发运日期/时间 Ship not before date/time

在此日期/时间前不应发运货物。

38 最迟发运日期/时间 Ship not later than date/time

货物应该发运的最迟日期/时间。

39 发运周 Ship week of date

标识发运货物的星期。

40 临床信息的发布日期和/或时间 Clinical information issue date and/or time

发布临床信息的日期和/或时间。

41 预期事件将持续的时间 Event duration,expected
对事件预期的持续时间。
42 被替代日期/时间 Superseded date/time
被另一给定日期代替的日期/时间。
43 事件的预计持续时间 Event duration,intended
时间的预计持续时间。
44 生效日期 Availability
已收到项目开始生效的日期/时间。
45 编辑日期和时间 Compilation date and time
进行编辑的日期和时间。
46 取消日期 Cancellation date
单证或报文已经取消的日期。
47 统计期连续日期 Statistical time series date
统计期的连续日期。
48 持续时间 Duration
持续时间。
49 不能在其前也不能在其后交货的日期 Deliver not before and not after dates
不能在其前也不能在其后交货的指定日期范围。
50 货物接收日期/时间 Goods receipt date/time
给定方收到货物的日期/时间。
51 累计量起始日期 Cumulative quantity start date
累计交货量的起始日期。
52 累计量结束日期 Cumulative quantity end date
累计交货量的最后日期。
53 买方的当地时间 Buyer's local time
买方所在地区的时间。
54 卖方的当地时间 Seller's local time
卖方所在地区的时间。
55 确认日期/时间 Confirmed date/time
发生确认的日期/时间。
56 首次授权的日期和/或时间 Original authorisation date and/or time
首次给予授权的日期和/或时间。
57 预防措施关联期间 Precaution relevant period
与预防措施相关的期间。
58 清关日期(海关) Clearance date (Customs)
(3080)许可货物进口进入本国使用的海关手续办结的日期,或认定其他海关手续均已完成的日期。
59 栈内搬移批准日期 Inbound movement authorization date
海关授权对关栈中的货物放行的日期。
60 等级变更日期 Engineering change level date
货物等级变更的日期。
61 到期未交付则取消的日期 Cancel if not delivered by this date
如果没有发生交货,则取消的日期。

62 除外日期 Excluded date
从一段时间期限排除的日期。
63 最后交货日期/时间 Delivery date/time,latest
标识某时刻后不再交货的日期。
64 最早交货日期/时间 Delivery date/time,earliest
标识某时刻前不应交货的日期。
65 按第一计划表交货日期/时间 Delivery date/time,1st schedule
按第一计划表交货日期/时间。
67 现行计划表交货日期/时间 Delivery date/time,current schedule
按实际计划表中列出的交货日期。
68 追加期间 Additional period
追加到一段时间期限的一段时间。
69 约定交货日期/时间 Delivery date/time,promised for
(2138)经买卖双方协商货物交付买方的日期或期限(通用术语)。
70 追加日期 Additional date
追加到一段时间期限的日期。
71 要求交货的日期/时间(此日之后并包括此日)
Delivery date/time,requested for (after and including)
给定最早交货的日期。
72 约定交货日期/时间(此日之后并包括此日)
Delivery date/time,promised for (after and including)
给定最早可以交货的日期。
73 担保期限 Guarantee period
进行担保或同意担保的期限。
74 要求交货日期/时间(此日之前并包括此日)
Delivery date/time,requested for (prior to and including)
给定最后交货的日期。
75 约定交货日期/时间(此日之前并包括此日)
Delivery date/time,promised for (prior to and including)
给定可能的最后交货日期。
76 计划交货日期/时间 Delivery date/time,scheduled for
按计划交货的日期/时间。
77 规格修订日期 Specification revision date
规格修订的日期。
78 事件的实际日期/时间/期间 Event date/time/period,actual
事件实际发生的日期/时间/期间。
79 约定装运日期/时间 Shipment date/time,promised for
给定可以发运的日期/时间。
80 计划实际结束的日期和/或时间 Planning end date and/or time,actual
计划结束的实际日期和/或时间。
81 要求发运日期/时间(包括此日在内的此日之后)
Shipment date/time,requested for (after and including)
给定应发运的最早日期。

82 药品管理时间　Medicine administration time
由药品管理机关指定的时间。

83 最小配发间隔　Dispensing interval,minimum
在一次配发药品和下一次配发相同药品之间所允许的最短时间间隔。

84 要求发运日期/时间(此日之前并包括此日在内)
Shipment date/time,requested for (prior to and including)
给定应发运的最后日期。

85 约定发运日期/时间(此日之前并包括此日在内)
Shipment date/time,promised for (prior to and including)
给定可以发运的最后日期。

86 用药开始日期/时间　Medication date/time,start
开始用药的日期和/或时间。

87 旅行社交接时间　Travel service connection time
一家旅行社到来和进行交接的旅行社离开之间耗用的时间。

88 夏季时间开始时间　Summer time,start
夏季时间开始启用的日期/时间。

89 询价日期　Inquiry date
进行询价的日期。

90 报告开始日期　Report start date
开始报告的日期。

91 报告结束日期　Report end date
结束报告的日期。

92 合同生效日期　Contract effective date
合同开始生效的日期。

93 合同有效截止日期　Contract expiry date
合同有效截止的日期。

94 生产/制造日期　Production/manufacture date
生产产品的日期。

95 提单日期　Bill of lading date
提单上规定的日期。

96 卸货日期/时间　Discharge date/time
应该、可以或已经从运输工具上卸下货物的日期/时间。

97 交易开始日期　Transaction creation date
开始进行交易的日期。

98 冬季时间开始时间　Winter time,start
冬季时间开始启用的日期/时间。

99 报价单公布日期　Quotation opening date
报价单已经或可以公布的日期。

100 产品熟成早于交货期　Product ageing period before delivery
产品熟成期间在交货日期之前。

101 计划外生产日期　Production date,no schedule established as of
正式生产计划以外的生产日期。

102 健康问题期间　Health problem period

健康问题期间。

103 STORO 散件货物交付结束日期/时间 Closing date/time for breakbulk STORO

滚装船装载(STORO)散件货物交付期终止日期/时间。

104 集装箱滚装货物交付结束日期/时间 Closing date/time for container RO-RO

集装箱滚装(RO-RO)货物交付期终止的日期/时间。

105 STORO 散件货物交付开始日期/时间 Starting date/time for breakbulk STORO

滚装船装载(STORO)散件货物交付期开始日期/时间。

106 集装箱滚装货物交付开始日期/时间 Starting date/time for container RO-RO

集装箱滚装(RO-RO)货物交付期开始的日期/时间。

107 存款日期/时间 Deposit date/time

存款的日期/时间。

108 邮戳日期/时间 Postmark date/time

发出信件的邮戳的日期/时间。

109 收到指示的日期 Receive at lockbox date

服务于另一个国家的公司的托收代理代表该公司托收一笔资金的财务指示的日期。

110 原计划装运日期 Ship date,originally scheduled

货物按原计划装运的日期。

111 舱单/装运通知单日期 Manifest/ship notice date

签发舱单/装运通知单的日期。

112 首次生息日期 First interest-bearing date

产生利息的第一个日期。

113 要求样品日期 Sample required date

客户指定的可得到样品的日期。

114 要求工具日期 Tooling required date

客户指定的可得到工具的日期。

115 可得到样品的日期 Sample available date

卖方指定的可得到样品的日期。

116 预计设备返回期限 Equipment return period,expected

预计到时设备将被出租的期限。

117 开始交货日期/时间 Delivery date/time,first

可能开始交货的日期/时间。

118 确认预订货载日期/时间 Cargo booking confirmed date/time

承运人已经接受预订货载的日期/时间。

119 测试完成日期 Test completion date

完成测试的日期。

120 最终生息日期 Last interest-bearing date

最后一个生息日期。

121 输入日期 Entry date

输入的日期。

122 合同完成日期 Contract completion date

完成一项合同的日期。

123 跟单信用证有效截止日期 Documentary credit expiry date/time

把单证提交给信用证失效银行的最后日期/时间。

124 发运单单证签发日期时间 Despatch note document issue date time
(2219)签发发运单的日期时间。
125 进口许可证签发日期时间 Import licence issue date time
(2293)签发进口许可证的日期时间。
126 合同单证签发日期时间 Contract document issue date time
(2326)签订合同的日期时间。
127 以前报告日期 Previous report date
以前报告的日期。
128 交货最后日期时间 Delivery date/time,last
应该交货或完成交货的日期。
129 出口日期 Exportation date
(2043)进口的船/货物最后离开出口国前往进口国的日期。
130 当前报告的日期 Current report date
当前报告的日期。
131 计税日期时间 Tax point date time
(2221)应付税款或计税的日期。
132 预计到达日期/时间 Arrival date/time,estimated
(2349)承运人预计运输工具到达卸货港或目的地的日期/时间。
133 运输工具预计离港日期/时间 Transport means departure date/time,estimated
承运人预计运输工具离开启运地点的日期。
134 汇率日期/时间 Rate of exchange date/time
确定汇率的日期/时间。
135 用户电报日期 Telex date
标识发送用户电报报文的日期。
136 运输工具实际离港日期/时间 Transport means departure date/time,actual
(2280)运输工具离港的日期(和时间)。
137 单证签发日期/时间 Document issue date/time
(2006)签发单证/报文的日期/时间,也可是签署日期。
138 付款可获性日期时间 Payment availability date time
(2034)根据支付条款,贷方得到到期金额的日期。
139 财产抵押开始日期 Property mortgage date,start
开始抵押一项财产的日期。
140 付款到期日 Payment due date
(2480)根据支付条款,贷方应得到到期金额的日期。
141 海关报关单存放日期时间 Customs declaration document lodgement date time
(2033)货物报关单提交或存放海关的日期。
142 劳工工资确定日期 Labour wage determination date
确定劳工工资的日期。
143 货物实际接收的日期时间 Consignment acceptance date time,actual
(2127)承运人在接货地点接收货物的日期(CMR4)。
144 配额日期 Quota date
使用配额的日期。
145 事件日期 Event date

说明一个事件的日期。

146 预计入境日期(海关) Entry date,estimated (Customs)

预计正式海关入境的日期。

147 出口许可证有效截止日期 Export permit effective end date time

(2078)出口许可证有效截止日期。

148 货物报关单接受日期(海关) Goods declaration document acceptance date time

(2036)根据海关条例规定,海关接受货物报关单的日期。

149 要求的发票日期 Invoice date,required

发票签发所要求的日期。

150 申报/提交日期 Declaration/presentation date

货项已经或将要申报/提交的日期。

151 进口日期 Importation date

由主管海关确定的货物进口日期。

152 纺织品出口日期 Exportation date for textiles

进口的纺织品最后离开原产地国前往进口国的日期。

153 最后的注销日期 Cancellation date/time,latest

要求可注销付款通知的最后日期。

154 单证接收日期 Acceptance date of document

接收单证的日期。

155 记账期开始日期 Accounting period start date

首次记账期的日期。

156 记账期结束日期 Accounting period end date

最后一次记账的日期。

157 有效开始日期 Validity start date

开始生效的日期。

158 水平开始日期 Horizon start date

形成一个水平期限的第一天。

159 水平截止日期 Horizon end date

形成一个水平期限的最后一天。

160 授权日期 Authorization date

授权的日期。

161 客户放货日期 Release date of customer

客户授权放行货物的日期。

162 供货方放货日期 Release date of supplier

供货方放行货物的日期。

163 处理开始日期/时间 Processing start date/time

一项特定处理开始的日期/时间。

164 处理结束日期 Processing end date/time

一项特定处理结束的日期。

165 计税期开始日期 Tax period start date

计税期开始的日期。

166 计税期结束日期 Tax period end date

计税期结束的日期。

167 收费期开始日期 Charge period start date
收费期的最初日期。
168 收费期结束日期 Charge period end date
收费期的最后日期。
169 订货间隔期 Lead time
从订货到最早收到货物所需的时间。
170 结算到期日 Settlement due date
比"付款到期日"更通用,更适用于再保险/保险业务的日期。
171 参考日期/时间 Reference date/time
签发参考的日期/时间。
172 租赁开始日期 Hired from date
货项已经或将要开始租赁的日期。
173 租赁终止日期 Hired until date
货项已经或将要终止租赁的日期。
174 此日期/时间之后通知 Advise after date/time
信息必须在指定日期/时间之后通知。
175 此日期/时间之前通知 Advise before date/time
信息必须在指定日期/时间之前通知。
176 通知完成日期/时间 Advise completed date/time
在指定日期完成通知。
177 此日期/时间通知 Advise on date/time
信息必须在指定日期/时间通知。
178 运输工具实际到达日期/时间 Transport means arrival date/time,actual
(2107)运输工具到达的日期(和时间)。
179 预订日期/时间 Booking date/time
完成预订的日期。
180 截止收货日期/时间 Closing date/time
将货物交到班轮的最后日期。
181 设备定位日期/时间 Positioning date/time of equipment
设备定位的日期。
182 签发日期 Issue date
单证/报文已经或将要签发的日期。
183 有关日期 Date,as at
与指定的前后日期有关的日期。
184 通知日期/时间 Notification date/time
通知海关的日期和/或时间。
185 开始清洗液体舱的日期/时间 Commenced tank cleaning date/time
液体舱清洗开始的日期和/或时间。
186 运输工具实际离港日期/时间 Transport means departure date/time,actual
(2280)运输工具离港的日期(和时间)。
187 单证签章日期/时间 Authentication date/time of document
单证被签署或经其他方式认证的日期/时间。
188 以前的往来账户日期 Previous current account date

以前的往来账户的日期。

189 运输工具计划离港日期/时间 Transport means departure date/time,scheduled

运输工具计划离港的日期(和时间)。

190 转运日期/时间 Transshipment date/time

货物从一个运输工具转到另一个运输工具的日期和时间。

191 预期交货日期 Delivery date/time,expected

预期交货的日期/时间。

192 海关单证有效截止日期/时间 Expiration date/time of customs document

海关单证有效期截止的日期。

193 执行日期 Execution date

订货通知银行开始交易的日期。

194 开始日期/时间 Start date/time

某一期限开始的日期/时间。

195 进口许可证有效截止日期 Import permit effective end date time

(2272)进口许可证有效期截止的日期。

196 最早离港日期/时间 Departure date/time,earliest

运输工具最早离港的日期/时间。

197 装卸期第一天 Laytime first day

租船合同中允许装货或卸货天数的第一天。

198 装卸期最后一天 Laytime last day

租船合同中允许装货或卸货天数的最后一天。

199 货物定位日期/时间 Positioning date/time of goods

货物必须或已经定位的日期和/或时间。

200 货物接收日期/时间 Pick-up/collection date/time of cargo

收到货物的日期/时间。

201 设备接收日期/时间 Pick-up date/time of equipment

收到设备的日期/时间。

202 过账日期 Posting date

一笔账记入账目的日期。

203 要求执行的日期/时间 Execution date/time,requested

付款人制定的要求订货通知银行开始执行付款委托书的日期/时间(即借记日期)。

204 放行日期(海关) Release date (Customs)

海关对承运人或进口商放行货物的日期。

205 结算日期 Settlement date

金融交易(例如外汇证券)的结算日期。

206 结束日期/时间 End date/time

结束日期/时间/期限。

207 开始抽取压舱物的日期/时间 Commenced pumping ballast date/time

为提高运输工具的平衡和稳定,开始撤走压舱材料的日期/时间。

208 运输工具最后离港的日期/时间 Transport means departure date/time,ultimate

运输工具必须离港的最后日期/时间。

209 起息日 Value date

由受益人支配资金或停止订货客户支配资金的日期。

210 再保险活期账户期限 Reinsurance current account period
再保险活期账户的日期。
211 360天/30天
以360天为一年和30天为一个月作为基准的计算。
212 360天/28～31天
以360天为一年和28天～31天为一个月作为基准的计算。
213 365～366天/30天
以365天～366天为一年和30天为一个月作为基准的计算。
214 365～366天/28～31天
以365天～366天为一年和28天～31天为一个月作为基准的计算。
215 365天/28～31天
以365天为一年和28天～31天为一个月作为基准的计算。
216 365天/30天
以365天为一年和30天为一个月作为基准的计算。
217 从奖励到最后交货日期 From date of award to latest delivery
从奖励到最后交货的时间段。
218 认证/生效日期 Authentication/validation date/time
认证/生效的日期。
219 过境日期/时间 Crossborder date/time
货物在一国边境被转运的日期/时间。
220 财产抵押预定结束日期 Property mortgage scheduled date,end
预定结束抵押一项财产的日期。
221 计息期 Interest period
计息的天数。
222 最后提交日期 Presentation date,latest
提交单证的最后日期。
223 延期交货日期/时间 Delivery date/time,deferred
以收货人的要求(计费)为计算基准的新的交货日期。
224 允许进入日期 Permit to admit date
允许将货物运进保税仓库或自由贸易区的日期。
225 重量验证日期/时间 Certification of weight date/time
承运人验证收货重量的日期/时间。
226 单证不符日期/时间 Discrepancy date/time
发现单证不符的日期/时间。
227 受益人银行到期日 Beneficiary's banks due date
受益人银行可用资金的日期。
228 要求借记起息日 Debit value date,requested
账户拥有者将借记值记入自己账户的日期。
229 软管连接日期/时间 Hoses connected date/time
软管被连接的日期/时间。
230 软管断开日期/时间 Hoses disconnected date/time
软管被断开的日期/时间。
231 运输工具最早到达日期/时间 Transport means arrival date/time,earliest

运输工具最早到达的日期/时间。

232 运输工具计划到达日期/时间 Transport means arrival date/time,scheduled

运输工具计划到达的日期/时间。

233 运输工具最后到达日期/时间 Transport means arrival date/time,ultimate

运输工具最后到达的日期/时间。

234 最早接收日期/时间 Collection date/time,earliest

准备接货之前发出的运输通知单， 此日期指承运人从接到货物到发出货物的最早日期/时间。

235 最后接货日期/时间 Collection date/time,latest

经买卖双方或发运人与主运输部门双方协商同意，规定的最后接货日期/时间。

236 完成抽取压舱物的日期/时间 Completed pumping ballast date/time

为提高运输工具的平衡和稳定,完成撤走压舱材料的日期/时间。

237 完成清洗液体舱的日期/时间 Completed tank cleaning date/time

液体舱清洗完成的日期和/或时间。

238 液体罐接收日期/时间 Tanks accepted date/time

应该收到或已经收到液体罐的日期和/或时间。

239 液体罐检查日期/时间 Tanks inspected date/time

应该检查或已经检查液体罐的日期和/或时间。

240 再保险记账期 Reinsurance accounting period

用开始和结束日期标识再保险账户期限。

注：该期限不同于“往来账户再保险期”。

241 从仲裁裁决到最早交货日期 From date of award to earliest delivery

从进行仲裁裁决到决定最早交货的时间段。

242 制单日期 Preparation date of document

制作单证的日期和/时间。

243 单证传输日期 Transmission date of document

传输单证的日期和/时间。

244 计划结算日期 Settlement date,planned

计划结算的日期。

245 保险业务年度 Underwriting year

执行条约的年度。

246 会计年度 Accounting year

涉及条约或条约部分的会计年度。

247 发生年度 Year of occurrence

一特定事件(如损失)发生的年度。

248 损失日期 Loss

有关的(主要)损失发生的日期。

249 摊付分保现金赔款日期 Cash call date

为承担和弥补损失,摊付分保现金赔款的日期。

250 再出口日期 Re-exportation date

再出口的日期。

251 再进口日期 Re-importation date

再进口的日期。

252 到达第一个港口的日期/时间 Arrival date/time at initial port
运输工具到达目的地国第一个港口的日期/时间。
253 离开最后的停靠港的日期/时间 Departure date/time from last port of call
运输工具离开国外最后一个停靠港的日期/时间。
254 前期报关登记日期 Registration date of previous Customs declaration
在相同或不同国家为前期海关手续而办理的海关申报登记日期。
255 有效到期日 Availability due date
订货在指定地区可得到的日期。
256 从仲裁裁决到完成日期 From date of award to completion
从进行仲裁裁决到决定完成结果的时间段。
257 计算日期 Calculation date
进行计算日期。
258 担保日期(海关) Guarantee date (Customs)
向海关提交担保的日期。
259 运输工具登记日期 Conveyance registration date
由主管部门登记船舶、车辆或其他运输工具的日期。
260 估价日期(海关) Valuation date (Customs)
海关进行估价的日期。
261 发布日期 Release date/time
指定标识一系列法规、条件、约定、产品等的发布日期。
262 停业日期/时间/期限 Closure date/time/period
一个企业被关闭的日期/时间/期限。
263 开票期限 Invoicing period
签发发票期限。
264 发布频率 Release frequency
发布的频率。
265 到期日 Due date
实际到期日。
266 有效日期 Validation date
批准或确认生效的日期。
267 费率日期 Rate date/time
决定费率/价格的日期/时间。
268 转运时间/时限 Transit time/limits
进行转运时间/时限。
269 卸货开始日期/时间 Discharge date/time,started
开始卸货作业的日期/时间。
270 装运期 Ship during date
标识货物应该被装运的期限的日期。
271 装运的具体或大约日期 Ship on or about date
货物应该被装运的日期或大约日期。
272 跟单信用证交单期限 Documentary credit presentation period
从运输单证签发日期到必须交单时用天数表示的时间期限。
273 有效期限 Validity period

相关单证的有效日期/期限。

274 从订单收到至样品准备完毕的日期 From date of order receipt to sample ready

该日期为已定的时间段。

275 从工装夹具核准至样品准备完毕的日期 From date of tooling authorization to sample ready

该日期为已定的时间段。

276 从收到工装夹具辅助设备至样品准备完毕的日期

From date of receipt of tooling aids to sample ready

该日期为已定的时间段。

277 从核准样品至第一批产品装运的日期

From date of sample approval to first product shipment

该日期为已定的时间段。

278 从收到订单至准运的日期 From date of order receipt to shipment

该日期为已定的时间段。

279 从收到订单至交货的日期 From date of order receipt to delivery

该日期为已定的时间段。

280 从最后订货至交货的日期 From last booked order to delivery

该日期为已定的时间段。

281 订货日期时间段 Date of order lead time

与订货日期有关的时间段。

282 确认日期时间段 Confirmation date lead time

与确认日期有关的时间段。

283 运输工具到达日期/时间时间段 Arrival date/time of transport lead time

与运输工具将要到达或已经到达的日期有关的时间段。

284 库存检查至库存补充之间的时间段

Before inventory is replenished based on stock check lead time

该日期为已定的时间段。

285 招标日期/时间 Invitation to tender date/time

有关参与方可投标的日期/时间。

286 投标提出日期/时间 Tender submission date/time

提出投标的日期/时间 。

287 合同签订日期/时间 Contract award date/time

与投标人签订合同的日期/时间。

288 价格基础日期/时间 Price base date/time

价格的基础日期/时间。

289 利率有效期 Interest rate validity period

利率的有效期。

290 合同开始日期/时间 Contractual start date/time

合同中说明的活动必须开始的日期。

291 计划的开始日期/时间 Start date/time,planned

某事物计划开始的日期/时间。

292 计划完成工作的日期/时间 Works completion date/time,planned

建设或修理工作计划完成的日期/时间。

293 实际完成工作的日期/时间 Works completion date/time,actual

建设或修理工作实际完成的日期/时间。

294 计划移交日期/时间 Hand over date/time,planned

计划将进行移交(即将一项工作或行为如证明文件、系统等由一参与方至一参与方的责任转移)的日期/时间。

295 实际的移交日期/时间 Hand over date/time,actual

实际进行移交(即将一项工作或行为如证明文件、系统等由一参与方至另一参与方的责任转移)的日期/时间。

296 自留额发放日期/时间 Retention release date/time

发放自留额的日期/时间。

297 部分自留额发放日期/时间 Retention release date/time,partial

部分发放自留额的日期/时间。

298 货物按计划提取的日期/时间 Goods pick-up date /time,planned

货物按计划提取的日期/时间。

299 价格调整开始日期 Price adjustment start date

价格调整公式中作为票面价值出现的指数起息日。

300 价格调整限制日期 Price adjustment limit date

价格调整公式中作为算法出现的指数有限起息日。

301 指数起息日 Value date of index

指数值的有效日期。

302 发布日期 Publication date

某事物向公众发布的日期。

303 提价日期 Escalation date

提价公式中作为算法出现的指数起息日。

304 调价日期 Price adjustment date

价格调整公式中作为算法出现的指数起息日。

305 最后调价日期 Latest price adjustment date

最后调价发生的日期。

306 工作期限 Work period

进行工作的期限。

307 支付指示日期/时间 Payment instruction date/time

给出支付指示的日期/时间。

308 支付估价提交日期/时间 Payment valuation presentation date/time

支付估价提交的日期/时间。

309 不记名起息日 Blanks value date

接收行支配资金的日期。

310 接收日期/时间 Received date/time

接收的日期/时间。

311 确定日期 On

为延期支付或定期汇票确定的到期日。

312 按期装运 Ship not before and not after date/time

货物不能在第一个规定日期/时间之前和第二个规定日期之后装运。

313 指示开始日期 Order to proceed date

指示开始工作的签发日期。

314 工作的计划期限 Planned duration of work
建设或修理工作计划完成的时间期限。
315 同意支付的日期 Agreement to pay date
借方同意支付的日期。
316 估价日期/时间 Valuation date/time
估价的日期/时间。
317 回复日期 Reply date
用文字或语言回答或回复的日期。
318 请求日期 Request date
请求某件事的日期。
319 客户起息日 Customer value date
资金记入账户计算利息(借方或贷方)的日期。
320 申报相关期限 Declaration reference period
同一申报中一组项目的相关期限。
321 促销日期/期限 Promotion date/period
与特定促销活动有关的日期/期限。
322 会计期限 accounting period
账户的财务交易记录的时间期限。
323 水平期限 Horizon period
形成一个水平的期限。
324 处理日期/期限 Processing date/period
已发生或将发生的特定处理的日期/期限。
325 纳税期限 Tax period
适用于税率或税额的期限。
326 收费期限 Charge period
适用于特定费用的期限。
327 分期付款到期日 Installment payment due date
分期付款到期日。
328 工资扣除日期/时间 Payroll deduction date/time
从工资单上个人工资中扣除金额的日期/时间。
329 出生日期/时间 Birth date/time
个人出生的日期/时间。
330 被雇日期 Joined employer date
个人受雇的日期。
331 捐赠中止日期/时间 Contributions ceasing date/time
捐赠中止日期/时间。
332 捐赠期限结束日期/时间 Contribution period end Date/time
捐赠期限结束的日期/时间。
333 计时工作变更日期/时间 Part-time working change Date/time
计时工作变更日期/时间。
334 状态变更日期/时间 Status change Date/time
状态变更的日期/时间。
335 捐赠期限开始日期/时间 Contribution period start Date/time

捐赠期限开始的日期/时间。

336 工资变更有效日期 Salary change effactive date

工资变更开始有效的日期。

337 解雇日期 Left employer date

个人被解雇的日期。

338 津贴变更日期/时间 Benefit change Date/time

服务提供者提供的津贴变更的日期/时间。

339 类别变更日期/时间 Category change Date/time

类别发生变更的日期/时间。

340 存入资金的日期/时间 Joined fund date/time

个人存入一笔资金的日期/时间。

341 等候时间 Waiting time

希望活动开始的时刻和该活动实际开始的时刻之间的时间期限。

342 货物装运日期 Consignment loading date time

(2347)货物被装上运输工具的日期或时间。

343 折扣终止日期/时间 Date/time of discount termination

结束金额扣除的日期/时间。

344 到期利息的日期/时间 Date/time of interest due

应付利息的日期/时间。

345 工作天数 Days of operation

一周的工作天数。

346 最后的核对时间 Latest check-in time

核对的最后时间。

347 屠宰开始日期 Slaughtering start date

屠宰开始的日期。

348 包装开始日期 Packing start date

包装开始的日期。

349 包装结束日期 Packing end date

包装完成的日期。

350 测试开始日期 Test start date

测试已经开始的日期。

351 检查日期 Inspection date

检查的日期。

352 屠宰结束日期 Slaughtering end date

屠宰完成的日期。

353 会计交易日期 Accounting transaction date

会计交易涉及的日期。

354 活动期日期范围 Activity period date range

与某活动有关的指定日期范围。

355 合同规定的交货日期 Contractual delivery date

参与各方所签合同规定的交货日期。

356 销售日期、和/或时间、和/或期限 Sales date, and or time, and or period

进行销售的日期、和/或时间、和/或期限。

357 该日期之前未发布则取消 Cancel if not published by this date
该日期之前未发布则取消。

358 计划在该日期或该日期之后交货 Scheduled for delivery on or after
计划在指定日期(和/或时间)或指定日期之后交货。

359 计划在该日期或该日期之前交货 Scheduled for delivery on or before
计划在指定日期(和/或时间)或指定日期之前交货。

360 售出日期 Sell by date
该日期之前产品应被售出。

361 产品以前的最佳日期 Product best before date
以前的最佳日期。

362 有效期 End availability date
有效期。

363 上架寿命总期限 Total shelf life period
产品上架寿命的总期限。

364 发送时所剩的最小上架寿命期限 Minimum shelf life remaining at time of despatch period
产品离开供货方时所剩的最小上架寿命期限。

365 包装日期 Packaging date
产品进行包装的日期。

366 库存报告日期 Inventory report date
制作库存报告的日期。

367 计量器前次示数日期 Previous meter reading date
计量器前次示数的日期。

368 计量器最后示数日期 Latest meter reading date
计量器最近示数的日期。

369 预计装卸日期和/或时间 Date and or time of handling,estimated
预计进行装卸的日期和/或时间。

370 集装箱设备入境日期 Date when container equipment becomes domestic
国外制造的集装箱设备进入另一国并已成为该国设备的日期。

371 水测试日期 Hydrotest date
设备进行水测试的日期。

372 试运行日期 Equipment pre-trip date
设备进行试运行的日期。

373 抛锚日期和时间 Mooring,date and time
抛锚的日期和时间。

374 公路基金税截止日期 Road fund tax expiry date
公路基金税的截止日期。

375 第一次注册日期 Date of first registration
第一次注册的日期。

376 双年度检查日期 Bi-annual terminal inspection date
已经进行或将要进行双年度检查的日期。

377 联邦公路管理局检查日期 Federal HighWay Administration (FHWA) inspection date
按照联邦公路管理局的要求已经或将要对集装箱设备进行检查的日期。

378 集装箱安全公约检查日期 Container Safety Convention(CSC)inspection date

按照集装箱安全公约,集装箱设备已经或将要检查的日期。

379 定期检查日期 Periodic inspection date

定期进行检查的日期。

380 图纸修改日期 Drawing revision date

一项设计已经进行修改的日期。

381 生产时的产品寿命 Product lifespan at time of production

产品生产时的总寿命。

382 最早的销售日期 Earliest sale date

产品可以进行销售的最早日期。

383 在该日期之前未装运则取消 Cancel if not shipped by this date

在该日期之前未装运货物则取消订单。

384 以前的发票日期 Previous invoice date

以前发票的日期。

385 因违约取消支付 Payment cancelled,violation of agreement

因交易未遵守协议而取消支付的日期/时间。

386 因管理错误而取消支付 Payment cancelled due to administrative error

因管理错误而取消支付的日期/时间。

387 修理的来回时间 Repair turnaround time

某项修理来回所需的时间期限。

388 订单变更约束日期 Order amendment binding date

订单的变更对参与双方具有约束力的日期。

389 加工时间 Cure time

物品已经或应该进行加工所需要的时间。

390 从签署日期到交货的日期 From date of award to delivery

从签署日期到决定交货的时间段。

391 项目从收到到批准的日期 From date of receipt of item to approval

从收到项目到决定批准项目的时间段。

392 最早提取设备的日期/时间 Equipment pick-up date/time,earliest

能够提取设备的最早日期/时间。

393 计划提取设备的日期/时间 Equipment pick-up date/time,planned

按计划能够收取设备(空或满)的日期/时间。

394 实际安置设备的日期/时间 Equipment positioning date/time,actual

实际安置(交付)设备的日期/时间。

395 预计安置设备的日期/时间 Equipment positioning date/time,estimated

预计安置(交付)设备的日期/时间。

396 请求安置设备的日期/时间 Equipment positioning date/time,requested

请求安置(交付)设备的日期/时间。

397 最终安置设备的日期/时间 Equipment positioning date/time,ultimate

安置(交付)设备的最迟日期/时间。

398 计划提取货物的日期/时间 Goods collection or pick-up date/time,planned

按计划能够提取货物的日期/时间。

399 预计安置货物的日期/时间 Goods positioning date/time,expected

预计安置货物的日期/时间。

400 货物放行的日期/时间 Cargo release date/time,ultimate
货物或设备被放行的最迟日期/时间。
401 集装箱安全公约铭牌截止日期 Container Safety Convention (CSC) plate expiration date
集装箱安全公约铭牌有效期期满的日期。
402 单证接收日期/时间 Document received date/time
实际接收单证的日期/时间。
403 实际卸货日期/时间 Discharge date/time,actual
货物或运输设备已从运输工具上卸下的日期/时间。
404 运输工具实际装货日期/时间 Transport means loading date/time,actual
货物或运输设备已装上或装入运输工具的日期/时间。
405 实际提取设备日期/时间 Equipment pick-up date/time,actual
实际提取设备的日期/时间。
406 计划货物配置的日期/时间 Goods positioning date/time,planned
按计划配置货物的日期/时间。
407 单证请求日期/时间 Document requested date/time
参与方请求单证的日期/时间。
408 预计集装箱开始出租的日期/时间 Expected container hire from date/time
集装箱开始出租的预计日期/时间。
409 订单完成的最终日期/时间 Order completion date/time,ultimate
将完成订单的最终日期/时间。
410 完成设备修理的最终日期/时间 Equipment repair ready date/time,ultimate
设备必须完成修理的最终日期/时间。
411 最终装箱日期/时间 Container stuffing date/time,ultimate
集装箱装箱应该完成的最终日期/时间。
412 最终拆箱日期/时间 Container stripping date/time,ultimate
集装箱拆箱应该完成的最终日期/时间。
413 装卸完成日期/时间 Discharge and loading completed date/time
运输工具的所有装卸操作已经完成的日期/时间。
414 设备堆存核查日期 Equipment stock check date/time
设备确定为备用的日期/时间。
415 活动报告日期 Activity reporting date
报告活动的日期。
416 提交日期 Submission date
提交的日期。
417 事先订货日期/时间 Previous booking date/time
事先订货的日期/时间。
418 接收时的最短储存期限 Minimum shelf life remaining at time of receipt
接收时的最短储存期限。
419 预报期限 Forecast period
预报所用的期限。
420 卸货日期和时间 Unloaded,date and time
进行卸货的日期和时间。
421 预计接收日期 Estimated acceptance date

预计的接收日期。

422 跟单信用证签发日期 Documentary credit issue date

签发跟单信用证的日期。

423 订货开始日期 First date of ordering

订货的开始日期。

424 订货最后日期 Last date of ordering

订货的最后日期。

425 原始过账日期 Original posting date

原始过账的日期。

426 再保险付款频率 Reinsurance payment frequency

支付再保险费的频率。

427 调整后的年龄 Adjusted age

用于计算的调整后年龄。

428 首次投保年龄 Original issue age

首次投保年龄。

429 保险期限 Coverage duration

有效的保险期限。

430 保险订立日期 Coverage issue date

计算年保险总额的开始日期。

431 固定额外期限 Flat extra period

收费的附加额外期限。

432 付讫日期 Paid to date

已经付款的日期。

433 再保险期限 Reinsurance coverage duration

有效的再保险期限。

434 到期日期 Maturity date

到期日期。

435 再保险投保年龄 Reinsurance issue age

投保时的实际或相当年龄。

436 付讫再保险日期 Reinsurance paid-up date

已付讫的再保险日期。

437 受益期限 Benefit period

受益的期限。

438 伤残等候期间 Disability wait period

再保险总额生效之前,被保险人丧失工作能力的时间期限。

439 延期期限 Deferred Period

活动延期的时间期限。

440 跟单信用证更改日期 Documentary credit amendment date

跟单信用证的更改日期。

441 最后出租日期 Last on hire date

项目被安排出租的最后日期。

442 最后停租日期 Last off hire date

项目停租的最后日期。

443　直接交换日期　Direct interchange date
直接交换项目的日期。

444　核准日期　Approval date
核准日期。

445　最初估价日期　Original estimate date
最初估价的日期。

446　修订估价日期　Revised estimate date
修订估价的日期。

447　债权人要价日期　Creditor's requested value date
债权人要求应予支取的日期。

448　指定项目创建日期　Referenced item creation date
指定项目的创建日期。

449　上次更新日期　Date for the last update
上次更新的日期。

450　开业日期　Opening date
开业的日期。

451　获取原始单证的日期　Source document capture date
原始单证数据输入业务应用系统的日期。

452　试算平衡表期间　Trial balance period
试算平衡表的适用期间。

453　原始单证日期　Date of source document
原始单证的日期。

454　记账估值日期　Accounting value date
必须按法定要求输入的日期。

455　预期的估值日期　Expected value date
预期由受益人安排资金的日期。

456　科目表期间　Chart of account period
科目表适用的期间。

457　解除婚姻日期　Date of separation
解除婚姻的日期。

458　离婚日期　Date of divorce
两位已婚人士正式离婚的日期。

459　结婚日期　Date of marriage
两人结婚的日期。

460　工资期间,起始日期　Wage period,start date
工资期间开始的日期。

461　工资期间,结束日期　Wage period,end date
工资期间结束的日期。

462　施工期开始日期　Working period,start date
一期施工开始的日期。

463　施工期结束日期　Working period,end date
一期施工开始的日期。

464　登乘日期和时间　Embarkation date and time

乘务人员和/或旅客登乘(运输工具)的日期和时间。

465 离开(运输工具)日期和时间 Disembarkation date and time

乘务人员和/或乘客离开(运输工具)的日期和时间。

466 当前的日期时间 Time now date

用于计划和调度的当前日期时间。

467 节假日 Holiday

不工作的日期或期间。

468 非工作日 Non working

指定非工作日期或期间。

469 最早开始日期或时间 Start date or time,earliest

最早的开始日期或时间。

470 最晚开始日期或时间 Start date or time,latest

最晚的开始日期或时间。

471 最早结束日期或时间 Finish date or time,earliest

最早的结束日期或时间。

472 最晚结束日期或时间 Finish date or time,latest

最晚的结束日期或时间。

473 强制开始的日期或时间 Start date or time,mandatory

强制开始的日期或时间。

474 强制结束的日期或时间 Finish date or time,mandatory

强制结束的日期或时间。

475 实际的开始日期或时间 Start date or time,actual

实际的开始日期或时间。

476 预计的开始日期或时间 Start date or time,estimated

预计的开始日期或时间。

477 预计完成日期或时间 Completion date or time,estimated

预计完成的日期或时间。

478 进度表的开始日期或时间 Start date or time,scheduled

进度表的开始日期或时间。

479 进度表的完成日期或时间 Completion date or time,scheduled

进度表的完成日期或时间。

480 并非以前的开始日期或时间 Start date or time,not before

并非以前的开始日期或时间。

481 并非以后的开始日期或时间 Start date or time,not after

并非以后的开始日期或时间。

482 并非以前的完成日期或时间 Completion date or time,not before

并非以前的完成日期或时间。

483 并非以后的完成日期或时间 Completion date or time,not after

并非以后的完成日期或时间。

484 预期病患痊愈日期 Illness recovery date,expected

预期病人痊愈的日期。

485 患病期间开始日期 Period of illness,start date

患病期间开始的日期。

486 患病期间结束日期 Period of illness,end date

患病期间结束的日期。

487 死亡日期 Decease date

一个人死亡的日期。

488 受益期间开始日期 Benefit period,start date

受益期间开始的日期。

489 受益期间终止日期 Benefit period,end date

受益期间终止的日期。

490 选择期间开始日期 Selection period,start date

选择期间开始的日期。

491 选择期间结束日期 Selection period,end date

选择期间结束的日期。

492 余额日期/时间/期限 Balance date/time/period

一项余额的日期/时间/期限。

493 救助或保险支付终止日期 Benefit payments termination date

确定停止支付救助或保险费的日期。

494 包括收入期限 Covered income period

标识测定涉及收入的期限。

495 当前收入期限 Current income period

标识测定当前收入的期限。

496 复职日期 Reinstatement date

标识复职的日期。

497 伤残界定期限 Definition of disability duration

标识对适用伤残进行界定的期限。

498 以前终止日期 Previous termination date

标识以前的终止日期。

499 保险费变更期限 Premium change period

标识变更保险费的期限。

500 停租检测日期 Off-hire survey date

当前租用期间结束时检测设备的日期。

501 不停业检测日期 In service survey date

对使用中的设备进行检测的日期。

502 起租检测日期 On hire survey date

设备在当前出租期间开始时进行检测的日期。

503 产品检测日期 Production inspection date

产品检测的日期。

504 超时开始日期 Overtime,start date

超时期间开始的日期。

505 超时结束日期 Overtime,end date

超时期间结束的日期。

506 延期交货日期/时间/期限 Back order delivery date/time/period

延期交货将要或已经发生的日期/时间/期限。

507 谈判开始日期 Negotiations start date

开始进行谈判的日期。

508 实施工作开始日期 Work effective start date

实施工作开始的日期。

510 通知书时限 Notification time limit

对一份通知书进行设定时所产生的时间限制。

511 时限 Time limit

必定发生事件的时间限制。

512 出勤日期和/或时间和/或期限 Attendance date and or time and or period

出勤日期和/或时间和/或期限。

513 事故日期和/或时间 Accident date and or time

事故日期和/或时间。

514 实际收养日期 Adoption date,actual

发生收养的实际日期。

515 发出索偿的日期和/或时间 Reimbursement claim issue date and or time

发出一项索偿的日期和/或时间。

516 住院日期和/或时间 Hospital admission date and or time

入住一家医院的日期和/或时间。

517 出院日期和/或时间 Hospital discharge date and or time

出院的日期和/或时间。

518 护理期开始日期和/或时间 Period of care start date and or time

护理期开始的日期和/或时间。

519 护理期结束日期和/或时间 Period of care end date and or time

护理期结束日期和/或时间。

520 转入专门科室的日期和/或时间 Department admission date and or time

转入专门科室的日期和/或时间。

521 转出专门科室的日期和/或时间 Department discharge date and or time

从专门科室转出的日期和/或时间。

522 实际分娩日期和/或时间 Childbirth date and or time,actual

实际分娩的日期和/或时间。

523 处方签发日期和/或时间 Prescription issue date and or time

签发处方的日期和/或时间。

524 处方配发日期和/或时间 Prescription dispensing date and or time

处方配发的日期和/或时间。

525 临床检查日期和/或时间 Clinical examination date and or time

临床检查的日期和/或时间。

526 死亡日期和/或时间 Death date and or time

死亡的日期和/或时间。

527 预产期 Childbirth date,estimated

预计的分娩日期。

528 上次经期开始日期 Last menstrual cycle,start date

上次月经周期开始的日期。

529 实际孕期 Pregnancy duration,actual

怀孕的实际持续时间。

530 熏蒸日期和/或时间 Fumigation date and/or time
应当或已经进行熏蒸的日期和/或时间。
531 支付期 Payment period
已经或将要进行支付的时间段。
532 平均交付延时 Average delivery delay
交付间平均延迟时间。
533 预算线应用日期 Budget line application date
某些事项应用于预算线的日期。
534 维修或服务日期 Date of repair or service
维修或服务的日期。
535 产品失效日期 Date of product failure
产品失效日期。
536 审核日期 Review date
项目已被或将被审核的日期。
537 国际审核流程开始日期 International review cycle start date
国际审核流程开始日期。
538 国际评估批准发布日期 International assessment approval for publication date
完成国际审核后批准发布DMR(数据维护申请)的日期。
539 状态指定日期 Status assignment date
指定状态的日期。
540 最初执行指令的日期 Instruction's original execution date
最初执行指令的日期。
541 首次发布日期 First published date
第一次发布材料的日期。
542 最后发布日期 Last published date
最后发布材料的日期。
543 最新资产负债表日期 Balance sheet date, latest
最新资产负债表的日期。
544 证券股价的特定日期 Security share price as of given date
证券股价的日期。
545 指定日期 Assigned date
指定的日期。
546 企业开张日期 Business opened date
企业开张的日期。
547 财务账户初始归档日期 Initial financial accounts filed date
初始财务账户归档的日期。
548 停工的特定日期 Stop work as of given date
停止或将要停止工作的日期。
549 完成日期 Completion date
完成日期。
550 租赁条款开始日期 Lease term, start date
租赁条款的开始日期。
551 租赁条款结束日期 Lease term, end date

租赁条款的结束日期。

552 实际开始日期 Start date,actual

开始的实际日期。

553 预计开始日期 Start date,estimated

预计开始的日期。

554 归档日期 Filed date

归档的日期。

555 复工日期 Return to work date

恢复工作的日期。

556 采购日期 Purchased date

采购的日期。

557 退回日期 Returned date

发生退回的日期。

558 变更日期 Changed date

发生变更的日期。

559 终止日期 Terminated date

进行终止的日期。

560 估价日期 Evaluation date

进行估价的日期。

561 停业日期 Business termination date

终止业务的日期。

562 解除破产日期 Release from bankruptcy date

一个实体被解除破产状态的日期。

563 首次就业日期 Placement date,initial

首次就业的日期。

564 签字日期 Signature date

签字的日期。

565 申请破产日期 Bankruptcy filed date

申请破产的日期。

566 进度表结束日期 End date,scheduled

进度表中工作结束的日期。

567 报告期 Report period

报告所适用的期限。

568 暂停的日期 Suspended date

中止日期。

569 更新日期 Renewal date

更新的日期。

570 报告日期 Reported date

报告的日期。

571 查讫日期 Checked date

查讫日期。

572 现住址,开始日期 Present residence,start date

现在居住地点的开始日期。

573 职位,开始日期 Employment position,start date
某一特定职位开始就职的日期。

574 账户关闭日期 Account closed date
账户关闭的日期。

575 实际建设日期 Construction date,actual
实际建设的日期。

576 职业,开始日期 Employment profession start date
某一特定专业开始就职的日期。

577 下次审核日期 Next review date
下次审核的日期。

578 会议日期 Meeting date
会议的日期。

579 安排管理员日期 Administrator ordered date
对一家公司安排管理员的日期。

580 申请赔偿的最后日期 Last date to file a claim
在此之后就不能再申请赔偿的日期。

581 判定日期 Convicted date
判定日期。

582 会见日期 Interviewed date
会见的日期。

583 上次探访日期 Last visit date
上次探访的日期。

584 未来期间 Future period
未来的期间。

585 前一期间 Preceding period
当前期间的前一个期限。

586 预期解决问题日期 Expected problem resolution date
认为应当解决问题的日期。

587 诉讼日期 Action date
诉讼的日期。

588 审计报告日期 Accountant's opinion date
一份审计报告的日期。

589 上一工作日期 Last activity date
上一工作日期。

590 决定日期 Resolved date
做出决定的日期。

591 记录日期 Recorded date
记录日期。

592 估算的生日 Date of birth,estimated
估算的生日。

593 上一年报日期 Last annual report date
上一年度报告的日期。

594 净值日期 Net worth date

净值的日期。

595 拒绝取消支付 Payment cancellation rejected

因为支付事实上已经进行而驳回取消支付的日期。

596 获利期限 Profit period

获取利润的期限。

597 注册日期 Registration date

进行注册的日期。

598 合并日期 Consolidation date

进行合并的日期。

599 董事会还未授权的特定日期 Board of directors not authorised as of given date

直到这个日期,董事会还未授权。

600 董事会还不完整的特定日期 Board of directors not complete as of given date

直到这个日期,董事会尚未完全组成。

601 经理还未任命的特定日期 Manager not registered as of given date

直到这个日期,还没任命经理。

602 国籍变更日期 Citizenship change date

国籍变更的日期。

603 参加日期 Participation date

参加的日期。

604 资本化日期 Capitalisation date

资本化的日期。

605 董事会注册日期 Board of directors registration date

董事会进行注册的日期。

606 停止经营日期 Operations ceased date

经营被停止的日期。

607 偿还日期 Satisfaction date

获得偿还的日期。

608 达成法定清算条件的日期 Legal settlement terms met date

达成法定清算条件的日期。

609 业务控制变更日期 Business control change date

获取新的控制授权的日期。

610 法庭登记日 Court registration date

在法庭进行登记的日期。

611 年报报送日期 Annual report due date

应当报送年度报告的日期。

612 资产负债清单日期 Asset and liability schedule date

资产负债清单的日期。

613 年报邮寄日期 Annual report mailing date

邮寄年度报告的日期。

614 年报归档日期 Annual report filing date

年度报告归档的日期。

615 被视为年报拖期的起始日期 Annual report delinquent on date

年度报告被认为拖期的日期。

616 会计方法变更日期 Accounting methodology change date
会计核算方法变更的日期。

617 结束关闭的日期 Closed until date
再次开启的日期。

618 变更为控股公司的日期 Conversion into holding company date
企业变更为控股公司的日期。

619 到时未获契据的特定日期 Deed not available as of given date
尚未取得契据的日期。

620 有害信息接收日期 Detrimental information receipt date
收到有害信息的日期。

621 预估的建造日期 Construction date, estimated
预估的建造日期。

622 金融信息日期 Financial information date
金融信息的日期。

623 毕业日期 Graduation date
毕业的日期。

624 准予解除偿付责任日期 Insolvency discharge granted date
准予解除偿付责任的日期。

625 公司法人设立日期 Incorporation date
公司法人设立日期。

626 休业结束日期 Inactivity end date
休业结束的日期。

627 上次核对资产负债表修改的日期 Last check for balance sheet update date
上次核对资产负债表以确定是否发生修改的日期。

628 上次资本金变更日期 Last capital change date
上次资本金变更的日期。

629 同意书日期 Letter of agreement date
同意书的日期。

630 责任书日期 Letter of liability date
责任书的日期。

631 清算日期 Liquidation date
清算的日期。

632 活性最低期限 Lowest activity period
活性最低的期限。

633 法律结构变更日期 Legal structure change date
法律结构变更的日期。

634 当前名称生效日期 Current name effective date
当前名称生效的日期。

635 还未注册的特定日期 Not registered as of given date
当时还没有进行注册的日期。

636 当前授权控制开始日期 Current authority control start date
获取当前授权控制的日期。

637 特权明细验证日期 Privilege details verification date

对特权明细进行验证的日期。

638 当前法律结构生效日期 Current legal structure effective date

当前法律结构生效的日期。

639 活性最高期限 Peak activity period

活性达到峰值的期限。

640 破产管理人宣布日期 Presentation to bankruptcy receivers date

宣布破产管理人的日期。

641 辞职日期 Resignation date

辞职的日期。

642 停止受理法律诉讼的日期 Legal action closed date

停止受理法律诉讼的日期。

643 邮件收据日期 Mail receipt date

收取邮件的日期。

644 社会保障申领核对日期 Social security claims verification date

核对社会保障申领的日期。

645 独立董事登记日期 Sole directorship registration date

独立董事进行登记的日期。

646 营业方式登记日期 Trade style registration date

营业方式的登记日期。

647 计划中开始试行的日期 Trial start date,scheduled

计划中开始试行的日期。

648 实际开始试行的日期 Trial start date,actual

实际开始试行的日期。

649 增值税(VAT)索付的验证日期 Value Added Tax (VAT) claims verification date

对增值税(VAT)索付进行验证的日期。

650 接管清算议定日期 Receivership result date

接管清算议定的日期。

651 调查结束日期 Investigation end date

结束一项调查的日期。

652 雇员临时解雇期结束日期 Employee temporary laid-off period end date

结束雇员被临时置于不上工期间的日期。

653 调查开始日期 Investigation start date

开始一项调查的日期。

654 取得收入期限 Income period

获取收入的期限。

655 刑事判决期限 Criminal sentence duration

申请一项刑事判决的期限。

656 年龄 Age

人或动物生存或事物存在的时间长度。

657 应收账款的收款期 Receivables collection period

收取应收账款的期限。

658 比较期间 Comparison period

适用于一项比较的期限。

659 延期 Adjournment
延期生效的期限。
660 法庭驳回日期 Court dismissal date
法庭拒绝进一步听取案件诉讼的日期。
661 裁定资产不足的日期 Insufficient assets judgement date
裁定资产不足的日期。
662 平均支付期 Average payment period
已支付资金所用的平均时间长度。
663 预测期间的开始 Forecast period start
预测期间的开始。
664 延续期间 Period extended
向原定结束日期/时间/期间追加的时间单位数。
665 雇员临时解雇期开始日期 Employee temporary laid-off period start date
雇员被临时置于不上工期间的起始日期。
666 管理层上任日期 Management available date
管理层上任的日期。
667 撤消日期 Withdrawn date
撤消一些事项的日期。
668 遭遇索赔的日期 Claim incurred date
遭遇索赔的日期。
669 财务担保期间 Financial coverage period
适用财务担保的期间。
670 要求赔偿的日期 Claim made date
提出赔偿要求的日期。
671 停止配送日期 Stop distribution date
配送被停止的日期。
672 指定期间 Period assigned
指定的期间。
673 租赁期间 Lease period
与一项租赁相关的期间。
674 预测期间结束日期 Forecast period end date
预测期间的结束日期。
675 判决日期 Judgement date
法庭宣布裁决的日期。
676 公司的工作期限 Period worked for the company
公司的工作期限。
677 运输设备装载日期和/或时间 Transport equipment stuffing date and/or time
运输设备的装载应当或已经进行的日期和/或时间。
678 运输设备卸载日期和/或时间 Transport equipment stripping date and/or time
运输设备的卸载应当或已经进行的日期和/或时间。
679 最初申请日期 Initial request date
最初申请的日期。
680 过期的期间 Period overdue

事件延误所经历的期限。

681 实施日期/时间/期限 Implementation date/time/period

进行实施的日期/时间/期限。

682 拒绝期限 Refusal period

可以予以拒绝的一段时间。

683 待决期间 Suspension period

某一事项悬而未决的期限。

684 删除日期 Deletion date

进行删除的日期。

685 首次销售日期和/或时间和/或期限 First sale date and/or time and/or period

产品首次销售的日期和/或时间和/或期限。

686 上一次销售日期和/或时间和/或期限 Last sale date and/or time and/or period

产品上一次销售的日期和/或时间和/或期限。

687 准备收取日期 Date ready for collection

为收取对象准备就绪的日期。

688 装运日期,未就此确定时间 Shipping date,no schedule established as of

当时还未设定有效的装运时间表的日期。

689 当前时间表的装运日期和/或时间 Shipping date and/or time,current schedule

当前时间表的装运日期和/或时间。

690 供应商延期付款的平均时间 Suppliers' average credit period

由供应商延长付款期的平均时长。

691 通知日期 Advising date

通知日期。

692 超越项目目标基准线日期 Project over target baseline date

实施项目越过目标基准线的日期。

693 开业日期 Established date

实体开业或创建的日期。

694 上次归档期限 Latest filing period

可以进行归档的上一期限。

695 邮寄日期 Mailing date

邮件寄出的日期。

696 上次在公共登记处进行财务归档的日期/时间 Date/time of latest accounts filing at public registry

上次在公共登记处进行财务归档的日期/时间。

697 不赞成的日期 Date placed in disfavour

使之处于不赞成一类或状态的日期。

698 估计的雇佣职位开始日期 Employment position start date,estimated

特定职位开始雇佣的估计日期。

699 注册分包商初始参考号编发日期 Registered contractor number assignment date,original

注册分包商参考号最初编发的日期。

700 所有权变更日期 Ownership change date

所有权变更的日期。

701 原来期间 Original duration

原来的时间长度。

702 两次变更之间的期间 Period between changes

两次变更之间的时间。

703 从通知日持续到开始执行的时间

From date of notice to proceed to commencement of performance

从通知直到执行开始的一段时间。

704 从通知日持续到完成的时间 From date of notice to proceed to completion

从通知直到完成的一段时间。

705 因客户而使事件推迟的时间 Period an event is late due to customer

由于客户行为而导致事件被推迟的一段时间。

706 文件生成日期和/或时间 File generation date and/or time

文件生成的日期和/或时间。

707 证书背书签发日期 Endorsed certificate issue date

对一份证书以签署背书或其他约定方式予以签发的日期。

708 病患首次就医体检日期 Patient first visit for condition

病患首次到卫生服务提供商就医体检的日期。

709 预计入院日期和/或时间 Admission date and/or time, expected

预计入院的日期和/或时间。

710 病人诉称病症发作时间 Symptoms onset, patient alleged

根据病人声称病症发作的日期和/或时间

711 意外保障期间 Accident benefit period

标识对意外事故提供保险津贴的一段时间。

712 意外保障年龄限制 Accident benefit age limit

标识对意外事故提供保险津贴的年龄。

713 终生意外保障限制年龄 Accident lifetime benefit qualification age

标识对意外事故提供终生保险津贴的年龄限制。

714 疾病保障期间 Sickness benefit period

标识对疾病事项提供保险津贴的一段时间。

715 疾病保障年龄限制 Sickness benefit age limit

标识对疾病事项提供保险津贴的年龄。

716 疾病终生保障限制年龄 Sickness lifetime benefit qualification age

标识对疾病事项提供终生保险津贴的限制年龄。

717 事故保险免责期限 Accident insurance elimination period

为分保公司应付的保险费而标识必须在意外事故保险时间中予以免责的时间。

718 疾病保险免责期限 Sickness insurance elimination period

为分保公司应付的保险津贴而标识必须在疾病事项中予以免责的时间。

719 供应商签字日期 Provider signature date

供应商签字的日期。

720 对症首次治疗日期 Condition initial treatment date

针对该病首次进行治疗的日期。

721 信息发布授权日期 Information release authorization date

授权发布信息的日期。

722 赔付发放授权日期 Benefit release authorization date

授权发放保险赔付的日期。
723 最后见到日期 Last seen date
最后见到的日期。
724 急性表现日期 Acute manifestation date
症状以其急性方式表现的日期。
725 类似疾病发作日期 Similar illness onset date
与当前治疗的疾病类似的疾病发作日期。
726 上次 X 光日期 Last X-ray date
上次 X 光检查的日期。
727 以前的安置日期 Placement date, previous
以前安置事物的日期。
728 安置日期 Placement date
安置事物的日期。
729 临时假肢日期 Temporary prosthesis date
提供临时修复装置的日期。
730 口腔正畸剩余期间 Orthodontic treatment period, remaining
口腔正畸剩余的时间。
731 口腔正畸总时间 Orthodontic treatment period, total
口腔正畸从开始到结束的时间。
732 最多信贷授权日期 Maximum credit granted date
准予拨付最高信贷额的日期。
733 上次在公共登记处进行会计归档的日期 Last date of accounts filed at public register
上次在公共登记处进行会计归档的日期。
734 允许更新期间的时间 Allowed renewal duration period
一家公司可以更新其期间的一段时间。
735 与 UTC 的时差 Offset from Coordinated Universal Time (UTC)
与世界协调时(UTC)之间的相差的小时。
736 约定到期日 Appointment expiry date
一项约定到期的日期。
737 最早归档期限 Earliest filing period
进行归档的最早期限。
738 原名变更日期 Original name change date
改变原来名称的日期。
739 教学开始日期 Education start date
在某一教育机构开始教学的日期。
740 教学结束日期 Education end date
在某一教育机构完成教学的日期。
741 破产管理期限 Receivership period
持续进行破产管理的一段时间。
742 金融信息提交日期/时间 Financial information submission date/time
提交金融信息的日期/时间
743 采购订单可能修改的最近日期 Purchase order latest possible change date
标识在某一时间点之后可能修改采购订单的日期。

744 投资指标分配日期　Investment number allocation date
分配投资指标的日期。

745 不可能支付的日期　Payment impossible
支付被记录为不可能的日期。

746 记录抽取期限　Record extraction period
抽取记录的期限。

747 成本会计起息日　Cost accounting value date
标识成本会计起息日的代码。进入起息日就会作用于账户余额。

748 开放期间　Open period
标识某些事物处于开放期的代码。

749 签发日期和到期日期之间的时间　Period between issue date and maturity date
发起交易时的日期和资金需要收取时的日期之间的时间间隔。

750 之前的日期　Before date
指定日期之前。

751 之后的日期　After date
指定日期之后。

752 安排的下次读表日期　Meter reading date, next scheduled
计划中下次进行读表的日期。

753 最佳成熟日期　Maturity date, optimal
最佳的成熟日期。

754 产品老化最长持续时间　Product ageing duration, maximum
产品老化的最长持续时间。

755 产品老化最短持续时间　Product ageing duration, minimum
产品老化的最短持续时间。

756 CBP 规章 24 小时规则的最终单证报送日期/时间　Ultimate documentation date/time for 24-hour rule regulation of CBP (United States Customs and Border Protection)
遵照美国海关与边境保护局 24 小时规则必须提交单证的最终日期/时间。

757 从装货地点出发的日期/时间　Departure date/time from place of loading
货物从装货地点启程的日期/时间。

758 交易货物最早可装运日期/时间　Trade item ship date/time, earliest possible
交易货物可以装运的最早日期/时间。

759 交易货物最迟可装运日期/时间　Trade item ship date/time, latest possible
交易货物可以装运的最迟日期/时间。

760 最大购买数量开始日期　Start date/time, maximum buying quantity
可以最大购买数量进行采购的起始日期。

761 最小购买数量开始日期　Start date/time, minimum buying quantity
可以最小购买数量进行采购的起始日期。

762 建议结束销售计划的日期/时间　Marketing campaign end date/time, suggested
建议结束销售计划的日期和/或时间。

763 建议启动销售计划的日期/时间　Marketing campaign start date/time, suggested
建议启动销售计划的日期和/或时间。

764 供货开始日期　Start availability date
可以开始供货的日期。

765 季节性供货的日历年度　Seasonal availabilty calendar year
交易货物可供季节的年度。

766 货物配装前导时间　Goods pickup lead time
从订单输入与发放配装之间所需的最短时间。

767 上次变更日期/时间　Change date/time,latest
最新变更信息的日期和/或时间。

768 最大购买数量结束日期/时间　End date/time,maximum buying quantity
可以最大购买数量进行采购的终止日期和/或时间。

769 最小购买数量结束日期/时间　End date/time,minimum buying quantity
可以最小购买数量进行采购的终止日期和/或时间。

770 专有权终止日期　End date/time of exclusivity
专有产品到期的日期和/或时间。

771 资料发行日期　Data release date
发行资料的日期。

772 作业实际开始日期和/或时间　Handling start date and/or time,actual
实际开始进行作业的日期和/或时间。

773 预计作业结束日期和/或时间　Handling end date and/or time,estimated
预计作业结束日期和/或时间。

774 作业实际结束日期和/或时间　Handling end date and/or time,actual
作业实际结束的日期和/或时间。

775 消费者产品最小使用期限　Minimum product lifespan for consumer
向消费者出售之后的产品剩余的最小预期使用期限,即产品“出售日期”与“耗用日期”之间的时间跨度。

776 选定的入境日期　Entry date,selected
在没有直接的运输入境日期(涉及直接交付)时,文件编制人员对无配额货物计税而自行确定的日期。

777 为卸货到达第一入境口岸的日期/时间
Arrival date/time at initial port with the intent to unload
运输工具到达目的地国家第一个口岸的日期/时间。

778 运输工具在港作业日期/时间　Conveyance port activity date/ time
运输工具作业的日期和时间,包括装卸货物、加油等。

779 货物运输工具进入口岸边界的日期和时间　Date and time of importation into port limits
运输工具从国外运送货物抵达目的地口岸辖区范围之内的日期和时间。

780 自由贸易区商品状态分配日期　Free trade zone commodity status assignment date
自由贸易区中商品当前相应状态的编列日期。

781 实际纳入管辖的日期/时间　Jurisdiction entry date/time,actual
运输工具或货物被某一机构纳入管辖的实际日期/时间。

782 检验开始日期/时间　Inspection start date/time
一项检验开始的日期/时间。

783 检验结束日期/时间　Inspection end date/time
一项检验完成的日期/时间。

784 单证/报文退回日期/时间　Document/message rejection date/time
退回单证/报文的日期/时间。

785 申请政府服务的日期/时间 Government service date/time,requested
申请实施政府服务的日期/时间。
786 农作物年份 Crop year
农作物生长的年份。
787 原品制造日期 Date of original manufacture
产品的原始制造日期。
788 型号年份 Model year
产品的型号年份。
789 展示商品存在时间 Opened trade item life span
留在货架上展示的商品在其必须下架之前的天数。
ZZZ 相互协商约定 Mutually defined

2009 条款时间关系代码 terms time relation code [B]
说明:支付条款与参考日期之前、当日、以后的时间相联系的代码。
表示:an..3
1 基准日 Reference date
与支付条款有关的基准日。
2 基准日之前 Before reference
与支付条款有关的基准日之前的时间。
3 基准日之后 After reference
与支付条款有关的基准日之后的时间。
4 包含基准日的10天期限的期末 End of 10-day period containing the reference date
付款条款为包含基准日的10天期限的期末。
5 包含基准日的2周期限的期末 End of 2-week period containing the reference date
付款条款为包含基准日的2周期限的期末。
6 包含基准日的月末 End of month containing the reference date
付款条款为包含基准日的月末。
7 基准日月的下一个月的月末 End of month following the month of reference date
付款条款为基准日月的下一个月的月末。
8 包含基准日的季度末 End of quarter containing the reference date
付款条款为包含基准日的季度末。
9 包含基准日的年末 End of year containing the reference date
付款条款为包含基准日的年末。
10 包含基准日的周末 End of week containing the reference date
付款条款为包含基准日的周末。
11 基准日月的下一个月的10天期限的期末
End of ten day period following month after reference date's month
付款条款为基准日月的下一个月的10天期限的期末。
12 包含基准日的半年末 End of half year containing the reference date
付款条款为 包含基准日的半年末。
13 从基准日开始 From reference
付款条款与包括基准日和基准日之后的时间有关。
14 包含基准日的15天期末 End of 15-day period containing the reference date

支付期为包含基准日期在内的 15 日期限结束时。

15 已到或未到支付期 On or before reference

支付期基准日已到或还未到。

16 要是一个月的第一天、第 15 天或最后一天就随之产生一个支付期

Whichever is first, the 15th or last day of the month following the payment terms period

只要是一个月的第一天、第 15 天或最后一天，就随之产生一个支付期（支付期＝从基准日到理论到期日之间的期间）。

17 包含基准日的月底之后 After end of month containing the reference date

支付期与包含基准日在内的月末之后的一段时间相关。

2013 频度代码 Frequency code [C]

说明：说明计划表中交货、生产等的时间间隔分组代码。

表示：an..3

A 每年 Annually

定义一个年度预测的代码。

B 连续 Continuous

以项目连续消耗为基础排定的可变周期。

C 同步 Synchronous

以项目同步消耗为基础排定的可变周期。

D 间断 Discrete

与计划过程相应的可变周期。

E 补充 Replenishment

以项目补充消耗为基础排定的可变周期。

F 可变间隔（从 X 日到 Y 日） Flexible interval(from date X through date Y)

定义预测在两个确定日期之间计划使用的代码。

G 十天 Ten days

十天的时间间隔。

H 半个月 Semi-monthly

半个月的时间间隔。

J 即时 Just-in-time

基于及时需求的计划。

M 每月（日历月） Monthly(calender months)

以日历月定义一个预测的代码。

Q 每季度（日历季） Quarterly(calender quarters

以日历季度定义一个预测的代码。（1～3 月，4～6 月，7～9 月，10～12 月）。

S 每半年（日历年） Semi-annually (calendar year)

以一年的前 6 个月或后 6 个月定义一个预测的代码。

T 4 周期限（每年 13 个期限） Four week period (13 periods per year)

以四周的间隔定义一个预测的代码。

W 每周 Weekly

以一周的间隔定义一个预测的代码。

Y 每天 Daily

ZZZ 相互协商约定 Mutually defined

若无事先规定的代码，为贸易伙伴特殊的需要保留的代码。

2015　发送方式代码　Despatch pattern code　[C]

说明：说明正常发运或交付天数/期限的代码。

表示：an..3

1　该月的第一周　1st week of the month
发送发生在该月的第一周。

2　该月的第二周　2nd week of the month
发送发生在该月的第二周。

3　该月的第三周　3rd week of the month
发送发生在该月的第三周。

4　该月的第四周　4th week of the month
发送发生在该月的第四周。

5　该月的第五周　5th week of the month
发送发生在该月的第五周。

6　该月的第一周和第三周　1st and 3rd weeks of the month
发送发生在该月的第一周和第三周。

7　该月的第二周和第四周　2nd and 4th weeks of the month
发送发生在该月的第二周和第四周。

10　星期一到星期五　Monday through Friday
发送发生在星期一到星期五。

11　星期一到星期六　Monday through Saturday
发送发生在星期一到星期六。

12　星期一到星期日　Monday through Sunday
发送发生在星期一到星期日。

13　星期一　Monday
发送发生在星期一。

14　星期二　Tuesday
发送发生在星期二。

15　星期三　Wednesday
发送发生在星期三。

16　星期四　Thursday
发送发生在星期四。

17　星期五　Friday
发送发生在星期五。

18　星期六　Saturday
发送发生在星期六。

19　星期日　Sunday
发送发生在星期日。

20　立即　Immediately
在规定的订货间隔期内最早的日期/时间。

21　按指示　As directed
按指示发送。

22 该月中的每周 Each week of the month
发送发生在该月中的每周。
23 星期一到星期五的白天 Daily Monday through Friday
发送发生在星期一到星期五的白天。
24 该月上旬 First decade of the month
日历月的前十天。
25 该月中旬 Second decade of the month
日历月的第十一天至第二十天。
26 该月下旬 Third decade of the month
日历月的第二十一天至最后一天。
27 每个工作小时 Each working hour
以每个工作小时为周期例行发送。
28 每 2 个工作小时 Each 2 working hours
以 2 个工作小时为周期例行发送。
29 每 3 个工作小时 Each 3 working hours
以 3 个工作小时为周期例行发送。
30 每 4 个工作小时 Each 4 working hours
以 4 个工作小时为周期例行发送。
31 每个工作日 Each working day
以每个工作日为周期例行发送。
32 每 2 个工作日 Each 2 working days
以 2 个工作日为周期例行发送。
33 每 3 个工作日 Each 3 working days
以 3 个工作日为周期例行发送。
34 每 4 个工作日 Each 4 working days
以 4 个工作日为周期例行发送。
35 每 5 个工作日 Each 5 working days
以 5 个工作日为周期例行发送。
36 每 6 个工作日 Each 6 working days
以 6 个工作日为周期例行发送。
37 每 8 个工作日 Each 8 working days
以 8 个工作日为周期例行发送。
38 每 9 个工作日 Each 9 working days
以 9 个工作日为周期例行发送。
39 每 10 个工作日 Each 10 working days
以 10 个工作日为周期例行发送。
40 每 11 个工作日 Each 11 working days
以 11 个工作日为周期例行发送。
41 每 12 个工作日 Each 12 working days
以 12 个工作日为周期例行发送。
42 每 13 个工作日 Each 13 working days
以 13 个工作日为周期例行发送。
43 每个工作周 Each working week

以每个工作周为周期例行发送。

44 每 2 个工作周 Each 2 working weeks

以 2 个工作周为周期例行发送。

45 每 3 个工作周 Each 3 working weeks

以 3 个工作周为周期例行发送。

46 每 4 个工作周 Each 4 working weeks

以 4 个工作周为周期例行发送。

47 每个工作月 Each working month

以每个工作月为周期例行发送。

48 每 2 个工作月 Each 2 working months

以每 2 个工作月为周期例行发送。

49 每 3 个工作月 Each 3 working months

以每 3 个工作月为周期例行发送。

ZZZ 相互协商约定 Mutually defined

双边商定发送规则。

2017 发送方式具体时间代码 Despatch pattern timing code [C]

说明:说明数据元 2015(发送方式,代码型)中正常发运或交付详细时间的代码。

表示:an..3

A 第一班(正常工作小时) 1st shift (normal working hours)

由一个单位规定的第一班工作。

B 第二班 2nd shift

由一个单位规定的第二班工作。

C 第三班 3rd shift

由一个单位规定的第三班工作。

D 上午 A. M.

午前(上午)。

E 下午 P. M.

午后(下午)。

F 按指示 As directed

给出的装运或交货指示。

G 任意班 Any shift

生产产品的生产期限,如第一班或第三班。

H 24 小时 24 hour clock

按连续时间计算的装运或交货。

Y 无 None

用于取消或取代先前的规划。

ZZZ 相互协商约定 Mutually defined

根据协议的发送定期时间。

2023 期限类型代码限定符 Period type code qualifier [B]

说明:限定期限类型的代码。

表示:an..3

1 合同期限 Contract period
合同适用的期限。
2 背书期限 Endorsement period
背书适用的期限。
3 解约通知期限 Contract cancellation notice period
为避免自动更新而必须编发解约通知之前的期限。
4 项目期限 Project period
项目的期限。
5 建造期限 Construction period
建造的期限
6 测试期限 Test period
进行测试的期限。

2151 期限类型代码 Type of period code [C]
说明:商定或指定的期限(代码)。
表示:an..3
3M 季度 Quarter
一年分成四个相同的部分。
6M 半年 Half-year
一年分成二个相同的部分。
AA 飞行小时 Air hour
不考虑时区的飞行期限。
AD 飞行日 Air day
不考虑时区的飞行期限。
CD 日历日(包括周末和假日) Calendar day (includes weekends and holidays)
包括周末和假日的以天数计算的期限。
CW 日历周(7天) Calendar week (7day)
包括假日的以7天为一周计算的期限。
D 天 Day
地球自转一周24小时周期。
DC 10天期限 Ten days period
10天的期限。
F 两周期限 Period of two weeks
14天。
H 小时 Hour
1天的24分之1。
HM 半个月 Half month
一个月分成二个相同的部分。
M 月 Month
1年的12分之1。
MN 分 Minute
1小时的60分之1。
P 四个月期限 Four month period

4 个实际月。

S 秒 Second

1 分钟的 60 分之 1。

SD 地面日 Surface day

飞行的时间与时区无关。

SI 不确定限期 Indefinite

不确定期限。

W 周 Week

星期一至星期日。

WD 工作日 Working days

参与方公司的常规工作日。

WW 一周五天工作 5 day work week

星期一至星期五。

Y 年 Year

ZZZ 相互协商约定 Mutually defined

协议期限。

2155 费用期限类型代码 Charge period type code [I]

说明:说明计算费用期限的类型。

表示:an..3

1 每日 Per day

每日提供服务的费用。

2 每周 Per week

每周提供服务的费用。

3 每月 Per month

每月提供服务的费用。

4 每次租用 Per rental

整个服务期的费用。

5 每小时 Per hour

每小时提供服务的费用。

6 每分 Per minute

每分钟提供服务的费用。

2379 日期/时间/期限格式代码 Date/time/period format code [C]

说明:说明日期、日期和时间、期限表示的代码。

表示:an..3

2 DDMMYY

日历日:DD=日;MM=月;YY=年。

3 MMDDYY

日历日:MM=月;DD=日;YY=年。

4 DDMMCCYY

日历日期:CC=世纪;YY=年份;MM=月份;DD=日。

5 DDMMCCYYHHMM

日历日期和时间:CC=世纪;YY=年份;MM=月份;DD=日;HH=时;MM=分。

6 CCYYMMB

半个月:CC=世纪;YY=年份;MM=月份;B=1:上半月,B=2:下半月。

7 CCYYMMW

日历月中的周:CC=世纪;YY=年份;MM=月份;W=1~5:一个月份中的第1周到第5周。

8 CCYYMMDDS

一个日历日中的工班:CC=世纪;YY=年份;MM=月份;DD=日;S=1~9:1日中的工班。

9 CCYYMMDDPP

一个日历日中的期间:CC=世纪;YY=年份;MM=月份;DD=日;PP=00~99:期间。

10 CCYYMMDDTHHMM

包含准确到分钟的日历日:CC=世纪;YY=年份;MM=月份;DD=日;T=计时标志;HH=时;MM=分。字符[T]应当用作计时标志,标志着计时表示的开始。

如:20010912T1433。

101 YYMMDD

日历日:YY=年;MM=月;DD=日。

102 CCYYMMDD

日历日:CC=世纪;YY=年;MM=月;DD=日。

103 YYWWD

日历周日:YY=年;WW=周;D=日　周数01为一月的第一周　日数1为星期一。

104 MMWW-MMWW

一月中的第一周作为开始,以一月中的最后一周作为结束,指定的一段时间。传输数据应为连续字符串,毋需连字符。

105 YYDDD

日历日:YY=年;DDD=日　一月的第一天=001　从一月一日至十二月三十一日的一年的天通常由001开始。

106 MMDD

一个月中的日:MM=月;DD=日。

107 DDD

特定年中的天数:DDD=日。

108 WW

特定年中的周数:WW=周。

109 MM

特定年中的月数:MM=月。

110 DD

特指的一个月中的天数:DD=日。

201 YYMMDDHHMM

计算到分的日历日:YY=年;MM=月;DD=日;HH=小时;MM=分。

202 YYMMDDHHMMSS

计算到秒的日历日:YY=年;MM=月;DD=日;HH=小时;MM=分; SS=秒。

203 CCYYMMDDHHMM

计算到分的日历日:CC=世纪;YY=年;　MM=月;DD=日; HH=小时; MM=分。

204 CCYYMMDDHHMMSS

计算到秒的日历日:CC=世纪;YY=年;MM=月;DD=日;HH=小时; MM=分;SS=秒。

205 CCYYMMDDHHMMZHHMM

包含计时和时区的精确到时、分的日历日期。

ZHHMM=时区表示为与世界协调时(UTC)之间的时差。

301 YYMMDDHHMMZZ

见 201+ZZ=时区。

302 YYMMDDHHMMSSZZ

见 202+ZZ=时区。

303 CCYYMMDDHHMMZZ

见 203+ZZ=时区。

304 CCYYMMDDHHMMSSZZ

见 204+ZZ=时区。

305 MMDDHHMM

月,日,小时,分;MM=月;DD=日;HH=小时;MM=分。

306 DDHHMM

日,小时,分;DD=日;HH=小时;MM=分。

401 HHMM

计算到分的时间:HH=小时;MM=分。

402 HHMMSS

计算到秒的时间:HH=小时;MM=分;SS=秒。

404 HHMMSSZZ

见 402+ZZ=时区。

405 MMSS

不包括小时的时间:MM=分;SS=秒。

406 ZHHMM

与世界协调时(UTC)之间的时差,Z 为正(+)负(—)号。

501 HHMMHHMM

计算到分的一段时间:HH=小时;MM=分。

502 HHMMSS-HHMMSS

没有连字符的期限格式。

503 HHMMSSZZ-HHMMSSZZ

没有连字符的期限格式。

600 CC

世纪。

601 YY

日历年 YY=年。

602 CCYY

包括世纪的日历年:CC=世纪;YY=年。

603 YYS

一日历年中的六个月:YY=年;S=六个月。

604 CCYYS

一日历年中的六个月:CC=世纪;YY=年;S=六个月。

608 CCYYQ

一日历年中的季:CC=世纪;YY=年;Q=季。

609　YYMM
一日历年中的月：YY＝年；MM＝月。
610　CCYYMM
一日历年中的月：CC＝世纪；YY＝年；MM＝月。
613　YYMMA
没有连字符的期限格式(A＝10 天期限)。
614　CCYYMMA
没有连字符的期限格式(A＝10 天期限)。
615　YYWW
一日历年中的周：YY＝年；WW＝周　一月的第一周＝01 周。
616　CCYYWW
一日历年中的周：CC＝世纪；YY＝年；WW＝周(一月的第一周＝01 周)。
701　YY-YY
实际报文中没有连字符的期限格式。
702　CCYY-CCYY
实际报文中没有连字符的期限格式。
703　YYS-YYS
没有连字符的期限格式。
704　CCYYS-CCYYS
实际报文中没有连字符的期限格式。
705　YYP-YYP
实际报文中没有连字符的期限格式(P＝四个月的期限)。
706　CCYYP-CCYYP
实际报文中没有连字符的期限格式(P＝四个月的期限)。
707　YYQ-YYQ
没有连字符的期限格式。
708　CCYYQ-CCYYQ
实际报文中没有连字符的期限格式。
709　YYMM-YYMM
实际报文中没有连字符的期限格式。
710　CCYYMM-CCYYMM
实际报文中没有连字符的期限格式。
713　YYMMDDHHMM-YYMMDDHHMM
实际报文中没有连字符的期限格式。
715　YYWW-YYWW
实际报文中没有连字符的期限格式。
716　CCYYWW-CCYYWW
没有连字符的期限格式。
717　YYMMDD-YYMMDD
实际报文中没有连字符的期限格式。
718　CCYYMMDD-CCYYMMDD
实际报文中没有连字符的期限格式。
719　CCYYMMDDHHMM-CCYYMMDDHHMM

包含世纪、年份、月份、日、时和分的期间。实际报文中表示的期间格式毋需连字符。

720 DHHMM-DHHMM

没有连字符的期间格式表示(D=周中每一天的顺序,1=星期一;2=星期二;…;7=星期天)。

801 年 Year

指示多少年。

802 月 Month

指示多少月。

803 周 Week

指示多少周。

804 日 Day

指示多少天。

805 小时 Hour

指示多少小时。

806 分 Minute

指示多少分。

807 秒 Second

指示多少秒。

808 六个月 Semester

指示多少个六个月。

809 四个月 Four months period

指示多少个四个月。

810 三个月 Trimester

指示多少个三个月。

811 半个月 Half month

指示多少个半个月。

812 十天 Ten days

指示多少个十天。

813 该周的日 Day of the week

该日的数字表示(星期一=1)。

814 工作日 Working days

工作的天数。

2475 事件时间参考代码 Event time reference code [B]

说明:说明参考将要发生或已经发生的事件的时间代码。

表示:an..3

1 订单日期 Date of order

付款时间参考是订单日期。

2 成交确认书日期 Date of confirmation

付款时间参考是成交确认书日期。

3 合同日期 Date of contract

付款时间参考是合同日期。

4 合同签订日期 Date of signature of contract

付款时间参考是合同签订日期。

5 发票日期 Date of invoice

付款时间参考是发票日期。

6 贷记通知日期 Date of credit note

付款时间参考是贷记通知的日期。

7 提交单证日期 Date of present document

付款时间参考是提交单证日期。

8 收到订单确认书日期 Date of confirmation of order received

付款时间参考是收到承交确认书的日期。

9 收到发票日期 Date invoice received

付款时间参考是收到发票的日期。

11 收到贷记通知日期 Date credit note received

付款时间参考是收到贷记通知的日期。

12 收到提交单证日期 Date present document received

付款时间参考是收到提交单证的日期。

13 买方转售日期 Date of resale by buyer

付款时间参考是买方转售的日期。

14 买方转售收款日期 Date proceeds of resale collected by buyer

付款时间参考是买方收到转售款的日期。"买方"是零售商,当货物卖出并收到款时零售商应付款给其供货人。

21 买方收货日期 Date goods received by buyer

付款时间参考是买方收到货物的日期。

22 买方代理人收货日期 Date goods received by buyer's agent

付款时间参考是买方代理人收到货物的日期。

23 承运人接货日期 Date goods received by carrier

付款时间参考是承运人接到货物的日期。

24 出厂日期 Date ex-works

付款时间参考是货物离开卖方工厂的日期。

25 卖方或代理人为发运而移交货物的日期

Date goods handed over for shipment by seller or agent

26 运输工具到达日期 Date of arrival of transport

运输工具到达约定目的地的日期。

27 出口出境日期 Date of outward frontier crossing

货物通过出口国边境的日期。

28 进口入境日期 Date of inward frontier crossing

货物通过进口国边境的日期。

29 货物送达地点的日期 Date of delivery of goods totablishments/domicile/site

货物被送至约定目的地的日期。

31 跟单信用证付款规定日期 Stipulated date for payment of documentary credit

按协议跟单信用证应付款的日期。

32 跟单信用证接收规定日期 Stipulated date for acceptance of documentary credit

按协议跟单信用证的接收日期。

33 跟单信用证的议付规定日期 Stipulated date for negotiation of documentary credit

按协议跟单信用证的议付日期。

41 货物的单证交给买方的日期 Date of delivery to buyer of documents representing goods
买方收到货物的单证的日期。

42 货物的单证交给买方代理的日期
Date of delivery to buyer's agent of documents representing goods
买方代理收到货物的单证的日期。

43 货物的单证交给承运人的日期 Date of delivery to carrier of documents representing goods
承运人收到货物的单证的日期。

44 货物的单证交给中间银行的日期
Date of delivery to intermediary bank of documents representing good
中间银行收到货物的单证的日期。

45 提单、托运单或其他运输单证的日期
Date of bill of lading, consignment note or other transport document
提单、托运单或其他运输单证的日期。

46 装货收据日期(收货单) Date of receipt for loading (mate's receipt)
货物送到船上并由大副确认收到货物的日期。

47 可转让票据的日期(汇票、本票)
Date of negotiable instrument (draft, promissory note, bank)

48 接受最初样品的工具、银行无条件绝对担保、增值税的日期 Date of receipt of tool dependent initial samples plus unlimited absolute bank guarantee plus value added tax
付款时间参考是接受最初样品的工具和第三方无条件绝对担保的日期,第三方对全部加工费负责(客户认可)。

52 可转让票据到期日 Due date of negotiable instrument
可转让票据应付款的日期。

53 可转让票据的提交日期 Date of presentation of negotiable instrument
可转让票据交给或将交给受票人的日期。

54 可转让票据的收到日期 Date of acceptance of negotiable instrument
受票人收到或将要收到可转让票据的日期。

55 接受工装夹具日期 Date of acceptance of tooling
支付时间参考是接受工装夹具或成套工装夹具的日期。

56 收到工装夹具的日期 Date of receipt of tooling
支付时间参考是收到工装夹具或成套工装夹具的日期。

57 在生产条件下生产出的第一个样品的接受日期
Date of acceptance of first samples produced under production conditions
支付时间参考是在生产条件下生产出的第一个样品的接受日期。

60 工作开始日期 Date of start of work
付款时间参考为工作开始的日期。

61 工作结束日期 Date of end of work
付款时间参考为工作结束的日期。

62 临时接受工作日期 Date of provisional reception of work
最终接收工作之前临时接受工作的日期。

63 最终接受工作日期 Date of final acceptance of work
付款时间参考为最终接受工作的日期。

64 准备接受工作的保证书日期 Date of certificate of preliminary acceptance

最终接收之前临时接受工作保证书的日期。

65 最终接受工作的保证书日期 Date of certificate of final acceptance

付款时间参考为最终接受工作的保证书的日期。

66 已规定的日期 Specified date

另外规定的日期。

67 预期交货日期 Anticipated delivery date

预期发生交货的日期。

68 有效日期 Effective date

行动或事件开始生效的日期。

69 发票传输日期 Invoice transmission date

付款时间参考为发票传输的日期。

70 运输单证签发日期 Date of issue of transport document (s)

签发运输单证的日期。

71 单证提交日期 Date of presentation of documents

付款时间参考为单证提交的日期。

72 付款日期 Payment date

发生支付的日期。

73 见票…天的远期汇票 Draft(s) at … days sight

见票…天的远期汇票。

74 指定…天的远期汇票 Draft(s) at … days date

指定…天的远期汇票。

75 签发运输单证后…天的远期汇票 Draft (s) at … days after date of issuance of transport

运输单证签发日期后…天的远期汇票。

76 提交单证后的…天的远期汇票

Draft (s) at … days after date of issuance of presentation document

单证提交日期后…天的远期汇票。

77 规定汇票日期 Specified draft date

规定日期的汇票。

78 海关清关日期(进口) Customs clearance date (import)

在进口国货物清关的日期。

79 海关清关日期(出口) Customs clearance date (export)

在出口国货物清关的日期。

80 支付工资的日期 Date of salary payment

支付工资的日期。

81 运输单证表示的发运日期 Date of shipment as evidenced by the transport document(s)

运输单证表示的发运日期。

82 支付到期日期 Payment due date

一项支付到期的日期。

83 要求交付日期 Requested date of delivery

支付日期从要求交付日期开始就适用。

ZZZ 双方商定的其他参考日期 Other reference date agreed upon between the parties

---

3035 参与方功能代码限定 Party function code qualifier [C]

说明:给参与方特定含义的代码。

表示:an..3

AA 票据接收方(AAR 会计规则 11) Party to be billed (AAR Accounting rule 11)
符合 AAR 会计规则的票据接收方。

AB 买方代理/代表 Buyer's agent/representative
代表实际买方安排购货的第三方。

AE 申报人代理/代表 Declarant's agent/representative
在法律允许的情况下,代表另一个自然人或法人向官方机构申报的任何自然人或法人。

AF 转关当事人 Transit principal
承担按规定进行海关转口作业责任的自然人或法人。

AG 代理人 Agent
(3196)被授权代表另一个参与方的参与方。

AH 转关当事人代理/代表 Transit principal's agent/representative
代表转关当事人的代理。

AI 成功的工作申请人 Successful job applicant
被选择从事某项工作的人。

AJ 发布商定代码的参与方 Party issuing mutually agreed codes
发布报文中使用的所有双方商定代码的参与方。

AK 确认接收方 Acknowledgement recipient
确认应被送至的参与方。

AL 主要负责任的参与方 Principal responsible party
(3340)在海关授权和监管下,负责货物管理和搬移参与方的名称和地址。

AM 被授权人 Authorized official
被授权代表公司或企业进行业务活动(如报关)的公司或企业的雇员。

AN 特许的进口商 Approved importer
经海关有关机构授权的个人或公司,在入境地进口货物可以不付全部税或特定税。

AO 账户所有人 Account of
账户对应的参与方。

AP 接收方 Accepting party
(3336)接收货物、产品及服务的参与方。

AQ 特许的发货方 Approved consignor
经国家有关机构批准,在海关的监督下包装和出口特定货物的个人或公司。

AR 经授权的出口商 Authorized exporter
经海关授权/批准可以执行特定海关手续如简化手续的出口商。

AS 账户服务金融机构 Account servicing financial institution
标识为账户服务的金融机构。

AT 经授权的进口商 Authorized importer
经海关授权/批准可以执行特定海关手续如简化手续的进口商。

AU 经授权的贸易商(转关) Authorized trader (transit)
经海关授权/批准可以执行特定海关手续如简化手续的贸易商。

AV 授权人 Authorizing official
代表一个公司或机构的利益、受委托进行某一活动的参与方。

AW 申请人银行 Applicant's bank
(3234)被要求签发跟单信用证的金融机构。

AX 验证方 Authenticating party
证明单证是真实的参与方。
AY 用于研究的动物 Animal being investigated
用于研究的动物。
AZ 开证行 Issuing bank
申请人银行不是开证行时,签发跟单信用证的金融机构。
B1 第一联系银行 Contact bank 1
标识报文的部分内容必须通知的另外一个银行。
B2 第二联系银行 Contact bank 2
标识报文的部分内容必须通知的另外一个银行。
BA 订舱代理 Booking agent
为运输和续运输服务办理订舱的参与方。
BB 买方银行标识 Buyer's bank identification
(3421)买方指定的付款银行。
BC 议付行 Negotiating bank
可转让跟单信用证指定的金融机构。
BD 跟单信用证偿付行 Documentary credit reimbursing bank
偿付跟单信用证的金融机构。
BE 受益人 Beneficiary
资金的最终接收人,一般指由付款人偿付的账户拥有者。
BF 受益人银行 Beneficiary's bank
标识对受益人或收款人提供服务的账户服务方。
BG 雇主 Employer
雇用其他人员进行付款服务的参与方。
BH 前雇主 Previous employer
某人的前雇主。
BI 买方金融机构 Buyer's financial institution
买方指定付款的金融机构。
BJ 给参与方放行 Release to party
给货物或集装箱的参与方放行。
BK 金融机构 Financial institution
具有金融机构职能的参与方。
BL 提单接收方 Bill of lading recipient
接收提单(B/L)的参与方。
BM 投保人 Insured
作为保险合同客体的参与方。
BN 保险受益人 Insurance beneficiary
保险赔付受益的参与方。
BO 经纪人或销售代理 Broker or sales office
用卖方名字作为经纪人或销售代理进行经营活动的参与方。
BP 建筑工地采购者 Building site purchaser
在建筑工地负责为该地点订购货物和服务的参与方。
BQ 支票提款银行 Cheque drawn bank

标识订货客户指定的支票提款银行。

BS 单据和货物接收方 Bill and ship to

接收货物及其相关发票的参与方。

BT 除运费外的票据接收方 Party to be billed for other than freight(bill to)

接收不包括运费的发票的参与方。

BU 服务局 Service bureau

以服务局形式(例如工资局)处理工作的参与方。

BV 成员 Member

团体(例如一个团体或一项服务计划)的成员。

BW 借款人 Borrower

暂时获得资金并打算归还的个人。

BX 建筑工地工程师 Building site engineer

在建筑工地负责该地点工程事项的参与方。

BY 买方 Buyer

(3002)购买货物的参与方。

BZ 建筑工地转运人 Building site forwarder

在建筑工地负责接转在该地点收到的货物的参与方。

C1 第一责任人 In care of party no.1

第一负责代表参与方的个人。

C2 第二责任人 In care of party no.2

第二负责代表参与方的个人。

CA 承运人 Carrier

(3126)承担或安排指定的两地点之间货物运输的参与方。

CB 报关行经纪人 Customs broker

代替进口商或出口商直接与海关联系的代理、代表或专业清关代理。

CC 索赔人 Claimant

索赔货物或保险的参与方。

CD 代理人银行 Agent's bank

代理人的银行。

CE 再保险分公司 Ceding company

进行再保险的分公司。

CF 集装箱经营人/承租人 Container operator/lessee

在一段时间内缴纳租金,获得指定财产(如集装箱)所有权的参与方。

CG 承运人代理 Carrier's agent

被授权担当或代表承运人的参与方。

CH 转运承运人 Connecting carrier

指定交易中的货物将要转运到的运输工具的拥有人或经营人。

CI 佣金处理方 Commission processor

对货物进行额外处理而收取佣金的参与方。

CJ 前成员 Previous member

人员或服务计划团体的前成员。

CK 空设备发送方 Empty equipment despatch party

空设备在其所在地将要发出或已经发出的参与方。

CL 集装箱发送方 Container location party
承诺将或已经发出集装箱的参与方。
CM 海关 Customs
与交易或运输有关的海关当局的标识。
CN 收货人 Consignee
(3132)收到货物的参与方。
CNX 现金池顶级账户的金融服务机构 Cash pool top account servicing financial institution
标识维护资金池顶级账户的金融机构。
CNY 维护现金池分级账户的金融机构 Cash pool level account servicing financial institution
标识现金池分级账户的金融服务机构。
CNZ 现金池子账户的金融服务机构 Cash pool sub-account servicing financial institution
标识现金池子账户的金融服务机构。
CO 公司 Corporate office
标识一个公司内部领导办公室。
COA 控股金融机构实体 Entity in which a financial interest is held
控股金融机构的实体。
COB 中间层级的母公司 Intermediate level parent company
标识一家中间层级的母公司。
COC 转运参与方 Transshipment party
负责中转的当事人。
COD 请求报价的参与方 Quotation requesting party
发送报价申请的参与方。
COE 维护在报文中使用的代码参与方 Party maintaining the codes used in the message
维护在报文中使用的代码的参与方。
COF 维护在报文中使用的标识符的参与方
Party maintaining the identifiers used in the message
维护在报文中使用的标识符的参与方。
COG 发送方 Dispatcher
负责向目的地发送货物的个体。
COH 样品提交方 Submitter of sample
负责提交样品的实体。
COI 提供服务的机构 Institutional provider
提供服务的机构。
COJ 基本的卫生保健供应商 Primary health care provider
对病患负有主要责任的卫生保健提供方。
COK 助理外科医生 Assistant surgeon
在手术中担任助手的医师。
COL 获得准入资格的卫生保健提供方 Admitting health care provider
准予接纳病患的卫生保健提供方。
COM 指定的卫生保健提供方 Referring health care provider
指定病患到当前服务提供方的卫生保健供应商。
CON 保健监管服务提供方 Supervising health care provider
对保健服务结果进行监管的提供方。

COO 提供金融服务的参与方 Party providing financing
标识提供金融服务的参与方。

COP 押运方 Convoying party
被指定护送所运货物的参与方。

COQ 指定银行 Nominated bank
标识指定的银行。

COS 共同参与方 Co-participant
标识参与一项活动的另一参与方。

COT 牵连的参与方 Involved party
卷入一项活动的参与方。

COU 分配方 Assigner
标识进行分配的机构。

COV 登记负责人 Registered principal
登记作为实体负责人的个人。

COW 代表发货人支付运费的参与方 Freight payer on behalf of the consignor
代表发货人支付运费的第三方。

COX 代表收货人支付运费的参与方 Freight payer on behalf of the consignee
代表收货人支付运费的第三方。

COY 负责消毒的参与方 Party responsible for disinfection
负责实施消毒作业的参与方。

COZ 负责加油的参与方 Party responsible for refueling
负责实施加油作业的参与方。

CP 接收执行证书的参与方 Party to receive certificate of compliance
在有关执行事项中作为或代表卖方的参与方。

CPA 通知行 Advising bank
标识签发行通知跟单信用证的金融机构。

CPB 偿付行 Reimbursing bank
标识通过其进行偿付的金融机构。

CPC 通知通过银行 Advise through bank
标识通知行通过其进行通知的金融机构。

CPD 目的地付费人 Charges payer at destination
须交付与目的地业务有关费用的非订货的参与方。

CPE 运输工具主人的姓名 Transport means master name
(3408) 运输工具主人如船长的姓名。

CPF 运输工具租用人 Means of transport charterer
运输工具的租用人。

CPG 消费税纳税人 Excise party
必须支付消费税的参与方。

CPH 副本报告接收方 Copy report to
接收报告副本的参与方。

CPI 相关的卫生保健参与方 Related healthcare party
相关的卫生保健参与方。

CPJ 临床信息提供方 Clinical information provider

提供临床信息的参与方。

CPK 服务申请人 Service requester

申请一项服务的参与方。

CPL 确诊病人的参与方 Patient admitted by

确诊病人的参与方。

CPM 接收出院病人的参与方 Patient discharged to

接收出院病人的参与方。

CPN 收治病人的参与方 Patient hosted by

收治病人的参与方。

CPO 处方联系人 Prescriber's contact person

处方的联系人。

CQ 支票抬头 Cheque order

在支票抬头上指明的非受益人的参与方。

CR 空设备返回方 Empty equipment return party

空设备将返至或已经返至其所在地的参与方。

CS 拼箱人 Consolidator

合并办理各种托运物、费用支付等业务的参与方。

CT 指定的收货人 Consignee to be specified

在后续时间作为收货人被标识的参与方。

CU 集装箱退还公司 Container return company

集装箱必须退还公司。

CV 船舶接收人 Consignee of vessel

应交付船舶的参与方。

CW 设备所有人 Equipment owner

设备(集装箱等)的所有人。

CX 收货人代理 Consignee's agent

被授权代表收货人的参与方。

CY 代办人 Commissionable agent

授予了资格的 IATA 货物代理。

CZ 发货人 Consignor

(3336)与承运人签订合同并将货物交给承运人或由其自己托运的参与方。

同义词:shipper,sender。

DA 承兑行(跟单信用证) Available with bank(documentary credits)

可承兑跟单信用证的金融机构。

DB 经销商分公司 Distributor branch

零售商或经销商的分公司。

DC 拆件人 Deconsolidator

分开装有许多零散托运物的一大件货物的参与方。运输中为了减少费用通常将小件的货物组成一大件。

DCP 发货费用付款方 Despatch charge payer

须支付与发货业务有关费用的非订货的参与方。

DCQ 药方数据库所有人 Prescription database owner

拥有药方数据库的组织或个人。

DCR　原始处方开方人　Original prescriber
签发原始处方的医生。

DCS　临时雇员　Temporary employee
临时雇佣的人员。

DCT　设计人　Designer
进行设计的参与方。

DCU　向其送交报价单的参与方　Quotation delivered to
报价单应当或已经向其转交的参与方。

DCV　开发方　Developer
进行开发的参与方。

DCW　测试执行方　Test execution party
进行测试的参与方。

DCX　收取退款的参与方　Party to receive refund
向其支付退款的参与方。

DCY　处方的授权签发人　Authorised issuer of prescription
授权签发一份处方的参与方。

DCZ　授权配制药物的参与方　Authorised dispenser of medicine
授权配制药物的组织或个人。

DD　跟单信用证账户方银行　Documentary credit accout party's bank
跟单信用证账户方的银行。

DDA　负责报告的参与方　Report responsible party
对报告负有责任的参与方或个人。

DDB　初始发送方　Initial sender
最初进行发送的参与方。

DDC　批准原始处方的参与方　The party authorising the original prescription
授权签发原始处方的参与方。

DDD　申请人　Applicant
为某事提出申请的参与方。

DDE　读表方　Meter reader
实际读取计量仪表的参与方。

DDF　电子业务主要联系人　Primary electronic business contact
指定作为企业实体关于电子业务事项主要联系人参与方的代码。

DDG　电子业务备用联系人　Alternate electronic business contact
指定作为企业实体关于电子业务事项备用联系人参与方的代码。

DDH　政府事务主要联系人　Primary government business contact
指定作为企业实体关于政府事务主要联系人参与方的代码。

DDI　政府事务备用联系人　Alternate government business contact
指定作为企业实体关于政府事务备用联系人参与方的代码。

DDJ　以往履行的联系人　Past performance contact
指定作为企业实体关于该实体以往履行事务的联系人参与方的代码。

DDK　负责平衡协调的参与方　Balance responsible party
负责平衡供应与消耗的参与方。

DDL　旅客团组　Group of passengers

运输工具载运的一组人员,乘务人员除外。

DDM 电网经营人 Grid operator

经营电网的参与方。

DDN 交易环节中的第一家金融机构 First financial institution in the transaction chain

标识银行间交易环节中作为登录入口的金融机构。

DDO 场地管理人 Location manager

负责场地管理的参与方。

DDP 团组负责人 Group leader

负责领导团组的参与方。

DDQ 补偿电力供应方 Balance power supplier

补偿供电的参与方。

DDR 发货人的货运代理 Consignor's freight forwarder

标识向发货人提供服务的货运代理人。

DDS 收货人的货运代理 Consignee's freight forwarder

标识向收货人提供服务的货运代理人。

DDT 过境乘务人员 In transit crew member

从一国前往另一国途经中间国家领地而不打算入境的乘务人员流动。

DDU 过境旅客 In transit passenger

从一国前往另一国途经中间国家领地而不打算入境的客员流动。

DDV 耗能失衡责任方 Energy consumption imbalance responsible party

对购买能源的与所有关联的计量点的耗费之间的任何失衡,包括关联的计量点之间的任何失衡。

DDW 产能失衡责任方 Energy production imbalance responsible party

可以对出售能源的与所有关联的计量点的产出之间的任何失衡,包括关联的计量点之间的任何失衡。

DDX 解决失调的责任方 Imbalance settlement responsible party

负责解决计划与实现数量之间差异的参与方。

DDY 输送能力分配方 Transmission capacity allocator

管理输送能力分配的参与方。

DDZ 计量点管理人 Metering point administrator

负责登记计量点技术指标及其关联方的参与方。

DE 存户 Depositor

存放货物、财务款项或单证的参与方。

DEA 计量仪表数据归集方 Metered data aggregator

负责归集计量数据的参与方。

DEB 计量仪表管理人 Meter operator

负责管理计量表的参与方,包括安装、维护、测试、认证和退役。

DEC 连通电网的参与方 Party connected to grid

在计量点提供用电或发电权利的参与方。

DED 特征数据维护方 Profile maintenance party

维护特性数据的参与方。

DEE 偷渡者 Stowaway

为免费通行而藏匿于运输工具的人。

DEF 肉类切割工 Meat cutter
从事肉类切割和/或绞碎的人员。

DEG 联营承运人(海运) Consortium Carrier (maritime)
进行多条定点航线货物运输的海运承运人。

DEH 无船承运人 Non-vessel operating carrier
不经营船舶的承运人。

DEI 运输工具主管 Means of transport operator
运输工具的主管,如船长。

DEJ 装载地址 Stuffing address
货物装入运输设备(如:集装箱)的地址。同义词:装箱地址/装箱作业地点。

DEK 系泊服务提供方 Mooring service provider
负责在港内泊位进行船舶系泊作业的参与方。同义词:系缆工。

DEL 引航服务提供方 Pilotage service provider
负责为船舶引航的参与方。

DEM 靠泊拖船服务提供方 Berth towage service provider
负责港内拖轮牵引船舶抵/离泊位的参与方。

DEN 代理人/代表,直接代理 Agent/representative,direct representation
授权以他人名义并代表其处理事务的参与方。

DEO 代理人/代表,间接代理 Agent/representative,indirect representation
授权代表他人但以自身名义处理事务的参与方。

DEP 装卸公司 Stevedore
承担几个码头海运船舶装卸作业的参与方。

DEQ 托运人 Shipper
负责出运货物的参与方。

DER 源数据共享库 Source data pool
由数据源(如数据上载、发布、标注、记录等)支持所需功能的数据共享库。

DES 商标所有人 Brand owner
商标的所有人。

DET 驾驶舱乘务人员 Cockpit crew
驾驶舱内的乘务人员和个人。

DEU 客舱乘务人员 Cabin crew
在客舱中工作的乘务人员。

DEV 驾驶舱外的班机操作管理 Airline operations management,not in cockpit
位于驾驶舱外的班机操作管理部门的人员。

DEW 货机的非驾驶舱乘务员和/或非乘务人员
Cargo non-cockpit crew and/or non-crew personnel
无权进入驾驶舱的承运人雇员、货物押运人员,或专用货物管理员。

DEX 驾驶舱外就座的领航员 Pilots seated outside cockpit
当前不负责驾驶飞机并且不在驾驶舱现场的领航员。

DEY 商检 Commercial verifier
公认的根据相关法律承担官方检验的参与方。

DEZ 授权签发人 Authorized issuer
根据相关法律签署正式担保的授权人。

DF 跟单信用证申请人 Documentary credit applicant
请求申请人银行/开证行签发跟单信用证的参与方。

DFA 税费存款银行 Bank for deposit of duties/taxes/fees
授权收取税费存款的银行。

DFB 公司保安员(IMO 通函 MSC 1130) Company security officer (IMO Circular MSC 1130)
国际海事组织(IMO)MSC 1130 号通函所描述的公司保安员。

DFC 蒸馏参与方 Distiller
提供蒸馏服务的参与方。

DFD 板车/驳船搬运工 Drayman/lighterman
在港区界限内进行货物运输保险投保方。

DFE 参展方 Exhibitor
提供物品供展示的参与方。

DFF 饲养场 Feedlot
饲养牲畜的商业公司。

DFG 政府官员 Government official
政府中某一指定职位或授权的个人。

DFH 政府服务申请人 Government service requestor
申请检验、分级或其他政府服务的参与方。

DFI 农作物种植参与方 Crop grower
种植农作物的参与方。

DFJ ISPS 责任方 ISPS Responsible Party
按照国际船舶和港口设施保安规则(ISPS)标识和定义的责任方。

DFK LPCO 授权方 LPCO authorized party
向其签发许可证、执照、证书或要求的其他单证(LPCO)的参与方。

DFL 不动产注册经营人 Operator of property,registered
不动产的注册经营人。

DFM 公认的有机生长证明人 Organic growth certifier,accredited
公认为证明有机生长过程的组织。

DFN 财力证明持有人 Party holding Certificate of Financial Responsibility
持有财力证明(COFR)的参与方。

DFO 港口设施保安员 Port facility security officer
指定为负责港口保安需要的港口设施保安员的个人。

DFP 车辆所有人 Vehicle owner
拥有车辆的当事人。

DFQ 公认的保安证书签发人 Security certificate issuer,recognized
公认为签发保安证书的组织。

DFR 船舶保安员 Ship Security Officer
指定为船舶保安员(SSO)的个人。

DFS 兽医证书签发人 Certificate issuer,veterinary
签发兽医证书的个人。

DFT 装配方 Assembler
将各种零部件组装为整件产品或商品的参与方。

DG 跟单信用证账户受益人 Documentary credit account beneficiary

为其签发跟单信用证的受益方，该参与方必须履行信用证条款和条件。

DH 跟单信用证账户方 Documentary credit account party

若与跟单信用证申请人不同时，负责与申请人银行/开证行进行付款结算的参与方。

DI 跟单信用证第二受益人 Documentary credit second beneficiary

如果信用证允许分批装运和/或分批提款，则跟单信用证能够转给的参与方。

DJ 跟单信用证交易有关的参与方 Party according to documentary credit transaction

与跟单信用证交易有关的参与方。

DK 跟单信用证受益人银行 Documentary credit beneficiary's bank

跟单信用证的受益人持有账户的金融机构。

DL 客账经纪人 Factor

提供金融服务的公司，企业将物权出售或转让到客账公司的应收户上。

DM 单证交给的参与方 Party to whom documents are to be presented

单证交付的参与方。

DN 经营者 Owner of operation

经营者。

DO 单证接收方 Document recipient

(1370)接收特定单证的参与方。

DP 交货方 Delivery party

(3144)当不同于收货人时，货物交付到的参与方。

DQ 所有人代理 Owner's agent

代表所有人权利的人。

DR 驾驶员 Driver

驾驶运输工具的人。

DS 经销商 Distributor

分配货物、财政款项和单证的参与方。

DT 申报方 Declarant

(3140)向政府机构提出申报的参与方或是在法律允许范围内用其名义或代表其利益向政府机构申报的参与方。

DU 所有人代表 Owner's representative

受拥有者委托在某些情况下代表所有人的人。

DV 项目管理机构 Project management office

受所有人委托完成全部工作的参与方。

DW 受票人 Drawee

接受汇票的参与方。

DX 建筑工程师 Engineer (construction)

代表承包商建议和监理工程的参与方。

DY 工地建筑工程师 Engineer, resident (construction)

业主委托其建议和监理工程的参与方。

DZ 建筑师 Architect

工程项目的建设者。

EA 建筑设计师 Architect-designer

工程项目的设计者。

EB 建筑检查员 Building inspectorate

控制工程与法律法规相一致的参与方。

EC 兑换商 Exchanger

兑换货币或交换货物的参与方。

ED 工程技术顾问 Engineer,consultant

提供专业工程技术服务的参与方。

EE 清关前海关检查货物的位置 Location of goods for customs examination before clearance

标识清关前海关检查货物的位置。

EF 项目协调办公室 Project coordination office

负责工作技术协调的参与方。

EG 地形测量员 Surveyor,topographical

负责地形测量的参与方。

EH 计量工程师 Engineer,measurement

负责计量数量的参与方。

EI 质量管理员 Controller,quality

控制项目的货物和制品质量的参与方。

EJ 数量计量员 Surveyor,quantity

代表承包商负责工作定量和评估的参与方。

EK 专业数量计量员 Surveyor (professional),quantity

代表业主负责工作定量和评估的参与方。

EL 项目 Project

对项目(如建筑项目)负有责任的参与方。

EM 电子发票备忘录的接收方 Party to receive electronic memo of invoice

被通知发票签发有关事宜的参与方(用 EDI 方式)。

EN 投标方 Tenderer

对招标作出响应的参与方。

EO 设备所有人 Owner of equipment

设备的主人。

EP 设备发出方 Equipment drop-off party

设备发出方。

EQ 空集装箱责任方 Empty container responsible party

对空集装箱负责的参与方。

ER 集装箱返空代理 Empty container return agent

集装箱所有人指定的，经所有人和客户/收货人同意负责收回集装箱的参与方。

ES 首席承包商 Contractor,lead

代表一组分包商的承包商。

ET 共同承包商 Co-contractor

一组分包商中的成员。

EU 总承包商 Contractor,general

负责整个建筑项目的一个承包商,由其自己或分包商承担工作。

EV 分包商 Subcontractor

承担承包商一部分工作的公司。

EW 直接支付的分包商 Subcontractor with direct payment

直接支付受益的分包商。

EX　出口(方)商　Exporter

(3030)做出一次出口申报的参与方,其申报手续可由清关代理人或其他授权人完成,也可包括制造商、卖方或其他人,在关税同盟中发运人也可作为出口商。

EY　指定分包商　Subcontractor,nominated

申请后由业主批准的分包商。

EZ　基本服务操作方　Operator,essential services

基本服务(如给水、排水、电力)的操作方。

FA　通信信道操作方　Operator,communication channel

通信信道操作方。

FB　指定的运输公司　Nominated freight company

指定作为运输公司或货物承运人的参与方。

FC　主承包商　Contractor,main

已签订合同的实体或分包商团体。

FD　买方的上级公司　Buyer's parent company

母公司如控股公司。

FE　信用评估机构　Credit rating agency

评估参与方的信用等级的机构。

FF　客账经纪代理　Factor,correspondent

由另一客账经纪公司雇佣的协助提供客户服务的客账经纪公司。

FG　正式注册的买方　Buyer as officially registered

在政府部门正式注册的买方。

FH　正式注册的卖方　Seller as officially registered

在政府部门正式注册的卖方。

FI　报文副本接收方　Copy message to

接收报文副本的参与方。

FJ　工会　Trade Union

代表雇员的组织。

FK　前工会　Previous Trade Union

以前代表雇员的雇员组织。

FL　乘客　Passenger

除乘务人员外的运输工具上运送的人员。

FM　乘务人员　Crew member

运输工具上配备的人员。

FN　运价发布方　Tariff issuer

运价(如运价表)的发布方。

FO　执行检查的参与方　Party performing inspection

执行检查的参与方。

FP　运费/费用付款方　Feight/charges payer

负责支付运费的参与方。

FQ　验箱机构　Container survey agent

验箱的机构。

FR　报文发出方　Message from

报文发出的参与方。

FS　有权确定合同的参与方　Party authorized to make definite a contract action
有权确定合同的参与方。

FT　财务结算责任方　Financial settlement party
(3450)对涉及到的某笔交易负责资金转账或退还的参与方。

FU　危险物质办公室　Hazardous material office
负责提供危险物质信息的办公室。

FV　提供公有财产的参与方　Party providing government furnished property
负责提供公有财产的参与方。

FW　货运代理人　Freight forwerder
安排货物运输的参与方。

FX　当前收货人　Current receiver
在至少包括一个分组中心的多段运输过程中(间接运输)的当前收货人。

FY　当前发货人　Current sender
在至少包括一个分组中心的多段运输过程中(间接运输)的当前发货人。

FZ　分组中心　Grouping centre
负责分组的参与方(包括拆解和重组)。

GA　公路承运人　Road carrier
运送货物的公路承运人。

GB　商会　Chamber of commerce
公司注册地商会的名称。

GC　货物保管员　Goods custodian
(3024)负责保管货物的参与方。

GD　生产者　Producer
生产出产品的参与方或人。

GE　注册仲裁庭　Registration tribunal
公司注册的仲裁庭。

GF　箱位包租方　Slot charter party
在船上预订箱位的参与方或用户的标识代码,很可能在多次航行中长期包租。无论是否使用都需付费。

GH　工作申请者　Applicant for job
申请工作的人。

GI　配偶　Spouse
配偶。

GJ　母亲　Mother
母亲。

GK　父亲　Father
父亲。

GL　社会投保人　Socially insured person
社会保障机构中注册的人。

GM　库存管理员　Inventory controller
标识负责库存管理的参与方。

GN　处理者　Processor
已经或将要实施处理的参与方或人。

GO　货物所有人　Goods owner

拥有货物的参与方。

GP　包装方　Packer

承担或将承担进行包装的参与方或个人。

GQ　屠宰方　Slaughterer

承担或将承担屠宰的参与方或个人。

GR　货物出库管理员　Goods releasing party

(3026) 被授权从保管处发放货物的参与方。

GS　发货人代表　Consignor's representative

有权代表发货人的参与方。

GT　铁路承运人　Rail carrier

通过铁路运送货物(包括集装箱)的承运人。

GU　物品号编制方　Originator of article number

标识编制指定物品号参与方的代码。

GV　订单采购方　Procurement responsibility for order

标识负责采购的组织的代码。

GW　操作执行方　Party fulfilling all operations

指出执行公司内部活动所有操作参与方的代码。

GX　中央目录管理方　Central catalogue party

管理中央目录和参与方。

GY　库存报告方　Inventory reporting party

报告库存信息的参与方。

GZ　替代供货方　Substitute supplier

正常主供给方不能提供产品或服务时,提供产品或服务的参与方。

HA　向码头交付托运物的参与方　Party which delivers consignments to the terminal

向码头交付托运物的参与方。

HB　从码头取出托运物的参与方　Party which picks up consignments from the terminal

从码头取出托运物的参与方。

HC　中转货运代理人　Transit freight forwarder

指定由其进行货物中转操作的货运代理人。

HD　检查接收方　Inspection and acceptance party

将进行检查和接收的参与方。

HE　运输公司　Transportation office

提供运输信息的公司。

HF　合同管理处　Contract administration office

负责管理合同的办事处。

HG　调查方　Investigator

进行调查的参与方。

HH　审计处　Audit office

负责实施审计的办事处。

HI　请求方　Requestor

请求某行动的参与方。

HJ　国外公开信息处　Foreign disclosure information office

审查国外公开的敏感信息的办事处。

HK 作标记的参与方 Mark-for party

组织内部对应交付的材料进行标记的参与方。

HL 报告接收方 Party to receive reports

报告应提交给的参与方。

HM 替代制造商 Alternative manufacturer

某产品的替代制造商。

HN 服务执行方 Service performer

执行服务的参与方。

HO 托运人协会 Shipper's association

托运人协会。

HP 报文的最终接收方 Final message recipient

标识报文的最终接收方。

HQ 账户持有者 Account owner

标识账户的持有者。

HR 班轮公司服务 Shipping line service

标识航运公司服务组织。

HS 债权人 Creditor

应向其支付款项的参与方。

HT 票据交易所 Clearing house

应当通过其支付资金的机构。

HU 通知行 Ordering bank

通知发送方根据交易办理事务的银行。

HV 资金接受方 Receiver of funds

标识收取资金的筹资方。

HW 发放资金的参与方 Sender of funds

标识发放资金的参与方。

HX 债务人 Debtor

应当由其支付款项的参与方。

HY 交单银行 Presenting bank

向付款人出具单证的银行。

HZ 工作团队 Work team

负责完成工作的团队。

I1 第一中间银行 Intermediary bank 1

通知银行和受益人银行之间的金融机构。

I2 第二中间银行 Intermediary bank 2

通知银行和受益人银行之间的金融机构。

IB 中间人/经纪人 Intermediary/broker

达成协议的两个参与方之间的中间人。

IC 中间收货人 Intermediate consignee

中间收货人。

ID 替代制造商 Replacing manufacturer

标识替代以前的商品制造商的参与方的代码。

IE 持有金融账户的非常驻第三方公司
Non-resident third party company with whom financial account is held
标识持有金融账户的非常驻第三方公司。

IF 持有金融账户的非常驻集团公司
Non-resident group company with whom financial account is held
标识持有金融账户的非常驻集团公司。

IG 非常驻受益方 Non-resident beneficiary
资金的非常驻最终接收方。通常是付款人汇入款项的账户持有人。

IH 常驻受益人 Resident beneficiary
资金的常驻最终接收方。通常是付款人汇入款项的账户持有人。

II 发票签发人 Issuer of invoice
(3028)签发发票的人。

IJ 非常驻指示方 Non-resident instructing party
标识发出指示的非常驻方。

IL 常驻指示方 Resident instructing party
标识发出指示的常驻方。

IM 进口商 Importer
(3020)做一次进口申报的参与方,其进口申报手续可由清关代理人或其他授权人完成,也可包括货主或货物托运人。

IN 承保人 Insurer
提供保单的公司或个人。

IO 保险公司 Insurance company
从事保险业务的公司。

IP 保险索赔理赔人 Insurance claim adjuster
代表承保人对损失进行理赔的参与方。

IQ 国内金融机构 Domestic financial institution
金融机构的国内参与方。

IR 非国内金融机构 Non-domestic financial institution
金融机构的非国内参与方。

IS 经验证的检验报告接收方 Party to receive certified inspection report
为买方接收检验报告的参与方。

IT 安装地点 Installation on site

IU 非常驻借记方 Non-resident debtor
进行付款或向其索赔的非常驻方。

IV 发票受票人 Invoicee
(3006)发票签发给的参与方。

IW 非常驻贷记方 Non-resident creditor
接受付款或有债务的非常驻方。

IX 供应商工作团队 Supplier work team
负责完成工作的供应商团队。

IY 租借管理方 Tenant manager
标识出借企业商誉和设施使用权参与方的代码。

IZ 受托清算企业的参与方 Party mandated to liquidate an enterprise

标识受法律委托对企业进行清算的参与方的代码。

JA 持证会计师 Certified accountant

标识作为持证会计师参与方的代码。

JB 货物采集方 Goods collection party

将要收集货物的参与方。

JC 最终安置地点的参与方 Party at final place of positioning

标识在最终存放地点的参与方。

JD 清关海关 Customs office of clearance

标识完成清关手续的海关办事处。

JE 应交报关单的参与方 Party from whom customs documents are to be picked up

标识应当递交报关单证的参与方。

JF 应交非海关单证的参与方 Party from whom non-customs documents are to be picked up

标识应当递交非海关单证的参与方。

JG 收取海关单证的参与方 Party to receive customs documents

标识应向其交付海关单证的参与方。

JH 收取非海关单证的参与方 Party to receive non-customs documents

标识应向其交付非海关单证的参与方。

LA 指定看管活动物的参与方 Party designated to provide living animal care

负责看管被运输的活动物的参与方。

LB 合作生产方 Co-producer

用于标识某一参与生产参与方的代码。

LC VAT 申报方 Party declaring the Value Added Tax (VAT)

标识因销售货物或服务而须申报增值税(VAT)的责任方的代码。

LD 恢复缴纳增值税(VAT)的参与方 Party recovering the Value Added Tax (VAT)

标识符合因销售货物或服务而恢复缴纳增值税(VAT)条件的参与方的代码。

LE 对其进行索赔的个人 Person on claim

标识成为索偿主因的个人。

LF 买方公司办公室 Buyer's corporate office

标识买方公司办公室。

LG 供方公司办公室 Supplier's corporate office

标识供应商公司的办公室。

LH 清算人 Liquidator

负责清算或偿付债务的参与方。

LI 账户协调专员 Account coordinator

负责具体账户协调的人员。

LJ 检验负责人 Inspection leader

负责检验团队的个人。

LK 病人 Patient

接受或登记接受医疗救治的个人。

LL 病人陪护 Patient companion

陪伴照料病人的个人。

LM 医疗救治执行人 Medical treatment executant

实施医疗救治的参与方。

LN 租借方 Lender
借出货物或设备的参与方。

LO 医疗救治处方人 Medical treatment prescriber
开具医疗救治处方的参与方。

LP 装货方 Loading party
非承运人装货时负责装货的参与方的名称和地址。

LQ 债务支付授权方 Debt payment authorisation party
授权对一项债务进行支付的参与方。

LR 管理中心 Administration centre
标识管理中心。

LS 产品服务和维修中心 Product services and repairs centre
产品服务和维修的中心。

LT 秘书处 Secretariat
参与方为秘书处。

LU 登录入口技术评估组 Entry point technical assessment group
为技术评估担当登录入口的参与方。

LV 分配状态的参与方 Party assigning a status
负责分配状态的参与方。

MA 项目最终计划给予的参与方 Party for whom item is ultimately intended
项目最终打算给予的参与方。

MAD 计量表管理方 Meter administrator
负责监管计量表及相关特征注册登记的参与方。

MDR 计量数据责任方 Metered data responsible
负责确定和验证从计量数据采集器收取计量数据的参与方。

MF 货物制造方 Manufacturer of goods
货物的制造方。

MG 指定执行再冻结的参与方 Party designated to execute re-icing
执行再冻结操作的管理机构表中指定的参与方。

MI 计划表/材料发放单签发人 Planning schedule/material release issuer
签发计划表/材料发放单的个人。

MP 制造装置 Manufacturing unit
制造商的特殊生产设备。

MR 报文接收方 Message recipient
接收报文的参与方。

MS 单证/报文签发方/发送方 Document/message issuer/sender
单证的签发方和/或报文的发送方。

MT 指定执行卫生手续的参与方 Party designated to execute sanitary procedures
指定执行卫生手续的参与方。

N1 第一通知方 Notify party no. 1
第 1 个被通知的参与方。

N2 第二通知方 Notify party no. 2
第 2 个被通知的参与方。

NI 通知方 Notify party

(3180)向其通知货物到达的参与方的名称和地址。

OA 散件货物泊位经营人 Break bulk berth operator

为船舶靠泊装卸货物和存储散件货物提供设施的参与方。

OB 订单签发人 Ordered by

签发订单的人。

OC 参与方资料的责任方 Party data responsible party

负责所有参与方数据的参与方。

OD 设备维修方 Equipment repair party

对设备进行维修的参与方。

OE 财产所有人 Owner of property

拥有财产的参与方。

OF 代表 On behalf of

执行某一行动的代表方。

OG 所有人或出租人的检验员 Owner or lessor's surveyor

受雇于项目所有人或出租人的检验人员。

OH 承租人的检验员 Lessee's surveyor

受雇于项目承租人的检验人员。

OI 外界检验机构 Outside inspection agency

检验货物或设备的第三方。

OJ 第三方 Third party

除双方主体之外的另一参与方。

OK 接收方的下属实体 Receiver's sub-entity

标识接收方组织中的一个下属实体。

OL 预备人 Case of need party

(承兑或付款)陷入困境时所需介入处理的参与方。

OM 代收行 Collecting bank

办理托收手续而非托收行的任何银行。

ON 托收行 Remitting bank

当事人委托办理一项托收的银行。

OO 托运人 Order of shipper party

货主根据运输单证进行托运,并且根据原始运输单证的收据放行。

OP 财产或设备的经营人 Operator of property or equipment

对财产或设备的进行管理或操作的参与方。

OQ 托收委托人 Collection principal

向银行委托办理一项托收的参与方。

OR 订货通知银行 Ordered bank

标识客户或付款人要求的账户服务机构。

OS 原始托运人 Original shipper

原始供货方。

OT 外界测试机构 Outside test agency

测试货物、设备或服务的第三方。

OU 发送方账户所有人开户行 Account owner's servicing bank on the sending side

标识发送方为账户所有人银行账户提供服务的金融机构。

OV 运输工具所有人 Owner of means of transport
(3126)拥有运输工具的参与方,不同于承运人(CA)。
OW 接收方账户所有人开户行 Account owner's servicing bank on the receiving side
标识接收方为账户所有人银行账户提供服务的金融机构。
OX 发送方的代理银行 Sender's correspondent bank
发送方通过该代理银行偿还接收方的账户或发送方分支机构,或另一金融机构。
OY 提出要求的客户 Ordering customer
标识指令的发起人。
OZ 接收方的代理银行 Receiver's correspondent bank
接收方通过该代理银行获取资金的接收方分支机构,或另一金融机构。
P1 第一联系方 Contact party 1
联系的第一参与方。
P2 第二联系方 Contact party 2
联系的第二方。
P3 第三联系方 Contact party 3
联系的第三方。
P4 第四联系方 Contact party 4
联系的第四方。
PA 检验报告的接收方 Party to receive inspection report
检验报告应送给的参与方。
PB 付款金融机构 Paying financial institution
指定付款的金融机构。
PC 实际购买方的客户 Actual purchaser's customer
实际报文中的购买方销售货物或服务给予的参与方。
PD 买方的购买部门 Purchaser's department buyer
买方的购买部门。
PE 收款人 Payee
标识不同于受益人的贷方。
PF 运费单据接收方 Party to receive freight bill
运费单应该交给的参与方。
PG 总承包方 Prime contractor
不同于买方的负责整个项目的参与方。
PH 付款人的金融机构 Payer's financial institution
代表付款人执行其金融交易时选择的机构。
PI 收款人的公司名称/标识 Payee's company name/ID
收款公司的名称/标识(自动清算所转账)。
PJ 信函接收方 Party to receive correspondence
第一参与方指定代替其接收信函并直接邮寄给第一参与方的第二方。
PK 联系方 Contact party
与其联系的参与方。
PL 交款方 Payor
不同于提出要求(对银行业务)的客户的借方。
PM 发票书面备忘录的接收方 Party to receive paper memo of invoice

被通知发票签发有关事宜的参与方(通过书面形式)。

PN　装运通知接收方　Party to receive shipping notice

接收装运通知的参与方。

PO　订货方　Ordering party

只适用于订货方与买方不同的情况。

PQ　认证方　Certifying party

对某事件进行认证的参与方。

PR　付款方　Payer

(3308)原始付款人。

PS　付款方公司名称/标识(支票,汇票或电汇)

Payer's company name/ID (Check,Draft or Wire)

PT　测试报告接收方　Party to receive test report

接收测试报告的参与方。

PW　发运方　Despatch party

(3282)承运人接货的指定地点的名称和地址(不是发货人)。

PX　全部单证的接收方　Party to receive all documents

接收全部单证的参与方。

PY　审核方　Checking party

确定货物或集装箱的数量、重量和/或(体积)的实际数据的参与方或指定代表承运人或其代理人的联系人,这些数字将在运输合同中列明并以此作为基准。

PZ　某种单证印刷方　Party to print some document

印刷具体单证的参与方。

RA　中央银行或管理当局　Central bank or regulatory authority

标识报文中某些事宜必须通知的中央银行或管理当局。

RB　收款金融机构　Receiving financial institution

指定接收付款的金融机构。

RE　接收按商业发票汇款的参与方　Party to receive commercial invoice remittance

商业发票或单据付款应付给的参与方。

RF　收货自……　Received from

实际交货的部门或人的名称。

RH　卖方金融机构　Seller's financial institution

卖方指定收款的金融机构。RDFI(自动清算所转账)。

RI　再保险中间人/经纪人　Reinsurance intermediary/broker

再保险分出公司和再保险人之间的中间方。

RL　申报承运人(海关)　Reporting carrier (Customs)

向海关提出货物申报的参与方。

RM　申报承运人指定的代理人/代表(海关)

Reporting carrier's nominated agent/representative (Customs)

代表承运人正式向海关提出货物申报的代理。

RP　路线确定方　Routing party

负责选择承运人的参与方。

RS　账单接收方　Party to receive statement of account

账单被送至的参与方。

RV 支票接收方 Receiver of cheque

标识不同于资金接收方的实际支票的接收方。

RW 运单签发人 Issuer of waybill

已签订运输合同的承运人的名称。

SB 销售负责人 Sales responsibility

负责销售的参与方。

SE 卖方 Seller

(3346)将商品销售给买方的参与方。

SF 装运自…… Ship from

从其地点货物将要或已经装运参与方的标识。

SG 多个商店或仓库 Store group

连锁商店或仓库。

SI 装运计划表签发人 Shipping schedule issuer

签发装运计划表的参与方。

SN 仓库管理员 Store keeper

管理仓库人员。

SO 非结算购货方 Sold to if different than bill to

不进行结算购货参与方。

SR 卖方代理 Seller agent

(3254)在交易中代表卖方的参与方。

SS 社会保障收费办公室 Social securities collector's office

收取社会保障费的参与方。

ST 装运到 Ship to

将要或已经发运到的参与方的标识。

SU 供货人 Supplier

(3280)制造或拥有货物并发运或使其进入贸易活动的参与方。

SX 附加担保人 Surety for additions

按照法律形式,负责向对特定货物收取附加税和手续费的海关进行财政担保的自然人或法人(通常是银行或保险公司),不在担保人以前担保的范围内。

SY 担保人 Surety

按照法律形式,负责对另参与方未履行海关约定而造成的后果负有责任的自然人或法人(通常是银行或保险公司)(CCC)。

SZ 反倾销税/反补贴税担保人 Surety for antidumping/countervailing duty

与进口方签约向海关担保为特定货物支付反倾销税/反补贴税的自然人或法人。

TA 法定破产财产接管方 Legal receiver

负责破产管理的参与方。

TB 提交方 Submitter

标识提交方。

TC 收税办公室 Tax collector's office

收税方。

TCP 转运费付款人 Transit charge payer

须付转口费用而非订货人的参与方。

TCR 运力责任方 Transport capacity responsible party

负责运力的参与方。

TD 技术文件接收方 Party to receive technical documentation

技术文件应被送至的参与方。

TE 破产仲裁人 Bankruptcy referee

指定破产案件作为仲裁人的参与方。

TF 信息来源 Source of information

指出信息的来源方。

TG 裁决方 Judge

指出审判案件的参与方。

TH 律师 Attorney

指出参与方为法律代理人。

TI 律师事务所 Law firm

指出参与方为律师事务所。

TJ 托管人 Trustee

指出参与方为托管人。

TK 签字人 Signatory

指出参与方为签字参与方。

TL 占有人 Occupant

参与方为占有人。

TM 共同占有人 Co-occupant

参与方为共同占有人。

TN 查询主体 Subject of inquiry

参与方为查询的主体。

TO 出租人 Lessor

参与方为出租人。

TP 住宅所有人 Owner of residence

标识一所住宅的所有人。

TQ 创始人 Founder

标识创始人。

TR 码头经营人 Terminal operator

经营海船装卸的参与方。

TS 经验证的测试结果接收方 Party to receive certified test results

经验证的测试结果应被送至的参与方。

TT 转运至…… Transfer to

参与方为转运的接收方。

TU 总裁 President

标识总裁。

TV 主席 Chairperson

标识主席。

TW 法定所有权持有人 Legal title holder

标识法定所有权持有人。

TX 股东 Shareholder

标识股东。

TY 提供方 Provider

标识提供方。

TZ 军事部门 Military branch

标识军事部门。

UA 教育机构 Educational institution

标识大学、学院或学校。

UB 转让人 Assignor

标识转让人。

UC 最终收货人 Ultimate consignee

发票或装箱单上指定的商品的最后接收人。

UD 最终客户 Ultimate customer

货物的最后接收人。

UE 顾问 Advisor

标识顾问。

UF 共同被告 Co-defendant

标识共同被告。

UG 保留身份的被兼并公司 Merged company with retained identity

兼并后得以保留身份的公司。

UH 代表的参与方 Party represented

标识代表的参与方。

UHP 意外处理方 Unexpected handling party

航行中被授权进行意外处理程序或已经实施此程序的参与方。

UI 受让人 Assignee

标识受让人。

UJ 要人 Key person

标识重要人物。

UK 作者 Author

标识作者。

UL 最高级的母公司 Ultimate parent company

标识最高层的母公司。

UM 不应被误认的参与方 Party not to be confused with

标识不应被误认为另一参与方的参与方。

UN 会计师 Accountant

标识会计师。

UO 原告 Plaintiff

标识起诉人。

UP 卸货方 Unloading party

卸货的参与方。

UQ 母公司 Parent company

母公司。

UR 子公司 Affiliated company

标识子公司。

US 执行官 Bailiff

标识执行官。

UT 合并公司 Merged company

标识卷入一起合并的公司。

UU 被告 Defendant

标识被告。

UV 提出申请的债权人 Petitioning creditor

标识提出申请的债权人。

UW 担保机构 Guarantee agency

标识担保机构。

UX 集团组织 Organization group

标识集团组织。

UY 下属机构 Subsidiary

标识下属单位。

UZ 行业协会 Industry association

标识行业协会。

VA 共有人 Joint owner

标识联名所有人。

VB 合资公司 Joint venture

标识合资公司。

VC 档案室 Filing office

标识档案室。

VE 法庭 Court

标识法庭。

VF 责任方 Liability holder

标识责任方。

VG 地方政府主办机构 Local government sponsor

标识当地政府主办机构。

VH 抵押公司 Mortgage company

标识抵押公司

VI 公证人 Notary public

标识公证人。

VJ 政府官员 Officer

标识政府官员。

VK 发行人 Publisher

标识发行人。

VL 为其制造货物的参与方 Party manufactured for

标识为其制造货物的参与方。

VM 以前的所有人 Previous owner

标识以前的所有人。

VN 卖主 Vendor

出售货物或提供服务的参与方。

VO 采购公司 Purchased company

标识采购公司。

VP 破产财产经理人 Receiver manager
破产状态下尚未清算企业的经理人。
VQ 政府的责任部门 Responsible government agency
标识负责的政府机构。
VR 独资经营人 Sole proprietor
标识独资企业经营人。
VS 拍卖人 Auctioneer
标识拍卖人。
VT 分支机构 Branch
标识分支机构。
VU 企业 Business
标识企业。
VV 本国最高级母公司 Ultimate same country parent company
标识同一国家中的最高层母公司。
VW 责任方 Responsible party
标识可以问责的参与方。
VX 被担保方 Secured party
标识被担保不遭受损失的参与方。
VY 其他相关方 Other related party
标识作为未列明但有关联的参与方的实体。
VZ 共同债务人 Co-debtor
标识作为连带或共同债务人的实体。
WA 持有财务权益的公司 Company which holds financial interest
标识持有企业或组织任何财务权益的公司。
WB 制定费率的机构 Rating organization
标识负责分配等级或制定费率的组织。
WC 信息咨询机构 Information reference agency
负责信息咨询的机构。
WD 仓库用户 Warehouse depositor
(3004)在仓库中存放货物的参与方。
WE 编辑部 Compilation agency
负责编辑信息的机构。
WF 信息维护机构 Information maintenance agency
负责维护信息的机构。
WG 信息传播机构 Information dissemination agency
负责信息传播的机构。
WH 货物入库管理员 Warehouse keeper
(3022)负责把货物运进仓库的参与方。
WI 检验地址 Inspection address
为一项检验而指定的地址。
WJ 拒绝方 Refusal party
标识对一项拒绝行为负责的的参与方。
WK 增值网供应商 Value added network provider

提供电子数据交换环境中电讯互联服务的参与方。

WL 代理人 Agency

代理企业或公司。

WM 工厂经理 Works manager

管理工厂的参与方。

WN 接受指示进行供应的参与方 Party to receive order to supply

由约定参与方指定去接收一项具有约束力的指示来供应某些事物的参与方。

WO 接受邀请报价的参与方 Party to receive invitation to offer

接受报价邀请的实体。

WP 次级实体 Sub-entity

对一实体进行分割而成的一个局部。

WPA 测重方 Weighting party

指定确定重量的参与方。

WQ 具有企业管理身份的参与方 Doing business as

名义上管理企业的参与方。

WR 提交报价的参与方 Party submitting quote

对某些出售物品进行报价的参与方。

WS 批发商 Wholesaler

大批量物品的卖方,由其他人零售。

WT 关联方 Affiliated party

附属于或与另参与方有关联的参与方。

WU 曾用名 Previous name

一个实体在现用名称之前曾经用过的名称。

WV 执行任务的参与方 Party performing task

负责执行所承担任务的参与方。

WW 办理注册的参与方 Registering party

办理注册事务的参与方。

WX 内陆清关场站经营人 Inland clearance depot operator

在一国的内陆提供海关或其他政府机构对货物或集装箱办理清关手续设施的参与方。

WY 目的地货运站经营人 Destination terminal operator

货物或集装箱运输目的地货运站的经营人。

WZ 启运地货运站经营人 Departure terminal operator

货物或集装箱启运货运站的经营人。

ZZZ 互相协议商定 Mutually defined

由交换各方共同协商的参与方说明。

3045 参与方姓名格式代码 Party name format code [C]

说明:参与方姓名表示的说明。

表示:an..3

1 姓名各部分顺序按下述定义 Name components in sequence as defined in description below

第一部分:姓 第二部分:名字或大写首字母 第三部分:名字或大写首字母 第四部分:女子的姓 第五部分:称呼 姓名各部分按顺序传输,首先传输第一部分。女子的姓是女子出生时的姓,其他姓名不加说明。

2 姓名构成顺序 2,按描述中所定义的顺序
Name component sequence 2,sequence as defined in description
第一部分:父姓;第二部分:母姓;第三部分:名字(教名)或首字母;第四部分:中间名或首字母;第五部分:名字后缀。

3 姓名构成按解释中定义的顺序 Name components in the sequence as defined in definition
第一部分:资格;
第二部分:名称的第一部分;
第三部分:名称的第二部分。

3055 代码表负责机构代码 Code list responsible agency code [C]
说明:标识代码表维护机构的代码。
表示:an..3

1 海关合作理事会(CCC) CCC(Customs Co-operation Council)
海关合作理事会(目前改名为世界海关组织)。

2 欧洲共同体委员会(CEC) CEC(Commission of the European Communities)
可见 140、141、142、162。

3 国际航空运输协会(IATA) IATA(International Air Transport Association)
民航业的国际组织。

4 国际商会(ICC) ICC(International Chamber of Commerce)
国际商会。

5 国际标准化组织(ISO) ISO(International Organization for Standardization)
国际标准化组织。

6 联合国欧洲经济委员会(UN/ECE)
UN/ECE(United Nations-Economic Commission for Europe)

7 欧洲化学品制造商联合会中心(CEFIC)
CEFIC (Conseil Europeen des Federations de l'Industrie Chimique)
化学工业 EDI 项目。

8 EDI 国际论坛 EDIFICE
对计算机感兴趣的公司形成的 EDI 论坛(EDP/ADP 部门 EDI 项目)。

9 国际物品编码协会 GS1
原名为欧洲物品编码协会。

10 欧洲远程传输数据交换组织(ODETTE)
欧洲远程传输数据交换组织(欧洲自动工业项目)。

11 劳氏船舶年鉴 Lloyd's register of shipping
由伦敦劳氏维护的海洋船舶注册。

12 国际铁路联盟(UIC) UIC (International union of railways)
东欧和西欧铁路协会(35 个网)。UIC 与其法律机构(CIT)制定的代码和已得到世界公认并全部被欧洲铁路部门和政府采纳。

13 国际民用航空组织(ICAO) ICAO (International Civil Aviation Organisation)
国际民用航空组织。

14 国际海运协会(ICE) ICS (International Chamber of Shipping)
国际海运协会。

15 再保险和保险网(RINET) RINET (Reinsurance and Insurance Network)

再保险和保险网。

16　邓白氏商业资料调查公司　US,D&B (Dun & Bradstreet)
美国的邓白氏商业资料调查公司。

17　环球银行金融电信协会(S. W. I. F. T.)
环球银行金融电信协会。

18　统一管理文件(SAD)和传输条约(欧共体和欧洲自由贸易联盟)
Conventions on SAD and transit(EC and EFTA)
SAD=统一管理文件。

19　联邦储备局路径代码(FRRC)　FRRC(Federal Reserve Routing Code)
联邦储备局路径代码。

20　国际集装箱局(BIC)　BIC(Bureau International des Containeurs)
国际集装箱局。

21　运输公司分配代码　Assigned by transport company
由运输公司分配的代码。

22　美国信息系统协议(US,ISA)　US,ISA(Information Systems Agreement)
由 ISA 使用成员分配的代码。

23　法国 EDI 传输(FR,EDISTRANSPROT)
法国后勤运输促进 EDI 协会。

24　澳大利亚铁路(AU,ROA)　AU,ROA (Railways of Australia)
澳大利亚政府铁路采用的维护代码表。

25　欧洲纺织业 EDI(EDIEXT)　EDITEX (Europe)
纺织和服装业的 EDI 组织。

26　荷兰统一运输代码基金会　NL,Foundation Uniform Transport Code
统一运输代码基金会是用于荷兰的发运人、承运人和其他后勤服务提供人的 EDI 组织。

27　美国食品药品管理局　US,FDA (Food and Drug Administration)
美国食品药品管理局。

28　欧洲图书电子数据交换组织　EDITEUR(European book sector electronic data interchange group)
图书业代码的负责机构标识图书业泛欧用户组织的代码。

29　英国运输工具网　GB,FLEETNET
英国车辆租赁公司协会。

30　英国旅行社协会　GB,ABTA (Association of British Travel Agencies)
英国旅行社协会。

31　斐济国家铁路　FI,Finish State Railway
斐济国家铁路。

32　波兰国家铁路　PL,Polish State Railway
波兰国家铁路。

33　保加利亚国家铁路　BG,Bulgaria State Railway
保加利亚国家铁路。

34　罗马尼亚国家铁路　RO,Rumanian State Railway
罗马尼亚国家铁路。

35　捷克国家铁路　CZ,Chechian State Railway
捷克国家铁路。

36 匈牙利国家铁路　HU,Hungarian State Railway
匈牙利国家铁路。

37 英国铁路　GB,British Railways
英国铁路。

38 西班牙国家铁路　ES,Spanish National Railway
西班牙国家铁路。

39 瑞典国家铁路　SE,Swedish State Railway
瑞典国家铁路。

40 挪威国家铁路　NO,Norwegian State Railway
挪威国家铁路。

41 德国铁路　DE,German Railway
德国铁路。

42 奥地利联邦铁路　AT,Austrian Federal Railways
奥地利联邦铁路。

43 卢森保国家铁路公司　LU,Luxembourg National Railway Company
卢森保国家铁路公司。

44 意大利国家铁路　IT,Italian State Railways
意大利国家铁路。

45 荷兰铁路　NL,Netherlands Railways
荷兰铁路。

46 瑞士联邦铁路　CH,Swiss Federal Railways
瑞士联邦铁路。

47 丹麦国家铁路　DK,Danish State Railways
丹麦国家铁路。

48 法国国家铁路公司　FR,French National Railway Company
法国国家铁路公司。

49 比利时国家铁路公司　BE,Belgian National Railway Company
比利时国家铁路公司。

50 葡萄牙铁路　PT,Portuguese Railways
葡萄牙铁路。

51 斯洛伐克国家铁路　SK,Slovakian State Railways
斯洛伐克国家铁路。

52 爱尔兰运输公司　IE,Irish Transport Company
爱尔兰运输公司。

53 国际货运代理协会　FIATA (International Federation of Freight Forwarders Associations)
货物转运商协会联合会。

54 国际海事组织　IMO (International Maritime Organisation)
国际海事组织。

55 美国交通部　US,DOT (United States Department of Transportation)
美国交通部。

56 台湾贸易增值网　TW,Trade-van
贸易增值网是国内外贸易中海关、运输和保险的EDI/VAN服务中心。

57 中国台北海关　TW,Chinese Taipei Customs

负责征收进口关税和防止走私的中国台北海关当局。

58 欧洲钢铁工业联合会 EUROFER

欧洲钢铁组织—欧洲钢铁工业 EDI 项目。

59 德国 EDI 团体 DE,EDIBAU

负责制定德国建筑业词条的国家团体。

60 国家贸易机构 Assigned by national trade agency

国家机构制定的代码表。

61 欧洲产品制造商协会 Association Europeenne des Constructeurs de Materiel Aerospatial (AECMA)

标识作为代码表负责机构的欧洲航空产品制造商协会的代码。

62 美国烈酒理事会 US,DIstilled Spirits Council of the United States(DISCUS)

美国烈酒理事会。

63 北大西洋公约组织 North Atlantic Treaty Organization (NATO)

标识作为代码表负责机构的北大西洋公约组织的代码。

64 法国 EDI 协会 FR,EDIFRANCE

负责在法国协调和推进 EDI 应用的法国协会。

65 法国物品编码协会 GS1 France

负责零售业 EDI 和条码应用的法国组织。

66 马来西亚海关和消费税 MY,Malaysian Customs and Excise

马来西亚海关和消费税。

67 马来西亚中央银行 MY,Malaysia Central Bank

马来西亚中央银行是政府管理机构,负责管理经济货币和信贷条件,以促进商业和工业活动的发展。

68 美国烟、酒、枪炮管理局 US,Bureau of Alcohol,Tobacco and Firearms(BATF)

美国烟、酒、枪炮管理局。

69 美国国家酒精饮料管理协会 US,National Alcohol Beverage Control Association (NABCA)

美国国家酒精饮料管理协会。

70 马来西亚 Dagang 网 MY,Dagang. Net

马来西亚 Dagang. Net 是在国内和国际贸易中向海关、运输、零售、金融和其他行业提供 EDI/VAN 服务的国家清算所。

71 美国联邦电信委员会 US,FCC (Federal Communications Commission)

表示美国联邦电信委员会的代码。

72 美国海运管理局 US,MARAD (Maritime Administration)

美国交通部海运管理局的代码。

73 美国国防援助机构 US,DSAA (Defense Security Assistance Agency)

美国国防援助机构的代码。

74 美国核安全规则委员会 US,NRC (Nuclear Regulatory Commission)

美国核安全规则委员会的代码。

75 美国国防贸易管理局 US,ODTC (Office of Defense Trade Controls)

美国国防贸易管理局的代码。

76 美国财政部烟、酒、枪炮管理局 US,ATF (Bureau of Alcohol,Tobacco and Firearms)

美国财政部烟、酒、枪炮管理局。

77 美国出口管理局 US,BXA (Bureau of Export Administration)

美国商务部出口管理局的代码。

78 美国渔业和野生动植物服务局 US,FWS (Fish and Wildlife Service)

美国渔业和野生动植物服务局的代码。

79 美国海外资产管理局 US,OFAC (Office of Foreign Assets Control)

美国海外资产管理局的代码。

80 BRMA/RAA-LIMNET-RINET 联合风险公司 BRMA/RAA-LIMNET-RINET Joint Venture

BRMA(经纪人和再保险市场协会)/RAA(美国再保险协会)－LIMNET(伦敦再保险市场网)－RINET(再保险和保险网)联合风险公司。

81 俄国金融电信社 RU,(SFT) Society for Financial Telecommunications

全球金融电信网用户的俄罗斯公司。

82 挪威 Bronnoysund 注册中心 NO,Enhetsregisteret ved Bronnoysundregisterne

对已在 Bronnoysund 注册中心注册的公司和公司的业务部门再注册。

83 美国国家零售联盟 US,National Retail Federation

美国国家零售联盟是一般商品零售业的贸易协会。也可提供支持和培训服务,维护和发布零售业的标准颜色和规格代码。

84 德国立法机构 DE,BRD (Gesetzgeber der Bundesrepublik Deutschland)

德国立法机构。

85 北美电信业论坛 North America,Telecommunications Industry Forum

电信服务提供方、设备制造商、工业和客户的供货方的贸易协会。

86 报文发起方分配 Assigned by party originating the message

报文发起方分配的代码。

87 承运人分配 assigned by carrier

承运人分配的代码。

88 经营者分配 Assigned by owner of operation

经营者分配的代码(如用于建筑)。

89 分销商分配 Assigned by distributor

由分销商分配的代码。

90 制造商分配 Assigned by manufacturer

由制造商分配的代码。

91 卖方或卖方代理分配 Assigned by seller or seller's agent

由卖方或卖方代理分配的代码。

92 买方或买方代理分配 Assigned by buyer or buyer's agent

由买方或买方代理分配的代码。

93 奥地利海关 AT,Austrian Customs

奥地利海关组织。

94 奥地利邮电部 AT,Austrian PTT

奥地利负责分配电话号码、传真号码、邮政编码的组织。

95 澳大利亚海关服务 AU,Australian Customs Services

澳大利亚海关服务。

96 加拿大财政部、海关和消费税总局 CA,Revenue Canada,Customs and Excise

加拿大财政部、海关和消费税总局。

97 瑞士联邦税务局 CH,Administration federale des contributions

间接税(如流转税/销售税)。

98 瑞士海关总署 CH,Direction generale des douanes

海关(包括ISO二字母国家代码)。

99 瑞士进出口局 CH,Division des importations et exportations,OFAEE

进口和出口许可证。

100 瑞士邮电部 CH,Entreprise des PTT

电话(话音/数据)+电报号,邮政编码,邮政账号。

101 瑞士石油部门 CH,Carbura

瑞士负责碳氢燃料和液体燃料进口的机构(石油产品)。

102 瑞士煤炭进口机构 CH,Centrale suisse pour l'importation du charbon Coal

瑞士煤炭进口机构。

103 瑞士食品进口委托办公室 CH,Office fiduciaire des importateurs de denrees alimentaires

瑞士食品进口委托办公室。

104 瑞士物品编码协会 CH,Association suisse code des articles

瑞士物品编码协会。

105 丹麦税务部、中央海关和税收管理局

DK,Ministry of taxation,Central Customs and Tax Administration

丹麦海关管理局。

106 法国海关与间接税总署 FR,Direction generale des douanes et droits indirects

法国海关。

107 法国国民经济统计和研究协会(FR,INSEE)

国民经济统计和研究协会。

108 法国银行 FR,Banque de France

法国银行。

109 英国皇家海关及消费税总局 GB,H. M. Customs & Excise

英国皇家海关及消费税总局。

110 印度财政部海关局,海关AEP项目 IE,Revenue Commissionners,Customs AEP project

印度财政部海关局,海关AEP项目。

111 美国海关署 US,U. S. Customs Service

美国海关署。

112 美国统计调查局 US,U. S. Census Bureau

美国商业部统计调查局。

113 美国统一代码协会 US,UCC (Uniform Code Council)

美国统一代码协会是非盈利组织,维护和管理美国零售业EDI和产品条码标准。同时维护U. P. C制造商标识符、EDI通信标识符以及零售业使用的各种EDI代码表。UCC位于美国Dayton,OH。

114 美国银行家协会(US,ABA) US,ABA (American Bankers Association)

美国银行家协会。

116 美国国家标准协会 ASC X12(US,ANSI ASC X12)

美国国家标准协会ASC X12。

117 自动柜员机—服务协会 Geldausgabeautomaten-Service Gesellschaft m. b. H.

自动柜员机—服务协会。

118 瑞典银行家协会 SE,Svenska Bankfoereningen
瑞典银行家协会。
119 意大利银行家协会 IT,Associazione Bancaria Italiana
意大利银行家协会。
120 意大利银行同业自动化协会 IT,Socieata' Interbancaria per l'Automazione
意大利银行同业自动化协会。
121 瑞士电信局 CH,Telekurs AG
瑞士电信局。
122 瑞士证券清算公司 CH,Swiss Securities Clearing Corporation
瑞士证券清算公司。
123 挪威银行同业研究组织 NO,Norwegian Interbank Research Organization
挪威银行同业研究组织。
124 挪威银行家协会 NO,Norwegian Bankers Ass.
挪威银行家协会。
125 芬兰银行家协会 FI,The Finnish Bankers' Association
芬兰银行家协会。
126 美国财务分析代码(US,NCCMA) US,NCCMA (Account Analysis Codes)
美国财务分析代码。
127 德国 ARE(结算单位) DE,ARE (AbRechnungs Einheit)
德国的一种附属单位的编码规则。
128 比利时银行家协会 BE,Belgian Bankers' Association
比利时银行家协会。
129 比利时财政部 BE,Belgian Ministry of Finance
增值税数额。
130 丹麦银行家协会 DK,DK Bankers Association
丹麦银行家协会。
131 德国银行家协会 DE,German Bankers Association
德国银行家协会。
132 英国 BACS 有限公司 GB,BACS Limited
英国 BACS 有限公司。
133 英国付款清算业务协会 GB,Association for Payment Clearing Services
英国付款清算业务协会。
134 英国 CHAPS and Town 清算有限公司 GB,CHAPS and Town Clearing Company Ltd.
英国 CHAPS and Town 清算有限公司。
135 英国票据清算所 GB,The Clearing House
英国票据清算所。
136 英国物品编码协会 GB,Article Number Association (UK) Limited EAN 条码。
英国物品编码协会。
137 奥地利银行和银行家协会 AT,Verband oesterreichischer Banken und Bankiers
奥地利银行家协会。
138 法国银行标准化团体 FR,CFONB (Comite francais d'organ. et de normalisation bancaires)
负责制定法国银行业词条的国家团体。
139 万国邮政联盟(UPU) UPU (Universal Postal Union)

(a..3 国家代码)。

140 欧洲共同体委员会(CEC),欧共体海关总局(DG/XXI-01) CEC(Commission of the European Communities),DG/XXI-01

(海关自动化)。

141 欧共体海关总局 CEC (Commission of the European Communities),DG/XXI-B-1

欧共体海关总局。

142 欧洲共同体委员会(CEC),欧共体34总局(DG/XXXIV) CEC (Commission of the European Communities),DG/XXXIV

欧洲共同体统计局。

143 新西兰海关 NZ,New Zealand Customs

新西兰海关。

144 荷兰海关 NL,Netherlands Customs

荷兰海关。

145 瑞典海关 SE,Swedish Customs

瑞典海关。

146 德国海关 DE,German Customs

德国海关。

147 比利时海关 BE,Belgian Customs

比利时海关。

148 西班牙海关 ES,Spanish Customs

西班牙海关。

149 以色列海关 IL,Israel Customs

以色列海关。

150 香港海关 HK,Hong Kong Customs

香港海关。

151 日本海关 JP,Japan Customs

日本海关。

152 沙特阿拉伯海关 SA,Saudi Arabia Customs

沙特阿拉伯海关。

153 意大利海关 IT,Italian Customs

意大利海关。

154 希腊海关 GR,Greek Customs

希腊海关。

155 葡萄牙海关 PT,Portuguese Customs

葡萄牙海关。

156 卢森堡海关 LU,Luxembourg Customs

卢森堡海关。

157 挪威海关 NO,Norwegian Customs

挪威海关。

158 芬兰海关 FI,Finnish Customs

芬兰海关。

159 冰岛海关 IS,Iceland Customs

冰岛海关。

160 列支敦士登管理局 LI,Liechtenstein authority
(负责办理银行/金融事宜的机构的标识。如:海关、货币、邮政/电话:见有关的 CH 条目)。
161 联合国贸易和发展大会(UNCTAD)
UNCTAD(United Nations—Conference on Trade And Development)
162 欧洲共同体委员会(CEC),DG/XIII-D-5
CEC(Commission of the European Communities),DG/XIII-D-5
(包括 TEDIS、CEBIS、INSIS 和 CADDIT 项目)。
163 美国联邦海事委员会(US,FMC) US,FMC(Federal Maritime Commission)
美国联邦海事委员会(US,FMC)。
164 美国医药管理局(US,DEA) US,DEA (Drug Enforcement Agency)
美国医药管理局(US,DEA)。
165 美国代码发布机构(US,DCI) US,DCI (Distribution Codes,INC.)
美国代码发布机构(US,DCI)。
166 美国国家汽车运输分类协会 US,National Motor Freight Classification Association
美国国家汽车运输分类协会。
167 美国汽车制造业行动组(US,AIAG) US,AIAG(Automotive Industry Action Group)
美国汽车制造业行动组(US,AIAG)。
168 美国联邦信息标准(US,FIPS) US,FIPS (Federal Information Publishing Standard)
美国联邦信息标准(US,FIPS)。
169 加拿大标准协会(CA,SCC) CA,SCC (Standards Council of Canada)
加拿大标准协会(CA,SCC)。
170 加拿大支付协会(CA,CPA) CA,CPA (Canadian Payment Association)
加拿大支付协会(CA,CPA)。
171 荷兰银行转账中心 BV NL,Bank Girocentrale BV
荷兰银行转账中心 BV。
172 荷兰银行网络协会 NL,BEANET BV
荷兰银行网络协会。
173 挪威银行转账中心 NO,NORPRO
挪威银行转账中心。
174 德国标准化协会(DE,DIN) DE,DIN (Deutsches Institut fuer Normung)
德国标准化协会。
175 国际代理人联盟 FCI (Factors Chain International)
国际代理人联盟 FCI。
176 巴西中央银行 BR,Banco Central do Brazil
巴西中央银行。
177 澳大利亚人寿保险联盟 AU,LIFA(Life Insurance Federation of Australia)
澳大利亚人寿保险联盟。
178 澳大利亚标准协会 AU,SAA (Standards Association of Australia)
澳大利亚标准协会。
179 美国航空运输协会 US,Air transport association of America
代表主要北美定期航班的贸易协会。
180 德国工人补偿协会 DE,BIA (Berufsgenossenschaftliches Institut fuer Arbeitssicherheit)
德国工人补偿协会。

181 建筑 EDI　Edibuild
建筑业 EDI 组织。
182 美国标准承运人字母代码(汽车)　US,Standard Carrier Alpha Code(Motor)
维护 SCAC 表和在北美承担运输的组织。
183 美国石油机构　US,American Petroleum Institute
代表石油和天然气的生产者、发运者、提炼者、市场经营者和行业提供者的贸易协会。
184 澳大利亚海运协会　AU,ACOS (Australian Chamber of Shipping)
澳大利亚海运协会。
185 德国工业协会　DE,BDI (Bundesverband der Deutschen Industrie e. V.)
德国工业协会。
186 美国总务管理局　US,GSA (General Services Administration)
美国总务管理局。
187 美国国防后勤管理标准局　US,DLMSO(Defense Logistics Management Standards Office)
美国国防后勤管理标准局。
188 美国国家标准技术研究院　US,NIST(National Institute of Standards and Technology)
美国国家标准技术研究院。
189 美国国防部　US,DoD (Department of Defense)
美国国防部。
190 美国退伍军人事务部　US,VA (Department of Veterans Affairs)
美国退伍军人事务部。
191 联合国机构间采购服务办公室　IAPSO (United Nations Inter—Agency Procurement Services Office)
负责维护联合国采购和统计分析机构普遍使用的"联合国通用代码体系"的联合国组织。
192 货主协会　Shipper's association
托运人协会指定的代码。
193 欧洲电信情报服务　EU,European Telecommunications Informatics Services (ETIS)
欧洲电信情报服务是欧洲公共网操作者为信息技术领域服务的非盈利的合作组织。
194 澳大利亚检验检疫服务　AU,AQIS (Australian Quarantine and Inspection Service)
澳大利亚检验检疫服务。
195 哥伦比亚海关组织　CO,DIAN(Direccion de Impuestosy Aduanas Nacionales)
哥伦比亚海关组织。
196 美国核算协会　US,COPAS (Council of Petroleum Accounting Society)
提供石油工业联合开采方使用的油田设备和管路输送货物代码的组织。
197 美国数据交换标准协会　US,DISA (Data Interchange Standards Association)
维护数据交换标准协会管理的代码表的组织。
198 哥伦比亚银行代码分配机构　CO,Superintendencia Bancaria De Colombia
为管理哥伦比亚业务的金融机构分配标识号的组织。
199 法国公共会计局　FR,Direction de la Comptabilite Publique
法国公共会计局。
200 荷兰的 GS1　GS1 Netherlands
荷兰负责 GS1 编码体系的组织。
201 美国 WSSA　US,WSSA(Wine and Spirits Shippers Association)
设在美国的酒类托运人协会。

202 葡萄牙银行 PT,Banco de Portugal
葡萄牙中央银行。

203 法国 GALIA
FR,GALIA (Groupement pour l'Amelioration des Liaisons dans l'Industrie Automobile)
在 ODETTE(欧洲基于电讯传输的数据交换组织)中代表法国的全国性组织。

204 德国 VDA DE,VDA (Verband der Automobilindustrie E. V.)
在 ODETTE(欧洲基于电讯传输的数据交换组织)中代表德国的全国性组织。

205 意大利 ODETTE IT,ODETTE Italy
在 ODETTE(欧洲基于电讯传输的数据交换组织)中代表意大利的全国性组织。

206 荷兰 ODETTE NL,ODETTE Netherlands
在 ODETTE(欧洲基于电讯传输的数据交换组织)中代表荷兰的全国性组织。

207 西班牙 ODETTE ES,ODETTE Spain
在 ODETTE(欧洲基于电讯传输的数据交换组织)中代表西班牙的全国性组织。

208 瑞典 ODETTE SE,ODETTE Sweden
在 ODETTE(欧洲基于电讯传输的数据交换组织)中代表瑞典的全国性组织。

209 英国 ODETTE GB,ODETTE United Kingdom
在 ODETTE(欧洲基于电讯传输的数据交换组织)中代表英国的全国性组织。

210 欧盟 EDIFICAS(用于财务、信息、成本、会计和社会领域的 EDI) EU,EDI for financial,informational,cost,accounting,auditing and social areas (EDIFICAS)—Europe
欧洲处理会计和审计的联合会。

211 法国 EDIFICAS(用于财务、信息、成本、会计和社会领域的 EDI) FR,EDI for financial,informational,cost,accounting,auditing and social areas (EDIFICAS)—France
法国处理会计和审计的联合会。

212 德国电信公司 DE,Deutsch Telekom AG
德国的电信服务机构。

213 日本 NACCS 中心 JP,NACCS Center (Nippon Automated Cargo Clearance System Operations Organization)
NACCS 中心是日本货物自动清关系统的运行管理组织。

214 美国 AISI US,AISI (American Iron and Steel Institute)
美国钢铁协会。

215 澳大利亚 APCA AU,APCA (Australian Payments Clearing Association)
澳大利亚负责管理支付清算的协会。

216 美国劳工部 US,Department of Labor
标识美国劳工部。

217 美国 N. A. I. C. US,N. A. I. C. (National Association of Insurance Commissioners)
标识美国国家保险监督官协会。

218 英国保险业协会 GB,The Association of British Insurers
代表英国保险行业管理代码表的协会。

219 法国保险行业增值网 FR,d'ArvA
代表法国保险行业管理保险代码表的增值网。

220 芬兰税务委员会 FI,Finnish tax board
芬兰税务委员会。

221 法国 CNAMTS

FR,CNAMTS (Caisse Nationale de l'Assurance Maladie des Travailleurs Salaries)

法国工薪人士卫生保健公共基金协会。

222 丹麦国家卫生委员会 DK,Danish National Board of Health

负责监管丹麦卫生事务的国家机构。

223 丹麦内务部 DK,Danish Ministry of Home Affairs

负责所有与丹麦人民相关的内部事务的部门。

224 美国铝业协会 US,Aluminum Association

分配制铝行业标识参考号的组织。

225 美国 CIDX US,CIDX (Chemical Industry Data Exchange)

分配化工行业标识参考号的组织。

226 美国硬质合金制造商 US,Carbide Manufacturers

向钢铁及碳化合金制造业分配标识参考号的组织。

227 美国 NWDA US,NWDA (National Wholesale Druggist Association)

向药品批发业分配标识编码的组织。

228 美国 EIA US,EIA (Electronic Industry Association)

向电子行业分配标识编码的组织。

229 美国纸业协会 US,American Paper Institute

向美国造纸业分配标识编码的组织。

230 美国 VICS US,VICS (Voluntary Inter—Industry Commerce Standards)

向零售业分配标识编码的组织。

231 铜和黄铜制造商协会 Copper and Brass Fabricators Council

向铜和黄铜制造业分配标识编码的组织。

232 英国税务局 GB,Inland Revenue

标识负责估算和征收英国税费的政府部门的代码。

233 美国 OMB US,OMB (Office of Management and Budget)

由美国行政管理和预算局分配的代码。

234 德国西门子公司 DE,Siemens AG

德国西门子公司。

235 澳大利亚贸易部门 AU,Tradegate (Electronic Commerce Australia)

澳大利亚协调国内和国际商业和贸易代码的行业社团。

236 美国 USPS US,United States Postal Service (USPS)

指定美国官方邮政业务的代码。

237 美国保健产业 US,United States health industry

美国保健产业指定的代码。

238 美国 TDCC US,TDCC (Transportation Data Coordinating Committee)

美国运输数据协调委员会。

239 美国 HL7 US,HL7 (Health Level 7)

美国电子数据交换标准开发组织 HL7(Health Level 7)。

240 美国 CHIPS US,CHIPS (Clearing House Interbank Payment Systems)

美国金融清算机构(纽约票据交易所银行同业支付系统)。

241 葡萄牙 SIBS PT,SIBS (Sociedade Interbancaria de Servicos)

葡萄牙自动票据清算机构。

244 美国卫生部 US,Department of Health and Human Services
美国卫生部。
245 丹麦 GS1 GS1 Denmark
负责丹麦 GS1 系统的组织。
246 德国 GS1 GS1 Germany
负责德国 GS1 系统的组织。
247 美国 HBICC US,HBICC (Health Industry Business Communication Council)
标识美国 HIBCC(保健业业务通信委员会)的代码。
248 美国 ASTM US,ASTM (American Society of Testing and Materials)
为生产商、用户、最终消费者、以及普遍关注的有关方面(政府机构和学术界)提供论坛,以达到共同的立场并为材料、产品、系统和服务制定标准的一个非盈利性组织。
249 IP(石油协会) IP (Institute of Petroleum)
为提升和传播国际燃油燃气行业技术、经济和专业知识的独立的欧洲中心。
250 美国 UOP US,UOP (Universal Oil Products)
设在美国的主要提供石油提炼、石蜡、芳香剂和燃气处理领域产品、服务和技术的组织。
251 澳大利亚 HIC AU,HIC (Health Insurance Commission)
澳大利亚负责管理健康保险法的机构。
252 澳大利亚 AIHW AU,AIHW (Australian Institute of Health and Welfare)
澳大利亚负责国内收集有关保健的统计和数据定义的法定管理机构。
253 澳大利亚 NCCH AU,NCCH (National Centre for Classification in Health)
澳大利亚负责卫生保健分级的管理机构。
254 澳大利亚 DOH AU,DOH (Australian Department of Health)
澳大利亚负责管理卫生政策的政府部门。
255 澳大利亚 ADA AU,ADA (Australian Dental Association)
澳大利亚负责牙科服务分级的行业协会。
256 美国 AAR US,AAR (Association of American Railroads)
北美铁路的美国官方组织。
257 ECCMA (Electronic Commerce Code Management Association)
电子商务代码管理协会,管理用于电子商务代码的非盈利成员组织。
258 日本运输省 JP,Japanese Ministry of Transport
日本运输省。
259 日本海上保安厅 JP,Japanese Maritime Safety Agency
日本海上保安厅。
260 北欧电力工业会所 Ediel Nordic forum
标识北欧电力工业会所的代码,这是一个在北欧电力市场参与方之间使用 EDI 的标准化组织。
261 欧洲第 7 专家组 EEG7,European Expert Group 7 (Insurance)
欧洲第 7 专家组,针对保险业。
262 德国 GDV DE,GDV (Gesamtverband der Deutschen Versicherungswirtschaft e. V.)
德国保险协会(Gesamtverband der Deutschen Versicherungswirtschaft e. V.)。
263 加拿大 CSIO CA,CSIO (Centre for Study of Insurance Operations)
加拿大保险业务研究中心(CSIO)。
264 法国 AGF FR,AGF (Assurances Generales de France)

由法国保险总商会(AGF)管理的代码表。

265 瑞典中央银行 SE,Central bank

瑞典中央银行。

266 美国 DoA US,DoA (Department of Agriculture)

农业部,美国联邦机构。

267 俄罗斯中央银行 RU,Central Bank of Russia

俄罗斯中央银行。

268 法国 DGI FR,DGI (Direction Generale des Impots)

法国税务管理机构。

269 GRE (Reference Group of Experts)

代表商业信贷信息用户和提供方管理代码表的国际协会。

270 EDI 协调组 Concord EDI group

国际运输设备租赁公司和运输设备维修服务供应商的组织,负责促进使用 EDI 标准和业务条款标准。

271 欧洲国际铁路运输公司-欧洲国际铁路冷藏运输公司 InterContainer InterFrigo

经营铁路集装箱运输的欧洲铁路联合组织。

272 汽车行业联合会 Joint Automotive Industry agency

负责汽车行业类公共代码表的联合汽车行业(JAI)办事机构。

273 瑞士 SCC CH,SCC (Swiss Chambers of Commerce)

瑞士商会。

274 ITIGG (International Transport Implementation Guidelines Group)

负责发布运输相关的全球统一代码的 UN/EDIFACT 运输报文开发组织。

275 西班牙中央银行 ES,Banco de Espa

西班牙中央银行。

276 口岸共同体 Assigned by Port Community

由口岸共同体分配的代码。

277 BIGNet (Business Information Group Network)

标识商务信息分组网,一个代表商务信息用户和提供方管理代码表的国际贸易联盟。

278 欧洲门 Eurogate

代表商务信息用户和提供方管理代码表的国际贸易联盟。

279 荷兰格瑞顿公司 NL,Graydon

标识荷兰的资信调查公司格瑞顿公司。

280 法国欧拉公司 FR,Euler

负责为法国信用保险业分配代码的公司。

281 比利时和卢森堡 GS1 GS1 Belgium and Luxembourg

在比利时和卢森堡负责 GS1 系统的组织。

282 德国国际信贷改革协会 DE,Creditreform International e. V.

标识德国的国际信贷改革协会。

283 德国 Hermes 信用保险公司 DE,Hermes Kreditversicherungs AG

标识德国的裕利安宜信用保险股份公司。

284 台湾银行家协会 TW,Taiwanese Bankers' Association

标识负责台湾编发银行业相关代码的组织。

285 西班牙 ES,Asociaci Espa la de Banca

负责在西班牙编发银行业相关代码的组织。

286 瑞典 TCO SE,TCO (Tj stem nes Central Organisation)

瑞典专业雇员联盟。

287 德国 FORTRAS

DE,FORTRAS (Forschungs-und Entwicklungsgesellschaft Transportwesen GMBH)

德国运输事务研究和发展协会。

288 OSJD (Organizacija Sotrudnichestva Zeleznih Dorog) OSDJ

标识铁路合作组织 OSJD 的代码。

289 日本信息处理开发中心/电子商务促进中心 JIPDEC/ECPC JP,JIPDEC/ECPC (Japan Information Processing Development Center/Electronic Commerce Promotion Center)

JIPDEC/ECPC(日本信息处理开发中心/电子商务促进中心)是日本的一家促进电子商务和登记标准公司代码的非盈利性基金会。

290 日本 JAMA JP,JAMA

日本汽车制造商协会。

291 日本 JAPIA JP,JAPIA

日本汽车零件行业协会。

292 芬兰 TIEKE FI,TIEKE The Information Technology Development Centre of Finland

芬兰贸易和工业电子数据交换的全国性组织——芬兰信息技术开发中心。

293 德国 BDEW DE,BDEW (Bundesverband der Energie-und Wasserwirtschaft e. V.)

联邦能源和水资源协会(BDEW)是德国天然气、供电、长距离供暖和供水的行业协会。

294 奥地利 GS1 GS1 Austria

奥地利负责 GS1 系统的组织。

295 澳大利亚医疗用品管理局 AU,Australian Therapeutic Goods Administration

澳大利亚负责医疗用品规章的管理机构。

296 ITU (International Telecommunication Union)

国际电信联盟。

297 意大利增值税事务所 IT,Ufficio IVA

意大利发布增值税登记号的机构。

298 西班牙 GS1 GS1 Spain

西班牙负责 GS1 系统的组织。

299 比利时 SeaghA BE,Seagha

负责在比利时港口分配海运相关的标识参考号的组织。

300 瑞典国际货运协会 SE,Swedish International Freight Association

瑞典国际货运协会(SIFA)。

301 德国 BauDatenbank 公司 DE,BauDatenbank GmbH

负责编发和维护用于德国建筑业的商品代码的组织。

302 德国联邦纺织品零售商协会 DE,Bundesverband des Deutschen Textileinzelhandels e. V.

负责编发和维护用于德国纺织业的商品代码的组织。

303 英国 TSI GB,Trade Service Information Ltd (TSI)

英国负责向建筑业分配产品标识代码的管理机构。

304 德国联邦自助商店、建材商店及园艺商店协会

DE,Bundesverband Deutscher Heimwerker-,Bau-und Gartenfachmaerkte e. V.

负责编发和维护用于德国 DIY(自行动手装配制作)商店、建筑及园艺材料商品代码的组织。

305 ETSO (European Transmission System Operator)
代表欧洲输电系统经营人的组织。
306 SMDG (Ship-planning Message Design Group)
班轮公司和集装箱码头用户团体。
307 日本法务省　JP,Ministry of Justice
日本法务省。
308 日本 JASTRPO
JP,JASTPRO (Japan Association for Simplification of International Trade Procedures)
JASTRPO 是简化国际贸易程序的非盈利性组织和负责"日本出口商和进口商标准代码"登记的机构。
310 德国 SAP 公司　DE,SAP AG (Systeme,Anwendungen und Produkte)
德国的软件公司 SAP(系统、应用和产品)公司。
311 日本 TDB　JP,TDB (Teikoku Databank,Ltd.)
基于对日本商务交易的支持性调研,TDB 进行公司法人信用研究并维护公司代码。
312 法国欧洲农业 EDI　FR,AGRO EDI EUROPE
在法国农业和食品加工行业发展 EDI 的联合会。
313 全法植物育种行业组织
FR,Groupement National Interprofessionnel des Semences et Plants
法国植物和育种的专业组织,负责在植物育种行业分配代码。
314 OAGi (Open Applications Group,Incorporated)
开放应用程序组公司(OAGi)。
315 美国 STAR　US,STAR (Standards for Technology in Automotive Retail)
汽车零售业技术标准。
316 芬兰 GS1　GS1 Finland
芬兰负责 GS1 系统的组织。
317 巴西 GS1　GS1 Brazil
巴西负责 GS1 系统的组织。
318 IETF (Internet Engineering Task Force)
互联网工程任务组。
319 法国 GTF　FR,GTF
法国内陆货运代理人团体。
320 丹麦 ITA　DK,Danish National IT and Telcom Agency (ITA)
代码表示丹麦全国信息技术和电讯局为代码表负责机构。
321 EASEE-Gas (European Association for the Streamlining of Energy Exchange for gas)
负责管理燃气相关的代码和报文的欧洲组织的工作组 Edigas(欧洲燃气能源交易流程简化协会)。
322 冰岛 ICEPRO　IS,ICEPRO
冰岛电子商务和贸易程序委员会。
323 PROTECT
欧洲港口、国家权利机关和港口公共系统交换有关危险品及船舶动态信息的组织。
324 爱尔兰 GS1　GS1 Ireland
爱尔兰负责 GS1 系统的组织。
325 俄罗斯 GS1　GS1 Russia

俄罗斯负责 GS1 系统的组织。

326 波兰 GS1　GS1 Poland

波兰负责 GS1 系统的组织。

327 爱沙尼亚 GS1　GS1 Estonia

爱沙尼亚负责 GS1 系统的组织。

328 由最终收报方分配　Assigned by ultimate recipient of the message

由最终收取报文参与方分配的代码。

329 由装货码头经营人分配　Assigned by loading dock operator

由装货码头经营人分配的代码。

330 ebIX (European forum for energy Business Information eXchange)

标识欧洲能源业务信息交换论坛的代码,这是在欧洲能源市场参与方之间使用 EDI 的标准化组织。

331 美国 AMS　US,Agricultural Marketing Service (AMS)

美国农业部的一个部门。农业市场局(AMS)对农产品进行检验和分级,并汇总农产品进出口统计。

332 德国 DVGW 咨询服务公司　DE,DVGW Service & Consult GmbH

德国 DVGW 科学技术协会燃料及供水的下属机构。作为一个技术标准组织,DVGW 在德国推进燃料及饮用水生产、运输、销售及使用的技术标准。

333 美国 APHIS　US,Animal and Plant Health Inspection Service (APHIS)

美国农业部的一个部门。美国动植物检疫局(APHIS)管控动植物及其产品的进出口。

334 美国 BLS　US,Bureau of Labor Statistics (BLS)

美国劳工部的一个部门。劳工统计局(BLS)是联邦政府在劳工经济和统计广泛领域的主要调查机构。

335 美国 BTS　US,Bureau of Transportation Statistics (BTS)

美国运输部的一个部门。运输统计局(BTS)管理数据收集、分析和报告,并要确保运输监控资源最为有效的使用。

336 美国 CBP　US,Customs and Border Protection (CBP)

美国国土安全部所属的海关边境保护局。

337 美国 CDC　US,Center for Disease Control (CDC)

美国公共健康与社会福利部的下属机构。疾病控制中心(CDC)通过预防和控制疾病和伤残提高健康水平和生活质量。

338 美国 CPSC　US,Consumer Product Safety Commission (CPSC)

美国联邦政府中的一个独立委员会。消费者产品安全委员会的工作是保护消费者免遭失火、触电、化学反应和机械事故的危险,或者可能对儿童的损害。

339 美国 DDTC　US,Directorate of Defense Trade Controls (DDTC)

美国国务院的下属机构。防务贸易控制理事会(DDTC)负责全美军需物资和防卫勤务的出口和临时进口。

340 美国 EPA　US,Environmental Protection Agency (EPA)

美国联邦政府中的一个独立机构。美国环境保护署(EPA)记录和控制农药、消耗臭氧层物质和散装化工品的进口,控制车辆及发动机符合《清洁空气法》,以及跟踪有害废弃物。

341 美国 FAA　US,Federal Aviation Administration (FAA)

美国运输部的下属部门。联邦航空管理局(FAA)负责往来美国空域飞行中危险物质装运的安全。

342 美国 FAS US,Foreign Agriculture Service (FAS)
美国农业部的下属部门。海外农业局(FAS)的工作是改善海外市场对美国产品的市场销路、建立新市场、改善美国农业在全球市场的竞争地位,以及对外提供食物援助和技术援助。

343 美国 FMCSA US,Federal Motor Carrier Safety Administration (FMCSA)
美国运输部的下属部门。联邦汽车承运人安全管理局(FMCSA)的工作重点是减少大型卡车和客车的碰撞、伤害及死亡事故。

344 美国 FSIS US,Food Safety Inspection Service (FSIS)
美国农业部的一个部门。食品安全检查局(FSIS)负责保证全国肉类、家禽和蛋制品商业供应的安全,卫生以及正确标记和包装。

345 美国 FTZB US,Foreign Trade Zones Board (FTZB)
外贸保税区管理委员会(FTZB)准许、管制和监控美国外贸保税区(FTZ)的活动。

346 美国 GIPSA US,The Grain Inspection,Packers and Stockyards Administration (GIPSA)
美国农业部的下属部门。谷物检查、包装者及牲畜饲养场管理局(GIPSA)推动牲畜、家禽、肉类、谷物、油籽及相关农产品的销售,并为消费者和美国农业的整体利益推进公平和竞争性的贸易惯例。

347 美国 IA US,Import Administration (IA)
美国商务部的下属部门。进口管理局(IA)强制实施美国(反)不正当贸易法(即反倾销和反补贴税法),开发和实施其他针对反国外不正当贸易行为的政策及程序。

348 美国 IRS US,Internal Revenue Service (IRS)
美国财政部的下属部门。国内税务局(IRS)征收进口及涉及国际运输的运输消费税。

349 美国 ITC US,International Trade Commission (ITC)
一个独立的委员会。国际贸易委员会(ITC)调查倾销和补贴进口对国内行业的影响并进行全球(贸易)保护调查。

350 美国 NHTSA US,National Highway Traffic Safety Administration (NHTSA)
美国运输部的一个部门。全国高速公路交通安全管理局(NHTSA)监控机动车辆及其设备的进口,以保证符合适用的联邦机动车辆安全标准。

351 美国 NMFS US,National Marine Fisheries Service (NMFS)
美国商务部的一个部门。国家海洋渔业局(NMFS)签发许可证支持其规范涉及类似剑鱼、犬牙鱼、金枪鱼等资源的商务和休闲国际交易,在美国周边海域监督对海洋生物资源的管理和保护。

352 美国 OFE US,Office of Fossil Energy (OFE)
美国能源部的下属部门化石(矿物)能源办公室(OFE)。

353 美国 OFM US,Office of Foreign Missions (OFM)
美国国务院的一个部门。外交机关办公室(OFM)提供法定资金帮助美国海外使团、驻美外国使团及国际组织的安全和有效运作。

354 美国 OES US,Bureau of Oceans and International Environmental and Scientific Affairs (OES)
美国国务院下属海洋及国际环境暨科学事务局(OES)的工作是围绕对外政策就全球环境和科学技术发布规划并予以推行。

355 美国 ONI US,Office of Naval Intelligence (ONI)
美国国防部所属的海军情报局。

356 美国 PHMSA US,Pipeline and Hazardous Materials Safety Administration (PHMSA)

美国运输部下属的管道及危险物质安全管理局(PHMSA)的工作是通过保证危险物质经由各种运输方式(包括国内管道)安全运送到企业和消费者,以保护美国公众和环境。

357 美国 TTB　US,Alcohol and Tobacco Tax and Trade Bureau (TTB)

美国财政部下属的烟酒税务和贸易局(TTB)征收烟酒、武器和弹药消费税;保证这些产品的标记、广告和销售符合法律,并执行有关的法律和规定。

358 美国 USACE　US,Army Corp of Engineers (USACE)

美国国防部下属的工兵处(USACE)保护美国的水生资源,允许通过正当、灵活和均衡的许可方案进行合理的开发。

359 美国 USAID　US,Agency for International Development (USAID)

国际开发署(USAID)是一个美国联邦政府的独立机构。USAID 支持长期和平衡的经济增长并推动美国对外政策目标的进展。

360 美国 USCG　US,Coast Guard (USCG)

美国海岸警卫队(USCG)是美国国土安全部的下属单位。USCG 是美国的军事部门,任务涉及海事法、海员救助以及搜救行动。

361 美国 USTR　US,Office of the United States Trade Representative (USTR)

美国贸易代表处(USTR)属于行政部门——总统办公室。USTR 直接与外国政府进行建立贸易协定的磋商;解决争端并参加全球贸易政策组织;与政府、商业集团、立法机关以及公共利益集团进行官方接触,收集贸易问题;还需解释总统的贸易政策立场。

362 国际保护大西洋金枪鱼委员会 ICCAT　International Commission for the Conservation of Atlantic Tunas (ICCAT)

负责保护大西洋及邻近海域的金枪鱼和类金枪鱼物种的政府间渔业组织。

363 美洲国家间热带金枪鱼委员会 IATTC　Inter-American Tropical Tuna Commission (IAT-TC)

美洲国家间热带金枪鱼委员会(IATTC)是一个负责在东太平洋保护和管理金枪鱼产业及其他金枪鱼船捕捞物种的组织。

364 保护南方蓝鳍金枪鱼委员会 CCSBT　Commission for the Conservation of Southern Bluefin Tuna (CCSBT)

保护南方蓝鳍金枪鱼委员会(CCSBT)是一个管理和保护澳大利亚蓝鳍金枪鱼的组织。

365 印度洋金枪鱼委员会 IOTC　Indian Ocean Tuna Commission (IOTC)

印度洋金枪鱼委员会(IOTC)是一个受托管理印度洋及邻近海域金枪鱼和类金枪鱼物种政府间组织。

366 国际植物学大会　International Botanical Congress

负责植物学物种国际通用标识的国际组织。

367 国际动物命名法委员会　International Commission on Zoological Nomenclature

负责《国际动物命名法规(ICZN)》的国际组织。

368 国际园艺学会　International Society for Horticulture Science

负责《国际栽培植物命名法规(ICNCP)》的国际组织。

369 化学文摘社 CAS　Chemical Abstract Service (CAS)

化学文摘社(CAS)是美国化学学会(ACS)负责 CAS 登记的部门。

370 社会保障管理局 SSA　Social Security Administration (SSA)

社会保障管理局(SSA)是美国政府的一个独立机构。SSA 编发社会保障参考号(SSN),用于标识商业交易中的参与方/实体。

371 海事卫星组织　INMARSAT

提供用于标识船舶的船舶呼号的卫星通讯组织。

ZZZ 相互协议商定 Mutually defined

3077 测试媒体代码 Test media code [B]

说明:说明测试使用的媒体(例如动物、人)的代码。

表示:an..3

1 动物 Animal

说明所测试的媒体为动物。

2 人体 Human

说明所测试的媒体为人体。

3 硫化物 Sulphide

说明被测试的媒体具有硫化成分。

4 铝酸盐 Aluminate

说明被测试的媒体具有铝酸盐成分。

5 硅酸盐 Silicate

说明被测试的媒体具有硅酸盐成分。

6 氧化物 Oxide

说明被测试的媒体具有氧化物成分。

ZZZ 相互协议商定 Mutually defined

3079 组织分类代码 Organisation classification code [B]

说明:说明一个组织分类的代码。

表示:an..3

1 部门类型 Type of department

与部门对应的组织分类。

2 医学专业类型 Type of medical speciality

按照医学专业对组织进行的分类。

3083 组织分类名称代码 Organisation classification name code [C]

说明:说明组织分类名称的代码。

表示:an..3

1 内科 Internal medicine

专门诊断和治疗疾病和身体不适的医学专科,通常不需要手术。

2 外科 Surgery

专门诊断和治疗疾病和身体不适的医学专科,通常需要进行手术。

3 精神病科 Psychiatry

专门诊断和治疗精神疾病的医学专科。

4 普科 General medicine

包括所有普通医学范围的医科。

3131 地址类型代码 Address type code [C]

说明:说明地址的类型。

表示:an..3

1 邮政地址 Postal address
该地址表示一个邮政地址。
2 财务地址 Fiscal address
财务管理要求的地址标识。
3 物理地址 Physical address
表示实际物理位置的地址。

3139 联系功能代码 Contact function code [C]
说明:指出联系(例如部门或人员)的功能的代码。
表示:an..3
AA 保险联系人 Insurance contact
涉及保险事宜的联系部门/人员。
AB 车间联系人 Workshop contact
涉及车间事宜的联系部门/人员。
AC 接收联系人 Accepting contact
负责接收来货的部门/人员。
AD 会计联系人 Accounting contact
在公司内部负责支付账款的部门/人员。
AE 合同联系人 Contract contact
涉及合同事宜的联系部门/人员。
AF 土地注册联系人 Land registry contact
涉及土地注册事宜的联系部门/人员。
AG 代理人 Agent
代表另参与方的代理部门/人员。
AH 协调联系人 Coordination contact
涉及工作技术协调事宜的联系部门/人员。
AI 项目管理联系人 Project management contact
涉及代表订约人进行项目管理的联系部门/人员。
AJ 投资联系人 Investment contact
涉及投资事宜的联系部门/人员。
AK 工厂管理联系人 Works management contact
涉及代表所有者进行工厂管理的联系部门/人员。
AL 人事联系人 Personnel contact
涉及人事(人力资源)事宜的联系部门/人员。
AM 索赔联系人 Claims contact
涉及索赔事宜的联系部门/人员。
AN 实验室联系人 Laboratory contact
实验室事项的联系部门/人员。
AO 设备联系人 Plant/equipment contact
涉及设备事宜的联系部门/人员。
AP 应付款联系人 Accounts payable contact
在公司内部负责付款的部门/人员。
AQ 数量检查员联系人 Quantity surveyor contact

涉及数量检查事宜的联系部门/人员。

AR 应收款联系人 Accounts receivable contact
在公司内部负责收款的部门/人员。

AS 公关联系人 Public relations contact
涉及公共关系事宜的联系部门/人员。

AT 技术联系人 Technical contact
涉及技术事宜的联系部门/人员。

AU 城市工作机构联系人 City works authority contact
涉及城市工作事宜的联系部门/人员。

AV 维护联系人 Maintenance contact
涉及维护事宜的联系部门/人员。

AW 城镇规划联系人 Town planning contact
涉及城镇规划事宜的联系部门/人员。

AX 交通管理机构联系人 Traffic authority contact
涉及交通事宜的联系部门/人员。

AY 供电联系人 Electricity supply contact
涉及供电事宜的联系部门/人员。

AZ 供气联系人 Gas supply contact
涉及供气事宜的联系部门/人员。

BA 供水联系人 Water supply contact
涉及供水事宜的联系部门/人员。

BB 电信网联系人 Telecommunications network contact
涉及电信网事宜的联系部门/人员。

BC 银行联系人 Banking contact
与银行联系的人员。

BD 新开发项目联系人 New developments contact
涉及新开发项目事宜的联系部门/人员。(如:建筑部门)

BE 运输基础设施管理机构 Transport infrastructure authority
涉及运输基础设施事宜的联系部门/人员。

BF 服务联系人 Service contact
服务事项的联系部门/人员。

BG 审计联系人 Auditing contact
关于审计的联系部门或个人。

BH 法定审计联系人 Legal auditing contact
关于法定审计的联系部门和个人。

BI 软件商联系人 Software house contact
关于软件商的联系部门和个人。

BJ 负责处理采购订单的部门或个人
Department or person responsible for processing purchase order
标识负责处理采购订单的部门或个人。

BK 电子数据交换协调人 Electronic data interchange coordinator
指定这是负责协调以电子数据交换格式进行信息交换相关事项的人员。

BL 放弃联系 Waiver contact

指出这是了解一项弃权的参与方。

BM 自动清算所(ACH)联系人 Automated clearing house (ACH) contact

指出这是自动票据交易所联系人。

BN 认证联系人 Certification contact

指定是知晓认证操作的联系人。

BO 下班后联系人 After business hours contact

正常工作时间之后的联系部门/人员。

BU 最终收货人 Ultimate consignee

拖运物的最终收货人。

CA 承运人 Carrier

(3126)承担或安排两指定地点之间的货物运输的人。

CB 变更人 Changed by

提出变更的人员。

CC 信息生产责任人 Responsible person for information production

涉及信息生产事宜的责任人。

CD 信息传播责任人 Responsible person for information dissemination

涉及信息传播事宜的责任人。

CE 计算机数据处理单位的负责人 Head of unit for computer data processing

涉及计算机数据处理事宜的单位负责人。

CF 信息生产单位的负责人 Head of unit for information production

涉及信息生产事宜的单位负责人。

CG 信息传播单位的负责人 Head of unit for information dissemination

涉及信息传播事宜的单位负责人。

CN 收货人 Consignee

(3132)货物发送交给的参与方。

CO 发货人 Consignor

(3336)与承运人签订合同并将货物交给承运人或由自己托运的参与方。

同义词:shipper/sender。

CP 计算机数据处理责任人 Responsible person for computer data processing

涉及计算机数据处理事宜的责任人。

CR 客户联系人 Customer relations

负责与客户联系的人员。

CW 确认人 Confirmed with

订货报文发出时,订单内容已经其确认(如通过电话)的人。

DE 执行出口程序的部门/人员 Department/employee to execute export procedures

负责执行出口程序的部门/人员。

DI 执行进口程序的部门/人员 Department/employee to execute import procedures

负责执行进口程序的部门/人员。

DL 交货联系人 Delivery contact

负责交货的联系人。

EB 登记人 Entered by

办理登记的个人姓名。

EC 教育协调人 Education coordinator

负责教育协调工作的人员。

ED 工程联系人 Engineering contact

负责涉及工程报价或订单所需的各方面情况的部门/人员。

EX 负责按时供应原材料的参与方 Expeditor

联系货物及时送达地点的参与方。

GR 收货联系人 Goods receiving contact

在交货地点负责接收货物的部门/人员。

HE 紧急危险品联系人 Emergency dangerous goods contact

在紧急情况下应与其联系的参与方。

HG 危险品联系人 Dangerous goods contact

就有关危险品/有害物质运输细节应与之联系的人员。

HM 有害物质联系人 Hazardous material contact

负责管理有害物质的部门/人员。

IC 查询联系人 Information contact

与交易有关问题的联系部门/人员。

IN 承保人联系信息 Insurer contact

承保人的联系信息。

LB 交货地点联系信息 Place of delivery contact

交货地点联系信息。

LO 托收地点联系信息 Place of collection contact

托收地点的联系信息。

MC 材料管理联系人 Material control contact

负责管理/检查货物的部门/人员。

MD 材料处置联系人 Material disposition contact

负责货物处理/安排的部门/人员。

MH 材料处理联系信息 Material handling contact

材料处理的联系信息。

MR 报文接收方联系信息 Message recipient contact

报文接收方的联系信息。

MS 报文发送方联系信息 Message sender contact

报文发送方的联系信息。

NT 通知单联系信息 Notification contact

通知单的联系信息。

OC 订单联系人 Order contact

与此订单有关的问题的联系人员。

PA 样品协调人 Prototype coordinator

负责样品协调的人员。

PD 采购联系人 Purchasing contact

负责签发此购买订单的部门/人员。

PE 收款人联系信息 Payee contact

收款人的联系信息。

PM 产品管理联系人 Product management contact

与此订单有关的问题的联系部门/人员。

QA 质量保证联系人 Quality assurance contact
机构内部质量保证联系人员。

QC 质量协调联系人 Quality coordinator contact
机构内部质量协调联系人员。

RD 收货场站联系人 Receiving dock contact
机构内部收货场站联系人员。

SA 销售管理部门 Sales administration
公司内部的销售管理部门的名称。

SC 计划联系部门 Schedule contact
公司内部的计划联系部门的名称。

SD 装运联系部门 Shipping contact
机构内部的装运联系部门。

SR 销售代表或部门 Sales representative or department
机构内部的销售代表或部门。

SU 供方联系人 Supplier contact
供方联系部门/人员。

TA 交通管理部门 Traffic administrator
机构内部交通管理联系部门。

TD 测试联系人 Test contact
负责测试联系的部门/人员。

TI 技术文件接收人 Technical documentation recipient
接收技术文件的部门/人员。

TR 运输联系部门 Transport contact
负责运输的联系部门/人员。

WH 仓库 Warehouse
机构内部仓库联系部门。

WI 备用联系人 Alternate contact
备用的联系部门或人员。

WJ 办公室经理 Office Manager
负责管理办公室日常业务活动的个人。

WK 特许会计师联系人 Chartered accountant contact
标识特许会计师联系人的代码。

ZZZ 互相协议商定 Mutually defined。

3153 通信媒体类型代码 Communication medium type code [C]

说明:说明通信媒体类型的代码。

表示:an..3

AA 电路交换 Circuit switching
根据需要接通两个或多个数据终端设备，并允许在这些终端设备之间单独使用数据线电路,直到这种连接被释放为止的过程(ISO)。

AB SITA
国际航空电信协会分配的通信号。

AC　ARINC

由国际航空无线电通信公司分配的通信号。

AD　特快专递　Courier

标识特快专递的通信信道。

AE　邮政快递　Express post

邮政快递(连夜)服务的单证交付。

CA　电报挂号地址　Cable address

用作通信媒体的电报挂号地址。

EI　EDI 传输　EDI transmission

服务机构和被服务用户的标识号。

EM　电子邮件　Electronic mail

使用电子方式进行邮件交换。

EX　分机　Extension

电话分机。

FT　文件传送访问方式　File transfer access method

依据 ISO。

FX　电传　Telefax

通过电话线或其他电子传输媒体上的信号来传输和再现固定图像材料(如印刷物)的装置。

GM　通用电子信息服务(GEIS)信箱　GEIS(General Electric Information Service) mailbox

用作通信媒体的通用电子信息服务(GEIS)信箱。

IE　IBM 信息交换　IBM information exchange

用作通信媒体的 IBM 信息交换。

IM　内部信箱　Internal mail

内部邮件地址/号码。

MA　邮件　Mail

邮政服务文件投递。

PB　邮政信箱号　Postbox no.

用作通信媒体的邮政信箱号。

PS　包交换　Packet switching

利用带有地址包的路径处理和传送数据，以便信道仅在传输包的期间被占用的过程，在传输完毕后，该信道可以用来传送其他包(ISO)。

SW　环球银行金融电信协会　S. W. I. F. T.

由环球银行金融电信协会分配的通信地址。

用电话传输话音或数据。

TE　电话　Telephone

通过电话传输语音/数据。

TG　电报　Telegraph

通过电报机传输文本。

TL　用户电报　Telex

通过用户电报传输文本或数据。

TM　远程邮件　Telemail

通过远程邮件传输文本或数据。

TT　图文电视　Teletext

通过图文电视传输文本或数据。

TX　TWX

用线路或电子传输媒体连接的包括电传的通信服务。电传是用于发送和接收信号并产生硬拷贝的设备。

XF　X.400

CCITT 消息处理系统。

3155　通信方式类型代码　Communication means type code　[B]

说明：说明通信地址类型的代码。

表示：an..3

AA　电路交换　Circuit switching

根据需要接通两个或多个数据终端设备，并允许在这些终端设备之间唯一使用数据线电路，直到这种连接被释放为止的过程(ISO)。

AB　SITA

国际航空电信协会分配的通信号。

AC　ARINC

由国际航空无线电通信公司分配的通信号。

AD　AT&T 信箱　AT&T maildox

AT&T 信箱标识符。

AE　外部设备　Peripheral device

外部设备标识。

AF　美国国防交换网　U.S. Defense Switched Network

美国国防部的交换电信网。

AG　美国联邦电信系统　U.S. federal telecommunications system

美国政府的 switched 电信网。

AH　互联网　World Wide Web

通过互联网交换数据。

AI　国际呼叫的国家代号　International calling country code

标识拨打国际长途时所用国际电话号码中表示国家代号的那段号码。

AJ　备用电话　Alternate telephone

标识备用电话的号码。

AK　可视图文系统号码　Videotex number

标识为在线可视图文系统服务通信号码的代码。

AL　移动电话　Cellular phone

标识蜂窝式移动电话的号码。

AM　国际电话专线　International telephone direct line

国际电话专线号码。

AN　O.F.T.P.(ODETTE File Transfer Protocol)

ODETTE 文件传输协议。

AO　统一资源定位符　Uniform Resource Location (URL)

标识统一资源定位符(URL)。

同义词：互联网网址、网页地址。

AP　VHF 无线电话　Very High Frequency (VHF) radio telephone

甚高频(VHF)无线电话。

AQ　X.400 邮件文本地址　X.400 address for mail text

接收一份报文正文文本信息的 X.400 地址。

AR　AS1 地址　AS1 address

能够收取符合 EDIINT/AS1 协议的报文的地址，EDIINT/AS1 协议则是针对基于电子数据交换的 MIME。

AS　AS2 地址　AS2 address

能够收取符合 EDIINT/AS2 协议的报文的地址。

AT　AS3 地址　AS3 address

能够收取符合 EDIINT/AS3 协议的报文的地址。

AU　文件传输协议　File Transfer Protocol

能够收取符合文件传输协议(IETF RFC 959et. al.)的地址。

CA　电报挂号地址　Cable address

标识电报挂号地址的通信号码。

EI　EDI 传输　EDI transmission

服务机构和被服务用户的标识号。

EM　电子邮件　Electronic mail

使用电子方式进行邮件交换。

EX　分机　Extension

电话分机。

FT　文件传送访问方式　File transfer access method

依据 ISO。

FX　电传　Telefax

通过电话线或其他电子传输媒体上的信号来传输和再现固定图像材料(如印刷物)的装置。

GM　GEIS(通用电子信息服务)信箱　GEIS(General Electric Information Service) mailbox

IE　IBM 信息交换　IBM information exchange

标识 IBM IE 邮箱的通信号码。

IM　内部信箱　Internal mail

内部邮件地址/号码。

MA　邮件　Mail

邮政服务文件投递。

PB　邮政信箱号　Postbox number

标识邮政信箱的通信号码。

PS　包交换　Packet switching

利用带有地址的包路由和传送数据，以便信道仅在传输包的期间被占用的过程，在传输完毕后，该信道可以用来传送其他包(ISO)。

SW　环球银行金融电信协会　S. W. I. F. T.

由环球银行金融电信协会规定的通信地址。

用电话传输声音/数据。

TE　电话　Telephone

通过电话传输的语音/数据。

TG　电报　Telegraph

通过电报机传输文本。

TL 用户电报 Telex
通过用户电报传输文本/数据。
TM 远程邮件 Telemail
通过远程邮件传输文本/数据。
TT 图文电视 Teletext
通过图文电视传输文本/数据。
TX TWX
用线路或电子传输媒体连接的包括电传的通信服务。电传是用于发送和接收信号并产生硬拷贝的设备。
XF X.400
CCITT 消息处理系统。
XG 寻呼机 Pager
标识寻呼机的通信号码。
XH 国际电话交换机 International telephone switchboard
国际电话交换机号码。
XI 国内电话专线 National telephone direct line
国内电话专线号码。
XJ 国内电话交换机 National telephone switchboard
国内电话总机号码。

3227 地点功能代码限定符 Location function code qualifier [C]
说明:标识地点功能的代码。
表示:an..3
1 交货条款地点 Place of terms of delivery
(3018)按交货适用条款的要求(如 Incoterms)确定的出发、装运或目的地的地点或港口。
2 付款地点 Payment place
贷方应该使用或已经成为可以使用资金的地点。
3 皮重核查地点 Tare check place
为正式测定而对设备皮重所进行的或必须进行核查的地点。
4 收货地点 Goods receipt place
收到货物的地点。
5 启程地 Place of departure
(3214)运输工具按航班表离开或已经离开的港口、机场或其他地点。
6 病床 Ward bed
病房中的一个床位。
7 交货地 Place of delivery
(3246)按照运输合同条款,最后交货的地点(业务术语)。
8 目的地 Place of destination
运输工具指定到达的港口、机场或其他地点。
9 装货地点 Place of loading
(3334 3230)为运输货物,将货物装上运输工具的海港、机场、货运站、火车站或其他地点。
10 接货地点 Place of acceptance
(3348)承运人接收货物的地点。

11 卸货地点/港　Place/port of discharge

(3329　3414)为运输货物，将货物卸下运输工具的海港、机场、货运站、火车站或其他地点。

12 卸货港　Port of discharge

运输货物卸下船的港口。

13 转运地　Place of transhipment

(3424)货物从一个运输工具转到另一个运输工具的地点(业务术语)。

14 货物位置　Goods item storage location

(3385)放置货物并可作检查的地点。

15 转运责任地点　Place of transfer responsibility

责任被转移的地点。

16 所有权转让地点　Place of transfer of ownership

货物的所有权被转让地点。

17 过境地点　Border crossing place

货物被运送通过一个国家的边境地点。

18 仓库　Warehouse

(3156)存放特定托运物的仓库。

19 工厂　Factory/plant

与特定托运物有关的工厂。

20 货物的最终目的地　Place of ultimate destination of goods

货物最终应被交付的地点。

21 销售条款地点　Terms of sale place

按交易双方商定的销售条款规定的出发、装运或目的地地点。

22 清关地点　Customs clearance location

(3080)清关手续发生的地点(CCC)。

受海关监管的货物被放行的港口。

24 入境港口　Port of entry

为海关入境手续递交最后文件的港口。

25 国家　Country

与特定交易有关的国家。

26 城市　City

与特定交易或托运物有关的城市或城镇。

27 原产地国　Country of origin

(3238)根据关税申请标准、数量限制标准或与贸易有关的措施标准生产或制造货物的国家。

28 货物的目的地国　Country of destination of goods

货物将被交付的国家。

29 火车站　Railway station

与特定托运物有关的火车站/车场的名称或标识。

30 原料来源国　Country of source

在另一个国家制造和装配之前，生产原料或部件的国家。

31 建筑物　Building

与特定托运物或交易有关的建筑物或其中一部分。

32 计费段开始地点　Beginning of chargeable section

计费行程中一个预定运输段的第一个火车站。一个运输的全程可以分为几个运输段，甚至在同一国家中，使用不同的费规单独计费(分途计价表)。

33 卸货基本港 Baseport of discharge

根据运价表而定的卸货港，不同于可用于卸货的港口。干线运输中的这一港口可以进行实际卸货，也可以不卸。

34 装货基本港 Baseport of loading

根据运价表而定的装货港，不同于可用于装货的港口。干线运输中的这一港口可以进行实际装货，也可以不装。

35 货物托运国 Exportation country

(3220)最初向进口国发货，在中转国内不发生任何商业交易的国家。

同义词：出口国、发出国：同一关税同盟的两国家之间，发出货物的国家。

36 最终目的地国 Country of ultimate destination

(3216)发货人或其代理人发货时指定的最后收到货物的国家。

37 最终托运国 Country of last consignment

(3331)把进口货物装上运输工具的国家。

38 第一目的地国 Country of first destination

(3219)把出口货物卸下运输工具的国家。

39 生产国 Country of production

已经生产或将要生产产品的国家。

40 贸易国 Country of trading

已经或将要发生贸易的国家。

41 入境地海关 Consignment entry Customs office location

(3089)货物进入目的地国通过的海关。

42 出境地海关 Customs office of exit

(3097)货物离开发送国/出口国通过的海关。

43 海关检查地点 Place of Customs examination

海关对货物进行实查的地点，以保证其符合货物申报单中专门提供的货物的属性、原产地、条件、数量和价值等。

44 单证签证地点 Place of authentication of document

(3410)签署或以其他方式签发单证的地点。

同义词：单证签发地点。

45 目的地海关(转关) Customs office of destination (transit)

(3086)完成转关手续的海关。同义词：转关地海关。

46 发送地区 Region of despatch

一个关税同盟的国家之间发送货物的地区。

47 目的地地区 Region of destination

发货人或其代理人发货时所知的最后交付货物的地区。

48 生产地区 Region of production

已经生产或将要生产产品的地区。

49 转口国 Transit country

(3263)通过其进行货物转口的国家。

50 转运地海关 Customs office of transit

(3107)负责办理途中过境手续的海关。

51 无效的转口担保国 Country of invalid transit guarantee

按照转口手续对货物运输的保证或担保无效的国家。

52 目的地国(转口) Country of destination (transit)

完成转关手续的国家。同义词:转关地国家。

53 应付运费和费用的起点 Charge and freight due from

运费和费用计费的起点。

54 制造部门 Manufacturing department

制造区内的部门(如涂漆、装配)。

55 应付运费和费用的终点 Charges and freight payable to

(3234)运费或其他费用应付至地点的名称。

56 计费段结束地点 End of chargeable section

计费行程中一个预定运输段的最后一个火车站。一个运输的全程可以分为几个运输段,甚至在同一国家中,使用不同的费规单独计费(分途计价表)。

57 付款地点 Place of payment

应付干线运输运费和费用的地点名称。

58 整车装卸 Full track loading or unloading

运输全程的某一站进行整车装卸的站的标识(只用于由于某种技术原因,如损坏,车站被迫将货物转装到其他车厢的情况)。

59 灭失地点 Place of loss

标识发生灭失的地点。

60 到达地点 Place of arrival

运输工具到达的地点。

61 下一停靠港口 Next port of call

船舶将要停靠的下一个港口。

62 续运港 On-carriage port

干线运输完成后货物被卸下船的港口(转运港)。

63 分项目地点 Sub-project location

产生分项目的地点。

64 第一选卸地点 First optional place of discharge

运输单证所列,卸货首选地点或港口,按照托运人选择可以在此卸货。

65 最终卸货港口或地点 Final port or place of discharge

依照运输合同货物最终从运输工具上卸下的海港、机场、货运总站、火车站或其他地点的名称。

66 特快火车站 Express railway station

提供特快运输服务的火车站。

67 混装货物火车站 Mixed cargo railway station

提供混合货物运输服务的火车站。

68 第二选卸地点 Second optional place of discharge

运输单证所列,第二个选择卸货地点或港口,按照托运人选择可以在此卸货。

69 下一个非卸货停靠港 Next non-discharge port of call

标识下一个不卸货的船舶停靠港。

70 第三选卸地点 Third optional place of discharge

运输单证所列，第三个选择卸货地点或港口，按照托运人选择可以在此卸货。

71 重新拼装地点 Reconsolidation point

货物重新拼装的地点。

72 第四选卸地点 Fourth optional place of discharge

运输单证所列，第四个选择卸货地点或港口，按照托运人选择可以在此卸货。

73 提单发放地点 Bill of lading release office

为客户发放提单的地点。

74 非转运地点 Transhipment excluding this place

不能进行从一个运输工具到另一个运输工具的转运的地点/位置。

75 限定转运地点 Transhipment limited to this place

只能进行从一个运输工具到另一个运输工具的转运的地点/位置。

76 最初装货港 Original port of loading

货物首次被装上船的港口。

77 停靠的第一个非卸货港口 First port of call-non-discharging

运输工具从其停靠的先前地点/港口初次到达的目的地国家的不进行卸货的港口。

78 第一个卸货港口 First port of call-discharging

运输工具从其停靠的先前地点/港口初次到达的目的地国家进行卸货的港口。

79 第一个入境地点/港口 Place/port of first entry

海关入境手续中最后单证递交的地点或港口。

80 发送地点 Place of despatch

如果与运输合同的接货地点不同时，将货物送交运输的地点（业务术语）。

同义词：运输始发地点。

81 第五选卸地点 Fifth optional place of discharge

运输单证所列，第五个选择卸货地点或港口，按照托运人选择可以在此卸货。

82 前程运输港口 Pre-carriage port

前程运输船舶的装货港，用于干线运输之前的运输。

83 交货地点（续运） Place of delivery (by on carriage)

货物被最终交付的地点。

84 运输合同的接货地点 Transport contract place of acceptance

承运人接收货物的地点。

85 运输合同的目的地 Transport contract place of destination

货物被指定到达的地点。

86 有效的转口担保国 Country of valid transit guarantee

按照转口手续对货物运输的保证或担保有效的国家。

87 运输工具最初到达地点 Place/port of conveyance initial arrival

运输工具从上一停靠地点/港口出发最初到达目的地国中的地点/港口。

88 收货地点 Place of receipt

实际收到货物的地点标识。

89 注册地点 Place of registration

进行注册的地点。

90 进行特殊处理的地点/位置 Special treatment place

已经进行或必须进行特殊处理的地点。

91 单证签发地点 Place of document issue

单证签发的地点或位置。

92 运输路线的选定 Routing

运输路线选定地点的标识。

93 额外费用适用站 Station of application of additional costs

按照运输合同,发生某些应付费作业的火车站(再计重、装载的重新固定、设备和托运物的管理等)。

94 前一个停靠港 Previous port of call

船舶已经停靠的前一个港口。

95 航行目的地区域 Sailing destination area

船舶指定到达的地理区域。

96 单证存放地点 Place of lodgement of documents

已存放的海关申报所需单证的海关站。

97 选卸地点 Optional place of discharge

运输单证所列,可选的卸货地点或港口,按照托运人选择可以在此卸货。

98 空设备发送地点 Place of empty equipment despatch

空设备被发送出的地点。

99 空设备返回地点 Place of empty equipment return

空设备被返回的地点。

100 入库地点/港口 Place/port of warehouse entry

为使货物进入海关保税仓库而递交入库单的海关辖区内的地点(例如区)。

101 第一销售国 Country of first sale

最初销售的国家名称。

102 购买国 Country of purchase

(3394)进口方的订约人或其商行所在的国家。

103 转运地 Place of transfer

货物从一个承运人转给另一个承运人的地点(合同术语)。

104 拆箱地点 Place of deconsolidation

将一大票托运物分成若干小票托运物的地点。

105 消费地 Place of consumption

货物进入进口国家市场(商业)的地点/位置。

106 原产地区 Region of origin

根据关税申请标准、数量限制标准或与贸易有关的措施标准生产或制造货物的地区。

107 拼装地点 Place of consolidation

小票货物组成一大票货物作为更大的成组单位进行运输的地点。

108 费率合并点 Rate combination point

区段费率组合的地点。

109 推迟延期交货决定地点 Place of prolongation decision of delivery delay

决定推迟延期交货的地点。

110 重新计费地点/位置 Recharging place/location

托运物变更目的地并发生重新计费的地点/位置(可以发给改变运输路线的补充通知,据此承运人可以重新进行运费计算)。

111 发送地海关 Customs office of despatch

同一关税同盟的国家之间发送货物的海关。

112 设备可用地区 Region of equipment availability
请求一个设备可以出租的地区。

113 发送国 Country of despatch
同一关税同盟内发送货物的国家。

114 出口地海关 Customs office of export
从海关辖区内取出货物的海关。

115 出口自由贸易区 Free zone of export
出口货物到进口国家通过的国外免税区(见 1131=131)。

116 出口/发送地区 Region of export/despatch
货物最初出口至进口国,在中转国内未发生任何商业交易的地区。发送地区:在关税同盟中的国家之间发货的地区。

117 收货地点 Place of collection
将要或能够取货(收货)的地点。

118 启运地海关 Customs office of departure
海关转口作业开始的海关(CCC)。

119 转口保证海关 Customs office of transit guarantee
(3110)保证货物的搬移是按照转口提交手续进行的海关。

120 中转国 Country of transhipment
在负责进出口业务的一个海关辖区内,在海关的监管下,将货物从进口运输工具转到出口运输工具的国家。

121 销售国 Country of sale
(3116)出口方的代理或其商行所在的国家。

122 目的地海关 Customs office of destination
货物将被结清的海关(CCC)。

123 铁路货车站 Wagon-load railway station
装载货物的铁路货车站。

124 支线 Siding
装载货物的短途铁路货车站,或过路站。

125 运输工具先前停靠地点/港 Last place/port of call of conveyance
运输工具离开先前国外停靠地点/港口后,最初到达的地点/港(87)。

126 办理前期海关手续的国家 Country of previous Customs procedure
为办理前期海关手续,将报关单提交给的国家。

127 前期报关单注册海关 Customs office of registration of previous Customs declaration
将前期报关单提交给的海关。

128 参与方地点 Participant sender location
货运中的一参与方所在的且能取得联系的地点。

129 用工谈判地区 Wage negotiation district
属于工会用工谈判的工人所在地区。

130 运输工具的最终目的地地点 Place of ultimate destination of conveyance
运输工具最终指定到达的海港、机场、货运站、火车站或其他地点。

131 空设备装载地点 Place of loading of empty equipment
空设备(如集装箱)被装上运输工具的海港、机场、货栈、火车站或其他地点。

132 空设备卸下地点 Place of discharge of empty equipment

空设备被卸下运输工具的海港、机场、货运站、火车站或其他地点。

133 交货地区 Region of delivery

(3246)按照运输合同条款最终交货的地区(业务术语)。

134 油库 Petroleum warehouse

保税油库或供应来源。

135 入境地(海关) Place of entry (Customs)

货物进入海关辖区的地点。

136 活动物看管地点 Living animals care place

为看管活动物提供的地点。

137 再冷冻地点 Re-icing place

必须执行再冷冻的地点。

138 测重地点 Weighting place

确定重量的地点。

139 货车编组场站 Marshalling yard

解编并重新编组组成新的一列火车的站。

140 停车站 Stopping station

火车必须停靠或为处理意外必须停靠的车站。

141 装货站台 Loading dock

为铁路车厢的装卸而特设的站台。

142 港口铁路线 Port connection

火车站到码头的连接轨道。

143 有效截止地点 Place of expiry

提交必要单据的跟单信用证有效截止地点。

144 议付地点 Place of negotiation

为议付目的提交跟单信用证的地点。

145 赔付地点 Claims payable place

应付保险索赔的地点。

146 跟单信用证可用地点 Documentary credit available in

在不指定银行的情况下,跟单信用证可以使用的地点。

147 运输工具积载位置 Transport means stowage location

船上可以配载成组设备的位置。

148 运输至…… For transportation to

货物被运输到的地点/国家。

149 装货/发运/接货地点 Loading on board/despatch/taking in charge at/from

货物装货、发运或接货的地点/国家。

150 集装箱堆存位置 Container stack position

集装箱在码头、堆场或货运站的堆存位置。

151 专用箱 Private box

用于接送包裹(如快件)的专用箱。

152 下一卸货港 Next port of discharge

在下一个港口从运输船上卸下货物。

153 停靠港 Port of call

船只已经停靠或将要停靠的港口。

154 起租地点/位置 Place/location of on-hire
标的被签约使用的地点/位置。
155 停租地点/位置 Place/location of off-hire
标的被签约使用结束的地点/位置。
156 其他承运人场站 Other carriers terminal
不属于真正承运人的另一承运人的场站。
157 增值税(VAT)管辖国家 Country of Value Added Tax (VAT) jurisdiction
管理交易遵从的增值税条例的国家。
158 联系地点 Contact location
设置联系的地点。
159 另外内部目的地 Additional internal destination
货物运到的收货人地界中的任何地点。
160 国外停靠港 Foreign port of call
船舶停靠或将要停靠的国外停靠港。
161 维修地点 Maintenance location
已经或将要进行维修的地点。
162 销售地点 Place or location of sale
进行销售的地点。
163 直接投资国 Direct investment country
某国家,在该国进行直接投资或从该国撤回投资。
164 泊位 Berth
船舶在港口中系泊的位置。
165 建筑物国 Construction country
建筑工程所在国。
166 援助国 Donation acting country
被援助的国家。
167 支付交易国 Payment transaction country
支付交易的国外对应国家。
168 物品返回的实际地点 Physical place of return of item
物品返回的实际地点,即供货方接收客户返回物品的地点。
169 转船港 Relay port
在同一提货单条款下,货物由同一承运人从某一船舶转移至另一船舶的地点。
170 最终卸货港 Final port of discharge
货物送到交货地点或目的地之前,卸船的最后港口。
171 配载前预先堆积的位置 Place of destination for pre-stacking prior to stowage
积载前物品预先堆积在运输工具上的位置。
172 报告位置 Reporting location
将信息报告给该位置。
173 运输合同发送地点 Transport contract place of despatch
依照每份合同发送货物的地点。
174 居住地 Place of residence
某参与方居住的地点。
175 活动地点 Activity location

进行某项活动的地点。

176 提货地点 Pick-up location

提货地点。

177 建筑工地 Construction site

建筑工程所在地点。

178 搭乘港 Port of embarkation

人员登上运输工具的港口。

179 登陆港 Place of disembarkation

人员从运输工具登陆的港口。

180 出生地 Person birth location

人员出生的地点。

181 登记处 Registered office

标识登记处的地点或位置。

182 公司地点 Place of incorporation

标识公司所在地。

183 企业地点 Place of business

表示一家企业的地点或位置。

184 物理位置 Physical location

标识物理位置。

185 发送邮件地点 Location to send mail

标识邮件发出的地点。

186 国外注册地点 Foreign registration location

标识国外注册的地点或位置。

187 税务申报地点 Tax filed from location

表示进行税务申报的地点。

188 申报地点 Filing location

标识申报实体所在地。

189 以前位置 Former location

标识一个早先或以前的地点或位置。

190 总部 Head office

标识总部的地点或位置。

191 不动产 Property

标识不动产的地点或位置。

192 修正的地点 Correct location

标识修正的地点或位置。

193 分支机构所在地 Branch location

标识分支机构的地点或位置。

194 前注册地点 Former registered location

标识一家实体以前的注册地点。

195 将来的地点 Future location

未来将要使用的地点。

196 变更地点 Changed to location

标识变更的地点。

197　查询地点　Place of inquiry
进行查询的地点。

198　原始地点　Original location
标识初始地点。

199　最后来源国　Country of last source
产品或服务最后来源所在地的国家。

200　作业地点　Place of handling
应当或已经进行作业的地方。

201　运输代理定义的始发地国家　Country of origin as defined by transportation agency
运输代理定义的始发地国家。

202　终点　Terminal
运输车辆的目的地。

203　抽样地点　Sample location
标识进行抽样的地点的代码。

204　医院临终关怀病房(ADU)　Hospital Advanced Dependency Unit (ADU)
医院为临终关怀护理而设的病房。

205　医院新生儿加护病房(NICU)　Hospital Neonatal Intensive Care Unit (NICU)
医院为新生儿提供加强护理而设的病房。

206　医院儿科护理病房(PCU)　Hospital Paediatric Care Unit (PCU)
在医院为儿童的父母护理准备的单元。

207　医院重症加护病房　Hospital Intensive Care Unit (ICU)
医院的重症加护病房。

208　医院豪华病房　Hospital luxury room
医院高水准住宿条件的病房。

209　多人病房　Hospital shared room
医院中多名病人共住一间的病房。

210　单人病房　Hospital private room
医院专为单人住宿的病房。

211　投标区域　Bidding area
适用于以同一价格进行投标的整个区域。

212　定价区域　Price area
同一价格所适用的区域。

213　设备目的地国家　Country of destination of equipment
设备停留的最后地点所在国。

214　机场的飞机机位　Aircraft airport stand
用于指出对飞机保留机场停机位的代码。

215　机场旅客航站楼　Airport passenger terminal
用于指出用于旅客上下飞机的机场航站楼的代码。

216　上一泊位　Previous berth
船舶上一次在港口锚泊的地点或位置。

217　下一泊位　Next berth
船舶在港口从当前位置将要移至的锚泊地点或位置。

218　实体所在地　Entity location

标识实体的地点或位置。

219 货运库场 Goods depot

接收货物并使之付运的仓库/堆场。

220 消毒地点 Disinfecting place

已经进行或必须进行消毒的地点。

221 码头火车站 Harbour rail station

在码头营业的火车站。

222 活牲畜饲养地点 Place of live animal care

已经或必须提供活牲畜饲养服务的地点。

223 植物检疫监管地点 Phytosanitary control place

已经或必须进行植物检疫的监管地点。

224 再次冷冻或解冻地点 Place for re-icing or de-icing

已经或必须进行再次冷冻或解冻的地点。

225 燃料补给地点 Place of refueling

已经或必须进行燃料补给的地点。

226 提供意外服务的地点 Place of provision of an unexpected service

已经或必须提供意外服务的地点。

227 专用集装箱码头(货运站) Private container terminal

某一家公司管理的或自有的集装箱码头。

228 铁路集装箱货运站 Railway container terminal

由一家铁路公司管理或拥有的集装箱货运站。

229 检验地点 Inspection site

进行检验的地点。

230 招呼站 Request only stop

只有出现停靠要求才进站的地点。

231 电网范围 Grid area

电网地域。

232 原产供电区 Source power area

原产供电的区域。

233 转输供电区 Sink power area

供电目的地区域。

234 预定泊位 Scheduled berth

港内已经预定的船舶靠泊的地点或位置。

235 预定船艏系泊位置 Scheduled berth,bow

港内已经预定的船艏系泊的地点或位置。

236 预定船艉系泊位置 Scheduled berth,stern

港内已经预定的船艉系泊的地点或位置。

237 调差区域 Balance settlement area

适用差额调整一般规则的区域。

238 销售区域 Market area

适用一般交易规则的区域。

239 电网剂量区域 Metering grid area

可以对消费、生产和交换进行计量的物理区域。

240 气候区 Climate zone
气候具有共同特性的地理区域。
241 出生地国家 Country of birth
个人或动物出生地所在国家。
242 育肥国家 Country of fattening
动物被育肥的国家。
243 屠宰国家 Country of slaughter
屠宰动物的国家。
244 分割肉类的国家 Country of meat cutting
进行肉类分割的国家。
245 肉类分割地点 Meat cutting location
进行肉类分割的位置。
246 屠宰场 Slaughterhouse
将动物作为食物进行屠宰的地方。
247 肉类切碎的国家 Country of meat mincing
使用绞肉机将肉类切成极小颗粒的国家。
248 装卸地点 Place of discharge and loading
运输工具装卸作业都要进行的地方，如海港、机场、货运站、火车站。
249 货运设施位置 Cargo facility location
对货物进行装卸作业的货运站、仓库或堆场的名称。
250 旅游胜地 Tourist point of interest
指出是旅游胜地的代码。
251 关税付费处 Customs office of payment
必须在那里支付海关税费的地方。
252 运输工具驶离地点 Conveyance facility location at departure
运输工具启程最后离开货运站点（如货运站、仓库或堆场）所在地的名称。
253 运输工具抵达地点 Conveyance facility location at arrival
运输工具抵达最初停靠货运站点（如货运站、仓库或堆场）所在地的名称。
254 客车站 Bus station
公共汽车站的名称或标识。
255 渡轮码头 Ferry terminal
渡轮码头的名称或标识。
256 包装地点 Place of packing
对货物进行包装的地点。
257 装配国家 Country of assembly
装配产品所在地的国家。
258 市镇经销部 Town sales office
市镇经销部的所在地。
259 旅行社 Travel agency
旅行社所在地。
260 内陆清关场站 Inland clearance depot
海关或其他政府管理机构在国内对货物办理清关手续的货运场站。
261 最终产地 Place of final production

最终完成产品生产的地方。

262 生长地点 Place of growth

产品生长的地方。

263 半成品产地 Place of intermediate production

完成生产之前进行加工的任何地方。

264 营养品原产地 Place of nutrient origin

营养品或滋补食品的原产地。

265 包装材料产地 Place of package material production

生产包装材料的地方。

266 加工地点 Place of processing

进行商品加工的地方。

267 物种原产地 Place of species origin

野生物种的原产地,或有物种出生、经人工繁育、栽培或收获的地方。

268 捕获地 Place of catch

捕获动物的地方,如捕鱼的海域。

269 政府投诉办公室 Government appeal office

可以向其提出诉求的政府机关所在地。

270 跨境货物入境管理处 Regulatory office of cross-border goods entry

标识货物入境或进入目的地关境的管理处。

271 跨境货物出境管理处 Regulatory office of cross-border goods exit

标识货物离境或离开发运地关境的管理处。

272 政府核准的机构 Government approved establishment

政府管理机关批准的专门机构。

273 自由贸易区 Free trade zone

一个国家的特殊区域,消除了一些通常的贸易壁垒(如关税和配额),也叫做经济特区。

274 实际检验地点 Place of physical examination

进行货物检验的地方。

275 许可地点 Permitted location

许可证、通行证、证书或其他证件标明的货物被允许进行运输或其他操作的地点。

276 登陆地点 Landing location

运输工具可以停靠、系泊的地方,如码头、泊位、铁路调车场、停车场。

277 最后程运输工具装货地点 Place of loading on final means of transport

托运货物装上进入最终目的地关境的运输工具的地点。

278 合规申报审核地点 Place of regulatory declaration review

政府专门机构审核申报的地点。

279 旅行证件签发国家或行政实体 Travel document issuing country or political entity

签发旅行证件的国家或行政实体。

280 经认证的合格设施 Compliant facility,registered

具有符合管理机关规章或法规的正式证书的设施。

281 保税仓库 Bonded warehouse

可以在不支付关税的情况下对应税货物进行存放、处理或生产作业的建筑物或其他保税区。

282 指定的货物销毁地点 Goods destruction site,designated

为销毁货物而指定的地点。

283 指定的货物处置地点 Goods disposal location,designated
为处置货物而指定的地点。
284 焚化设施 Incineration facility
拥有焚化炉或焚烧装置的设施,以完全销毁物质或通过焚烧将物质化为灰烬。
285 实验室 Laboratory
装备科学实验、研究、检验或测定的机构。
286 装配地点 Place of assembly
装配产品的地点。
287 加工地点 Processing site
对产品进行制造和加工的一项或一系列作业的地方。
288 检疫机构 Quarantine facility
进行隔离的地点或位置。
289 回收机构 Reclamation facility
想从材料或货物中回收所需物质的机构。
290 提炼工厂 Refinery
提炼像石油或食糖等物质的工厂。
291 冶炼厂 Smelter
为将其中的金属分离出来而熔化矿石的机构。
292 指定的处理机构 Prescribed treatment facility
按指定方式处理货物的机构。
293 大使馆 Embassy
由主权国家派往另一国家作为其常驻代表的使节或外交官员的官方总部。
ZZZ 互相协议商定 Mutually defined
有关各方商定的地点或位置。

3237 取样位置描述代码 Sample location description code [B]
说明:说明样品中的取样位置的代码。
表示:an..3
1 孔 Bore
2 轮缘 Rim
3 网 Web
4 中心 Centre
5 核心 Core
6 表面 Surface
7 开始 Beginning
样本开始阶段所取的样品。
8 结束 End
样本结束阶段所取的样品。
9 中间 Middle
样本中间阶段所取的样品。
10 反面中心 Centre Back
采样位置在宽度中心与长度反面交叉处。
11 正面中心 Centre front

采样位置在宽度中心与长度正面交叉处。

12 中端面中心 Centre middle

采样位置在宽度中心与长度中间端面交叉处。

13 反面边缘 Edge back

采样位置在宽度边缘与长度反面交叉处。

14 正面边缘 Edge front

采样位置在宽度边缘与长度正面交叉处。

15 中端面边缘 Edge middle

采样位置在宽度边缘与长度中端面交叉处。

16 反面四分之一 Quarter back

采样位置在宽度四分之一与长度反面交叉处。

17 正面四分之一 Quarter front

采样位置在宽度四分之一与长度正面交叉处。

18 中端面四分之一 Quarter middle

采样位置在宽度四分之一与长度中端面交叉处。

19 焊接处 Weld

样品采自样本的焊接处。

20 主体 Body

样品采自样本主体。

3279 地理区域代码 Geographic area code [B]

说明:描述报文的地理区域。

表示:an..3

DO 国内 Domestic

由中央银行定义的国内报文。

DP SEPA ID C SEPA (Single Euro Payments Area) ID C

遵循欧洲银行协会(EBA)定义的 3 号方案的单一欧元支付区(SEPA)报文。

注:本代码值将被删除并在 D.11A 版目录生效。

DQ SEPA ID A SEPA (Single Euro Payments Area) ID A

遵循欧洲银行协会(EBA)定义的 1 号方案的单一欧元支付区(SEPA)报文。

注:本代码值将被删除并在 D.11A 版目录生效。

DR 国内需要正式信息 Domestic with regulatory information required

对中央银行正式信息有要求的国内报文。

DS SEPA ID B SEPA (Single Euro Payments Area) ID B

遵循欧洲银行协会(EBA)定义的 2 号方案的单一欧元支付区(SEPA)报文。

注:本代码值将被删除并在 D.11A 版目录生效。

DT SEPA ID D SEPA (Single Euro Payments Area) ID D

遵循欧洲银行协会(EBA)定义的 4 号方案的单一欧元支付区(SEPA)报文。

注:本代码值将被删除并在 D.11A 版目录生效。

EA 经济区 Economic area

在经济特区内至少横穿一个国家国界的报文。

IN 国际 International

由有关中央银行定义的国际报文。

IR 国际需要正式信息 International with regulatory information required
对中央银行正式信息有要求的国际报文。

IS 欧盟 European Union
标识报文初始发送和最终接收的参与方均为欧盟成员国。

SPA SEPA ID A SEPA (Single Euro Payments Area) ID A
遵循欧洲银行协会(EBA)1号方案的单一欧元支付区(SEPA)报文,即使用SEPA贷记转账/SEPA直接借记。

SPB SEPA ID B SEPA (Single Euro Payments Area) ID B
遵循欧洲银行协会(EBA)2号方案的单一欧元支付区(SEPA)报文,即在债务人并非消费者时使用SEPA企业对企业直接借记。这一直接借记为无退款权的预授权。

SPC SEPA ID C SEPA (Single Euro Payments Area) ID C
遵循欧洲银行协会(EBA)定义的3号方案的单一欧元支付区(SEPA)报文。

SPD SEPA ID D SEPA (Single Euro Payments Area) ID D
遵循欧洲银行协会(EBA)定义的4号方案的单一欧元支付区(SEPA)报文。

3285 指示接收方标识 Instruction receiving party identifier [B]

说明:说明接受指示的参与方代码。

表示:an..17

1 申请人银行 Applicant's bank
被请求签发跟单信用证的金融机构。

2 开证行 Issuing bank
如果申请人银行不是开证行时,签发跟单信用证的金融机构。

3 受益人银行 Beneficiary's bank
受益人持有账户的金融机构。

4 受益人 Beneficiary
跟单信用证应签发给的参与方,其必须履行信用证的条款和条件。

5 联系方1 Contact party 1
第一联系方。

6 联系方2 Contact party 2
第二联系方。

7 联系方3 Contact party 3
第三联系方。

8 联系方4 Contact party 4
第四联系方。

9 联系银行1 Contact bank 1
第一联系金融机构。

10 联系银行2 Contact bank 2
第二联系金融机构。

11 债权人 Creditor
应向其付款的参与方。

12 收款行 Receiving bank
标识收取资金的银行。

13 债权人银行 Creditor's bank
标识应向其支付款项的银行。

14 指示接收方标识 Instruction receiving party identifier
指明是接收指示参与方的代码。
15 债务人 Debtor
应由其支付款项的参与方。
16 付款人或其代理人 Payer or payer's agent
通过其应能获取资金的参与方或其代理人。

3289 个人特征代码限定符 Person characteristic code qualifier [B]
说明:限定个人特征类型的代码。
表示:an..3
1 皮肤颜色 Skin colour
个人的皮肤颜色。

3295 姓名的原始字母代码 Name original alphabet code [B]
说明:说明用于表示姓名的原字母代码。
表示:an..3
1 希腊字母 Greek characters
希腊字母。

3299 地址用途代码 Address purpose code [C]
说明:说明地址用途的代码。
表示:an..3
1 家庭 At home
家庭地址。
2 联系地址 Contact address
联系地址。
3 到达地址 Arrival address
到达的地址。
4 出发地址 Departure address
出发的地址。
5 工作地址 Work address
个人工作的地址。
6 医疗保健地址 Medical care address
提供医疗保健服务的地址。
7 征收样品的地址 Sample collection address
收取样品的地址。
8 确诊病患的地址 Patient admitted from
一个病人被确诊的地址。
9 探访地址 Visit address
进行探访的地址。
10 病人出院去向 Patient discharged to
病人出院后所去的地址。

3301 指令制定方标识符 Enacting party identifier [B]
说明:标识负责制定指令的参与方。

表示:an..17

1 申请人银行 Applicant's bank
被请求签发跟单信用证的金融机构。

2 开证行 Issuing bank
如果申请人银行不是开证银行时,签发跟单信用证的金融机构。

3 受益人银行 Beneficiary's bank
受益人持有账户的金融机构。

4 买方 Buyer
受益人持有账户的金融机构。

5 卖方 Seller
卖方负责制定指令。

6 受益人通知行 Advise-through bank
标识通知行通过其进行跟单信用证通知的金融机构。

7 通知行 Advising bank
标识开证行用于跟单信用证通知的金融机构。

8 债务人银行 Debtor's bank
标识应由其支付款项的银行。

9 付款委托银行 Ordered bank
委托方开设账户的金融机构。

3397 姓名状态代码 Name status code [C]

说明:说明姓名状态的代码。

表示:an..3

1 出生时的姓名 Name given at birth
出生时起的个人姓名。

2 现用名 Current name
个人当前使用的姓名。

3 曾用名 Previous name
以前用过但现在已经不再使用的个人姓名。

7 实体的初始名称 Original name of an entity
标识最早就使用的名称。

8 实体修正名称 Corrected name of an entity
标识替换的名称,因之前名称有错。

9 实体变更的名称 Name of an entity changed to
标识对以前名称进行变更的命名。

3401 姓名成分用法代码 Name component usage code [B]

说明:说明姓名成分用法的代码。

表示:an..3

2 常用的姓名成分 Used name component
经常使用的部分名称。

3 缩略姓名 Abbreviated name
正式姓名的缩写。

3403 姓名类型代码 Name type code [B]
说明:姓名类型(如正式姓名或别名)的代码。
表示:an..3
1 少女姓名 Maiden name
某人结婚之前的家族姓名。
2 丈夫姓名 Marital name
丈夫姓名。
3 常用姓名 Used name
某人的常用姓名。
4 代用名 Call name
在特定背景下某人使用的姓名。
5 正式姓名 Official name
在正式机构注册的姓名。
6 特许名称 Franchise name
某公司为以特殊方式出售其货物或服务而对一实体授予的名称。
7 笔名 Pseudonym
使用的假名。
8 化名 Alias
假名。
9 公司名称 Company name
公司的名称。
10 组织名称 Organisation name
组织的名称。
11 当事人首字母缩写 Party acronym
由其他词汇首字母组成的名称。
12 营业名称 Doing business as
指出这是参与方藉以操办业务的名称。
13 商标名称 Brand name
注册商标的法定名称。
14 基本名称 Primary name
标识首要名称。

3405 姓名成分类型代码限定符 Name component type code qualifier [B]
说明:标识姓名成分类型的代码。
表示:an..3
1 姓 Surname
某人的姓。
2 基督名 Christian name
基督名。
3 复合姓的第一部分 First part of a composite surname

复合姓的第一部分。

5 复合姓的第二部分 Second part of a composite surname

复合姓的第二部分。

6 第一正式基督名 Official first Christian name

正式证件上注明的第一基督名。

7 第二正式基督名 Official second Christian name

正式证件上注明的第二基督名。

8 第二正式基督名首字母 Initial of the second Christian name

第二正式基督名首字母。

9 第三正式基督名 Official third Christian name

正式证件上注明的第三基督名。

10 全名 Whole name

成分无指定组合的全名。

11 名称后缀 Name suffix

标识名称的后缀。

12 名称前缀 Name prefix

标识名称的前缀。

3455 语言代码限定符 Language code qualifier [C]

说明:限定语言的代码。

表示:an..3

1 常用语言 Language normally used

通常使用的语言。

2 通晓语言 Language understood

某人通晓的语言。

3 所说语言 Spoken language

某人能够说的语言。

4 书写语言 Written language

某人能够书写的语言。

5 阅读语言 Read language

某人能够阅读的语言。

6 传输的所有语言 For all types of communication

用于传输的所有语言。

7 母语 Native language

人的首选口语。

3457 发起方类型代码 Originator type code [I]

说明:描述发起方类型的代码。

表示:an..3

1 旅行代理 Travel agent

发起方是旅行代理。

2 预订代理 Reservation agent

发起方是预订代理。

3 卖方 Seller
发报人为卖方。

3475 地址状态代码 Address status code [C]
说明:说明地址的状态。
表示:an..3
1 永久地址 Permanent address
地址是永久地址。
2 当前地址 Current address
当前地址。
4 以前的地址 Previous address
以前的地址。
5 前一地址 Former address
前一个地址。
6 临时地址 Temporary address
临时使用的地址。

3477 地址格式代码 Address format code [C]
说明:说明地址各格式的代码。
表示:an..3
1 街区名称加号码 Street name followed by number
街区名称加地址号码。
2 号码—道路类型—道路名称 Number,road type,road name in this sequence
住宅号码加道路类型和道路名称。
3 道路类型—道路名称—号码 Road type,road name,number in this sequence
道路类型加道路名称和住宅号码。
4 邮政专用信箱 Post office box
邮政专用信箱。
5 无固定结构地址 Unstructured address
成分无指定组合的地址。
6 街道名称后随门牌号、建筑物、房号 Street name followed by number,building,suite
标识地址构成顺序为街道名称后随之以门牌号、建筑物和房间号。
7 乡村道路参考号 Rural route number
标识以乡村道路参考号构成的地址。
8 邮政信箱参考号 Post office drawer number
标识地址以邮政信箱构成。
9 建筑物名称后随房号 Building name followed by suite
标识地址以建筑物后随之以房号构成。

3479 婚姻状况描述代码 Marital status description code [C]
说明:说明个人婚姻状况的代码。
表示:an..3
1 未婚且不曾结婚 Unmarried and never been married

未婚且不曾结婚。

2 已婚 Married

已结婚。

3 未婚但曾经结婚 Unmarried and been married before

目前未婚但以前曾经结婚。

4 分居 Separated

已婚但分居。

5 寡妇或鳏夫 Widow or widower

寡妇或鳏夫。

6 未知 Unknown

婚姻状况未知。

3493 国籍代码限定符 Nationality code qualifier [B]

说明:限定国籍的代码。

表示:an..3

1 出生国籍 Nationality at birth

个人出生时的国籍。

2 当前国籍 Current nationality

个人的当前国籍。

3 以前国籍 Previous nationality

个人的以前国籍。

4017 交货计划承诺等级代码 Delivery plan commitment level code [B]

说明:规定交货承诺等级的代码。

表示:an..3

1 确定 Firm

指出计划表信息是一个确定的承诺。

2 对生产和原材料的承诺 Commitment for manufacturing and material

授权供货商开始生产货物。

3 原材料计划的承诺 Commitment for material

授权制造商订购生产特定货物所需要的原材料。

4 计划/预测 Planning/forecast

5 前期交货不足 Short delivered on previous delivery

6 可达到的能力 Capacity available

能够满足所要求的计划的能力。

7 促销 Promotion

所有相关计划信息均根据一项促销。

8 特需 Special demand

所有相关计划信息均根据一项特别要求。

14 用户定义 User defined

用户能够自己解释以前交换信息的意思。

10 立即交货 Immediate

指示计划表信息立即执行。

11 新产品试制/小批量生产 Pilot/Pre-volume
需要在投入正常生产之前进行的实验或小规模生产。
12 计划 Planning
对于未来需求的估计。
13 潜在订货增加 Potential order increase
计划浮动的程度。
14 工厂平均开工率 Average plant usage
在规定的期限内工厂的生产量。
15 首次公布的确定计划 First time reported firm
对于原材料需求的早期确认。
16 最大产量 Maximum
所获得的最大产量。
17 设备负荷量 Tooling capacity
所设计的加工过程中的最大容量。
18 正常设备负荷量 Normal tooling capacity
预计在一段时期内所设计的加工过程中的容量。
19 样品 Prototype
产品或服务的初步样本。
20 罢工保护 Strike protection
在工作停止的事件中用于保护产品的等级。
21 所需设备的负荷量 Required tooling capacity
预计在一段时期内所设计的加工过程中约定的容量。
22 按计划交货 Deliver to schedule
按计划分期交货。
23 等待人工干预 Await manual pull
装运前等待非 EDI 指示。
24 参与方间的商业协议参考 Reference to commercial agreement between partners
买方的委托已在商业协议中定义。
26 建议 Proposed
指出计划信息是一项建议。

4025 业务功能代码 Business function code [C]
说明:描述特定业务功能的代码。
表示:an..3
AAA 付款条款 Payment terms
该项事务的作用为指定支付条款。
AAB 医疗服务 Medical services
因医疗服务而进行的事务处理。
AAC 多种服务 Multiple types of service
针对多种服务而进行的事务处理。
AAD 不另说明 Not otherwise specified
针对不另说明的服务类型而进行的事务处理。
AAE 视力护理 Vision care

因视力护理服务而进行的事务处理。

AAF 家庭卫生保健 Home health care

针对家庭卫生保健服务而进行的事务处理。

AAG 医院护理 Hospital care

针对医院护理服务而进行的事务处理。

AAH 中度护理机构 Intermediate care facility

针对中度护理机构业务而进行的事务处理。

AAI 长期护理机构 Long-term care facility

针对长期护理机构业务而进行的事务处理。

AAJ 康复护理机构 Convalescent care facility

针对康复护理机构业务而进行的事务处理。

AAK 麻醉服务 Anesthesia service

针对医疗麻醉服务而进行的事务处理。

AAL 牙医服务 Dental services

针对牙医服务而进行的事务处理。

AAM 耐用医疗设备 Durable medical equipment

因使用耐用医疗设备而进行的事务处理。

AAN 业务开支 Business expenses

因业务费用而进行的事务处理。

AAO 公司向银行支付的社会保障性借贷 Company social loan payment to bank

公司为雇员向银行支付的社会保障性贷款筹资。

AAP 航空 Air

有关航空的事务处理。

AAQ 渡轮 Ferry

有关渡轮的事务处理。

AAR 铁路 Railway

有关铁路的事务处理。

AAS 公共汽车 Bus

有关公共汽车的事务处理。

ADV 预付 Advance payment

支付原因是预付。

AGT 农业转账 Agricultural transfer

给农民付款。

AMY 生活费 Alimony

支付生活费。

BEC 儿童救济金 Child benefit

为帮助父母/保护人抚养儿童所进行的支付。

BEN 失业/残疾/救济金 Unemployment/disability/benefit

对失业者/残疾人的支付。

BON 红利 Bonus

交易原因是红利。

CAS 现金管理转账 Cash management transfer

交易原因是现金管理转账。

CBF 建立附加财产基金 Capital building fringe fortune
为退休建立基金。

CDT 商品转账 Commodity transfer
支付原因是商品。

COC 商业信贷 Commercial credit payment
支付原因是商业信贷。

COM 佣金 Commission payment
支付佣金。

COS 费用 Costs
支付原因是费用。

CPY 版权 Copyright payment
支付原因是版权。

DIV 股息 Dividend payment
支付原因是股息。

FEX 外汇 Foreign exchange
交易原因是外汇。

GDS 货物买卖 Purchase and saling of goods
货物买卖。

GVT 政府支付 Government payment
向政府部门或来自政府部门的支付。

IHP 分期付款/租购协议 Installment/hire-purchase agreement
交易原因是分期付款或租购协议。

INS 保险费 Insurance premium
交易原因是保险费。

INT 利息支付 Interest payment
支付利息。

LIF 支付许可证费 Licence fees payment
支付许可证费。

LOA 贷款 Loan
向借方转移贷款。

LOR 贷款偿还 Loan repayment
向贷方偿付贷款。

NET 净利 Netting
交易原因是净利。

PEN 支付退休金 Pension payment
支付退休金。

REF 退款 Refunding
支付退款。

REN 租金 Rent
交易原因是租金。

ROY 特许权使用费 Royalties
支付特许权使用费。

SAL 薪金 Salary

支付原因是薪金。

SCV 服务买卖 Purchase and sale of services

服务的买卖。

SEC 有价证券 Securities

交易原因是有价证券。

SSB 社会保障金 Social security benefit

政府为援助个人所进行的支付。

SUB 认缴股款 Subscription

交易原因是认缴股款。

TAX 税收支付 Tax payment

支付税款。

VAT 增值税支付 Value added tax payment

支付增值税。

ZZZ 相互协商约定 Mutually defined

4027 业务功能类型代码限定符 Business function type code qualifier [B]

说明:限定业务功能的类型。

表示:an..3

1 基本业务功能 Underlying business function

业务类型。

4035 优先级类型代码限定符 Priority type code qualifier [B]

说明:限定优先级的类型。

表示:an..3

1 位置优先级 Location priority

与位置相关的优先级。

2 工资优先级 Salary priority

与工资相关的优先级。

3 职业优先级 Occupation priority

与职业相关的优先级。

4 执行优先级 Performing priority

执行任务时指定的优先级。

5 报告优先级 Reporting priority

报告某事件时指定的优先级。

6 交付优先 Delivery priority

交付对象优先。

7 申请优先 Requested priority

由申请获得的优先。

8 指定优先 Allocated priority

指定的优先。

9 规则分配优先 Prescription dispensing priority

按照规则分配的优先。

10 可中断的优先 Disconnectability

可以中断的优先设定。

4037 优先级描述代码 Priority description code [B]

说明：描述优先级的代码。

表示：an..3

1 即时 Immediate
应立即进行。

2 紧急 Urgent
应在任何非紧急任务之前进行。

3 普通 Normal
应按例行工作进行。

4 计划 Scheduled
应按进度计划进行。

5 A类 Category A
A类优先。

6 B类 Category B
B类优先。

4043 贸易分类代码 Trade class code [B]

说明：标识贸易分类的代码。

表示：an..3

AA 金融服务提供方 Financial service provider
货币或其他资产的管理人。

AB 进口方 Importer
进口货物或服务的个人或团体。

AC 供应商 Vendor
销售货物或服务的个人或团体。

AD 出口方 Exporter
向国外提供货物或服务个人或团体。

AG 代理 Agency
一个或一组参与方作为另一个参与方的代表。

BG 采购团 Buying group
基于购买目的组成的临时买方集团。

BR 经纪人 Broker
作为其他人的代理人的个人或团体，其承担责任要以收取手续费为报酬。

CN 集运人(主分销商) Consolidator (master distributor)
充当货物或服务的交流中心的个人或团体。

DE 商人 Dealer
直接从制造商购进商品再转卖的个人或团体。

DI 经销商 Distributor
完全充当商品或货物经销人的个人或团体。

JB 经销商 Jobber
购进商品并转卖给零售商的个人或团体。

MF 制造商 Manufacturer
把原材料生产成为产品的公司。
OE OEM(原始设备制造商) OEM (Original equipment manufacturer)
制造商将货物出售给某公司,该公司将货物贴以自己的标签再转卖。
RS 转卖 Resale
转卖已购买的产品或服务。
RT 零售商 Retailer
小批量或按计量单位出售货物或提供服务的人。
ST 文具商 Stationer
专卖文具的商贩。
WH 批发商 Wholesaler
为转卖给零售商而大量购进货物的个人或团体。
WS 用户 User
标识货物或服务的最终使用者。
WT 院外病人 Out patient
毋需医院全时护理但需时常看病治疗的病人。
WU 住院病人 In patient
在医院全时护理下的病人。
WV 电力交易所 Electricity exchange
标识买卖电力的中介。

4049 保证描述代码 Certainty description code [C]
说明:描述一项保证的代码。
表示:an..3
1 保证连接 Connection guaranteed
任何情况下都保证连接。
2 正常情况下保证连接 Connection normally guaranteed
正常情况下保证连接,尽管有效连接时间比定点连接时间要短。
3 不保证连接 Connection not guaranteed
连接不能予以保证,尽管有效连接时间比定点连接时间要长。

4051 特征关系代码 Characteristic relevance code [B]
说明:说明特征的关系。
表示:an..3
1 仅提供信息 Information only
本产品特征为客户提供附加信息。
2 订单要求 Required within orders
订单中将提供本产品特征。
3 后续业务交易要求 Requirement for subsequent business transactions
后续业务交易中将提供本产品特征。

4053 交货或运输条款描述代码 Delivery or transport terms description code [B]
说明:描述交货或运输条款的代码。

表示:an..3

1 供方安排交付 Delivery arranged by the supplier
指定应由供方安排货物的交付。

2 由物流服务供应商安排交付 Delivery arranged by logistic service provider
指出物流服务供应商安排货物交付的代码。

4055 交货或运输条款功能代码 Delivery or transport terms function code [B]

说明:描述交货或运输条款功能的代码。

表示:an..3

1 价格条件 Price condition
规定与买卖价格有关的条件。

2 发运条件 Despatch condition
客户对交货的供货方要求的条件:运费的支付、运输工具。

3 价格和发运条件 Price and despatch condition
规定与价格和发运有关的条件。

4 客户托收 Collected by customer
指示客户在供货方地点接货,并关注运输工具。

5 运输条件 Transport condition
说明规定按照承运人责任运输货物的条件。

6 交货条件 Delivery condition
说明货物必须交给收货人的条件。

4059 条款代码限定符 Clause code qualifier [B]

说明:描述条款属性的代码。

表示:an..3

1 保险单 Insurance policy
保险单的相关条款。

4065 合同和运输条件,代码型 Contract and carriage condition,coded [B]

说明:标识合同及运输条件的代码。

表示:an..3

1 AVC 条件 AVC conditions
由海牙拟定的最新版(1983)通用运输条件。

2 包裹运输的特殊协议 Special agreement for parcels transport
用于客户和承运人针对包裹运输签定的(发货人强制要求)未公布的特殊协议。

3 关于满载运输的特殊协议 Special agreement for full loading transport
用于客户和承运人针对满载运输签定的(发货人强制要求)未公布的特殊协议。

4 联合运输 Combined transport
涉及多种运输方式的运输。

5 FIATA 联运提单 FIATA combined transport bill of lading
由 FIATA(国际货运、转运商协会联盟)发布的联运提单的标准条款。

6 货运代理人国家条款 Freight forwarders national conditions
货运代理人根据本国的基准定的合同运输条款。

7 普通运价表，包裹运输 Normal tariff，parcels transport

应用于包裹运输情况下(无论发货人是否要求)公布的法定运价表。

8 普通运价表，满载运输 Normal tariff，full loading transport

应用于满载运输情况下(无论发货人是否要求)公布的法定运价表。

9 普通运输 Ordinary

承运人将为包裹或满载运输选择的公布法定运价表中的最低运价(收货人无运价表要求)。

10 港口到港口 Port to port

运输仅限于港口至港口，合同不要求提供内陆运输。

11 CMR货物通行证 CMR carnet

符合国际公路货运合同公约的条款。

12 特价，包裹运输 Special tariff，parcels transport

用于包裹运输情况下(据发货人要求的运价)公布的特定运价。

13 特价，满载运输 Special tariff，full transport

应用于满载运输情况下(据发货人要求的运价)公布的特定运价。

14 直达运输 Through transport

合同约定不仅包括从港口到港口，还包括从一内陆地点至另一内陆地点的运输。

15 取消舱位分配 Cancel space allocation

指出航班上原先分配的舱位被取消。

16 公布舱位出售 Report sale of space

指出特定航班上的舱位已售出。

17 选择舱位分配 Alternative space allocation

指出请求某特定航班的舱位，并且选择被接受。

18 无选择舱位分配 No alternative space allocation

指出请求某特定航班的舱位，但选择不被接受。

19 配额出售 Allotment sale

指出某特定航班的舱位分配配额正在出售。

20 舱位确认 Confirmation of space

指出所请求的某航班的舱位被确认。

21 不能确认 Unable to confirm

指出航空公司不能确认某航班上的舱位分配。

22 非营运航班 Non-operative flight

指出由于航班不营运，不能确认特定航班上的舱位。

23 等候清单 wait list

指出舱位分配请求已被列入等候清单。

24 前期舱位分配请求 Prior space allocation request

指出已请求某特定航班上的舱位配额。

25 持有确认的舱位分配 Holding confirmed space allocation

指出持有某航班上经确认的舱位。

26 为等候清单保留 Holding wait list

指出某特定航班上的舱位分配请求已分配给等候清单。

27 门到门 Door-to-door

承运人负责包括前程运输和续运的货物多式联运。

28 门到码头 Door-to-pier

承运人负责包括前程运输但不包括续运的货物多式联运。

29 码头到门 Pier-to-door

承运人负责包括续运但不包括前程运输的货物多式联运。

30 码头到码头 Pier-to-pier

货物多式联运的承运人只负责干线运输。

31 通知舱位取消 Space cancellation noted

指出以前分配的运输工具的舱位被取消。

32 小陆桥服务 Mini landbridge service

为在内陆某地交货从海港运出货物,或为后续的远洋运输在内陆某地接货运至海港。

33 通知舱位取消 Space cancellation noted

指出以前分配的航班的舱位被取消。

34 要求的速度级 Speed level-required

一个旅程或其中承担某项运输的部分旅程所要求的最快速度。

35 采纳的速度级 Speed level-adopted

一个旅程或其中部分旅程所使用的实际速度(出于技术原因,进行某些限制或使用更高的速度)。

36 普通运价,未满载运输 Normal tariff,less than full load transport

在未满载运输的情况下,使用已发布和法定运价(无论发货人是否要求)。

37 重新发货特别运价 Re-expedition special tariff

指出在重新发货的情况下必须使用特别运价。

38 申请人安排运输 Transport arrangement by the requester

服务申请人负责安排运输。

39 供应商安排运输 Transport arrangement by the provider

服务供应商负责安排运输。

40 病人安排运输 Transport arrangement by the patient

病人负责安排运输。

4071 限制性条款代码限定符 Proviso code qualifier [B]

说明:限定限制性条款的代码。

表示:an..3

1 险种 Coverage

有关保险险别的限制性条款。

2 免赔额 Deductible

有关免赔额的限制性条款。

3 保费 Premium

有关保险费的限制性条款。

4079 装卸指示描述代码 Handling instruction description code [B]

说明:规定装卸指示的代码。

表示:an..3

1 对热敏感 Heat sensitive

物品对热敏感。

2 干燥环境储藏 Store in dry environment

物品必须储藏于干燥环境。

3 堆叠 Stacked

标识物品可以堆叠存放。

4 应安排锚泊 Mooring to be arranged

申请安排系缆工在泊位对船舶进行系(解)缆作业。

5 已安排锚泊 Mooring arranged

通知已安排系缆工在泊位对船舶进行系(解)缆作业。

6 应安排引水员 Pilotage to be arranged

申请为船舶安排领航员。

7 已安排引水员 Pilotage arranged

通知已为船舶安排领航员。

8 应安排靠泊拖轮 Berth towage to be arranged

申请为船舶在港口靠/离泊位安排拖轮。

9 应安排废弃物处理服务 Disposal of waste to be arranged

申请安排对废弃物的处置。

10 应安排中转 Transshipment to be arranged

托运货物必须进行中转。

4183 特定条件代码 Special conditions code [C]

说明:特定条件的指示。

表示:an..3

1 国家优惠条款 Item for national preference

适用于国家优惠计算的有关条款。

2 限定付款折扣的条款 Item qualifying for payment discount

适用于结算/付款折扣计算的有关条款。

3 非限定付款折扣的条款 Item not qualifying for payment discount

不适用于结算/付款折扣计算的有关条款。

4 紧急交付保存的货物 Urgent delivery of reserved goods

紧急交付所保存的货物。

5 不包括在红利计算中的条款 Item not to be included in bonus calculation

不适用于红利计算的有关条款。

6 适用于红利的条款 Subject to bonus

适用于红利计算的有关条款。

7 适用于佣金的条款 Subject to commission

适用于佣金计算的有关条款。

8 适用于折扣的条款 Subject to discount

适用于折扣计算的有关条款。

9 在 EEC 里可自由使用 Freely available in EEC

在欧共体内可自由使用的项。

10 适用于结算折扣的条款 Subject to settlement discount

适用于所有结算折扣的有关条款。

11 包括本国消费税的价格 Price includes excise

所声明的包括本国消费税的价格。

12 包括税收的价格 Price includes tax
所声明的包括税收的价格。

13 包括关税的价格 Price includes duty
所声明的包括关税的价格。

14 不适用于佣金的条款 Not subject to commission
不适用于佣金计算的有关条款。

15 不适用于折扣的条款 Not subject to discount
不适用于折扣计算的有关条款。

16 适用于禁运限制的条款 Subject to embargo restrictions
适用于禁运限制的有关条款。

17 不适用于禁运限制的条款 Item not subject to embargo restrictions
不适用于禁运限制的有关条款。

18 适用于国家出口限制的条款 Item subject to national export restrictions
要求出口申报的有关条款。

19 不适用于国家出口限制的条款 Item not subject to national export restrictions
不要求出口申报的有关条款。

20 适用于进口限制的条款 Item subject to import restrictions
符合有关国家机构制定的进口限制的有关条款。

21 不适用于进口限制的条款 Item not subject to import restrictions
不符合有关国家机构制定的进口限制的有关条款。

22 经签发 Signed
单证必须已签发。

23 经认证 Authenticated
单证/报文必须得到官方或法规的认可。

24 经证明的正本 Original(s) certified by
经过官方或其他有资格的机构或个人证明的正本单证/报文。

25 法律认可的正本 Original(s) legalized by
按照政府机构的法律要求签发的正本单证/报文。

26 标注跟单信用证号 Quote documentary credit number
开证行的跟单信用证号必须在单证上标注。

27 全套提单 Full set bill of lading
要求全套提单。

28 至少一份正本的全套提单 Full set bill of lading less one original
要求至少一份正本提单的全套提单。

29 至少二份正本的全套提单 Full set bill of lading less two originals
要求至少二份正本提单的全套提单。

30 已装船 On board
与国际商会(ICC)400 号出版物中的“已装船”相一致。

31 标记运费预付 Marked freight prepaid
运输单证上必须标记“运费预付”。

32 标记运费托收 Marked freight collect
运输单证上必须标记“运费托收”。

33 根据不记名背书签发订单 Issued to order blank endorsed

根据不记名背书的订单签发的单证。

34 根据订单签发　Issued to order of

根据……订单签发的单证。

35 交付至　Consigned to

运输单证必须交付给“参与方”。

36 通知　Notify

运输单证必须标有“通知方”标记。

37 签发　Issued by

运输单证必须由“参与方”签发。

38 允许的租船合同　Charter party allowed

允许的租船合同提单。

39 允许的甲板装货　Loading on deck allowed

允许将货物装载于甲板上。

40 标注实际航班日期和航班号　Quote actual flight date and flight number

单证必须显示由各航空公司会签的证明航空运输的实际航班日期和航班号。

41 空运单许可　House AWB allowed

允许的空运单。

42 邮政快递收据　Express post receipt

要求的邮政快递收据。

43 航空包裹邮政收据　Air parcel post receipt

要求的航空包裹邮政收据。

44 包裹邮政收据　Parcel post receipt

要求的包裹邮政收据。

45 签发给持票人　Issued to bearer

单证签发给持票人。

46 全套保险凭证　Full set of insurance certificate

要求的全套保险凭证。

47 全套保险单　Full set of insurance policy

要求的全套保险单。

48 寄送至……　Addressed to

单证必须寄给的“参与方”。

49 电传发送　Sent by teletransmission

单证必须由电传发送。

50 开具汇票　Bill of exchange drawn on

汇票开给的“参与方”。

51 一式两份汇票　Bill of exchange in duplicate

汇票将以一式两份的形式开出。

52 选用保险凭证　Insurance certificate alternative

选用保险凭证。

53 选用保险单　Insurance policy alternative

选用保险单。

54 经证明的正本和副本　Original(s) and copies certified by

经官方或有资格的机构或个人证明的单证/报文的正本和副本。

55 法律认可的正本和副本 Original(s) and copies legalized by
按政府机构的法律要求签发的单证/报文的正本和副本。

56 允许的集运人空运单 Consolidators AWB allowed
许可的集运人航运提单。

57 全套单证 Full set
要求的全套单证。

58 至少一份正本的全套单证 Full set less one original
需要至少一份正本的全套单证。

59 至少两份正本的全套单证 Full set less two originals
需要至少两份正本全套单证。

60 货物发送至 Goods despatched to
必须显示货物发送至特定方的单证。

61 允许的保险凭证 Insurance certificate allowed
允许保险凭证替代保险单。

62 签发至 Issued to
将签发至特定方的单证。

63 签署的正本和副本 Original(s) and copy(ies) signed
必须签署的单证的正本和副本。

64 签署的正本 Original(s) signed
必须签署单证的正本。

65 不处理条款 No disposal clause
发运人在此不可撤销的放弃了货物转运过程中发货人改变身份的权利。

66 不改变所有权的交货 Delivery without change of ownership
收货人收货后不改变货物的所有权。

67 改变所有权的交货 Delivery with change of ownership
收货人收货后改变货物的所有权。

68 完全购买/销售供货 Supply for outright purchase/sale
按完全购买/销售条款供货。

69 提供托运 Supply for consignment
为货物提供托运。

70 试销或适用后的供货 Supply for sale' on approval' or after trial
试销或适用后完成的货物销售。

71 以实物补偿的货物 Exchange of goods compensated in kind
以实物补偿基础上的交货。

72 旅居到相关成员国的外国人出口销售
Sale for export by foreigner travelling in member state concerned
由旅居欧共体的相关成员国的外国人出售货物的跨国交货。

73 样品 Samples
所交货物是样品。

74 临时出口、借用或租用 Temporary export,loan or hire
临时出口的借用或租用货物交货。

75 租赁临时出口 Temporary export,leasing
临时出口的租赁货物交货。

76 工作业务中的临时出口 Temporary export,operation for job processing
工作业务中的货物临时出口。

77 付款维修的临时出口 Temporary export,repair and maintenance against payment
付款维修引起的货物临时出口。

78 免费维修临时出口 Temporary export,repair and maintenance free of charge
免费维修引起的货物临时出口。

79 工作过程后再进口 Reimport following job processing
工作过程完成后货物的进口。

80 付款维修后再进口 Reimport following repair and maintenance against payment
付款维修引起的临时出口的货物再进口。

81 免费维修后再进口 Reimport following repair and maintenance free of charge
免费维修引起的临时出口的货物再进口。

82 用于国防的联合生产合同的供货
Supply of goods under joint production contract for defence purposes
按照国防联合生产合同供货。

83 民用联合生产合同的供货 Supply of goods under joint production contract for civil purposes
按照民用联合生产合同供货。

84 用于国外账户仓储供货 Supply of goods for warehousing for foreign account
用于国外账户仓储供货。

85 按欧共体的规定由国家赠送物品或食品援助供货 Supply of goods as gifts by country of despatch and food aid under European Economic Community regulation
按欧共体的规定由国家赠送物品或食品援助的供货。

86 救灾物资供货 Supply of goods for disaster relief equipment
作为救灾物资的供货。

87 非补偿交易供货 Supply of goods as transactions without compensation
涉及不再出口或等价物进口补偿的货物的非补偿(金融或其他)交易供货。

88 付款退运供货 Supply of goods as returned consignment on which payment has been made
付款退运的供货。

89 未付款退运供货
Supply of goods as returned consignment on which no payment has been made
未付款退运的供货。

90 按本位外汇支付供货 Supply of goods in standard exchange giving rise to payment
按本位外汇支付的供货。

91 不按本位外汇付款的供货 Supply of goods in standard exchange not giving rise to payment
不按本位外汇付款的供货。

92 根据保单以本位外汇供货/服务
Supply of goods/services in standard exchange under warranty
根据保单以本位外汇供货/服务。

93 货物 Goods
税务申报与货物相关的特定条件。

94 服务 Service
税务申报与服务相关的特定条件。

95 财务法规 Financial regulation

税务申报与财务法规相关的特定条件。

96 促销广告 Promotional advertising

有关促销的媒体新闻通讯。

97 促销价格 Promotional price

为促销在指定期限内降低价格。

98 促销橱窗展示 Promotional shelf display

促销产品置于特定的陈列架。

99 运输要求货物随附的安全信息表

Safety data sheet required to accompany goods when moved

运输货物时要求随附的货物安全信息表。

100 多个交货地点 Multiple delivery points

多于一个指定交货地点的订单。

101 临时结算 Provisional settlement

指出结算可能会作进一步调整。

102 租购 Hire purchase

指出货项按租购的特定条件提供。

103 贷款 Loan

指出货项按贷款的特定条件提供。

104 租赁 Rental

指出货项按租赁的特定条件提供。

105 处理 Processing

主要操作是行政上或技术上的处理。

106 交换 Exchange

指出按进行交换的特定条件提供货项。

107 代销 Sale on commission

指出货项按代销的特定条件提供。

108 财务补偿 Financial compensation

指出货项按财政补偿的特定条件提供。

109 销售或退货 Sale or return

如果在预定期限内货物未售出,该货物可退还供货商或另行处理。

110 决算 Final settlement

结算不再进行调整。

111 要求与国家价格管理机构一致 Requires national pricing authority agreement

向接收方表明所提供的价格和国家价格管理机构一致。

112 经国家价格管理机构批准的价格 National pricing authority approved price

向接收方表明所提供的价格经国家价格管理机构核准。

113 不需要国家价格管理机构核准 Not subject to national pricing authority approval

向接收方表明所提供的价格不需要国家价格管理机构核准。

114 代理核定价格 Agency approved price

向接收方指出价格经代理核定。

115 免税 Exempt from tax

指出该产品、货物或服务免税。

116 延期折扣 Subject to postponed discount

通过以后的贷记返还延期折扣的货物。

117　维修　Repair

与维修有关的特定条件。

118　对变更的说明　Illustration affected by provisioning change

数据变化引起的图示改变,不涉及技术内容。

119　产品根本性变化　Product genetically modified

产品生产中,产品根本性变化。

120　不需协商重新定价　Subject to price recalculation without negotiation

不需协商可以重新定价。

121　不经协商不能重新定价　Not subject to price recalculation without negotiation

不经协商不能重新定价。

122　保税　Bonded

指出产品是保税的代码。

123　仅限于药店销售　Pharmacy sales only

产品仅限于药店销售的特定条件。

124　处方销售　Sale requires medical prescription

销售产品需要处方。

125　还不能提供的新产品　New item,not yet available

还不能提供的新产品。

126　可以提供的新产品　New,available

可以提供的新产品。

127　废弃物品　Obsolete

废弃不用的物品。

128　原型　Prototype

尚未正式投产的产品原型。

129　不标准的产品　Non-standard product

不符合标准的产品。

130　停产的产品　Discontinued

不再提供的产品。

131　暂用的过期价目表　Expired catalogue prices provisionally allowed

暂时允许使用过期商品目录的价格。

132　脱离自动处理　Not subject to automated processing

适用的条款性质复杂,自动处理不适用。

133　购货赠礼　Gift supplied with purchase

客户购买产品时作为向其附赠礼品而提供的产品。

134　促销库存的销售　Sale from promotional stock

指出出售的产品来自促销库存。

135　废弃库存的销售　Sale from obsolete stock

指出出售的产品来自废弃的库存。

136　搭配购买条件　Buying group conditions

指出适用搭配购买条件的代码。

137　如果不能在要求的日期和/或时间完成交付就取消订单

Cancel order unless complete delivery possible on requested date and or time

指出如果不能在订单要求的日期和/或时间完成交付就取消订单的代码。

138 根据供应商最终授权交付 Delivery subject to final authorisation from supplier

只有在收到供应商或其代理人的最终授权才能按订单进行交付。

139 仅适用于当前发票的特别促销条款 Special promotional conditions applicable to only this invoice

指出特别促销条款的有效性仅适用于当前发票的代码。

140 退货 Return of goods

有关退货的特别条款。

141 与年度奖金关联 Subject to annual bonus

相关产品适用于年度奖金的计算。

142 先开发票再供货 Invoiced but not replenished

指定以还未供货就先开发票为依据的特别条款。

143 先供货后开发票 Replenished but not invoiced

指定以供货后还未开发票为依据的特别条款。

144 整单交付 Deliver full order

指出仅接受完整订单交付的特别条款。

145 图案朝外打卷 Roll pattern side out

卷起产品时将有图案的一边朝外的指示。

146 图案朝内打卷 Roll pattern side in

卷起产品时将有图案的一边朝内的指示。

147 收货点特别作业要求 Special handling requirements at point of receipt

在收货点要求对产品进行特别作业的指示。

148 供货直接交付 Supply direct delivery

直接向商店交付所供货物，而不经配送中心或仓库。

149 独占托盘 Single item pallet

供应货物置于单独占用托盘。

150 混装托盘 Mixed item pallet

供应货物置于混合装载的托盘。

151 产品来自同一染色批次 Items from the same dye lot

供货应来自同一燃料批次。

152 等待清算账款 Awaiting credit clearance

为清算账款而推迟了对指定单证的处理。

153 退回出版物的全部副本 Return publication full copies

退回出版物的全部副本。

154 只退回出版物的标题 Return publication headings only

只退回出版物的标题。

155 销毁出版物 Destroy publication

以任何方式销毁出版物，使之不能再被阅读。

156 等候对产品的进一步指示 Await further product instructions

等待针对产品的下一步操作的指示。

157 不受售货或退货影响 Not subject to sale or return

供货不受售货或退货的影响。

158 国内和出口市场都进行出售的产品 Item to be sold in both domestic and export markets

产品在国内和出口市场都会出售。

159 只在出口市场销售的产品 Item to be sold only in export markets

产品只在出口市场销售。

160 不得延期交货 No back orders

指出不允许延期交货。

161 允许延期交货 Back orders permitted

指出允许延期交货。

162 入户修理 At home repair

维修在客户家中进行。

163 在服务中心维修 At service centre repair

维修在服务中心进行。

164 完整装运订单 Shipment completes order

认定订单项下货物已被全部装运,不再会有更多的装运发生。

165 分批装运 Split shipment

对于订货会有后续装运到达,因其已被分为多批装运。

166 列入持续补充计算 Include in continuous replenishment calculation

指出一项产品或一组产品被列入持续补货计算。

167 从持续补充计算中删除 Remove from continuous replenishment calculation

指出一项产品或一组产品从持续补充计算中删除。

168 标准包装装运 Standard pack shipment

装运货物仅包含标准包装。

169 挑选包装运输 Pick pack shipment

装运货物包含的是根据挑选后包装所形成的货件。

170 零售商上架货物 Goods for retail outlet shelf

应当放置于零售商货架上的货物。

171 安全库存 Security stock

要求对货物维持安全库存量。

172 指定生产批号 Production batch number allocated

产品要由制造商对其指定批次参考号。

173 按法律要求指定生产批号 Production batch number allocated as required by law

产品要由制造商根据法定要求指定批次参考号。

174 非转基因产品 Product not genetically modified

指出产品在其生产过程中未进行转基因处理。

175 暂停 Suspended

一项产品的生产或配送已经暂停。

176 不得再次订货 No re-ordering

产品不得再次订货。

177 为保存而经辐射处理的产品 Product irradiated for preservation

指出产品已经直接放射线照射以适于保存。

178 客户所在地的应纳税服务 Services taxable at customer location

根据1997年5月17日第六届欧洲理事会指令9.2(e)款,在客户所在地提供的服务应予征税。

179 无麸质产品 Product gluten-free

指出产品不含任何麸质。

180　含麸产品　Product contains gluten

指出产品含麸。

181　无乳糖产品　Product lactose-free

指出产品不含乳糖。

182　含乳糖产品　Product contains lactose

指出产品含有乳糖。

183　瑞士,符合转基因食品法　CH,compliant with Genetically Modified Food law

指出产品符合瑞士有关转基因食品的法律。

184　瑞士,不符合转基因食品法　CH,non-compliant with Genetically Modified Food law

指出产品不符合瑞士有关转基因食品的法律。

185　瑞士,符合一般食品法　CH,compliant with General Food law

指出产品符合瑞士一般食品法。

186　瑞士,不符合一般食品法　CH,non-compliant with General Food law

指出产品不符合瑞士一般食品法。

187　商店不得订货　Store may not order

商店不允许订货。

188　配送中心不得订货　Distribution centre may not order

不允许配送中心订货。

189　标明净含量　Net content declaration indicated

在产品标记上应当申明商品的净含量。

190　未标明净含量　Net content declaration not indicated

在产品标记上未申明商品的净含量。

191　未经辐射　Not irradiated

未使用辐射。

192　未指定批号　Batch or lot number not allocated

商品没有批次参考号。

193　未售商品不可退货　Unsold trade item not returnable

未出售的商品不可退货。

194　配料经辐射处理　Ingredient irradiated

放射性照射应用于商品配料。

195　配料未经辐射处理　Ingredients not irradiated

放射性照射未用于任何商品配料。

196　原料经辐射处理　Raw material irradiated

放射性照射应用于商品的原材料。

197　原料未经辐射处理　Raw material not irradiated

放射性照射未用于任何商品的原材料。

198　可以重新订货　Re-orderable

产品可以重新订货。

ZZZ　相互约定　Mutually defined

交换方之间相互约定的特别条款。

4215　运费支付方式代码　Transport charges method of payment code　[B]

说明:运输费用付款方式的标识。

表示:an..3

A 账户 Account

费用支付的账户。

AA 发货人支付到付运费 Cash on delivery service charge paid by consignor

指出由发货人负责支付到付运费。

AB 收货人支付到付运费 Cash on delivery service charge paid by consignee

指出由收货人负责支付到付运费。

AC 发货人支付保费 Insurance costs paid by consignor

指出由发货人负责支付保险费。

AD 收货人支付保费 Insurance costs paid by consignee

指出由收货人负责支付保险费。

CA 预收款 Advance collect

为由一家班轮公司到另一家班轮公司或到托运人预先装运,从收货人处收取的运费或其他费用金额。

CC 托收 Collect

由收货人支付运费的运输。

CF 托收、运费由客户支付 Collect,freight credited to payment customer

运费为托收,并且由运输方支付。

DF 买卖双方约定 Defined by buyer and seller

由买卖双方已经相互约定的运费支付方式。

FO 靠港船上离岸价 FOB port of call

在停靠港口,货物的所有权及控制权转交给买方。但海外装运的出口税及单证费用的责任未规定。

IC 没有付款期的信息副本 Information copy,no payment due

交易集仅作为信息提供。

MX 混合方式 Mixed

货物采用部分托收部分预付的方式。

NC 免收服务费 Service freight,no charge

货物以服务基准装运,没有服务费。

NS 未规定的方式 Not specified

没有规定运费支付方式。

PA 提前预付 Advance prepaid

事先已付费。

PB 客户运送/回运 Customer pick-up/backhaul

用返回到买方地点的买方专用运输工具运送货物。

PC 客户记费预付 Prepaid but charged to customer

运费已在装船前支付,但通常作为购货发票上的一分项付还给收货人。

PE 可付款的其他地点 Payable elsewhere

运输开始时未知的付款地点。

PO 只预付 Prepaid only

在目的地交货之前预付运费和/或其他费用。通常在发出地由托运人支付。

PP 预付(由卖方) Prepaid (by seller)

装运前卖方向承运人支付运费。

PU 运送 Pickup
在装船地点客户负责支付运送费。
RC 由客户支付集装箱返还运费 Return container freight paid by customer
由客户支付集装箱返还的运费。
RF 免收集装箱返还运费 Return container freight free
免收集装箱返还的运费。
RS 由供货人支付集装箱返还运费 Return container freight paid by supplier
由供货人支付集装箱返还的运费。
TP 第三方支付 Third party pay
买方或卖方之外的第三方负责支付运费。
WC 载重条件 Weight condition
支付方式是根据重量来计算运费。
WD 由供应商支付 Paid by supplier
运输费用应由供应商支付。
WE 由买方支付 Paid by buyer
运输费用应由买方支付。
ZZZ 相互协议商定 Mutually defined

4219 运输服务优先级代码 Transport service priority code [B]
说明:请求运输服务优先级的代码。
表示:an..3
1 快运 Express
仅适用于铁路运输的法定快运方式的包裹运输。
2 高速 High speed
按法定国际铁路公约在铁路部门之间以高速线路和按规定时间表的运输。
3 正常速度 Normal speed
按法定国际铁路公约在铁路部门之间的运输。
4 邮政服务 Post service
按万国邮政联盟(UPU)和铁路部门(仅指包裹运输)规定条款的运输。

4221 属性不符标识代码 Discrepancy nature identification code [B]
说明:说明属性不符的代码。
表示:an..3
AA 批发商中止供货 Item discontinued by wholesaler
批发商不再提供订购产品。
AB 不再生产的货物 Item no longer produced
订购货物不再生产并中止供货。
AC 溢装 Over-shipped
指出装运了超出订单一定数量的货物。
AD 制造商无现货 Item out of stock at manufacturer
制造商无现货。
AE 无通知交货 Delivered but not advised
无任何交货通知,已交付货物。

AF 交付的货物残损 Goods delivered damaged
已交付的一次装运的部分或全部货物被损坏。

AG 交货太迟 Delivered too late
已交货但迟于商定的或订单规定的交货日期。

AH 包装件数递增 Next higher packaging quantity
订单产品已经或应当按递增件数包装。

AN 有现货——无装运计划 Available now—no shipping schedule
已经备有现货,但没有正式的搬移通知。

AS 有现货——按计划装运(日期) Available now—scheduled to ship (date)
已经备有现货,可按计划装运。

BK 在以前订单里拖欠的订货 Back ordered from previous order
履行过去无现货的定单。

BP 分批装货——留待将来交付的订货 Shipment partial—back order to follow
履行部分过去的定单,对于无现货的定单留在以后解决。

CA 客户查询——全部货项 Customer inquiry—all items
回复包括涉及所有以前查询的问题。

CC 装运完成 Shipment complete
发运的数量已经符合预定的数量。

CE 装运包括额外项以满足价格间断 Shipment includes extra items to meet price break
发运的数量超过预定的数量以调整由于价格因素的差异。

CI 客户查询——只查询运输货项 Customer inquiry-shipped items only
回复那些仅包括以前查询的已发运货物。

CK 已从前笔订单里取消 Cancelled from previous order
早期计划中取消的数量。

CM 包括完成增加量的运输 Shipment complete with additional quantity
发运的数量超过预定的数量。

CO 客户查询——只查询未装运货项 Customer inquiry—unshipped items only
回复那些仅包括以前查询的没有发运的货物。

CP 分批装运——不延期交货 Shipment partial—considered complete,no backorder
装运的数量少于预定的数量,并且没有装运剩余数量的计划。

CS 完成替代品的装运 Shipment complete with substitution
装运的数量和产品虽然与原始定单不完全一致,但是符合并履行了所预期的要求。

IC 取消货项 Item cancelled
以前预定的货物不再需要。

IS 替代原始订单的货项 Item represents substitution from original order
装运的数量和产品符合所预期的要求。

LS 上一次装运(日期) Last shipment (date)
最近进行装运的日期。

NF 未公布 Not yet published
所需产品这次还未公布。

NN 未在处理过程中——无装运计划 Not in process—no shipping schedule
由于对制造产品的授权,因此所需产品既无法获得也无法处理。

NS 未在处理过程中——计划装运(日期) Not in process—schedule to ship(date)

由于没有发运计划，因此所需产品既无法获得也无法处理。

OF 订单送到产品制造厂(日期) Order sent to factory for production (date)

所需产品还无法获得，计划已经转发到制造厂。

OM 货项送到产品制造厂(日期) Item sent to factory for production (date)

产品已运送到制造厂，并计划按期完成。

OP 绝版的货物 Out of print

货物无法获得。

OS 由于不可抗力的罢工造成无存货 Item out of stock because of strike of force majeure

由于罢工或不可抗力的造成货物无法获得。

OW 批发商处脱销的货项 Item out of stock at wholesaler

该货物在批发处无法获得。

PA 订购单查询——所有货项 Purchase order inquiry—all items

回复包括涉及所有以前查询的问题。

PD 订购单完成 Purchase order complete

按合同要求完成的数量。

PI 订购单查询——仅查询装运货项 Purchase order inquiry—shipped items only

回复那些仅包括以前查询的已发运货物。

PK 包装到期(日期) Packed-to-date (date)

在该日期已经处理和准备的货物数量。

PN 在处理过程中——无装运计划 In process—no shipping schedule

预计还未授权装运的货物数量。

PO 订购单查询——仅查询未装运货项 Purchase order inquiry—unshipped items only

回复那些仅包括以前查询的没有发运的货物。

PP 订购单查询——特定货项 Purchase order inquiry—specific items

回复那些仅包括以前查询的没有发运的特定货物。

PS 在处理过程中——计划装运(日期) In process—scheduled to ship (date)

预计可能授权装运的货物数量。

RA 配额货项 Item rationed

在数量上受到限制的产品。

SL 装运到期(日期) Shipped-to-date (date)

在该日期前装运好的数量。

SP 工厂生产计划表 Scheduled for production at factory

预计在该日期前生产好的产品。

SS 分批装运 Split shipment

装运货物仅为订货数量的一部分。

TW 批发商临时停止经营的货项 Item temporary discontinued by wholesaler

无法从批发处获得的产品。

UR 主动报告 Unsolicited report

自愿提供产品的信息。

US 最接近全部物流件数 Pack to closest complete logistic packaging quantity

最接近全部物流的件数。

UT 少于全部物流件数 Pack to next lower complete logistic quantity

少于全部物流件数的包装。

ZZZ　相互协商约定　Mutually defined

4233　运输标志指示代码　Marking instructions code　[B]
说明：说明运输标志指示的代码。
表示：an..3
1　不标出供货公司名称　Do not mark suppliers company name
包装物上不应标出供货商的公司名称。
2　标出客户公司名称　Mark customers company name
包装物上应标出客户的公司名称。
3　标出客户参考号　Mark customers references
包装物上应标出客户的参考号。
4　额外标出客户的物品说明　Mark additionally customers article description
包装物上还应标出客户的物品说明。
5　单独标出客户的物品说明　Mark exclusively customers article description
包装物上应仅标出客户的物品说明。
6　标出包装物尺码　Mark packages dimensions
包装物上应标出包装物尺码。
7　标出净重　Mark net weight
包装物上应标出净重。
8　标出毛重　Mark gross weight
包装物上应标出毛重。
9　标出皮重　Mark tare weight
包装物上应标出皮重。
10　标出批号　Mark batch number
包装物上应标出批号。
11　标出客户的物品编码　Mark article number customer
包装物上应标出客户的物品编码。
12　标出包装顺序号　Mark running number of packages
包装物上应标出包装顺序号。
13　标出生产日期　Mark date of production
包装物上应标出生产日期。
14　标出有效期　Mark expiry date
包装物上应标出有效期。
15　标出供货人号码　Mark supplier number
包装物上应标出供货人号码。
16　买方指示　Buyer's instructions
由买方指定的标记。
17　卖方指示　Seller's instructions
卖方指定的标记。
18　承运人指示　Carrier's instructions
由承运人指定的标记。
19　法定需求　Legal requirements
由法律规定的标记。

20 行业指令 Industry instructions
由行业规定的标记。
21 只标分项 Line item only
为分项标注专用参考。
22 买方预先标出 Premarked by buyer
包装物上应由买方预先标出。
23 全部装运 Entire shipment
对全部装运的标记。
24 发货人分配 Shipper assigned
发货人分配的标识装运、包装物或纸箱的标记。
25 发货人分配的卷材号 Shipper assigned roll number
发货人分配的标识卷材的标记。
26 发货人分配的垫料号 Shipper assigned skid number
发货人分配的标识垫料的标记。
27 统一代码委员会(UCC)格式 Uniform Code Council (UCC) format
符合 UCC(统一代码委员会)格式要求的标志。编码产品体系中每一货项/小包装商品的类型被唯一标识。每个制造商的标识由 UCC 分配。
28 标出自由文本 Mark free text
包装物上以自由文本做标志。
29 箱唛号 Mark case number
用于标识的箱号。
30 标出海运集装箱序列代码 Mark serial shipping container code
要求给运输集装箱或装箱标出海运集装箱序列代码。
31 以 ISO 10374(集装箱固定标记)为标志 Marked with ISO 10374 (permanent container tag)
根据 ISO 10374 以集装箱固定标记作为集装箱的标志。
32 对货件标以日期 Mark date of packaging
必须以包装日期对货件进行标记。
33 标志引用原始供货方 Mark reference to source entity
货件必须引用原始供货实体进行标记。提出来源即可确定商品的原产地。
34 标注 GS1 全球个别资产识别码 Marked GS1 Global Individual Asset Identifier
货件上标注 GS1 全球个别资产识别码。
ZZZ 相互协商约定 Mutually defined

4237 支付安排代码 Payment arrangement code [B]
说明:说明支付指示的代码。
表示:an..3
A 别处支付 Payable elsewhere
支付离港时未知的运费。
B 第三方支付 Third party to pay
装运时已知的支付运费的第三方。
C 到付 Collect
运费由收货人在到达地支付。
P 预付 Prepaid

实际离港之前运费已支付。

4277　支付条款描述标识符　Payment terms description identifier　[B]
说明:交易双方的支付条件(通用术语)的标识。
表示:an..17

1　签发银行汇票　Issuing bank drafts
由签发银行付款的汇票。
2　通知银行汇票　Advising bank drafts
由通知银行付款的汇票。
3　偿付银行汇票　Reimbursing bank drafts
由偿付银行付款的汇票。
4　申请人汇票　Applicant drafts
由申请人付款的汇票。
5　指定受票人汇票　Specified drawee drafts
由任何其他受票人付款的汇票。
6　非汇票　No drafts
不需要汇票。
8　在商业账单汇总(报文)中指定支付工具
Payment means specified in commercial account summary
指出在商业账单汇总(报文)中指定支付工具。

4279　支付条款类型限定符　Payment terms type code qualifier　[B]
说明:支付条款类型的标识。
表示:an..3

1　基本条件　Basic
经常使用的支付条件。
2　月底　End of month
月底支付。
3　固定日　Fixed date
在规定的固定日支付。
4　延期　Deferred
正常日期之后支付。
5　折扣不适用　Discount not applicable
有关折扣的支付条款不适用。
6　混合的　Mixed
跟单信用证项下不同支付条款的议付。
7　延期的　Extended
正常日期之后支付。
8　给予的基本折扣　Basic discount offered
支付条款中反映给予的基本折扣。
9　下月　Proximo
出现在当前月的下一个月。
10　本月　Instant

收到发票时付款。

11 任选 Elective

支付条件由买方选择(从分别建议的方案中)。

12 月底之后10天 10 days after end of month

支付在日历月月底之后10天到期。

13 卖方通知买方 Seller to advise buyer

卖方用独立交易方式通知支付条款的买方。

14 按清单支付 Paid against statement

按照清单进行支付。

15 无费用 No charge

支付条款中无费用。

16 未定义 Not yet defined

支付条款中无定义。

17 上月 Ultimo

应在当月末或指定月末付款。

18 事前商定 Previously agreed upon

支付条款事前已经商定。

19 美国资金 United States funds

支付条款要求使用美国资金。

20 罚款条款 Penalty terms

支付条款中的罚款条款。

21 分期付款 Payment by installment

支付条款基于分期付款。

22 折扣 Discount

支付条款中适用的折扣。

23 适用的见票即付 Available by sight payment

见票即付的支付。

24 适用的延期付款 Available by deferred payment

延期支付。

25 适用的承兑 Available by acceptance

以承兑方式付款。

26 适用的任何银行议付 Available by negotiation with any bank

经任何银行进行的议付支付。

27 适用的某地任何银行议付 Available by negotiation with any bank in…

在指定地点经任何银行进行的议付支付。

28 适用的指定议付银行 Available by negotiation by named bank

经指定金融机构进行的议付支付。

29 适用的议付 Available by negotiation

议付支付。

30 调整支付 Adjustment payment

为调整未偿还的借记或贷记进行的支付。

31 推迟支付 Late payment

到期后支付。

32 提前支付 Advanced payment

到期日之前的支付。

33 按进度分期付款(已协商) Payment by instalments according to progress (as agreed)

按进度分期付款(已协商)。

34 按进度分期付款(将协商) Payment by instalments according to progress (to be agreed)

按进度分期付款(将协商)。

35 非标准 Nonstandard

支付条款不同于一般条款。

36 一般性支付条款 Tenor payment terms

根据买卖双方商定的条款进行支付。

37 全额支付 Complete payment

必须进行全额支付,不可以分期支付。

38 支付条款在合并发票中规定 Payment terms defined in consolidated invoice

支付条款在合并发票中规定。

39 完工后支付 Payment upon completion

支付条款要求在完工后支付。

40 部分预付 Partial advance

支付条款要求完工前进行部分支付。

41 寄售 Consignment

支付条款是货物已被出售或消费之后才进行支付。

42 关联公司往来 Inter-company account

支付条款涉及使用关联公司内部交易账户。

43 依据借条出售 Sell by note

支付条款涉及承诺按要求或在未来的确定时间支付定额货币的债务人。

44 厂商展位计划 Supplier floor plan

支付条款涉及第三方拥有商品的支付。

45 基于合同 Contract basis

支付条款给予与供应商的合同。

46 受控信用 Credit controlled

支付条款涉及授予人监控信用。

47 约定优惠 Dating given

供应商可延长季节性优惠的支付条款。

48 商业承兑票据 Trade acceptance

对销售货物和承诺在确定的日期和地点进行支付的商业承兑汇票。

49 成本加价 Cost plus

支付条款允许补偿加上其他允许的变动费用的成本。

50 信用证 Letter of credit

要求使用信用证的支付条款。

51 租赁协议 Lease agreement

租赁协议所包含的支付条款。

52 交货付现(COD) Cash On Delivery (COD)

支付条款为应以交付商品为条件支付现金。

53 按国家法律支付 Cash by state law

支付条款规定按国家法律的要求付现。

54 银行转账 Bank transfer

支付条款要求使用银行转账。

55 货到付款 Cash on arrival

支付条款要求以货物或服务到达为条件支付现金。

56 付现 Cash

支付条款是以现金进行支付。

57 适用现金折扣条款 Cash discount terms apply

支付条款是如果以现金支付就可适用折扣。

58 订货付现 Cash with order

支付条款要求完成订货即付现款。

59 按供应商要求付现 Cash per vendor request

支付条款涉及供应商的付现要求。

60 不可撤销信用证 Irrevocable letter of credit

支付条款要求使用不可撤销的信用证。

61 承兑交单 Documents against acceptance

支付条款要求履行承兑责任后转交单据。

62 签账卡 Charge card

支付条款允许适用信用卡进行支付。

63 付款交单 Documents against payment

支付条款要求支付后转交单据。

64 远期汇票 Usance bill

支付条款基于外汇汇票支付的商业惯例所允许的时间。

65 即期信用证 Letter of credit at sight

支付条款要求呈递信用证。

66 担保账户 Secured account

支付条款要求使用担保账户。

67 基本佣金条款 Basic commission terms

支付条款要求使用基本佣金条款。

68 要求保证金 Deposit required

支付条款要求提供保证金。

69 即付折扣 Discount with prompt pay

支付条款包括一项在指定即付的时间框架内进行支付的折扣。

70 预付折扣 Discount with advance payment

支付条款包括一项预先进行支付的折扣。

71 保付支票 Certified cheque

支付条款要求使用保付支票。

72 凭单付款 Cash against documents

支付条款要求在转交单证后付现。

73 汇票 Bill of exchange

支付条款要求使用汇票。

74 累进折扣 Progressive discount

支付条款包括一项基于进行支付的金额及速度的累进折扣。

75 总付 Lump sum
支付条款要求总额一次付清。
76 固定费用 Fixed fee
支付条款要求按固定价格支付费用。
77 本票 Promissory note
支付条款要求使用本票为支付工具。
78 代收账款 Factoring
支付条款要求由代理公司根据买方、银行和代理公司之间的协议进行支付。
ZZZ 相互协商约定 Mutually defined

4295 变更原因描述代码 Change reason description coded [B]
说明:说明变更原因的代码。
表示:an..3
AA 成员属性变更 Member attribute change
一组成员属性变更。
AB 国外 Abroad
在其他国家。
AC 成员类别变更 Member category change
成员类别或津贴类别变更。
AD 死亡 Death
主体死亡。
AE 残疾 Disability
主体丧失能力。
AF 提前退休 Early retirement
正常退休年龄以前退休。
AG 困难 Hardship
主体遇到困难。
AH 不健康 Ill health
主体不健康。
AI 离开雇主 Leaving employer
主体离开雇主。
AJ 离开行业 Leaving industry
人员正在离开或已经离开一个已标识的行业。
AK 等级/费率表变更 Level/rate table change
保险等级/费率表已变更。
AL 正常退休 Normal retirment
主体在正常年龄退休。
AM 其他 Other
不同于其他代码值的原因。
AN 解雇 Retrenchment
主体被解雇。
AO 辞职 Resignation
主体已辞职。

AP 成员状态变更 Member status changed
成员状态变更。

AQ 数量及测量单位变更 Alternate quantity and unit of measurement
变更的原因是由于数量及测量单位变更。

AR 不适用于某些公司的物品 Article out of assortment for particular company
由于法律或商业原因,对特定公司不能购买的产品目录中的产品。

AS 不能购买的产品目录 Article out of assortment
不能购买的产品目录。

AT 未订购货物 Item not ordered
货物或产品没有订购。

AU 未付款而不交货 No delivery due to outstanding payments
由于未付款,而不交货。

AV 无库存 Out of inventory
无库存货物。

AW 数量调整 Quantity adjustment
由于调整引起数量变化。

AX 国家价格管理机构批准的最终价格 National pricing authority agreement is final
国家价格管理机构批准的最终价格。

AY 销售地点不同 Sale location different
在不同销售地点进行的销售。

AZ 最佳使用日期过期 Best before date out of sequence
货物的最佳使用日期早于之前的收货日期。

BA 残损货物 Damaged goods
残损货物引起的变更。

BB 运输工具技术故障 Transport means technical failure
运输工具出现技术故障,如运输工具不能卸货或不符合卫生要求。

BC 设备技术故障 Equipment technical failure
设备出现技术故障,如设备受损或不适用。

BD 规划偏差 Blueprint deviation
变更的原因是由于规划偏差。

BE 货物技术故障 Goods technical failure
货物出现技术故障,如不稳定、外悬、运输死锁或残损。

BF 货物腐败 Spoilage of goods
因货物腐败引起的变更。

BG 超出容差标准的等级差异 Grade difference out of tolerance level
变更是由于超出协议允许的容差标准的产品等级偏差。

BQ 平衡数量 Balancing quantity
弥补订货量与交货量差额所需的数量。

DC 日期变更 Date change
日期已经变更。

EV 估计数量 Estimated quantity
估计数量已经变更。

GU 每包和每计量单位的总体积 Gross volume per pack and unit of measure

每包和每计量单位的总体积已经变更。

GW　每包毛重　Gross weight per pack

每包毛重已经变更。

LD　长度差异　Length difference

长度差异已经变更。

MC　包装/尺寸测量差异　Pack/size measure difference

包装/尺寸测量差异已经变更。

PC　包装类型差异　Pack type difference

包装类型差异已经变更。

PD　包装尺码差异　Pack dimension difference

包装尺码差异已经变更。

PQ　包装数量　Pack quantity

包装数量已经变更。

PS　产品/服务标识变更　Product/services ID change

产品/服务标识已经变更。

PW　包装重量差异　Pack weight difference

包装重量差异已经变更。

PZ　包装尺寸差异　Pack size difference

包装尺寸差异已经变更。

QO　订货数量　Quantity ordered

订货数量已经变更。

QP　基于价格限定符的数量　Quantity based on price qualifier

基于价格限定符的数量已经变更。

QT　数量价格间断　Quantity price break

数量价格间断已经变更。

SC　尺寸差异　Size difference

尺寸差异已经变更。

UM　测量单位差异　Unit of measure difference

测量单位差异已经变更。

UP　单位价格　Unit price

单位价格已经变更。

WD　宽度差异　Width difference

宽度差异已经变更。

WO　每包装重量限定符/毛重　Weight qualifier/gross weight per package

每包装重量限定符/毛重已经变更。

WP　疏忽失误　Inadvertent error

记录数量中的疏忽失误。

WQ　过量装运　Over shipped

装运数量大于订单或发票数量。

WR　临时断货　Temporarily unavailable

产品临时断供。

WS　政府行为　Government action

由于政府行为。

WT 不参加促销活动 Excluded from the promotion activity
产品未参加促销活动。

WU 超出承诺的采购数量 Committed purchase quantity exceeded
承诺的采购数量已被超出。

WV 承诺的采购数量还未订货 Committed purchase quantity not ordered
承诺的采购数量尚未订货。

ZZZ 相互协商约定 Mutually defined

4343 应答类型代码 Response type code [C]

说明:说明请求或传输的确认类型的代码。

表示:an..3

AA 借记通知 Debit advice
支付报文的接收方需要返回一个借记通知以应答该支付报文。

AB 报文确认 message acknowledgement
指出与所需报文的接收方有关的确认。

AC 有细目和变更的确认 Acknowledge-with detail and change
完成有变更确认。

AD 有细目但无变更的确认 Acknowledge-with detail,no change
完成无变更确认。

AE 以每笔交易为单位的借记通知 Debit advice for each transaction
报文中对每笔交易都要求一份收款通知。

AF 借记通知/报文确认 Debit advice/message acknowledgement
发送方希望收到借记通知和对收到的支付报文的确认。

AG 鉴别 Authentication
由一个参与方对另一个参与方所制单证的鉴别。

AH 以每笔交易为单位的借记通知/报文回执
Debit advice/message acknowledgement for each transaction
报文中对每笔交易都要求一份收款通知和报文回执。

AI 只确认变更 Acknowledge only changes
只要求对变更进行确认。

AJ 待定 Pending
有关报价或交易(如订货或询价)在商榷中。

AP 承兑 Accepted
指示有关报价或交易(例如:载货预订或报价请求)已被接受。

AQ 预期的答复 Response expected
报文发送方预期的答复。

AR 跟单信用证直接托收 Direct documentary credit collection
直接转发跟单信用证托收。

AS 贷记通知和报文回执 Credit advice and message acknowledgement
报文接收方确认收到报文并发送每笔账款的贷记通知。

CA 有条件接受 Conditionally accepted
指示有关报价或交易(例如:载货预订或报价请求)在该报文指定的条件下已被接受。

CO 计量证实 confirmation of measurements

指示报文包括计算费用的物理计量值。

NA 不需确认 No acknowledgment needed

规定对本报文的回复无须确认。

RE 拒绝 Rejected

指示有关报价或交易(例如:载货预订或报价请求)未被接受。

UR 贷记通知 Credit advice

报文接收方以发送贷记通知来答复所收报文。

US 误报回执 Acknowledgement when error

发生错误时所要求的回执。

UT 报错回执 Acknowledgment due to error

发送回执指出所收报文中的错误。

UU 备选日期 Alternate date

在答复中提出不同于所要求日期而适用于另一日期的方案。

UV 备选服务 Alternate service

在答复中提出不同于所要求服务而适用于另一项服务的方案。

4347 产品标识符代码限定符 Product identifier code qualifier [B]

说明:限定产品标识符的代码。

表示:an..3

1 附加标识 Additional identification

说明和限定产品标识的信息。

2 替代品标识 Identification for substitution

项号说明可能的替代产品。

3 被替代 Substituted by

给定的项号是替代另一个产品的产品号。

4 替代 Substituted for

给定的项号是被另一个产品替代的原始产品号。

5 产品标识 Product identification

用于产品的货项号。

6 后续产品标识 Successor product id

跟在当前生产/贸易中的产品之后的产品标识。

7 前面产品标识 Predecessor product id

在当前生产/贸易中的产品前面的产品标识。

8 失效/过期生产 Expired/out of production

给定的项号是该产品失效的项号,并已被替代。

9 附加标识删除 Deletion of secondary identification

指出附加标识删除的代码。

10 残次部件的标识 Defective part's identification

标识一项有缺陷的零部件。

11 维修部件的标识 Repaired part's identification

标识一项修复的零部件。

12 备用的产品标识 Alternate product identification

标识产品的备用参考号。

13 非促销商品 Non-promotional item
用于指出商品被放在促销商品的位置或与促销商品放在一起。对两种商品的标识进行关联以便于其信息的取阅。

4383 银行操作代码 Bank operation code [B]
说明:描述银行操作的代码。
表示:an..3

AAA 根据双方商定的准则转账 Transfer according to bilaterally agreed standards
转账应根据双方商定准则进行。

AAB 国际收汇 Incoming international payment
汇入的国际支付。

AAC 国际付汇 Outgoing international payment
汇出的国际支付。

AAD 支付税款 Tax payment
支付税款。

AAE OCR收款 Incoming OCR (Optical Character Recognition) payment
光学字符识别(OCR)收款。

AAF 零售直接借记收款 Incoming retail direct debit
零售直接借记收款。

AAG 公司直接借记收款 Incoming corporate direct debit
公司直接借记收款。

AAH 纸面票据收款 Incoming paper-based payment
纸面票据收款。

AAI 零余额交易 Zero-balancing transaction
交易为零余额。

AAJ 保管箱 Safe deposit box
标识关于保管箱的银行业务。

AAK 国内货币市场 Domestic money market
标识进行国内汇兑货币市场交易的银行业务。

AAL 外汇市场 Foreign money market
标识进行外币兑换的货币市场交易的银行业务。

AAM 国内债券市场 Domestic bond market
标识在国内市场进行债券交易的银行业务。

AAN 国际债券市场 International bond market
标识在国际市场进行债券交易的银行业务。

AAO 基金 Funds
标识银行的基金业务。

AAP 保管 Safe custody
标识关于保管的银行业务。

AAQ 担保 Guarantee
标识关于担保的银行业务。

AAR 短期外汇信贷 Short foreign credits
标识授予银行所在国家之外的参与方短期信贷的银行业务。

AAS 长期外汇信贷 Long foreign credits
标识授予银行所在国家之外的参与方长期信贷的银行业务。

AAT 本票贷款 Promissory note loan
本票类贷款。

AAU 抵押贷款 Mortgage loan
抵押类贷款。

AAV 薪水 Salary
标识薪水支付的银行业务。

AAW 银行直接转账收款 Incoming bankgiro
银行直接转账收款。

ABX 电子汇票 Automated bills of exchange
通过电子汇票完成支付。

ABY 退回直接付款 Returned direct debit
标识退回直接付款的银行业务。这是收款银行因技术原因而拒绝债权人银行进行一笔或多笔直接付款转账交易的申请。

ABZ 截取纸面票据支付 Truncated paper based payment
截取纸面票据支付是从纸面票据支付抽取数据的金融业务。

BEX 汇票 Bills of exchange
已通过汇票完成支付。

BGI 银行电子邮政转账服务 Bankgiro
通过最初银行电子邮政转账服务完成支付。

BKD 银行汇票 Bank draft
原始支付通过银行汇票完成。

BKI 银行发起 Bank initiated
由银行发起的资金转账。

CAL 现金运送单 Cash letter
支付通过现金运送单完成。

CHG 费用 Charges
资金转账时出现的费用。

CHI 国际支票 Cheque international
财务业务通过国际支票完成。

CHN 国内支票 Cheque national
财务业务通过国内支票完成。

CLR 清算 Clearing
财务业务通过清算系统完成。

COL 托收 Collection
财务业务是托收。

COM 佣金 Commission
资金转账出现的佣金。

CON 现金集结 Cash concentration
将不同账户的资金集结到一个单独账户。

CPP 通过邮政现金支付 Cash payment by post
财务业务已通过邮政现金支付完成。

CUX 货币 Currencies
外汇的买卖。

DDT 直接借记 Direct debit
财务业务是直接借记。

DEP 现金存款业务 Deposit cash operation
财务业务是现金存款。

FEX 外汇兑换 Foreign exchange
财务业务是外汇兑换。

FGI 自由格式的银行电子邮政转账服务 Free format giro
银行之间的信用卡系统的自由格式的银行电子邮政转账服务。

INT 利息 Interest
资金转账时出现的利息。

LOC 信用证 Letter of credit
财务业务是信用证。

LOK 银行存款箱 Lockbox
金融机构提供客户可接收托收的现金管理系统。

MSC 杂项 Miscellaneous
基金转账时出现的杂项。

PAC 付款卡 Payment card
与贷记、借记、担保或费用有关的卡。

PGI 邮政电子转账服务 Postgiro
财务业务通过邮政电子转账服务完成。

POS 销售终端 Point of sale
财务业务是销售终端。

REC 退还支票 Returned cheques
资金转账时出现的退还支票。

RET 退还项目 Returned items
资金转账时出现的退还项目。

RGI 相关电子转账服务 Reference giro
通过特殊服务完成低优先级支付。芬兰国家银行服务。

RTR 退回转账 Returned transfers
金融业务已通过退回转账完成。

SEC 证券 Securities
基金转账时。

STO 常年订单 Standing order
财务业务是常年订单。

TCK 旅行支票 Travellers cheque
财务业务通过旅行支票完成。

TRF 转账 Transfer
财务业务通过转账完成。

UGI 紧急电子银行转账服务 Urgent giro
通过特殊银行服务完成高优先级的支付。芬兰国家银行服务。

VDA 起息日调整 Value date adjustment

财务业务已调整了起息日。

WDL 提取现金业务 Withdrawal cash operation

财务业务是提取现金业务。

ZZZ 相互协商约定 Mutually defined

4401 指示描述代码 Instruction description code [B]

说明:说明一项指示的代码。

表示:an..3

AA 发送贷记通知 Send credit note

发送一个贷记通知。

AB 变更发票 Change invoice

发送有特定差异的发票。

AC 航空邮件通知 Advise by airmail

通过航空邮件通知参与方。

AD 通知 Advise

通知参与方的指示。

AE 开始供应就读取计量表 Read meter at beginning of supply

供应期开始就读取计量表。

AF 终止交货 Stop delivery process

指示停止交货。

AG 发出更换 Send replacement

标识的货项必须送出去更换。

AH 运送 Pick-up

标识的货项将被运送。

AI 电信通知 Advise by telecommunication

通过电信方式的跟单信用证通知。

AJ 传真通知 Advise by fax

通过传真通知参与方的指示。

AK 挂号航空邮件 By registered airmail

通过挂号航空邮件开立跟单信用证。

AL 一套挂号航空邮件 By registered airmail in one set

通过挂号航空邮件邮寄一套单证。

AM 二套挂号航空邮件 By registered airmail in two sets

通过挂号航空邮件邮寄二套单证。

AN 授权在我方账户借记到期账款 Authorized to debit our account when due

授权接收方将到期账款记入发送方账户借方。

AO 授权在你方自行偿付行偿还到期账款

Authorized to reimburse yourselves on the reimbursing bank when due

授权接收方自行在偿付行偿还到期账款。

AP 电话通知 Advise by phone

通过电话通知参与方的指示。

AQ 根据收到和验证的单证,我方将就我方到期账款贷记你方账户 Upon receipt and verification of documents we shall credit your account with us when due

根据收到和验证的单证，我方将就我方到期账款贷记你方账户。

AR 抗议不付款 Protest non-payment

发生不付款时进行的抗议。

AS 抗议不承兑 Protest non-acceptance

发生不承兑时进行的抗议。

AT 电传通知 Advise by telex

通过电传通知参与方的指示。

AU 抗议不承兑和不付款 Protest non-acceptance and non-payment

发生不承兑和不付款时进行的抗议。

AV 不可以放弃 May not be waived

不允许放弃。

AW 可以放弃 May be waived

允许放弃。

AX 到货前可以延期承兑和/或支付

Acceptance and/or payment may be deferred until the arrival of goods

到货前可以延期承兑和/或支付。

AY 到货前不得延期承兑和/或支付

Acceptance and/or payment may not be deferred until the arrival of goods

到货前不得延期承兑和/或支付。

AZ 如果到货时未提交单证就将货物入库

If documents are not honoured on arrival of goods then warehouse goods

如果到货时未提交单证就将货物入库。

BA 如果到货时未提交单证就将货物入库并投保火险 If documents are not honoured on arrival of goods then warehouse goods and insure against fire

如果到货时未提交单证就将货物入库并投保火险。

BB 如果到货时未提交单证就将货物入库并投保一般险 If documents are not honoured on arrival of goods then warehouse goods and insure against usual risks

如果到货时未提交单证就将货物入库并投保一般险。

BC 预备人有权作出指示 Case of need party has power to give instructions

预备人有权作出指示。

BD 预备人仅可通知 Case of need party may advise only

预备人仅可进行通知。

BE 汇票必须在承兑后退回 Draft must be returned after acceptance

汇票必须在承兑后退回。

BF 以邮件通知 Advise by mail

向通知方发邮件。

BG 承兑交单 Release documents against acceptance

凭承兑才能交出单证。

BH 付款交单 Release documents against payment

凭付款才能交出单证。

BI 凭付款人发出的保证交单 Release documents against issuance of drawee's undertaking

凭付款人发出的保证才能交出单证。

BJ 凭提示行发出的保证交单

Release documents against issuance of presenting bank's undertaking

凭提示行发出的保证才能交出单证。

BK 凭指定银行发出的保证交单

Release documents against issuance of named bank's undertaking

凭指定银行发出的保证才能交出单证。

BL 凭付款人签发的本票交单

Release documents against issuance of drawee's signed promissory note

凭付款人签发的本票才能交出单证。

BM 凭提示行签发的本票交单

Release documents against issuance of presenting bank's signed promissory note

凭提示银行签发的本票才能交出单证。

BN 凭指定银行签发的本票交单

Release documents against issuance of named bank's signed promissory note

凭指定银行签发的本票才能交出单证。

BO 凭付款人签发的信托收据交单

Release documents against issuance of drawee's signed trust receipt

凭付款人签发的信托收据才能交出单证。

BP 凭提示行的保兑交单 Release documents against acceptance and aval of presenting bank

凭提示银行承兑和担保才能交出单证。

BQ 凭指定银行的保兑交单 Release documents against acceptance and aval of named bank

凭指定银行承兑和担保才能交出单证。

BR 汇付款项 Remit proceeds

应予汇付款项。

BS 向中间银行汇付款项 Remit proceeds to intermediary bank

款项应向收款银行的代理银行汇付。

BT 接受全额本币的临时存款 Accept provisional deposit if covered in local currency

在得不到收款货币时，授权收款银行接受当地货币临时存款。

BU 供给结束时读取计量表 Read meter at end of supply

供应期结束时读取计量表。

BV 必要时更换 Replace if necessary

如果必要就更换产品。

BW 更换 Replace

更换产品。

BX 不予更换 Do not replace

不予更换产品。

BY 账号错误的补救措施 Remedial action for incorrect account number

采取适当补救措施更正引用账号的指示。

BZ 对未知账号的补救措施 Remedial action for unknown account

因引用未知账号而需采取适当补救措施的指示。

CA 对司法机关冻结账户的补救措施 Remedial action for account frozen by legal authorities

因引用账户遭司法机关冻结而需采取适当补救措施的指示。

CB 对已故账户持有人的补救措施 Remedial action for deceased account holder

因账户持有人亡故而需采取适当补救措施的指示。

CC　账户所有人或最终受益人拒绝的补救措施
Remedial action for refusal by account owner or ultimate beneficiary
因账户所有人或最终受益人拒绝接受交易而需采取适当补救措施的指示。

CD　对受益人的未证实索款的补救措施
Remedial action for unjustified charges claim on beneficiary
因向受益人索付费用未经证实而需采取适当补救措施的指示。

CE　接收银行或分行标识无法识别的补救措施
Remedial action for unrecognised destination bank or branch identification
因接收银行或分支机构的标识无法识别而需采取适当补救措施的指示。

CF　因接收账户已被关闭而需采取适当补救措施的指示
Remedial action for closed destination account
已关闭接收账户的补救措施。

CG　交易超出限额的补救措施　Remedial action for transaction over credit limit
因交易超出商定的信用限额而需采取适当补救措施的指示。

CH　交易类型未经许可的补救措施　Remedial action for disallowed transaction type
因交易类型未经许可而需采取适当补救措施的指示。

CI　资金不足的补救措施　Remedial action for insufficient funds
因资金不足而需采取适当补救措施的指示。

CJ　事先没有适当的支付指令　Remedial action for no prior mandate in place
因没有预先同意的支付指令而需采取适当补救措施的指示。

CK　撤销支付指令的补救措施　Remedial action for revoked mandate
因支付指令已经撤销而需采取适当补救措施的指示。

CL　未知当事人的补救措施　Remedial action for unknown party
因当事人不明而需采取适当补救措施的指示。

CM　银行信息错误的补救措施　Remedial action for incorrect bank information
因指定银行信息错误或无效而需采取适当补救措施的指示。

CN　重复交易的补救措施　Remedial action for duplicated transaction
因交易被重复记录而需采取适当补救措施的指示。

CO　转换　Convert
将报文转换为其他格式。

CP　不能透露原因的未完交易的补救措施
Remedial action for transaction not completed for a reason that cannot be disclosed
交易被拒且因法律或其他理由不能透露时需采取适当补救措施的指示。

CS　快递发送　Send by courier services
物品由快递服务公司发送。

CZ　专项结算　Specific clearing
产品应专门结算。

DA　不需要采取行动　Without
不请求通知跟单信用证的银行保兑该信用证。

DB　可以附加　May add
通知跟单信用证的银行可以对跟单信用证附加保兑。

DC　保兑　Confirm

请求通知跟单信用证的银行保兑该信用证。

DD 挂号邮件 By registered mail
通过挂号邮件开立跟单信用证。

DE 特快专递服务 By courier service
通过特快专递服务开立跟单信用证。

DF 远程传输 By teletransmission
通过远程传输开立跟单信用证。

DG 通过远程传输预通知 Preadvice by teletransmission
通过远程传输预通知跟单信用证。

DH 经由特快专递传送一套单证 Per courier service in one set
通过特快专递服务传送一套单证。

DI 经由特快专递传送二套单证 Per courier service in two sets
通过特快专递服务传送二套单证。

DJ 挂号邮寄一套单证 Per registered mail in one set
通过挂号邮寄一套单证。

DK 挂号邮寄二套单证 Per registered mail in two sets
通过挂号邮寄二套单证。

DN 经由远程传输 Per teletransmission
通过远程传输传送单证。

DO 电话通知受益人 Advise beneficiary by phone
通过电话通知跟单信用证受益人。

DP 跟单信用证有效期内可接受的单证延迟提示
Late presentation of documents within documentary credit validity acceptable
在跟单信用证有效期内,单证延迟提示是可接受的。

EI 电子数据交换 EDI
通过 EDI 通知受益人的指示。

EM 电子邮件 Electronic mail
通过电子邮件通知受益人的指示。

EX 急送 Expedite
立即将信息发送给所要求的参与方。

IM 常规邮寄发送 Send by regular mail
由常规邮寄发送产品。

PT 打印 Print
打印产品。

QC 通过质量检查 Quality control held
直到制造商完成质量检查评价后,持货人的货才可以流通。

QE 未通过质量检查 Quality control embargo
质量检查评价不合格,持货人的货不可以流通。

RL 放行 Released
制造商放行股东分配的货物。

RM 挂号邮寄发送 Send by registered mail
由挂号邮寄发送产品。

SW 环球银行金融通讯协会 S. W. I. F. T.

通过 S. W. I. F. T 通知受益人的指示。

SX 每天一次 Take once a day

每天一次。

SY 每天两次 Take two times a day

每天两次。

SZ 每天三次 Take three times a day

每天三次。

TA 每天四次 Take four times a day

每天四次。

4403 指示类型代码限定符 Instruction type code qualifier [B]

说明:限定指示类型的代码。

表示:an..3

1 要求的行动 Action required

指示要求行动。

2 参与方指示 Party instructions

由参与方发出的指示。

3 超出最大值的指示 Maximum value exceeded instructions

如果最大值将要或已经超出如何行动的指示。

4 保兑指示 Confirmation instructions

跟单信用证保兑指示。

5 开证方式 Method of issuance

开出的跟单信用证保兑。

6 预先通知指示 Pre-advice instructions

跟单信用证的预通知指示。

7 单证传递指示 Documentary delivery instructions

跟单信用证所要求单证的传递指示。

8 跟单信用证(D/C)的附加条件 Additional conditions D/C

跟单信用证的附加条款和/或条件。

9 投资指示 Investment instruction

涉及一项投资的指示。

10 偿还指示 Reimbursement instructions

如何进行偿还的指示。

11 支付和/或承兑和/或议付银行的指示

Instructions to the paying and/or accepting and/or negotiating bank

给支付和/或承兑和/或议付银行的指示。

12 给申请人的指示和/或通知 Instructions and/or information to the applicant

给申请人的指示和/或通知。

13 预备人权限的指示 Case of need party power instructions

预备人权限的指示。

14 以当地货币支付的指示 Instructions for payment in local currency

以当地货币支付跟单信用证的指示。

15 退回承兑汇票的指示 Instructions for return of acceptance draft

退回承兑汇票的指示。

16 通知不予支付的办法 Method for advice of non-payment
通知不予支付的办法。

17 通知跟单信用证不予承兑的办法 Documentary credit advice of non-acceptance method
通知跟单信用证不予承兑的办法。

18 通知跟单信用证支付办法 Documentary credit advice of payment method
通知跟单信用证支付办法。

19 通知跟单信用证承兑办法 Documentary credit advice of acceptance method
通知跟单信用证承兑办法。

20 首次传输单证的指示 Instructions for the first transmission of documents
首次传输单证的指示。

21 第二次传输单证的指示 Instructions for the second transmission of documents
第二次传输单证的指示。

22 单证交付条款的指示 Instructions for terms of delivery of documents
单证交付条款的指示。

23 给受益人的指示和/或通知 Instructions and/or information to the beneficiary
给受益人的指示和/或通知。

24 拒绝的指示 Protest instructions
是否要给予拒绝的指示。

25 入库和/或保险的指示 Warehouse and/or insurance instructions
有关入库和/或保险的指示。

26 免除费用的指示 Charges waiver instructions
是否要免除费用的指示。

27 免除利息的指示 Interest waiver instructions
是否要免除利息的指示。

28 延期支付和/或承兑的指示 Deferral of payment and/or acceptance instructions
支付和/或承兑是否可以延期的指示。

29 病人准备 Patient preparation
有关病人准备的指示。

30 用药剂量 Dosage of medicine
有关用药剂量的指示。

31 关于患者的指示 Instruction about patient
关于患者的指示。

32 计量表读取指示 Meter reading instruction
关于读取计量表的指示。

33 计量表更换指示 Meter change instruction
关于更换计量表的指示。

4405 状态描述代码 Status description code [C]

说明:说明状态的代码。

表示:an..3

1 将完成 To be done
表明订单中要求的服务尚未完成。

2 完成 Done

指示已经完成。

3 传递 Passed on

信息已经传递。

4 最终 Final

金额为最终状态。

5 以最终付款为准 Subject to final payment

金额以最终结果为准。

6 最低金额 Minimum

报价金额为最低价目表。

7 固定金额 Fixed

报价金额为固定价目表。

8 最高金额 Maximum

报价金额为最高价目表。

9 信息 Information

报价金额仅作为参考,而不是将要被扣除或附加费用的一部分。

10 当日提供 0 day available

资金在当日提供。

11 1日提供 1 day available

资金在订货日后第一个银行营业日提供。

12 2日提供 2 days available

资金在订货日后第二个银行营业日提供。

13 3日提供 3 days available

资金在订货日后第三个银行营业日提供。

14 未收资金 Uncollected funds

受益人未收到的资金。

15 无 Nil

数量为零。

16 未通知 None advised

未通知状态或条件。

17 请求 Requested

已经请求了状态或条件。

18 免费 Free of charge

未发生费用。

19 取整 Rounded

数量为整数。

20 永久 Permanent

在有限的时间内持续或稳定。

21 临时 Temporary

时间和功能不确定。

22 按商定条件 Subject to agreed condition

按商定条件。

23 增加 Added

在……中增加。

24 扣除 Deducted

从……中扣除。

25 包含 Included

包含在其中。

26 应予结算 Subject to clearing

适用进行结算处理。

27 应按双方商定的条款 Subject to bilaterally agreed condition

适用双方商定的条款。

28 应进行预期的交易 Transaction expected to be executed

应进行预期的交易。

29 借记 Debit

对象处于借记状态。

30 贷记 Credit

对象处于贷记状态。

31 正数借记 Positive debit

对象处于正数借记状态。

32 负数借记 Negative debit

对象处于负数借记状态。

33 正数贷记 Positive credit

对象处于正数贷记状态。

34 负数贷记 Negative credit

对象处于负数贷记状态。

35 已开始 Started

指出时间已经开始。

36 已修订 Revised

指出版本已被修订。

37 已遭偷盗 Stolen

托运货物已遭盗窃。

38 已分配 Assigned

已指定某一项目的值。

39 已核准 Approved

已做出批准。

40 已撤回 Withdrawn

项目已经撤回

41 遭拒 Rejected

项目已被拒绝。

42 等待批准 Approval pending

尚待批准。

43 推迟 Postponed

推迟下一步行动。

44 替换 Replaced

项目已被替换。

45 无状态 No status
没有状态信息的报告。
46 不存在 Does not exist
不存在。
47 草拟的版本 Draft version
初步的版本。
48 现行版本 Live version
处于正在使用状态的版本。
49 过期的版本 Expired version
处于不再付诸使用的版本。
50 兼职 Part-time
只有部分时间可用。
51 全职 Full-time
全部时间都可用。
52 不是学生 Not a student
未登记入学。
53 应予抽出 To be extracted
应予删除。
54 阻生牙 Impacted tooth
挤在另一颗牙齿与颌骨之间的牙齿。
55 已抽出 Extracted
已删除。
56 预估 Estimated
预估的值。
57 未定义事故 Undefined incident
已经发生的未定义事故。
58 数量错误 Quantity error
数量是错误的。
59 货币金额错误 Monetary amount error
货币金额是错误的。
60 未订购产品 Product not ordered
未订购的产品。
61 不可靠 Uncertain
值是不可靠的。
62 重要的 Significant
值得注意的。
63 未予接受 Not accepted
项目没有被接受。
64 订单或申请被取消 Order or request cancelled
所指的订单货申请已经被取消。
65 否定 Negative
否定状态。
66 无正负号的金额 Unsigned amount

金额未加正负号的情况。

67 预备 Preliminary

进行准备。

68 分开 Split

分成若干部分。

69 推荐的 Recommended

优先于其他选择的受推崇对象。

70 已签发 Issued

已经发出。

71 可供订货 Available for ordering

货物可供预定。

72 不可预订 Not available for ordering

货物还不能接受预订。

73 已确认 Confirmed

已正式确认

74 已过期 Expiry date exceeded

到期日已经超过。

75 已开处方 Prescribed

用法已告知。

76 自开始订阅以来发行的所有期刊 All published issues since subscription start

适用于自开始订阅以来发行的所有期刊。

77 自索要指定期刊以来发行的所有期刊 All published issues since issue specified in claim

适用于自索要指定期刊以来发行的所有期刊。

78 自索要指定期刊以来发行的包括指定期刊在内的所有期刊

All published issues from and including issue specified in claim

适用于自索要指定期刊以来发行的包括指定期刊在内的所有期刊。

79 仅为指定期号的期刊 Specified published issue only

仅适用于指定期号的期刊。

80 取消的期刊 Publication issue cancelled

已被取消的期刊。

81 确定的 Definitive

最终确定的状态。

82 补充 Supplementary

进行增补。

83 法律上诉中 Under legal appeal

向法庭提出要求对判决重新审理的申请。

84 法定过户 Legally assigned

合法转移到另一参与方。

85 最新的 Updated

最新产生的。

86 批准 Ratified

使之合法有效或受某些正式或法律条例约束。

87 正在考虑 Under consideration

正在考虑。

88 反诉 Countersued

涉案被告实体对该案提起诉讼的反应。

89 驳回 Legal item dismissed

拒绝进一步审理案件。

90 争议 Disputed

质疑合法性。

91 强制 Enforced

强迫遵守。

92 提交诉状 Legal documentation filed

向适当的机构提交诉状、文件或申请。

93 对被告判决 Judgement for defendant

宣布对被告的判决。

94 对原告的判决 Judgement for plaintiff

宣布对原告的判决。

95 无变化 Unchanged

未被改变。

96 未提交诉状 Legal documentation not filed

未向适当的机构提交诉状、文件或申请。

97 待决 Pending

等待决定或协议。

98 债务解除 Debt released

解除一项债务。

99 提诉 Law suit filed

提请法律诉讼。

100 满意 Satisfied

所有条款均充分满足、完成或得到遵循。

101 搁置 Set aside

使用权力将其搁置。

102 议定 Settled

已由双方协议商定。

103 庭外和解 Settled out of court

案件已庭外和解。

104 中止 Stayed

中止进程。

105 结束 Terminated

使其结束。

106 已安排 Arranged

已列入计划或已预作准备。

107 未安排 Not arranged

未列入计划或预作准备。

108 通知开始 Instructed to start

收到开始的通知。

109 通知停止 Instructed to stop
收到停止的通知。
110 库存数量已修正 Stock quantity corrected
库存数量差异已被修正。
111 未激活 Inactive
不生效。
112 激活 Active
生效状态。
113 不完整数据 Incomplete data
数据不完整。
114 超额时的预订 Booked when overbooked
在已经超额情况下进行的预订。
115 临时 Provisional
对象处于临时状态。
116 已出票 Ticketed
票证已经发出。
117 已洗涤 Washed
对象已经洗涤。
118 未洗涤 Unwashed
对象尚未洗涤。
119 过时 Out of date
信息是过时的。
120 可选 Alternative
信息可根据要求进行选择。
121 全部 Complete
整个。
122 部分 Partial
并非全部。
123 订约 Contracted
受合同管辖。
124 技术限制 Technically limited
受制于技术局限。
125 调整 Adjusted
信息已经调整。
126 预期的交付 Expected delivery
预期进行交付的托运货物。
127 已测量 Measured
所指的项目已经测量。
128 货载备妥 Ready for loading
指定货物已为装运做好准备。
129 未经热处理 Not heat treated
对象未经热处理。
130 已经热处理 Heat treated

对象已经热处理。

131 充分烹煮 Fully cooked

对象已经充分烹煮。

132 烹煮不充分 Not fully cooked

对象未经充分烹煮。

133 温室生长 Hothouse grown

对象在温室生长。

134 拆卸 Knocked down

对象被分解。

135 固体 Solid

对象是固体。

136 液体 Liquid

对象是液体。

137 气体 Gas

对象处于气体形态。

138 浆状 Sludge

对象为半固态物质。

4407 样品处理阶段代码 Sample process step code [B]

说明:说明样品处理阶段的代码。

表示:an..3

1 加工中的样品 In process specimen

产品正在研制中。

2 成品的样品 Finished product specimen

已经完成产品的研制。

4419 测试管理方法代码 Test administration method code [B]

说明:说明测试管理方式的代码。

表示:an..3

1 口试 Oral

测试通过口腔完成。

2 皮试 Dermal

测试通过皮肤完成。

3 吸入 Inhalation

测试通过吸入完成。

ZZ 相互协商约定 Mutually defined

4431 付款担保方式代码 Payment guarantee means code [B]

说明:说明付款担保方式代码。

表示:an..3

1 经纪人担保 Factor guarantee

经纪人按照其签发给卖方或另一经纪人的担保书,支付发票费用。

10 银行担保 Bank guarantee

银行已经同意作为保证付款的担保人。

11 官方担保 Public authority guarantee

官方机构已经同意作为保证付款的担保人。

12 第三方担保 Third party guarantee

第三方已经同意作为保证付款的担保人。

13 备用信用证 Standby letter of credit

付款担保的方式为备用信用证。

14 无担保 No guarantee

没有付款担保。

20 货物抵押担保 Goods as security

付款人用货物做抵押进行担保。

21 业务抵押担保 Business as security

付款人用业务做抵押进行担保。

23 凭证或类似证件(仓库收据) Warrant or similar (warehouse receipts)

付款人用证或类似证件(仓库收据)进行担保。

24 房屋贷款 Mortgage

付款人用房屋贷款作为担保。

45 保险凭证 Insurance certificate

付款人用保险凭证作为担保。

ZZZ 相互协商约定 Mutually defined

4435 付款途径代码 Payment channel code [B]

说明:说明付款途径的代码。

表示:an..3

1 平邮 Ordinary post

付款应通过平邮进行/完成。

2 航空邮寄 Air mail

付款应通过航空邮寄进行/完成。

3 电报 Telegraph

付款应通过电报进行/完成。

4 电传 Telex

付款应通过电传进行/完成。

5 环球银行金融电信协会 S.W.I.F.T.

环球银行金融电信协会。

6 其他传输网络 Other transmission networks

付款应通过其他传输网络进行/完成。

7 未定网络 Networks not defined

付款应通过其他传输网络进行/完成。

8 美国联邦清算系统 Fedwire

付款应通过其他美国联邦清算系统进行/完成。

9 个人的(面对面) Personal (face-to-face)

付款应由银行交给受益人或由本人指定的代理人。

10 航空挂号邮件 Registered air mail

付款应通过航空挂号邮件进行/完成。

11 挂号邮件 Registered mail

付款应通过挂号邮件进行/完成。

12 特快专递 Courier

公共特快专递。

13 邮递员 Messenger

私人邮递员服务。

14 国内自动清算所 National ACH

国内范围的自动支付清算所。

15 其他自动清算所 Other ACH

与国家清算所不同的系统。

ZZZ 相互协商约定 Mutually defined

4437 账户类型代码限定符 Account type code qualifier [B]

说明:限定账户类型的代码。

表示:an..3

1 成本账户 Cost account

标识成本账户的代码。

2 预算账户 Budgetary account

标识预算账户的代码。

3 补助账户 Subsidiary account

标识补助账户的代码。

4 普通账户 General account

标识普通账户的代码。

5 关联账户 Related account

与另一账户关联的账户。

6 总账试算平衡表 General trial balance

标识总账试算平衡表的代码。

7 辅助账试算平衡表 Subsidiary trial balance

标识明细账试算平衡表的代码。

8 成本试算平衡表 Cost trial balance

标识成本试算平衡表的代码。

9 预算试算平衡表 Budgetary trial balance

标识预算试算平衡表的代码。

10 总账和成本试算平衡表 General and cost trial balance

标识总账和成本试算平衡表的代码。

11 总账和预算试算平衡表 General and budgetary trial balance

标识总账和预算试算平衡表的代码。

12 总账和辅助账试算平衡表 General and subsidiary trial balance

标识总账和明细帐试算平衡表的代码。

13 成本和预算试算平衡表 Cost and budgetary trial balance

标识成本和预算试算平衡表的代码。

14 成本和辅助账试算平衡表 Cost and subsidiary trial balance

标识成本和明细账试算平衡表的代码。

15 预算和辅助账试算平衡表 Budgetary and subsidiary trial balance

标识预算和明细账试算平衡表的代码。

16 总账、成本和预算试算平衡表 General,cost and budgetary trial balance

标识总账、成本和预算试算平衡表的代码。

17 未记录差别的账户 Non recorded differences account

标识未记录差异的账户。

4439 付款条件代码 Payment conditions code [C]

说明:说明付款条件的代码。

表示:an..3

1 直接付款 Direct payment

由买方向商品经纪人直接付款。

2 自动清算所贷记 Automatic clearing house credit

通过自动清算所贷记进行贷记交易。

3 自动清算所借记 Automatic clearing house debit

通过自动清算所借记进行借记交易。

4 自动清算所贷记－储蓄账户 Automatic clearing house credit-savings account

通过自动清算所贷记－储蓄账户进行交易。

5 自动清算所借记－活期账户 Automatic clearing house debit-demand account

通过自动清算所借记－活期账户进行交易。

6 银行账面转账(贷记) Bank book transfer (credit)

通过银行账面转账(贷记)进行交易。

7 银行账面转账(借记) Bank book transfer (debit)

通过银行账面转账(借记)进行交易。

8 使用汇票经过第三方进行跟单托收 Doc collection via 3rd party with bill of EX

通过使用汇票经过第三方进行跟单托收进行交易。

9 不使用汇票经过第三方进行跟单托收 Doc collection via 3rd party no bill of EX

通过不使用汇票经过第三方进行跟单托收进行交易。

10 不可撤销跟单信用证 Irrevocable documentary credit

通过不可撤销跟单信用证进行交易。

11 可转让的不可撤销跟单信用证 Transferable irrevocable documentary credit

通过可转让的不可撤销跟单信用证收进行交易。

12 保兑不可撤销跟单信用证 Confirmed irrevocable documentary credit

通过保兑不可撤销跟单信用证进行交易。

13 保兑的可转让不可撤销跟单信用证 Transferable confirmed irrevocable documentary credit

通过保兑的可转让不可撤销跟单信用证进行交易。

14 可撤销跟单信用证 Revocable documentary credit

通过可撤销跟单信用证进行交易。

15 不可撤销的保兑信用证 Irrevocable letter of credit-confirmed

通过不可撤销的保兑信用证进行交易。

16 保函 Letter of guarantee

通过保函进行交易。

17　可撤销的信用证　Revocable letter of credit
通过可撤销的信用证进行交易。
18　备用信用证　Standby letter of credit
通过备用信用证进行交易。
19　不可撤销非保兑信用证　Irrevocable letter of credit unconfirmed
通过不可撤销非保兑信用证进行交易。
20　光票托收(国际商会)　Clean collection (ICC)
通过光票托收(国际商会)进行交易。
21　跟单托收(国际商会)　Documentary collection (ICC)
通过跟单托收(国际商会)进行交易。
22　即期跟单托收(国际商会)　Documentary sight collection (ICC)
通过即期跟单托收(国际商会)进行交易。
23　有截止日期的跟单托收(国际商会)　Documentary collection with date of expiry (ICC)
通过有截止日期的跟单托收(国际商会)进行交易。
24　跟单托收:须承兑跟单托收(D/A)的汇票
Documentary collection:bill of exchange against acceptance
通过跟单托收:须承兑跟单托收(D/A)的汇票进行交易。
25　跟单托收:按付款交换的汇票(D/P)
Documentary collection:bill of exchange against payment
通过跟单托收:按付款交换的汇票(D/P)进行交易。
26　须买方认可的托收(国际商会)　Collection subject to buyer's approval (ICC)
通过须买方认可的托收(国际商会)进行交易。
27　银行作为收货人的托收(国际商会)　Collection by a bank consignee for the goods (ICC)
通过银行作为收货人的托收(国际商会)进行交易。
34　卖方通知买方　Seller to advise buyer
通过卖方通知买方进行交易。
35　银行往来单证　Documents through banks
通过银行往来单证进行交易。
36　记入(账户)　Charging (to account)
到期金额记入相应的应付/应收账户。
37　适用的开证行　Available with issuing bank
跟单信用证适用的开证行。
38　适用的通知银行　Available with advising bank
跟单信用证适用的通知银行。
39　适用的指定银行　Available with named bank
跟单信用证适用于标识在 FII 段中的金融机构。
40　可在任何银行使用　Available with any bank
跟单信用证适用于任何银行。
41　适用于任何银行　Available with any bank in…
跟单信用证适用于 LOC 段中标识地点的任何银行。
42　间接支付　Indirect payment
由买方付给卖方或卖方代理而不付给经销人的指定发票。
43　再转让　Reassignment

转让给经销人的发票或贷记通知重新转让给卖方或其他经销人。

44 抵销 Offset

发票/贷记通知被卖方或买方账户的其他科目(部分)抵销。

45 特殊分录 Special entries

由受益人对特殊账面进行分录处理。

46 分期付款 Instalment payment

可由一次或多次分期付款完成支付。

47 汇票分期付款 Instalment payment with draft

使用银行汇票一次或多次分期付款完成支付。

48 通过银行通知 Available with advise through bank

通过通知行发出的跟单信用证。

49 常规销售条款 General conditions of sale

使用常规销售条款作为支付条款信息。

50 特别支付 Special payment

以特别条款进行支付。

61 票据交换抵销 Set-off by exchange of documents

通过票据交换抵销进行交易。

62 对开信用证抵销 Set-off by reciprocal credits

通过对开信用证抵销进行交易。

64 货物交换抵销 Set-off by exchange of goods

通过货物交换抵销进行交易。

69 其他抵销 Other set-off

通过其他抵销进行交易。

70 供货人开发票 Supplier to invoice

订单中标出要求供货方为付款开发票。

71 接收方自开票据 Recipient to self bill

在订单中标出期望收货人自开票据。

ZZZ 相互协商约定 Mutually defined

4447 自由文本格式代码 Free text format code [B]

说明:限定文本主题的代码。

表示:an..3

1 居中 Centre

关联文本在可用区域居中。

2 左对齐 Left

关联文本在可用区域左对齐排列。

3 右对齐 Right

关联文本在可用区域右对齐排列。

4 两端对齐 Justified

关联文本在可用区域两端对齐。

5 先空一行 Preceded by one blank line

在文本之前应有一行空白间隔。

6 先空两行 Preceded by two blank lines
在文本之前应有两行空白间隔。
7 先空三行 Preceded by three blank lines
在文本之前应有三行空白间隔。
8 接续 Continuation
文本延续之前的文本。
9 另起一页 New page
文本在新的一页开始。
10 结束文本 End text
文本为之前文本的最终章节。
11 另起一行 New line
文本在新的一行开始。

4451 文本主题代码限定符 Text subject code qualifier [C]
说明:限定文本主题的代码。
表示:an..3
AAA 货物描述 Goods description
(7002)按银行业务、海关、统计或运输所要求足以识别商品性质的自然语言说明。
AAB 支付条款 Terms of payments
(4276)交易双方的支付条款(通用条款)。
AAC 危险品附加信息 Dangerous goods additional information
关于危险品的附加信息。
AAD 危险品技术名称 Dangerous goods,technical name
恰当的运输名称,以正确的技术名称作为必要的补充,通过它可以正确标识危险物质或危险品;或是通过其提供的足够信息,可以参照一般可用的文件资料对其进行标识。
AAE 确认描述 Acknowledgement description
确认的内容。
AAF 费率附加信息 Rate additional information
适用于费率的特定细目。
AAG 参与方指示 Party instructions
指明该段包含将要传递给已标识参与方的指示。
AAI 一般信息 General information
包含一般信息的文本。
AAJ 销售/购买的附加条件 Additional conditions of sale/purchase
订单或项目所特有的附加条件。
AAK 价格条件 Price conditions
期望或已给定的价格条件的信息。
AAL 适当的货物尺码 Goods dimensions in characters
适当的数字表示,例如:以十米作为长度单位。
AAM 设备再使用限制 Equipment re-usage restrictions
在当前运输终止之后,给出一件设备不能再使用的技术的或商业的原因。
AAN 装卸限制 Handling restriction
装卸限制取决于设备的技术特征或者货物的性质。

AAO 错误描述(自由文本) Error description (free text)
用自由文本描述错误。

AAP 应答(自由文本) Response (free text)
对通信作出响应的自由文本。

AAQ 包装内容描述 Package content's description
描述所包装商品的规格、尺寸、品质等。

AAR 交货条款 Terms of delivery
(4053)非 Incoterms 交货条款的自由文本。对 Incoterms 使用数据元 4053。

AAS 提单备注 Bill of lading remarks
在提单上已印制或将印制的备注。

AAT 结算方式信息 Mode of settlement information
关于国际航空协会(IATA)空运单的自由文本信息,指示账户结算的方式。

AAU 托运发票信息 Consignment invoice information
托运发票有关的信息。

AAV 清关发票信息 Clearance invoice information
与货物清关发票有关的信息。

AAW 信用证信息 Letter of credit information
与信用证有关的信息。

AAX 许可证信息 License information
与许可证有关的信息。

AAY 认证声明 Certification statements
包含认证声明的文本。

AAZ 附加出口信息 Additional export information
包含附加出口信息的文本。

ABA 关税声明 Tariff statements
与关税有关的参数描述。

ABC 销售或购买条件 Conditions of sale or purchase
适用于交易的有关条件和条款的附加信息。

ABD 交易性质 Nature of transaction
供货合同类型惯例的指示。

ABE 跟单信用证的附加条款和/或条件 Additional terms and/or conditions (documentary credit)
跟单信用证的附加条款和/或条件。

ABF 备用跟单信用证指示或信息 Instructions or information about a standby documentary credit
有关备用跟单信用证的指示或信息。

ABG 分批运输指示或信息 Instructions or information about partial shipment(s)
有关分批运输的指示或信息。

ABH 转运指示或信息 Instructions or information about transhipment(s)
转运指示或信息。

ABI 跟单信用证附加处理指示 Additional handling instructions documentary credit
对跟单信用证附加处理的指示。

ABJ 国内路径信息 Domestic routing information
与国内路径有关的信息。

ABK 应缴费的设备目录 Chargeable category of equipment

编入财务分类目录的设备类型。

ABL 政府信息 Government information

与政府有关的信息。

ABM 运输路线信息 Onward routing information

与运输路线相关的信息。

ABN 会计信息 Accounting information

有关会计账目的信息。

ABO 差异信息 Discrepancy information

指示特定差异的自由文本或代码信息。

ABP 保兑指示 Confirmation instructions

跟单信用证保兑指示。

ABQ 开证方式 Method of issuance

跟单信用证的开证方式。

ABR 交单指示 Documents delivery instructions

跟单信用证要求的交单指示。

ABS 附加条件 Additional conditions

跟单信用证开证的附加条件。

ABT 关于附加金额的信息/指示 Information/instructions about additional amounts covered

附加金额的信息/指示。

ABU 附加延期支付条款 Deferred payment termed additional

关于延期支付的附加条款。

ABV 附加承兑条款 Acceptance terms additional

关于承兑的附加条款。

ABW 附加议付条款 Negotiation terms additional

关于议付的附加条款。

ABX 单证名称和单证需求 Document name and documentary requirements

单证名称和单证需求。

ABZ 关于周转的指示/信息 Instructions/information about revolving

关于周转跟单信用证的指示/信息。

ACA 单证要求 Documentary requirements

跟单信用证要求的说明。

ACB 附加信息 Additional information

包含附加信息的文本。

ACC 经纪人指定条款 Factor assignment clause

卖方和经纪人协商的指定条款。

ACD 原因 Reason

请求或应答的原因。

ACE 争议 Dispute

买方给卖方的通知,告诉其已实施的交货或服务及有关发票发生错误。

ACF 附加属性信息 Additional attribute information

文本涉及未指明的关于附加属性的信息。

ACG 缺货说明 Absence declaration

缺货原因的说明。

ACH　综合声明　Aggregation statement
　　某一变化或一组变化已计算在内的声明。
ACI　编译说明　Compilation statement
　　数字或计算结果呈编译状态的说明。
ACJ　已定义的除外　Definitional exception
　　经商定的条款、内容、公式或其他对象的定义除外。
ACK　保密说明　Privacy statement
　　某客体保密性质的说明。
ACL　质量说明　Quality statement
　　客体质量的说明。
ACM　统计描述　Statistical description
　　统计对象的说明，如量值表、概念或结构定义。
ACN　统计定义　Statistical definition
　　统计对象的定义，如量值表、概念或结构定义。
ACO　统计名称　Statistical name
　　统计对象的名称，如量值表、概念或结构定义。
ACP　统计标题　Statistical title
　　统计对象的标题，如量值表、概念或结构定义。
ACQ　超标尺码信息　Off-dimension information
　　实际运输尺码与正常使用尺码差异信息。
ACR　意外停止信息　Unexpected stops information
　　传输中意外停止的信息。
ACS　原则　Principles
　　文本主题描述标准报文和目录文件的原则。
ACT　术语和定义　Terms and definition
　　文本主题描述标准报文和目录文件的术语和定义。
ACU　段名称　Segment name
　　文本主题为段名称。
ACV　简单数据元名称　Simple data element name
　　文本主题是简单数据元名称。
ACW　范围　Scope
　　文本主题描述标准报文和目录文件的范围。
ACX　报文类型名称　Message type name
　　文本主题是报文类型名称。
ACY　引言　Introduction
　　文本主题描述标准报文和目录文件的引言。
ACZ　词汇　Glossary
　　文本主题描述标准报文和目录文件的词汇。
ADA　功能定义　Functional definition
　　文本主题描述标准报文和目录文件的功能定义。
ADB　实例　Examples
　　文本主题描述标准报文和目录文件的实例。
ADC　封面　Cover page

文本主题描述标准报文和目录文件的封面。

ADD (语法)归属注释 Dependency (syntax) notes

表示关联文本是(语法)归属的注释。

ADE 代码值名称 Code value name

文本主题是代码值名称。

ADF 代码表名称 Code list name

文本主题是代码表名称。

ADG 使用说明 Clarification of usage

文本主题是段或段组计划用法的解释。

ADH 复合数据元名称 Composite data element name

文本主题是复合数据元名称。

ADI 应用领域 Field of application

文本主题描述标准报文和目录文件的应用领域。

ADJ 资产和负债类型 Type of assets and liabilities

描述资产和负债类型的信息。

ADK 促销信息 Promotion information

文本包括促销信息。

ADL 计量器条件 Meter condition

计量器条件的描述。

ADM 计量器阅读信息 Meter reading information

计量器特定阅读的信息。

ADN 交易原因类型 Type of transaction reason

描述交易原因类型信息。

ADO 调查问题类型 Type of survey question

调查问题的类型。

ADP 承运人代理柜台信息 Carrier's agent counter information

用于承运人代理柜台的信息。

ADQ 设备的操作项目的描述 Description of work item on equipment

在设备上将执行操作的描述或代码。

ADR 报文定义 Message definition

文本主题是报文定义。

ADS 预订项目信息 Booked item information

预订项目的信息。

ADT 单证出处 Source of document

文本主题是单证出处。

ADU 注 Note

文本主题是注。

ADV 段说明文本的固定部分 Fixed part of segment clarification text

文本主题是段说明文本的固定部分。

ADW 货物特征 Characteristics of goods

除货物描述[7002]外还有对货物特征的描述。

ADX 附加卸货指示 Additional discharge instructions

有关货物的特殊卸货指示。

ADY 集装箱拆箱指示 Container stripping instructions
有关拆卸集装箱的指示。

ADZ 集装箱安全公约铭牌信息 CSC (Container Safety Convention) plate information
集装箱的 CSC 铭牌信息。

AEA 货物备注 Cargo remarks
有关货物的附加备注。

AEB 温度控制指示 Temperature control instructions
有关货物温度控制的指示。

AEC 文本涉及期望数据 Text refers to expected data
备注是期望数据。

AED 文本涉及收到的数据 Text refers to received data
备注是期望数据。

AEE 节说明文本 Section clarification text
文本主题是节说明文本。

AEF 给受益人的信息 Information to the beneficiary
给受益人的信息。

AEG 给申请人的信息 Information to the applicant
给申请人的信息。

AEH 给受益人的指示 Instructions to the beneficiary
给受益人的信息。

AEI 给申请人的指示 Instructions to the applicant
给申请人的信息。

AEJ 控制大气 Controlled atmosphere
控制大气的信息。

AEK 摘录注释 Take off annotation
用简明文本说明摘录注释的附加信息。摘录是从建筑文档中选出计量的量进行评估处理的过程。

AEL 价格变更描述 Price variation narrative
用简明语言说明价格变更的附加信息。

AEM 跟单信用证更改指示 Documentary credit amendment instructions
跟单信用证更改指示。

AEN 标准方式描述 Standard method narrative
用简明语言说明标准方式的附加信息。

AEO 项目描述 Project narrative
用简明语言说明项目的附加信息。

AEP 放射性货物附加信息 Radioactive goods, additional information
放射性货物的附加信息。

AEQ 银行给银行的信息 Bank-to-bank information
一个银行给另一个银行的信息。

AER 偿还指示 Reimbursement instructions
对偿还用途给出的指示。

AES 修改报文原因 Reason for amending a message
修改报文原因的标识。

AET 给付款和/或承兑和/或议付银行的指示
Instructions to the paying and/or accepting and/or negotiating bank
给付款和/或承兑和/或议付银行的指示。

AEU 利息说明 Interest instructions
提供有关利息的说明。

AEV 代理佣金 Agent commission
有关代理佣金的说明。

AEW 给寄单行的指示 Remitting bank instructions
给寄单银行的指示。

AEX 给代收行的指示 Instructions to the collecting bank
给代收行而非寄单行有关托收处理的指示。

AEY 托收金额指示 Collection amount instructions
有关托收金额的指示。

AEZ 内部审计信息 Internal auditing information
文本有关内部审计信息。

AFA 约束 Constraint
表示关联文本是一项约束条件。

AFB 注释 Comment
表示关联文本为注释。

AFC 语义注释 Semantic note
表示关联文本是语义注释。

AFD 求助文本 Help text
表示关联文本是一条求助文本。

AFE 图例 Legend
表示关联文本是图例注释。

AFF 批次编码结构 Batch code structure
对批次编码结构的描述。

AFG 产品应用 Product application
对产品应用的概括说明。

AFH 客户投诉 Customer complaint
客户投诉。

AFI 可能的出错原因 Probable cause of fault
可能的出错原因。

AFJ 缺陷描述 Defect description
缺陷描述。

AFK 维修说明 Repair description
维修期间进行工作的说明。

AFL 审核意见 Review comments
有关审核的意见。

AFM 标题 Title
表示关联文本是标题。

AFN 描述金额 Description of amount
以明确的文本描述金额。

AFO 责任 Responsibilities
描述责任的信息。
AFP 供应商 Supplier
有关供应商的信息。
AFQ 采购区域 Purchase region
有关购货区域的信息。
AFR 关联方 Affiliation
有关一个参与方与另一参与方关联关系的信息。
AFS 借款人 Borrower
有关借款人的信息。
AFT 业务部门 Line of business
关于一个实体的业务部门的信息。
AFU 金融机构 Financial institution
描述实体所使用的金融机构。
AFV 企业创始人 Business founder
关于企业创始人的信息。
AFW 企业历史 Business history
描述企业的历史。
AFX 银行业务协议 Banking arrangements
关于一般性银行业务协议的信息。
AFY 业务起始点 Business origin
描述发生业务的起始点。
AFZ 商标名称描述 Brand names' description
描述实体的商标。
AGA 企业融资明细 Business financing details
有关企业融资的明细资料。
AGB 竞争对手 Competition
有关实体竞争对手的信息。
AGC 施工进度明细 Construction process details
关于施工进度的明细资料。
AGD 建筑专业 Construction specialty
有关一个建筑实体业务部门的信息。
AGE 合同信息 Contract information
有关合同的明细资料。
AGF 公司档案 Corporate filing
有关一家公司归档的资料。
AGG 客户信息 Customer information
对客户的描述。
AGH 版权公告 Copyright notice
关于版权公告的信息。
AGI 或有负债 Contingent debt
关于或有负债的明细。
AGJ 判决的明细资料 Conviction details

有关作为判决根据的法律或刑法典的资料。

AGK 设备 Equipment

描述设备。

AGL 劳动力描述 Workforce description

有关劳动力的注释。

AGM 豁免 Exemption

有关豁免的描述。

AGN 未来计划 Future plans

未来计划的信息。

AGO 被访人会谈信息 Interviewee conversation information

有关被访人的会谈信息。

AGP 无形资产 Intangible asset

对无形资产的描述。

AGQ 存货 Inventory

对存货的描述。

AGR 投资 Investment

对投资的描述。

AGS 内部公司往来信息 Intercompany relations information

对关联公司往来的描述。

AGT 合资 Joint venture

对合资公司的描述。

AGU 贷款 Loan

对贷款的描述。

AGV 长期负债 Long term debt

对长期负债的描述。

AGW 地点 Location

描述地点。

AGX 现行法律结构 Current legal structure

现行法律结构的明细资料。

AGY 婚约 Marital contract

婚约的资料。

AGZ 销售活动 Marketing activities

有关销售活动的信息。

AHA 合并 Merger

对一起合并的描述。

AHB 有价证券 Marketable securities

对有价证券的描述。

AHC 企业负债 Business debt

对企业负债的描述。

AHD 初始法律结构 Original legal structure

有关初始法律结构的信息。

AHE 雇员共享方案 Employee sharing arrangements

描述一家公司如何使用另一公司雇员的信息。

AHF 组织结构明细 Organization details
描述有关一家公司的组织结构。
AHG 公共记录明细 Public record details
有关公共记录的信息。
AHH 价格范围 Price range
有关产品制造或销售价格范围的信息。
AHI 资质 Qualifications
与当事人地位相适应的业绩的信息。
AHJ 登记手续 Registered activity
关于登记手续的信息。
AHK 判罪 Criminal sentence
描述施加于一宗刑事案件的判决。
AHL 销售方法 Sales method
描述销售的手段。
AHM 教育机构信息 Educational institution information
关于学校的无格式描述。
AHN 状态明细 Status details
描述状态明细。
AHO 销售 Sales
对销售的描述。
AHP 配偶信息 Spouse information
有关配偶的信息。
AHQ 教育程度信息 Educational degree information
关于从一所学校受教育程度的明细。
AHR 股权信息 Shareholding information
对股权概况的描述。
AHS 销售地域 Sales territory
销售地域的信息。
AHT 会计师的意见 Accountant's comments
会计师对财务报表提出的意见。
AHU 法定免税地点 Exemption law location
描述法律规定的免税地点。
AHV 股票分类 Share classifications
有关股票级别或类别的信息。
AHW 预测 Forecast
对预测的描述。
AHX 事件地点 Event location
对事件地点的描述。
AHY 占用设施 Facility occupancy
有关设施占用的信息。
AHZ 进出口明细 Import and export details
提供有关货物进出口的专门信息。
AIA 设施的补充信息 Additional facility information

有关一项设施的补充信息。

AIB 存货价值 Inventory value

描述库存货物的价值。

AIC 教育 Education

对个人教育的描述。

AID 事件 Event

描述发生的事件。

AIE 代理人 Agent

有关实体所使用的代理人的信息。

AIF 国内财务报表明细 Domestically agreed financial statement details

国内承认的财务报表的明细。

AIG 其他流动资产描述 Other current asset description

对其他流动资产的描述。

AIH 其他流动负债描述 Other current liability description

对其他流动负债的描述。

AII 以前的业务机构 Former business activity

对以前业务机构的描述。

AIJ 商标使用 Trade name use

对如何使用商标的描述。

AIK 签署机关 Signing authority

对授权签名人的描述。

AIL 担保 Guarantee

对担保的描述。

AIM 控股公司经营 Holding company operation

描述一家控股公司的经营状况。

AIN 托运货物路线 Consignment routing

托运货物路线的信息。

AIO 抗议书 Letter of protest

列举任何争议情形的信函。

AIP 询问 Question

无格式文本的询问。

AIQ 当事人信息 Party information

有关当事人的无格式文本的信息。

AIR 区域边界描述 Area boundaries description

对地理区域边界的描述。

AIS 广告信息 Advertisement information

含有广告信息的无格式文本。

AIT 财务报表明细 Financial statement details

以无格式文本表示有关财务报表的明细。

AIU 存取说明 Access instructions

描述如何访问一个实体。

AIV 流动性 Liquidity

描述一个实体的流动性。

AIW　赊欠限额　Credit line
描述一个实体可用的赊欠限额。
AIX　担保条款　Warranty terms
描述适用于产品或服务的担保条款的文本。
AIY　事业部描述　Division description
对实体事业部的普通语言描述。
AIZ　报告说明　Reporting instruction
如何进行报告的说明。
AJA　查验结果　Examination result
查验的结果。
AJB　实验室结果　Laboratory result
一项实验是研究的结果。
ALC　折让/费用信息　Allowance/charge information
关于折让/费用的信息。
ALD　X光结果　X-ray result
X光检查的结果。
ALE　病理学结果　Pathology result
一项病理学研究的结果。
ALF　介入治疗描述　Intervention description
一项介入治疗的描述。
ALG　入院总数　Summary of admittance
对入院总数的描述。
ALH　医疗救治过程明细　Medical treatment course detail
医疗救治过程明细资料。
ALI　预后　Prognosis
对预后的详细描述。
ALJ　对病人的指导　Instruction to patient
对病人的指导。
ALK　对医生的指导　Instruction to physician
对医生的指导。
ALL　全部单证　All documents
票据包含全部单证。
ALM　医疗救治　Medicine treatment
对医疗救治的详细描述。
ALN　药品剂量及管理　Medicine dosage and administration
对药品剂量及用法的管理明细。
ALO　病人探访　Availability of patient
何时/何地可以探访病人的详细说明。
ALP　要求服务的原因　Reason for service request
对所要求服务的理由的详细说明。
ALQ　服务目标　Purpose of service
对服务目的的详细说明。
ARR　抵达条件　Arrival conditions

抵达的条件。

ARS 服务申请人的意见 Service requester's comment

服务申请人提出的意见。

AUT 鉴别 Authentication

鉴别给出的名称、代码、口令等。

AUU 所需地点的描述 Requested location description

所需地点的描述。

AUV 医药管理条款 Medicine administration condition

启动对一剂药或一个疗程进行管理的事件或条件。

AUW 病人信息 Patient information

有关病人的信息。

AUX 预防措施 Precautionary measure

为避免可能的有害后果而采取的措施。

AUY 业务特征 Service characteristic

关于业务特征的无格式文本。

AUZ 计划结果的说明 Planned event comment

关于计划结果的说明。

AVA 准备延期的说明 Expected delay comment

关于准备延期的说明。

AVB 运输需求说明 Transport requirements comment

关于运输需求的说明。

BLC 提单条款 Bill of lading clause

装运货物提单的条款。

BLD 准备病人的说明 Instruction to prepare the patient

为准备病人所用的说明。

BLE 医疗救治说明 Medicine treatment comment

有关医疗救治的说明。

BLF 查验结果说明 Examination result comment

有关查验结果的说明。

BLG 服务需求说明 Service request comment

有关所要求服务的说明。

BLH 处方理由 Prescription reason

对处方原因的详细说明。

BLI 处方说明 Prescription comment

关于一份特定处方的说明。

BLJ 临床研究说明 Clinical investigation comment

关于一项临床研究的说明。

BLK 药品规格说明 Medicinal specification comment

有关医药产品规格的说明。

BLL 经济收益说明 Economic contribution comment

有关经济收益的说明。

BLM 计划状态 Status of a plan

有关计划状态的说明。

BLN 随机抽样测试信息 Random sample test information
关于随机抽样测试的信息。

BLO 期间 Period of time
文本主体是期间。

BLP 立法 Legislation
关于立法的信息。

BLQ 所要求的安全措施 Security measures requested
文本描述要求履行的安全措施(如存取控制、船用物品监管)。

BLR 运输单证附注 Transport document remarks
在提单上打印的全部托运物的附注。

BLS 上一挂港安全信息 Previous port of call security information
文本描述作为船/港接触的上一港口的港口设施所适用的安全信息。

BLT 安全信息 Security information
文本描述有关安全的信息(如船上现行的安全措施)。

BLU 废弃物信息 Waste information
文本描述有关废弃物的信息。

BLV B2C 销售信息,简略描述 B2C marketing information,short description
消费者销售信息,简短描述。

BLW B2B 销售信息,明细描述 B2B marketing information,long description
贸易伙伴销售信息,明晰描述。

BLX B2C 销售信息,明细描述 B2C marketing information,long description
消费者销售信息,明细描述。

BLY 产品成分 Product ingredients
构成产品的组成成分的信息。

BLZ 地点缩略名 Location short name
地点的缩略名称,如用于显示或打印。

BMA 包装材料信息 Packaging material information
文本包含对包装所用材料的描述。

BMB 填充材料信息 Filler material information
文本包含填充所用材料的信息。

BMC 船到船活动信息 Ship-to-ship activity information
文本包含船到船活动信息。

CCI 海关清关指示 Customs clearance instructions
客户与承运人商定的关于货物报关的代码或明确指示。

CEX 海关出口清关指示 Customs clearance instructions export
客户与承运人商定的关于货物的出口报关的代码或明确指示。

CHG 变更信息 Change information
通知包括变更信息。

CIP 海关进口清关指示 Customs clearance instruction import
客户与承运人商定的关于货物的进口报关的代码或明确指示。

CLP 申请清关的地点 Clearance place requested
收货人/发货人请求执行清关的地点名称。

CLR 装货附注 Loading remarks

关于集装箱装货的指示。

COI 订货信息 Order information

关于订货的附加信息。

CUR 客户附注 Customer remarks

来源于和适用于货物或服务供货方的附注。

CUS 报关信息 Customs declaration information

包含报关信息的附注。

DAR 损失附注 Damage remarks

关于货物损失的附注。

DCL 申报 Declaration

(4020)单证(CIM 12)签发人所作申报的文本。

DEL 交货信息 Delivery information

关于交货的信息。

DIN 交货指示 Delivery instructions

关于货物交付的指示。

DOC 文件指示 Documentation instructions

与文件有关的指示。

DUT 关税申报 Duty declaration

包含构成一个关税申报申明的文本。

EUR 有效使用路线 Effective used routing

运输工具运行的有效的实际路线。

FBC 印制在运输合同上的第一段 First block to be printed on the transport contract

印制在运输合同上的第一段文本。

GBL 政府提单信息 Government bill of lading information

运输单证上的自由文本信息,指示政府提单的支付信息。

GEN 全部交易集 Entire transaction set

附注具有普遍意义,适用于整个交易段。

GS7 关于德国公路运输危险品规则(GGVS)第7条的进一步信息

Further information concerning GGVS par. 7

德国公路运输危险品规则规定的公路运输货物的特殊许可。

HAN 装卸指示 Handling instructions

(4078)对特定货物、包装件或集装箱如何装卸的说明。

HAZ 危险品信息 Hazard information

与危险品有关的信息。

ICN 收货人信息 Information for consignee

(4070)作为收货人信息给出的标注(CIM 21)。

IIN 保险指示 Insurance instructions

有关货物保险的指示。

IMI 发票邮寄指示 Invoice mailing instructions

运费或费用组成必须寄给当事人的指示。

IND 商业发票项目描述 Commercial invoice item description

描述有关商业发票每项货物的自由文本。

INS 保险信息 Insurance information

特殊附注包括保险信息。

INV　发票指示　Invoice instruction

附注包含发票指示。

IRP　铁路运输信息　Information for railway purpose

(4090)火车站根据需要记录的数据,如:特定车次、运费计算的附表、特殊尺寸等等(CIM 8)。

ITR　内陆运输细目　Inland transport details

非船舶的运输工具到卸货港的前程运输信息。

ITS　测试指示　Testing instructions

关于按交易条款实施所要求的测试指示。

LAN　地点别名　Location Alias

地点的备选名称。

LIN　分项　Line item

附注包括分项信息。

LOI　装货指示　Loading instruction

指定包装件或集装箱被装到运输工具上的位置指示。

MCO　杂费订单　Miscellaneous charge order

IATA 空运单的自由文本会计信息,通过杂费订单指示付款信息。

MKS　附加标记/号码信息　Additional marks/numbers information

与附加标记/号码有关的信息。

ORI　订单指示　Order instruction

包括订单指示的自由文本。

OSI　其他服务信息　Other service information

一般和特定价的发送方产生的一般信息。

PAC　包装/标记信息　Packing/marking information

关于货物包装和/或标记的信息。

PAI　付款指示信息　Payment instructions information

自由文本包括与报文有关的支付指示的信息。

PAY　应付信息　Payables information

附注包含应付信息。

PKG　包装信息　Packaging information

附注包含包装信息。

PKT　包装条款信息　Packaging terms information

包含与包装条款有关的信息。

PMD　支付细目/汇款信息　Payment detail/remittance information

自由文本包含支付细目。

PMT　支付信息　Payment information

附注包含支付信息。

PRD　产品信息　Product information

包含产品信息的文本。

PRF　价格计算公式　Price calculation formula

有关用于计算货项价格的价格公式的附加信息。

PRI　优先权信息　Priority information

附注包含优先权信息。

PUR 购买信息 Purchasing information

附注包含购买信息。

QIN 检疫指示 Quarantine instructions

关于检疫的指示，即到达的船舶，包括其设备、货物、船员或乘客，如果被怀疑携带传染病，则被扣留并严格隔离，以防止疾病的传播。

QQD 质量需求/要求 Quality demands/requirements

货项必须满足的质量/性能要求或标准的说明。

QUT 报价指示 Quotation instruction

附注包含报价指示。

RAH 风险和装卸信息 Risk and handling information

由货物导致的风险和/或装卸指示的信息。

REG 管理信息 Regulatory information

自由文本包括管理机构的信息。

RET 返回起点信息 Return to origin information

IATA 空运单的自由文本信息，指示未交货返回的托运物。

REV 应收 Receivables

包含应收信息的文本。

RQR 要求的路线/路径指示 Requested routes/routing instructions

(3074) 发货人要求托运货物航线经由的地点的名称。

RQT 要求的运价表和路线 Tariffs and route requested

(4120)所使用运价表的说明，适用时可用特定协议号或参考号；用边境点或边境站，必要时由铁路过境站指出路线。

SAF 安全信息 Safety information

包含安全信息的文本。

SIC 发送人给承运人的指示 Sender's instruction to carrier

(4284)发送人对承运人提出关于海关、保险和其他手续的说明和声明。

SIN 特殊指示 Special instructions

如许可证号、高价值、小心装卸、玻璃制品等特殊指示。

SLR 要求的航运公司 Ship line requested

要求在欧洲大陆和爱尔兰联合王国之间运输的航运公司。

SPA 对常规运输的特殊许可 Special permission for transport, generally

对常规运输(和/或路径)已获得特殊许可和与该许可有关的说明。

SPG 关于被运货物的特殊许可 Special permission concerning the goods to be transported

对特定货物的运输(和/或路径)已获得特殊许可和与该许可有关的说明。

SPH 特殊装卸 Special handling

附注包含特定装卸信息。

SPP 关于包装的特别许可 Special permission concerning package

包装已获得特殊许可和与该许可有关的说明。

SPT 关于运输工具的特殊许可 Special permission concerning transport means

运输工具的使用已获得特殊许可和与该许可有关的说明。

SRN 次要风险数(IATA/DGR) Subsidiary risk number (IATA/DGR)

根据有效分类，由货物引致的次要风险数。

SSR 特殊服务要求 Special service request

关于货物运输的特殊服务要求。

SUR　供货方附注　Supplier remarks

来源于货物或服务供应方或对货物或服务供应方的附注。

TCA　应用运价表和等级　Tariff and class applied

(5430)所用的运价表的说明(CIM 55)。

TDT　运输细目附注　Transport details remarks

与运输细目有关的附加信息。

TRA　运输信息　Transportation information

关于货运的一般信息。

TRR　要求的运价表　Requested tariff

将应用所给出的运价表的规定,包括特定协议号或参考。

TXD　税收申报　Tax declaration

包含构成一个关税申报申明的文本。

WHI　仓库指示　Warehouse instruction

附注包含仓库信息。

ZZZ　相互协商约定　Mutually defined

附注包含贸易双方相互约定的信息。

4453　文本功能代码　Text function code　[B]

说明:说明自由文本功能的代码。

表示:an..3

1　后续使用的文本　Text for subsequent use

该文本的出现不影响报文处理。

2　替代缺少代码的文本　Text replacing missing code

目前没有可用代码的代码型数据项的文本描述。

3　立即使用的文本　Text for immediate use

处理报文前须阅读的文本。

4　不要求处理　No action required

将文本传递给以后的接收者。

5　标题　Header

指出文本应作为标题采用。

6　参考号的段落　Numbered paragraph

指出文本始于一个新的段落参考号。

7　段落　Paragraph

指出文本是一独立段落。

4455　延期交货安排类型代码　Back order arrangement code　[B]

说明:说明延期交货安排的代码。

表示:an..3

B　只对新货项延期交货(图书行业——仅对未出版的图书)

Back order only if new item (book industry—not yet published only)

由于未出版原因的货项延期交货。

F　工厂装运　Factory ship

从工厂直接运至购买方。

N 无延期交货 No back order

延期交货是不可接受的。

W 仓库装运 Warehouse ship

货物从仓库直接装运。

Y 无存货延期交货 Back order if out of stock

无存货的延期交货是可以接受的。

ZZZ 相互协商约定 Mutually defined

4457 替换条件代码 Substitution condition code [B]

说明:说明替代条件的代码。

表示:an..3

1 不允许替换 No substitution allowed

通知供货方严格按规定填订单。

2 如所订装帧本无货,则供应任何版式 Supply any binding if edition ordered not available

指示若原订装帧版式无货,可接受任何替代版式。

3 如所订装帧版本无货,则供应平装本 Supply paper binding if edition ordered not available

指示若原订装帧版式无货,可接受平装本。

4 如所订装帧版本无货,则供应布封面版式 Supply cloth binding if edition ordered not available

指示若原订装帧版式无货,可接受布封面版式。

5 如所订装帧版本无货,则供应图书馆版式 Supply library binding if edition ordered not available

指示若原订装帧版式无货,可接受图书馆版式。

6 等价货项替代 Equivalent item substitution

指示可以用相同价值和相同性能的货项替代指定的货项。

7 允许选择货项替代 Alternate item substitution allowed

指示允许相同或更高价值和性能的货项替代指定的货项。

ZZZ 相互协商约定 Mutually defined

当预先定义的代码不存在时,经特定交易参与方要求而保留的代码。

4461 付款方式代码 Payment means code [B]

说明:标识付款方式的代码。

表示:an..3

1 未定义指示方式 Instrument not defined

没有定义两个或多个参与方之间可实施的法律协议。

2 自动清算所贷记 Automated clearing house credit

通过自动清算所系统进行的贷记交易。

3 自动清算所借记 Automated clearing house debit

通过自动清算所系统进行的借记交易。

4 ACH 活期存款借记冲账 ACH demand debit reversal

对活期存款账户 ACH 借记交易进行冲账的请求。

5 活期存款贷记冲账 ACH demand credit reversal

对活期存款账户 ACH 贷记交易进行冲账的请求。

6 ACH 活期存款贷记 ACH demand credit

通过 ACH 系统对活期存款账户进行贷记交易。

7　ACH 活期存款借记　ACH demand debit

通过 ACH 系统对活期存款账户进行借记交易。

8　持有　Hold

指示银行通过受益人或其他指令持有的托收。

9　国家或地区清算　National or regional clearing

指示付款通过国家或地区清算进行。

10　现金　In cash

用现金付款。

11　ACH 储蓄贷记冲账　ACH savings credit reversal

对储蓄账户的 ACH 贷记交易冲账的请求。

12　ACH 储蓄借记冲账　ACH savings debit reversal

对储蓄账户的 ACH 借记交易冲账的请求。

13　ACH 储蓄贷记　ACH savings credit

对储蓄账户通过 ACH 系统进行贷记交易。

14　ACH 储蓄借记　ACH savings debit

对储蓄账户通过 ACH 系统进行借记交易。

15　账面记录贷记　Bookentry credit

在同一金融机构中由买方账户到卖方账户转账过程中的贷记交易。

16　账面记录借记　Bookentry debit

在同一金融机构中由卖方账户到买方账户转账过程中的借记交易。

17　ACH 活期存款现金收入/支出(CCD)贷记

ACH demand cash concentration/disbursement (CCD) credit

通过 ACH 系统使用 CCD 支付格式对活期存款的账户进行贷记交易。

18　ACH 活期存款现金收入/支出(CCD)借记

ACH demand cash concentration/disbursement (CCD) debit

通过 ACH 系统使用 CCD 支付格式对活期存款的账户进行借记交易。

19　ACH 活期存储贸易支付(CTP)贷记　ACH demand corporate trade payment (CTP) credit

通过 ACH 系统使用 CTP 支付格式对活期存款的账户进行贷记交易。

20　支票　Cheque

用支票付款。

21　银行汇票　Banker's draft

为支付资金而签发银行汇票。

22　保兑的银行汇票　Certified banker's draft

保兑的银行汇票。

23　银行支票(由银行或同类公司签发)

Bank cheque (issued by a banking or similar establishment)

24　等待接受汇票

由贷方接受借方的汇票。

25　保兑支票　Certified cheque

保兑支票。

26　本地支票　Local cheque

指示支票领取人只可在当地使用的支票。

27 ACH 活期存储贸易支付(CTP)借记 ACH demand corporate trade payment (CTP) debit

通过 ACH 系统使用 CTP 支付格式对活期存款的账户进行借记交易。

28 ACH 活期存储贸易汇率(CTX)贷记 ACH demand corporate trade exchange (CTX) credit

通过 ACH 系统使用 CTX 支付格式对活期存款的账户进行贷记交易。

29 ACH 活期存储贸易汇率(CTX)借记 ACH demand corporate trade exchange (CTX) debit

通过 ACH 系统使用 CTX 支付格式对活期存款的账户进行借记交易。

30 贷记转账 Credit transfer

贷记资金由一个账户转账到另一个账户的付款。

31 借记转账 Debit transfer

借记资金由一个账户转账到另一个账户的付款。

32 ACH 活期存储现金收入/支出+(CCD)贷记

ACH demand cash concentration/disbursement plus (CCD) credit

通过 ACH 系统使用 CCD 支付格式对活期存储的账户进行贷记交易。

33 ACH 活期存储现金收入/支出+(CCD)借记

ACH demand cash concentration/disbursement plus (CCD) debit

通过 ACH 系统使用 CCD 支付格式对活期存储的账户进行借记交易。

34 ACH 预先安排的支付和存款 ACH prearranged payment and deposit (PPD)

通过 ACH 系统对活期存款或储蓄账户的客户贷记交易。

35 ACH 储蓄现金收入/支出(CCD)贷记

ACH savings cash concentration/disbursement (CCD) credit

通过 ACH 系统对活期存款或储蓄账户的贷记交易。

36 ACH 储蓄现金收入/支出(CCD)借记

ACH savings cash concentration/disbursement (CCD) debit

通过 ACH 系统对活期存款或储蓄账户的借记交易。

37 ACH 储蓄交易支付(CTP)贷记 ACH savings corporate trade payment (CTP) credit

通过 ACH 系统使用 CTP 支付格式对储蓄账户进行的贷记交易。

38 ACH 储蓄贸易支付(CTP)借记 ACH savings corporate trade payment(CTP)debit

通过 ACH 系统使用 CTP 支付格式对储蓄账户进行的借记交易。

39 ACH 储蓄贸易汇率(CTX)贷记 ACH savings corporate trade exchange(CTX) credit

通过 ACH 系统使用 CTX 支付格式对储蓄账户进行的贷记交易。

40 ACH 储蓄贸易汇率(CTX)借记 ACH savings corporate trade exchange(CTX) debit

通过 ACH 系统使用 CTX 支付格式对储蓄账户进行的借记交易。

41 ACH 储蓄现金收入/支付+(CCD)贷记

ACH savings cash concentration/disbursement plus (CCD) credit

通过 ACH 系统使用 CCD 支付格式对储蓄账户进行的贷记交易。

42 付款至银行账户 Payment to bank account

将资金付至某个银行账户。

43 ACH 储蓄现金收入/支出+(CCD)借记

ACH savings cash concentration/disbursement plus (CCD) debit

通过 ACH 系统使用 CCD 支付格式对储蓄账户进行的贷记交易。

44 承兑汇票 Accepted bill of exchange

由债权人向债务人开具的并由债务人承兑的票据。

45 提交家庭银行贷记转账 Referenced home-banking credit transfer

通过家庭银行发起而提交贷记转账。

46 银行间借记转账 Interbank debit transfer

通过银行间转账方式进行的借记转账。

47 家庭银行借记转账 Home-banking debit transfer

通过家庭银行发起的借记转账。

48 银行卡 Bank card

由银行或其他金融机构发行的卡片式支付工具。

49 直接借记 Direct debit

金额应当或已经从客户的银行账户中直接扣款。

50 通过邮政电子转账付款 Payment by postgiro

通过邮政电子转账进行付款。

51 法国 CFONB 标准 6 97-电子支付—A 项选择 FR, norme 6 97-Telereglement CFONB (French Organisation for Banking Standards)-Option A

法国认可的债务人向债权人支付应付款的标准程序。债权人会告知其银行将在债务人银行账户上收取资金。

52 应急商业支付 Urgent commercial payment

为确保在执行日期达成要求,需要以最适合的担保手续在商定的截止时间之前向委托银行提供支付指示。

53 应急资金支付 Urgent Treasury Payment

必须以最为紧急的方式在应急商业支付之前通过最合适的手段执行支付指示或转账。

60 本票 Promissory note

通过本票支付。

61 由债务人签署的本票 Promissory note signed by the debtor

债务人签署的本票支付。

62 由债务人签署并由银行背书的本票

Promissory note signed by the debtor and endorsed by a bank

由债务人签署并由银行背书的本票后支付。

63 由债务人签署并由第三方背书的本票

Promissory note signed by the debtor and endorsed by a third party

64 由银行签署的本票 Promissory note signed by a bank

由银行签署的本票后支付。

65 由银行签署的并由另外一家银行背书的本票

Promissory note signed by a bank and endorsed by another bank

66 由第三方签署的本票 Promissory note signed by a third party

由第三方签署本票后支付。

67 由第三方签署并由银行背书的本票

Promissory note signed by a third party and endorsed by a bank

70 由债权人开给债务人的汇票 Bill drawn by the creditor on the debtor

由债权人开给债务人汇票支付。

74 由债权人开给银行的汇票 Bill drawn by the creditor on a bank

由债权人开给银行汇票支付。

75 由债权人开具的并由另一银行背书的汇票

Bill drawn by the creditor, endorsed by another bank

76 由债权人开给银行并由第三方背书的汇票
Bill drawn by the creditor on a bank and endorsed by a third party
77 由债权人开给第三方的汇票 Bill drawn by the creditor on a third party
78 由债权人开给第三方并由银行承兑和背书的汇票
Bill drawn by creditor on third party,accepted and endorsed by bank
91 不可转让的银行汇票 Not transferable banker's draft
签发不可背书的银行汇票。
92 不可转让的本地支票 Not transferable local cheque
签发不可背书的支票以支付资金。
93 参考电子邮政转账服务 Reference giro
订货客户指示银行使用"参考银行电子邮政转账服务"支付系统。芬兰国家银行系统使用。
94 紧急电子邮政转账服务 Urgent giro
当转移付款时,订货客户指示银行使用"紧急电子邮政转账服务"银行服务。芬兰国家银行系统使用。
95 自由格式电子邮政转账服务 Free format giro
当转移支付时,订货客户指示订货银行使用"自由格式电子邮政转账服务"银行服务。芬兰国家银行系统使用。
96 要求的支付方式未被使用 Requested method for payment was not used
如果要求的付款方式未被使用或不能使用,则用该代码指示。
97 伙伴间清算 Clearing between partners
相互偿还伙伴间的应付金额,为避免无效支付。
ZZZ 相互协商约定 Mutually defined

4463 公司内部付款指示符代码 Intra-company payment indicator code [B]
说明:指示公司内部付款的代码。
表示:an..3
1 公司内部付款 Intra-company payment
账户所有者是一个公司或属于公司集团,资金在其账户之间转移。

4465 调整原因描述代码 Adjustment reason description code [C]
说明:说明调整原因的代码。
表示:an..3
1 商定的结算 Agreed settlement
基于在伙伴间的协议所做的调整。
2 货物不合规格 Below specification goods
次品货。
3 货物损坏 Damaged goods
由于货物损坏所做的调整。
4 交货短缺 Short delivery
由于所交的货物少于预计的数量所做的调整。
5 价格查询 Price query
由于价格查询的调整。
6 所要求的交货证明 Proof of delivery required

买方要求在付款之前提供交货证明。

7 记账付款 Payment on account

买方在以后付款。

8 包括集装箱回程费用 Returnable container charge included

对集装箱返回费用的折扣调整。

9 发票错误 Invoice error

发票与定单不一致。

10 汇票费用 Costs for draft

从支付中已扣除的汇票费用。

11 银行费用 Bank charges

从支付中已扣除的银行费用。

12 代理佣金 Agent commission

从支付中已扣除代理佣金。

13 对等偿付的债权 Counter claim

买方要求用卖方现有的金融债务部分抵消未偿清的发票。

14 交货错误 Wrong delivery

未按规定交货。

15 货物退回代理 Goods returned to agent

货物退回代理。

16 货物部分退回 Goods partly returned

货物部分退回。

17 运输损坏 Transport damage

货物在运输中损坏。

18 货物寄售 Goods on consignment

由于货物出售前所有权仍归卖方，所以买方不接受发票所列费用。

19 贸易折扣 Trade discount

从支付中已扣除的贸易折扣。

20 延期交货折扣 Discount for late delivery

对延期交货扣除的罚款。

21 广告费用 Advertising costs

从支付中已扣除的广告费用。

22 关税 Customs duties

从支付中已扣除的关税。

23 电话和邮政费用 Telephone and postal costs

从支付中已扣除的电话和邮政费用。

24 修理费用 Repair costs

从支付中已扣除的修理费用。

25 律师费用 Attorney fees

从支付中已扣除的律师费用。

26 税 Taxes

从支付中已扣除的税。

27 扣除再赔偿 Reclaimed deduction

买方要求对从已付发票中未指明的扣除额的赔偿。

28 参见独立通知 See separate advice
买方或卖方参考有关的装运和/或发票和/或支付的独立通信。
29 买方拒绝取货 Buyer refused to take delivery
买方拒绝取货。
30 直接支付给卖方 Direct payment to seller
买方支付给卖方。
31 买方不同意的到期日 Buyer disagrees with due date
买方不同意的到期日。
32 未交货 Goods not delivered
买方未收到货物。
33 晚交货 Late delivery
货物交付太晚。
34 通知货款已付至你方 Quoted as paid to you
经纪人通知卖方某发票的款项已由买方直接付给卖方。
35 退货 Goods returned
买方退货给卖方。
36 未收到发票 Invoice not received
买方声明未收到支付需要的发票。
37 未收到给债务人的贷记通知 Credit note to debtor/not to us
经纪人通知卖方未收到发给买方的贷记通知付本。
38 扣除奖金 Deducted bonus
买方已经或将要有权从支付中扣除奖金。
39 扣除折扣 Deducted discount
买方已经或将要有权从支付中扣除折扣。
40 扣除运费 Deducted freight costs
买方已经或将要从支付中扣除运费。
41 其他发票扣除额 Deduction against other invoices
已经结算发票的扣除额。
42 贷记余额 Credit balance(s)
买方利用现有贷方余额(部分)抵消未清偿的发票。
43 未知原因 Reason unknown
经纪人通知卖方不知道由买方提出的商业纠纷的原因。
44 等待来自卖方的报文 Awaiting message from seller
在商业纠纷解决之前,买方或经纪人正等待买方回复的报文。
45 给卖方的借记通知 Debit note to seller
买方给卖方的借记通知。
46 条款外的折扣 Discount beyond terms
买方所得折扣大于与卖方协定的折扣条款。
47 参见买方的信函 See buyer's letter
参见买方的信函。
48 折让/费用错误 Allowance/charge error
卖方在折让/费用金额上出错。
49 替代产品 Substitute product

提供的产品不完全符合规格。

50 销售条款错误 Terms of sale error

销售条款不附合订购单。

51 所需数据遗失 Required data missing

由买方发给卖方或由卖方发给买方的报文，不包含采取行动决定所需数据。

52 错误发票 Wrong invoice

发给出错方的发票。

53 复制发票 Duplicate invoice

发票发送两次。

54 重量错误 Weight error

重量与订单不符。

55 未授权的附加费 Additional charge not authorized

未授权的附加费。

56 不正确折扣 Incorrect discount

买方声明发票错算折扣。

57 价格变动 Price change

价格发生变动。

58 变化 Variation

对商定值进行调整变化。

59 退款 Chargeback

一项或多项余额退给卖方。

60 抵销 Offset

一个或多个借记款项分配给一个或多个贷记款项或反之亦对。

61 间接支付 Indirect payment

结算发票支付已经付给指定的债权人之外的另参与方。

62 财务转让 Financial reassignment

以前分配的发票/贷记通知被转让。

63 退款或抵销恢复 Reinstatement of chargeback/offset

与不正确余额有关的退款和/或抵销的取消。

64 期待新条款 Expecting new terms

买方期待卖方修订发票的支付条款。

65 向代理结算 Settlement to agent

发票已经或应支付给卖方代理。

66 现金折扣 Cash discount

因适用于一项现金折扣而必须进行调整。

67 信用担保费用 Delcredere costs

因集中支付业务而从支付总额中扣除的费用。

68 提前支付折扣调整 Early payment allowance adjustment

因适用于一项提前支付折扣而进行调整。

69 货币金额到期日不正确 Incorrect due date for monetary amount

因有关货币金额所涉及的到期日有误所进行的调整。

70 因免费货物数量有误造成货币金额错误

Wrong monetary amount resulting from incorrect free goods quantity

因免费货物数量有误造成货币金额错误所进行的调整。

71 由供应商承担货架补货服务 Rack or shelf replenishment service by a supplier

因货架补货服务由供应商承担而进行的调整。

72 临时特别促销 Temporary special promotion

因临时的特别促销而进行的调整。

73 不同税率 Difference in tax rate

因税率不同而进行的调整。

74 数量折扣 Quantity discount

因数量折扣而进行的调整。

75 促销折扣 Promotion discount

因促销折扣而进行的调整。

76 撤销的最终期限已过 Cancellation deadline passed

发生撤销是在最终期限之后。

77 价格折扣 Pricing discount

因适用一项价格折扣所进行的调整。

78 累积数量折扣 Volume discount

因达到或超过商定的累积数量所适用的折扣。

79 杂项折扣 Sundry discount

因适用杂项折扣所进行的调整。

80 持卡人签字遗漏 Card holder signature missing

因持卡人未在存查单证签字所进行的调整。

81 卡片到期日缺失 Card expiry date missing

因读卡器无法在存查单证中确定到期日所进行的调整。

82 卡号错误 Card number error

因读卡器在存查单证中列示错误卡号所进行的调整。

83 过期卡片 Card expired

因读卡器在存查单证或电子数据中列示的到期日过期所进行的调整。

84 测试卡交易 Test card transaction

因用于安装、维修或调试的测试卡交易所进行的调整。

85 超出许可限制 Permission limit exceeded

因在没有预先授权情况下超出发卡人或发卡公司的规定权限所进行的调整。

86 错误的授权代码 Wrong authorisation code

因特定交易与所规定的授权代码不符所进行的调整。

87 错误的授权金额 Wrong authorised amount

因特定金额与所交易授权金额不符所进行的调整。

88 授权失败 Authorisation failed

因所需授权未能实现所进行的调整。

89 读卡器数据错误 Card acceptor data error

因读卡器数据出错所进行的调整。

90 资产管理服务费用 Treasury management service charge

资产管理服务的费用。

91 商定的折扣 Agreed discount

因适用于双方商定的折扣所进行的调整。

92 加急费 Expediting fee
因适用加急费所进行的调整。
93 开票费 Invoicing fee
因适用开票费所进行的调整。
94 运费 Freight charge
因适用运费所进行的调整。
95 少量订货处理服务费 Small order processing service charge
因适用少量订货(少于规定下限的订货)处理服务费所进行的调整。
96 货币兑换差额 Currency exchange differences
因货币兑换率变化所进行的调整。
97 破产 Insolvency
因对方无力支付未清债务所进行的调整。
ZZZ 相互协商约定 Mutually defined

4471 结算方式代码 Settlement means code [B]
说明:说明结算方式代码。
表示:an..3
1 回单 Bill back
指买方应承担的费用或折让并且买方应回单给卖方。
2 扣除后的发票 Off invoice
费用或折让将从发票中扣除。
3 给客户的供应方的支票 Vendor check to customer
折让将以供货方支票的形式给客户。
4 贷记客户账户 Credit customer account
折让通过贷记给客户账户完成。
5 费用应由供方支付 Charge to be paid by vendor
供应方支付的费用。
6 费用应由客户支付 Charge to be paid by customer
客户支付的费用。
7 可选的 Optional
费用结算不是必须的。
8 开票总量 Off gross quantity invoiced
与发票开列总量有关的折让。
9 补收电费 Electric cost recovery factor
折让与补收电费有关。
10 补收燃气费 Gas cost recovery factor
折让与补收燃气费有关。
11 前期贷方余额 Prior credit balance
使用前期贷方余额进行结算。
12 免税 Non-dutiable
涉及免收海关计税的折让或费用。
13 由收款人承担所有费用 All charges borne by payee
所有费用将由受益人承担。

14 成本自负 Each pay own cost
各参与方将负担各自的费用。
15 由付款人承担的所有费用 All charges borne by payor
所有费用将由订货客户承担。
16 由申请人承担的所有银行费用 All bank charges borne by applicant
所有与跟单信用证有关的银行费用将由申请人或账户参与方支付。
17 除正式佣金外由申请人承担的所有银行费用
All bank charges except confirmation commossion to be borne by applicant
由申请人承担除佣金外的与跟单信用证有关的所有银行费用。
18 由受益人承担的所有银行费用 All bank charges borne by beneficiary
由受益人支付与跟单信用证有关的所有银行费用。
20 由申请人承担的修正费用 Amendment charges borne by applicant
由申请人支付跟单信用证的修正费用。
21 由受益人承担的修正费用 Amendment charges borne by beneficiary
由受益人支付跟单信用证的修正费用。
22 由申请人承担的折扣费用 Discount charges borne by applicant
由申请人支付跟单信用证的折扣费用。
23 由受益人承担的折扣费用 Discount charges borne by beneficiary
由受益人支付跟单信用证的折扣费用。
24 所有银行费用由受益人承担
All bank charges other than those of the issuing bank to be borne by beneficiary
由受益人支付开证之外的所有银行费用。
25 所有修正费用由受益人承担
Amendment charges other than those of the issuing bank to be borne by beneficiary
由受益人承担的开证之外的所有修正费用。
26 托收委托人应付全部费用 All charges to be paid by the principal of the collection
托收委托人应付全部费用。
27 托收付款人应付全部费用 All charges to be paid by the drawee of the collection
托收付款人应付全部费用。
28 委托人应付的应由付款人承担的除寄单行收款外的全部费用 All charges to be borne by the drawee except those levied by the remitting bank,to be paid by principal
委托人应付的应由付款人承担的除寄单行收款外的全部费用。
29 跟单信用证托收委托人应付的全部银行费用
All bank charges are to be paid by the principal of the documentary credit collection
跟单信用证托收委托人应付的全部银行费用。
30 应由收款行承担的全部银行费用 All bank charges to be borne by receiving bank
应由收款行承担的全部银行费用。
31 由发报行承担的全部银行费用 All bank charges to be borne by sending bank
由发报行承担的全部银行费用。
32 由第三方银行收取的费用 Charges levied by a third bank
由第三方银行收取的费用。
33 由第三方银行收取的信息费 Information charges levied by a third bank
由第三方银行收取的信息费。

34 由病人承担支付总额 Total payment borne by patient
由病人承担支付总额。
35 部分支付额由病人承担 Part payment borne by patient
部分支付额由病人承担。
36 病人不付费 No charge to patient
费用不应由病人支付。
37 根据国家卫生服务规章划分 Divided according to national health service rules
根据国家卫生服务规章划分当事人之间的费用。
38 应计项目 Item accruals
在当前会计期间尚未收到发票的项目相关费用。
39 应计供应商 Vendor accruals
在当前会计期间尚未收到发票的供应商相关费用。
ZZZ 相互协商约定 Mutually defined
当预定义代码不存在时,为指定贸易伙伴的需要保留的代码。

4475 替代条件代码 Substitution condition code [B]
说明:说明进行替代条件的代码。
表示:an..3
1 购置 Purchase
会计分录类型为购置。
2 销售 Sale
会计分录类型为销售。
3 现金 Cash
会计分录类型为现金。
4 期初余额 Opening balance
会计分录类型为期初余额。
5 杂项 Miscellaneous
会计分录类型为杂项。

4487 金融交易类型代码 Type of financial transaction code [B]
说明:说明金融交易类型的代码。
表示:an..3
1 光票支付 Clean payment
根据未清算账户条款支付。
2 预授权直接借记或直接借记申请 Pre-authorised direct debit or direct debit request
交易为预授权直接扣款或直接扣款申请,即对于直接借记有一商定的授权,从而允许债权人提取债务人的资金。
3 无预授权的直接借记或直接借记申请 Non pre-authorised direct debit or direct debit request
交易为无预授权的直接扣款或直接扣款申请,即对于直接借记没有预先商定授权,就允许债权人提取债务人的资金。
4 凭单支付 Documentary payment
与跟单结算有关的支付。
5 不可撤销的跟单信用证 Irrevocable documentary credit

跟单信用证是不可撤销的。

6 可撤销的跟单信用证 Revocable documentary credit

跟单信用证是可撤销的。

7 不可撤销的可转让跟单信用证 Irrevocable and transferable documentary credit

跟单信用证是不可撤销的，并可由第二受益人转让。

8 可撤销的可转让跟单信用证 Revocable and transferable documentary credit

跟单信用证是可撤销的，并可由第二受益人转让。

9 可撤销的可转让备用信用证 Revocable and transferable standby letter of credit

可撤销的可转让备用信用证。

10 不可撤销的可转让备用信用证 Irrevocable and transferable standby letter of credit

不可撤销的可转让备用信用证。

11 可撤销备用信用证 Revocable standby letter of credit

可撤销备用信用证。

12 不可撤销备用信用证 Irrevocable standby letter of credit

不可撤销备用信用证。

13 预先通知的直接借记 Pre-advised direct debit

一种直接扣款的交易，对此债务人在债权人进行直接扣款之前就事先通知其银行，委托其银行允许对其账户进行扣款。

14 不预先通知的直接借记 Non pre-advised direct debit

一种直接扣款的交易，对此在债务人没有事先通知其银行的情况下债权人就进行直接扣款。

15 不可撤销的退还提款 Irrevocable reimbursement of cash withdrawal

交易为不可撤销的直接借记，由 A 银行到 B 银行直接扣款，以偿还 A 银行已按协议向 B 银行某客户提供的资金。

4493 交货指示代码 Delivery instructions code [B]

说明：说明交货指示的代码。

表示：an..3

AA 授权运输 Ship on authorization

指出须经特定授权货物才能运输的交货要求。

BK 分批装运－剩余货物延期交货 Ship partial-balance back order

允许分批装运，其余的订货应该可能快地交付。

CD 到期未交货则取消 Cancel if not delivered by date

如果在规定日期未交货，则订货或剩货部分应取消。

DA 交货不迟于…… Do not deliver after

交货应发生在所规定的时间之前。

DB 交货不早于…… Do not deliver before

交货应在所规定的时间之后。

DD 按期交货 Deliver on date

应该在规定日期准时交货。

IS 替代货物 Substitute item

如果所订货项无货，可以交付替代货物。

P1 未建立计划表 No schedule established

未规定交货的日期/时间。

P2 尽可能快装运 Ship as soon as possible
订货应尽可能快交付。

SC 整票装运 Ship complete order
订货只能整批交付,而不能分批交付。

SF 如不增加运费分批装运 Ship partial,if no freight rate increase
允许分批装货,如果总费用没有增加。

SP 分批装运——剩余订货取消 Ship partial—balance cancel
允许分批装运,剩余的订货取消。

4499 库仓搬移原因代码 Inventory movement reason code [B]

说明:说明库仓搬移原因的代码。

表示:an..3

1 接收 Reception
在仓库接收另一参与方或另一仓库的货物。

2 交付 Delivery
库存的货物已交付另一参与方或另一仓库。

3 报废零件 Scrapped parts
因报废零件而进行的调整。

4 差异 Difference
实物计算的库存和系统记录的库存之间的差异。

5 仓库内所有权转移 Property transfer within warehouse
同一仓库内,货物从一个拥有者转给另一个拥有者(无论是否搬移),所签发的仓库转移单。

6 库存周转 Inventory recycling
该库存搬移是应进行的货物周转。例如经修理的货物放回仓库。

7 撤消以前的搬移 Reversal of previous movement
该库存搬移是取消以前进行的搬移。

8 缺陷(技术上的) Defects (technical)
该库存搬移与技术缺陷的部件相对应。

9 商业 Commercial
该库存搬移是由于商业原因。

10 转换 Conversion
库存搬移是货物转换。

11 消费 Consumption
库存搬移是将货物从消费寄售库存中取出。

4501 库仓搬移方向代码 Inventory movement direction code [B]

说明:说明库仓搬移方向的代码。

表示:an..3

1 存货移出 Movement out of inventory
货物移出。

2 存货移入 Movement into inventory
货物移入。

4503　库存平衡方法代码　Inventory balance method code　[B]

说明:说明库存平衡方法的代码。

表示:an..3

1　簿记库存余额　Book-keeping inventory balance
簿记的库存余额。

2　正式库存余额　Formal inventory balance
按照正式库存程序的库存余额。

3　期中库存余额　Interim inventory balance
期中算出的库存余额。

4505　保证金请求类型代码　Credit cover request type code　[B]

说明:说明保证金请求类型的代码。

表示:an..3

1　多种货币信用保证金　Multi-currency credit cover
以期望的信用证保证金货币以外的货币表示的发票。

2　请求新限额　Request new limit
卖方请求新的限额。

3　请求增加限额　Request increased limit
卖方请求对现有限额的增加。

4　请求初步评估　Request for preliminary assessment
在与未来客户(卖方)谈判期间使用的信息的请求。

5　新账户请求　Request for new account only
请求开立新的账户。

6　取消　Cancellation
请求取消现有保证金。

7　减少　Reduction
请求减少现有保证金。

8　延长保证金　Prolongation of credit cover
请求延长现有保证金。

4507　保证金回复类型代码　Credit cover response type code　[B]

说明:说明保证金回复类型的代码。

表示:an..3

1　初步评估　Preliminary assessment
未经正式认可或约定的初步评估。

2　认可　Approved
限额请求被认可。

3　未被认可　Not approved
限额请求未被认可。

4　有条件认可　Conditional approval
根据特定条件认可。

5　部分认可　Partly approved
对规定部分的认可。

6 调查中 Still investigating
限额请求仍在调查之中。
7 只开立新账户 Open new account only
无认可限额开立的买方账户。
8 取消 Cancellation
取消现有限额。
9 减少 Reduction
减少限额。
10 名称和/或地址变更 Change of name and/or address
买方的名称和/或地址已经变更。
11 关闭买方账户 Close buyer's account
买方账户应予关闭。

4509 保证金回复原因代码 Credit cover response reason code [B]
说明:说明保证金回复原因的代码。
表示:an..3
1 未提供请求的财务信息 Requested financial information not provided
请求方未提供财务信息。
2 没有可用的财务信息 No financial information available
没有买方可用的财务信息。
3 业务之外的借方 Debtor is out of business
由贸易活动引起的借方。
4 借方是新公司 Debtor is new company
借方是新组成的公司。
5 借方未注册 Debtor is not registered
借方未作为法人实体进行常规注册。
6 借方是非贸易公司 Debtor is non-trading company
非贸易借方,如控股公司。
7 未加评论 No comment
无随附信息。
8 只承保破产风险 Only insolvency risk covered
只承保破产风险。
9 汇票承兑 Subject to acceptance of bill of exchange
买方接受有条件限额汇票。
10 单证承兑 Document against acceptance
单证承兑条款下给定的限额。
11 单证付款 Document against payment
单证付款条款下给定的限额。
12 公共可获通告信息 Adverse information is publicly available
买方通告信息可通告公共方式获得。
13 信用限额满 Credit limit full
未认可或增加信用。

14 寸头不足 Lack of turnover
减少限额,例如由于发生活动而取消。
15 其他 Other
上述规定之外的原因。

4511 所请求的信息描述代码 Requested information description code [B]
说明:说明所请求的信息描述的代码。
表示:an..3
1 物品价格组成 Article price composition
请求货项价格按细目分类。
2 物品价格 Article price
请求货项价格。
3 成分材料 Constituent material
请求成分材料(如铜和塑料)的信息。
4 承运人 Carrier
请求推荐承运人。
5 销售条件 Conditions of sale
请求销售的一般条件。
6 交货方 Delivery party
请求建议分组中心。
7 经济日期 Economics dates
请求材料、劳动力和间接费用的经济日期。
8 时间段 Lead time
请求货项时间段。
9 包装价格成分 Packaging price composition
请求包装价格分类细目。
10 包装细目 Packaging details
请求有关包装的细目。
11 生产地点 Production location
请求与生产地点有关的信息。
12 包装价格 Packaging price
请求包装价格。
13 支付条款 Payment terms
请求支付条款。
14 发运地点 Shipment from location
请求货项发运地点的信息。
15 工具价格成分 Tooling price composition
请求工具价格的分类细目。
16 工具条款细目 Tooling items details
请求有关工具条款的细目。
17 工具总细目 Tooling total details
请求有关工具的总细目。
18 生效日期 Validity dates

请求报价有效日期。

19 工作方式 Working pattern

请求有关工作周、日和工作班次的信息。

20 分配日志参考号 Assigned log numbers

要求分配日志参考号。

21 周期起始日期 Cycle start date

要求一个循环周期的起始日期。

22 技术评估状态 Technical assessment status

要求技术评估状态信息。

23 结构标志分配 Structure tag assignment

要求分配结构标志。

24 所有可用状态信息 All available status information

要求所有可用状态信息。

25 所有延期交货物品的交付状态 Delivery status of all back order articles

所有延期交货物品交付状态的信息。

26 所有延期交货物品的总体状态 General status of all back order articles

所有延期交货物品总体状态的信息。

27 所有未完成订单的交付状态 Delivery status of all outstanding orders

所有未完成订单交付状态的信息。

28 所有未完成订单的总体状态 General status of all outstanding orders

所有未完成订单总体状态的信息。

29 指定订单或订单行项目的交付状态 Delivery status of the specified order(s) or order line(s)

指定的各个订单或订单行项目的交付状态。

30 指定订单或订单行项目的总体状态 General status of the specified order(s) or order line(s)

指定的各个订单或订单行项目的总体状态。

4513 维护操作代码 Maintenance operation code [C]

说明:说明维护操作的代码。

表示:an..3

1 新数据 New

数据将作为新数据进行处理。

2 增加和替代数据 Add and replace

数据包括应增加的新内容和替代具有同一标识符的现有内容。

3 替代 Replace

替代具有同一标识符的现有内容。

4 删除 Delete

所标识的数据将被删除。

5 不维护 None

数据不应进行维护。

6 增加 Addition

维护操作是增加。

7 变更 Change

维护操作是变更。

8 标注删除 Marked for deletion
在将来版本中此项标注删除。
9 修理 Repair
维护作业涉及修理。
10 清洁处理 Cleaning
维护作业涉及清洁处理。
11 废弃物处置 Waste disposal
维护作业涉及废弃物处置。
12 归还空包装 Return of empty packages
维护作业涉及归还空包装。

4517 铅封条件代码 Seal condition code [B]
说明:说明铅封条件的代码。
表示:an..3
1 在正常条件下 In right condition
在正常条件下加封。
2 残损 Damaged
加封的是残损货物。
3 缺失 Missing
铅封缺失。
4 断裂 Broken
用于描述铅封已断裂。
5 电子铅封故障 Faulty electronic seal
电子铅封出现故障。

4525 铅封类型代码 Seal type code [B]
说明:说明铅封类型的代码。
表示:an..3
1 机械铅封 Mechanical seal
铅封是机械的。
2 电子铅封 Electronic seal
铅封是电子的。

5007 货币金额功能描述代码 Monetary amount function description code [B]
说明:说明货币量功能描述的代码。
表示:an..3
1 目的地费用总额 Destination charge totals
指示在目的地收取的总费用代码。
2 可供选择的货币金额 Alternative currency amount
可供选择的货币金额量。
3 报文总金额 Total message amount
报文的总金额。
4 发票总金额汇总 Invoices total amount summary

若干发票总金额的汇总。

5 海关费用 Amount for Customs purposes

海关通关使用的多种货币单位的数量(见 5004)。

7 金融交易额 Financial transaction amount

涉及金融交易的金额。

8 延期项目总额 Total(s) of deferred items

说明再保险账户中延期项目的总额。

9 无条件现金索赔总额 Total(s) of open cash claims

说明再保险账户中所有无条件现金索赔的总额。

10 再保险账户余额 Reinsurance account balance

说明再保险账户计算的结果。

11 预付总额 Prepaid totals

预付运费和费用的总额。

12 到付总额 Collect totals

到付运费和费用的总额。

14 估价金额 Valuation amounts

指示估价金额的代码。

15 预付金额 Prepayment amount

在业务交易发生之前已付的或将要付的金额。

16 可供选择的货币总额 Alternative currency total amount

在可供选择的货币中所表示的总额。

17 跟单信用证金额 Documentary credit amount

在跟单信用证货币条款中表示的价格。

18 包含的附加金额:运费 Additional amounts covered:freight costs

运费也包含在跟单信用证中。

19 包含的附加金额:保险费 Additional amounts covered:insurance costs

保险成本也包含在跟单信用证中。

20 包含的附加金额:利息 Additional amounts covered:interest

延期付款或迟付的利息也包含在跟单信用证中。

21 包含的附加金额:检验费 Additional amounts covered:inspection costs

检验费也包含在跟单信用证中。

22 跟单信用证部分金额 Part of documentary credit amount

跟单信用证可混合支付时,指明跟单信用证的即期支付部分、延期支付部分或承兑支付部分。

23 通知金额 Amount of note

借记或贷记通知金额。

24 混合总计 Hash total

用于管理而规定的金额总计。

25 本期累计总计 Cumulative total,this period

至今为止累计金额。

26 期间总计 Period total

计量期间总额。

27 上一期累计总计 Cumulative total,preceding period

到前一个计量期累计总额。

28 有信用风险的总余额 Total balance credit risk covered
开出的带有信用风险发票的总余额。
29 人工成本 Labour costs
标识有关人力资源的成本。
30 商业信贷金额 Business credit amount
与商业信贷信息相关的货币金额。

5013 指数代码限定符 Index code qualifier [B]
说明:说明指数的代码。
表示:an..3
1 项目 Project
指示与总项目相关的指数。
2 组 Group
指示与一组工作项目相关的指数。
3 替代 Alternative
指出指数可供选择。

5025 货币金额类型代码限定符 Monetary amount type code qualifier [C]
说明:限定货币金额类型的代码。
表示:an..3
1 VAT,第1价值 VAT,1st value
对同一增值税率,如果有1~3种不同计算方法,使用第一个VAT值。
2 VAT,第2价值 VAT,2nd value
对同一个增值税率,如果有2或3种不同计算方法,使用第二个VAT值。
3 VAT,第3价值 VAT,3rd value
对同一增值税率,如果有3种不同计算方法,使用第三个VAT值。
4 附加特许权关税(海关) Additional royalties (Customs)
进口货物的销售条款,买方必须直接或间接支付,特许权关税不包括在实际支付或应付的价格之内。
5 调整金额 Adjusted amount
指定的金额是调整后的金额。
6 参考货币金额 Amount reference currency
交易中用参考货币表达的应付金额。
7 协定费用 Agreed charge
有关各方协商一致的费用。
8 折让或费用金额 Allowance or charge amount
(5422)折让或费用总金额。
9 到期金额/应付金额 Amount due/amount payable
应支付的金额。
10 记费货币金额 Amount in charge currency
指示基于记费货币的金额。
11 已付金额 Amount paid
已经付款的金额。

12 汇款金额 Amount remitted
已汇出的金额(见汇款通知单)。
13 根据总货币折扣而定的金额 Amount subject to total monetary discount
根据总货币折扣而定的金额。
14 目标货币金额 Amount target currency
已付或应付货币的金额。
15 平均分类账余额 Average ledger balance
所有科目余额总和除以账户数。
16 银行发放费用 Bank release fee
银行发放货币的费用。
17 批量总计 Batch total
在一次或多次操作中需要或已做的任何事情的全部数量。
18 经纪人佣金 Brokerage
经纪人作为第三方而收取的费用。
19 购买佣金 Buying commission
进口商为其代理在购货过程中提供的代理服务所支付的佣金。
20 在承运人媒介上的数据值(海关) Data value on carrier media (Customs)
包含在承运人媒介上的数据值(如磁带)。
21 现金折扣 Cash discount
卖方给予买方的现金折扣。
22 货到付款金额 Cash on delivery amount
交货时承运人代收的金额,该金额近似是货物价值。
23 收费金额 Charge amount
根据产品或服务条款应收的费用。
24 费用总计 Charge summary total
指示有关一票货物总费用的代码。
25 费用/折让基准 Charge/allowance basis
所指的金额作为计算费用/折让基准。
26 托收费 Charges collect fee
参与方托收的费用。
27 用目的货币表示的费用 Charges in destination currency
用目的国货币支付的收费。
28 托收费用汇总 Collect charge summary total
托收费用汇总额。
29 按目的货币收费 Collect charges in destination currency
用目的国货币支付的收费。
30 收取包括增值税(VAT)的运费 Collect freight charge including VAT
向收货人或其他中间方收取的包括增值税的总金额。
31 收取不包括 VAT 的运费 Collect freight charge without VAT
出于法定会计原因,不包括 VAT 的金额必须与 VAT 金额同时声明。
32 托收代理人的其他总费用 Collect other charges due agent total
托收代理人的其他总费用。
33 托收税金总额 Collect taxes total

托收税金的总额。

34 所需收款余额 Collected balance required

账户中必须保留的一定货币数额。

35 集装箱费用 Container cost

提供集装箱的费用。

36 已兑换金额 Converted amount

由另一种货币兑换的金额。

37 寄售信用 Credit on consignment

从货物价值的发票总金额中扣除已包括在发票中但不包括在寄售中的货物的信用。

38 发票金额 Invoice item amount

(5068)根据交货条款,单张发票的总金额。

39 发票总金额 Invoice total amount

(5444)根据交货条款,一张或多张发票的总金额。

40 海关价值 Customs value

(5032)在同一报关手续、关税/统计条目、国家及关税制度下,一票托运物中的全部货物向海关申报的价格。

41 海关定价 Assigned Customs value

由海关指定的货物价格。

42 经纪人收到的总现金支付 Total cash payments received by factor

经纪人收到分配的总现金支付。

43 海关申报总值 Declared total Customs value

(5070)在同一报关手续、关税/统计条目、国家及关税制度下,一票托运物中的全部货物向海关申报的总价格。

44 发运申报价值 Declared value for carriage

(5036)发运人或其代理根据发运合同规定,仅用于区分承运人的责任程度而申报的价格,以防货物遗失、损坏或延期交货。

45 进口后扣除的费用(海关) Deductible after importation charges (Customs)

进口后包括在总发票价格中,并在到达海关前扣除的费用(例如:建筑、装配、安装、维护或技术支持)。

46 扣除金额(海关) Deductions (Customs)

(5020)海关价格基准中允许扣除的金额。

47 交货费 Delivery fee

交货引起的费用。

48 存款总额 Deposit total

委托保管的货币总额。

50 对进口货物生产的必要开发(海关) Development necessary for production of imported goods (Customs)

在海关辖区之外其他地方执行的并对进口货物生产必须的工程、加工、图模、设计工作和计划的价值。

50 准备金 Disbursements

承运人根据发货人的指示代收准备金的金额。

51 收取准备金的手续费 Disbursements fee

收取准备金的手续费。

52 折扣金额 Discount amount
说明的金额是折扣金额。
53 到期折扣金额 Discount amount due
到期折扣的金额。
54 分摊服务费 Distribution service fee
根据服务费分摊条款付款。
55 关税金额 Duty amount
关税的金额。
56 关税/税/费基准金额 Duty/tax/fee basis amount
说明的金额是关税/税/费基准金额。
57 等价金额 Equivalent amount
该金额相当于以另一种货币转账的金额。
58 手续费金额 Fee amount
手续费的金额。
59 迄今为止已支付费用 Fees paid year to date
迄今支付的货款。
60 最终(过账)金额 Final (posted) amount
在费用/折让之后,最终已过账的金额。
61 托收中款项 Float (e.g. "cash float")
托收费过程中资金的状态。
62 经纪人收到的总预付款 Total payments on account received by a factor
经纪人收到的未分配总金额。
63 离岸价 FOB value
标识指定装运港装运货物的离岸价(参见国际商会 IIC 的 Incoterm 的 FOB 价)。
64 运费 Freight charge
无论用何种方式从一地到另一地为运输货物所支付的金额,包括与运费有关的折扣、折让、回扣、调节费及附加费等(UNECE 第 23 号推荐标准)。
65 支付给卖方或其代理而非经纪人的间接总金额
Total indirect amount payments made to a seller or his agent instead of to a factor
支付给卖方或其代理而非经纪人的间接总金额。
66 货物项目总计 Goods item total
分项单位价格乘以数量。
67 保险金额 Insurance amount
保险的金额。
68 保险和运输费用(海关) Insurance and transport charges (Customs)
(5488 5292)运输费用和保险费用的总计(CCC)。
69 海关管辖区之外发生的保险和运输费用
Insurance and transport charges incurred outside Customs territory
(5488 5292)海关管辖区(或关税联盟)之外发生的保险和运输费用。
70 保险费(海关) Insurance charges (Customs)
(5488)在进口港或进口地点,应付给保险公司的货物保险费金额。
71 海关管辖区之外发生的保险费 Insurance charges incurred outside of Customs territory
(5488)海关管辖区(或关税联盟)之外发生的保险费。

72 内部费用(海关) Internal charges (Customs)
海关管辖区(或关税联盟)以内发生的费用。

73 记入附属账户的付款总金额 Total amount of payments booked to the collateral account
记入附属账户的付款总金额。

74 应预付金额 Amount to be paid in advance
在收到货物或提供服务之前应预付的金额。

75 注册资本 Registered capital
公司资本的注册金额。

76 可供投资的余额 Investable balance
将剩余的资金提供可获利的项目。

77 发票金额 Invoice amount
(5068)根据交货条件,按单张发票交付的总金额。

78 登陆费 Landing charges
将货物放入进口国仓库起货上岸发生的费用,关税和国内税除外。

79 总分项金额 Total line items amount
所有分项金额的总合计。

80 进口货物许可证费(海关) Licence fees related to imported goods (Customs)
进口货物的销售条款,买方必须直接或间接支付有关许可证费用,不包括在实际支付或应付的价格之内。

81 装卸费 Loading and handling cost
装卸引起的费用。

82 邮箱总额 Lock box total
客户邮寄到特定地点的资金总额,常常资金被送至其城市的邮局银行存款箱中。

83 一次付清 Lumpsum
经协定的一次全部付清货币总额。该条款常与租船方联合使用。

84 进口货物在生产过程中消耗的材料(海关) Material consumed in
进口货物在生产过程中消耗材料的价值。

85 最大费用 Maximum charge
根据产品和服务条款可能支付的最大费用。

86 报文总货币金额 Message total monetary amount
在报文中包括的总货币金额。

87 最小费用 Minimum charge
根据产品和服务条款可能支付的最小费用。

88 国内优惠基准金额 National preference basis amount
给定的国内优惠计算基准的金额。

89 负代收余额 Negative collected balance
账面余额小于零。

90 负分类账余额 Negative ledger balance
对于资产账户,账户中应有贷记余额,对于负债和所有者权益账户,账户中应有借记余额。

91 净调整 Net adjustment
记录有关的调整分录之后留下的期末总金额。

92 净费用状况 Net fee position

完成扣除或折让之后剩余的付款。

93 本年度为止净超额(亏空) Net year to date excess (deficit)

一项目的负金额。

94 未保险金额 No amount of insurance

没有为一票托运物申报保险金额。

95 未申报装运的价值 No declared value for carriage

没有为装运申报价值。

96 未申报海关的价值 No declared value for Customs

没有向海关申报的价值。

97 发盘总额 Offer amount

(5210)发盘总金额。

98 原始金额 Original amount

没有费用、折让或调整的原始金额。

99 目的地其他费用 Other charges at destination

指示在目的地征收的费用代码。

100 应付给代理人的其他费用 Other charges due agent

指示应付给代理人的费用代码。

101 应付给承运人的其他费用 Other charges due carrier

指示应付给承运人的费用代码。

102 其他佣金 Other commissions

由进口商向其代理人支付的有关进口货物的其他佣金。

103 其他可扣除的费用 Other deductible charges

从总发票值中扣除的其他费用。

104 其他运输费用 Other transport charges

(5292)为运输支付的其他费用。

105 其他估价费(海关) Other valuation charges (Customs)

在海关管辖区内进口或销售货物应付的其他估价费。

106 包装费 Packing cost

有关包装的劳务和/或材料的费用。

107 用于海关包装的运输设备费用金额

Transport equipment total for Customs packing cost amount

(5488)发生在属于报关性质的货物所用的集装箱和覆盖物的费用以及包装人工和材料费用。

108 合并在进口货物的部件(海关) Parts incorporated in imported goods(Customs)

合并在进口货物里的材料、组件、部件和类似货项。

109 支付折扣金额 Payment discount amount

提前付款的折扣。

110 运送费 Pick-up fee

已经或将要运送货项的费用。

111 正代收余额 Positive collected balance

账面余额大于零。

112 正分类账余额 Positive ledger balance

对于资产账户，账户中应有借记余额；对于负债或所有者权益账户，账户中应有贷记余额。

113 预付金额 Prepaid amount

(5302)预先付讫的金额。

114 预付费用总额 Prepaid charge summary total
全部预付费用的总额。

115 预付税总额 Prepaid taxes total
全部预付税的总额。

116 购买金额 Purchase amount
购买货物或服务的费用。

117 数量折扣 Quantity discount
大量购买货物时所给的折扣。

118 配额价值 Quota value
配额的货币价值。

119 已收到金额 Received amount
银行已收到的并未收费/折让的金额。

120 销售税 Sales tax
标识应付销售税的金额。

121 用本国货币表示的运费价值 Shipment value in domestic currency
用本国货币表示的运输费用。

122 应付特别金额 Specific amount payable
发货人同意开出发票或支付的金额,该金额是托运物所用总费用的一部分。

123 统计价值 Statistical value
(5218)同一统计条目下,为一票托运物中的货物申报的统计价格。

124 税收金额 Tax amount
由政府或其他官方机构征收的有关按重量、体积或从价费用的税。

125 应付税金额 Taxable amount
必须付的税金。

126 收费 To collect
应收的费用。

127 进口货物生产所用工具(海关) Tools used in production of imported goods (Customs)
进口货物生产中使用的工具、模具、模型和类似货项。

128 总金额 Total amount
指定的金额是总金额。

129 付款折扣的总金额 Total amount subject to payment discount
发票金额的一部分,属于付款折扣。

130 应付的总费用 Total charge due
应付给承运人的费用总额。

131 总费用/折让 Total charges/allowances
指定的金额是全部费用/折让的总额。

132 收取费用总额 Total collect charges
收取的总费用。

133 在目的地收取费用的总额 Total collect charges at destination
在目的地收取的总费用。

134 申报总额 Total declared
所申报的总价值金额。

135 应付的运费总额 Total freight due
应付给承运人的运费的总额。
136 总的发票附加金额 Total invoice additional amount
(5140)增加到商业发票中物品项总计的金额。
137 损害修理责任条款保险费 Damage protection plan coverage
表示根据(集装箱)损害修理责任条款(DPP)规定的残损保险费金额。
138 货币折扣总金额 Total monetary discount amount
货币折扣总金额。
139 支付总金额 Total payment amount
已提供的货物或服务的全部费用。
140 服务费总额 Total service charge
支付给已完成工作的参与方的全部费用。
141 成本、保险、运费在内价格 Cost,insurance and freight (CIF) value
成本、保险、运费在内价格的标识(指 ICC Incoterm 的扩展定义 CIF)。
142 贸易折扣 Trade discount
按特别的商业等级(如,批发或零售)给任何购买方的折扣。
143 转账金额 Transfer amount
从买方银行已转账至卖方银行的金额。
144 运输费用(海关) Transport charges (Customs)
(5292)以任意方式把货物运到进口港或进口地点由托运人负担的费用。见 UN/ECE 第 23 号推荐标准。同义词:运费(海关)。
145 海关辖区外发生的运输费用 Transport charges incurred outside Customs territory
(5292)海关辖区(或关税联盟)之外发生的运输费用。
146 单价 Unit price
(5110)计算物品金额用的单位数量价格。
147 可接受的报价浮动金额 Acceptable quotation fluctuation amount
不引起货物价格谈判的成分材料增加或减少的最大值。
148 担保书的总付款 Total payments under guarantee
担保书(如经纪人担保书)项下的付款总金额。
149 估价费 Valuation charge
以货物价值为基准的费用。
150 增值税 Value added tax
(5490)以本国货币表示,按适当税率征收增值税或类似税的发票金额。
151 投保价值 Value insured
以数值表示的为特定装运投保的总金额。
152 进口货物随后转销(海关) Subsequent resale of imported goods (Customs)
进口后的货物直接或间接在转销、分销给卖方或供卖方使用过程中产生的各部分价值。
153 重量费 Weight charge
按货物重量计费。
154 应收金额 Amount to be collected
应收的货币金额。
155 标准关税 Standard duty
如果特定条款不适用,可使用的标准关税。

156 G-金额 G-Amount
支付至一冻结账户的总发票金额之外的金额。
157 保险值 Insurance value
(5010)货运投保的总金额。
158 发生在海关辖区内的保险和运输费用
Insurance and transport charges incurred inside Customs territory
(5488)(5292)从入境点至海关辖区内,(关税同盟:至最终目的地国的入境点)不论用任何方式为搬移货物所支付的费用。
159 许可证(折扣价值) Licence (value deducted)
从总许可证价值中扣除的许可证货币金额。
160 其他费用 Other costs
(5346)不包括包装费、运费和保险费外的特定费用。
161 关税、税、费用金额 Duty,tax or fee amount
关税、税、费用金额。
162 已付的关税 Customs duty paid
从开的发票价格中扣除的金额,该价格包括关税金额。
163 工资税份额 Wage tax share
直接付给收税方的总金额的工资税份额。
164 社会安全保险费份额 Social securities premiums share
社会安全收费方的社会安全份额的总金额。
165 调整金额 Adjustment amount
调整金额与调整金额的差额。
166 担保金额(海关) Guarantee amount (Customs)
向海关担保的金额。
167 实际价格与计算价格差异 Actual vs calculated price difference
实际价格与计算价格之间的差异。
168 税款小计 Tax sub-totals
税款的小计金额。
169 替代货币总金额 Alternate currency total amount
替代货币的总金额。
170 单证金额 Document amount
与单证相关的货币金额。
171 代销发票再分配总金额 Total reassignments of factored invoices
重新分配给卖方或另一经纪人的代销发票和贷记通知的总金额。
172 账面金额 Stated amount
已申报的货币金额。
173 最小金额 Minimum amount
可能的最小价值。
174 结转余额 Balance brought forward
从上一会计期间结转的账户初期余额。
175 报文总附加金额 Message total additional amount
报文中说明的总附加金额。
176 报文中总的关税/税/费金额 Message total duty/tax/fee amount

所有关税/税/费的总金额。

177 报文中总预付金额 Message total amount prepaid

报文中所有预付金额总计。

178 精确金额 Exact amount

特别金额。

179 最大金额 Maximum amount

可能的最大价值。

180 金额上至 Amount up to

上至可能的最高价值。

181 不超过金额 Amount not exceeding

不超过可能的最高价值。

182 任何其他说明/限制 Any other specification/tolerance

对金额任何进一步的限定。

183 无说明/限制 No specification/tolerance

对金额没有进一步的限定。

184 最终净购置费 Final net acquisition cost

最终的净购置费。

185 劳动力费用 Labor cost

完成任务所提供劳动力的费用。

186 材料费 Material cost

完成任务所需的材料费。

187 其他费 Other cost

未规定的附加的费用。

188 一般性费 Overhead cost

完成任务所需的一般性费。

189 包装费 Packaging cost

货物包装的费用。

190 取样费 Prototype set up cost

取样的费用。

191 授权清账金额 Authorized cleaning amount

授权清账服务的货币金额。

192 每车皮原材料费 Raw material per cart cost

每车皮原材料的费用。

193 每计量单位原材料费 Raw material per unit of measure cost

每计量单位原材料的费用。

194 总模具费 Total die model cost

总的模具费用。

195 总测量费 Total gauge cost

总测量费用。

196 包括购买另件的总材料费 Total material including purchased components cost

包括购买另件的总材料费用。

197 购买零件总费用 Total purchased components cost

购买零件的总费用。

198 总加工费 Total tooling cost
总的加工费用。

199 交货限制金额 Delivery limitation amount
用于交货的限制货币金额。

200 最小到期金额 Minimum amount due
最小到期的金额。

201 罚款金额 Penalty amount
罚款的金额。

202 利息金额 Interest amount
利息的金额。

203 分项金额 Line item amount
减去折让加上货物费用的总计。参见代码 66。

204 折让金额 Allowance amount
折让的金额。

205 包括的附加金额:运费 Additional amount covered:freight costs
包括在跟单信用证中的附加金额(运费)。

206 包括的附加金额:检查费 Additional amount covered:inspection costs
包括在跟单信用证中的附加金额(检查费)。

207 包括的附加金额:保险费 Additional amount covered:insurance costs
包括在跟单信用证中的附加金额(保险费)。

208 包括的附加金额:利息 Additional amount covered:interest
包括在跟单信用证中的附加金额(利息)。

209 代理佣金额 Agent commission amount
付给代理的金额。

210 贷记通知金额 Credit note amount
贷记通知的金额。

211 借记通知金额 Debit note amount
借记通知的金额。

212 跟单信用证金额 Documentary credit amount
跟单信用证的金额。

213 跟单信用证部分金额 Part of documentary credit amount
当跟单信用证可用混合支付方式时,属于跟单信用证见票即付、延期支付或承兑的部分金额。

214 工作开始时的预支付 Advance payment at the beginning of works
工程中开工时付给承包商的金额,将在以后的施工中扣除。

215 工作开始时的预支付扣除额 Deduction of advance payment amount at the beginning of works Progressive deduction of advance payment,as works go on
当工程继续时,对预支付的累计扣除。

216 建筑材料预支付金额 Advance payment amount on building material
提前预付购买建筑材料的金额。

217 建筑材料预支付金额扣除 Deduction of the advance payment amount on building material
提前预付购买建筑材料所扣除的金额。

218 股票预支付金额 Advance payment amount on stock
提前购买股票预付的金额。

219 股票预支付金额扣除额 Deduction of the advance payment amount on stock
提前购买股票扣除的金额。
220 担保留存金额 Amount subject to guarantee retention
担保留存估价基准中参与盈余分配的金额。
221 非担保保留金额 Amount not subject of guarantee retention
担保保留评估基准中不参与盈余分配的金额。
222 合同保留金额 Amount subject to contractual retention
合同保留评估基准中参与盈余分配的金额。
223 最初工作金额 Works amount,initial
最初合同中工作总金额。
224 变量工作金额 Works amount,variations
合同变量总金额,不包括最初合同计划的金额。
225 总工作金额 Works amount,total
总工作金额,包括最初合同和变量。
226 保留金额 Retention amount
已经或将要保留的金额。
227 保证金 Deposit
部分留存额,不包括担保留存,并从付给承包商金额中扣除直到留存解除。
228 保证金偿还 Deposit refund
由于担保留存金额的增加或减少而偿还的保证金。
229 保留偿还担保 Guarantee on retention refund
由于全部或部分保留解除而偿还的保证金。
230 加价金额 Amount subject to escalation
作为加价计算基础使用的金额。
231 最初加价金额 Amount subject to escalation,initial
作为加价计算基础使用的最初合同中的金额。
232 加价变量金额 Amount of variations subject to escalation
作为加价计算基础使用的变量金额。
233 非加价金额 Amount not subject to escalation
加价计算中不包括的金额。
234 最初非加价全额 Amount not subject to escalation,initial
加价计算中不包括的最初合同中的金额。
235 非加价变量金额 Amount of variations not subject to escalation
加价计算中不包括的变量金额。
236 调价金额 Amount subject to price adjustment
作为调价计算基准使用的金额。
237 最初调价金额 Amount subject to price adjustment,initial
用于调价计算基准的最初合同中的金额。
238 调价变量金额 Amount of variations subject to price adjustment
用于调价计算基准的变量金额。
239 非调价金额 Amount not subject to price adjustment
调价计算中不包括的金额。
240 最初非调价金额 Amount not subject to price adjustment,initial

调价计算中不包括的最初合同中的金额。

241 非调价变量金额 Amount of variations not subject to price adjustment

调价计算中不包括的变量金额。

242 加价金额 Escalation amount

原金额与当前金额的差值。

243 临时加价金额 Provisional escalation amount

原金额与当前临时金额的差值。

244 调价金额 Price adjustment amount

原金额与修订后金额的差值。

245 临时调价金额 Provisional price adjustment amount

原金额与修订后临时金额的差值。

246 升价金额 Price revaluation amount

加价和调价金额。

247 临时升价金额 Provisional price revaluation amount

临时加价和调价金额。

248 合同规定自留总金额 Contractual retention amount total

按合同规定的基准进行保留的金额。

249 估价金额 Valuation amount

估价的金额。

250 直接支付给分包商的扣除金额 Deduction amount of direct payments to subcontractors

直接支付给分包商的扣除金额。

251 摊销总金额 Amortization total amount

摊销的最终货币金额的指示。

252 摊销定购金额 Amortization order amount

摊销货币金额实际分摊的指示。

253 摊销累计金额 Amortization cumulated amount

以前实际累计货币金额和实际摊销定购金额的指示。

254 即期信用保证金 Current credit cover

即期信用保证金限度。

255 新信用保证金 New credit cover

新的信用保证金限度。

256 订货保证金 Order cover

单一订货或发运信用保证金。

257 争议金额 Amount subject to dispute

有争议的金额。

258 信息费用金额 Charge amount for information

所述费用金额仅作为信息,该金额根据协定将被借记。

259 总费用 Total charges

总的费用金额。

260 总折让 Total allowances

总的折让金额。

261 可供选择的货币金额 Alternate currency amount

可供选择的货币金额。

262　分期付款金额　Instalment amount

分期付款计划的每一笔已付或应付金额。

263　应付未付金额　Outstanding amount

仍未付款的金额。

264　捐献总金额　Gross contribution amount

捐献总金额,包括佣金或折让。

265　佣金　Commission amount

任何佣金金额。

266　捐献净额　Net contribution amount

任何佣金或其他折让的净捐献金额。

267　常规捐献额　Regular contribution amount

规定正常支付的捐献金额。

268　以前常规捐献额　Previous regular contribution amount

变更前规定正常支付的捐献金额。

269　变更金额　Variation amount

不同于名义金额。

270　暂定工资　Notional salary

规定作为特殊分类雇员的工资金额。

271　名义工资　Nominal salary

无特殊折让或其他现金津贴的工资金额。

272　应纳税工资　Taxable salary

应纳税的工资金额。

273　退休金　Superannuation salary

用于退休/捐献的工资。

274　总报酬　Total remuneration

个人报酬总值金额。

275　其他工资　Other salary

附加在基本工资中的其他工资或折让金额。

276　年薪　Annual salary

一年中已付的工资总金额。

277　捐献总金额　Total contributions amount

个人捐献总额。

278　自愿捐献金额　Voluntary contribution amount

非强迫捐献的金额。

279　分期付款第一笔金额　Instalment first amount

商定的分期付款应付金额的第一笔数额。

280　分期付款即期金额　Instalment current amount

商定的分期付款应付的即期金额的数额。

281　分期付款最后一笔金额　Instalment last amount

商定的分期付款最后一笔金额的数额。

282　即期维护费　Current maintenance fee

为维护合同应付金额的即期数额。

283　即期出租费　Current leasing fee

应付出租合同金额的即期数额。

284 日工作金额 Day works amount

根据工时和附加费计算的工作金额。

285 制造商的红利 Manufacturer's bonus

作为制造商红利的折让。

286 管理费用 Administration charge

用于管理活动的费用。

287 燃料费 Fuel charge

所提供燃料的费用。

288 注册牌费用 Registration plate charge

有关机动车注册牌一般提供的费用。

289 小计金额 Subtotal amount

分项的总金额。

290 倾销出口值 Dumping export value

为评估倾销税计算的出口值。

291 国外内陆运费 Foreign inland freight

在出口地交货所产生的内陆运费金额。

292 减让金额 Concession amount

任意减让的金额。允许在已付关税和税的金额与没有最终使用担保时应付的金额之间的存在的差额。

293 付费 Chargeback

付费给卖方的发票金额。

294 每笔信用保证金 Charge per credit cover

所建立的每笔信用保证金的单位费用。

295 未使用的每笔信用保证金 Charge per unused credit cover

每笔未使用的信用保证金的单位费用。

296 经批准的总扣除额 Total authorised deduction

支付发票中经授权扣除的总金额。

297 总付费 Total chargebacks

付费给卖方的总金额。

298 总抵销 Total offsets

在买方和卖方的账户上抵销其他科目总金额。

299 特别分录总额 Total special entries

被受益人视为特别账薄分录的总金额。

300 余额结转 Balance carried forward

该账户的终期余额将被结转到下一会计期间。

301 过期未偿付发票总额 Total outstanding invoices past due

过期未偿付发票的总金额。

302 未在余额中反映的有争议科目 Off balance disputed items

发票或贷记通知有争议的总金额。

303 佣金发票 Commission invoices

佣金发票金额。

304 其他费用 Other charges

杂项费用。

305 汇款金额 Amount remittances

汇款金额。

306 支付佣金发票的总金额 Total amount of payment commission invoices

支付佣金发票的总金额。

307 支付其他发票的总金额 Total amount of payment other charges invoices

已付杂费的发票的总金额。

308 贷记通知总金额 Total amount credit notes

贷记通知总金额。

309 总发票调整额 Total adjustment invoices

总发票调整额。

310 贷记单调整总额 Total adjustment credit notes

对贷记单进行调整的总金额。

311 付款调整总额 Total adjustment payments

付款调整总额。

312 基本单位值 Base unit value

每个基本单位的值。

313 国际运费 International freight

出口国和进口国之间运输货物所付运费金额。

314 自负风险金额 Own risk amount

不包括在保证金内的自负信用风险的金额。

315 初期余额 Opening balance

初期余额。

316 保险费 Insurance premium

包括佣金,不包括保险税和手续费的保险费。

317 保险佣金 Insurance commission

为获得保险业务支付给向保险人付费的中介机构的金额。

318 保险税 Insurance tax

按保险费和手续费应付的保险税额。

319 保险人手续费 Fee of insurer

作为处理费用应付给保险人的金额。

320 中间人手续费 Fee of intermediary

作为处理费用应付给中间人的金额。

321 借方流量 Debit flow

账户的借方流动金额。

322 应付终期余额 Closing balance payable

报告终期账户的应付未付金额。

323 应付初期余额 Opening balance payable

报告初期账户的应付未付金额。

324 应收初期余额 Opening balance receivable

报告初期账户的应收未收金额。

325 应收终期余额 Closing balance receivable

报告终期账户的应收未收金额。

326 净资产负债 Net assets and liabilities
报告日的资产负债余额。
327 调整借记流量 Adjustment to debit flow
调整借记流动金额。
328 调整贷记流量 Adjustment to credit flow
调整贷记流动金额。
329 贷记流量 Credit flow
账户的贷记流动金额。
330 应付给承运人的预付总费用 Total prepaid other charges due carrier
应付给承运人的预付总费用。
331 托收总重运费 Total collect weight charge
按重量收取的总费用。
332 预付总重运费 Total prepaid weight charge
按重量预付的总费用。
333 应付给承运人的托收总费用 Total collect other charges due carrier
应付给承运人的托收总费用。
334 应付给代理的预付总费用 Total prepaid other charges due agent
应付给代理的预付总费用。
335 托收总价运费 Total collect valuation charge
托收总价运费。
336 预付总价运费 Total prepaid valuation charge
预付总价运费。
337 授权结清除保险之外的费用 Authorized cleaning charges excluded from insurance
指出金额为授权结清不属于保险的费用。
338 浮动值 Escalated value
指出浮动值是通过对原货币值使用浮动系数得出的。
339 原始发票总值 Original invoice gross total value
指出一张原始发票的总值。
340 总的原始净发票值 Original total net invoice value
指出扣除或增加所有折让或费用之后的原始发票的净值。
341 抵销价值 Offset value
指出抵销的价值。
342 免税金额 Non-taxable amount
不征税的货币金额。
343 终期余额 Closing balance
终期余额是报告期间的最后余额。
344 起息日余额 Value date balance
起息日的余额。
345 为账单提供的费用信息 Cost information for providing the statement
为账单提供的费用信息。
346 贷记总额 Total credits
所报告的所有贷记项目的总额。
347 借记总额 Total debits

所报告的所有贷记项目的总额。

348 账面金额 Booked amount on the account

账面金额。

349 待入账金额 Pending amount to be booked on the account

待入账金额。

350 残损修理费 Damage repair cost

修复残损发生的费用。

351 每小时人工费 Labour rate per hour

每小时人工费金额。

352 设备磨损修理总人工费 Total equipment labour costs for wear and tear

修复正常磨损的设备的人工费总金额。

353 设备磨损修理总材料费 Total equipment repair material costs for wear and tear

修复正常磨损的设备的材料费总金额。

354 加入市场价值 Add to make market value

为海关计税加入货物基本价值。

355 课税价值 Pro-ratable value

应纳税价值。

356 从市场价值扣除 Deduct to make market value

为海关计税从货物基本价值中扣除。

357 临时初期余额 Interim opening balance

连续账单的初期余额。

358 临时终期余额 Interim closing balance

连续账单的终期余额。

359 应确定的审计余额 Balance to be confirmed for audit reasons

应确定的审计余额。

360 应收款利息 Accrued debit interest

应收款利息。

361 应贷款利息 Accrued credit interest

应贷款利息。

362 部分记账金额 Part of booked amount

该金额包括在记账金额中。

363 跟单信用证增加额 Increase of documentary credit amount

跟单信用证的增加金额。

364 跟单信用证减少额 Decrease of documentary credit amount

跟单信用证的减少金额。

365 跟单信用证更改后金额 New documentary credit amount after amendment

跟单信用证更改后新的金额。

366 周转金额 Rounding amount

该金额是一笔转回的金额。

367 劳务销售税 Labour sales tax

适用于劳务费用的销售税金额。

368 原料销售税 Material sales tax

适用于原料费用的销售税金额。

369 货物及服务税 Goods and services tax
对货物及服务征税的金额。
370 地方销售税 State or province sales tax
由州或省征收的销售税金额。
371 应予转账的金额 Amount to be transferred
经所有调整之后应付的精确金额。
372 直接借记转账金额 Direct debit transfer amount
直接借记的转账金额。
373 贷方分录为负数的总金额 Total amount of negative credit entries
贷方分录为负数的总金额。
374 贷方分录为正数的总金额 Total amount of positive credit entries
贷方分录为正数的总金额。
375 借方分录为正数的总金额 Total amount of positive debit entries
借方分录为正数的总金额。
376 会计分录金额 Accounting entry amount
有关一笔会计分录的总金额。
377 预期入账金额 Entry's expected amount
预期的入账金额。
378 结账日贷方余额 Closing date credit balance
在关账日期应予结转的贷方余额。
379 结账日借方余额 Closing date debit balance
在关账日期应予结转的借方余额。
380 借方分录为负数的总金额 Total amount of negative debit entries
借方分录为负数的总金额。
381 预算费用 Budget cost
指定的金额是预算费用。
382 实际成本 Actual cost
指定的金额为实际成本。
383 预估成本 Estimate cost
指定的金额为预估成本。
384 实获值管理费用 Earned value cost
指定金额为实获值管理费用。
385 保修费 Warranty repair coverage
根据担保进行的维修金额。
386 含增值税的最高金额 Maximum amount including Value Added Tax (VAT)
包含增值税(VAT)在内的最高货币金额。
387 含增值税的最低金额 Minimum amount including Value Added Tax (VAT)
包含增值税(VAT)在内的最低货币金额。
388 含增值税的总金额 Total amount including Value Added Tax (VAT)
包含增值税(VAT)在内的货币总金额。
389 不含增值税的金额 Amount excluding Value Added Tax (VAT)
不包含增值税(VAT)在内的货币金额。
390 不含增值税的最低金额 Minimum amount excluding Value Added Tax (VAT)

不包含增值税(VAT)在内的最低货币金额。

391 赔款额 Indemnity amount

用于赔款的货币金额。

392 分包合同额 Sub-contracted amount

转包合同的货币金额。

393 按期完工的应付金额 Amount due for work completed during a specified time period

在规定期间完工所应付的货币金额。

394 最小订单或合同金额限定的固定预付额

Minimum order or contract amount permitting a fixed sum advance

订单或合同的最低货币金额,可以一笔固定的预付金额进行支付。

395 供应商机器退款金额 Vending machine refund amount

因购置供应商机器发生变更的退款金额。

396 价格补贴总额 Total price subsidy value

所有价格补贴的总金额。

397 广告金额 Advertising amount

有关广告的金额。

398 定额预付的基准金额 Fixed sum advance base amount

以其为基础计算固定预付额的基准金额。

399 可选预付额 Optional advance amount

可以对一笔支付进行预付的货币金额。

400 回扣额 Rebate amount

回扣的金额。

401 罚款基准金额 Penalty basis amount

用于作为计算罚款的金额。

402 零售总值 Total retail value

所有产品的零售总值。

403 免税金额 Exemption amount

指定一笔免税金额。

404 预算金额 Budget amount

指出是预算的金额。

405 留待完成服务的总额 Value of services remaining to be carried out

指出这是未尽服务的货币金额。

406 不含增值税的最高金额 Maximum amount excluding value added tax

不含增值税的最高金额。

407 年度收入 Annual revenue

一年营业收入的金额。

408 共同保险佣金 Co-insurance commission

为共同保险向首席保险人支付的佣金。

409 谈判费用 Negotiated cost

各方协议商谈的流动费用金额。

410 预估成本,授权进行的无法估价的工作 Estimated cost,authorized unpriced work

对所收到书面授权进行的工作的预估成本,而该项工作尚未定价。

411 合同的目标收益 Contract target profit

如达到合同目标将会实现的收益。

412 合同目标加奖罚费 Contract target fee

达到合同目标所适用的激励费金额。

413 合同目标价 Contract target price

议定合同的费用加上达成合同定额目标的收益或激励费。

414 估计的最终合同价 Final contract price,estimated

给予对全部费用最可靠的估计所预估的最终合同价格。

415 合同最高价 Contract ceiling price

合同的价格高限。

416 估计的合同最高价 Contract ceiling price,estimated

估计的合同价格高限。

417 估计的全部合同费用 Contract cost to completion,estimated

对整个合同的估计费用。

418 完成合同时估计的合同费用 Contract cost at contract completion,estimated

完成合同时估计的合同费用。

419 完成合同时对合同费用的最佳预估 Contract cost at completion,best case estimate

完成合同时对合同费用的最佳预估。

420 完成合同时对合同费用的最坏预估 Contract cost at completion,worst case estimate

完成合同时对合同费用的最坏预估。

421 完成合同时对合同费用的最可靠的预估 Contract cost at completion,most likely estimate

完成合同时对合同费用的最可靠的预估。

422 合同预算基础 Contract budget base

对合同的预算基础费用。

423 合同的资金成本 Contract cost of money

适用于合同的资金成本。

424 总务费用 General and administrative costs

属于总务和行政业务的成本。

425 合同未分摊预算费用 Contract undistributed budget cost

未指定或未分摊到合同作业的预算费用。

426 合同管理准备金 Contract management reserve

合同预算为用于管理而预提的金额。

427 预算指标 Budget performance

针对指标测算的预算基准金额。

428 指定日期的累积预算成本 Budget cost,cumulative to date

对计划工作指定日期的累积成本。

429 累积到指定日期的实际成本 Actual cost,cumulative to date

累积到指定日期的实际成本的金额。

430 累积到指定日期的实获值管理成本 Earned value cost,cumulative to date

完工时指定日期的累积实获值管理成本。

431 成本差异 Cost variance

指定报告期完工所花费的实际成本和预算的完工成本(实获值)之间的差额。

432 到指定日期的累积成本差异 Cost variance,cumulative to date

对一指定报告期累积到指定日期完工所花费的实际成本与预算完工成本(实获值)之间的差额。

433 合同重新计划调整成本差异 Contract replanning adjustment,cost variance
对合同必须重新计划遗留工作而对成本差异所进行的金额调整。

434 合同重新计划预算 Contract replanning adjustment,budget
对合同必须重新计划遗留工作而对预算基准所进行的金额调整。

435 完工预算成本 Budget cost at completion
合作伙伴项目完成时的预算成本。

436 合同初始议定费用 Contract negotiated cost,original
有关各方协商议定的初始合同费用金额。

437 合同初始目标价格 Contract target price,initial
最初议定的合同费用加上达成合同定额目标所付的收益或激励费。

438 最初的合同价高限 Contract ceiling price,initial
最初的合同价高限。

439 调整的合同目标价 Contract target price,adjusted
调整的合同议定费用加上达成合同定额目标所付的收益或激励费。

440 调整的合同价高限 Contract ceiling price,adjusted
调整的合同价高限。

441 未清承付额 Open commitment amount
对欠付供应商债务的概算。

442 应计开支 Accrued expenditure
已发生开支的纪录。

443 到指定日期的合同核定资金 Contract funds authorized,to date
从合同开始或从指定会计年度直到当前报告期核定合同资金的费用总额。

444 预计合同营业额 Contract billing,forecast
合同预计的发票金额。

445 预估合同终止费用 Contract termination costs,estimated
合同被终止时发生对所有债务进行清算的预估费用。

446 合同计划外工作经费预测 Contract funds forecast,unauthorized work
对合同计划外工作所需经费的预测。

447 合同追加工作经费预测 Contract funds forecast,additional work
对合同追加工作所需经费的预测。

448 合同经费总额预估 Contract total funds required,estimated
对合同所需经费总额的预估。

449 结转合同经费 Contract funds carried forward
结转的合同经费金额。

450 合同所需资金净额预估 Contract net funds required,estimated
对合同所需资金净额的预估,基于所需资金总额减去上一年度转入的全部余额。

451 完工成本差额 Cost variance at completion
在完工预算与完工估算之间的成本差额。

452 美国统一关税表混合、合成,或固定的估值 Harmonized tariff schedule mixture,composite or set value
由美国统一关税表总则释义3(b)或3(c)规定的混合、合成,或固定的估值。

453 商定的借方行项目限额 Agreed monetary amount debit line limit
商定的对借方行项目货币金额的限制。
454 付款费用总额,不属付款金额 Total debit charges,not included in debit amount
与费用相关的付款总额,不在付款金额之内。
455 付款折扣总额,不属付款金额 Total debit allowances,not included in debit amount
与折扣相关的付款总额,不在付款金额之内。
456 付款金额之内的付款费用总额 Total debit charges,included in debit amount
付款金额中所含与费用相关的付款总额。
457 付款金额之内的付款折扣总额 Total debit allowances,included in debit amount
付款金额中所含与折扣相关的付款总额。
458 付款费用总额,未计入付款金额,应同时记入付款金额 Total debit charges,not included in debit amount,to be booked simultaneously with debit amount
与费用相关的付款总额,未计入付款金额,应同时作为付款金额记账。
459 付款折扣总额,未计入付款金额,应同时记入付款金额 Total debit allowances,not included in debit amount,to be booked simultaneously with debit amount
与折扣相关的付款总额,未计入付款金额,应同时作为付款金额记账。
460 付款费用总额,未计入付款金额,应另行记入付款金额 Total debit charges,not included in debit amount,to be booked separately from debit amount
与费用相关的付款总额,未计入付款金额,不要与付款金额一起记账。
461 付款折扣总额,未计入付款金额,应另行记入付款金额 Total debit allowances,not included in debit amount,to be booked separately from debit amount
与折扣相关的付款总额,未计入付款金额,不要与付款金额一起记账。
462 年营业额 Annual turnover
年度营业额。
463 处方费 Dispensing fee
处方费。
464 保险费总额 Gross premium
包括各种佣金和费用但不包括外部税金的保险费总额。
465 保险费净额 Net premium
各项投保的保险费净额。
466 工程费金额 Engineering fee amount
工程费的金额。
467 保险人纳税金额 Insurer paid tax amount
不在保险费之内的由保险人支付的税额。
468 定额部分负担保险费 Insurance fixed co-payment
要求由投保人支付的固定分担份额。
469 不定额部分负担保险费 Insurance variable co-payment
要求由投保人支付的不固定分担份额。
470 议定的合同费用 Negotiated contract changes
累计费用,不包括任何费用或收益,适用于从合同开始就发生的并且经协商同意所规定的合同费用。
471 预开发票金额 Pre-invoiced amount
预开发票金额。

472 累计应扣除额 Amount accumulated to deductible
为扣除额所支付的金额。

473 剩余的应扣除额 Deductible amount remaining
剩余的应扣除额。

474 邮资 Postage
邮资的金额。

475 提前付款金额 Earlier debit amount
提早付款的金额。

476 起息日未清余额 Opening value date balance
起息日的未清账余额。

477 起息日结清余额 Closing value date balance
起息日清账余额。

478 进度差额 Schedule variance amount
对指定报告期的成本项目在工作进度或计划(预算)与完工(实获值)之间的差额。

479 指定日期累计进度差额 Schedule variance amount,cumulative to date
成本项目在工作进度或计划(预算)与完工(实获值)之间的累计差额。

480 付款费用总额,不在账款金额之内 Total debit charges,not included in credit amount
付款相关的费用总额,未含于账款金额之中。

481 账款折扣总额,不在账款金额之内 Total credit allowances,not included in credit amount
账款相关的折扣总额,账款金额中未包括。

482 付款费用总额,已包括在账款金额中 Total debit charges,included in credit amount
付款相关的费用总额,已含在账款金额中。

483 账款折扣总额,已包括在账款金额中 Total credit allowances,included in credit amount
账款相关的折扣总额,已含在账款金额中。

484 付款费用总额,未包括在账款金额中,应与账款金额同时记账 Total debit charges,not included in credit amount,to be booked simultaneously with credit amount
付款相关的费用总额,未包括在账款金额之中,应与账款金额同时记账。

485 账款折扣总额,未包括在账款金额中,应与账款金额同时记账 Total credit allowances,not included in credit amount,to be booked simultaneously with credit amount
账款相关的折扣总额,未包括在账款金额之中,应与账款金额同时记账。

486 付款费用总额,未包括在账款金额中,应与账款金额分别记账 Total debit charges,not included in credit amount,to be booked separately from credit amount
付款相关的费用总额,未包括在账款金额之中,不应与账款金额一起记账。

487 账款折扣总额,未包括在账款金额中,应与账款金额分别记账 Total credit allowances,not included in credit amount,to be booked separately from credit amount
账款相关的折扣总额,未包括在账款金额之中,不应与账款金额一起记账。

488 费用总额 Total charges,not included in transaction amount
未含在交易额中的费用总额。

489 交易额之外的折扣总额 Total allowances,not included in transaction amount
未含在交易额中的折扣总额。

490 延迟交付罚款 Late delivery penalty
因延迟交付而支付的罚款。

491 债务融资费用 Debt financing charge

有关债务融资的费用金额。

492 债务融资折扣 Debt financing allowance

有关债务融资的折扣金额。

493 解约费用 Cancellation charge

因解约被收取的费用。

494 发生的成本 Incurred cost

已经发生的成本。

495 应计透支利息 Accrued overdraft interest

应计的透支利息金额。

496 包装回收押金总额 Total returnable packaging deposit amount

应回收包装的押金总额。

497 货物及服务费总额,可回收货物押金除外

Goods and services total amount excluding returnable goods deposits

不包括可回收货物押金的货物及服务费总额。

498 待时保证金 Waiting time indemnity amount

用于为待时进行担保的货币金额。

499 不包括增值税的净额总计 Total net amount excluding Value Added Tax (VAT)

不包括增值税(VAT)的净额总计。

500 团结基金缴费逾期支付利息 Interest on late payment of solidarity fund contribution

因超过团结基金缴费的支付日期而支付的利息。

501 团结基金雇员补充缴费逾期支付利息

Interest on late payment of employee's additional contribution to solidarity fund

因超过雇员补充缴费的支付日期而支付的利息。

502 应税营业费 Taxable disbursement amount

适用于征税的营业费金额。

503 合同总金额 Contract total amount

[5060]合同总值。

504 日缴款 Daily contribution

以天为基础支付的金额。

505 租金 Rental amount

为场所、产品或服务的使用权进行支付的金额。

506 施工分期付款总额 Gross progress payment amount

按时间间隔支付或应付的总额。

507 施工分期付款净额 Net progress payment amount

按时间间隔支付或应付的净额。

508 退货价值 Value of returned product

客户退回产品的价值。

509 单位折扣额 Unit allowance amount

每一单位折扣的金额。

510 透支款项可用余额 Remaining available overdraft

在透支限额内仍可使用的金额。

511 单位收费额 Unit charge amount

每一单位的收费金额。

512 商定的信用额度限制 Agreed monetary amount credit line limit
商定的信贷最高额度限制。
513 档案金额 Dossier amount
档案的金额。
514 预先通知金额 Amount for pre-advising
仅为预先通知的金额。
515 增补 Supplement
货币金额表现为在正常价格之外又另外加付费用的价格。
516 审核中的会计期间关账日期的借方余额
Debit balance at closing date of accounting period under review
货币金额为正在审核的会计期间结算日期的借方余额。
517 审核中的会计期间关账日期的贷方余额
Credit balance at closing date of accounting period under review
货币金额为正在审核的会计期间结算日期的贷方余额。
518 审核中的会计期间起始日期的借方余额
Debit balance at starting date of accounting period under review
货币金额为正在审核的会计期间起始日期的借方余额。
519 审核中的会计期间起始日期的贷方余额
Credit balance at starting date of accounting period under review
货币金额为正在审核的会计期间起始日期的贷方余额。
520 审核中的会计期间关账日期的借方余额总计
Total of debit balances at closing date of accounting period under review
货币金额为正在审核的会计期间结算日期的借方余额总计。
521 审核中的会计期间关账日期的贷方余额总计
Total of credit balances at closing date of accounting period under review
货币金额为正在审核的会计期间结算日期的贷方余额总计。
522 审核中的会计期间起始日期的借方余额总计
Total of debit balances at starting date of accounting period under review
货币金额为正在审核的会计期间起始日期的借方余额总计。
523 审核中的会计期间起始日期的贷方余额总计
Total of credit balances at starting date of accounting period under review
货币金额为正在审核的会计期间起始日期的贷方余额总计。
524 成本会计分录金额 Cost accounting entry amount
代码标识成本会计分录的金额。
525 关税 Tariff
货币金额表示关税。
526 总量折扣 Volume discount
达到或超过商定总量的折扣。
527 产品范围折扣 Product range discount
购买整个范围产品的折扣。
528 除全部税额之外的计算基准 Calculation basis excluding all taxes
用作计算基准的金额，所有税金除外。

529 除增值税外包括全部税金的计算基准 Calculation basis which includes all taxes except VAT
用作计算基准的金额，包括除增值税之外的所有税金。
530 退款 Refund
进行偿还的货币金额。
531 可回收包装租金总额 Total returnable packaging rental amount
可回收包装的租金总额。
532 到港时船载船用柴油总额 Total Marine Diesel Oil on board amount, on arrival
船舶到港时所载船用柴油(MDO)总金额。
533 加载的船用柴油总额 Total Marine Diesel Oil amount, loaded
在港加装的船用柴油总金额。
534 到港时船载中燃油总额 Total Intermediate Fuel Oil on board amount, on arrival
船舶到港时所载调和后中间燃料油(IFO)的总金额。
535 加载的中燃油总额 Total Intermediate Fuel Oil amount, loaded
在港加装调和后中间燃料油(IFO)的总金额。
536 到港时船载船用C级锅炉燃料油总额 Total Bunker C oil on board amount, on arrival
船舶到港时所载船用C级锅炉燃料油或6号燃料油总金额。
537 加载的船载船用C级锅炉燃料油总额 Total Bunker C oil amount, loaded
在港加装的船用C级锅炉燃料油或6号燃料油总金额。
538 政府机构估算的货值 Government agency valuation commodity value
为政府机构估值所适用的商品价值。
539 估值调整额 Valuation adjustment amount
对估值的调整金额，如价格影响、版税、援助、实收款和手续费。
540 残损折扣 Damage allowance
对残损或缺陷程度估值所进行的折扣。
541 空运费 Air transport freight cost
有关航空货运的费用，仅为货物运输费用(即不含装卸费、代理费等)。
ZZZ 相互协商约定 Mutually defined

5027 指数类型标识符 Index type identifier [B]

说明：标识指数的类型。

表示：an..3

1 定义 Definition
定义指数。
2 内容 Contents
记录指数内容。

5039 指数表示代码 Index representation code [B]

说明：说明指数值表示的代码。

表示：an..3

1 百分比 Percentage

5047 分摊代码限定符 Contribution code qualifier [B]
说明:说明分摊的代码。
表示:an..3

1 正常 Normal
参与方间按常规商定。
2 特殊 Special
非正常分摊额。
3 取消 Reversal
取消以前的分摊额。
4 欠款 Back payment
在正常期限前期支付。
5 预付款 Advanced payment
在正常期限后期支付。
6 停止分摊额 Ceasing contributions
从特定日期停止分摊额的不正规支付。
ZZZ 相互协商约定 Mutually defined

5049 分摊类型描述代码 Contribution type description code [B]
说明:说明分摊计划类型的代码。
表示:an..3

1 公司 Company
公司支付。
2 公司裁决 Company award
作为每个行业或相同行业裁决协议的公司支付。
3 公司额外裁决 Company over-award
高于行业或相同裁决协议的公司支付。
4 总数 Lump sum
单个支付形式中的支付。
5 公司附加 Company additional
公司附加支付。
6 公司自愿 Company voluntary
在自愿基础上付款的公司支付。
7 成员自愿 Member voluntary
在自愿基础上付款的成员支付。
8 成员附加 Member additional
附加成员支付。
9 成员个体 Member individual
由单个成员的单独支付。
10 集团 Group
集团计划或项目部分的支付。
11 其他 Other
不同于其他代码值的不同类型分摊额。
ZZZ 相互协商约定 Mutually defined

5125　价格代码限定符　Price code qualifier　[B]

说明:限定价格的代码。

表示:an..3

AAA　计算净价格　Calculation net

所列价格是包括折让/费用的净价格。折让/费用可以仅作为信息说明。

AAB　计算总价格　Calculation gross

所列价格是必须使用折让/费用的总价格。折让/费用可以作为信息说明。

AAC　包括税,但不包括折让和费用　Allowances and charges not included,tax included

价格不包括折让和费用,但包括税。

AAD　平均销售价格　Average selling price

产品的平均销售价格。

AAE　信息价格,包括税,但不包括折让和费用　Information price,excluding allowances or charges,including taxes

所述价格仅为提供信息,不包括折让和费用,但包括税。

AAF　信息价格,不包括折让和费用和税　Information price,excluding allowances or charges, and taxes

所述价格仅为提供信息,不包括所有折让、费用和税。

AAG　附加单价成分　Additive unit price component

指出所述价格是总价格的附加成分的代码。

CAL　计算价格　Calculation price

所列价格是用于计算分项金额的价格。

INF　信息　Information

该价格作为信息提供。

INV　发票价格　Invoice price

从发票得出的参考价格。

5153　关税/税/费类型名称代码　Duty or tax or fee type name code　[C]

说明:说明关税/税/费类型的代码。

表示:an..3

AAA　石油税　Petroleum tax

按照石油交易量而征收的税。

AAB　临时用现金支付的反贴补税　Provisional countervailing duty cash

在海关正式裁决补贴之前用现金支付的临时关税。

AAC　临时反贴补税保证金　Provisional countervailing duty bond

在海关正式决定补贴之前的调查期限内通过交纳保金支付的临时关税。

AAD　烟草税　Tobacco tax

对烟草产品征税。

AAE　能源税　Energy fee

针对能源使用的一般税费。

AAF　咖啡税　Coffee tax

专门针对咖啡产品的征税。

AAG　加拿大统一销售税　Harmonised sales tax,Canadian

统一销售税包括货物和服务税、加拿大省级销售税，以及适用的魁北克可退税销售税。

AAH 魁北克销售税 Quebec sales tax

加拿大魁北克省征收的可以退还的销售税。

AAI 加拿大省级销售税 Canadian provincial sales tax

加拿大各省征收的不可退还的销售税。

AAJ 零部件置换税 Tax on replacement part

针对更换零部件所征收的税款，换下的部件应予退回。

AAK 矿物油税 Mineral oil tax

专门针对含矿物油的产品的征税。

AAL 特别税 Special tax

指特别的税收类型。

ADD 反倾销税 Anti-dumping duty

对在进口市场以比在出口商本国市场低的价格进行倾销的货物征收的关税。

BOL 印花税 Stamp duty (Imposta di Bollo)

意大利征收的税，在不同的情况，可以是固定的或级进的(例如增值税豁免单证或银行收据)。

CAP 农业税 Agricultural levy

对贸易国家之间销售价格存在差异时对农产品征收的税。

CAR 汽车税 Car tax

按照汽车的价值征收的税。

COC 造纸集团税(意大利) Paper consortium tax (Italy)

意大利造纸集团税。

CST 商品特别税 Commodity specific tax

与特定商品有关的税。例如照明剂、盐。

CUD 关税 Customs duty

海关税则里所定的关税，针对进出海关辖区(CCC)的货物而征收的。

CVD 反补贴税 Countervailing duty

对进口货物增收的税，用于抵销出口国发放的补贴。

ENV 环境税 Environmental tax

为了资助或保证环境保护或清理征收的税。

EXC 消费税 Excise duty

海关或财政机构的法规，用以标识对特定商品征收特定税，可在国内或进口时使用。

EXP 农业出口退税 Agricultural export rebate

农业产品出口时，在特定环境下给销售商退税。

FET 联邦货物税 Federal excise tax

联邦政府对制定特定商品征收的税。

FRE 免税 Free

不征税。

GCN 一般建筑税 General construction tax

对建筑征收的一般税。

GST 货物和服务税 Goods and services tax

在制造和分销过程中，对最终消费货物或服务征收的税。

ILL 照明税 Illuminants tax

照明税。

IMP 进口税 Import tax

按进口征收的税。

IND 个人税 Individual tax

根据个人支付能力而征收的税。

LAC 商业许可证费用 Business license fee

政府对商业许可证征收的税。

LCN 地方建筑税 Local construction tax

本地的建筑税。

LDP 应付航标灯税 Light dues payable

对船舶所征收的应付港口航标灯费用。

LOC 当地销售税 Local sales taxes

市区或其他省级以下的税务机构所征收的售货或服务税。

LST 清污税 Lust tax

为清理地下贮存箱征收的税。

MCA 货币补偿金额 Monetary compensatory amount

对共同农业政策(EC)货物征收的税,用于补偿成员国之间货币波动的影响。

MCD 其他现金保证金 Miscellaneous cash deposit

在海关对与进口货物有关的各个方面做出最后决定(估价除外)之前的调查期间通过海关支付并暂存的关税。

OTH 其他税 Other taxes

非特定的其他税费。

PDB 临时关税担保 Provisional duty bond

海关对倾销做出正式决定之前的调查期间,采取抵压债券方式支付的反倾销税。

PDC 临时关税现金保证金 Provisional duty cash

在海关的正式倾销判决之前用现金支付的反倾销税。

PRF 特惠关税 Preference duty

进口国对从特定的国家或地区进口的全部或部分商品,给予优惠的低税或减免税待遇。

SCN 特别建设税 Special construction tax

对于建设的特别税。

SSS 代收的社会保障税费 Shifted social securities

直接支付给社会保障金征收机构的发票金额的社会保障金份额。

STT 州/省销售税 State/provincial sales tax

国家以下州/省级机构征收的所有应缴的销售税。

SUP 缓税 Suspended duty

延迟支付的关税。

SUR 附加税 Surtax

除现有关税和税之外的税或关税。

SWT 代收的工资税 Shifted wage tax

直接支付给税收机构的发票金额的工资税额。

TAC 酒商标税 Alcohol mark tax

按照酒的类型征收的税。

TOT 总计 Total

所有税的总额。

TOX 营业税 Turnover tax

对公司总销售额/总营业额征收的税。

TTA 吨税 Tonnage taxes

按船舶净吨征收的税。

VAD 估价保证金 Valuation deposit

在做出有关货物估价的正式决定的调查期间，通过海关支付并暂存的关税。

VAT 增值税 Value added tax

对国内或进口货物在生产制造/分销过程的每个阶段增加的价值征收的税。

5189 费用/折让标识代码 Charge/allowance identification code [B]

说明：说明费用或折让标识的代码。

表示：an..3

1 处理手续费 Handling commission

客户缴纳的跟单信用证、托收和付款的处理手续费。

2 更改手续费 Amendment commission

跟单信用证和托收业务的更改手续费(不是跟单信用证的延期和增加)。

3 承兑手续费 Acceptance commission

以我们为付款人跟单信用证和托收项下的汇票承兑的手续费(也可认为是一种“担保佣金”)。

4 获得承兑手续费 Commission for obtaining acceptance

在基于承兑交单的托收项下获得承兑的手续费。

5 交单费 Commission on delivery

无代理付款的交单费。

6 通知手续费 Advising commission

通知跟单信用证所用手续费(也用于保兑信用证费)。

7 保兑手续费 Confirmation commission

信用证保兑手续费。

8 延期支付手续费 Deferred payment commission

在跟单信用证被银行保兑后延期支付期间的手续费，它是从单证提示的日期到支付到期日期的费用。

9 单证处理手续费 Commission for taking up documents

支付给处理跟单信用证的外国银行的手续费。

10 开证手续费 Opening commission

开出可撤销跟单信用证的手续费。

11 按最低价支付手续费 Fee for payment under reserve

因跟单信用单证不一致而导政银行必须规定以最低价为条件的支付而向客户支付的费用。

12 单证不符手续费 Discrepancy fee

因跟单信用单证不符而支付给外国银行的费用。

13 托付手续费 Domicilation commission

受托付款银行手续费。

14 货物转让手续费 Commission for release of goods

发送给银行的货物转让手续费。

15 托收手续费 Collection commission

在付款交单基础上结算托收的手续费。

16 议付手续费 Negotiation commission

在即期信用证第一个10天内买单的手续费。

17 退还手续费 Return commission

由于收回支付和/或取消支票、汇票和托收而收取的手续费。

18 提单分割手续费 B/L splitting charges

提单分割手续费。

19 托管手续费 Trust commission

在托管基础上处理入库的进口货物的手续费。

20 转让手续费 Transfer commission

转让、可转让跟单信用证的手续费。

21 开立不可撤销跟单信用证手续费 Commission for opening irrevocable doc. credits

开立不可撤销跟单信用证的手续费,该费用是一种“担保手续费”,银行代表客户做出这种承诺,类似于保兑手续费、承兑手续费。

22 预通知手续费 Pre-advice commission

跟单信用证预通知费。

23 监管手续费 Supervisory commission

监管延期的未保兑跟单信用证的手续费。

24 译码手续费 Model charges

翻译电报报文的手续费。

25 风险手续费 Risk commission

对来自敏感国家的跟单信用证附加一保兑手续费以外的费用。

26 担保手续费 Guarantee commission

出具担保所需手续费。

27 偿付手续费 Reimbursement commission

例如:跟单信用证的偿付费用。

28 印花税 Stamp duty

根据国家票据立法,票据应付的税。

29 经纪人佣金 Brokerage

在外汇贸易中经纪人提取的佣金。

30 银行费用 Bank charges

由参与交易的其他银行扣除的费用。

31 银行手续费信息 Bank charges information

不包括在总费用金额里的费用,即该费用仅作为信息。

32 速递费 Courier fee

特快专递费用。

33 电话费 Phone fee

使用电话的费用。

34 邮费 Postage fee

邮寄费用。

35 S. W. I. F. T 费 S. W. I. F. T. fee

使用 S. W. I. F. T 的费用。

36 用户电报费 Telex fee

用户电报的费用。

37 单证迟交罚金　Penalty for late delivery of documents

对于单证迟交的罚金。

38 工作估价迟交罚金　Penalty for late delivery of valuation of works

对于工作迟交的罚金。

39 工作计划落后的罚金　Penalty for execution of works behind schedule

对于工作计划落后的罚金。

40 其他罚金　Other penalties

其他原因的罚金。

41 工作提前完成计划的奖金　Bonus for works ahead of schedule

对于工作计划提前完成的奖金。

42 其他奖金　Other bonus

其他原因的奖金。

44 项目管理费用　Project management cost

项目管理的费用。

45 按比例保留　Pro rata retention

按比例保留的费用。

46 合同保留　Contractual retention

合同保留的费用。

47 其他保留　Other retentions

其他保留的费用。

48 罚息　Interest on arrears

迟付罚息。

49 利息　Interest

货币使用的费用。

50 每笔信用保证金费用　Charge per credit cover

建立的每笔信用保证金单位费用。

51 未使用信用保证金的单位费用　Charge per unused credit cover

未使用信用保证金的单位费用。

52 最低佣金　Minimum commission

最低佣金。

53 代理佣金　Factoring commission

代理金融服务的佣金。

54 商会费用　Chamber of commerce charge

标识商会的费用。

55 中转费　Transfer charges

中转费用。

56 遣返费　Repatriation charges

遣返的费用。

57 杂费　Miscellaneous charges

未进行专门定义的费用。

58 外币兑换费　Foreign exchange charges

兑换外汇到费用。

59 商定的透支利息费 Agreed debit interest charge
商定的透支利息费。
60 制造商的客户折扣 Manufacturer's consumer discount
制造商给付的应转交客户的折扣。
61 传真通知费 Fax advice charge
传真通知的费用。
62 军人优惠 Due to military status
针对军籍给予的优惠。
63 工伤事故补贴 Due to work accident
对工伤事故受害人给予的补贴。
64 特别协议 Special agreement
特别协议中规定的优惠或费用。
65 生产过失折扣 Production error discount
为所购产品属生产误差而给予的折扣。
66 新店开张折扣 New outlet discount
因新店开张而给出的折扣。
67 样品折扣 Sample discount
因所购产品为样品而给出的折扣。
68 尾货折扣 End-of-range discount
对购买尾货所给出的折扣。
69 专为客户加工的费用 Charge for a customer specific finish
为客户对产品专门进行最后整饰加工的追加费用。
70 价格条款折扣 Incoterm discount
针对特定的国际贸易术语解释通则(Incoterm)而给出的折扣。
71 终端收银机定额优惠 Point of sales threshold allowance
在终端收银机对达到或超过商定的销售限额时所给予的优惠。

5213 分项价格变更操作代码 Sub-line item price change operation code [C]
说明:说明分项价格变更操作的代码。
表示:an..3
A 增加基准项单位价格 Added to the baseline item unit price
将要增加到基准项单位的价格。
I 包括在基准项单价里 Included in the baseline item unit price
在基准项单价里包括的价格。
S 从基准项单价里扣除 Subtracted from the baseline item unit price
将要从基准项单价里扣除的价格。

5237 费用类别代码 Charge category code [B]
说明:说明费用类别的代码。
表示:an..3
1 全部费用 All charges
由承运人在运输中根据运价表及其他具体特殊情况的附加费计算的全部费用(例,铁路-货运费用-附加费用)。

2 附加费用 Additional charges
整个运输中承运人针对特定情况计算的费用,例如:重新过磅、重装、不可预见的操作所需的服务等。
3 运费 附加费 Transport charges additional charges
必须由发货人在支付条款里精确给出(其他费用必须由收货人承担)的运费加附加费(例:重装、重新过磅或不可预见的操作)。
4 基本运费 Basic freight
按货运每个费目应付的基本运费。
5 目的地搬运费 Destination haulage charges
货物运送到目的地后的搬运费用。
6 船舶使费 Disbursement
在港口由船舶代理人支付的并且从承运人处收回的总费用。
7 目的地港口费 Destination port charges
在目的地港口应支付的费用。
8 杂项费用 Miscellaneous charges
未归类的杂项费用。
9 抵达指定地点的运费 Transport charges up to a specified location
由发货人为部分航程支付的运输费,即达到必须确定的地点。
10 始发港口费 Origin port charges
在始发地港口支付的费用。
11 始发地搬运费 Origin haulage charges
在始发地货物搬运的费用。
12 其他费用 Other charges
为规定的费用。
13 特别应付金额 Specific amount payable
发货人同意开票或支付的金额,该金额是一票托运物总费用的一部分。
14 运输费用(运费) Transport costs (carriage charges)
以运价表或最终包括其他费用的合同为基准计算的货币的金额。
15 到达指定地点的全部费用 All costs up to a specified location
由发货人为部分航程支付的全部金额,即达到必须确定的地点(由收货人支付航程余下部分的费用)。该金额由承运人依据运价表或在航程中特定情况下计算出(例:铁路运费和附加费)。
16 称重/估价费用 Weight/valuation charge
指示称重/估价费用是全部预付或全部托收的代码。
17 所有费用 All costs
所有的费用。
19 代办出口证书 Supply of certificate of shipment
代办出口证书的应付费用。
20 代办领事公文或原产地证书 Supply of consular formalities or certificate of origin
因代办领事手续或原产地证书的应付费用。
21 代办未分类书面单证 Supply of non-categorised documentation in paper form
代办一份或多份不再加以归类的书面单证的应付费用。
22 代办海关手续,出口 Supply of customs formalities, export
代办出口海关手续的应付费用。

23 代办海关手续,转口 Supply of customs formalities,transit
代办转口海关手续的应付费用。
24 代办海关手续,进口 Supply of customs formalities,import
代办进口海关手续的应付费用。

5243 费率/税等级描述代码 Rate/tariff class description code [C]
说明:说明适用于费率/税等级的代码。
表示:an..9
A 高级人员费率 Senior person rate
适用于高级人员的费率等级。
B 基准 Basic
说明费率/税基准的代码。
C 特定商品费率 Specific commodity rate
说明商品特定费率的代码。
D 青少年费率 Teenager rate
适用于青少年的费率等级。
E 儿童费率 Child rate
适用于儿童的费率等级。
F 成人费率 Adult rate
适用于成人的费率等级。
K 每千克费率 Rate per kilogram
说明每千克费率的代码。
M 最小费用费率 Minimum charge rate
说明最小费用费率的代码。
N 普通费率 Normal rate
说明普通费率的代码。
Q 数量费率 Quantity rate
说明数量费率的代码。
R 等级费率(按正常费率上扣除) Class rate (Reduction on normal rate)
说明按正常费率上扣除的代码。
S 等级费率(在正常费率上增加收费) Class rate (Surcharge on normal rate)
说明按正常费率上增加收费的代码。

5245 百分比类型代码限定符 Percentage type code qualifier [B]
说明:说明百分比类型的代码。
表示:an..3
1 折让 Allowance
(5424)以百分比表示的折让。
2 费用 Charge
(5424)以百分比表示的费用。
3 折让或费用 Allowance or charge
(5424)以百分比表示的折让或费用。
4 再保险人的份额 Reinsurer's share

指示一契约中再保险人的份额。

5 入账百分比 Entry percentage

指示用于特定入账的百分比(例如佣金%,存款%…)。

6 质量/产量 Quality/yield

(6318)在总产量中特定材料的百分比。

7 发票百分比 Percentage of invoice

说明发票百分比的代码。

8 扣除/付加费百分比 Reduction/surcharge percentage

用于计算扣除或付加费的百分比。

9 调整 Adjustment

说明按所表示的百分比进行调整的代码。

10 交易所份额 Bureau share

伦敦保险市场交易所(再保险合同中的交易所份额)。

11 缓冲存货需求 Buffer stock requirement

预期附加消费,以防止不可预料的短缺或损坏。

12 折扣 Discount

以百分比表示的折扣。

13 允许的金额差额 Amount tolerance

用百分比表示的允差。

14 通知百分比 Percentage of note

借记或贷记通知书的百分比。

15 罚金百分比 Penalty percentage

说明罚金百分比的代码。

16 利息百分比 Interest percentage

说明利息百分比的代码。

17 跟单信用证部分金额 Part of documentary credit amount

跟单信用证以混合方式支付时用百分比表示即期支付、远期支付或承兑的部分金额。

18 贷记通知书百分比 Percentage credit note

贷记通知书百分比。

19 借记通知书百分比 Percentage debit note

借记通知书百分比。

20 保险百分比 Percentage of insurance

说明保险百分比的代码。

21 自我风险百分比 Own risk percentage

信用风险未包括的总金额的百分比。

22 转移的增值税(VAT)百分比 Transferred VAT percentage

会计责任从参与方转移到另参与方 VAT 百分比所用的比率。

23 兼职 Part time employment

用专职人员劳动时间的百分比表示的兼职人员的时间。

24 自愿捐款 Voluntary contribution

以工资百分比表示的非强制性养老金计划缴款。

25 属性因子 Attribute factor

指示一个数字因子,用百分比表示,用于乘以一个特定的属性项。

26 附加缴款 Additional contribution

正常缴款之外的用百分比表示的计划缴款，在退休金中通常用工资的百分比表示。

27 利益分配 Benefits allocation

分配给某人的总获益的百分比。

28 属性分类 Attribute classification

指示特定属性分类的百分比，例如出于养老目的在指定年限前所交纳款项的百分比。

29 再协商启动上限 Renegotiation trigger upper limit

导致价格再协商的汇率上涨的百分比。

30 再协商启动下限 Renegotiation trigger lower limit

导致价格再协商的汇率下降百分比。

31 材料扣除因子 Material reduction factor

发生在生产过程中组成材料减少的百分比。

32 可接收的价格差异 Acceptable price difference

在不引起价格协商的情况下，导致价格再计算上升或下降的最大百分比。

33 买方总需求份额 Share of buyer's total requirement

买方将从指定供应商订购的特定的或类似货项总需求的百分比。

34 价格增加 Price increase

自上次通知以来，特定项目的价格增加的百分比。

35 由买方支付的工具费用的份额 Share of tool cost paid by buyer

由买方支付的工具费用的百分比。

36 使用的容积 Volume capacity usage

使用容积的百分比。

37 使用重量 Weight capacity usage

使用重量的百分比。

38 使用的装载长度 Loading length capacity usage

使用的装载长度的百分比。

39 由买方支付的包装费用份额 Share of packaging cost paid by vendor

由买方支付的包装费用百分比。

40 扣除百分比 Reduction percentage

以百分比表示的一笔金额/价格的扣除额。

41 附加费百分比 Surcharge percentage

以百分比形式表示的附加金额。

42 本地化 Local content

说明产品本地化的百分比。

43 返还费 Chargeback

返还费百分比金额。

44 总周转佣金 Gross turnover commission

用于计算佣金的总周转百分比。

45 按进度付款百分比 Progress payment percentage

指出按进度付款的费率。

46 抵销 Offset

指出参与方商定的计算抵销的数额。

47 预付款百分比 Prepaid payment percentage

指出预付款的百分比的代码。

48 已完成工程的百分比 Percentage of work completed

指出已完成工程的百分比。

49 保险费等级 Underwriting rating

死亡或疾病保险费等级表。

50 抵押利率 Mortgage interest rate

抵押分期偿还利率。

51 最高生活调节费率 Maximum cost of living adjustment rate

最高生活调节费率。

52 湿度 Humidity

空气中的湿度值。

53 最低生活调节费率 Minimum cost of living adjustment rate

最低生活调节费率。

54 分包方成本份额 Contractor cost share

由分包方承担的成本份额。

55 政府成本份额 Government cost share

由政府承担的成本份额。

56 分期付款结算百分比 Progress payment liquidation percentage

按进度逐次付款结算所适用的百分比。

57 费用百分比 Fee percentage

适用于确定费用的百分比。

58 有效资源 Resource availability

可用资源的百分比。

59 资源效率 Resource efficiency

资源功效的百分比。

60 返工合格率 Rework yield

来自返工成果合格率的百分比。

61 毛利率 Gross profit margin

用毛利除以销售净额算出的百分比。

62 剩余工作量 Remaining work

剩余工作量的百分比。

63 实际完工百分比 Actual work percent completed

实际的完工百分比。

64 实获值 Earned value

表示实获值的百分比。

65 增加成本 Cost escalation

成本增加的百分比。

66 损耗 Loss

标识损耗的百分比。

67 物价调整比率 Cost of living adjustment rate

指出物价调整的比率。

68 到期应付金额百分比 Percentage of due amount

到期应付金额的百分比。

69　拥有资产　Asset ownership

拥有资产的百分比。

70　申报普通股　Common stock reported

申报普通股的百分比。

71　申报优先股　Preferred stock reported

申报优先股的百分比。

72　经常性销售利润　Ordinary profit to sales

以百分比表示的经常性销售利润的比率。

73　投资资本比例　Invested capital ratio

投资资本占总投资的比例。

74　权益对贷款比率　Equity to loan ratio

以百分比表示的权益对未偿贷款的比率。

75　权益对存款比率　Equity to deposit ratio

以百分比表示的权益对存款比率。

76　贷款对存款比率　Loan to deposit ratio

以百分比表示的未偿贷款对存款的比率。

77　占总值的百分比　Percent of total

占总值的百分比。

78　参股　Participation

以百分比表示的参股比率。

79　债务　Indebtedness

以百分比表示的债务。

80　流动比率　Liquid ratio

流动资产对流动负债的比率(见 current ratio)。

81　净值对总资产　Net worth to total assets

以百分比表示的资本净值对总资产的比率。

82　转包合同　Subcontracted

转包合同工作量的百分比。

83　雇员人均销售　Sales per employee

以百分比表示的雇员人均销售比率。

84　销售额对营运资本净额　Sales to net working capital

以百分比表示的销售额对周转资金净额的比率。

85　负债总额对资本净值　Total liability to net worth

以百分比表示的负债总额对资本净值的比率

86　资产对销售额　Assets to sales

以百分比表示的资产对销售额的比率。

87　雇员人均资本　Capital per employee

以百分比表示的雇员人均资本。

88　雇员人均成本　Costs per employee

以百分比表示的雇员人均成本。

89　应付账款对销售额　Accounts payable to sales

以百分比表示的应付账款对销售额的比率。

90　流动负债对资本净值　Current liabilities to net worth

以百分比表示的流动负债对资本净值的比率。

91 流动负债对存货 Current liabilities to inventory

以百分比表示的流动负债对存货的百分比。

92 流动比率 Current ratio

以百分比表示的流动资产对流动负债的比率。

93 固定资产对资本净值 Fixed assets to net worth

以百分比表示的固定资产对资本净值的比率。

94 库存周转 Inventory turnover

年度销售净额除以存货。

95 速动比率 Quick ratio

现金与应收账款之和对流动负债的比率。

96 项目保有资金 Resources retained for project

必须为项目保留资金的百分比。

97 资产回报率 Return on assets

税后净利润除以总资产。

98 销售回报率 Return on sales ratio

税后净利润除以年度销售净额。

99 资本回报率 Return on capital ratio

税后净利润除以资本。

100 股本回报率 Shareholders' return ratio

税后净利润除以资本净值。

101 合同中标率 Contracts obtained by bid

通过投标获得合同的百分比。

102 合同议定率 Contracts obtained by negotiation

通过谈判获得合同的百分比。

103 成本加价基础 Cost plus basis

以成本价加上基础经营业务的百分比。

104 全额总付 Lump sum payments

对付款总额予以一次性支付的百分比。

105 信用证采购 Purchases on letter of credit

信用证采购额对采购总额的百分比。

106 基金补偿计划采购 Purchases on floor plan

基金补偿计划采购额对采购总额的百分比。

107 销售变动 Change in sales

销售额变动的百分比。

108 利润变动 Change in profit

利润变动的百分比。

109 亏损 Damage

以百分比表示的亏损。

110 负债利息 Interest on liabilities

支付的财务费用除以负债总额。

111 风险边际 Risk margin

总资产除以负债利息。

112 负债率 Liability ratio
以百分比表示的负债对资本净值的比率。
113 利息保障 Interest cover
已付财务费用除以总收入。
114 变动 Change
以百分比表示的变动。
115 开支 Expense
以百分比表示的开支。
116 市场份额 Market share
实体掌握的市场业务量的份额。
117 小股东持有比例 Owned by small shareholders
小股东拥有实体(股份)的百分比。
118 以本金支付 Paid in capital
股东以本金投入的百分比。
119 以前的参股 Previous participation
以百分比表示以前的参股比例。
120 固定费用 Fixed fee
以百分比表示的固定费用。
121 资产周转率 Asset turnover
年度销售净额除以总资产。
122 占付款总额的百分比 Percentage of total payment
基于支付总额的百分比。
123 本土交易百分比 Territorial trade percent
以百分比表示的本土贸易。
124 应税收入变动 Change in taxable income
不同期间应税收入的变动。
125 客户分类销售额 Sales by type of customer
分类客户销售额的百分比。
126 上期占总额的百分比 Previous period percent of total
上期占总额的百分比。
127 少数股东权益投资回报率 Minority interest return on equity
一家实体中的少数股东权益所取得的投资回报率。
128 经常收入变动 Change in ordinary income
不同期间经常性收入的变动。
129 销售净额对固定资产 Net sales to fixed assets
以百分比表示的销售净额对固定资产的比率。
130 总负债对总资产 Total liabilities to total assets
以百分比表示的负债总额对资产总额的比率。
131 利润率 Profit percentage
适于确定利润的百分比。
132 承包方超出成本份额 Contractor above cost share
承包方承担超额成本的百分比。
133 承包方低于成本份额 Contractor below cost share

承包方低于指定成本的百分比。

134 流动负债对负债总额 Current liabilities to total liabilities
以百分比表示的流动负债除以负债总额算出的比率。

135 流动资产对负债总额 Current assets to total liabilities
以流动资产除以负债总额算出的百分比。

136 船舶经验系数 Vessel experience factor
船测总计数量经船载量或留船量调整之后与岸测总计数量之比所确定的百分比。

137 船岸装货计差比率 Vessel load ratio
开航时船测总量减去船载量,除以装货时岸测总量所得出的百分比。

138 船岸卸货计差比率 Vessel discharge ratio
到港时船测总量减去留船量,除以卸货时岸测总量所得出的百分比。

139 全国平均百分位 National average percentile
相对全国平均水平的对应排位。

140 行业平均百分位 Industry average percentile
相对行业平均水平的对应排位。

141 非流动资产对资本净值 Non-current assets to net worth
以百分比表示的长期资产对资本净值。

142 非流动资产对总资产 Non-current assets to total assets
以百分比表示的长期资产对资产总值。

143 销售额对流动资产 Sales to current assets
以百分比表示的销售额对流动资产的比率。

144 营运资本对销售额 Working capital to sales
以百分比表示的营运资本对销售额的比率。

145 债权对销售成本 Creditors to sales costs
以百分比表示的债权对销售成本的比率。

146 浓度 Concentration
以百分比表示的浓度。

147 分期付款之前月份所占百分比 Percentage of months before an instalment
以百分比表示的分期付款之前月份的数量态势。

148 应收账款周转次数 Accounts receivable turnover
年度销售净额除以应收账款。

149 员工成本对附加值的比率 Employee costs to value added ratio
以百分比表示的员工成本对总收入减去原材料和销售成本的比率。

150 应付利息对销售净额的比率 Interest payable to net sales ratio
以百分比表示的应付利息除以销售净额的比率。

151 库存对售货成本的比率 Inventory to cost of goods sold ratio
以百分比表示的存货除以售货成本的比率。

152 流动资产对销售额的比率 Liquid assets to sales ratio
以百分比表示的流动资产除以销售净额的比率。

153 增值回报率 Return on value added ratio
以百分比表示的总收入减去原材料和服务费与销售净额的比率。

154 日需营运资本 Daily working capital need
营运资本金除以销售净额与360的乘积。

155 财务费用对销售净额的比率 Financial expenses to net sales ratio
以百分比表示的财务费用对销售净额的比率。
156 通货膨胀 Inflation
通常表示价格上涨和货币购买价值下跌的百分比。
157 财务危机概率 Probability of financial distress
以百分比表示的财务危机概率。
158 传动比率 Gearing
以百分比表示的长短期贷款总额除以股东权益的比率。
159 可嵌套百分比 Nestable percentage
一个项目可被嵌套于同一项目中的百分比扩充表示。
160 数据可靠性百分比 Data reliability percentage
标识数据的可靠程度。
ZZZ 共同约定 Mutually defined
根据交易各方的约定。

5249 百分比基准标识代码 Percentage basis identification code [B]
说明:说明计算百分比基准的代码。
表示:an..3
1 每单位 Per unit
参考的百分比应用单一单位基准。
2 每吨 Per ton
扣除百分比应用于每运输吨。
3 每设备单位 Per equipment unit
扣除百分比适用于每个主设备单位,仅用于铁路货车。
4 每单位价格 Per unit price
扣除百分比适用于每单位价格,它是计算费用的基准。
5 每批量 Per quantity
当发货人达到一规定的运输吨位时,扣除百分比适用于单位价格并让予发货人。
6 基本费用 Basic charge
指明在欧洲范围内IATA试验特殊费用是以百分比扣除或追加为基准的代码。
7 每千克费率 Rate per kilogram
指明在欧洲范围内IATA试验特殊费率是以百分比扣除或追加为基准的代码。
8 最小费用 Minimum charge
指明IATA最小费用是以百分比扣除或追加为基准的代码。
9 普通费率 Normal rate
指明标识IATA普通费用是百分比扣除或追加基准的代码。
10 批量费率 Quantity rate
指明标识IATA数量费用是百分比扣除或追加基准的代码。
11 提取金额 Amount of drawing
根据跟单信用证,参考的百分比适用于提取金额。
12 跟单信用证金额 Documentary credit amount
参考的百分比适用于跟单信用证金额。
13 发票值 Invoice value

引用的百分比适用于发票值。

14 CIF 值 CIF value

参考的百分比适用于 CIF 值。

15 合同成本 Contract cost

适用于合同成本的百分比。

16 工时 Labour hours

适用于工时的百分比。

17 LIBOR (London Inter-Bank Offered Rate)

百分比的基准为伦敦银行间拆借利率(LIBOR)。

18 FIBOR (Frankfurt Inter-Bank Offered Rate)

百分比的基准为法兰克福银行间拆借利率(FIBOR)。

19 PIBOR (Paris Inter-Bank Offered Rate)

百分比的基准为巴黎银行间拆借利率(PIBOR)。

20 基于全国的百分比基准 Nationally based percentage basis

百分比基准基于全国。

5261 费用单位代码 Charge unit code [I]

说明:说明费用单位的代码。

表示:an..3

1 停租费 Drop charge

租赁在开始租赁的地点以外的城市或地点终止所收取的手续费。

2 超日费 Extra day

超过指定基本期限每天的费用。

3 超周费 Extra week

超过指定基本期限每周的费用。

4 超小时费 Extra hour

超过指定基本期限每小时的费用。

5 超月费 Extra month

超过指定基本期限每月的费用。

6 每英里 Per mile

所提供服务每英里的费用。

7 每公里 Per kilometer

所提供服务每公里的费用。

8 免费英里 Free miles

指出不收费的指定免费英里数。

9 免费公里 Free kilometers

指出不收费的指定免费公里数。

10 成人 Adult

以成人为单位关联的费用。

11 儿童 Child

以儿童为单位关联的费用。

12 雇员 Employee

以雇员为单位关联的费用。

13 轮椅旅客 Passenger in wheelchair
适用于使用轮椅旅客的相关费率。
14 残疾人陪同 Companion of a handicapped person
失明或使用轮椅旅客陪同所适用的相关费率。
15 小型笼装动物 Small contained animal
以动物为单位关联的费率，最大为一只家猫，关入合适的容器，如笼子、箱子或篮筐。
16 狗 Dog
以狗为单位关联的费率。
17 自行车 Bicycle
以自行车为单位关联的费率。
18 青少年 Youth
以介于孩童和成人之间的人员为单位关联的费率。
19 老人 Senior
以老人(如领取退休金的老年人)为单位关联的费率。
20 婴儿 Infant
以幼童或婴儿为单位关联的费率。
21 陪护儿童 Accompanied child
以有一成人陪伴的儿童为单位关联的费率。
22 作为单独旅客的儿童 Child as separate passenger
以占用专有座位、铺位或卧铺的儿童为单位所关联的费率。
23 盲人 Blind person
以盲人为单位关联的费率。
24 作为单独旅客的婴儿 Infant as separate passenger
以占用专有座位、铺位或卧铺的婴儿为单位所关联的费率。
25 4～11 岁的人员 Person aged between 4 and 11 years
以 4～11 岁之间的人员为单位所关联的费率。
26 有长辈陪伴的儿童 Child accompanied by ancestor
以有一长辈陪伴的儿童为单位关联的费率。
27 4～12 岁的人员 Person aged between 4 and 12 years
以 4～12 岁之间的人员为单位所关联的费率。
28 4～13 岁的人员 Person aged between 4 and 13 years
以 4～13 岁之间的人员为单位所关联的费率。
29 4～16 岁的人员 Person aged between 4 and 16 years
以 4～16 岁之间的人员为单位所关联的费率。
30 5～12 岁的人员 Person aged between 5 and 12 years
以 5～12 岁之间的人员为单位所关联的费率。
31 5～16 岁的人员 Person aged between 5 and 16 years
以 5～16 岁之间的人员为单位所关联的费率。
32 6～12 岁的人员 Person aged between 6 and 12 years
以 6～12 岁之间的人员为单位所关联的费率。
33 6～14 岁的人员 Person aged between 6 and 14 years
以 6～14 岁之间的人员为单位所关联的费率。
34 6～15 岁的人员 Person aged between 6 and 15 years

以 6～15 岁之间的人员为单位所关联的费率。

35 6～16 岁的人员 Person aged between 6 and 16 years
以 6～16 岁之间的人员为单位所关联的费率。

36 6～17 岁的人员 Person aged between 6 and 17 years
以 6～17 岁之间的人员为单位所关联的费率。

37 7～12 岁的人员 Person aged between 7 and 12 years
以 7～12 岁之间的人员为单位所关联的费率。

38 7～15 岁的人员 Person aged between 7 and 15 years
以 7～15 岁之间的人员为单位所关联的费率。

39 11～99 岁的人员 Person aged between 11 and 99 years
以 11～99 岁之间的人员为单位所关联的费率。

40 12～99 岁的人员 Person aged between 12 and 99 years
以 12～99 岁之间的人员为单位所关联的费率。

41 13～99 岁的人员 Person aged between 13 and 99 years
以 13～99 岁之间的人员为单位所关联的费率。

42 14～99 岁的人员 Person aged between 14 and 99 years
以 14～99 岁之间的人员为单位所关联的费率。

43 15～99 岁的人员 Person aged between 15 and 99 years
以 15～99 岁之间的人员为单位所关联的费率。

44 16～99 岁的人员 Person aged between 16 and 99 years
以 16～99 岁之间的人员为单位所关联的费率。

45 17～99 岁的人员 Person aged between 17 and 99 years
以 17～99 岁之间的人员为单位所关联的费率。

46 26～99 岁的人员 Person aged between 26 and 99 years
以 26～99 岁之间的人员为单位所关联的费率。

5267 服务类型代码 Service type code [I]

说明:说明服务类型的代码。

表示:an..3

1 预订班机 Flight segments booked
预订班机的服务费。

2 预订汽车 Car segments booked
预订汽车的服务费。

3 预订宾馆 Hotel segments booked
预订宾馆的服务费。

5273 关税/税/费基准代码 Duty or tax or fee rate basis code [B]

说明:附属商品的各种税费组成成分的标识。

表示:an..12

1 价值 Value
(5316)以海关价格为基础的关税/税/费率。

2 重量 Weight
(6150) 说明以货项重量(CCC)为基础的关税/税/费率。

3 数量 Quantity
(6060)说明以货项数量(CCC)为基础的关税/税/费率。

5283 关税/税/费功能代码限定符 Duty or tax or fee function code qualifier [B]
说明:限定关税/税/费功能的代码。
表示:an..3

1 单项关税、税或费用(海关项目) Individual duty,tax or fee (Customs item)
按照货物申报单中单一的海关商品种类分别计算的关税、税或费用(CCC)。

2 所有关税、税和费用额总计(海关商品种类) Total of all duties,taxes and fees(Customs item)
按照货物申报单中单一的海关商品种类所计算的总关税、税和费用(CCC)。

3 每项关税、税或费用类型总额(海关申报)
Total of each duty,tax or fee type(Customs declaration)
按货物申报单所收取的各项关税、税或费用的总额。

4 各项关税、税和费用类型总额(海关申报)
Total of all duties,taxes and fee types (Customs declaration)
按货物申报单所收取的所有关税、税或费用的总额。

5 海关关税 Customs duty
在海关关税表中列明的各种货物进出入海关管辖区时应交付的关税(CCC)。

6 费用 Fee
提供服务的费用。

7 税 Tax
由主管部门征收的税。

9 涉及信息的税 Tax related information
说明与税相关信息的代码。

5305 关税/税/费类别代码 Duty or tax or fee category code [B]
说明:说明关税/税/费类别的代码。
表示:an..3

A 混合税率 Mixed tax rate

AA 较低的税率 Lower rate
税率低于标准税率。

AB 转售免税 Exempt for resale
指出货物买进用于再出售时该货物免税的税种代码。

AC 不用立即支付的增值税 Value Added Tax (VAT) not now due for payment
根据发票征收的(VAT)额,按单独的增值税收据支付。

AD 支付先前发票的增值税 Value Added Tax (VAT) due from a previous invoice
支付先前发票的增值税。

AE 逆向征收的增值税 VAT Reverse Charge
指出向发票受票人征收标准增值税(VAT)的代码。

B 转让的(增值税) Transferred (VAT)
增值税未付给开票方但直接付给有关税务当局。

C 供货方支付关税 Duty paid by supplier
装运货物的相关关税由供货方支付,客户收到的货物已付关税。

E 免税 Exempt from tax
说明无税收的代码。
G 无偿的出口商品 Free export item,tax not charged
说明该货物免费出口,并且无税收代码。
H 较高税率 Higher rate
说明较高的关税/税/费的代码。
O 税外服务 Services outside scope of tax
说明该税收不适用于该服务的代码。
S 标准费率 Standard rate
说明标准费率的代码。
Z 零税率货物 Zero rated goods
说明货物为零税率的代码。

5307 关税/税/费按日期支付代码 Tax or duty or fee payment due date code [B]
说明:指出关税/税/费支付日期的代码。
表示:an..3
1 应于发票支付日期支付税费 Duty,tax or fee payment due on invoice payment date
应于发票支付日期支付税费。
2 应于发票开票日期支付税费 Duty,tax or fee payment due on invoice issue date
应于发票开票日期支付税费。

5315 酬金类型名称代码 Remuneration type name code [B]
说明:说明酬金类型名称的代码。
表示:an..3
1 最低保证工资 Minimum guaranteed wages
最低保证工资。
2 基本酬金 Basic remuneration
基本酬金。
3 净工资 Net wages
净工资。

5375 价格类型代码 Price type code [C]
说明:说明价格类型的代码。
表示:an..3
AA 撤消价格 Cancellation price
当取消一订单时应收取的费用。
AB 每吨位 Per ton
指示按吨计价。
AC 最低订单价格 Minimum order price
标识订购最小量时的价格代码。
AD 出口价格 Export price
标识出口市场的价格代码。
AE 相关价格范围 Range dependent price

标识按订购量指定范围确定的价格代码。

AI 有效成分 Active ingredient

针对有效成分的价格。

AQ 按数量确定 As is quantity

按数量定价。

CA 价格表 Catalogue

说明目录价格的代码。

CT 合同 Contract

说明合同价格的代码。

CU 消费单位 Consumer unit

价格与消费单位有关。

DI 批发商 Distributor

说明批发商价格的代码。

EC ECSE 价格 ECSC price

在欧洲委员会钢和碳管理机构注册的价格(DGIII)。

NW 净重 Net weight

说明净重价格的代码。

PC 价格目录 Price catalogue

说明目录价格的代码。

PE 每个 Per each

说明每个货物价格的代码。

PK 每千克 Per kilogram

说明每千克货物价格的代码。

PL 每升 Per litre

说明每升货物价格的代码。

PT 每吨 Per tonne

说明每吨货物价格的代码。

PU 规定单位 Specified unit

说明规定单位价格的代码。

PV 临时价格 Provisional price

说明临时价格的代码。

PW 毛重 Gross weight

说明毛重价格的代码。

QT 报价 Quoted

说明报价的代码。

SR 建议零售 Suggested retail

说明建议零售价格的代码。

TB 协商 To be negotiated

说明协商价格的代码。

TU 贸易单位 Traded unit

按贸易单位定价。

TW 理论重量 Theoretical weight

按指定的尺寸(长,宽,厚)而不是按最终尺寸(如钢产品)计算的重量。

WH 批发 Wholesale

WI 总量 Gross volume

基于总量计算价格。

5379 产品分组类型代码 Product group type code [B]

说明:说明产品类型的代码。

表示:an..3

1 以 X 为基准的折算率 Base X coefficient

以 X 为基准的折算率产品分组。

2 不使用价格分组 No price group used

说明产品不使用价格分组的代码。

3 目录 Catalogue

说明产品按目录索引的代码。

4 相同价格的产品分组 Group of products with same price

说明所有产品有相同价格的产品分组的代码。

5 分项明细 Itemized

说明产品按分项明细分组的代码。

7 当前折扣类别 Current discount group

在总折扣百分比情况下,折扣类别中的货项对买方适用。

8 先前折扣类别 Previous discount group

货项先前所属的总折扣百分比类别。

9 没有类别 No group used

没有类别。

10 价格类别 Price group

以价格为基准的产品分类。

11 产品类别 Product group

产品的分类代码。

12 促销组 Promotional group

因促销而对产品进行的分组。

13 法定 Legal

公共法规管辖的产品分组。

14 目标市场地理区域/子区域代码 Geographical target market division/subdivision code

基于联合国认可的地理边界划分目标市场的地理区域。

5387 价格说明代码 Price specification code [B]

说明:标识价格说明的代码。

表示:an..3

AAA 参考价格 Reference price

标识参考价格的代码。

AAB 含税价格 Price includes tax

说明含税价格的代码。

AAC 买方建议零售价格 Buyer suggested retail price

由购买货物的参与方建议或决定的建议零售价格。

AAD 海上运输附加费率 Ocean charges rate
由海运产生的在基本运费之上和之外收取的费用。
AAE 不受浮动影响 Not subject to fluctuation
未加价或调整。
AAF 加价 Subject to escalation
后继阶段逐步上升或发展。
AAG 价格调整 Subject to price adjustment
说明价格调整的代码。
AAH 价格调整和上升 Subject to escalation and price adjustment
后继阶段的价格上升和调整。
AAI 未指明浮动条件 Fluctuation conditions not specified
说明未指明浮动条件的代码。
AAJ 全部价格 All in price
对特定工作的固定价格。
AAK 新价格 New price
在有效的日期/时间/期限内生效的价格。
AAL 旧价格 Old price
新价格生效日期/时间/期限之前的有效价格。
AAM 每周 Per week
指出适用于每周的给定价格。
AAN 申请价格 Price on application
可按卖方请求获得的价格。
AAO 未包装商品价格 Unpacked price
给出的价格是未包装项目的价格。
AAP 贸易价格 Trade price
适用于除零售客户以外的全部客户的折扣价格。
AAQ 固定价格 Firm price
对于一个给定时间期限保持不变的价格。
AAR 项目价格的材料份额 Material share of item price
基于一个给定材料报价的参考材料的每单位价格。
AAS 项目价格劳动力份额 Labour share of item price
每单位项目价格的劳动力份额。
AAT 项目价格的运输份额 Transport share of item price
每单位项目价格的运输份额。
AAU 项目价格包装份额 Packing share of item price
每单位项目价格的包装份额。
AAV 项目价格的工具份额 Tooling share of item price
每单位项目价格的工具成分。
AAW 临时交通工具费用 Temporary vehicle charge
提供临时交通工具收取的加入价格的部分费用。
AAX 应付利息的价格成分 Price component due to interest
为付利息收取的加入价格的一部分。
AAY 应付服务费的价格成分 Price component due to management services

为付所提供的服务费收取的加入价格的一部分。

AAZ 应付维修费的价格成分 Price component due to maintenance

为付维修费收取的加入价格的一部分。

ABA 个人买方价格 Individual buyer price

可用于与集团买方对应的个人买方的价格。

ABB 集团购买价格 Group buying price

可用于集团购买的价格。

ABC 集团成员购买价格 Group member buying price

为购买集团的成员指定的特定价格。

ABD 预付价格 Pre-payment price

预付订购物品的特定价格。

ABE 零售价格—不包括税 Retail price-excluding taxes

不包括各种税的零售价格。

ABF 建议零售价格—不包括税 Suggested retail price-excluding taxes

不包括各种税的建议零售价格。

ABG 最低商定价格 Agreed minimum price

经贸易各方商定的最低价格。

ABH 法定最低零售价格 Statutory minimum retail price

法定最低零售价格。

ABI 成本偿还价格 Cost reimbursement price

价格表示偿还实际成本。

ABJ 市场价格 Market price

在正常竞争条件下指出给定的可使用价格的代码。

ABK 公开投标价格 Open tender price

公开投标标出的价格。

ABL 基本价 Base price

产品或服务的基本价格。

ABM 基本价差 Base price difference

与基本价格的价格差异。

ABN 接受前可调价 Adjustable price prior to acceptance

在出价日期与接受日期之间可因经济状况可进行调整的价格。

ABO 接受以后仍可修改的价格 Revisable price after acceptance

在订单接受日期与交付日期之间可因经济状况进行修改的价格。

ABP 临时最高价 Provisional ceiling price

不能超越的临时价格。

ABQ 可调的临时最高价 Adjustable provisional ceiling price

在报价日期与接受日期之间因经济状况可以进行调整但不能超越的临时价格。

ABR 可修改的临时最高价 Revisable provisional ceiling price

在订单接受日期到交付日期之间因经济状况可以进行修改但不能超越的临时价格。

ABS 可修改临时价格 Revisable provisional price

在订单接受日期和交付日期之间因经济状况可以进行修改的临时价格。

ABT 可调整临时价格 Adjustable provisional price

在报价日期与接受日期之间可因经济状况进行调整的临时价格。

ABU 地域价格 Area price
与地理区域进行关联的价格。
ABV 地域体制价 Area system price
适用于某一地理区域的基本价格。
ABW 特别差额调节价 Special balance regulation price
适用于因特别差额调节而强制产生的价格。
ABX 差额调节价 Balance regulation price
适用于因差额调节而强制产生的价格。
ABY 差额上调价 Upward balance regulation price
适用于因差额上调而强制产生的价格。
ABZ 差额下调价 Downward balance regulation price
适用于因差额下调而强制产生的价格。
AI 有效成分 Active ingredient
说明价格是基于有效成分的代码。
ALT 可供选择的价格 Alternate price
替代的费用。
AP 通知价格 Advice price
说明通知价格的代码。
BR 经纪人价格 Broker price
说明经纪人价格的代码。
CAT 目录价格 Catalog price
在目录中规定的每单位产品数量价格。
CDV 国内时价 Current domestic value
以钱或物表示某物在其国内现时的价值。
CON 合同价格 Contract price
合同双方商定的每单位产品数量价格。
CP 时价 Current price
交易时的价格,将来会发生变化。
CU 消费单位 Consumer unit
说明以消费单位为基准的代码。
CUP 确认的单价 Confirmed unit price
证明是正确的单一商品种类的价值。
CUS 报关的单位价值 Declared customs unit value
根据法律对单一商品征收的为公众所知的关税。
DAP 经营者调整的价格 Dealer adjusted price
销售代理商根据产品的价值做出的必要的或合乎需要的价格变更。
DIS 分销商价格 Distributor price
与市场上推销货物的代理商有关的价格。
DPR 折扣价格 Discount price
从通常列明的价格中扣除的部分。
DR 批发价格 Dealer price
说明批发价格的代码。
DSC 允许的折扣额 Discount amount allowed

从通常列明的价格中能够扣除的最高价格。

EC　ECSC 价格　ECSC price

在欧洲委员会钢和碳管理机构注册的价格(DGIII)。

ES　估价　Estimated price

说明估价的代码。

EUP　预计单位价格　Expected unit price

单一商品种类的预计价格。

FCR　运费/费率　Freight/charge rate

用于计算运费费率的价格。

GRP　总单位价格　Gross unit price

折让和费用适用的单位价格。

INV　发票价格　Invoice price

在发票上规定的每单位产品数量价格。

LBL　标签价格　Labelling price

应由生产厂商在商品标签上印刷的买方零售价格。标签价格并不是必要的有效零售价格。

MAX　最大定购量价格　Maximum order quantity price

在确定的价格下可购买货物或服务的最大金额。

MIN　最小定购量价格　Minimum order quantity price

在确定的价格下可购买货物或服务的最小金额。

MNR　最小发货数量价格　Minimum release quantity price

为了得到适当的价格可开出的最小订单数量。

MSR　制造商建议零售额　Manufacturer's suggested retail

反映其他制造商销售或转卖销售的价格。

MXR　最大发货数量价格　Maximum release quantity price

为了得到适当的价格可开出的最大订单数量。

NE　不可超过的价格　Not-to-exceed price

说明不可超过的价格的代码。

NQT　无报价　No quote

没有可用价格。

NTP　净单位价格　Net unit price

无折让或费用的单位价格。

NW　净重　Net weight

OCR　海运附加费率　Ocean charges rate

基本运费之上和超出基本运费范围之外由远洋运输业加收的费用。

OFR　海运运费费率　Ocean freight rate

为了把货物从一地点运至另一地点按远洋运输服务部门的订价单位确定的价格。

PAQ　价格降低量　Price break quantity(s)

伴随不同货币金额的货物或服务数量,随数量增加,单位产品价格下降。

PBQ　单位价格开始的数量　Unit price beginning quantity

对单个产品定价的开始数量。

PPD　预付运费　Prepaid freight charges

在货物运输之前所付的运费。

PPR 临时价格 Provisional price
临时同意的每单位产品数量价格。

PRO 生产商的价格 Producer's price
货物制造者对某一货物的定价。

PRP 促销价格 Promotional price
开发市场时,对一商品所定的价。这意味着销售该产品比通常价格低,通过更多的数量来赢得市场。

PW 毛重 Gross weight
说明毛重价格的代码。

QTE 报价价格 Quote price
在报价单中指明的每单位产品数量的价格。

RES 转销价格 Resale price
用于转销某一产品每单位数量的价格。

RTP 零售价格 Retail price
用于零售某一产品单位数量的价格。

SHD 运输和借记 Ship and debit
运输和客户应付的服务费。

SRP 建议零售价格 Suggested retail price
建议零售的某产品的单位数量价格。

SW 无木质托盘的毛重 Gross weight without wooden pallets
用于钢铁行业。

TB 待协商 To be negotiated
说明待协商价格的代码。

TRF 转移 Transfer
从一地点、位置或一个人至另一地点、位置或一个人之间的搬运或搬移。

TU 贸易单位 Traded unit
说明贸易单位价格的代码。

TW 理论重量 Theoretical weight
说明理论重量的代码。

WH 批发价格 Wholesale price
说明批发价格的代码。

5393 价格乘数类型代码限定符 Price multiplier type code qualifier [B]

说明:限定价格乘数类型的代码。

表示:an..3

A 价格调整系数 Price adjustment coefficient
在用于计算重估价格的价格调整公式中使用的系数。

B 上升系数 Escalation coefficient
在用于计算实际价格上升公式中使用的系数。

C 次数因子 Timesing factor
用于计算特定工作重复次数的因子。

CSD 成本涨价乘数—原始成本 Cost markup multiplier-original cost
说明成本涨价乘数—原始成本的代码。

CSR 成本涨价乘数—零售成本 Cost markup multiplier-retail cost
说明成本涨价乘数—零售成本的代码。
DIS 折扣乘数 Discount multiplier
说明折扣乘数的代码。
SEL 销售乘数 Selling multiplier
说明销售乘数的代码。

5419 费率类型代码限定符 Rate type code qualifier [B]
说明:说明费率类型的代码。
表示:an..3
1 折让率 Allowance rate
说明折让率的代码。
2 费率 Charge rate
说明费率的代码。
3 实际价格与计算价格差额率 Actual vs calculated price difference rate
实际价格与计算价格的差额率。
4 标准人工费率 Standard labour rate
针对正常工作日的人工费率。同义词:正规工作时间。
5 超时人工费率 Overtime labour rate
针对超时工作的人工费率。
6 加班人工费 Premium labour rate
针对加班工作的人工费率。
7 计算费率 Calculation rate
标识适用于计算的费率。
8 系数 Coefficient
应作为乘数使用的折算率。
9 补偿费率 Indemnity rate
指出为补偿的费率。
10 预留担保的计算费率 Guarantee reserved calculation rate
规定是必须用于计算作为担保而保留的货币金额的费率。
11 等待时间的补偿费率 Waiting time indemnity rate
指出为等待进行补偿的费率。
ZZZ 共同约定 Mutually defined
由交换各方共同约定的费率类型。

5463 折让或费用代码限定符 Allowance or charge code qualifier [B]
说明:限定折让或费用的代码。
表示:an..3
A 折让 Allowance
说明折让的代码。
B 其他总数 Total other
非本报文中报告的货物总数。
C 收费 Charge

说明收费的代码。

D 每个缴款通知的折让 Allowance per call of

说明每个缴款通知折让的代码。

E 每个缴款通知的费用 Charge per call of

说明每个缴款通知费用的代码。

F 折让报文 Allowance message

与整个报文有关的折让。

G 分项折让 Allowance line items

在一个报文中，与所有分项有关的折让作为默认的折让，它可以代替每个分项。

H 分项折让 Line item allowance

折让与分项有关，它可以取代缺省折让。

J 调整 Adjustment

说明调整的代码。

K 报文费用 Charge message

涉及整个报文的费用。

L 费用详细开列项目 Charge line items

在一个报文中，与所有分项有关的费用作为默认的费用，它可以代替每个分项。

M 详细开列项目费用 Line item charge

有关一项目的费用，它能代替一默认费用。

N 无折让或无费用 No allowance or charge

所列价格中不包括价格增减。

O 大约 About

允许的差额不应超过涉及金额的±10%。

P 减少（百分比） Minus (percentage)

以百分比表示的减少值。

Q 减少（数量） Minus (amount)

以数量表示的减少值。

R 加（百分比） Plus (percentage)

以百分比表示的增加值。

S 加（数量） Plus (amount)

以数量表示的增加值。

T 正/负（百分比） Plus/minus (percentage)

以百分比表示的增加/减少值。

U 正/负（数量） Plus/minus (amount)

以数量表示的增加/减少值。

V 无折让 No allowance

说明无折让的代码。

W 无费用 No charge

说明无费用的代码。

X 最大值 Maximum

最大可能值。

Y 精确 Exact

指出精确数量。

5495 分行项指示符代码 Sub-line indicator code [B]

说明:指出分行项的代码。

表示:an..3

1 分行信息 Sub-line information

指出分行项的代码。

2 附属子行信息 Subordinate sub-line information

该行项有附属子行。

5501 费率计划代码 Rate plan code [I]

说明:说明费率计划的代码。

表示:an..3

1 每小时 Hourly

每小时费率。

2 总费率 Total

收取提供服务期间内的总费用,包括税、附加费、停运费和选港费。

3 每天 Daily

每天的费率。

4 每月 Monthly

每月的费率。

5 每个周末 Weekend

每个周末的费率。

6 每周 Weekly

每周费率。

6029 地理位置代码限定符 Geographical position code qualifier [B]

说明:标识地理位置类型的代码。

表示:an..3

1 起始位置 Start position

标识起始的地理位置。

2 结束位置 End position

标识结束的地理位置。

3 外部区域边界地点 Surface area border point

外部区域边界上的地点。

4 船到船作业地点 Ship-to-ship activity location

船到船作业的地点。

6063 数量类型代码限定符 Quantity type code qualifier [C]

说明:限定数量类型的代码。

表示:an..3

1 离散的数量 Discrete quantity

分离的并且不同的量。

2 费用 Charge

相关费用数量。

3 累计数量 Cumulative quantity

累计的数量。

4 透支账户利息 Interest for overdrawn account

透支账户的利息。

5 单位有效成分剂量 Active ingredient dose per unit

单位有效成分的剂量。

6 审计人员 Auditor

查账主体的人数。

7 分支机构租用场所个数 Branch locations, leased

一个实体租用分支机构场所的个数。

8 须经客户查验的供货方库存数量

Inventory quantity at supplier's subject to inspection by customer

客户要求供货方有库存的货物数量,客户可要求进行检查。

9 拥有分支机构场所数 Branch locations, owned

一个实体拥有的分支机构场所的个数。

10 登记案件数 Judgements registered

针对某一实体所记录的判决案件数量。

11 分批数量 Split quantity

全部数量的部分。

12 发送数量 Despatch quantity

由卖方发送的数量。

13 登记留置权 Liens registered

针对某一实体所记录的留置权数量。

14 牲畜 Livestock

为使用或盈利而保有牲畜的数量。

15 退回的不足额支票 Insufficient funds returned cheques

因资金额度不足而被退回的支票数。

16 被盗支票 Stolen cheques

被盗支票的数量。

17 现有数量 Quantity on hand

在本地现有的数量。它还包括退还给制造厂商的数量、由于检测不合格的数量,以及未损坏的库存商品用于再销售和使用的数量。

18 先前数量 Previous quantity

先前引用的数量。

19 已付证券份额 Paid-in security shares

已全额支付所获证券份额的数量。

20 不可用的数量 Unusable quantity

无法使用的商品数量。

21 已订购数量 Ordered quantity

已经订购的数量。

22 纯度 100%的数量 Quantity at 100%

相当于纯度为 100%的数量。

23 有效成分 Active ingredient

内含100%有效剂量的数量。

24 不须经客户查验的供货方库存数量 Inventory quantity at supplier's not subject to inspection by customer

客户要求供货方有库存的货物数量，但不经客户进行检查。

25 零售 Retail sales

零售地点的数量。

26 促销数量 Promotion quantity

与促销事件有关的数量。

27 待装运 On hold for shipment

收到的货物不能以现有形式装运。

28 军队销售数量 Military sales quantity

向军队提供的货物或服务的数量。

29 店内销售 On premises sales

饭店或酒吧内销售的产品。

30 无店铺销售 Off premises sales

直接销售产品到商店。

31 预计年度数量 Estimated annual volume

预计年度的数量。

32 最小交付批量 Minimum delivery batch

一次交付的最小数量。

33 最大交付批量 Maximum delivery batch

一次交付的最大数量。

34 管道 Pipes

用以传送物质的管道数量。

35 分段价格的起点量 Price break from

分段价格起点的量。

36 分段价格的终点量 Price break to

分段价格终点的量。

37 家禽 Poultry

家养禽类的数量。

38 登记的担保抵押 Secured charges registered

针对某一实体所登记的担保抵押数量。

39 不动产拥有量合计 Total properties owned

某一实体拥有不动产的总数。

40 正常交付 Normal delivery

卖方正常交付的数量。

41 补充计算外的销售量 Sales quantity not included in the replenishment calculation

不包括补充需求计算中的销售量。

42 供应商保证的最大供应量 Maximum supply quantity, supplier endorsed

供应商批注的最大供应量。

43 买方 Buyer

买方的数量。

44 信用债券 Debenture bond

某一实体具有一般信用而非特定资产作保的固定利息的债权数量。

45 针对董事起诉的债券 Debentures filed against directors

针对某一实体董事的债务诉讼通知书的数量。

46 交付件数 Pieces delivered

在最终目的地实际收到的件数。

47 发票数量 Invoiced quantity

发票上开列的数量。

48 收到数量 Received quantity

已经收到的数量。

49 计费距离 Chargeable distance

按照适用的运价表实际计费的距离。

50 未决定处理数量 Disposition undetermined quantity

尚未决定处理的产品数量。

51 库存目录转移 Inventory category transfer

库存已从一个库存目录转移到另一个库存目录。

52 每件数量 Quantity per pack

每件的数量。

53 最小订购数量 Minimum order quantity

货物的最小订购数量。

54 最大订购数量 Maximum order quantity

货物的最大订购数量。

55 总销售量 Total sales

产品总销售量。

56 批发商销售给批发商 Wholesaler to wholesaler sales

产品由一个批发商销售给另一个批发商。

57 运输数量 In transit quantity

在途数量。

58 回收数量 Quantity withdrawn

从某地点回收的数量。

59 贸易单位中消费单位的数目 Numbers of consumer units in the traded unit

贸易单位中消费单位的数目。

60 可装运的当前库存量 Current inventory quantity available for shipment

可装运的当前库存量。

61 退回数量 Return quantity

货物退回数量。

62 分类数量 Sorted quantity

分类的数量。

63 拒绝的分类数量 Sorted quantity rejected

拒绝的分类数量。

64 报废数量 Scrap quantity

分批交货后报废的数量。

65 毁坏的数量 Destroyed quantity

货物毁坏的数量。

66 约定的数量 Committed quantity

对参与方许诺的数量。

67 预计读数 Estimated reading quantity

预计从计量仪读出的数值。

68 期末数量 End quantity

协议或期限末记录的数量。

69 期初数量 Start quantity

协议或期限开始记录的数量。

70 收到累计数量 Cumulative quantity received

由买方收到的所有交付物品的累计数量。

71 订购累计数量 Cumulative quantity ordered

所有已经交付、尚未交付及预订的累计数量。

72 上一年底收到的累计数量 Cumulative quantity received end of prior year

至上一年年底由买方收到的所有交付产品的累计数量。

73 尚未交付的数量 Outstanding quantity

订购数量与收到数量的差额。

74 最终累计数量 Latest cumulative quantity

完成交付全部预订产品数量后的累计数量。

75 前最高累计量 Previous highest cumulative quantity

完成交付前一计划期全部预订产品数量后的累计数量。

76 经核对者调整的读数 Adjusted corrector reading

经核对者调整的读数。

77 工作日 Work days

工作日的天数,例如每个相应的期限。

78 预订的累计数量 Cumulative quantity scheduled

在先前累计数量上增加实际预订的数量。

79 先前的累计数量 Previous cumulative quantity

先前实际订购的累计数量。

80 未调整的校对者读数 Unadjusted corrector reading

调整之前校对者的读数。

81 计划外交付的数量 Extra unplanned delivery quantity

非计划附加量。

82 样品检验所需数量 Quantity requirement for sample inspection

样品检验所需的数量。

83 延期交付数量 Backorder quantity

延期交付的数量。

84 紧急交付数量 Urgent delivery quantity

紧急交付的数量。

85 被取消原订购数量 Previous order quantity to be canceled

被取消的原订购数量。

86 正常读数 Normal reading quantity

在正常条件下计量仪记录或读出的数值。

87 客户读数 Customer reading quantity
客户从计量仪记录或读出的数值。
88 信息读数 Information reading quantity
为提供信息从计量仪记录或读出的数值。
89 待定质量的数量 Quality control held
待完成质量管理评估的货物数量。
90 按原样的数量 As is quantity
在当前环境下的数量。
91 未交的数量 Open quantity
部分交付之后的剩余数量。
92 最终交付数量 Final delivery quantity
对一宗订购最终交付的数量。
93 后续交付的数量 Subsequent delivery quantity
对一宗订购在其最终交付之后所交付的数量。
94 替代数量 Substitutional quantity
替代原先交付的交付数量。
95 登账处理后再交付数量 Redelivery after post processing
登账处理后再交付的数量。
96 质量不合格的数量 Quality control failed
质量不合格的产品数量。
97 最小库存 Minimum inventory
需补充达到的最小库存量。
98 最大库存量 Maximum inventory
需补充达到的最大库存量。
99 估计数量 Estimated quantity
估计的数量。
100 计费重量 Chargeable weight
作为计费依据的重量。
101 计费毛重 Chargeable gross weight
作为计费依据的毛重。
102 计费皮重 Chargeable tare weight
作为计费依据的皮重。
103 计费轴数 Chargeable number of axles
作为计费依据的轴数。
104 计费的集装箱数 Chargeable number of containers
作为计费依据的集装箱箱数。
105 计费车皮数 Chargeable number of rail wagons
作为计费依据的车皮数量。
106 计费件数 Chargeable number of packages
作为计费依据的件数。
107 计费单位数 Chargeable number of units
作为计费依据的单位的数量。
108 计费期限 Chargeable period

作为计费依据的时间期限。

109 计费容积 Chargeable volume

作为计费依据的容积。

110 计费体积 Chargeable cubic measurements

作为计费依据的体积。

111 计费的表面面积 Chargeable surface

作为计费依据的表面面积。

112 计费长度 Chargeable length

作为计费依据的长度。

113 应交付数量 Quantity to be delivered

应当交付的数量。

114 乘客人数 Number of passengers

运输工具所载乘客总数。

115 乘务人员数 Number of crew

运输工具上乘务人员的总数。

116 运输单证的份数 Number of transport documents

为一特定运输班次填报空运单、提单等单证的总数。

117 卸货数量 Quantity landed

实际到达的货物数量。

118 载货数量 Quantity manifested

约定的由承运人交付货物的数量。

119 短装 Short shipped

指示托运物未被装运的部分。

120 分批装运 Split shipment

指示托运物被分成两次或两次以上装运。

121 溢装 Over shipped

超过协议约定所装运货物的数量。

122 短卸货物 Short-landed goods

实际卸货数量少于单证记载数量的差额。

123 溢卸货物 Surplus goods

实际卸货数量多于单证记载数量的差额。

124 残损货物 Damaged goods

运输中损坏而不能达到原先预期使用要求的货物数量。

125 被盗货物 Pillage goods

运输期间被偷窃的货物数量。

126 丢失的货物 Lost goods

运输中丢失的货物数量。

127 记载误差 Report difference

因打字错误在关于同一交易的两份单证/报文之间产生的误差数量。

128 装货数量 Quantity loaded

货物装上运输工具的数量。

129 单价的单位数 Units per unit price

每单价的单位数。

130 允许的数量 Allowance
允许的差额数量。
131 交付数量 Delivery quantity
按买方要求应当交付的数量。
132 计划的前期累计数量 Cumulative quantity,preceding period,planned
原先为前一期计划累计的数量。
133 达到的前期累计数量 Cumulative quantity,preceding period,reached
前期已经达到的数量。
134 实际计划累计数量 Cumulative quantity,actual planned
现在的计划累计数量。
135 计划的阶段数量 Period quantity,planned
本阶段计划的数量。
136 达到的阶段数量 Period quantity,reached
本阶段达到的数量。
137 前期预计累计数量 Cumulative quantity,preceding period,estimated
前期达到的预计累计数量。
138 实际预计累计数量 Cumulative quantity,actual estimated
现在达到的预计累计数量。
139 前期测量累计数量 Cumulative quantity,preceding period,measured
前期已达到的测量累计数量。
140 实际测量累计数量 Cumulative quantity,actual measured
现在达到的测量累计数量。
141 实测的阶段数量 Period quantity,measured
本期限达到的测量数量。
142 总计划数量 Total quantity,planned
总计划数量。
143 剩余数量 Quantity,remaining
剩余数量。
144 容许偏差 Tolerance
以货币金额表示的正负偏差。
145 实际库存 Actual stock
现有的、未受损失、可用于发运、出售或使用的库存。
146 定额库存 Model or target stock
要求或计划现有的、未受损失的并可使用的库存数量。
147 直接装运数量 Direct shipment quantity
从制造地点直接发运给客户的数量。
148 摊销总数量 Amortization total quantity
摊销的最终数量的指示。
149 摊销的订购数量 Amortization order quantity
摊销订购数量的实际份额的指示。
150 摊销累计数量 Amortization cumulated quantity
先前的实际累计数量和实际摊销订购数量的指示。
151 通知数量 Quantity advised

与实际接收数量相比，由供货方或发运人通知的数量。

152 托运货物库存 Consignment stock

仍归供应商所有的外部客户的货物数量。只有当货物所有权已在贸易伙伴之间的转让时，才给供货商付款。

153 统计销售数量 Statistical sales quantity

特定时期内销售的货物数量。

154 计划销售数量 Sales quantity planned

要求满足未来需求的货物数量——市场报告数量。

155 补充数量 Replenishment quantity

要求维持货物必要的现有库存的数量。

156 库存变动数量 Inventory movement quantity

说明库存变动的数量。

157 期初结余库存数量 Opening stock balance quantity

说明期初结余库存的数量。

158 期末安全库存数量 Closing stock balance quantity

说明期末安全库存的数量。

159 停站次数 Number of stops

达到目的地之前运输工具停站的次数。

160 最小生产批量 Minimum production batch

说明的数量是单一生产过程的最小产量。

161 尺寸样品数量 Dimensional sample quantity

用于确认尺码的样品数量。

162 功能样品数量 Functional sample quantity

用于评估功能和性能的样品数量。

163 试生产数量 Pre-production quantity

正式生产前要求的有关货项的数量。

164 交货批量 Delivery batch

为交货构成一个标准批量的有关货项的数量。

165 多批次交货 Delivery batch multiple

可提供的多批次交货。

166 全部购买量 All time buy

包括所有将来需要的总量。不需要作进一步订货。

167 总交货量 Total delivery quantity

买方要求的交付总量。

168 一次交货量 Single delivery quantity

买方要求的一次装运的交付数量。

169 供应数量 Supplied quantity

实际装运的有关货项数量。

170 调拨数量 Allocated quantity

从可使用的库存中调拨的有关货项的交货数量。

171 最大堆积数 Maximum stackability

在托盘/装卸单元上最大可重叠放置的数量。

172 分摊数量 Amortisation quantity

货项价格中包括机具制造分摊费用的有关货项的数量。

173 以前的分摊数量 Previously amortised quantity

货项价格中包括机具制造分摊费用的有关货项的累计数量。

174 总分摊数量 Total amortisation quantity

货项价格中包括机具制造费用的有关货项的总数量。

175 铸模次数 Number of moulds

一次相关工具制造包括的压模次数。

176 机具一次生产量 Concurrent item output of tooling

一次相关机具制造同时能够生产的相关货项的数量。

177 机具的周期生产能力 Periodic capacity of tooling

整个期限内的相关机具的最大生产量。

178 机具的总生产能力 Lifetime capacity of tooling

整个生产期内相关机具的最大生产量。

179 每个发货期的交货次数 Number of deliveries per despatch period

每个发货期内期望发运的正常交货次数。

180 提供的数量 Provided quantity

为制造订购的货项由买方提供的有关料件的数量。

181 最大生产批量 Maximum production batch

说明的数量是单一生产过程的最大产量。

182 撤消的数量 Cancelled quantity

先前定购的、现在需撤消的有关货项的数量。

183 指示中没有交货要求 No delivery requirement in this instruction

此交货指示不包括任何交货要求。

184 定货期间内的材料数量 Quantity of material in ordered time

定货期间内的有关材料的数量。

185 拒收的数量 Rejected quantity

由于数量原因拒绝接收货物的数量。

186 到某确定日期开始累计的数量 Cumulative quantity scheduled up to accumulation start date

到某确定日期开始累计的数量。

187 计划数量 Quantity scheduled

计划交货的数量。

188 相同装卸单元的数量 Number of identical handling units

类型和内容相同的装卸单元的数量。

189 装卸单元中包装件的数量 Number of packages in handling unit

一个装卸单元中包括的包装件的数量。

190 包裹附单数量 Despatch note quantity

包裹附单上说明的货项数量。

191 调整库存量 Adjustment to inventory quantity

调整库存量。

192 免费货物数量 Free goods quantity

免费货物的数量。

193 包括的赠品数量 Free quantity included

包括在订购数量中的赠品数量。

194 收到并接收数量 Received and accepted

在指定地点收到并接收的数量。

195 收到不接收的返回数量 Received, not accepted, to be returned

在指定地点收到但不接收并将返回相关参与方的数量。

196 收到不接收的销毁数量 Received, not accepted, to be destroyed

在指定地点收到但不接收并将销毁的数量。

197 再订购数量 Reordering level

订单的补充数量。

199 提取库存数量 Inventory withdrawal quantity

上次库存报告以来从库存中提取的数量。

200 不包括的赠品数量 Free quantity not included

不包括在订购数量中的赠品数量。

201 建议大修和修理数量 Recommended overhaul and repair quantity

设备需要大修和修理的建议数量。

202 下一更高级装配数量 Quantity per next higher assembly

下一更高级装配需要的数量。

203 每发送单位的数量 Quantity per unit of issue

货品的一个发送单位的标准数量。

204 累计报废数量 Cumulative scrap quantity

报废货物的累计数量。

205 一捆出版物数量 Publication turn size

一捆出版物中卷在一起的杂志或报纸的数量。

206 建议维护数量 Recommended maintenance quantity

满足商定维护等级所需物品的建议数量。

207 人工小时 Labour hours

人工的小时数。

208 设备维修需要的数量 Quantity requirement for maintenance and repair of equipment

维修设备需要的材料数量。

209 补充需求数量 Additional replenishment demand quantity

增加量超过正常补充量,但通常不改变模式参数。

210 客户退回的数量 Returned by consumer quantity

客户退回的数量。

211 补充替换数量 Replenishment override quantity

替换正常补充模式数量,但通常不改变模式参数。

212 净销售量 Quantity sold, net

包括返回的可销售库存和其他调整的净销售量。

213 转运出数量 Transferred out quantity

从本地点转运出的数量。

214 转运进数量 Transferred in quantity

运进本地点的数量。

215 无销路的数量 Unsaleable quantity

以现有条件不能出售的收到的库存数量。

216 客户保留数量 Consumer reserved quantity

为客户接送保留的数量,但尚未从库存中提取。

217 超库存数量 Out of inventory quantity

要求的库存数量,但不能用。

218 返回数量,瑕疵或残损 Quantity returned,defective or damaged

由于残损或瑕疵返回的数量。

219 应税数量 Taxable quantity

应纳税的数量。

220 计量表读数 Meter reading

计量表记录的计量单位数值。

221 最大申请量 Maximum requestable quantity

可以申请的最大数量。

222 最小申请量 Minimum requestable quantity

可以申请的最小数量。

223 日均数量 Daily average quantity

规定期间的数量除以该期间的天数。

224 预算小时 Budgeted hours

预算小时数。

225 实际小时 Actual hours

实际小时数。

226 实获值小时 Earned value hours

实获值小时数。

227 估计小时 Estimated hours

估计的小时数。

228 均衡资源任务量 Level resource task quantity

平均确定任务期间的资源数量。

229 可用资源任务量 Available resource task quantity

为完成任务的可用资源数量。

230 工时 Work time units

单位工作时间的数量。

231 日工班 Daily work shifts

每天工班轮换次数。

232 每班工时 Work time units per shift

每个工班的工时。

233 日历工时 Work calendar units

日历工时单位数。

234 耗时 Elapsed duration

表示已耗的时间量。

235 剩余时间 Remaining duration

表示剩余的时间量。

236 初始期间 Original duration

表示初始期间的数量。

237 当前期间 Current duration

表示当前期间的数量。

238 总浮动时间 Total float time
表示总浮动时间的数量。
239 自由浮动时间 Free float time
表示自由浮动时间的数量。
240 滞期延时 Lag time
表示滞后延隔的时间量。
241 提前时间 Lead time
表示提前的时间量。
242 月份数 Number of months
月份的数量。
243 为直接交付客户的销售所保留的数量 Reserved quantity customer direct delivery sales
为直接交付客户的销售所保留的产品数量。
244 为零售保留的数量 Reserved quantity retail sales
为零售所保留的产品数量。
245 统一折扣库存 Consolidated discount inventory
以统一的折扣提供库存商品的数量。
246 退换数量 Returns replacement quantity
作为对退货量进行更换的发货数量。
247 追加的促销预测量 Additional promotion sales forecast quantity
对某一促销活动期间将要出售的追加数量的预测。
248 保留的数量 Reserved quantity
为专门用途保留的数量。
249 不可用于销售的样品数量 Quantity displayed not available for sale
在零售店展示但不予销售的数量。
250 库存差异 Inventory discrepancy
理论库存与实际库存之间记录的差异。
251 增补订货量 Incremental order quantity
对订货进行增补的数量。
252 发运前所需处理量 Quantity requiring manipulation before dispatch
需要在发运前处理的货物数量。
253 检疫数量 Quantity in quarantine
为检疫而在限制区被监管的货物数量。
254 货物所有人扣留的数量 Quantity withheld by owner of goods
货物所有人扣留的货物数量。
255 不可发运的数量 Quantity not available for dispatch
不可发运的货物数量。
256 待交付数量 Quantity awaiting delivery
等待交付的货物数量。
257 实际库存量 Quantity in physical inventory
实际库存所保有的货物数量。
258 物流服务供应商保有的数量 Quantity held by logistic service provider
在物流服务供应商控制下的货物数量。
259 最佳数量 Optimal quantity

特定用途的最佳数量。

260 交付数量差额 Delivery quantity balance

计划数量与指定日期向收货人交付数量之间的差异。

261 累计装运量 Cumulative quantity shipped

全部装运的累计数量。

262 待定数量 Quantity suspended

缓期交付的数量。

263 控制数量 Control quantity

指定要进行控制的数量。

264 设备数量 Equipment quantity

计点设备的数量。

265 系数 Factor

必须与已知数相乘以计算得数的数值。

266 由批发商持有的未售数量 Unsold quantity held by wholesaler

由批发商持有的未售数量。

267 交货车辆持有的未交数量 Quantity held by delivery vehicle

交货车辆未交的货物数量。

268 零售店持有的数量 Quantity held by retail outlet

零售店持有的数量。

269 拒收退货量 Rejected return quantity

已被拒收而退货的数量。

270 账户 Accounts

账户的数量。

271 托收专用账户 Accounts placed for collection

为托收设置的账户数。

272 活动参考号 Activity codes

活动编码的数量。

273 代理人 Agents

代理人的数量。

274 航班服务员 Airline attendants

航班服务员人数。

275 核定股份 Authorised shares

发行核定股份的数量。

276 雇员平均人数 Employee average

雇员的平均人数。

277 分支机构场所 Branch locations

分支机构场所的数量。

278 资本支出 Capital changes

资本支出的数额。

279 职员 Clerks

职员的人数。

280 同业公司 Companies in same activity

经营同类业务的公司数量。

281 合并会计报表中所含公司 Companies included in consolidated financial statement
合并会计报表中所包含的公司数目。

282 合作股份 Cooperative shares
合作股份数量。

283 债权人 Creditors
债权人数量。

284 部门 Departments
部门数量。

285 设计雇员 Design employees
从事设计工作的雇员人数。

286 医师 Physicians
医师人数。

287 国内关联公司 Domestic affiliated companies
设在国内的关联公司数量。

288 驾驶员 Drivers
驾驶员人数。

289 当地雇员 Employed at location
指定场所的雇员人数。

290 公司雇员 Employed by this company
特定公司的雇员人数。

291 雇员总数 Total employees
雇员的总人数。

292 共用雇员 Employees shared
多个实体共用的雇员人数。

293 工程师 Engineers
工程师人数。

294 估计账户数 Estimated accounts
估计的账户数量。

295 当地雇员估计数 Estimated employees at location
指定场所雇员的估计人数。

296 估计的雇员总数 Estimated total employees
估计的雇员总数。

297 高层管理 Executives
高层管理人数。

298 农业工人 Agricultural workers
农业工人人数。

299 金融机构 Financial institutions
金融机构的数量。

300 占用楼层 Floors occupied
占用楼层数。

301 与国外相关的实体 Foreign related entities
设在国外的相关实体的数量。

302 团队雇员数 Group employees

团组内的雇员人数。

303 间接员工 Indirect employees

与直接生产无关的员工人数。

304 安装员工 Installers

参与安装工程的员工人数。

305 发票 Invoices

发票的数量。

306 发行股份 Issued shares

实际发行的股份数量。

307 工人 Labourers

工人的人数。

308 制造单元 Manufactured units

制造单元的数量。

309 最多雇员人数 Maximum number of employees

雇佣的最大人数。

310 当地雇员最大人数 Maximum number of employees at location

当地雇佣的最大人数。

311 团组成员 Members in group

团组内成员的人数。

312 当地雇员最小人数 Minimum number of employees at location

在当地雇佣的最低人数。

313 最小雇员人数 Minimum number of employees

雇佣的最低人数。

314 未入工会雇员 Non-union employees

不属于工会的雇员人数。

315 楼层 Floors

建筑物中楼层的数量。

316 护士 Nurses

护士人数。

317 办公室员工 Office workers

办公室员工人数。

318 其他雇员 Other employees

其他类型的雇员人数。

319 兼职雇员 Part time employees

部分时间上班工作的雇员人数。

320 应付账款平均逾期天数 Accounts payable average overdue days

应付账款逾期的平均天数。

321 领航员 Pilots

领航员人数。

322 工厂工人 Plant workers

工厂中工人的人数。

323 以前的账户数 Previous number of accounts

早先对账户的计数。

324 以前的分支机构场所 Previous number of branch locations
先前对分支机构场所的计数。
325 包括雇员的当事人 Principals included as employees
计算在雇员人数中的当事人人数。
326 拒付票据 Protested bills
拒付的票据数。
327 经销的注册商标 Registered brands distributed
正在经销的注册商标数量。
328 制造的注册商标 Registered brands manufactured
正在制造的注册商标数量。
329 相关的企业实体 Related business entities
相关企业实体的数量。
330 相对就业 Relatives employed
计算就业的相对数量。
331 房间 Rooms
房间的数量。
332 销售员 Salespersons
销售人员的人数。
333 座位 Seats
座位的数量。
334 股东 Shareholders
股东人数。
335 普通股份额 Shares of common stock
普通股份额数。
336 优先股份额 Shares of preferred stock
优先股份额数。
337 不过问业务的合伙人 Silent partners
不过问业务的合伙人人数。
338 转包商 Subcontractors
转包商人数。
339 下属单位 Subsidiaries
下属单位数量。
340 诉讼案件 Law suits
诉讼案件数。
341 供应商 Suppliers
供应商数量。
342 教师 Teachers
教师人数。
343 技术员 Technicians
技术员人数。
344 培训学员 Trainees
培训学员人数。
345 工会雇员人数 Union employees

工会会员雇员的人数。

346 单位数 Number of units

单位的数量。

347 仓库雇员 Warehouse employees

在仓库岗位工作的雇员人数。

348 持有剩余股份的股东 Shareholders holding remainder of shares

持有剩余股份的股东人数。

349 已归档支付订单 Payment orders filed

已归档支付订单的数量。

350 未划线支票 Uncovered cheques

未经划线的支票数量。

351 拍卖 Auctions

拍卖的数量。

352 生产单元 Units produced

生产单元的数量。

353 增加的雇员 Added employees

新增到员工总数中的雇员人数。

354 新增场所数量 Number of added locations

新增场所的数量。

355 财务报表中未包括的国外下属单位总数

Total number of foreign subsidiaries not included in financial statement

财务报表中未包括的国外下属单位总数。

356 关闭场所的数量 Number of closed locations

已关闭场所的数量。

357 柜台职员 Counter clerks

在柜台后面工作的员工人数。

358 近3个月的支付经历 Payment experiences in the last 3 months

近3个月实体完成的支付过程次数。

359 近12个月的支付经历 Payment experiences in the last 12 months

近12个月实体完成的支付过程次数。

360 财务报表中未包括的下属单位总数

Total number of subsidiaries not included in the financial statement

财务报表中未包括的下属单位总数。

361 已缴本金的普通股 Paid-in common shares

已缴本金的普通股数量。

362 财务报表中未包括的国内下属单位总数

Total number of domestic subsidiaries not included in financial statement

财务报表中未包括的国内下属单位总数。

363 财务报表中所包括的国外下属单位总数

Total number of foreign subsidiaries included in financial statement

财务报表中所包括的国外下属单位总数。

364 财务报表中所包括的国内下属单位总数

Total number of domestic subsidiaries included in financial statement

财务报表中所包括的国内下属单位总数。

365 交易总数 Total transactions

交易总数。

366 已缴本金的优先股 Paid-in preferred shares

已缴本金的优先股数量。

367 雇员 Employees

指出为一家公司工作,通常需要为其服务支付薪水的人员数量的代码。

368 配制单位有效成分剂量 Active ingredient dose per unit,dispensed

每一配制单位有效成分的剂量。

369 预算 Budget

预算的数量。

370 指定日期累计预算量 Budget,cumulative to date

累计到指定日期的预算数量。

371 实际单位 Actual units

实际的单位数。

372 指定日期累计实际单位 Actual units,cumulative to date

累计到指定日期的实际单位数量。

373 实获值 Earned value

实获值数量。

374 累计到指定日期的实获值 Earned value,cumulative to date

累计到指定日期的实获值数量。

375 完工估计数量 At completion quantity,estimated

项目完工时估计的数量。

376 估计完工所需数量 To complete quantity,estimated

估计到项目完工所需的数量。

377 调整的单位 Adjusted units

调整单位的数量。

378 有限责任股东股份 Number of limited partnership shares

有限责任股东持股数量。

379 全国企业破产数 National business failure incidences

某一国家因无力偿债而无法维持经营的企业数量。

380 行业企业破产数 Industry business failure incidences

某一特定行业中因无力偿债而无法维持经营的企业数量。

381 分类企业破产数 Business class failure incidences

某一特定类别中因无力偿债而无法维持经营的企业数量。

382 技工 Mechanics

技工的人数。

383 邮递员 Messengers

邮递员人数。

384 基层管理人员 Primary managers

基层管理人员的人数。

385 秘书 Secretaries

秘书的人数。

386 损害的法律诉讼案件 Detrimental legal filings
对损害提出法律诉讼的案件数量。
387 分支机构办公场所的估计数量 Branch office locations,estimated
分支机构办公场所的估计数量。
388 以前的雇员人数 Previous number of employees
以前期间雇员的人数。
389 资产扣押方 Asset seizers
扣押另一实体资产的实体数量。
390 卸货数量 Out-turned quantity
卸货的数量。
391 装货前船载物料数量 Material on-board quantity,prior to loading
装货前在船舶储油舱、间隙空间,以及管道中的物料。
392 供应商估计的计量表以前的读数 Supplier estimated previous meter reading
供应商估计的以前读取计量表的数值。
393 供应商估计的计量表上次读数 Supplier estimated latest meter reading
供应商估计的上一次读取计量表的数值。
394 客户估计的计量表以前的读数 Customer estimated previous meter reading
客户估计的以前读取计量表的数值。
395 客户估计的计量表上次读数 Customer estimated latest meter reading
客户估计的上一次读取计量表的数值。
396 供应商以前读取的计量表数值 Supplier previous meter reading
供应商以前读取的计量表数值。
397 供应商上次读取的计量表数值 Supplier latest meter reading
供应商上次记录的计量表读数。
398 购货单允许的最大数量 Maximum number of purchase orders allowed
购货单允许的最大数量。
399 压缩前文件长度 File size before compression
文件在压缩前的长度。
400 压缩后文件长度 File size after compression
文件在压缩后的长度。
401 有价证券份额 Securities shares
有价证券份额的数量。
402 病人 Patients
病患人数。
403 完工项目 Completed projects
完工的项目数。
404 赞助人 Promoters
资助或组织某件事或某项产品的实体数量。
405 管理员 Administrators
管理员人数。
406 总监 Supervisors
总监人数。
407 专家 Professionals

专家人数。

408 收债人 Debt collectors

收债人的数量。

409 检验员 Inspectors

进行检验的人员数量。

410 操作员 Operators

操作员人数。

411 培训教员 Trainers

培训教员人数。

412 有效账户 Active accounts

现行或有效状态的账户数。

413 已用商标 Trademarks used

已经使用的商标数量。

414 机器 Machines

机器的数量。

415 燃油泵 Fuel pumps

燃油泵的数量。

416 可用的桌子 Tables available

可以使用的桌子的数量。

417 董事 Directors

董事人数。

418 独立收债人 Freelance debt collectors

以独立工作为原则的收债人的数量。

419 独立销售人员 Freelance salespersons

以独立工作为原则的销售人员的数量。

420 出差雇员 Travelling employees

出差雇员的人数。

421 工头 Foremen

承担有限监管责任的工人的数量。

422 生产工人 Production workers

从事生产的雇员人数。

423 不包括业主的雇员 Employees not including owners

不包括所有者的雇员人数。

424 床位 Beds

床位数。

425 静止数量 Resting quantity

处于可用前静止期的产品数量。

426 产品需求量 Production requirements

满足产品需求所需的数量。

427 修正数量 Corrected quantity

已经修正的数量。

428 营业部 Operating divisions

营业部的数量。

429 定量奖励方案基准　Quantitative incentive scheme base
构成定量奖励计划基准的数量。
430 提交诉状　Petitions filed
提交诉状的数量。
431 提交破产申请　Bankruptcy petitions filed
提交破产申请的数量。
432 进行中的项目　Projects in process
进行中的项目数量。
433 资本结构变动　Changes in capital structure
某一实体的资本结构发生变更的数量。
434 针对董事的损害案件申诉　Detrimental legal filings against directors
针对董事提出损害性质法律诉讼案件的数量。
435 董事相关企业破产数　Number of failed businesses of directors
与董事相关的破产企业数量。
436 教授　Professor
教授人数。
437 卖方　Seller
卖方的数量。
438 熟练工　Skilled worker
熟练工的人数。
439 表现的商标　Trademark represented
表现的商标数量。
440 定量刺激方案单位数量　Number of quantitative incentive scheme units
定量刺激计划所指定的单位数量。
441 制造过程中的数量　Quantity in manufacturing process
在当前制造过程中的数量。
442 层宽单位数　Number of units in the width of a layer
构成某一层次宽度的单位数量。
443 层高单位数　Number of units in the depth of a layer
构成某一层次深度的单位数量。
444 退库　Return to warehouse
送回仓库的产品数量。
445 退厂　Return to the manufacturer
送回制造厂商的产品数量。
446 增量　Delta quantity
增加或减少的数量。
447 商店之间调货量　Quantity moved between outlets
商店之间调配产品的数量。
448 预付发票估计年耗　Pre-paid invoice annual consumption, estimated
用于预付发票的年度消耗量估计数。
449 报价总量　Total quoted quantity
报价数量的总合。
450 近12个月加入实体的申请　Requests pertaining to entity in last 12 months

最近12个月中收到的加入实体申请的数量。

451 询价匹配成功总数 Total inquiry matches

与询价相符的总数。

452 入库在途数量 Enroute to warehouse quantity

在运往仓库途中的产品数量。

453 出库在途数量 Enroute from warehouse quantity

在运出仓库途中的产品数量。

454 仓库尚未配置的订货数 Quantity ordered but not yet allocated from stock

已经预订但仓库尚未予以分配的产品数量。

455 尚未订购的数量 Not yet ordered quantity

尚未进行订购的数量。

456 电网备用电力 Net reserve power

可为电网所用的备用电力。

457 货架最大单位数 Maximum number of units per shelf

货架上可以放置产品的最大单位数。

458 偷渡者 Stowaway

运输工具上偷渡者的人数。

459 拖轮 Tug

拖轮的数量。

460 包装最大容量 Maximum quantity capability of the package

包装内可容纳产品的最大数量。

461 计算 Calculated

计算的数量。

462 估计的月度数量 Monthly volume, estimated

估计的月度数量。

463 总人数 Total number of persons

以总人数表示的数量。

464 关税表数量 Tariff Quantity

以海关估算税费所要求的单位表示的货物数量。这些数量还可能有会计或统计等其他用途。

465 关税表扣减数量 Deducted tariff quantity

为计算税费估值基准而从关税表数量中扣减的数量。

466 通知但未到 Advised but not arrived

发货人或供应商已经通知但尚未到达目的地的货物。

467 收到但不能用 Received but not available

已经在到达区域收到但还不能用的货物。

468 中转过程中受阻的货物 Goods blocked for transshipment process

货物实际上已经配齐，但是还无法预订，因为还在为其安排中转手续。

469 直接换装过程中受阻的货物 Goods blocked for cross docking process

货物实际上已经配齐，但是还无法预订，因为还在为其安排直接换装作业。

470 计费拖车数量 Chargeable number of trailers

应对其进行计费的拖车数量。

471 配套件数 Number of packages for a set

作为交易单项一起出售的商品组合中对单项物品加以包装所用的件数。

472 配套物品数量 Number of items in a set
作为交易单项一起出售的商品组合中单项物品的数量。
473 订货批量系数 Order sizing factor
商品的规范，不同于商品或交易的毛重、净重，或体积，而是用于订货批量和定价。
474 下一不同层次商品数量 Number of different next lower level trade items
指出含在某一复杂商品组合中下一不同层次商品数量的值。
475 商定的最大购买量 Agreed maximum buying quantity
商定可以对商品进行采购的最大数量。
476 商定的最小购买量 Agreed minimum buying quantity
商定可以对商品进行采购的最小数量。
477 下一层次的免费商品数量 Free quantity of next lower level trade item
组合包装中免费品的数量。下一层次免费品的计量单位必须与儿童商品净含量的计量单位相同。
478 到港船舶船用柴油储量 Marine Diesel Oil bunkers on board，on arrival
到港船舶船用柴油（MDO）储量。
479 船用柴油加载量 Marine Diesel Oil bunkers，loaded
在港加载船用柴油（MDO）的数量。
480 到港船舶中间燃料油储量 Intermediate Fuel Oil bunkers on board，on arrival
到港船舶中间燃料油（IFO）储量。
481 中间燃料油加载量 Intermediate Fuel Oil bunkers，loaded
在港加载中间燃料油（IFO）的数量。
482 到港船舶船用 C 级锅炉燃料油储量 Bunker C bunkers on board，on arrival
到港船舶船用 C 级锅炉燃料油或 6 号燃料油储量。
483 舶船用 C 级锅炉燃料油加载量 Bunker C bunkers，loaded
在港加载船用 C 级锅炉燃料油或 6 号燃料油的数量。
484 最小包装单元中的单项件数 Number of individual units within the smallest packaging unit
最小包装单元中所容纳的单项件数合计。
485 成分百分比 Percentage of constituent element
作为构成产品或物质组成部分的成分，以百分比表示。
486 容许损耗数量 Quantity to be decremented (LPCO)
从许可证、通行证、证书或其他文件的数量中容许缩减的数量。
487 控制商品计数 Regulated commodity count
控制商品的数量。
488 上客人数 Number of passengers，embarking
搭乘运输工具的旅客人数。
489 下客人数 Number of passengers，disembarking
运输工具下客人数。
ZZZ 共同约定 Mutually defined
由贸易伙伴约定。

6069 控制总的类型代码限定符 Control total type code qualifier [B]
说明：限定混乱信息总数控制类型的代码。
表示：an..3

1 行项数总计 Total of line item quantities
报文中行项数量值的代数和。
2 报文中行项数 Number of line items in message
报文中行项的总数量。
3 报文中的行项数和子项数 Number of line and sub items in message
报文中的行项数和子项的总数量。
4 发票行数 Number of invoice lines
发票上的行数。
5 海关货项细目项数 Number of Customs item detail lines
一份报文中海关货项细目部分出现的总数。
6 报关单份数 Number of Customs entries
根据同一报关手续、关税或统计条目、国家及关税制度的报关单份数。
7 总毛重 Total gross weight
指出一票托运货物总的毛重的代码。
8 散件总数 Total pieces
散件总数量。
9 成组载货设备总数 Total number of ULD (Unit Load Device)
报文中涉及的成组载货设备总数。
10 总票数 Total number of consignments
托运货物的总票数。
11 总件数 Total number of packages
(7370)整票托运物的总件数。
12 总发票金额 Invoice total amount
(5444)根据交货条款一张或多张发票的总金额。
13 装货清单数 Number of loading lists
(1166)随附一份单证装货清单、载货清单或其他类似说明的份数。
14 海关事务细目行数 Number of Customs commercial detail lines
一份报关报文中的事务细目部分。
15 全部托运货物的体积 Total consignment,cube
托运货物的总体积。
16 设备总数 Total number of equipment
报文中涉及的设备总数。
17 向海关申报的货物总价格 Declared total Customs value
(5070)在同一报关手续、关税/统计条目、国家及关税制度下,一票托运物中的全部货物向海关申报的总价格。
18 申报的净重总量 Total reported quantity in net weight
申报的净重总量。
19 申报的附加设备总数 Total reported quantity in supplementary units
附加设备总申报数量。
20 申报的发票总值 Total reported invoice(s) value
发票上申报的总货币金额的混合总计。
21 申报的附加费用总额 Total reported ancillary costs
所有发票上申报的附加总费用的混合总计。

22 申报的统计总值 Total reported statistical value
申报的总的统计值。
23 订货总量 Total ordered quantity
该报文中总的订货数量。
24 报文中的有关订单份数 Number of orders referenced in this message
该报文中订单报文或单证的总份数。
25 被拒绝订单分项的数量 Number of rejected order lines
该报文中拒绝订单分项的数量。
26 外部尺寸/体积 Total gross measurement/cube
货物的外部尺寸,包括包装但不包括运输设备。
27 用于管理的贷项总数 Total number of credit items given for control purposes
用于管理的贷项总数。
28 用于管理的借项总数 Total number of debit items given for control purposes
用于管理的借项总数。
29 托运物总净重 Total net weight of consignment
托运物总净重。
30 空箱总数 Total number of empty containers
报文中的空箱总数。
31 报文数 Number of messages
有关报文数的控制总计。
32 运输工具上的货物总毛重 Total gross weight of the goods within the means of transport
运输工具上带包装的货物总重量,不包括承运人设备。
33 正本提单总数 Total number of original Bills of Lading
托运要求的正本提单总数。
34 副本提单总数 Total number of copy Bills of Lading
托运要求的副本提单总数。
35 应卸集装箱数 Number of containers to be discharged
应从运输工具上卸下集装箱的数量。
36 应装集装箱数 Number of containers to be loaded
应装上运输工具的集装箱数量。
37 重新积载集装箱数 Number of containers to be restowed
将集装箱从一箱位返回另一箱位的数量。
38 搬移集装箱数 Number of containers to be shifted
将集装箱从一停靠地点搬移到另一停靠地点的数量。
39 单笔交易总数 Total number of individual transactions
单笔交易的总数。
40 报文中顺序明细总数 Total number of sequence details in message
报文中顺序明细的总数。
41 乘务人员总人数 Total number of crew
乘务人员的总人数。
42 旅客总人数 Total number of passengers
运输工具搭乘旅客的总人数。
43 工作任务总数 Total number of work tasks

报文中工作任务的总数。

44 阶段性标志总数 Total number of milestones

报文中阶段性标志的总数。

45 可用资源总数 Total number of available resources

报文中可用资源的总数。

46 约束条件总数 Total number of constraints

报文中约束条件的总数。

47 批发商未售总量 Total wholesaler unsold quantity

批发商掌握的未售货物的总量。

48 交货车辆掌握的总量 Total quantity held by delivery vehicles

由交货车辆持有的总量。

49 零售门店持有的总量 Total quantity held by retail outlets

由零售门店持有的总量。

50 拒收退货总量 Total rejected return quantity

已被拒收而退货的总量。

51 报文中货物明细项数量 Number of goods items in the message

报文中货物明细项的总数。

52 病患人数 Number of patients

报文中报告的病患人数。

53 报告借方项目的数位总和 Hash total of reported debit items

在报文中报告的所有借方项目金额数值的数位总和。

54 报告贷方项目的数位总和 Hash total of reported credit items

在报文中报告的所有贷方项目金额数值的数位总和。

55 报错总数 Total number of errors reported

报出错误的总数。

56 运输单元总数 Total number of transport units

托运货物运输期间独立的货物装卸单元的数量。

57 货载计量总数 Total loading metres

货载计量总数。

58 转关监管天数 Days under customs transit control

一票托运货物处于转关控制下的总天数。

59 托运人测定的货物毛重总计 Total gross weight of consignment,shipper measured

指明托运人测定的货物毛重总计的代码。

60 托盘毛重总计 Total pallet gross weight

指明货物和托盘重量总合的代码。

6071 频度代码限定符 Frequency code qualifier [B]

说明:限定频度的代码。

表示:an..3

1 抽样频度 Sample frequency

6077 结果表示代码 Result representation code [B]

说明:说明结果表示的代码。

表示:an..3

1 数值范围 Numerical value range
数值范围。

2 数值 Numerical value
数值。

3 代码值 Coded value
结果为代码值。

4 字母数字值 Alphanumeric value
结果表示为字母数字型的值。

5 叙述性说明 Narrative description
以无格式叙述文本表示的结果。

6 时间相关值 Time related value
结果表示为一时间相关的值。

6079 结果状态代码 Result normalcy code [B]

说明:说明与标准一致的代码。

表示:an..3

1 高于高参考极限 Above high reference limit
高于高参考极限。

2 低于低参考极限 Below low reference limit
低于低参考极限。

3 规定限制之外 Outside reference limits
结果值超出范围,比规定限制更低或更高。

6085 剂量管理代码限定符 Dosage administration code qualifier [B]

说明:提供剂量说明的部分。

表示:an..3

1 管理路径 Route of administration
物品管理的路径。

2 物理形态 Physical form
医药产品的物理形态。

6087 结果值类型代码限定符 Result value type code qualifier [B]

说明:限定结果值类型的代码。

表示:an..3

1 计量结果 Measurement result
计量结果。

2 银行账户历史评估 Bank accounts history assessment
按过去时间对银行账户的评估所得出的结论。

3 信用水平 Credit level
基于信誉评估来指定信用水平而产生的结果。

4 信用等级评估 Credit rating assessment
基于信誉评估来指定信用等级而产生的结果。

5 信誉评估 Credit worthiness assessment
对信誉进行评估而产生的结果。
6 流动性评估 Liquidity assessment
对流动性进行评估而产生的结果。
7 还贷历史 Loan payment history
对偿还贷款的历史进行评估而产生的结果。
8 全面测评 Overall evaluation
对全面测评的总结。
9 财务状况 Financial conditions
对财务状况进行评估而产生的结果。
10 交易收支 Trade payments
对交易收支进行评估而产生的结果。
11 破产风险评分排位 Failure risk score ranking
基于对实体破产风险评分与其他实体进行比较排位的结果。
12 破产风险评分 Failure risk score
实体破产风险评分的表示。
13 企业金融资源评估 Business financing resources assessment
对企业融资的资源进行评估所产生的结果。
14 拖欠账款风险评分 Payment delinquency risk score
对实体拖欠支付的风险进行评估所产生的结果。
15 拖欠账款指标评分 Payment delinquency performance score
对实体实际拖欠支付进行评估所产生的结果。
16 拖欠账款评分排位 Payment delinquency score ranking
对实体拖欠支付的评分与其他实体进行比较排位所产生的结果。
17 拖欠账款评估 Payment delinquency assessment
对与各家实体相关的所有拖欠进行评估所产生的结果。
18 对所有实体的平均交易收支 Average trade payment for all entities
对所有实体平均交易收支进行的评估。
19 收入排位 Revenue ranking
基于收入排位所产生的结果。
20 销售额增长排位 Sales growth ranking
基于销售额增长进行排位所产生的结果。
21 资产排位 Asset ranking
基于资产进行排位的结果。
22 利润率排位 Profit margin ranking
基于利润率进行排位所产生的结果。
23 税后利润排位 Post tax profit ranking
基于税后利润的排位所产生的结果。
24 进出口排位 Import and export ranking
基于进出口进行排位所产生的结果。
25 计划交易收支 Projected trade payments
对计划交易收支进行评估所产生的结果。
26 发票收取 Invoice collection

基于对发票收取进行的评估所产生的结果。

6145 尺码类型代码限定符 Dimension type code qualifier [B]

说明：限定尺码类型的代码。

表示：an..3

1 外部尺寸 Gross dimensions
以外部尺寸表示的体积。

2 包装件的尺寸(包括货物) Package dimensions (incl. goods)
包括包装在内的货物的尺寸。

3 托盘尺寸(货物除外) Pallet dimensions (excl. goods)
不包括货物的托盘尺寸。

4 托盘尺寸(包括货物) Pallet dimensions (incl. goods)
包括货物在内的托盘尺寸。

5 正面超出标准的尺寸 Off-standard dimension front
货物在设备正面超出标准长度的尺寸。

6 背面超出标准的尺寸 Off-standard dimension back
货物在设备背面超出标准长度的尺寸。

7 右边超出标准的尺寸 Off-standard dimension right
货物在设备右边超出标准宽度的尺寸。

8 左边超出标准的尺寸 Off-standard dimension left
货物在设备左边超出标准宽度的尺寸。

9 超出标准的总尺寸 Off-standard dimension general
货物超出标准范围的尺寸。

10 设备的外部尺寸 External equipment dimension
运输设备的外部尺寸。

11 设备的内部尺寸 Internal equipment dimensions
设备的内部尺寸。

12 损坏尺寸 Damage dimensions
损坏区域的尺寸。

13 高度超出标准的尺寸 Off-standard dimensions height
货物在设备顶部超出标准高度的尺寸。

14 设备门尺寸 Equipment door dimensions
设备门的尺寸(宽和高)。

15 非标准宽度 Off-standard dimension width
货物宽度超过设备的标准宽度。

16 非标准长度 Off-standard dimension length
货物长度超过设备的标准长度。

6155 非离散测量名称代码 Non-discrete measurement name code [B]

说明：说明非离散计量名称的代码。

表示：an..3

1 清楚的 Clear
该测量返回一个清晰的结果。

2　模糊的　Hazy
该测量返回一个模糊的结果。
3　超出的　Excess
该测量返回一个超出预期的结果。
4　大概的　Some
该测量返回一个大概的结果。
5　难以察觉的　Undetectable
所测得的属性是难以察觉的结果。
6　微量　Trace
所测得的属性是微量的结果。
7　是　Yes
该测量返回的结果为是。
8　封闭的　Closed
该测量返回一个封闭的结果。
9　合格　Passed
该测量通过所需的标准。
10　现存的　Present
所测得的属性为现有的。
11　胶质的　Gel
指出所检测的货物为半固体状。
12　认可　OK
该测量返回一个 OK 结果。
13　微量的　Slight
检测发现微量的属性。
14　不好　No Good
检测结果为不好。
15　临界的　Marginal
检测结果为临界。
16　无　Nil
检测没有发现该属性。
17　正数　Positive
非离散值为正数。
18　开放的　Open
检测结果为开放的。
19　不受限制　Free
检测结果为不受限制。
20　不　No
该测量返回的结果为不。
21　检验过的　Checked
该测量返回的结果为检测过。
22　失效　Fail
该测量返回的结果为失效。
23　缺乏　Absent

所检测的属性为缺乏。

24 良好 Good

该测量返回的结果为良好。

25 中等 Fair

该测量返回的结果为中等。

26 差 Poor

该测量返回的结果为差。

27 很好 Excellent

该测量返回的结果为很好。

28 极好 Bright

该测量返回的结果为极好。

29 待定 To be determined

该测量返回的结果为待定。

30 高度 High

测量结果为高度。

31 环境温度 Ambient temperature

周围区域或环境的温度。

32 有条件的不限定 Conditional,free

指出所检测的货物为有条件的不限定。

33 平衡 Balance

该测量结果为平衡。

34 完整的 Complete

该测量结果为完整的。

35 低级的 Low

所检测的属性有低计量。

36 不适用 Not applicable

该测量不适用。

37 不确定 Not determined

该测量不确定。

38 可忽略 Negligible

该测量可忽略。

39 适度的 Moderate

该测量为适度的。

40 明显的 Appreciable

该测量为明显。

41 无效的 Not available

该测量为无效。

42 不控制温度 Uncontrolled temperature

不受温度状况的控制。

43 冷却的 Chilled

在 4 ℃至 12 ℃之间。

44 冷冻的 Frozen

0 ℃以下。

45 控制温度　Temperature controlled
必需的温度值。
46 负数　Negative
非离散值为负数。
47 变量　Variable
非离散值为变量。
48 局部　Partial
对局部的测量。
49 干冰　Dry ice
使货物温度冷却所用的干冰或固体二氧化碳。
ZZZ 共同约定　Mutually defined
由贸易伙伴定义并临时使用的代码表中所分配的代码，直到可以对本代码表分配一个精确的代码。

6167　范围类型代码限定符　Range type code qualifier　[B]
说明：限定范围类型的代码。
表示：an..3
1 允许范围　Allowance range
标识所允许范围。
2 费用范围　Charge range
标识费用范围。
3 货币范围　Monetary range
标识货币范围。
4 数量范围　Quantity range
标识数量范围。
5 温度范围　Temperature range
温度的范围。
6 订货量范围　Order quantity range
最小到最大的订货量。
7 交货量范围　Delivery quantity range
最小到最大的交货量。
8 生产批量　Production batch range
每批生产的最小到最大数量。
9 每月数量范围　Monthly quantity range
最小到最大的每月数量。
10 每年数量范围　Annual quantity range
最小到最大的每年数量。
11 包装码高限度　Package stacking range
包装能堆积的限度。
12 运输温度范围　Transport temperature range
货物在运输过程中应保持的温度范围。
13 设备预置温度范围　Equipment pre-tripping temperature range
为准备载货使设备应当达到的温度范围。

14 折扣条款范围 Terms discount range
标识折扣条款的范围。
15 累计订货的数量范围 Order quantity range,cumulative
累计的最小订货量到最大订货量。
16 设备参考号范围 Equipment number range
设备参考号的范围。

6173 尺寸类型代码限定符 Size type code qualifier [B]
说明:限定尺寸类型的代码。
表示:an..3
1 总体尺寸 Population size
总体尺寸。
2 样品尺寸 Sample size
从总体中取样的尺寸。
3 局部尺寸 Subgroup size
特定样品尺寸中子集的尺寸。

6245 温度类型代码限定符 Temperature type code qualifier [B]
说明:限定温度类型的代码。
表示:an..3
1 库存温度 Storage temperature
货物在仓库中的保管温度。
2 运输温度 Transport temperature
货物在运输过程中的保管温度。
3 操作温度 Operating temperature
在处理过程中货物应保持的温度。
4 运输应急温度 Transport emergency temperature
用于需控温处理货物的应急程序的温度。
5 运输控制温度 Transport control temperature
能够安全运输某些产品的最高温度。
6 沸点 Boiling point
液体开始沸腾的温度。

6311 计量目的代码限定符 Measurement purpose code qualifier [B]
说明:限定计量目的的代码。
表示:an..3
AAA 行项计量 Line item measurement
食品药品管理局规定的行项计量。
AAB 到配送中心交付的运输条款 Transport conditions for delivery to distribution centre
指出计量针对交付至配送中心的运输条款。
AAC 零售容器的尺寸 Retail container size
以容积表示的零售容器的尺寸。
AAD 美国政府其他机构申请使用 Other US Government agency application

美国政府其他机构申请使用的计量。

AAE 计量值 Measurement

(6341)计量单位的值。

AAF 海关分项计量 Customs line item measurement

用于海关目的的托运物计量。

AAG 酒精含量(按容积) Percentage of alcohol (by volume)

按容积计算的酒精百分比含量。

AAH 尺码总重量 Dimensions total weight

已标识的尺码总重量。

AAI 分项重量 Item weight

分项的重量。

AAJ 签证数量 Visa quantity

应申报的签证商品的数量。

AAK 许可证中扣减数量 Licence (quantity deducted)

从许可证总量中被扣减的数量。

AAL 装货量 Cargo loaded

装上运输工具的货物的总吨数。

AAM 卸货量 Cargo discharged

卸下运输工具的货物的总吨数。

AAN 运输重量 Weight of conveyance

运输的吨数。

AAO 运输工具的夏季载重量 Conveyance summer dead weight

船舶注册的夏季总载重量。

AAP 船上集装箱化货物的重量 Containerized cargo on vessel's weight

船上集装箱化货物的总重量。

AAQ 船上非集装箱货物的重量 Non-containerized cargo on vessel's weight

船上非集装箱货物的总重量。

AAR 第一指定税则的数量 1st specified tariff quantity

应申报的与一税则参考号有关的第一数量。

AAS 第二指定税则的数量 2nd specified tariff quantity

应申报的与一税则参考号有关的第二数量。

AAT 第三指定税则的数量 3rd specified tariff quantity

应申报的与一税则参考号有关的第三数量。

AAU 包装件 Package

可以被集中在一大件包装中各单独容器中装运或出售的商品/产品。

AAV 人体 Person

人的物理计量。

AAW 精度 Accuracy

被发送计量物的精度。

AAX 托运物计量值 Consignment measurement

与托运物有关的计量,用计量代码说明尺码值。

AAY 包装件的计量 Package measurement

包装件的计量。

AAZ 装卸单元计量 Handling unit measurement
装卸单元的计量。

ABA 用于订货数量的计量单位 Unit of measure used for ordered quantities
用该计量单位表示订货数量。

ABB 到市场交付的运输条款 Transport conditions for delivery to market
指出计量针对交付至市场的运输条款。

ABC 在最佳食用日期之前保证产品新鲜程度的储存条件
Storage conditions to guarantee product freshness until best before date
指出计量针对在最佳食用日期之前保证产品新鲜程度的储存条件。

ABI 空气流量 Ventilation
每小时空气流动量。

ABJ 原始发行单位 Original unit of issue
原始发行单位。

ABK 外部尺寸 External dimension
有关货物或包装件的外部计量。

ABL 内部尺寸 Internal dimension
有关货物或包装件的内部计量。

ABM 测试件尺寸 Test piece dimensions
已测试的测试件的尺寸。

ABN 平均读数 Average reading
所报告测试的平均读数。

ABO 比较价格计量 Comparison price measurement
用于比较价格的计量。

ABP 每发行单位的计量单位 Unit of measure per unit of issue
指定发行单位将使用的计量单位。

ABQ 空气流量 Air flow
空气的搬移。

ABS 速度 Velocity
速度。

ABT 辅助计量单位 Supplementary unit
针对计量报告的辅助计量单位。

ABU 限额 Quota
最大数量或金额。

ABV 时间单位 Unit of time
特定时间单位的规范。

ABW 用于发票数量的计量单位 Unit of measure used for invoiced quantities
开具发票对数量指定的计量单位。

ABX 可用或可消费的内容 Usable or consumable content
对可用或可消费内容的计量。

ABY 支付周期 Payment cycle
对发生支付的时间跨度的计量。

ABZ 零星小块土地的大小 Plot size
零星小块土地或土地份额的相对大小。

ACA　占用空间　Space occupied

占用的空间。

ACB　建筑物大小　Building size

形成封闭空间的永固结构的相对大小。

ACC　办公室大小　Office size

用于文书或类似工作房间或楼房的相对大小。

ACD　受损区域　Area damaged

受损区域的大小。

ACE　土地大小　Land size

一整块开阔地的相对大小。

ACF　工厂大小　Industrial plant size

用于工业生产过程的工厂或设施的相对大小。

ACG　装机容量　Installed capacity

可以容纳或生产的最大数量。

ACH　仓库大小　Warehouse size

临时储存物品的建筑物的相对大小。

ACI　清除量　Volume to dispose

清除的数量。

ACJ　生产量　Volume to produce

产生的数量。

ACK　商品规格　Commodity size

商品的规格名称、尺码，或重量。

ASW　重量确定　Weight ascertained

铁路部门确定或核实货物实际重量的背书(CIM/81)。

ASX　税则分类的辅助数量　Supplemental tariff classification quantity

针对某一关税参考号报告的辅助数量。

ASY　根据商品归类总规则3(c)或3(b)规定的第一税目数量

1st specified tariff quantity, general rules of interpretation 3(c) or 3(b)

应当根据商品归类总规则3(c)或3(b)的分类按货物税号可申报的第一相关数量。

ASZ　根据商品归类总规则3(c)或3(b)规定的第二税目数量

2nd specified tariff quantity, general rules of interpretation 3(c) or 3(b)

应当根据协调关税表商品归类总规则3(c)或3(b)的分类按货物税号可申报的第二相关数量。

ATA　根据商品归类总规则3(c)或3(b)规定的第三税目数量

3rd specified tariff quantity, general rules of interpretation 3(c) or 3(b)

应当根据协调关税表商品归类总规则3(c)或3(b)的分类按货物税号可申报的第三相关数量。

ATB　陈列室大小　Showroom size

用于展示的房间的相对大小。

ATC　储备　Reserves

对保留储量的计量。

ATD　高度参照点　Height reference point

确定高度的参照点。

ATE 培育的有效性 Available for cultivation
用于计量培育的有效性。

CH 化学 Chemistry
给定的计量值标识该物质中特定化学物品的数量或百分比。

CHW 计费重量 Chargeable weight
作为计费依据的重量。

CN 岩芯槽尺寸 Core notch dimensions
岩芯槽的尺寸。

CS 岩芯尺寸 Core size
岩芯的尺寸。

CT 计数 Counts
该计量为计数。

DEN 密度 Density
指出某一商品单位体积质量的代码。

DT 度量公差 Dimensional tolerance
产品、材料或包装的尺码规定计量值的可能范围。

DV 离散计量值 Discrete measurement value
所规定的计量与其他计量分离并且不同。

DX 用于加价的量 Dimension used in price extension
所用的尺寸是用于加价的量。

EN 环境条件 Environmental conditions
所申报的反映某一位置周围的环境条件,但不限于环境检测的数据值。

FO 以英尺表示的长度 Footage
用英尺表示的长度。

IV 插入值 Interpolated value
基于插入的值。

LAO 船舶全长 Vessel overall length
船舶的总长度。

LC 卷材重量/规格限制 Limited weight/size coils
标识卷材重量/规格限制。

LGL 长度限制 Length limitations
该值/范围是长度限制。

LL 起吊限制 Lift limitation
表示起吊能力限制的计量。

LMT 装载计量 Loading meters
在车长中需要为货物考虑超过车长的完整的宽度和高度。

PAL 计费货载 Payload
运输工具所运的计费货载。

PC 锯痕口 Parting cut (sawcut)
标识锯痕口。

PD 实际尺寸(订购的产品) Physical dimensions (product ordered)
指定计量尺码指产品、材料或包装的实际尺码。

PL 包装限制 Package limitations

包括与包装相关的限制的计量。

PLL 承重台架限制 Platform limitation

包括与承重台相关的限制的计量。

RL 接收设施的限制 Receiving facility limitations

指定计量尺码由接收地点的产品、材料或包装的实际尺码有关的限制或限制条件的结果所提供。

SE 性质说明 Property specification

指出随后的数据是指标的说明。

SH 运输允许误差 Shipping tolerance

与运输有关的允许误差。

SM 色调 Shade

颜色的明暗程度。

SO 库存限制 Storage limitation

包括与存储有关的限制的计量。

SR 表面粗糙度 Surface roughness

表面粗糙程度。

ST 表面处理 Surface treatment

所检测的属性为表面处理。

SU 表面 Surface

物体的表面区域。

SV 规范值 Specification value

可计量货项的特性由买方、卖方或第三方规定。

TE 温度 Temperature

所测量的属性为温度。

TL 运输设备限制 Transportation equipment limitations

包括与运输设备有关的限制的计量。

TR 测试结果 Test results

指出随后的数据是测量结果。

VOL 体积 Volume

任何物体三维空间的尺寸或计量。

WT 重量 Weights

所测量的属性为重量。

WX 用于加价的重量 Weight used in price extension

所使用的重量用于加价。

6313 计量属性代码 Measurement attribute code [B]

说明：说明所测量的属性的代码。

表示：an..3

A 综合重量 Consolidated weight

检测的综合重量。

AAA 净重 Unit net weight

普通包装的货物重量，包括零售中交给买方时货物所带的普通包装。

AAB 单位毛重 Unit gross weight

包括包装物但不包括承运人设备的货物重量。

AAC 总净重 Total net weight

不包括包装物的货物总重量。

AAD 托运物毛重 Consignment gross weight

整个货物项的总毛重，包括包装物但不包括运输设备的一票托运货物的总重量。

AAE 分项毛重 Item gross weight

分项的毛重。

AAF 净净重 Net net weight

无任何包装货物自身的重量(质量)。

AAG 船艉推动力 Stern thrust

由安装于船艉的推进器输出动力。

AAH 船艏推动力 Bow thrust

由安装于船艏的推进器输出动力。

AAI 酒精产品装瓶时水合物含量 Hydrate content of an alcoholic product at bottling

酒精产品在装瓶时的氢氧化物含量。

AAJ 每一托盘的件数 Number of units per pallet

一个托盘所装的件数。

AAK 脂肪含量 Fat content

指出产品的脂肪含量。

AAL 净重 Net weight

货物的重量，包括零售中交给买方时货物所带的普通包装。

AAM 运输工具毛重 Transport means gross weight

根据《国际测定船舶吨位公约(1969 年)》的规定，确定船的总体尺寸的测量值。

AAN 船舶净登记吨 Net tonnage of the vessel

根据《国际测定船舶吨位公约(1969 年)》的规定，确定船的有效载量的测量值。

AAO 湿度 Humidity

潮湿度。

AAP 电压 Voltage

电流的压力，或两个点之间电子潜在的差异。

AAQ 能量消耗 Power consumption

能量消耗值。

AAR 热量消耗 Heat dissipation

热量消耗率的计量。

AAS 气流 Air flow

空气流动的计量。

AAT 冲击力 Shock impact

冲击力的计量。

AAU 操作温度 Operative temperature

根据规范标识系统或处理工作的温度。

AAV 非操作温度 Non operative temperature

根据规范标识系统或处理不能工作的温度。

AAW 总体积 Gross volume

未经对如温度或重力等因素的调节而观察到的体积。

AAX 净体积 Net volume
经对如温度或重力等因素的调节而观察到的体积。
AAY 含水量 Water content
产品中水的含量。
AAZ 拉伸应力 Tensile stress
拉伸应力的计量。
ABA 纤维 Fibrosity
纤维的计量。
ABB 标距 Gauge length
标距的计量。
ABC 半径 Radius
半径的计量。
ABD 正直度 Straightness
货项的正直度。
ABE 应力 Strain
应力的计量。
ABF 物品展开宽度 Item width when unrolled
物品展开时的宽度。
ABG 物品展开长度 Item length when unrolled
物品展开时的长度。
ABH 物品展开面积 Item area when unrolled
物品展开时所占面积。
ABI 原麦汁 Original wort
在进行发酵之前对啤酒所含麦芽和啤酒花的测量。
ABJ 容积 Volume
完全由6311限定符标识的所占据的空间。
ABK 角度 Angle
物体的角度。
ABL 插孔到货件最左边的水平距离 Peg hole horizontal distance from package leftmost edge
从货件最左边到钉拴插孔中央的水平距离。
ABM 插孔到货件顶端的垂直距离 Peg hole vertical distance from package top
从货件顶端到钉拴插孔的垂直距离。
ABN 每一托盘层数 Number of layers per pallet
每个托盘的层数。
ABO 化工产品浓度 Product strength,chemical
产品中单项有效化学成分的数量。
ABP 化工产品浓度基准 Product strength basis,chemical
用作化工产品浓度规范基准的产品数量。
ABS 货项重量 Item weight
分项重量。
ABT 最大有效载荷 Payload weight,maximum
最大有效载重量。
ABX 运输重量 Weight of conveyance

运输的吨数。

ABY 运输工具的夏季载重量 Conveyance summer dead weight

船舶注册的夏季总载重量。

ABZ 船上集装箱货物的重量 containerized cargo on vessel's weight

船上集装箱货物的总重量。

ACA 船上非集装箱货物的重量 Non-containerized cargo on vessel's weight

船上非集装箱货物的总重量。

ACE 核定重量 Weight ascertained

铁路部门确定或核实货物实际重量的背书(CIM/81)。

ACG 计费重量 Chargeable weight

作为收费基准的重量。

ACN 估计毛重 Estimated gross weight

对货物估计的重量(质量),包括包装,不包括运载工具。

ACP 估计的体积 Estimated volume

三维空间中任何物体的估计尺寸或计量值。

ACS 船舶全长 Vessel overall length

船舶的总长度。

ACV 装载计量 Loading meters

在车长中需要为货物考虑超过车长的完整的宽度和高度。

ACW 车轴数 Number of axles

可搬移设备或运输工具轮子上的轴数。

ACX 计费货载 Payload

运输工具所运的计费货载。

ADR 长度开始位置 Start position in the length

从货物长度方向开始的开始位置。

ADS 长度结束位置 End position in the length

从货物长度方向开始的结束位置。

ADT 宽度开始位置 Start position in the width

从货物宽度方向开始的开始位置。

ADU 宽度结束位置 End position in the width

从货物宽度方向开始的结束位置。

ADV 厚度开始位置 Start position in the thickness

从货物厚度方向开始的开始位置。

ADW 厚度结束位置 End position in the thickness

从货物厚度方向开始的开始位置。

ADX 运输集装箱的实际装载重量 Transport container actual filling weight

运输集装箱的实际装载重量。

ADY 运输集装箱最大载货量 Transport container maximum capacity

运输集装箱的最大载货量。

ADZ 申报净重 Declared net weight

用于发票、海关或运输的产品的申报净重。

AEA 装载高度 Loading height

装入特定运输装置或设备(如托盘)的产品或包装件的最大高度。

AEB 堆存高度 Stacking height
积载时不同产品或包装件可以重叠放置的最大高度。

AEC 计算重量 Calculated weight
按订购尺寸计算的货物重量。

AED 铁酸盐 Ferrite
化学成分铁酸盐。

AEE 杂质 Impurity
产品的杂质。即产品中呈现的其他非正常化学元素。

AEF 颗粒尺寸 Grain size
颗粒的尺寸。

AEG 稀土元素 Lanthanides
化学元素稀土元素。

AEH 弹性 Elasticity
弹性值。

AEI 排水后重量 Drained weight
排出产品包装中全部液体后产品的重量。

AEJ 镓 Gallium
计量镓成分。

AEK 锶 Strontium
计量锶成分。

AEL 面积 Area
对表面的测度或计量。

AEM 设备积载限制 Equipment storage limitation
设备的最大储存限制。

AEN 运输的放射线指标 Radioactive index of transport
距外表面 1 m 处确定的最大放射线运输指标。

AEO 放射能力 Radioactivity
放射材料的放射强度。

AEP 平均毛重 Average gross weight
用单位数除总毛重得出的重量。

AEQ 前吃水 Forward draft
在船艏水尺测得的从船底到水面的吃水深度。

AER 后吃水 After draft
在船艉水尺测得的从船底到水面的吃水深度。

AES 酸度 Acidity
酸的存在性质、状态或程度。

AET 运输设备毛重 Transport equipment gross weight
包括货物及承运人设备在内的运输设备重量。

AEU 运输设备毛重合计 Total transport equipment gross weight
包括货物及承运人设备在内的运输设备重量合计。

AEV 汁液酸度 Acidity of juice
对汁液测得的酸度。

AEW 透度 Penetrometry

对造成标准穿透痕迹所需力度的测定。

AEX 硬度 Durofel

标准穿透痕迹所用弹力的测定。

AEY 每百克汁液重量 Juice weight per 100 grams

对汁液重量的测定,以全重 100 克为基础。

AEZ 水果表皮色度 Fruit skin colour

对水果表皮颜色的测定。

AF 弯角 Angle of bend

弯角的计量。

AFA 固定增量计量 Fixed incremental measurement

对固定增量的计量。

AFB D10 硬度 Durofel D10

对果肉弹性的测定。穿透痕迹的测量直径为 10。

AFC D25 硬度 Durofel D25

对果肉弹性的测定。穿透痕迹的测量直径为 25。

AFD D50 硬度 Durofel D50

对果肉弹性的测定。穿透痕迹的测量直径为 50。

AFE 最大堆叠重量 Maximum stacking weight

在不被压坏的前提下,产品或货件上面可以堆放的最大重量。

AFF 总体积 Gross measure cube

一件物品占有立体空间的总和,任何突出部分都包括在内,为最大长度、宽度和高度的乘积。

AFG 干物质中脂肪含量百分比 Percentage fat content in dry matter

干物质中脂肪含量的百分比。

AFH 含糖量 Saccharometric content

溶液中含糖量的测定。

AFI 酒精产品装瓶后水合物含量 Hydrate content of an alcoholic product after bottling

酒精产品在装瓶后的氢氧化物含量。

AFJ 无水比例 Anhydrous content

无水比例。

AFK 认定重量 Certified weight

已被认定的重量。

AFL 干舷 Freeboard

水面与甲板线上缘之间的垂直距离。

AFM 船舶最大吃水 Maximum vessel draught

船舶浮动所需的水深[根据国际海事组织(IMO)载重线证书(MSC/Circ. 920 1999 年 6 月 15 日)的船舶最大吃水]。

AFN 爆炸物净重 Net explosive weight

货物中的爆炸部分或爆炸物质的质量,不含任何包装。

AFO 放射性临界安全指数 Radioactive criticality safety index

对易裂变物质分配的参考号,即能够支持连锁核反应的物质,参考号控制包含这种物质的货件存储。

AFP 船上现有废弃物 Waste currently on board

报告时船上现有废弃物的数量。

AFQ 应向废弃物收集设施转交的废弃物 Waste to be delivered at waste reception facility
应向废弃物收集设施(如在挂靠港)转交的废弃物数量。

AFR 估计到下一挂靠港产生的废弃物 Waste to be generated until next port of call,estimated
从撰写当前报告到抵达下一挂靠港之间产生废弃物的估计数量,使用焚化装置、粉碎或弃置海中的除外。

AFS 离港时船上遗留的废弃物 Waste remaining on board at departure
离开挂靠港时船上遗留的废弃物数量。

AFT 色深 Colour depth
所表现的不同颜色的数量,如在图像或画面中的色深。

AFU 最大色深 Colour depth,maximum
所表现的不同颜色的最大数量,如在图像或画面中的色深。

AFV 图像分辨率 Image resolution
图像清晰的程度。

AFW 设备最大分辨率 Device resolution,maximum
设备所达到的最清晰的程度。

AFX 吸音系数 Acoustic absorption coefficient
在不同频率测得的声能被表面所吸收的部分。

B 票据记载重量 Billed weight
票据记载重量的计量。

BL 易碎品负载 Breaking load
易碎品负载的计量。

BMY 铂 Platinum
对成分为铂的测定。

BMZ 银 Silver
对成分为银的测定。

BNA 侧倾 List
以左舷或右舷角度表示的船舶倾斜或侧偏。

BNB 纵倾 Trim
以其纵轴为参照的船舶状态。

BNC 自由水 Free water
容器中呈现的并不悬浮于所含液体的水量。

BND 波段 Bands
波段的计量。

BNE API 比重 API (American Petroleum Institute) gravity
由美国石油学会(API)所开发的标准中规定的液态石油的相对密度。

BNF 估查总油量 Petroleum gross observed volume
在估查温度和压力下,除自由水之外,全部液态石油、沉淀物和水分的总体积。

BNG 标准总油量 Petroleum gross standard volume
除自由水之外的液体石油、沉淀物和水分的总体积,经适当的估查温度体积修正因数和美国石油学会相应密度或标准温度相应密度的修正。

BNH 数量差异 Volume variance
测定数量的变化。

BNI 标准净油量 Petroleum net standard volume

除沉淀物、水分和自由水之外的全部液体石油，经适合有效温度的数量修正因数和美国石油学会比重的对应密度或标准温度密度修正后的数量。

BNJ 卸货后船上物料数量 Material on-board quantity, after discharge

卸货后在船舶油舱、间隙空间及管道中的物料。

BNK 计算总油量 Petroleum total calculated volume

全部液体石油、沉淀物和水分，经适合有效温度的数量修正因数和美国石油学会比重的对应密度或标准温度密度修正后的数量。

BNL 估查总油量 Petroleum total observed volume

在有效温度和压力下，全部液态石油、沉淀物、水分和自由水的数量。

BNM 油舱液面高度 Innage gauge distance

从液面到固定参数标牌或到油舱底所测定的距离。

BNN 石油标准净重 Petroleum net standard weight

除沉淀物、水和自由水之外全部液态石油的总重。

BNO 石油中的沉淀物和水 Sediment and water in petroleum

对悬浮在液态石油中的非烃类固体物质和水的测定。

BNP 油舱估测基准高度 Observed reference height, tank

从油舱底部或参数标牌到设定基准点的观测距离。

BNQ 油舱基准高度 Reference height, tank

从油舱底部或参数标牌到设定基准点所测定的距离。

BNR 舱内空高测距 Ullage gauge distance

从货物液面到基准点所测定的距离。

BNS 吃水差调整 Trim correction

当船舶前后吃水不平衡时对观测吃水或观测数量所适用的修正值。

BNT 船艏到桥楼的距离 Bow to bridge distance

船艏和船舶桥楼之间的距离。

BNU 插孔参考号 Peg hole number

如果在产品或货件中存在多个插孔时用于标识插孔的参考号。

BNV 内部包装的件数 Number of inner packs

指出商品当前层级中下一较低层级的未编码的物理组合(内部包装)的件数。

BNW 内部包装的下一层级商品的数量 Number of next level trade items within inner pack

包含在未编列的物理组合(内部包装)的下一层级商品的数量。

BNX 托盘上每层商品数量 Number of trade items per pallet layer

一个托盘上单层所含商品的数量。

BNY 包装物品的层高 Packed items layer height

包装物品单层高度。

BNZ 贴体包装材料重量 Packing material weight, skin tight covering

对用于贴体包裹(如对肉类制品、禽类制品、乳酪制品及其他食品进行包装时)包装材料的重量测定。

BR 辉度 Brightness

辉度的计量。

BRA 制动 Brakes

制动的计量。

BRE 中断 Break

中断的计量。

BS 破坏强度 Breaking strength

破坏强度的计量。

BSW 破坏强度湿度 Breaking strength wet

破坏强度湿度的计量。

BW 基本重量 Basis weight

基本重量的计量。

CHN 变更 Change

变更的计量。

CM 色彩 Color

色彩的计量。

CT 包装内容 Contents of package

与实际数据段的其他数据元结合，该代码指出包装的准确内容。

CV 商品重量 Commercial weight

考虑其最大可能湿度的货项重量。

CZ 岩芯长度 Core length

说明产品所在的岩芯的长度。

D 目的地重量协议 Destination weight agreement

发送货物的协议重量，该重量可能在运输期间改变。

DI 直径 Diameter

物品的直径。

DL 三角值 *L* Delta value *L*

三角值的计量。

DN 密度 Density

密度的计量。

DP 深度 Depth

深度的计量。

DR 丹尼尔 Denier

丹尼尔的计量。

DS 两点之间的距离 Distance between points

两点之间距离的计量。

DW 棚车车门宽度 Width，boxcar door

棚车车门宽度的计量。

E 估计的新重量 Estimated new weight

估计的新重量的计量。

EA 延伸率 Elongation

延伸率的计量。

F 亏损重量 Deficit weight

亏损重量的计量。

FI 支数 Filament count

用于如纺织、印刷等行业。

FL 纵向平直度 Longitudinal flatness

纵向平直度的计量。

FN 平直度 Flatness
平直度的计量。
FV 横向平直度 Transverse flatness
横向平直度的计量。
G 毛重 Gross weight
(6292)包括包装物但不包括承运人设备的货物重量。
GG 度量标准 Gauge
度量标准的计量。
GW 最大毛重 Gross weight,maximum
最大毛重的计量。
HF 硬度 Hardness
硬度的计量。
HM 最大高度 Height,maximum
最大高度的计量。
HT 高度 Height dimension
为运输而描述的件或包的高度。
IB 冲量 Impact energy
冲量的计量。
ID 内径 Inside diameter
内径的计量。
L 法定重量 Legal weight
法定重量的计量。
LM 最大长度 Length,maximum
最大长度的计量。
LN 长度 Length dimension
(6168)为运输而描述的件或包的长度。
LND 切尾 Lost end
切尾的计量。
M 最小重量 Minimum weight
最小重量的计量。
MO 湿度 Moisture
计量应用是货项的湿度会含量。
MW 最大重量 Maximum weight
最大重量的计量。
N 实际净重 Actual net weight
实际净重的计量。
OD 外径 Outside diameter
外径的计量。
PRS 预拉力 Pre stretch
标识使用前货项被拉长的量。
PTN 每吨 Per tonne
每吨的计量。
RA 相对湿度 Relative humidity

相对湿度的计量。

RF 电阻率 Resistivity

电阻率的计量。

RJ 洛氏硬度 C Rockwell C

洛氏硬度。

RMW 每令重量 Ream weight

指纸张的计量。

RP 断面缩减率 Reduction of area

断面缩减率的计量。

RUN 流量(流程) Run (process)

流量(流程)的计量。

RY 比率 Ratio

比率的计量。

SQ 装运数量 Shipped quantity

装运数量的计量。

T 皮重 Tare weight

除货物和非固定附件之外的重量。

TC 温度 Temperature

与温度有关的计量。

TH 厚度 Thickness

厚度的计量。

TN 时间期限 Time period

时间期限的计量。

TT 时间 Time

时间的计量。

U 单位重量 Weight per unit

重量的数值。

VH 货车车门高度 Height,van door

货车车门高度的计量。

VW 货车车门宽度 Width,van door

货车车门宽度的计量。

WA 单位面积的重量 Weight per unit of area

单位面积的重量的计量。

WD 宽度 Width dimension

宽度的数量。

WM 最大宽度 Width,maximum

最大宽度的计量。

WT 重量 Weight

(6150)重量的数值。

WU 单位长度的重量 Weight per unit of length

单位长度的重量的计量。

XH 侧边高度,带有平板的活动侧壁 Side height,flat bed with removable sides

侧边高度,带有平板的活动侧壁的计量。

XQ　正方度　Squareness
正方度的计量。
XZ　卷轴规格　Spool size
卷轴规格的计量。
YS　屈服应力　Yield stress
屈服应力的计量。
ZAL　铝　Aluminium
化学元素铝的计量。
ZAS　砷　Arsenic
化学元素砷的计量。
ZB　硼　Boron
化学元素硼的计量。
ZBI　铋　Bismuth
化学元素铋的计量。
ZC　碳　Carbon
化学元素碳的计量。
ZCA　钙　Calcium
化学元素钙的计量。
ZCB　钶　Columbium
化学元素钶的计量。
ZCE　铈　Cerium
化学元素铈的计量。
ZCL　氯　Chlorine
化学元素氯的计量。
ZCO　钴　Cobalt
化学元素钴的计量。
ZCR　铬　Chromium
化学元素铬的计量。
ZCU　铜　Copper
化学元素铜的计量。
ZFE　铁　Iron
化学元素铁的计量。
ZFS　钢加硅　Iron plus silicon
化学元素钢加硅的计量。
ZGE　锗　Germanium
化学元素锗的计量。
ZH　氢　Hydrogen
化学元素氢的计量。
ZK　钾　Potassium
化学元素钾的计量。
ZMG　镁　Magnesium
化学元素镁的计量。
ZMN　锰　Manganese

化学元素锰的计量。

ZMO 钼 Molybdenum

化学元素钼的计量。

ZN 氮 Nitrogen

化学元素氮的计量。

ZNA 钠 Sodium

化学元素钠的计量。

ZNB 铌 Niobium

化学元素铌的计量。

ZNI 镍 Nickel

化学元素镍的计量。

ZO 氧 Oxygen

化学元素氧的计量。

ZP 磷 Phosphorus

化学元素磷的计量。

ZPB 铅 Lead

化学元素铅的计量。

ZS 硫 Sulphur

化学元素硫的计量。

ZSB 锑 Antimony

化学元素锑的计量。

ZSE 硒 Selenium

化学元素硒的计量。

ZSI 硅 Silicon

化学元素钼的计量。

ZSL 氧化硅 Silicium oxid

化学元素硅的计量。

ZSN 锡 Tin

化学元素锡的计量。

ZTA 钽 Tantalium

化学元素钽的计量。

ZTE 碲 Tellurium

化学元素碲的计量。

ZTI 钛 Titanium

化学元素钛的计量。

ZV 钒 Vanadium

化学元素钒的计量。

ZW 钨 Tungsten

化学元素钨的计量。

ZWA 废物含量 Waste content

废物含量的计量。

ZZN 锌 Zinc

化学元素锌的计量。

ZZR 锆 Zirconium

化学元素锆的计量。

ZZZ 相互协商约定 Mutually defined

6321 计量有效位数代码 Measurement significance code [C]

说明:说明计量值有效位的代码。

表示:an..3

3 近似 Approximately

测量值近似等于。

4 等于 Equal to

测量值等于。

5 大于或等于 Greater than or equal to

测量值大于或等于。

6 大于 Greater than

测量值大于。

7 小于 Less than

测量值小于。

8 小于或等于 Less than or equal to

测量值小于等于。

10 不等于 Not equal to

测量值不等于。

12 真值 True value

所报告的测量值为真值。

13 观测值 Observed value

报告的测量值为观测值。

14 标定值 Marked

已在物体上标明计量数据。

15 溢出 Out of range

所报告的测量值为溢出。

6331 统计类型代码限定符 Statistic type code qualifier [B]

说明:限定统计类型的代码。

表示:an..3

1 平均值 Mean average

所报告的统计类型是平均值。

2 中间值 Median

所报告的统计类型是中间值。

3 估计值 Estimate

所报告的统计类型是估计值。

4 有效性能 Efficiency performance

所报告的统计类型是有效性能。

5 处理能力上限 Process capability upper

所报告的统计类型是处理能力上限。

6 处理能力下限 Process capability lower
所报告的统计类型是处理能力下限。
8 区域平均 Range average
所报告的统计类型是区域平均。
9 标准偏差 Standard deviation
所报告的统计类型是标准偏差。
10 极限内 In limits
所报告的统计类型是极限内。

6341 外汇交易市场标识符 Currency market exchange identifier [C]
说明:标识外汇交易市场。
表示:an..3

AAA 巴黎交易所 Paris exchange
由巴黎交易所确定的货币汇率。
AAB 哥伦比亚官方交易所(哥伦比亚中央银行) Colombian official exchange (Central Bank of Colombia)
货币汇率由哥伦比亚中央银行确定。
AMS 阿姆斯特丹交易所 Amsterdam exchange
由阿姆斯特丹交易所确定的货币汇率。
ARG 布宜诺斯艾利斯交易所 Bolsa de Comercio de Buenos Aires
阿根廷交易所。
AST 澳大利亚交易所 Australian exchange
由澳大利亚交易所确定的货币汇率。
AUS 维也纳交易所 Wien exchange
维也纳交易所。
BEL 布鲁塞尔交易所 Brussel exchange
布鲁塞尔交易所。
CAN 多伦多交易所 Toronto exchange
由多伦多交易所确定的货币汇率。
CAR 协议约定的兑换率 Contractual agreement exchange rate
由协议约定确定的兑换率。
CIE 美国海关信息交换中心 US Customs Information Exchange
由美国海关信息交换中心发布的汇率,美国纽约 NY 10048-0945,6 WTC。
DEN 哥本哈根交易所 Copenhagen exchange
哥本哈根交易所。
ECR 欧洲共同体定期兑换率 European Community period exchange rate
由欧洲共同体确定的定期兑换率。
FIN 赫尔辛基交易所 Helsinki exchange
由赫尔辛基交易所确定的货币汇率。
FRA 法兰克福交易所 Frankfurt exchange
由法兰克福交易所确定的货币汇率。
IMF 国际货币基金组织 International Monetary Fund
由国际货币基金组织确定的货币汇率。

LNF　伦敦交易所，首次收盘　London exchange, first closing
由伦敦交易所首次收盘确定的货币汇率。

LNS　伦敦交易所，二次收盘　London exchange, second closing
由伦敦交易所二次收盘确定的货币汇率。

MIL　米兰交易所　Milan exchange
由米兰交易所确定的货币汇率。

NOR　奥斯陆交易所　Oslo exchange
由奥斯陆交易所确定的货币汇率。

NYC　纽约交易所　New York exchange
由纽约交易所确定的货币汇率。

PHI　费城交易所　Philadelphia exchange
由费城交易所确定的货币汇率。

SRE　铁路专用兑换货币　Specific railway exchange currency
由铁路专用兑换货币确定的货币汇率。

SWE　斯德哥尔摩交易所　Stockholm exchange
由斯德哥尔摩交易所确定的货币汇率。

ZUR　苏黎世交易所　Zurich exchange
由苏黎世交易所确定的货币汇率。

6343　货币类型代码限定符　Currency type code qualifier　[B]
说明：限定货币类型的代码。
表示：an..3

1　海关估价币种　Customs valuation currency
办理海关估价所用货币单位的币种。

2　保险币种　Insurance currency
办理保险所用货币单位的币种。

3　本国货币　Home currency
当地货币单位的币种。

4　发票币种　Invoicing currency
发票中用于计算的货币单位的币种。

5　记账币种　Account currency
用其进行兑换的货币单位的币种。

6　参照币种　Reference currency
按其进行兑换的货币单位的币种。

7　目标币种　Target currency
为其进行兑换的货币单位的币种。

8　价目表币种　Price list currency
价目表所用的货币单位的币种。

9　订单币种　Order currency
订单所用货币单位的币种。

10　定价币种　Pricing currency
定价所用货币单位的币种。

11　支付币种　Payment currency

支付所用货币单位的币种。

12 报价币种 Quotation currency

报价所用货币单位的币种。

13 接收方所在地币种 Recipient local currency

接收地货币单位的币种。

14 供应方币种 Supplier currency

供应方通常所用货币单位的币种。

15 发送方所在地币种 Sender local currency

发送方所在地点的货币单位的币种。

16 费率本币种 Tariff currency

按照费率本的币种。

17 计费币种 Charge calculation currency

计算费用所用的货币。

18 纳税货币 Tax currency

应纳税或已纳税金额使用的货币。

6347 货币使用代码限定符 Currency usage code qualifier [C]

说明:限定货币使用的代码。

表示:an..3

1 付费币种 Charge payment currency

支付费用的货币。

2 参照币种 Reference currency

用于表示金额的货币,可进行兑换。

3 目标币种 Target currency

交易的最终目的地使用的货币。

4 运输单证所用币种 Transport document currency

在运输单证/报文中用于表示金额的货币。

5 计算的基准币种 Calculation base currency

以此为依据进行计算的货币。

6 信息币种 Information Currency

报文接收方为获得信息的附加币种。实际报文金额并不基于该种货币。

7 账户币种 Currency of the account

账户币种。

6353 单位类型代码限定符 Unit type code qualifier [C]

说明:限定单位类型的代码。

表示:an..3

1 计价单位的数量 Number of pricing units

乘以 5116 单项金额给定的单位价格的单位数。

2 可运输的设备 Transportable unit

3 借记的设备数 Number of debit units

托运货物的发出方借给接收方的设备数。

4 收到的设备数 Number of received units

托运货物的接收方收到的设备数。

5 集装箱免费使用天数 Number of free days for container availability

集装箱免费使用天数。

6 结构组件的数量 Number of structure components

结构中组成部分的数量。

7 资产单位数量 Number of asset units

资产单位的数量。

8 票数 Number of consignments

托运货物的票数。

9 成人 Adult

单位是一个成人。

10 儿童 Child

单位是一个儿童。

11 试算表科目数 Number of trial balance accounts

单位是试算表科目。

12 行数 Number of lines

单位是行。

13 老年人 Senior citizen

单位是老年人。

6415 临床信息类型代码限定符 Clinical information type code qualifier [B]

说明:限定临床信息类型的代码。

表示:an..3

1 病历 Anamnesis

医疗记录。

2 诊断 Diagnosis

医疗诊断。

3 医疗救治 Medical treatment

有关医疗救治的信息。

4 症状 Symptom

被作为疾病证据的个人生理和精神状态的变化。

5 体格检查 Medical examination

有关体格检查的信息。

6 出院诊断 Discharge diagnosis

出院时的医疗诊断。

7 群体相关的诊断 Diagnosis related group

群体相关的诊断。

8 介入治疗 Intervention

有关介入治疗的信息。

9 预后 Prognosis

有关疾病可能的演变或结果的信息。

10 检查结果 Examination result

有关体格检查结果的信息。

11 实验室分析结果 Laboratory analysis result
有关实验室分析结果的信息。
12 药物治疗 Medicinal treatment
有关以药品进行治疗的信息。
13 病人的医疗指导 Patient medical instruction
给病人的有关医疗指导信息。
14 医生的医疗指导 Medical instruction to physician
给医生的有关医疗指导的信息。
15 医学观察 Medical observation
有关医学观察的信息。

7001 物理或逻辑状态代码类型限定符 Physical or logical state type code qualifier [B]
说明:限定物理或逻辑状态的代码。
表示:an..3
1 收货时 Upon receipt
收货时。
2 发货时 Upon despatch
发货时。
3 根据到达状态 Upon arrival condition
对象的到达状态。
4 生命周期状态 Life cycle state
对象生命周期的状态。

7007 物理或逻辑状态描述代码 Physical or logical state description code [B]
说明:说明物理或逻辑状态的代码。
表示:an..3
1 拆分 Split
分成多个单元。
2 丢失 Missing
缺或少。
3 错误标识 Wrong identification
与给出标识不同的实际标识。
4 损坏 Damaged
处于损坏状态。
5 正常条件 Good condition
正常条件状态。
6 错误产品 Wrong product
产品有错。
7 持有 On hold
持有,等待下一步举措。
8 建议 Proposed
对象处于建议状态。
9 接受 Accepted

对象已被接受。

10 计划 Scheduled

对象处于计划状态。

11 完成 Completed

对象为完成状态。

12 拒绝 Rejected

对象处于拒绝状态。

13 延期 Postponed

对象处于延期状态。

14 取消 Cancelled

对象为取消状态。

15 废弃 Obsolete

对象已被废弃。

16 保鲜 Fresh

保持原有特性，不因腐败或保存而变质。

7009 货物描述代码 Item description code [B]

说明：说明货物的代码。

表示：an..3

1 加粗文本 Bold text

显示文本加粗。

2 暗淡文本 Dimmed text

显示文本为暗淡的。

3 倾斜 Italic

显示文本为斜体。

4 常规文本 Normal text

显示文本是标准的。

5 阴文 Reversed text

反转前景和背景色彩所显示的文本。

7011 物品可获性代码 Article availability code [B]

说明：说明货物可获性的代码。

表示：an..3

1 新的，刚宣布 New, announcement only

物品刚宣布，还不能使用。

2 新的，可用的 New, available

物品是新的，并且可以使用。

3 陈旧的 Obsolete

物品是旧的。

4 样品 Prototype

物品是样品，还没有正式生产。

5 商品 Commodity

公司的标准产品。

6 特别的 Special
物品不是标准的产品。
7 暂缺 Temporarily out
物品暂缺不可用。
8 停止生产 Manufacture out
物品已停止生产。
9 终止 Discontinued
已终止提供,物品不再可用。
10 仅季节性使用 Seasonally available only
货物仅季节性使用。
11 删除,刚宣布 Deletion,announcement only
宣布删除。

7039 取样方式代码 Sample selection method code [B]
说明:说明选择测试样品方式的代码。
表示:an..3
1 随机选取 Random selection
取样方式为随机选取。
2 顺序抽样 Sequential specimen
取样方式为顺序抽样。

7045 样品状态代码 Sample state code [B]
说明:说明样品状态的代码。
表示:an..3
1 圆形的 Round
样品为圆形。
2 矩形的 Rectangular
样品为矩形。
3 弯曲的 Turned
测试时样品是弯曲的。
4 锻造的 Forged
测试时样品是锻造的。
5 罐状的 Tinned
测试时样品是罐状的。
6 棱柱形 Prismatic
样品为棱柱形。
7 圆柱形 Cylindric
样品为圆柱形。

7047 取样方向代码 Sample direction code [B]
说明:说明取样方向的代码。
表示:an..3
1 纵向 Longitudinal

取样方向为纵向。

2 横向 Transverse

取样方向为横向。

3 径向 Radial

取样方向为径向。

4 轴向 Axial

取样方向为轴向。

5 厚度 Thickness

沿样品的厚度方向。

6 对角线 Diagonal

沿对角线方向取样。

7059 性质类型代码 Class type code [B]

说明:说明分类类型的代码。

表示:an..3

1 化学 Chemistry

化学特性类。

2 机械 Mechanical

机械特性类。

3 可测数量成分 Component of measurable quantity

可进行数量测定的成分(如高度)。

4 数量测定系统 System of measurable quantity

获得测量数量(如血浆)的系统。

5 环保标志 Ecological labeling

环境保护标志的特性。

6 当事人特性 Party characteristic

当事人的特性。

7 磁性 Magnetic

特性为磁性。

8 计量表 Meter

特性分类描述的是计量表。

9 计量表读数 Meter reading

特性分类描述的是计量表读数。

10 未列明 Unspecified

未列明的分类。

11 产品 Product

特性分类描述的是产品。

12 医学调查 Medical investigation

分类描述一项医学调查。

13 动物种类 Animal species

分类所描述的是动物的物种。

14 动物繁育 Animal breed

分类描述一种动物的繁育。

15 结构 Structure
结构的特性。
16 参数 Parameter
参数的特性。
17 设备 Equipment
特性分类描述一种设备。
18 流程 Process
特性分类描述一项流程。

7073 包装条款和条件代码 Packaging terms and conditions code [B]
说明:说明包装条款和条件的代码。
表示:an..3

1 供应方支付包装费用 Packaging cost paid by supplier
由供应方支付包装费用。
2 接收方支付包装费用 Packaging cost paid by recipient
由接收方支付包装费用。
3 免收包装费用(可返还) Packaging cost not charged (returnable)
不收取包装费用(可返还)。
4 买方规定的 Buyer's
由买方规定包装条款和条件。
5 承运人的耐用品 Carrier's durable
由承运人使用可再利用的包装。
6 承运人的易耗品 Carrier's expendable
由承运人提供处理包装。
7 卖方的耐用品 Seller's durable
由卖方使用可再利用的包装。
8 卖方的易耗品 Seller's expendable
由卖方提供处理包装。
9 买方专用的耐用品 Special purpose buyer's durable
买方所有的、为指定物品的包装而特别设计可重复使用的包装。
10 买方专用的易耗品 Special purpose buyer's expendable
买方所有的、为指定物品的包装而特别设计一次性使用的包装。
11 多种用途的买方专用的耐用品 Multiple usage buyer's durable
买方所有的、可重复使用的多用途包装。
12 多种用途的卖方专用的耐用品 Multiple usage seller's durable
卖方所有的、可重复使用的多用途包装。
13 无包装 Not packed
所指定的物品没有包装。
14 卖方专用的耐用品 Special purpose seller's durable
卖方所有的、可重复使用的非标准包装。
15 出口质量 Export quality
所用包装必须满足物品出口所要求的耐用性和可操作性。
16 国内质量 Domestic quality

所用包装必须满足国内使用所要求的耐用性和可操作性。

17 价格包括包装费用 Packaging included in price

物品价格中已包括了包装费用。

18 包装费用平摊 Packaging costs split

包装费用由买卖双方平摊。

19 分别开包装费发票 Packaging costs invoiced separately

包装费用一单独的报文或单据开收据。

20 无包装费 Nil packaging costs

包装免费。

21 若退回包装物则不付包装费 Nil packaging costs if packaging returned

若退回包装物，卖方向买方退还包装费。

22 退回收费 Return chargeable

包装或空箱退回应付费。

23 应收费，按租用包装退回的付款单的三分之二金额收取

Chargeable，two thirds of paid amount with credit note on return of loaned package

若租用的包装退回，买方收到付款单的三分之二金额。

24 租用 Rented

租用包装。

25 退还保证金 Safe return deposit

为担保退还包装而支付的保证金。

26 不可复用 Not reusable

包装不可复用。

27 在交付地点交接包装 Package exchangeable at the point of delivery

可在交付地点交接包装。

28 防窃启封包装 Tamper evident package

能够很容易或快速认定封装后已被开启的包装。

29 标记 Labeled

包装已加标记。

30 包装无应退还标志 Package not marked returnable

包装未加应退还标志。

7075 包装层代码 Packaging level code [B]

说明：说明包装层的代码。

表示：an..3

1 内层 Inner

如果存在，紧靠中间层包装之下的包装层。

2 中间层 Intermediate

如果存在，紧靠外层包装之下的包装层。

3 外层 Outer

所运货物的最外层包装。

4 没有包装层次 No packaging hierarchy

不专门划分包装层次：内外包装层次一样。

5 装运级 Shipment level

包装标准被记述为装运级。

7077　描述格式代码　Description format code　[B]

说明：说明描述格式的代码。

表示：an..3

A　自由格式文字描述　Free-form long description
　项目的自由格式文字描述。

B　代码和文本描述　Code and text
　用代码和自由格式文本描述货物。

C　代码(行业代码表)　Code (from industry code list)
　用代码描述货物。

D　自由格式的价格上涨　Free-form price look up
　以销售发票对产品价格上涨的描述。

E　自由格式简明描述　Free-form short description
　项目的自由格式简明描述。

F　自由格式　Free-form
　用自由格式文本描述货物。

S　结构化的(来自行业代码表)　Structured (from industry code list)
　用结构化格式描述货物。

X　半结构化的(代码+文本)　Semi-structured (code text)
　用半结构化格式描述货物。

7081　货物特征代码　Item characteristic code　[B]

说明：说明货物特征的代码。

表示：an..3

1　一致性证书　Certificate of conformity
　产品符合规范。

2　通用产品形式　General product form
　通用产品形式的描述。

3　运至仓库　Ship to stock
　接收时，产品未经过质量检验。

4　最后加工　Finish
　产品最后加工必需/或可用的描述。

5　最终使用申请　End use application
　产品最终使用申请的描述。

6　构造方法　Construction method
　构造方法的描述

7　普通药品　Generic drug
　为了不受法律限制就可以自由使用而专门命名的药品。

8　产品　Product

9　子产品　Sub-product
　子产品的描述。

10　纹理方向　Grain direction

说明产品纹理的方向。

11 海关描述 Customs specifications

按海关描述的项目特征。

12 类型和/或工艺 Type and/or process

制造产品过程中所包括的类型和/或工艺的描述。例:炼钢工艺的说明。

13 质量 Quality

货物的优劣度。

14 表面条件 Surface condition

产品表面条件的描述(例粗糙度)。

15 热处理 Heat treat/anneal

产品所需的或已进行的任何热处理的描述。

17 涂层 Coating

产品所需的或可用的任何特殊涂层的描述。

18 表面化学处理 Surface treatment,chemical

产品所需的或已进行的任何表面化学处理的描述。

19 表面机械处理 Surface treatment,mechanical

产品所需的或已进行的任何表面机械处理的描述。

20 输送能力类型 Transfer capacity type

输送能力的类型。

21 成型 Forming

产品所需的或已进行的任何成型的描述。

22 边缘处理 Edge treatment

产品所需的或已进行的任何特殊边缘处理的描述。

23 焊接/拼接 Welds/splices

产品所需的或已进行的任何特殊焊接和或拼接处理的描述。

24 检验项目 Control item

以特定的质量检验和检验证书的质量要求保证产品。

25 最终处理 End treatment

产品最终所需的或已进行的任何特殊处理的描述。

26 运至作业线 Ship to line

产品已按产品要求包装,但未经客户的质量检验。

27 材料描述 Material description

对用于制造产品的材料所作的说明。

28 样品测试频度 Test sample frequency

样品测试频度的指示。产品安排特殊测试要求时使用。

29 电力交换种类 Electricity exchange type

电力交换的种类。

30 样品测试方位 Test sample direction

样品测试方位的描述。产品安排特殊测试要求时使用。

31 欧共体风险级别 European Community risk class

欧共体"CE"级别标示商品的安全风险。

32 检测类型 Type of test/inspection

测试或检查类型的描述。产品进行特殊测试要求时使用。

33 电器产品种类 Electricity production type

电器产品的种类。

34 水文数据 Hydrological data

与国土相关的地球水文特性。

35 颜色 Colour

产品所需的或可用的颜色的描述。

36 电力消费种类 Electricity consumption type

电力的消费方式。

37 气象数据 Weather data

描述气象数据的特性。

38 等级 Grade

产品所需的或可用的等级的说明。

39 供电辅助服务 Ancillary electricity service

特性描述为可以使用或提供的辅助供电服务。

40 有效成分 Active substance

产品中有效成分的规格。

41 危险品正确的运输名称 Dangerous goods proper shipping name

由相关权威机构规定的危险品正确的运输名称。

42 特定名称 Fanciful name

商品的特定名称。

43 旋转方向 Twist

产品的任何特殊旋转要求的描述。

44 追加标识特性 Further identifying characteristic

描述对产品追加标识的特性,使之能够与类似产品进行区别。

45 专用标签名称 Private label name

描述产品的专用标签名称。

46 外形 Silhouette

描述物品的外形。

47 担保种类名称 Warranty type description

对项目担保种类的描述。

48 棉纱支数 Yarn count

描述棉布纱线的细度。

49 设备 Equipment

标明设备种类的代码。

50 人工 Labour

描述的特性是人工。

51 超时人工 Labour overtime

描述的特性为超时人工。

52 双薪人工 Labour double time

描述的特性是双薪人工。

53 租用的资源 Leased resource

标识租用资源的代码。

54 剖面 Section profile

产品的剖面和外形的描述。

55 注册名称 Registered name

商品的注册商标或版权。

56 特殊处理 Special processing

实施或需要的任何特殊处理要求的描述。

57 商品名称 Trade name

物品在交易或运输时产业部门通常使用的商品名称。

58 缠绕指示 Winding instructions

产品的任何特殊缠绕指示的描述。

59 表面保护 Surface protection

产品所需的或可用的表面保护的描述。

60 年龄 Age

对象的年龄。

61 新产品 New article

新产品或商品的特征。

62 过时的产品 Obsolete article

过时产品或商品的特征。

63 当前的产品 Current article

当前产品或商品的特征。

64 修改的设计 Revised design

已修改的一项设计的特征。

65 修复的物品 Reinstated article

按原位修复的物品的特征。

66 当前物品备件 Current article spares

使用中的额外产品或商品的特征。

67 补偿物品 Balance out article

用于比较或补偿产品或商品的特征。

68 首批样品 Initial sample

首批样品的特征。

69 现场试验 Field test

由最终用户测试新货项的第一系列。

70 修改的物品 Revised article

修改货项的设计。

71 整修的物品 Refurbished article

整修的物品的特征。

72 葡萄收获年 Vintage

酿制一种特定红酒的葡萄收获年。

73 饮料制造期 Beverage age

蒸馏和封瓶中间,提取物被装入容器的期间。

74 饮料商标 Beverage brand

只用类似名称的一组饮料产品,但规格、生产期、证明、数量和味道不同。

75 艺术家 Artist

所录制歌曲或乐曲的表演艺术家。

76 作家 Author
文字著作的作者。
77 装订 Binding
文字著作所使用的装订类型的描述。
78 版本 Edition
文字著作版本的描述。
79 其他物理描述 Other physical description
其他相关的物理描述。
80 出版者 Publisher
作为项目描述的一部文字著作的出版者。
81 标题 Title
著作的名称。
82 连续标题 Series title
连续著作的标题。
83 卷标题 Volume title
著作中一卷的标识。
84 作曲家 Composer
所录制歌曲或音乐的作曲家。
85 记录媒体 Recording medium
携带音乐录音的媒体。
86 音乐风格 Music style
音乐风格。
87 促销活动 Promotional event
相关产品的促销活动。
88 促销提供 Promotional offer
为促销事件增加的基本产品。
89 酒精饮料等级 Alcohol beverage class
酒精饮料不同成分的等级特征。
90 酒精饮料类型 Alcohol beverage type
进一步定义酒精饮料等级的描述性术语。
91 次料葡萄 Secondary grape
红酒产品的成分中位居第二的葡萄品种。
92 主料葡萄 Primary grape
红酒产品的成分中位居第一的葡萄品种。
93 饮料种类 Beverage category
指定饮料的种类。
94 饮料口味 Beverage flavour
产生不同味道的基本产品的区别。
95 红酒生产地区 Wine growing region
用于酿制红酒的葡萄收获的地区。
96 红酒水果 Wine fruit
用于酿制红酒的基本水果。
97 饮料容器特征 Beverage container characteristics

各种饮料容器的特征。

98 规格 Size

用非数字术语描述规格。

99 细胞株来历 Cell line history

特定细胞株的来历。

100 项目主题 Project subject

标识指定项目的主题。

101 测试面板类型 Test panel type

货物测试面板的类型。

102 解剖样品原型 Anatomical origin of sample

解剖的样品原型。

103 样品类型 Type of sample

样品的类型,如血液或小便。

104 保存期限代码 Shelf-life code

产品保存期限的代码。

105 限制操作 Limiting operation

指出货物需限制操作的代码。

106 回火 Temper

通过加热之后的冷却达到所需硬度和弹性。

107 灯丝 Filament

可以用电子方式加热到白炽状态的细金属线。

108 丹尼耳 Denier

细纱的单位。

109 纤维 Fibre

生成产品的细丝或纤维。

110 光泽 Lustre

反光或发光。

111 变暗 Shade

颜色与黑色混合或亮度减少的程度。

112 浅色 Tint

加入白色以减少浓度的颜色的程度。

113 纤维麻硝 Fibre tow

用于低级纺织的亚麻、大麻或黄麻的纤维。

114 合金 Alloy

通常混合或溶解两种以上的同类物质。

115 机加流程 Machine run

产品的机加流程描述。

116 抗腐蚀性 Corrosion resistance

描述抗化学腐蚀的特征。

117 视觉 Visual

用眼睛或借助光学仪器看的能力。

118 电 Electrical

产品的电学特征。

119 功能性 Functional performance
指出产品功能特征的代码。
120 化学 Chemistry
指出产品化学特征的代码。
121 物理 Physical
指出产品物理特征的代码。
122 磁性 Magnetic
指出产品磁性特征的代码。
123 机械 Mechanical
指出产品机械特征的代码。
124 金相显微 Metallographic
指出产品金相显微特征的代码。
125 染色 Dye lot
指出产品染色特征的代码。
126 图案 Pattern
指出产品图案特征的代码。
127 外表 Appearance
外观或外表。
128 色散 Dispersion
用折射或衍射将可见光分离成其自身的颜色。
129 流体 Fluid
指出产品流体特征的代码。
130 流动 Flow
以液体的方式搬移或运动。
131 水分 Moisture
指出产品水分的代码。
132 织物 Fabric
指出产品织物的代码。
133 装运单位部件 Shipping unit component
为设备或集装箱设计的任何部件，典型的是为空箱返还或清洁从基本单位上取下的任何部件，在重载时这些部件坚固、安全，是集装箱或装运装置整体的一部分，是保证其功能的必要因素。
134 制造方法 Manufacturing method
指出产品制造方法的代码。
135 发动机 Engine
指出发动机特征的离散标识。
136 传输 Transmission
指出传输特征的离散标识。
137 受控物质 Controlled substance
表示受控物质特征的代码。
139 附属 Collateral
指出产品附属特征的代码。
140 底盘 Chassis
指出底盘的离散标识。

141 遵循的方法 Compliance method
表示产品遵循方法特征的代码。
142 管接头 Pipe coupling
联接螺纹管的内螺纹环。
143 药效 Drug efficacy
达到预期效果的药效代码。
144 剂量形式 Dosage form
表示剂量物理形式的代码。
145 尺码 Dimensional
表示产品的非数字术语的尺码特征代码。
146 折叠结构 Fold configuration
表示产品折叠结构特征代码。
147 燃料 Fuel
指出燃料特征的代码。
148 细胞株标识 Cell line identifier
特定细胞株的标识。
149 液压传送 Hydraulics
通过管道或渠道加压后输送的液体的特征。
150 协调 Coordinates
指出产品的非数字术语的协调代码。
151 选项 Options
产品标准特点中的可用项目。
152 非处方药品 Non-prescription drug
指出非处方药品代码。
153 处方药品 Prescription drug
指出处方药品代码。
154 来源 Source
材料的来源。
155 处理等级 Therapeutic class
指出产品的处理等级代码。
156 处理等量 Therapeutic equivalency
指出产品的处理等量特征代码。
157 过滤 Filter
指出产品的过滤特征代码。
158 调整 Trim
指出产品调整特征代码。
159 废料 Waste
指出制造过程中剩余的不可用材料的代码。
160 井底定位方法 Bottomhole location method
指出测定工程最低部位或表面的方法的代码。
161 井底压力方法 Bottomhole pressure method
指出在工程最低部位或表面的测压的方法的代码。
162 指出通用化学名称 Common chemical name

产品通用化学名称的代码。

163 化学族名称　Chemical family name

指出产品化学族名称的代码。

164 箱或衬的类型　Casing or liner type

指出自然或生成物体的保护或遮盖部分的代码。

165 井眼的方向　Well direction

指出钻井方向的代码。

166 电场　Electronic field

指出产品电场特征的代码。

167 公式　Formula

指出非数字术语的公式特征代码。

168 成分　Ingredient

混合物的一个成分。

169 市场部分　Market segment

指出与产品相关的市场部分的代码。

170 气味　Odour

用味觉器官感觉到的物质的性质。

171 物理形式　Physical form

指出产品物理形式的代码。

172 井眼射孔连续性　Well perforation continuity

指出井眼射孔连续性特征的代码。

173 井眼射孔间隔　Well perforation interval

指出井眼射孔间隔特征的代码。

174 管道流　Pipeline stream

指出产品管道流动的特征代码。

175 表面定位方法　Surface location method

产品表面定位方法的特征代码。

176 阈　Threshold

产品阈值特征的代码。

177 井眼类型　Well classification

井眼类型的代码。

178 井眼测试类型　Well test type

指出井眼测试类型特征的代码。

179 大类　Major grade

说明项目的主要等级。

180 说明　Specification

项目说明的描述。

181 测试样品末端位置　Test sample location-ends

指出测试样品位置在产品的末端的代码。

182 产品生命周期　Product life cycle

指出产品从产生到报废的时间周期。

183 存储和显示　Storage and display

指出产品存储和显示特征的代码。

184 密度 Density
指出非离散值表示的重量与体积比的代码。
185 印刷定位 Print orientation
背面印刷的定位达到与正面印刷相同的效果。
186 可溶性 Solubility
非离散值表示的能够溶解的物质的量。
187 物料资源 Material resource
标识物料资源特性的代码。
188 其他直接资源 Other direct resource
标识投入一项任务的其他直接资源的代码。
189 分包方资源 Subcontract resource
标识属于分包方资源的代码。
190 可消费资源 Consumable resource
标识消费资源的代码。
191 循环资源 Recurring resource
标识循环资源的代码。
192 非循环资源 Non recurring resource
标识非循环资源的代码。
193 表现效果 Presentation effect
标明表现效果。
194 字体 Font
标识字体名称的值。
195 关键字 Key-word
可用于检索键值的字词。
196 附加行业特性 Additional sectorial characteristics
以行业为基础产生的标识任何产品附加特性的代码。
197 生产数据库管理描述 Product database management description
指出在数据库中如何管理生产的描述。
198 细胞培养基 Cell culture media
培育细胞的介质。
199 动物杂交瘤 Animal hybridoma
利用遗传工程技术产生所需抗体的动物杂交瘤或细胞。
200 病毒共生,血清学 Virus coexistence,serological
描述在血液中发现的共生病毒。
201 合成 Composition
构成一种特定商品的多种成分的融合或组合。
202 车身类型 Vehicle body type
车身的类型,如四门、二门、敞篷。
203 状态 Condition
项目的状态。
204 CITES 标志 Convention on International Trade and Endangered Species (CITES) indicator
濒危物种国际贸易公约(CITES)所列项目的标志。
205 DDTC 军用设备标志 DDTC military equipment indicator

根据美国国务院防务贸易控制理事会(DDTC)对项目所做的标志。

206 驾驶座位置 Driver side

车辆驾驶座位被置于左边还是右边的信息。

207 发动机额定功率,管理 Engine power rating,administrative

管理发动机动力的单位额定功率。

208 酶原 Enzyme source

一种酶的来源。

209 性别 Gender

性别。

210 地区 Geographic isolate

地理上分隔的区域。

211 属间转基因 Intergeneric genetically modified

属间转基因商品的信息。

212 生命阶段 Life stage

生命阶段的信息。

213 致病变种 Pathovar

致病变种的信息,其菌株具有相同或类似特性。

214 初期评估信息准则 Preliminary assessment information rule

指先前提供的来自制造商的信息,以标识、评估和管理化学物质、混合物质或种类对人类健康和环境的风险

215 保护物种 Protected species

由立法机关或行政当局认定属于保护物种的项目。

216 种系 Race

关于项目种系的信息。

217 重组基因介入 Recombinant genetic insert

将一组或多组核苷酸碱基对介入基因序列的标志。

218 菌株(微生物) Strain (microbiology)

关于菌株的信息,该项的遗传性变型或微生物亚型。

219 风格 Style

类似特性的商品之间进行分辨的性质、类别或型式。

221 型号名称 Model name

用于识别商品的型号名称。

222 品种 Variety

商品的品种。

223 商标名称 Brand name

商品的商标名称。

224 核准的商品名称 Item name,approved

经过核准的商品名称。

225 核准的商品描述性名称 Item descriptive name,approved

核准的商品描述性名称。

226 通用的商品名称 Common name

通用的商品名称。

227 不向消费者转售 Not for resale to consumer

商品是不向消费者转售的。

ZZZ 共同约定 Mutually defined

交换各方共同商定的商品特性。

7083 配置运行代码 Configuration operation code [B]

说明:说明配置运行的代码。

表示:an..3

A 增加配置 Added to the configuration

增加配置运行。

D 减少配置 Deleted from the configuration

减少配置运行。

I 在配置中包括 Included in the configuration

货物是配置中的一部分。

7085 货物类型分类代码 Cargo type classification code [B]

说明:说明货物类型分类的代码。

表示:an..3

1 文件 Documents

包括印刷品、小册子、证书等的印就、打印或书写的材料,不在进口税收禁限范围内。

2 低值免税托运物 Low value non-dutiable consignments

当进口托运物品价格低于海关当局规定的价格时,免去关税或其他税。

3 低值应征税托运物 Low value dutiable consignments

当进口托运物品价格低于海关当局规定的特定金额时,应支付关税或其他税。

4 高值托运物 High value consignments

当进口托运物品价格高于海关当局规定的特定金额时,可收或不收关税或其他税。

5 其他非集装箱货物 Other non-containerized

不能用任何货物代码分类的非集装箱货物。

6 交通工具 Vehicles

不能装入集装箱的交通工具。

7 滚装货 Roll-on roll-off

用滚装船、拖板或特殊重型拖车运输的货物。

8 托盘货 Palletized

装入托盘的非集装箱货物。

9 集装箱货 Containerized

装入或将要装入集装箱的货物。

10 散货 Breakbulk

装入船舱的非集装箱货物。

11 危险货物 Hazardous cargo

根据适当的危险品规则,具有危险性质的货物。

12 杂货 General cargo

一般属性的货物,不作其他规定。

13 液体货物 Liquid cargo

液化形式的货物。

14 温控货物 Temperature controlled cargo
在特定温度条件下运输的货物。
15 环境污染货物 Environmental pollutant cargo
货物是环境污染物质。
16 非危险品 Not-hazardous cargo
无危险的货物。
17 外交 Diplomatic
根据外交条款运输货物。
18 军事 Military
军用货物。
19 反感 Obnoxious
人类感官所反感的货物。
20 超标 Out of gauge
至少有一处为非标准尺度的货物。
21 家庭用品和个人物品 Household goods and personal effects
由家庭日用品和个人物品组成的货物。
22 冷冻货物 Frozen cargo
冷冻产品的货物。
23 压载 Ballast only
无货物,仅作为运输工具携带的压载物。

7111 特征值描述代码 Characteristic value description code [C]
说明:限定特征值描述的代码。
表示:an..3
1 胸围 Chest/bust width
围绕胸部最宽部分的测定。
2 臀围 Hip width
围绕臀部最丰满部分的测定。
3 外侧腿长 Outside leg length
对外侧腿长的测定,为从长裤的裤腰到下端的距离。

7133 产品细目类型代码限定符 Product details type code qualifier [I]
说明:限定产品细目类型的代码。
表示:an..3
1 实际配置 Physical configuration
数据与物理结构有关。
2 可获性状态分类 Class availability status
数据与一个或多个服务等级的可获性状态有关。
3 实际可供数量 Actual availability
产品明细为实际可供数量。
4 可供数量范围 Availability range
产品明细为可供数量范围。

7139 产品特征标识代码 Product characteristic identification code [I]

说明:说明产品特征标识的代码。

表示:an..3

1 TCV

适用于特定的客运业务的 TCV 运价(TCV=Tarif Commun Voyageurs,常规客运价目表)。

2 包干运价 Global tariff

适用于特定客运业务的全部费用都包含在内的运价。

3 东西向运价 East-West tariff

从东向西或反向运输所用的运价。

4 未发布运价 No published tariff

对该项业务尚未发布运价。

5 TCV 或市场价的列车 Train with TCV or Market Price

可以 TCV(TCV=Tarif Commun Voyageurs,常规客运价目表)或市场价销售的列车运行服务。

7143 货物类型标识代码 Item type identification code [C]

说明:标识货物类型的代码。

表示:an..3

AA 产品版本号 Product version number

由卖方或制造商为标识产品发放而指定的参考号。

AB 装配 Assembly

货物装配号。

AC 保健业条码 Health industry bar code

保健业内所用的物品标识符,以指示所用数据符合 HIBC 规定。

AD 冷轧号 Cold roll number

为冷轧指定的号码。

AE 热轧号 Hot roll number

为热轧指定的号码。

AF 板号 Slab number

为板指定的号码,板是在特定生产阶段形成。

AG 软件版本号 Software revision number

软件版本的指定号。

AH 统一产品标识代码客户包装代码(1-5-5)

UPC (Universal Product Code) Consumer package code (1-5-5)

唯一标识客户包装产品的 11 位数字码,没有校验位。

AI 统一产品标识代码客户包装代码(1-5-5-1)

UPC (Universal Product Code) Consumer package code (1-5-5-1)

唯一标识客户包装产品的 12 位数字码,包括校验位。

AJ 样品号 Sample number

为样品指定的号码。

AK 包装号 Pack number

为堆放货物(如冷轧钢板)指定的包装号。

AL 统一产品标识代码装运集装箱代码(1-2-5-5)

UPC (Universal Product Code) Shipping container code (1-2-5-5)

唯一标识制造者装运单位的13位数字码,包括包装指示符。

AM 统一产品标识代码/EAN装运集装箱代码(1-2-5-5-1) UPC(Universal Product Code)/EAN(European article number) Shipping container code(1-2-5-5-1)

唯一标识制造者装运单位的14位数字码,包括包装指示符和校验位。

AN 统一产品标识代码后缀 UPC (Universal Product Code) suffix

与较高级的UPC一起使用的后缀,以定义产品包装的变化。

AO 国家标签代码 State label code

说明国家标记要求的法规汇编代码。

AP 加热号 Heat number

为钢产品生产指定的加热号(也称为钢批)。

AQ 息票号 Coupon number

标识息票的号码。

AR 资源参考号 Resource number

标识资源的参考号。

AS 工作任务参考号 Work task number

标识工作任务的参考号。

AT 价格查找号 Price look up number

电子快速检索产品价格信息的产品标识号。

AU 北约存货号 NSN (North Atlantic Treaty Organization Stock Number)

按北约法规汇编体系指定的号码,以提供经批准供货的标识。

AV 精制产品代码 Refined product code

说明产品精制名称的代码。

AW 展览品 Exhibit

产品用展览号标识的代码。

AX 最终货物 End item

说明最终货物的号码。

AY 联邦供货分类 Federal supply classification

说明产品联邦供货分类的代码。

AZ 工程信息表 Engineering data list

说明产品的工程信息表的代码。

BA 阶段标志性事件参考号 Milestone event number

标识一项里程碑式事件的参考号。

BB 批号 Lot number

指出产品批号的号码。

BC 国家药品代码4-4-2格式 National drug code 4-4-2 format

用国家药品格式4-4-2标识产品的代码。

BD 国家药品代码5-3-2格式 National drug code 5-3-2 format

用国家药品格式5-3-2标识产品的代码。

BE 国家药品代码5-4-1格式 National drug code 5-4-1 format

用国家药品格式5-4-1标识产品的代码。

BF 国家药品代码5-4-2格式 National drug code 5-4-2 format

用国家药品格式 5-4-2 标识产品的代码。

BG 国家药品代码 National drug code

说明国家药品分类的代码。

BH 部件号 Part number

指示部件的号码。

BI 地区存货号(LSN) Local Stock Number (LSN)

为存货指定的地区号。

BJ 下一较高级装配号 Next higher assembly number

说明下一较高级装配或部件组装在产品上的号码。

BK 数据目录 Data category

说明数据目录的代码。

BL 管理号 Control number

说明管理号。

BM 具体材料标识代码 Special material identification code

标识具体材料代码的号码。

BN 当地指定的控制参考号 Locally assigned control number

当地为进行控制而分配的参考号。

BO 买方颜色 Buyers color

买方指定的颜色。

BP 买方物品号 Buyer's part number

买方为标识物品而指定的参考号。

BQ 可变计量产品代码 Variable measure product code

标识一项可变计量产品的代码。

BR 财务阶段 Financial phase

指定项目为财务阶段。

BS 合同分解 Contract breakdown

指定项目为合同分解。

BT 技术阶段 Technical phase

指定项目为技术阶段。

BU 染色批号 Dye lot number

标识染色批次的参考号。

BV 作业日报 Daily statement of activities

登记一天作业的报表。

BW 双方商定期间的定期作业报表

Periodical statement of activities within a bilaterally agreed time period

在双方商定期间记录作业的定期报表。

BX 作业周报 Calendar week statement of activities

记录一个日历周业务活动的报表。

BY 作业月报 Calendar month statement of activities

记录一个日历月业务活动的报表。

BZ 原始设备参考号 Original equipment number

由制造商对零部件分配的初始设备参考号。

CC 行业商品代码 Industry commodity code

行业对某些商品给出的代码。

CG 商品分组 Commodity grouping

具有共同特性的物品组的代码(例如,用于统计)。

CL 颜色 Color

表示物品颜色的代码。

CR 合同号 Contract number

标识一份合同的参考号。

CV 海关物品号 Customs article number

海关当局为一种物品或一组物品指定的代码。

DR 提货修改号 Drawing revision number

指示提货时变更或修改的参考号。

DW 提货 Drawing

标识物品提取的参考号。

EC 工程变更等级 Engineering change level

指示已应用于物品规格变更或修改的参考号。

EF 材料代码 Material code

定义材料类型、表面、外形和各种分类特征的代码。

EN 国际物品编码协会 International Article Numbering Association (EAN)

国际物品编码协会对制造商的产品所指定的参考号。

GB 买方内部产品组代码 Buyer's internal product group code

买方内部系统使用的产品组代码。

GN 国家产品组代码 National product group code

国家机构管理的国家产品组代码。

GS 通用规格号 General specification number

货物的通用规格号。

HS 协调制度 Harmonised system

由世界海关组织研制和维护的描述货物的编码系统。

IB 国际标准书号 ISBN (International Standard Book Number)

唯一标识一本书的号码。

IN 买方物品号 Buyer's item number

由买方分配的物品号。

IS 国际标准期刊号 ISSN (International Standard Serial Number)

唯一标识系列出版物的号码。

IT 买方式样号 Buyer's style number

由买方为物品特定式样或形式指定的参考号,特别用于服装业。

IZ 买方尺寸代码 Buyer's size code

由买方为纺织和制鞋业物品尺寸指定的代码。

MA 机器号 Machine number

货物号为机器号。

MF 制造商(生产商)的物品参考号 Manufacturer's(producer's)article number

制造商为其制造的物品所指定的参考号。

MN 型号 Model number

制造商为一类或一组类似产品不同的种类分配的参考号。

MP 产品/服务标识号 Product/service identification number
标识产品或服务的参考号。

NB 批号 Batch number
货物的批次号。

ON 客户订单号 Customer order number
客户订单的参考号。

PD 物品号描述 Part number description
标识与标识物品最终所用号有关说明的参考号。

PL 购买方订单行号 Purchaser's order line number
标识客户订单中货物或服务的一分项的参考号。

PO 订购单号 Purchase order number
标识客户订购单的参考号。

PV 促销方案号 Promotional variant number
货物的促销方案号。

QS 买方规模限定符 Buyer's qualifier for size
该货物号码限定了买方规模。

RC 可返回集装箱号 Returnable container number
标识可返回集装箱的参考号。

RN 发布号 Release number
标识自买方订购单一次发布的参考号。

RU 运行号 Run number
标识买方订购单的参考号。

RY 记录模型保持年份 Record keeping of model year
与记录模型保持年份有关的号码。

SA 供货方的物品参考号 Supplier's article number
物品的供货方对该物品所指定的参考号。

SG 标准产品组(混合分类) Standard group of products (mixed assortment)

SK 库存单位 SKU (Stock keeping unit)
库存单位的参考号。

SN 序列号 Serial number
为产品的系列所指定的参考号。

SRS RSK 号 RSK number
给排水和供暖系统。

SRT 5 位 IFLS 产品分类编码
IFLS (Institut Francais du Libre Service) 5 digit product classification code
由 IFLS( )管理的产品分类 5 位代码。

SRU 9 位 IFLS 产品分类编码
IFLS (Institut Francais du Libre Service) 9 digit product classification code
由 IFLS( )管理的产品分类 9 位代码。

SRV EAN. UCC 全球贸易项目标识代码 EAN. UCC Global Trade Item Number
根据 EAN. UCC 系统的编码结构指定的最大 14 位的唯一编码。"EAN"代表"国际物品编码协会","UCC"为"统一编码委员会"。

SRW EDIS(能源数据标识系统) EDIS (Energy Data Identification System)

欧洲针对计量数据标识的系统。

SRX 屠宰参考号 Slaughter number

由屠宰场对同一种类的某一只或某一组动物指定的唯一参考号。

SRY 动物的正式参考号 Official animal number

由国家行政机构为标识每只动物指定的唯一参考号。

SRZ 协调关税制度 Harmonized tariff schedule

用于海关、统计及其他用途分类的国际协调关税制度(HTS)。

SS 供货方的供货人物品号 Supplier's supplier article number

供货方的供货方的销售目录的物品号。

SSA 美国运输部46级危险品代码 46 Level DOT Code

标识危险品的美国运输部代码,由海关及边境保护局(CBP)管理。

SSB 航空公司费率表6D条 Airline Tariff 6D

经航空业同意的统一标识危险品的美国代码,由海关及边境保护局(CBP)管理。

SSC 49号联邦行政法典 Title 49 Code of Federal Regulations

用于标识危险货物的美国海关及边境保护局代码。

SSD 国际民用航空管理代码 International Civil Aviation Administration code

美国运输部/联邦民用航空管理局用于标识危险品的代码,由海关及边境保护局(CBP)管理。

SSE 美国运输部危险物质标识 Hazardous Materials ID DOT

美国运输部用于标识危险品的代码,由海关及边境保护局(CBP)管理。

SSF 签注 Endorsement

海关及边境保护局(CBP)用于标识危险品的代码。

SSG 空军军规71-4 Air Force Regulation 71-4

国防部/空军用于标识危险品的代码,由海关及边境保护局(CBP)管理。

SSH 物种 Breed

生物(植物或动物)的品种。

SSI 化学文摘社(CAS)登记号 Chemical Abstract Service (CAS) registry number

针对化合物、聚合物、生物序列、化学混合物和合金的唯一数字标识号。

SSJ 发动机型号名称 Engine model designation

标识发动机型号的名称或标志。

SSK 肉类采购规范协会参考号 Institutional Meat Purchase Specifications (IMPS) Number

由农业主管当局为标识和追踪肉类及肉类制品而分配的参考号。

SSL PLU(价格检索代码) Price Look-Up code (PLU)

为检索价格信息由商店贴在农产品上的标识号。

SSM IMO代号 International Maritime Organization (IMO) Code

用于标识危险品的国际海事组织(IMO)代号。

SSN 爆炸物管理局600-A(铁路) Bureau of Explosives 600-A (rail)

用于标识危险品的运输部/联邦铁路管理局代码。

SSO 联合国危险品清单 United Nations Dangerous Goods List

联合国用于对危险品进行区分和识别的代码。

SSP ICBN International Code of Botanical Nomenclature (ICBN)

由国际植物学命名规则(ICBC)设立的用于区分和识别植物及其商品的代码。

SSQ ICZN International Code of Zoological Nomenclature (ICZN)

由国际动物学命名规则(ICZN)设立的用于区分和识别动物的代码。

SSR ICNCP International Code of Nomenclature for Cultivated Plants (ICNCP)
由国际栽培植物命名规则(ICNCP)设立的用于区分和识别植物的代码。

SST 挪威分类系统 ENVA Norwegian Classification system ENVA
在挪威市场使用的产品分类系统。

SSU 供应商指定的类别 Supplier assigned classification
由供应商指定的产品分类。

SSV 墨西哥分类系统 AMECE Mexican classification system AMECE
在墨西哥市场使用的产品分类系统。

SSW 德国分类系统 CCG German classification system CCG
在德国市场使用的产品分类系统。

SSX 芬兰分类系统 EANFIN Finnish classification system EANFIN
在芬兰市场使用的产品分类系统。

SSY 加拿大分类系统 ICC Canadian classification system ICC
在加拿大市场使用的产品分类系统。

SSZ 法国分类系统 IFLS5 French classification system IFLS5
在法国市场使用的产品分类系统。

ST 式样号 Style number
服装业给物品的特定式样或形式的参考号。

STA 荷兰分类系统 CBL Dutch classification system CBL
在荷兰市场使用的产品分类系统。

STB 日本分类系统 JICFS Japanese classification system JICFS
在日本市场使用的产品分类系统。

STC 欧盟乳品补贴资格分类 European Union dairy subsidy eligibility classification
对欧盟乳品的产品资格所作的分类(适用于某些特定标准脂肪含量的乳制品)。

STD 西班牙分类系统 GS1 GS1 Spain classification system
在西班牙市场使用的产品分类系统。

TG 成组运输号 Transport group number
形成供包装和/或运输用的物品组的附加参考号。

UA 最终客户物品号 Ultimate customer's article number
最终客户为标识相关物品指定的号。

UP 通用产品代码 UPC (Universal product code)
产品代码理事会给制造商的产品指定的参考号。

VN 卖方物品号 Vendor item number
卖方为标识产品/服务/物品分配的参考号。

VP 卖方的部件号 Vendor's (seller's) part number
卖方为标识物品指定的参考号。

VS 卖方附加物品号 Vendor's supplemental item number
由零售商规定的卖方附加物品号。

VX 卖方说明书号 Vendor specification number
由零售商规定的卖方说明书号。

ZZZ 相互协商约定 Mutually defined
相互协商约定。

7161 特殊服务描述代码 Special services description code [C]

说明:说明特殊服务的代码。

表示:an..3

AA 广告 Advertising
提供广告服务。

AAA 电信 Telecommunication
提供电信活动或设备服务。

AAC 技术改造 Technical modification
产品的技术改造。

AAD 定货生产 Job-order production
定货生产费用,只在发票中使用。

AAE 支出 Outlays
从公司利润中支出的费用。

AAF 建筑物 Off-premises
非本地活动最高服务费率。

AAH 附加处理 additional processing
增加处理成本的费用。

AAI 公证 Attestation
由官方出具正式证明。

AAS 接受 Acceptance
接受货物或服务。

AAT 快速交付 Rush delivery
加快交付速度。

AAV 特殊建筑 Special construction
特定建筑。

AAY 机场设施 Airport facilities
使用机场设施。

AAZ 特许 Concession
机场征收允许使用的设施。

ABA 规定的储存 Compulsory storage
由管理机关规定一定量的存货的存储。

ABB 卸下存油费 Defuel
从车、船或飞机上放出存油。

ABC 装机费 Into plane fee
已交付货物从当地仓库运至飞机上的有关费用。

ABD 加班费 Overtime
超过工作时限提供服务的费用。

ABF 工装夹具成本 Tooling cost
物品或服务与工装夹具有关,与货物提供无直接关系。

ABK 杂项 Miscellaneous
为没有规定所述费用提供的服务。

ABL 附加包装 additional packaging

物品包装附加费。

ABN　垫舱　Dunnage

附加垫舱材料费和在装运集装箱内固定和保护货物所需的人工费。

ABR　集装箱　Containerisation

物品价格上附加的集装箱费。

ABS　纸箱包装　Carton packing

物品价格上附加的纸箱包装。

ABT　麻袋包装　Hessian wrapped

物品价格上附加的麻袋包装。

ABU　编织袋包装　Polyethylene wrap

物品价格上附加的编织袋包装。

ACF　杂项处理　Miscellaneous treatment

物品价格上附加未规定的处理费。

ACG　涂瓷/釉处理　Enamelling treatment

物品价格上附加的涂瓷/釉处理费。

ACH　热处理　Heat treatment

物品价格上附加的热处理费。

ACI　展平处理　Plating treatment

物品价格上附加的展平处理费。

ACJ　刷油漆　Painting

物品价格上附加的油漆费。

ACK　抛光　Polishing

物品价格上附加的抛光费。

ACL　装饰　Priming

物品价格上附加的装饰费。

ACM　防腐处理　Preservation treatment

物品价格上附加的防腐处理费。

ACS　组装　Fitting

组装服务。

ADC　拼装　Consolidation

与将多个托运物拼装进行一次装运的附加服务。

ADE　提单　Bill of lading

提供提单服务。

ADJ　气袋　Airbag

产品周围使用气袋。

ADK　转运　Transfer

与从一个实体到另一个实体货物和服务的转运。

ADL　料单　Slipsheet

确保库存产品在料单中的费用。

ADM　装订服务　Binding services

指出装订服务的代码。

AND　修理或更换退还的破损包装物　Repair or replacement of broken returnable package

修理或更换退还的破损包装物。

ADO　高效的后勤保障　Efficient logistics
　　指出高效后勤服务的代码。
ADP　推销　Merchandising
　　指出正在进行推销服务的代码。
ADQ　产品混合服务　Product mix
　　指出正在进行产品混合服务的代码。
ADR　其他服务　Other services
　　指出正在进行其他非特定服务的代码。
ADT　提货　Pick-up
　　提取货物。
ADW　慢性疾病　Chronic illness
　　为慢性疾病提供的特别服务。
ADY　新产品介绍　New product introduction
　　由买方在买方贸易区提供介绍新产品的服务。
ADZ　直接交货　Direct delivery
　　作为特殊服务的直接交货。
AEA　变更　Diversion
　　服务为可变更交货。
AEB　拆卸　Disconnect
　　拆卸服务。
AEC　分配　Distribution
　　分配服务或分配货物。
AED　危险品装卸　Handling of hazardous cargo
　　危险品装卸服务。
AEF　出租　Rents and leases
　　出租产品或服务。
AEH　不同地点　Location differential
　　在与先前约定不同的地点交货。
AEI　飞机加油　Aircraft refueling
　　向飞机添加燃料。
AEJ　将燃料运进储库　Fuel shipped into storage
　　应运送燃料进入储存系统。
AEK　货到付款　Cash on delivery
　　货到付款的服务规定。
AEL　小量订货事务处理　Small order processing service
　　有关处理小量订货的服务。
AEM　文书或行政服务　Clerical or administrative services
　　对文书或行政服务的规定。
AEN　担保　Guarantee
　　提供担保的服务。
AEO　收集和循环使用　Collection and recycling
　　收集并循环使用产品的服务。
AEP　征收版权费　Copyright fee collection

征收版权费的服务。

AES 兽医检验服务 Veterinary inspection service

提供兽医检验的服务。

AET 退休人员服务 Pensioner service

对领取退休金人员的特别服务。

AEU 免费就医人员 Medicine free pass holder

对免费就医人员的特别服务。

AEV 环境保护服务 Environmental protection service

对环境保护服务的规定。

AEW 环境净化服务 Environmental clean-up service

对环境净化服务的规定。

AEX 划账范围外的国内支票处理服务 National cheque processing service outside acccunt area

在客户委托银行交易范围之外处理国内支票的服务。

AEY 划账范围外的国内支付服务 National payment service outside account area

在客户委托银行交易范围之外向持有账户的受益人进行国内支付的服务。

AEZ 划账范围内的国内支付服务 National payment service within account area

在客户委托银行交易范围内向持有账户的受益人进行国内支付的服务。

AJ 调整 Adjustments

进行调整的服务。

AU 鉴定 Authentication

鉴定服务。

CA 编制目录 Cataloguing

提供编制目录服务。

CAB 货车 Cartage

提供货车。

CAD 认证 Certification

认证服务。

CAE 一致性认证 Certificate of conformance

提供一致性认证。

CAF 原产地证书 Certificate of origin

与原产地证书有关的费用。

CAI 削减 Cutting

削减服务。

CAJ 领事服务 Consular

提供领事服务。

CAK 客户托收 Customer collection

客户对货物进行托收服务。

CAL 工资支付服务 Payroll payment service

一项工资支付服务的规定。

CAM 现金运送 Cash transportation

现金运送服务的规定。

CAN 家庭银行服务 Home banking service

家庭银行服务的规定。

CAO　双边协议服务　Bilateral agreement service

在双边特别协议中指定的服务条款。

CAP　保险经纪服务　Insurance brokerage service

保险经纪服务的规定。

CAQ　支票填写　Cheque generation

一项支票填写服务的条款。

CAR　优先促销场所　Preferential merchandising location

指定优先进行商品推销场所的服务。

CAS　起重机　Crane

提供起重机的服务。

CAT　特别上色服务　Special colour service

提供不同于默认颜色的一种色彩。

CAU　分拣　Sorting

分拣服务的规定。

CAV　电池回收　Battery collection and recycling

回收电池的服务。

CD　装车　Car loading

装车服务。

CG　清洁费　Cleaning charge

清洁货项的费用。

CS　香烟印花税　Cigarette stamping

提供香烟印花税服务。

CT　计数和重计数　Count and recount

提供计数和重计数服务。

DAB　布局或设计　Layout/design

提供布局或设计服务。

DAD　指定的卸货驾驶员　Driver assigned unloading

包括驾驶员卸货处理费的费用。

DL　交付　Delivery

提供交付服务。

EG　雕刻　Engraving

提供雕刻服务。

EP　加急　Expediting

提供加急服务。

ER　汇率保证　Exchange rate guarantee

提供汇率保证服务。

FAA　装配　Fabrication

提供装配服务。

FAB　按货价均摊运费　Freight equalization

装载平衡服务。

FAC　运输额外处理　Freight extraordinary handling

船运额外处理费用。

FC　运费　Freight

无论使用何种工具,从一地到另一地运送货物应付的金额。它包括与运费有关的折扣、回扣、折让、调整因素和附加费(UN/ECE 第 23 号推荐标准)。

FH 填单/装卸 Filling/handling

提供填单/装卸服务。

FI 财务 Finance

提供财务服务。

GAA 研磨 Grinding

提供研磨服务。

HAA 软管 Hose

提供软管服务。

HD 装卸 Handling

提供装卸服务。

HH 起重和牵引 Hoisting and hauling

提供起重和牵引服务。

IAA 安装 Installation

提供安装服务。

IAB 安装和担保 Installation and warranty

提供安装和担保服务。

ID 内部交付 Inside delivery

提供内部交付服务。

IF 检验 Inspection

检查产生的手续费。

IR 安装和培训 Installation and training

提供安装和培训服务。

IS 发票 Invoice

提供发票服务。

KO 清洁食品 Koshering

提供清洁食品服务。

L1 承运人计价 Carrier count

提供承运人计价服务。

LA 贴标签 Labelling

提供贴标签服务。

LAA 劳动力 Labor

提供劳动力。

LAB 修理和退还 Repair and return

提供修理和退还服务。

LF 公证 Legalisation

提供公证服务。

MAE 装置 Mounting

提供装置服务。

MI 邮寄发票 Mail invoice

提供邮寄发票服务。

ML 邮寄发票至各地 Mail invoice to each location

提供邮寄发票至各地服务。

NAA 不可返还的集装箱 Non-returnable containers

提供不可返还的集装箱服务。

OA 外部电缆连接器 Outside cable connectors

提供外部电缆连接器服务。

PA 运输的包装发票 Invoice with shipment

提供运输的包装发票服务。

PAA 磷化(钢处理) Phosphatizing (steel treatment)

提供磷化(钢处理)服务。

PC 包装服务 Packaging service

提供包装服务。

PL 托盘 Palletizing

提供托盘服务。

RAB 重新包装 Repack

提供重新包装服务。

RAC 修理 Repair

提供修理服务。

RAD 可返还集装箱 Returnable container

提供可返还集装箱服务。

RAF 重新存储 Restocking

提供重新存储服务。

RE 再交付 Re-delivery

提供再交付服务。

RF 整修 Refurbishing

提供整修服务。

RH 火车车皮租金 Rail wagon hire

提供火车车皮租金服务。

RV 装载 Loading

提供装载服务。

SA 救援 Salvage

提供救援服务。

SAA 运输和装卸 Shipping and handling

提供运输和装卸服务。

SAD 特别包装 Special packaging

提供特别包装服务。

SAE 盖印 Stamping

提供盖印服务。

SAI 收货人卸货 Consignee unload

提供收货人卸货服务。

SG 塑料包装 Shrink-wrap

提供塑料包装服务。

SH 特别处理服务 Special handling service

提供特别装卸服务。

SM 特别加工 Special finish
提供特别加工服务。
SU 装配 Set-up
提供装配服务。
TAB 油罐出租 Tank rental
提供油罐出租服务。
TAC 测试 Testing
提供测试服务。
TT 运输一第三方出票 Transportation-third party billing
提供运输一第三方出票服务。
TV 由零售商提供运输 Transportation by vendor
由零售商提供运输服务。
V1 卸货场地 Drop yard
提供卸货场地服务。
V2 卸货码头 Drop dock
提供卸货码头服务。
WH 入库费 Warehousing
存储和处理费用。
XAA 合并同一天的全部装运货物 Combine all same day shipment
提供合并同一天的全部装运货物服务。
YY 分批送货 Split pickup
提供分批送货服务。
ZZZ 相互协议商定 Mutually defined

7171 层级结构关系代码 Hierarchical structure relationship code [B]
说明:说明层级对象和一个已标识对象之间关系的代码。
表示:an..3
1 父层 Parent
标识层级中的较高层。
2 子层 Child
标识层级中的较低层。
3 报文 Message
报文层次。
4 数据段 Segment
数据段层次。
5 复合数据元 Composite data element
复合数据元层次。
6 简单数据元 Simple data element
简单数据元层次。
7 代码 Code
代码层次。

7173 层次客体代码限定符 Hierarchy object code qualifier [B]
说明:限定层次客体的代码。

表示:an..3

1 数字 Figure

适用于数字(显示货物成分的图示)的层次。

2 产品 Product

适用于产品的层次。

3 无层次 No hierarchy

描述为无层次。

4 数据结构 Data structures

对象为与层次相关的数据结构。

5 局部装配 Sub-assembly

若干零件装配而成的部件。

6 零件 Component part

与其他零部件一起组装以制成某一装置。

7 技术制图 Technical drawing

物品如何构成的结构化视图。

8 金融机构明细 Financial institution details

适用于金融机构明细信息的层次。

9 财务数据 Financial data

适用于财务数据信息的层次。

10 当事人历史 Party history

适用于当事人历史信息的层次。

11 实体标识 Entity identification

适用于实体标识信息的层次。

12 业务保险 Business insurance

适用于业务保险信息的层次。

13 信用评估 Credit appraisal

适用于信息评估信息的层次。

14 地点 Location

适用于地点信息的层次。

15 管理层明细 Management details

适用于管理层明细信息的层次。

16 操作 Operations

适用于操作信息的层次。

17 支付处理 Payment handling

适用于支付处理信息的层次。

18 公开记录 Public records

适用于公开记录信息的层次。

19 不动产所有权 Realestate property

适用于不动产所有权信息的层次。

20 相关实体 Related entities

适用于相关实体信息的层次。

21 数据源 Data source

适用于数据源的层次。

22 产权持有人 Equity holder
适用于产权持有人信息的层次。
23 汇总预估 Summary evaluation
适用于汇总预估信息的层次。
24 报告更新 Report update
适用于报告更新信息的层次。
25 参与方 Party
适用于参与方的层次。
26 集中采购方 Central procurement party
适用于集中采购参与方的层次。
27 报价方 Quotation party
适用于报价方的层次。
28 业务团队 Operational group
适用于业务团队的层次。
29 管辖组 Juridical group
适用于管辖组的层次。
30 贷款信息 Loan information
适用于贷款信息的层次。
31 业绩 Performance
适用于业绩的层次。
32 历史业绩 Historical performance
适用于历史业绩的层次。
33 关联附件 Associated accessory
适用于关联附件的层次。

7187 处理类型描述代码 Process type description code [B]
说明:说明处理类型描述的代码。
表示:an..17
1 木材准备 Wood preparation
准备木材处理。
2 腐蚀性 Causticizing
准备腐蚀性处理。
3 熏蒸 Digesting
准备熏蒸处理。
4 褐色材料清洗 Brownstock washing
准备褐色材料清洗处理。
5 漂白 Bleaching
准备漂白处理。
6 纸浆脱水 Pulp drying
准备纸浆脱水处理。
7 冷冻 Freezing
冷冻处理。
8 处理结构化信息 Processing of structured information

用结构化形式处理信息。

9 用结构化和非结构化形式处理同一信息
Processing of identical information in structured and unstructured form
用结构化和非结构化形式处理同一信息。

10 用结构化和非结构化形式处理不同信息
Processing of different information in structured and unstructured form
用结构化和非结构化形式处理不同信息。

11 处理非结构化信息 Processing of unstructured information
用非结构化形式处理信息。

12 屠宰 Slaughter
屠宰处理。

13 包装 Packing
包装处理。

14 高温消毒 Heat sterilisation
高温消毒处理。

15 化学消毒 Chemical sterilisation
化学消毒处理。

16 熏蒸 Fumigation
熏蒸处理。

17 放射 Irradiation
放射处理。

18 添加燃料 Fueling
补充燃料的过程。

19 接受业务条款 Acceptance of business conditions
确定接受处理业务所依据条款的过程的代码。

20 病理学服务 Pathology service
提供病理学服务

21 放射医学服务 Radiology service
提供放射医学服务。

22 支付捐款 Contribution payment
支付捐赠款项。

23 临床捐赠 Clinical donation
提供临床捐赠的过程。

24 全科医学 Medical general practice
提供全科医学服务。

25 专科医疗服务 Specialist medical service
提供除病理或放射之外的专科医疗服务。

26 配药 Dispensing of medicine
由药剂师根据处方进行配置和发放药物的过程。

27 计划 Planning
编制计划的过程。

28 交易 Trading
交易的过程。

29 操作 Operating
操作的过程。
30 测量 Metering
测量的过程。
31 结算 Settlement
结算的过程。
32 冷却 Chilling
在 273 K(绝对温度开尔文)以上降低产品的温度。
33 收集 Collecting
从一些人或来源进行搜集或抽取。
34 切割 Cutting
以带刃的或类似的器械进行切割。
35 收获 Harvesting
采收、捕获、猎取,或宰杀。
36 检验 Inspecting
正式查验。
37 制造 Manufacturing
由原材料通过手工或机械进行制造。
38 保存 Preserving
装罐、腌制,或类似为将来使用进行的配制。
39 流程 Processing
通常要遵循或按其操作的既定常规程序。
40 生产 Producing
培育生产。
41 提炼(农业) Rendering (agriculture)
为提取蛋白质、脂肪以及其他可用成分通过溶解进行提炼。
42 取样 Sampling
从产品中抽取样品。
43 保管 Storing
为保存而在某处(像仓库、图书馆,或计算机存储器)进行安放或留置。
44 转移 Transferring
从某一个人、地点或位置转送至另一处。
45 处理 Treating
遵照行事,比如相当于代理。
46 磨削 Grinding
磨削处理。
47 加注二次抑制剂 Addition of secondary inhibitors
增入二次抑制剂的过程。
48 金属回收 Metals recovery
回收金属的过程,如甑馏、熔炼、化学处理。
49 溶剂回收 Solvents recovery
回收溶剂的过程,如蒸馏、析取。
50 复用回收 Recovery for reuse

为重新使用而回收(再生)物资的过程,如酸回收、有机物回收。

51 焚化 Incineration

通过实施加热进行消除的过程。

52 现场燃料回收 On-site fuel recovery

为同一场所燃料的重新使用而回收物资的过程。

53 燃料混合 Fuel blending

混合燃料的过程。

54 化学还原 Chemical reduction

化学还原的过程。

55 氰化物灭除 Cyanide destruction

通过应用氰化物进行灭除的过程。

56 化学氧化 Chemical oxidation

化学氧化的过程。

57 湿气氧化 Wet air oxidation

湿气氧化的过程。

58 化学沉淀 Chemical precipitation

化学沉淀的过程。

59 生物学处理 Biological treatment

生物学处理的过程。

60 吸附 Adsorption

吸附的过程。

61 空气或蒸汽脱附 Air or steam stripping

空气或蒸汽脱附的过程。

62 去水 Dewatering

去除水分的过程。

63 吸收 Absorption

吸收的过程。

64 稳定作用 Stabilization

稳定作用的过程,如化学固定。

65 巨匣限 Macro-encapsulation

巨匣限的过程。

66 中和 Neutralization

中和的过程。

67 蒸发 Evaporation

蒸发的过程。

68 相位分离 Phase separation

相位分离的过程。

69 未列明的处理 Unspecified treatment

未予说明的处理。

70 垃圾填埋或地表蓄存处置 Landfill or surface impoundment disposal

以填埋或与掩埋同样的地面封闭储存方式进行垃圾处理的过程。

71 深井或地下灌注 Deep well or underground injection

向深井或地下井孔灌注的过程。

72 向下水道倾倒 Discharge to sewer

向公共下水道倾倒物质的过程。

73 临时收存 Collection and storage,temporary

收取并临时存放物品的过程。

74 制冷处理 Cold treatment

制冷处理的过程。

75 空气加热处理 Hot air treatment

空气加热处理的过程。

76 热水处理 Hot water treatment

热水处理的过程。

77 甲基溴处理 Methyl bromide treatment

以甲基溴进行处理的过程。

78 磷化氢处理 Phosphine treatment

以磷化氢进行处理的过程。

79 去浆 Depulping

去除浆状物的过程。

80 人工排除 Manual removal

人工排除的过程。

81 硫酰氟熏蒸 Sulfuryl fluoride fumigation

以硫酰氟进行熏蒸的过程。

82 蒸汽处理 Steam treatment

以蒸汽进行处理的过程。

83 汽热 Vapor heat

以汽热进行处理的过程。

84 组装 Assembling

组装的过程。

85 沸腾 Boiling

沸腾的过程。

86 装罐 Canning

封装气密容器的过程。

87 切削 Chipping

切削的过程。

88 清洁 Cleaning

进行清洁处理的过程。

89 涂敷 Coating

涂敷的过程。

90 脱水 Dehydration

脱水的过程。

91 灭活 Devitalization

灭活的过程。

92 消毒 Disinfection

消毒的过程。

93 干燥 Drying

干燥处理的过程。

94 染色 Dyeing

染色的过程。

95 热处理 Heat treatment

热处理的过程。

96 去皮 Husking

去皮的过程。

97 液化 Liquification

液化的过程。

98 去壳 Shelling

去壳的过程。

99 洗涤 Washing

洗涤的过程。

ZZZ 共同约定 Mutually defined

交换各方之间共同约定的过程类型。

7233 包装相关信息描述代码 Packaging related description code [B]

说明:说明包装相关信息描述的代码。

表示:an..3

1 产品成分未在包装标注 Product ingredients not marked on package

产品的成分没有在产品的包装上进行标注。

2 产品价格未在包装标注 Product price not marked on packaging

产品的价格没有在产品的包装上进行标注。

3 产品最佳食用期到期日未在包装标注

Product best before date not marked on product package

产品的最佳食用期到期日没有在产品的包装上进行标注。

4 未在包装标注可循环利用 Package not marked recyclable

未在包装标注可循环利用字样。

5 标注促销明细 Promotional details marked

指出包装上标注有促销明细的代码。

6 根据 EAN. UCC 对衣物和时装配饰的规定加注标记

Labeled according to general EAN. UCC specifications for clothing and fashion accessories

商品根据 EAN. UCC 对衣物和时装配饰的一般规定加注标记。

7 包装上标注最迟销售日期 Sell-by date marked on package

包装上标注商品可以销售的最后日期。

8 包装上标注保存日期 Use-by date marked on package

包装上标注商品可以保存的最后日期。

9 包装上标注包装/制造日期 Packaging/manufacturing date marked on package

包装上标注商品的包装或制造日期。

10 包装上未标注保鲜期 No freshness date marked on package

任何标示保鲜的日期均未在包装标注,如保存期、最佳食用期或包装日期。

31 在日期前标有优质的包装 Package best before date marked

在日期前标有优质的包装。

32 标有可再利用的包装 Package marked recyclable
标有可再利用的包装。

33 标有可返货包装 Package marked returnable
包装标有可返货的标记。

34 产品标记 Product marking
与产品标记相关的信息。

35 包装类型 Type of package
与包装类型相关的信息。

36 包装规格 Package specifications
与包装规格相关的信息。

37 包装保护 Package protection
与包装保护相关的信息。

38 铺盖防水布 Tarping
与铺盖防水布相关的信息。

39 平台/垫板位置 Platform/skid location
与平台/垫板位置相关的信息。

40 受力部分位置 Bearing piece location
与受力部分位置相关的信息。

41 垫板/托盘类型 Skid/pallet type
与垫板/托盘类型相关的信息。

42 运输工具上的位置 Placement on carrier
与运输工具上的位置相关的信息。

43 间隔方向 Spacing directions
与间隔方向相关的信息。

44 卸货设施 Unloading device
与卸货设施相关的信息。

45 卸货设备 Unloading equipment
与卸货设备相关的信息。

46 包装方法 Packing method
包装商品所使用的方法,如密封、用原始容器重新包装。

47 一级包装 Packing group Ⅰ
表示物质为最高危险等级。

48 二级包装 Packing group Ⅱ
表示物质为中度危险等级。

49 三级包装 Packing group Ⅲ
表示物质为低度危险等级。

50 EAN-13 或 EAN-8 条码包装 Package barcoded EAN-13 or EAN-8
包装印有 EAN-13 或 EAN-8 条码。

51 ITF-14 或 ITF-6 条码包装 Package barcoded ITF-14 or ITF-6
包装印有 ITF-14 或 ITF-6 条码。

52 UCC 或 EAN-128 条码包装 Package barcoded UCC or EAN-128
包装印有 UCC 或 EAN-128 条码。

53 标有价格的包装 Package price marked

标有价格的包装。

54 包装上标注产品成分 Product ingredients marked on package

包装上标注包装内产品的成分。

55 主要特征 Core characteristics

说明包装物的主要特征。

56 装运要求 Shipping requirement

满足每个装运要求的包装。

57 海关要求 Customs requirement

满足海关要求的包装。

58 运输合同要求 Transport contract requirement

满足每个运输合同要求的包装。

59 保存方法 Preservation method

包装信息给出保存的方法。

60 产品标记模式 Product marking pattern

与产品标记模式相关的信息。

61 产品标记位置 Product marking location

与产品标记位置相关的信息。

62 包装/集装箱标记位置 Package/container mark location

与包装/集装箱标记位置相关的信息。

63 标记方法 Marking method

与标记方法相关的信息。

64 包装从未使用 EPC 标志 Package never EPC tagged

包装从未以电子产品编码(EPC)感应器进行标志。

65 包装有时使用 EPC 标志 Package sometimes EPC tagged

包装有时以电子产品编码(EPC)感应器进行标志。

66 接收设施限制 Receiving facility limitations

与接收设施限制相关的信息。

67 标签/条码说明 Tagging/bar code instructions

与标签/条码说明相关的信息。

68 运输包装标签 Shipping package labeling

与运输包装标签相关的信息。

69 运输包装铅封 Shipping package sealing

与运输包装铅封相关的信息。

70 选择的包装程序 Optional packaging procedure

指出选择的包装程序。

71 清洁或烘干说明 Cleaning or drying specification

清洁或烘干说明的标识。

72 垫物厚度说明 Cushioning thickness specification

垫物厚度说明的标识。

73 垫物或衬物说明 Cushioning and dunnage specification

垫物或衬物说明的标识。

74 保存等级说明 Level of preservation specification

保存等级说明的标识。

75 保存材料说明 Preservation material specification
保存材料说明的标识。
76 成组集装箱说明 Unit container specification
成组集装箱说明的标识。
77 包装材料说明 Material wrapping specification
包装材料说明的标识。
78 包装使用条码和 EPC 标志 Package bar-coded and EPC tagged
包装以条码和电子产品编码(EPC)感应器进行标志。
79 包装只以 EPC 标志 Package EPC tagged only
包装只以电子产品编码(EPC)感应器进行标志。
80 以展示结束日期进行标志 Marked with display until date
包装标有产品应从展示场所撤离的日期。
81 包装标有变量条码 Package marked with a variable measure bar code
包装标有变量条码。
82 包装标有定量条码 Package marked with fixed measure bar code
包装标有定量条码。

7273 服务需求代码 Service requirement code [C]
说明:说明服务需求的代码。
表示:an..3
1 承运人装货 Carrier loads
货物由承运人装入设备。
2 整箱货 Full loads
集装箱的装箱或拆箱由托运人或收货人负责并付费。
3 拼箱货 Less than full loads
集装箱的装箱或拆箱由承运人付费并承担风险。
4 托运人装货 Shipper loads
货物由托运人装入设备。
5 交付 To be delivered
货物应按指示交付。
6 保留 To be kept
货物应予保留以等候进一步的指示。
7 允许转运 Transhipment allowed
允许转运的货物。
8 不允许转运 Transhipment not allowed
不允许转运的货物。
9 允许分批装运 Partial shipment allowed
允许分批装运。
10 不允许分批装运 Partial shipment not allowed
不允许分批装运。
11 允许分批装运和/或提取 Partial shipment and/or drawing allowed
允许分批装运和/或提取。
12 不允许分批装运和/或提取 Partial shipment and/or drawing not allowed

不允许分批装运和/或提取。

13 承运人卸货 Carrier unloads

货物由承运人从设备上卸下。

14 托运人卸货 Shipper unloads

货物由托运人从设备上卸下。

15 收货人卸货 Consignee unloads

货物由收货人从设备上卸下。

16 收货人装货 Consignee loads

货物由收货人装上设备。

17 专用设备 Exclusive usage of equipment

保留设备作为专用。

18 非专用设备 Non exclusive usage of equipment

不为专用保留设备。

19 直接交货 Direct delivery

托运物直接交给收货人。

20 直接提货 Direct pick-up

直接从收货人处提货。

21 请求交货通知服务 Request for delivery advice services

请求服务提供方通知交货。

22 不安排清关 Do not arrange customs clearance

报文接收方不安排清关的指示。

23 安排清关 Arrange customs clearance

报文接收方安排清关的指示。

24 核查集装箱条件 Check container condition

应核查集装箱条件。

25 允许使用残损集装箱 Damaged containers allowed

允许使用残损集装箱。

26 允许使用不清洁集装箱 Dirty containers allowed

允许使用不清洁集装箱。

27 不要求叉形杆孔 Fork lift holes not required

不要求集装箱带小孔。

28 要求叉形杆孔 Fork lift holes required

集装箱必须具有小孔。

29 运输投保货物 Insure goods during transport

报文接收方应为运输中的货物投保的说明。

30 安排干线运输 Arrange main-carriage

报文的接收方应安排干线运输。

31 安排续运运输 Arrange on-carriage

报文的接收方应安排续运运输。

32 安排前程运输 Arrange pre-carriage

报文的接收方应安排前程运输。

33 报告集装箱安全公约信息 Report container safety convention information

应报告集装箱安全公约牌(CSC-plate)上的信息的指示。

34 核查封志 Check seals
应核查封讫的集装箱。
35 集装箱必须清洁 Container must be clean
集装箱应保持清洁。
36 请求交货证明 Request for proof of delivery
请求服务提供方提供交货证明。
37 请求海关手续 Request for Customs procedure
请求服务提供方执行海关手续。
38 请求管理服务 Request for administration services
请求服务提供方执行管理服务。
39 国际集装箱 INTERFRIGO 条件下的保温运输
Transport insulated under Intercontainer INTERFRIGO conditions
国际集装箱 INTERFRIGO 条件下的保温运输。
40 国际集装箱 INTERFRIGO 条件下的冷藏运输
Transport mechanically refrigerated under Intercontainer INTERFRIGO conditions
国际集装箱 INTERFRIGO 条件下的冷藏运输。
41 非国际集装箱 INTERFRIGO 条件下的冷却或冷冻服务
Cool or freeze service,not under Intercontainer INTERFRIGO conditions
非国际集装箱 INTERFRIGO 条件下的冷却或冷冻服务。
42 转运海外 Transhipment overseas
运输设备应转运到海外。
43 货运站交付 Station delivery
指定的设备终点站也是交货地点。
44 非货运站交付 Non station delivery
指定的设备终点站不是交货地点。
45 清洁或消毒 Cleaning or disinfecting
要求的服务是清洁或消毒。
46 关闭通风阀 Close ventilation valve
设备的通风阀必须关闭。
47 提货前付运有效 Consignment held for pick-up
付运有效,直至提货。
48 冷藏设备检验 Refrigeration unit check
必须检验冷藏设备。
49 由承运人在到达国家清关 Customs clearance at arrival country by carrier
承运人在到达国家安排清关。
50 由承运人在启运国家清关 Customs clearance at departure country by carrier
承运人在启运国家安排清关。
51 为活动物供暖 Heating for live animals
必须为活动物供暖。
52 湿润货物 Goods humidification
必须进行湿润货物的服务。
53 保证货载安全 Ensure load is secure
必须核查货载处于正确的装载状态。

54 开启通风阀 Open ventilation valve
必须开启设备的通风阀。
55 植物病害控制 Phytosanitary control
必须对植物病害进行控制。
56 承运人核查皮重 Tare check by carrier
承运人必须核查设备及其附加器械的皮重。
57 温度检查 Temperature check
必须检查温度。
58 货物计重 Weighing of goods
必须对货物称重。
59 押运 Escort
需要押运。
60 不需押运 No escort
不需要押运。
61 要求靠泊服务 Request for berthing services
要求在港口区域的特定泊位提供靠泊服务。
62 要求考虑预定靠泊 Request for planned berth consideration
要求在港口区域考虑预计下次靠泊的服务。
63 要求通过港区的进口通行服务 Request for inbound passing services through port area
要求为进口航次(从海上到内陆)经由港口区域通行的服务,不需要在港口区域停泊。
64 要求通过港区的出口通行服务 Request for outbound passing services through port area
要求为出口航次(从内陆到海上)经由港口区域通行的服务,不需要在港口区域停泊。

7293 部门领域标识符代码限定符 Sector area identification code qualifier [B]
说明:限定主题领域标识符的代码。
表示:an..3
1 建筑业 Construction industry
适用于建筑业内部的特定条件。
2 政府出口条件 Governmental export conditions
适用于政府出口条件内部的特定条件。
3 化工业 Chemical industry
适用于化工业内部的特定条件。
4 电子工业 Electronic industry
适用于电子工业内部的特定条件。
5 汽车工业 Automotive industry
适用于汽车工业内部的特定条件。
6 钢铁工业 Steel industry
适用于钢铁工业内部的特定条件。
7 代理业 Factoring
代理行业。
8 国防工业 Defence industry
标识国防工业的代码。
9 酒精饮料工业 Alcohol beverage industry

酒精饮料行业。

10 公安 Police

适用于公安手续。

11 海关 Customs

适用于海关法规。

12 保健法规 Health regulation

适用于保健法规。

13 收支平衡 Balance of payments

收支平衡。

14 国家法律 National legislation

有关政府规定的国家法规。

15 政府 Government

标识适用于政府活动的需求和条件。

16 执行标准 Standards implementation

按标准执行。

17 保险 Insurance

有关保险的信息。

18 信用调查 Credit inquiry

适用于信用调查。

19 一般需求 General request

适用于一般需求。

20 支付条款 Payment terms

适用于支付条款。

21 报表结构 Reporting structure

标识适用于报表结构的需求和条件。

22 法律诉讼金额 Legal filing amounts

专用于法律诉讼的金额。

23 电力供应行业 Electricity supply industry

标识电力供应行业。

24 航空业 Aviation industry

用于标识航空业的代码。

25 银行业 Banking sector

适用于银行业的条件。

26 购买条件 Purchasing conditions

指定购买条件的代码。

27 加油行业 Gas supply industry

标识加油行业。

28 垃圾收集行业 Garbage collection industry

标识垃圾收集行业。

29 有线电视频道分配行业 Cable television channel distribution industry

标识有线电视频道分配行业。

30 配水行业 Water distribution industry

标识配水行业。

7295 需求或条件描述标识符 Requirement or condition description identifier [B]

说明:说明需求或条件的代码。

表示:an..3

1 服务提供商确定的服务 Service provider determined service
服务是由服务提供商决定的。

2 明确全部要 X 光 All X-rays specifically requested
明确全部要 X 光。

3 不进行对比 Not for comparison
不进行对比。

4 用不同的步骤对身体部位进行连续服务 Contiguous body area service with different set-up
用不同的步骤对身体部位进行连续服务。

5 身体部位不连续的服务 Non-contiguous body areas service
身体部位不连续的服务。

6 服务间隔三小时以上 Three hours or more between services
服务间隔三小时以上。

7 身体左侧部分服务 Left body part service
对身体左侧部分进行的服务。

8 失去治疗安排 Lost referral
治疗安排已失。

9 必要的应急处理 Necessary emergency and/or immediate treatment
要求在紧急情况下必须进行处理。

10 一日内第二次访问 Second visit in one day
一日内第二次访问。

11 单独流程 Separate procedure
流程是单独的。

12 特别的病后医疗护理 Not usual medical after-care
术后医疗护理不同于通常的术后医疗护理。

13 身体右侧部分服务 Right body part service
对身体右侧部分进行的服务。

7297 集合类型代码限定符 Set type code qualifier [B]

说明:限定集合类型的代码。

表示:an..3

1 产品 Product
产品集合的标识符。

2 许可证 Licence
许可证集合的标识符。

3 包装 Package
标识包装的有关数字,如与 KANBAN 卡号有关的条码、标签参考号等。

4 车辆参考集合 Vehicle reference set
指示后续的标识与以前被标识的具体车辆有关的代码。

5 源数据库 Source database

数据集中数据的源数据库。

6 目标数据库 Target database

数据集中数据的目标数据库。

7 量值表 Value list

代码或非代码型的量值表。

8 合同 Contract

与项号有关的合同。

9 金融证券 Financial security

金融证券标识符集。

10 会计 Accounting

标识会计使用的数字集的代码。

11 项目 Project

标识项目的一组参考号。

12 工作计划 Work plan

标识一项工作计划的一组参考号。

13 工作进度 Work schedule

标识工作进度的一组参考号。

14 资源 Resource

标识一项资源的一组参考号。

15 阶段标志性事件 Milestone event

标识一项里程碑性质事件的一组参考号。

16 接口工作任务 Interface work task

标识一项接口工作任务的一组参考号。

17 工作任务的限制条件 Work task constraint

标识一项工作任务的约束条件。

18 数据结构位置参考号 Data structure position number

数据结构相关组件的位置参考号。

7299 需求指示符代码 Requirement designator code [B]

说明:说明指定的需求。

表示:an..3

1 条件型 Conditional

客体是条件型的。

2 必备型 Mandatory

客体是必备型的。

3 可选型 Optional

客体是可选型的。

4 浮动型 Floating

客体是浮动型的,不在报文的预定义位置。

5 未使用 Not used

对象未使用。

6 需要 Required

需要对象。

7 已通知 Advised

已通知使用对象。

8 未通知 Not advised

未通知使用对象。

9 受控 Dependent

对象使用依赖一项附加条款或条件。

10 默认值 Default value

未指定其他值时所用的值。

11 首选 Preferred

首选的值。

7365 处理指示符描述代码 Processing indicator description code [C]

说明:说明处理指示符的代码。

表示:an..3

1 报文内容被接受 Message content accepted

报文内容被接受。

2 报文内容拒收,有批注 Message content rejected with comment

拒收的报文内容,有批注。

3 报文内容拒收,无批注 Message content rejected without comment

拒收的报文内容,无批注。

4 货物放行 Goods released

特定货物已从海关监管下放行。

5 需检验货物 Goods required for examination

特定货物被要求进行检查。

6 全部单证或指定单证要求制做 All documents or as specified to be produced

全部单证或指定单证要求制做。

7 扣留货物 Goods detained

指定的货物被扣留。

8 货物可转关运送 Goods may move under Customs transfer

指定货物可转关运送。

9 等候货物到达时接受申报 Declaration accepted awaiting goods arrival

接受货物申报,等候货物到达。

10 要求申报 Declaration requested

要求进行货物申报。

11 预录入信息 Pre-entry information

对货物申报预录入的信息。

12 发送方不允许使用的报文类型 Sender not allowed the message type

发送方不允许发送已发送的报文类型。

13 不支持的报文类型 Message type not supported

接收方不支持报文类型。

14 报文出错 Error message

传送报文出错。

15 确认更正后答复 Response after correction,correction approved

更正后答复;更正已被认可。

16 更正后答复,未认可更正 Response after correction,correction non approved

更正后答复;更正未被认可。

17 收到报文 Message received

报文已被收到。

18 请求清关 Request for clearance

请求对货物进行清关。

19 散货 Bulk goods

散装的货物。

20 延期现金支付 Cash payment deferred

商业交易将在规定的时间范围内用现金支付。

21 未经请求的文本 Unsolicited text

文本是未经请求的。

22 出口 Export

货物从海关监管区被取走。

23 进口 Import

货物被送入海关监管区。

24 转运 Transit

在海关监管下货物从一个海关运输到另一个海关。

25 被禁止/被限制的货物 Prohibited/restricted goods

被海关或其他管理机构禁止或限制进口、出口或转口的货物。

26 集装箱检疫 Container quarantine

(4412)在检疫限制范围内货物、运输设备(集装箱)和任何包装/垫舱物的状况的说明。

27 续运:直接出口 Onward carriage:immediate export

搬移类型指示符:货物被直接从海关监管区取走。

28 中转 Transhipment

货物应该或不应该在卸货地点或中转地点被转运。

29 续运:内陆清关 Onward carriage:inland clearance

搬移类型指示符:货物在海关监管下运送到完成海关手续所在地的海关。

30 直到发送方采取行动才处理交易

Transaction will not be processed until action is taken by sender

31 接收方不能处理交易 Transaction cannot be processed by the recipient

原因不明,交易不能处理。

32 可接受的交易 Transaction accepted

交易被接收方应用接受,并且它是多重交易报文中的一个单独交易。

33 拒绝交易 Transaction rejected

交易由接收方应用拒绝,并且它是多重交易报文中的一个单独交易。

34 等待处理交易 Transaction awaiting processing

交易等待接收方应用处理,并且它是多重交易报文中的一个单独交易。

35 未知交易 Transaction unknown

交易不为接收方应用所知,并且它是多重交易报文中的一个单独交易。

36 变更信息 Changed information

注释只传输现有数据变更部分的信息处理。

37 完整信息 Complete information
通知传输完整数据细目(不只是变更部分)的信息处理。
38 手工程序 Manual procedures
自动处理恢复到手工程序。
39 还原 Unrestow
货物明显错置的还原。
40 铅封未受损 Seal intact
开箱前铅封未受损。
41 铅封受损 Seal not intact
开箱前铅封受损。
42 集装箱设备未残损 Container equipment not damaged
集装箱设备未残损。
43 集装箱设备残损 Container equipment damaged
集装箱设备残损。
44 报文状态 Status of message
基于报文状态的处理。
45 未知受益人账号 Beneficiary's account number unknown
受益人账号是未知的。
46 未知收款人账号 Payee's account number unknown
收款人账号是未知的。
47 未知付款人账号 Payor's account number unknown
付款人账号是未知的。
48 不可能的往来银行 Correspondent bank not possible
往来银行不是可能的银行。
49 不可能的执行日期 Execution date not possible
执行日期是不合适的。
50 不可能的价值日期 Value date not possible
价值日期是不合适的。
51 不可能的货币代码 Currency code not possible
货币代码不是现行的。
52 无效小数 Invalid decimal number
小数是无效的。
53 已完成的订单 Orders executed (on)
确认订单已完成。
54 受影响并通知的交易 Transaction(s) effected and advised (on)
确认受影响并通知的交易。
55 未记入借方 Not yet debited
金额尚未记入借方。
56 受益人不能标识的交易 Beneficiary is unable to identify the transaction
受益人不能标识的交易。
57 货物的再存储 Restowage of cargo
有意或无意的货物再存储。
58 转运:海上清关 Onward carriage:sea clearance

搬移类型指示符：在海关监管下，货物从海上运至将完成海关手续的海关。

59 易腐蚀货物 Perishable goods

货物易腐蚀。

60 熏蒸 Fumigation

货物经过熏蒸。

61 交易原因不必报告 Transaction reason non reportable

交易原因不必报告（如向法律机构）。

62 有对外授权银行发送的报告 Reporting via a bank with forwarding abroad authorized

交易原因可由客户银行向国外银行发送。

63 银行拒绝对外报告 Reporting via a bank with forwarding abroad denied

交易原因不能由客户银行向国外银行发送。

64 请求国际收支附加信息 Balance Of Payments complementary information is requested

报文发送方请求国际收支附加信息，以向法律机构进行国际收支申报。

65 直接报告 Direct reporting

直接进行报告。

66 接受带备注的报文内容 Message content accepted，with comments

接收方接受带备注的报文内容。

67 接受带备注的部分报文内容 Message content partly accepted，with comments

接收方部分接受带备注的报文内容。

68 集装箱运输货物 Goods carried in container

使用集装箱运输货物。

69 不使用集装箱运输货物 Goods not carried in container

不使用集装箱运输货物。

70 船舶库存声明 Ship's stores declaration

将处理的信息是船舶库存声明的指示。

71 事先拆卸 Unpack on premises

标识事先将进行拆卸的指示符。

72 受益人财务信息修正 Beneficiary's financial information incorrect

对有关受益人的财务信息进行修正。

73 费用明细不正确 Charge(s) details not correct

费用明细不正确。

74 数据不正确 Date(s) not correct

数据不正确。

75 货币明细不正确 Currency details incorrect

货币明细不正确。

76 货币金额不正确 Monetary amount incorrect

列出的货币金额不正确。

77 汇付正确 Payments sent correctly

确认付款金额已正确汇出。

78 受益人尚未收到资金 Beneficiary has not received the funds

受益人尚未收到指定的资金。

79 受益人已经收到资金 Beneficiary received the funds late

受益人已经收到事先指定的资金。

80 受益人参与方的未验证费用 Unjustified charges at beneficiary's side
受益人索要的未经验证的费用。

81 授权确认 Confirmation of authorization
授权已经确认。

82 受益人账户已关闭 Beneficiary's account closed
受益人的账户处于关闭状态。

83 交易执行待决 Transaction execution pending
交易正在等待执行。

84 因资金不足而拒绝交易 Transaction rejected due to insufficient funds
因资金不足而拒绝交易。

85 未知的参与方标识 Party identification not known
参与方标识是未知的。

86 未知的受益人 Beneficiary unknown
所指的受益人是未知的。

87 未知的受益人银行 Beneficiary's bank unknown
所指的受益人银行是未知的。

88 优先逻辑格式 Precedence logic format
规定表示优先逻辑处理格式的数据。

89 矢量逻辑格式 Arrow logic format
规定表示矢量逻辑处理格式的数据。

90 条形图格式 Bar-chart format
规定表示条形图处理格式的数据。

91 阶段标志的形式 Milestone format
规定表示阶段性标志的处理形式的数据。

92 平衡线格式 Line of balance format
说明数据表示是处理格式的平衡线。

93 任务清单格式 Task list format
规定表示任务清单处理格式的数据。

94 交付点调配方法 Delivery point driven scheduling method
对指定交付地点应交付的不同产品进行调配的方法。

95 产品调配方法 Product driven scheduling method
指定产品应在不同交付点交付的调配方法。

96 确认已按指示汇付 Confirmation,payment sent as instructed
确认支付款项已按指示汇出。

97 受益人已经收到资金 Beneficiary has received funds
受益人已经收到资金。

98 单项交易超过信用额度 Individual transaction over credit limit
一项交易超过了针对单项交易的信用额度。

99 累计交易超过信用额度 Cumulative transactions exceed credit limit
批量交易超过信用额度。

100 交易超过默认信用额度 Transaction exceeds default credit limit
交易超过默认信用额度。

101 交易款项已收到并已转账至另一银行和/或账户
Transaction received and redirected to another bank and/or account
交易款项已收到，且已转账至另一银行和/或账户。

102 可能重复支付 Potential duplicate of a previous payment
付款可能重复了以前的一笔。

103 待决的取消 Cancellation pending
已通知取消，但还未处理。

104 取消通知太晚，无法执行 Cancellation instruction too late to carry out
收到取消通知太晚，无法执行。

105 无效的银行分支机构分类码 Invalid bank branch sort code
银行分支机构分类码无效。

106 账户号无效 Invalid account number
账户号是无效的。

107 重复的交易 Transaction duplicates previous transaction
交易重复了以前的一笔。

108 过时交易 Transaction out of time limits
在商定的时间期限之外接收的交易。

109 无效和/或不完整的名称和地址 Invalid and/or incomplete name and address
名称和地址是无效的和/或不完整的。

110 未指定名称和地址 No name and address specified
未指定名称和地址。

111 未指定通信号码 No communication number specified
未指定通信号码。

112 银行分支机构参考号和/或明细无效 Bank branch number and/or details invalid
银行分支机构参考号和/或明细无效。

113 订货客户所发报文未含全部所需数据
Message from ordering customer did not contain all data required
收到的来自订货客户的报文未含全部所需数据。

114 支票数据无效 Date of cheque invalid
提供的支票数据无效。

115 交易合计与明细不符 Totals for transaction do not match details
交易合计数与各行交易相加之和不符。

116 不同寻常的交易 Transaction different to normal
交易明细与通常交易所含一般明细不一致。

117 支付方法无效 Method of payment invalid
支付方法是无效的。

118 订货客户付款委托书参考号无效 Ordering customer's payment order number invalid
由订货客户签发的付款委托书参考号无效。

119 订货客户报文控制值有错 Ordering customer's message control value invalid
订货客户规定以数据段总数核对的控制值有错。

120 订货客户报文控制数量有错 Ordering customer's message control quantity invalid
订货客户规定以数据段总数核对的控制数量有错。

121 受益人账户被司法当局冻结 Beneficiary's account frozen by legal authorities

受益人账户已被司法当局冻结。

122 取消申请无效,因交易已经执行 Invalid cancellation request because transaction already executed
取消交易的申请无效,因为交易已在执行。

123 订货客户指定的账户所有人亡故 Account holder specified by ordering customer is deceased
订货客户指定的账户所有人亡故。

124 订货客户的指示重复 Ordering customer's instruction is a duplicate
订货客户的指示重复。

125 未经认可的报文版本 Unauthorized message version
报文版本未经认可。

126 债务人账户不明 Debtor's account unknown
不知道债务人的账户。

127 可以适用健康保险除外条款 Health insurance exclusion condition may apply
病人的健康保险可能不适用某项服务。

128 倒签警告标志 Pre-existing condition warning indicator
可能填写的是早于事件的日期。

129 已取消 Cancellation executed
取消已经执行。

130 分保明细账 Bordereau ceded premium
应按分出保费处理分保明细账。

131 分保开始理赔明细 Bordereau open claims
应按开始理赔处理分保明细项。

132 分保结束理赔明细 Bordereau closed claims
应按结束理赔处理分保明细项。

133 分保结案理赔明细 Bordereau settled claims
应按结案理赔处理分保明细项。

134 第三方业务 Third party business
标识有关第三方业务的处理。

135 无关方 Parties are not related
指出无关的各方。

136 有关方,影响支付或应付价格 Parties related,affects price paid or payable
指出有关联的各方,关系到对支付或应付价格的影响。

137 有关方,不影响价格 Parties related,does not affect price
指出有关联的各方,但是这一关系不会对支付或应付价格有影响。

ZZZ 相互协议商定 Mutually defined

7383 表面或内层代码 Surface or layer code [C]

说明:指示所述产品的表面或内层的代码。

表示:an..3

1S 第一面/边 Side one
位置为第一面/边。

2S 第二面/边 Side two
位置为第二面/边。

AA 在表面 On surface
指示特定实体是在表面。
AB 脱离表面 Off surface
指示特定实体是脱离表面。
AC 易融的 Soluble
所述表面/内层/位置是易融部分的说明。
AD 对角 Opposite corners
所述产品的表面或内层是对角。
AE 对角线 Corner Diagonals
所述产品的表面或内层是对角线。
AF 左舷 Port
船、艇或飞机的左侧(面对前方)。
AG 右舷 Starboard
船、艇或飞机的右侧(面对前方)。
AH 牙齿外表面 Tooth facial surface
牙齿外表面,正对脸部后对舌面。
AI 牙齿侧面 Tooth incisal surface
关于前齿、门牙或犬齿侧面的牙齿表面。
AJ 牙齿远心面 Tooth distal surface
对着牙弓背面或背离中线的牙齿表面。
AK 牙齿颊侧面 Tooth buccal surface
向着颊或在颊边的牙齿表面。
AL 牙齿咬合面 Tooth occlusal surface
后齿的咀嚼面的牙齿表面。
AM 牙齿舌面 Tooth lingual surface
向着舌头或在舌头四周的牙齿表面。
AN 牙齿近心面 Tooth mesial surface
向着牙弓中线的牙齿表面。
BC 计程车后面 Back of cab
位置为计程车后面。
BS 两面/边 Both sides
位置为两面/边。
BT 底部 Bottom
位置为底部。
DF 双燃料罐位置 Dual fuel tank positions
位置为双燃料罐位置。
FR 前面 Front
位置为前面。
IN 内部 Inside
位置为内部。
LE 左边 Left
位置为内部。
OA 全部 Overall

位置为内部。

OS 一面/边 One side

位置一面/边。

OT 外面 Outside

位置外面。

RI 右边 Right

位置为右边。

RR 后面 Rear

位置为后面。

ST 备用胎位置 Spare tyre position

位置为备用胎位置。

TB 罐底 Tank bottom

位置为罐底。

TP 顶部 Top

位置为顶部。

TS 双面/边 Two sides

位置为双面/边。

UC 驾驶室下面 Under cab

位置为驾驶室下面。

7405 对象标识代码限定符 Object identification code qualifier [C]

说明：限定对象标识的代码。

表示：an..3

AA 商号提单 House bill of lading

用于标识货物来自货运代理人/拼箱人的参考号。

AB 第一结构元素名称 1st structure element name

共同定义一系列客体结构元素中的第一个元素。

AC 第二结构元素名称 2nd structure element name

共同定义一系列客体结构元素中的第二个元素。

AD 第三结构元素名称 3rd structure element name

共同定义一系列客体结构元素中的第三个元素。

AE 第四结构元素名称 4th structure element name

共同定义一系列客体结构元素中的第四个元素。

AF 第五结构元素名称 5th structure element name

共同定义一系列客体结构元素中的第五个元素。

AG 第六结构元素名称 6th structure element name

共同定义一系列客体结构元素中的第六个元素。

AH 第七结构元素名称 7th structure element name

共同定义一系列客体结构元素中的第七个元素。

AI 第八结构元素名称 8th structure element name

共同定义一系列客体结构元素中的第八个元素。

AJ 第九结构元素名称 9th structure element name

共同定义一系列客体结构元素中的第九个元素。

AK 数据集 Data set
标识一个数据集。
AL Kanban 卡号 Kanban card number
收货人为 Kanban 卡分配的参考号。
AM 层号 Level number
层次或其他结构中的层次号。
AN 制造参考号 Manufacturing reference number
标识特定装配或其他制造过程的唯一号码。
AO 包装中的位置号 Position number in package
根据伙伴间商定的规则,标识包装中位置的号码。
AP 产品 Product
标识产品的名称或号码。
AQ 发布号 Release number
发布号。
AR 统计概念 Statistical concept
统计概念。
AS 表格 Table
项目(如行或栏中的数字和文字)的表格。
AT 运输包装组号 Transport packing group number
标识伙伴间商定的成组装载运输中物品组的号码。
AU 量值表 Value list
代码或非代码型的量值表。
AV 量值表子集 Value list subset
代码或非代码型的量值表的子集。
AW 集装箱装运顺序代码 Serial shipping container code
标识装运的集装箱或装运的包装的唯一的顺序号码。
AX 箱号 Case number
标识指定箱号的代码。
AY 金融证券标识号 Financial security identification number
金融证券标识号。
AZ 光盘播放器安全代码号 Compact disk player security code number
光盘播放器的安全代码号。
BA 调查表中的问题 Question in questionnaire
标识调查表中的问题。
BB 调查表 Questionnaire
调查表标识。
BC 校验位 Check digit
主号的校验位。
BD 交通工具电话标识号 Vehicle telephone identification number
标识交通工具中安装的电话设备的号码。
BE 不包括的批号 Batch excluded
托运货物中不包括制造产品的批号。
BF 房门钥匙号 Door key number

门锁的钥匙号。

BG 车队号 Fleet number

车队的号码。

BH 点火钥匙号 Ignition key number

点火开关的钥匙号。

BI 无线电安全代码号 Radio security code number

无线电的安全代码号。

BJ 集装箱序列号 Serial shipping container code

唯一标识装运集装箱的序列号。

BK 车队车辆号 Fleet vehicle unit number

车队管理员为该队中的车辆分配的车辆号。

BL 车辆注册号 Vehicle registration number

车辆注册号。

BM 会计分类参考号(ACRN) Accounting Classification Reference Number (ACRN)

标识会计分类的参考号。

BN 顺序号 Serial number

用于标识特定货物的商业顺序参考号。

BO 资金 Fund

标识资金的代码。

BP 特殊会计分类参考号(ACRN) Special Accounting Classification Reference Number (ACRN)

标识特殊会计分类的参考号。

BQ 项目 Project

标识项目的代码。

BR 运输账户代码(TAC) Transportation Account Code (TAC)

标识运输账户的代码。

BS 财务明细 Financial details

标识会计的财务明细的代码。

BT 会计主管 Account manager

标识会计主管的代码。

BU 买方指定货件标识 Package buyer assigned identifier

买方为表示单件货物而分配的唯一参考号。

BV 前任的限制条件 Predecessor constraint

标识号为前任的限制条件。

BW 接任的限制条件 Successor constraint

标识号为接任的限制条件。

BX 批号 Batch number

制造商对在类似条件下生产的一批产品附加的唯一参考号。

BY 个人身份证参考号 Person identity number

个人的身份证参考号。

BZ 卫生保健专业标识号 Health-care professional identity number

标识号针对卫生保健专业。

CA 私营机构标识号 Private institution identity number

私营机构的标识号。

CB 公共机构标识号 Public institution identity number
公共机构的标识号。

CC 树形结构 Tree structure
含有两个或两个以上层次相关对象的结构的标识号。

CD 树形结构子集 Tree structure subset
包含两个或两个以上层次相关对象结构中一个子集的标识号。

CE 连接设置 Link set
一组连接的标识号。

CF 组织结构图 Organisation chart
组织结构图的标识号。

CG (非政府)卫生保健服务提供方号码 Healthcare provider number (non-government)
由非政府机构的卫生保健提供方指定的标识号。

CH 病人基本标识号 Primary patient identification number
标识病人的基本参考号。

CI 保险人标识号 Insurer identification number
分配给保险公司的唯一标识号。

CJ 医院发布的卫生保健服务提供方参考号 Hospital issued healthcare provider number
由医院发布的卫生保健服务提供方的标识号。

CK 卫生保健执业标识号 Healthcare practice identification number
一家或多家卫生服务提供方开展业务的唯一执业标识号。

CL 代理人标识号 Agent identification number
对代理人指定的唯一标识号。

CM 保险人组合 Insurer group identification number
保险人组合的标识号。

CN 底盘号 Chassis number
为标识,制造商附在底盘上的唯一参考号。

CO 发票号 Invoice number
分配给发票的参考号。

CP 账户号 Account number
账户标识号。

CQ 内部控制号 Internal control number
为内部使用而分配的控制参考号。

CR 保险单参考号 Policy number
唯一标识保险单的参考号。

CS 属性设置 Attribute set
一套属性。

CT 脚注设置 Footnote set
一套脚注。

CU GS1 个别资产通用识别码 GS1 Global Individual Asset Identifier
由公司前缀和单个资产参考号组成的 GS1 的唯一参考号。

CV 足环 Legband
为唯一标识动物而在活动物腿上附加的标志。

CW 主管机关登记号 Authority registered number

为标识特定商品或货物在主管机构正式登记的参考号。

CX 附加的识别标志 Identification tag,affixed

附加到商品或货物(如家畜)上的识别标志。

CY 标识纹饰 Identification tattoo

一种纹饰标识,如家畜。

CZ 翅环标识 Identification wingband

附加于禽类翅膀的识别标志。

EE 发动机参考号 Engine number

为标识,制造商附在发动机上的唯一参考号。

EM 感光乳剂号 Emulsion number

制造商为摄影产品指示的感光度而指定的参考号。

IL 发票项号 Invoice line number

指示按照相同销售条件的同一已开票的货物数字顺序。

ML 标记/标签号 Marking/label number

标记/标签的号码。

PN 部件参考号 Part number

制造商为一产品部件指定的参考号。

SC 第二级海关税则号 Secondary Customs tariff number

指出(例如在数据段 GIR 中)海关税则参考号的第二(子目)等级。

VV 车辆标识号 Vehicle identity number

制造商为区分车辆而指定的唯一顺序参考号。

VW 货盘参考号 Skid number

标识货盘或托盘的参考号。

VX 批准 Authorisation

正式批准。

VY 保险单 Insurance policy

保险合同。

VZ 根据 ISO/IEC 15459 的运输设备参考号

Transport unit identification according to ISO/IEC 15459

根据 ISO/IEC 15459(ISO:国际标准化组织。IEC:国际电工技术委员会)对运输设备进行的标识。

WA 根据 ISO/IEC 15459 的不可分离运输设备参考号

Indivisible transport unit according to ISO/IEC 15459

根据 ISO/IEC 15459(ISO:国际标准化组织。IEC:国际电工技术委员会)对不可分离的运输设备进行的标识。

WB 根据 ISO/IEC 15459 的可分离运输设备参考号

Divisible transport unit according to ISO/IEC 15459

根据 ISO/IEC 15459(ISO:国际标准化组织。IEC:国际电工技术委员会)对可分离的运输设备进行的标识。

ZZZ 共同约定 Mutually defined

交换各方共同商定的对象标识。

7429 索引结构代码限定符 Indexing structure code qualifier [B]

说明:限定索引结构的代码。

表示:an..3

1 项目索引 Project index

标识相关清单等级标识符归属项目索引。

2 可选的索引 Alternative index

标识相关清单等级标识符归属可选索引。

7431 协议类型代码限定符 Agreement type code qualifier [B]

说明:限定协议类型的代码。

表示:an..3

1 参与类型 Type of participation

2 保证金协议 Credit cover agreement

避免卖方对买方的信用损失风险的协议。

3 分出人条约标识符 Cedent's treaty identifier

分出人为条约分配的标识。

4 再保险人条约标识符 Reinsurer's treaty identifier

再保险人为条约分配的标识。

5 承包合同的类型 Type of contract letting

为规定对外公开或限定范围投标的施工工作所需的协议类型。

6 合同分解类型 Contract breakdown type

合同分解的类型。

7 承包方责任和义务的构成 Contractor responsibility and liability structure

构成承包方履行合同责任和义务的方式。

8 健康险投保协议 Health insurance cover agreement

健康险投保的协议。

9 合同 Contract

协议种类为合同。

10 社会保险投保协议 Social security cover agreement

社会保险投保协议。

11 电网连通合同 Grid connection contract

连接电网的合同。

12 供电合同 Power supply contract

供电的合同。

7433 协议类型描述代码 Agreement type description code [B]

说明:说明协议类型的代码。

表示:an..3

1 商定的用户团体 User group agreed

用户群商定的协议类型描述。

2 两国双边协议 Bilateral agreement between countries

两国双边确定的协议。

3 未知的协议 Unknown agreement

未知的协议类型。

4 欧盟协议 European Union agreement

欧盟国家确定的多边协议。

5 国家协议 National agreement

在国家层面确定的协议。

7449 成员类型代码限定符 Membership type code qualifier [B]

说明:说明成员类型的代码。

表示:an..3

1 人寿保险 Life insurance

人寿保险方案的成员资格。

2 退休金 Superannuation

用于退休金,包括养老金。

ZZZ 相互协议商定 Mutually defined

7451 成员资格类别标识 Membership category identification [B]

说明:说明成员资格类别的代码。

表示:an..4

1 家庭 Family

一群人属于同一家庭。

2 无陪伴的人 Unaccompanied person

无人陪伴的人。

3 成年人 Senior person

成年人。

4 儿童 Child

儿童。

7455 成员资格等级代码限定符 Membership level code qualifier [B]

说明:限定成员资格等级的代码。

表示:an..3

1 保险 Insurance

与保险有关的成员资格等级。

2 退休金 Superannuation

与退休金有关的成员资格等级。

7459 参与方类别描述代码 Attendee category description code [B]

说明:说明参与方类别的代码。

表示:an..3

1 当日病人安排留宿 Same-day patient with overnight stay

对当天的治疗的病人进行实际或预期的留宿安排。

2 当日病人不安排隔夜陪护 Same-day patient without overnight stay

对当天的治疗的病人未进行实际或预期的留宿安排。

3 非当日病人安排隔夜陪护 Non same-day patient with overnight stay

对治疗(不是当天的治疗)的病人进行实际或预期的留宿安排。

4 跨区出诊 Outreach clinic visit

到跨区诊疗机构出诊。

5 家庭护理出诊 Home care visit

在病人家里暂时护理病人。

7491 库存类型代码 Inventory type code [B]

说明:说明库存类型的代码。

表示:an..3

1 已接收产品 Accepted product inventory

由进货控制接受产品库存。

2 残损产品库存 Damaged product inventory

残损产品库存。

3 待完税库存 Bonded inventory

由于海关原因待完税的产品库存。

4 储备存货 Reserved inventory

有关储备产品的库存。

5 等待检验存货 Awaiting inspection inventory

库存产品等待质量检验。

7493 残损细目代码限定符 Damage details code qualifier [B]

说明:说明残损细目的代码。

表示:an..3

1 设备残损 Equipment damage

残损细目与设备(如集装箱)有关。

7495 对象类型代码限定符 Object type code qualifier [B]

说明:限定对象类型的代码。

表示:an..3

1 量值表 Value list

代码或非代码型的量值表。

2 表中的名称值 Name value in list

表中指定的名称值。

3 脚注 Footnote

说明性的注释。

4 代码值 Code value

量值表中指定的代码值。

5 数据集结构 Data set structure

数据集结构定义。

6 统计概念 Statistical concept

统计概念。

7 数组段表示 Array segment presentation

在包含数组数据的段中表示数组的方法。

8 数据段范围 Data set scope

数据集的范围定义。

9 参与方分配的报文号 Message number assigned by party
指定参与方给出的报文标识。
10 连接树结构原始层级 Linked source tree structure level
连接中为原始层级的树结构层级。
11 连接原始树结构 Linked source tree structure
连接中为原始结构的一层含有两个或更多对象的结构。
12 连接原始项目 Linked source item
连接中作为原始项目的一个元素。
13 连接树结构目标层级 Linked target tree structure level
连接中为目标层级的树结构层级。
14 连接目标的树状结构 Linked target tree structure
连接中为目标结构的一层含有两个或更多对象的结构。
15 连接目标项目 Linked target item
连接中作为目标项目的一个元素。
16 工作分解结构 Work breakdown structure
标识针对工作任务所指定的报告结构基准所使用的索引。
17 组织分解结构 Organization breakdown structure
用于标识指出由谁负责完成工作和谁进行工作的报告结构基准所使用的索引。
18 成本要素结构 Cost element structure
用于标识针对工作实施所使用的成本要素或资源而指定的报告结构所用的索引。
19 编码属性 Coded attribute
属性为代码型。
20 非编码属性 Uncoded attribute
属性为非编码型。
21 货件 Package
维护对象为货件。
22 工具 Tool
维护对象为工具。
23 设备 Equipment
维护对象为一项设备。
24 交易 Transaction
对象为交易。

7497 成分功能结构代码限定符 Structure component function code qualifier [B]
说明：限定成分功能结构的代码。
表示：an..3
1 数组时间度量 Array time dimension
数组的时间度。
2 量值表 Value list
代码或非代码型的量值表。
3 数组单元 Array cell
数组单元。
4 数组尺寸 Array dimension

数组的尺寸。

5 树结构 Tree structure

包含层次级别的树形结构。

6 树结构连接 Tree structure link

两个相关树结构的连接。

7 树结构层级 Tree structure level

树结构的层次级别。

8 树结构层级连接 Tree structure level link

一个树结构的两个相关层次级别之间的连接。

9 结构项目 Structure item

结构中的一项。

10 结构项目连接 Structure item link

结构中两个相关项目的连接。

11 统计时间序列标志 Statistical time series indicator

指定组件的功能为统计时间序列的指示符。

12 属性 Attribute

指定组件的功能为属性。

7511 标志类型代码 Marking type code [B]

说明:说明标志类型的代码。

表示:an..3

1 未以 EAN. UCC 系统代码标志 Not marked with an EAN. UCC system code

指出货件未以 EAN. UCC(国际物品编码.统一编码委员会)系统代码进行标志。

7515 结构类型代码 Structure type code [B]

说明:说明结构类型的代码。

表示:an..3

1 基数阵列 Cardinal array

以基数阵列表示的组件。

2 序数阵列 Ordinal array

以序数阵列表示的组件。

3 简单值 Simple value

以简单值表示的组件。

4 表 Table

以数据表表示的组件。

8015 交通限制代码 Traffic restriction code [I]

说明:说明交通限制的代码。

表示:an..3

1 仅为上客停靠 Stop only for boarding

旅行服务在指定地点停靠仅为上客。

2 仅为下客停靠 Stop only for alighting

旅行服务在指定地点停靠仅为下客。

3　技术停靠，无上下客　Technical stop，without boarding or alighting
　旅行服务进行技术停靠的地点，不允许上下旅客。
4　通过地点　Passing location
　旅行服务经过但不停靠的地点。

8025　运输工具停靠目的描述代码　Conveyance call purpose description code　[B]
说明：说明运输工具停靠目的的代码。
表示：an..3
1　货物操作　Cargo operations
　装货和/或卸货。
2　乘客搬移　Passenger movement
　乘客搭乘和/或登陆。
3　加油　Taking bunkers
　加油(中途加油)。
4　更换乘务员　Changing crew
　更换乘务员。
5　友好访问　Goodwill visit
　友好访问。
6　补充物品　Taking supplies
　补充物品。
7　修理　Repair
　进行修理。
8　闲置　Laid-up
　停止服务。
9　等候指示　Awaiting orders
　等候工作指示。
10　其他　Miscellaneous
　其他目的的停靠。
11　乘务人员动态　Crew movement
　乘务人员上和/或下运输工具。
12　游览、休闲和娱乐　Cruise，leisure and recreation
　为游览、休闲和娱乐而靠港。
13　根据政府命令　Under government order
　根据政府命令而靠港。
14　检疫　Quarantine inspection
　进行检疫。
15　避难　Refuge
　针对某些困境和/或威胁(如恶劣气候或危险)而寻求庇护。
16　卸货　Unloading cargo
　从运输工具上卸下货物。
17　装货　Loading cargo
　将货物装上运输工具。
18　干船坞维修　Repair in dry dock

船舶进入干船坞进行维修。

19 湿船坞维修 Repair in wet dock

船舶入坞维修，但毋需进行外围排水。

20 液体货舱清洗 Cargo tank cleaning

将对运输工具的液体货舱进行清洗。

21 运输工具清关 Means of transport customs clearance

运输工具将办结海关手续。

22 排气 De-gassing

运输工具将进行排气。

23 废弃物处置 Waste disposal

运输工具将处置其废弃物。

8035 交通限制类型代码限定符 Traffic restriction type code qualifier [I]

说明：限定交通限制类型的代码。

表示：an..3

1 必须在登乘点中途停靠或转乘 Required stopover or connection must occur at the board point

中途停靠或转乘必须在登乘处进行。

2 必须在离乘处中途停靠或转乘 Required stopover or connection must occur at the off point

中途停靠或转乘必须在离乘处进行。

8051 运输阶段代码限定符 Transport stage code qualifier [B]

说明：限定运输阶段的代码。

表示：an..3

1 内陆运输 Inland transport

往来于边境或内陆点间的货物运输。

2 在统计区域限制 At the statistical territory limit

运输工具预计离开统计地区或到达统计地区。

3 在到达地点 At arrival

货物经过运输被送至到达地点。

10 前程运输 Pre-carriage transport

干线运输之前运送货物的运输。

11 在边境 At border

将货物运送到海关边境的运输。

12 在启运地 At departure

从启运地运送货物的运输。

13 在目的地 At destination

在目的地运送货物的运输。

14 在统计地区限制 At the statistical territory limit

运输工具预计离开统计地区或到达统计地区的运输。

15 主段运输—第四承运人 Main carriage-fourth carrier

运输顺位的第四承运人。

16 主段运输—第五承运人 Main carriage-fifth carrier

运输顺位的第五承运人。

17 主段运输—第六承运人 Main carriage-sixth carrier
运输顺位的第六承运人。

18 主段运输—第七承运人 Main carriage-seventh carrier
运输顺位的第七承运人。

19 主段运输—第八承运人 Main carriage-eighth carrier
运输顺位的第八承运人。

20 干线运输 Main-carriage transport
从始发地向目的地运输货物的主要阶段。

21 干线运输—第一承运人 Main carriage-first carrier
所安排的运输涉及一个以上承运人时的第一承运人。

22 干线运输—第二承运人 Main carriage-second carrier
所安排的运输涉及一个以上承运人时的第二承运人。

23 干线运输—第三承运人 Main carriage-third carrier
所安排的运输涉及一个以上承运人时的第三承运人。

24 内河水运 Inland waterway transport
通过内河运送货物的运输。

25 交货的承运人进行全程运输 Delivery carrier all transport
承运人负责从起点到最终交货目的地的运输。

26 第二前程运输 Second pre-carriage transport
干线运输之前运送货物的第二运输。

27 预接收运输 Pre-acceptance transport
在接收地点运送货物的运输。

28 第二续运运输 Second on-carriage transport
干线运输之后运送货物的第二运输。

29 主段运输—第九承运人 Main carriage-ninth carrier
运输顺位的第九承运人。

30 续运运输 On-carriage transport
干线运输之后运送货物的运输。

31 主段运输—第十承运人 Main carriage-tenth carrier
运输顺位的第十承运人。

32 主段运输—第十一承运人 Main carriage-eleventh carrier
运输顺位的第十一承运人。

33 主段运输—第十二承运人 Main carriage-twelfth carrier
运输顺位的第十二承运人。

8053 设备类型代码限定符 Equipment type code qualifier [C]

说明:限定设备类型的代码。

表示:an..3

AA 地面设备 Ground equipment
需要加油或服务的地面设备。

AB 链条 Chain
用于货物安全的链条。

AD 温度记录仪 Temperature recorder
提供记录实际温度的记录仪。

AE 车体拖车 Body trailer
装货时使用的车辆部分。

AG 厚板 Slipsheet
放置存储或运输产品的平板。

AH 所需的非特殊设备 No special equipment needed
指出所需的非特殊设备的代码。

AI 船舱 Vessel hold
运输船的隔舱。

AJ 平板架 Flat rack
用于运送物体的开口集装箱。

AK 飞行器 Aircraft
指出该设备是飞行器。

AL 医用装置 Medical device
专用于医疗的装置。

AM 冷藏集装箱 Refrigerated container
开机冷却货物的冷冻(冷藏)集装箱。

AN 80 cm×120 cm 合成托盘 Synthetic pallet 80 cm×120 cm
以合成材料制成的 80 cm×120 cm 标准规格托盘。

AO 100 cm×120 cm 合成托盘 Synthetic pallet 100 cm×120 cm
以合成材料制成的 100 cm×120 cm 标准规格托盘。

AP 挂衣架 Clothing hanger rack
用以悬挂定位进行储存和运输的设备。

AQ 道路/铁路挂车 Road/rail trailer
指定为结合公路/铁路的两用挂车。

AT 加挂车皮 Overhang wagon
当货物长度超过火车车皮时,向重载车皮加挂的空车皮。

BL 垫舱木块 Blocks
运输中通常用于固定货物(如卷材)的木块。

BPN 不可互换的箱式托盘 Box pallet non exchangeable
不能互换的箱式托盘。

BPO 作为货物运输的卡车 Truck being transported
被另一运输工具载运的具有载货能力的公路车辆。

BPP 作为货物运输的卡车和挂车组合 Truck and trailer combination being transported
被另一运输工具载运的具有载货能力的公路车辆及其挂接的拖车。

BPQ 作为货物运输的拖拉机和挂车 Tractor and trailer being transported
被另一运输工具载运的伴有自行驱动能力的拖拉机的拖车。

BPR 邮袋 Postal bag
主要为运送邮寄物品的专用袋。

BPS 信件托盘 Letter Tray
主要为运送规格略超 C5 的邮寄信件的专用托盘。

BPT 滚笼 Roller Cage

滚动的金属笼。

BPU 平托盘 Flats Tray

主要为运送从C5直到大于C4的邮寄信件的专用托盘,托盘中信件顶端相叠。较小邮寄信件也可基于其长边加以使用。

BPV 袋外包裹 Out of bag parcel

单独运送的邮件,只有寄发人提供的保护性包装。

BPW 平台搬运车 Wheeled Platform

由安装于车轮上的平台组成的器械,专用于可以安全堆装的物品的运送。通常还配备使其得以方便调动的操纵杆。

BPX 与集装箱海关公约不符的集装箱

Container non-compliant with the Customs Convention on Containers

集装箱不符合集装箱海关公约。

BPY 不可互换的EUR Y型箱式托盘 Box pallet EUR Y non exchangeable

不能进行互换的EUR Y型箱式托盘。

BPZ 台车1型 Roll Pallet 1

小脚轮上80 cm×60 cm的托盘。

BR 驳船 Barge

用于运河或河流货运的,带有或没有自身动力装置的内河平底货船。

BX 棚车 Boxcar

铁路用封闭式货车。

CH 车底盘 Chassis

作为内陆运输工具用的、装有海运集装箱的带车轮的车架。

CN 集装箱 Container

由国际标准化组织为运输而定义的设备项目。它必须具有:a)耐久的特性,其强度足以反复使用;b)方便货物运输,在使用一种或多种运输方式时,不需中途换装;c)特别配备了对其进行固定操作的装置。

DPA 舷窗盖(挡板) Deadlight (panel)

内部固定的一套档板。

DPB 台车2型 Roll Pallet 2

小脚轮上120 cm×60 cm的托盘。

EFP 可互换的EUR平板托盘 Exchangeable EUR flat pallet

可进行互换的EUR平板托盘。

EYP 可互换的EUR Y型箱式托盘 Exchangeable EUR Y box pallet

可进行互换的EUR Y型箱式托盘。

FPN 不可互换的EUR平板托盘 Flat pallet EUR non exchangeable

不可进行互换的EUR平板托盘。

FPR 不可互换的平板托盘(铁路所有) Flat pallet (railway property) non exchangeable

不可进行互换的平板托盘(铁路所有)。

IL 可堆叠带盖硬质托盘 Lidded stackable rigid tray (CEN TS 14482:2002)

符合CEN TS 14482:2002的可堆叠带盖硬质托盘。

LAR 捆扎绳索 Lashing rope

捆扎货物的绳索。

LU 设备上的装/卸装置 Load/unload device on equipment

货物装入和/或卸出运输设备所用的机械装置。

MPA 可搬移挡板 Movable panel

可移动的挡板。

PA 托盘 Pallet

便于叉车或吊机搬运的,其上可堆放货物的平台。

PBP 已标识的专用箱式托盘 Identified private box pallet

已标识私人专用的箱式托盘。

PFP 已标识的专用平板托盘 Identified private flat pallet

已标识私人专用的平板托盘。

PL 承重台架 Platform

通常具有一平面,或为运送特殊形状的货物而准备的一种运输设备。

PPA 护挡板 Protecting panel

用于防护的挡板。

PST 便携加热器 Portable stove

便携式加热器。

RF 平板车 Flat car

铁路用的平板车。

RG 冷气机 Reefer generator

在温控运输设备中用于控制温度的冷气发生器。

RGF 地面设施 Ground facility

可接收船运货物或商品的存储罐或设备。

RO 绳索 Rope

固定货物用的绳索。

RR 铁路车厢 Rail car

铁路车辆的注册标识号(CIM19)。

SPP 已标识的特种托盘 Identified special pallet

已标识的特种托盘。

STR 板条 Strap

可伸缩材料制成的窄的板条。

SW 可换车体 Swap body

无轮的长方形设备单位,能够装在底盘车上或置于支架上。

TE 挂车 Trailer

为货物运输而设计,需机动车拖带的无动力车辆。

TP 防水布 Tarpaulin

防水材料,如粗帆布,铺盖在货物上以防水湿。

TS 索具 Tackles

(8030)按 CIM 第 13 章 DCU9 中规定使用的装货索具(板、绳、链等)的识别标志和参考号以及按 CIM(CIM17)附录 3 中的第 5 条和第 10 条规定的集装箱的识别标志和参考号。

TSU 铺盖防水布保障 Tarpaulin support

铺盖防水布保障设备。

UL ULD(成组载货设备) ULD (Unit load device)

航空集装箱或托盘。

8077　设备提供方代码　Equipment supplier code　[B]

说明:说明设备提供方的代码。

表示:an..3

1　托运人提供　Shipper supplied
运输设备由托运人提供。

2　承运人提供　Not shipper supplied
运输设备由承运人提供,并非由托运人提供。

3　拼装人提供　Consolidator supplied
设备由拼装人提供。

4　拆箱人提供　Deconsolidator supplied
设备由拆箱人提供。

5　第三方提供　Third party supplied
设备由第三方提供。

6　货运代理提供的租用设备　Forwarder supplied from a leasing company
由货运代理人提供的、从出租公司租用的设备。

7　货运代理提供的铁路共用设备　Forwarder supplied from the railways' pool
由货运代理人提供的、从铁路公司设立的共用机制取得的设备。

8101　转运方向指示代码　Transit direction indicator code　[B]

说明:说明转运方向的代码。

表示:an..3

BS　买方到卖方　Buyer to seller
从买方到卖方运输。

SB　卖方到买方　Seller to buyer
从卖方到买方运输。

SC　分包方到卖方　Subcontractor to seller
从分包方到卖方运输。

SD　卖方到卸船的指定地点　Seller to drop ship designated location
从卖方到卸船的指定地点运输。

SF　卖方到货运代理人　Seller to freight forwarder
从卖方到货运代理人运输。

SS　卖方到分包方　Seller to subcontractor
从卖方到分包方运输。

ST　母船到驳船　Mother vessel to lighter
货物从干线船或母船中转到驳船。

SU　驳船到母船　Lighter to mother vessel
货物从驳船中转至干线船或母船。

ZZZ　相互协商约定　Mutually defined

8155　设备规格和类型描述代码　Equipment size and type description code　[B]

说明:说明设备规格和类型的代码。

表示:an..4

1　普通表层容器　Dime coated tank

一个普通表层容器。

2　表面有环氧树脂涂层的容器　Epoxy coated tank

一个表面有环氧树脂涂层的容器。

6　压力容器　Pressurized tank

一个压力容器。

7　冷藏容器　Refrigerated tank

一个冷藏容器。

9　不锈钢容器　Stainless steel tank

10　40 英尺非工作状态冷藏集装箱　Nonworking reefer container 40 ft

非工作状态的 40 英尺冷藏集装箱。

12　欧式托盘　Europallet

80 cm×120 cm。

13　斯堪的纳维亚托盘　Scandinavian pallet

100 cm×120 cm。

14　拖车　Trailer

为货物运输而设计,能被机动车拖带的无自身动力的车辆。

15　20 英尺非工作状态冷藏集装箱　Nonworking reefer container 20 ft

非工作状态的 20 英尺冷藏集装箱。

16　可互换托盘　Exchangeable pallet

按照国际公约可互换的标准托盘。

17　半拖车　Semi-trailer

为货物运输所设计的没有前轮,装有中心销,无自身动力的车辆。

18　20 英尺罐式集装箱　Tank container 20 ft

一个 20 英尺罐式集装箱。

19　30 英尺罐式集装箱　Tank container 30 ft

一个 30 英尺罐式集装箱。

20　40 英尺罐式集装箱　Tank container 40 ft

一个 40 英尺罐式集装箱。

21　IC 型 20 英尺集装箱　Container IC 20 ft

IC 指国际集装箱公司(欧洲铁路公司的分支机构,负责处理特种集装箱的集装箱铁路运输)。

22　IC 型 30 英尺集装箱　Container IC 30 ft

一个 IC 型 30 英尺集装箱。

23　IC 型 40 英尺集装箱　Container IC 40 ft

一个 IC 型 40 英尺集装箱。

24　20 英尺冷藏罐式集装箱　Refrigerator tank 20 ft

一个 20 英尺冷藏罐式集装箱。

25　30 英尺冷藏罐式集装箱　Refrigerator tank 30 ft

一个 30 英尺冷藏罐式集装箱。

26　40 英尺冷藏罐式集装箱　Refrigerator tank 40 ft

一个 40 英尺冷藏罐式集装箱。

27　IC 型 20 英尺罐式集装箱　Tank container IC 20 ft

一个 IC 型 20 英尺罐式集装箱。

28　IC 型 30 英尺罐式集装箱　Tank container IC 30 ft

一个 IC 型 30 英尺罐式集装箱。

29　IC 型 40 英尺罐式集装箱　Tank container IC 40 ft

一个 IC 型 20 英尺罐式集装箱。

30　IC 型 20 英尺冷藏罐式集装箱　Refrigerator tank IC 20 ft

一个 IC 型 20 英尺冷藏罐式集装箱。

31　30 英尺控温集装箱　Temperature controlled container 30 ft

30 英尺控温集装箱。

32　IC 型 40 英尺冷藏罐式集装箱　Refrigerator tank IC 40 ft

一个 IC 型 40 英尺冷藏罐式集装箱。

33　活动箱：长度小于 6.15 米　Movable case：L<6.15 m

一个活动箱：长度小于 6.15 米。

34　活动箱：长度大于 6.15 米并小于 7.82 米　Movable case：6.15 m<L<7.82 m

一个活动箱：长度大于 6.15 米。

35　活动箱：长度大于 7.82 米并小于 9.15 米　Movable case：7.82 m<L<9.15 m

一个活动箱：长度大于 7.82 米并小于 9.15 米。

36　活动箱：长度大于 9.15 米并小于 19.90 米　Movable case：9.15 m<L<10.90 m

一个活动箱：长度大于 9.15 米并小于 19.90 米。

37　活动箱：长度大于 10.90 米并小于 13.75 米　Movable case：10.90 m<L<13.75 m

一个活动箱：长度大于 10.90 米并小于 13.75 米。

38　开顶箱　Totebin

公路散货运输所用大约 1.5 m×1.5 m×2.5 m 的钢结构开顶箱。

39　20 英尺温控集装箱　Temperature controlled container 20 ft

20 英尺温控集装箱。

40　40 英尺温控集装箱　Temperature controlled container 40 ft

40 英尺温控集装箱。

41　30 英尺非工作状态冷藏集装箱　Non working refrigerated(reefer)container 30 ft

非工作状态的 20 英尺冷藏集装箱。

42　双拖车　Dual trailers

两个拖车连在一起，由牵引车推动前面的拖车。

43　20 英尺 IL 集装箱(开顶)　20 ft IL container (open top)

内部长度为 20 英尺的开顶集装箱。

44　20 英尺 IL 集装箱(封顶)　20 ft IL container (closed top)

内部长度为 20 英尺的封顶集装箱。

45　40 英尺 IL 集装箱(封顶)　40 ft IL container (closed top)

内部长度为 40 英尺的封顶集装箱。

8169　满/空指示符代码　Full or empty indicator code　[B]

说明：指示对象设备满或空程度的代码。

表示：an..3

1　多于可用容积的四分之一　More than one quarter volume available

指出多于容积的四分之一可供使用。

2　多于可用容积的二分之一　More than half volume available

指出多于容积的二分之一可供使用。

3 多于可用容积的四分之三 More than three quarters volume available
指出多于容积的四分之三可供使用。
4 空 Empty
指出对象设备为空。
5 满 Full
指出对象设备为满。
6 无可用容积 No volume available
指出对象设备无可用容积。
7 装满的混合托运物 Full,mixed consignment
指示设备已装满并且包括一个拼箱(少于集装箱装载)的托运物。
8 装满的单独托运物 Full,single consignment
指示集装箱已满并且为一单独整箱托运物。
9 部分装载 Part load
集装箱货载为单票报关货物中的一部分(即报关包含多于一个集装箱的货载)。
10 混票部分装载 Part load mixed consignments
集装箱货载有单票报关货物在其他集装箱剩余的部分,还有与其他申报相关的其他货物。
11 单张发票货载 Single invoiced load
一个集装箱/货件内的货物均属某一单张发票项下。
12 多张发票货载 Multi invoiced load
一个集装箱/货件内的货物分属多张发票。
13 整箱多票提单 Full load,multiple bills
集装箱的整箱货载属于某一收货人多个提单号项下的托运货物。

8249 设备状况代码 Equipment status code [B]
说明:说明设备状况的代码。
表示:an..3
1 陆地 Continental
该设备正在或将要以多式联运的方式穿越陆地。
2 出口 Export
运输设备通过海运出口。
3 进口 Import
运输设备通过海运进口。
4 留在船上 Remain on board
由海运到达的运输设备仍留在船上。
5 移位 Shifter
海运船舶所装的运输设备从一积载位置转移到同一船上的另一位置。
6 转运 Transshipment
运输设备从一艘海运船舶转移到另一艘船上。
7 短卸 Shortlanded
运输设备通知到达,但并未随运输工具到达。
8 溢卸 Overlanded
运输设备未通知到达,但随运输工具到达。
9 国内 Domestic

运输工具用于国内服务。

10 排位 Positioning

为排位运输设备。

11 交货 Delivery

应交付的设备。

12 重新发运 Redelivery

应重新发运的设备。

13 修理 Repair

用于维修的设备。

14 倒载 Reloader

运输设备被卸下后又重新装上同一运输工具的不同装载位置。

15 退还 Returned

设备被退还。

16 卸车 Dropped off

设备从车上卸下。

17 跨码头中转 Cross terminal transshipment

卸下的运输设备将在港内另一码头装上另一艘船。

18 预订确认 Booking confirmed

通知运输设备的预订已经确认。

19 在码头出入口检验 Inspected at terminal gate

通知运输设备要在码头出入口接受查验。

20 到达卸货地点 Arrived at offloading location

通知运输设备到达卸货地点。

21 从装货地点发运 Departed from loading location

通知运输设备从装货地点发运。

22 已装货 Loaded

通知运输设备已经装货。

23 已卸货 Unloaded

通知运输设备已经卸货。

24 码头内部转移 Intra-terminal movement

通知对运输设备进行码头内部的转移。

25 装货安排 Stuffing ordered

通知运输工具已被安排装货。

26 卸货安排 Stripping ordered

通知运输工具已被安排卸货。

27 装货确认 Stuffing confirmed

通知确认运输工具已装货。

28 卸货确认 Stripping confirmed

通知确认运输工具已卸货。

29 送交大修 Sent for heavy repair

通知运输工具已送交大修。

8273 危险品规则代码 Dangerous goods regulations code [B]

说明:说明危险品规则的代码。

表示:an..3

ADR 关于危险品运输的欧洲协定 European agreement regarding the total carriage of dangerous goods

关于公路危险品运输的欧洲协定。ADR 是其缩写。

ADS 莱茵河危险品运输的 NDR 欧洲协定 NDR European agreement for the transport of dangerous goods on the river Rhine

莱茵河危险品运输规则的欧洲协定,正式名称:莱茵河危险品运输国际规则。

ADT 加拿大危险品运输要求 CA,Transport Canada's dangerous goods requirements

由加拿大官方法令公报中加拿大运输第二部分发布的加拿大危险品运输要求。

ADU 日本海运安全署危险品规则代码 JP,Japanese maritime safety agency dangerous goods regulation code

由日本海上保安厅发布的关于船舶装运危险品的规则。

ADV MARPOL 73/78

1973 年防止船舶污染的国际公约,根据 1978 年有关协定修订。

AGS 德国的 ADR 和 GGVS 联合运输规则 DE,ADR and GGVS combined regulations for combined transport

德国和其他欧洲公路运输危险品的联合规则。ADR 为:危险品公路运输国际规则。GGVS 为:德国公路危险品运输规则。

ANR 莱茵河危险品运输规则 ADNR,Autorisation de transport de matieres Dangereuses pour la Navigation sur le Rhin

莱茵河危险品运输规则。

ARD 联合运输的 ADR 和 RID 联合规则

DE,ADR and RID—Combined regulations for combined transport

公路和铁路危险品联运的欧洲联合规则。ADR 为:危险品公路运输国际规则。RID 为:关于铁路危险品运输的国际规则。

CFR 第 49 条联邦规则 49 code of federal regulations

美国交通部发布的有关卡车、火车、水路和航空等方式运输国内危险品的美国联邦规则。

COM 德国 ADR,RID,GGVS and GGVE 联运的联合规则

DE,ADR,RID,GGVS and GGVE—Combined regulations for combined transport

公路和铁路危险品运输的德国和其他欧洲国家的联合规则。ADR 为:危险品公路运输国际规则。RID 为:关于铁路危险品运输的国际规则。GGVS 为:德国公路危险品运输规则。GGVE 为:德国铁路危险品运输规则。

GVE 德国铁路危险品运输规则 DE,GGVE (Gefahrgutverordnung Eisenbahn)

德国铁路危险品运输规则。

GVS 德国公路危险品运输规则 DE,GGVS (Gefahrgutverordnung Strasse)

德国公路危险品运输规则。

ICA 国际航空运输协会 国际民用航空组织 IATA ICAO

国际航空运输协会和国际民用航空组织颁布的关于危险品运输的国际规则。

IMD 国际海事组织危险货物等级代码 IMO IMDG code

国际海事组织颁布的关于海上航行船舶运输危险品的规则。

RGE 德国 RID 和 GGVE 铁路联运的联合规则 DE,RID and GGVE,Combined regulations for combined transport on rails

铁路危险品运输的德国和其他欧洲国家的联合规则。RID 为:关于铁路危险品运输的国际规则。GGVE 为:德国铁路危险品运输规则。

RID 铁路/公路危险品手册(RID) Rail/road dangerous goods book (RID)
关于铁路危险品运输的国际规则。RID 是“危险品国际规则”的缩写。

UI 英国 IMO 手册 UK IMO book

ZZZ 相互协商约定 Mutually defined
相互约定的危险品运输的附加和/或其他信息。

8275 集装箱/包装内容指示符代码 Container or package contents indicator code [B]

说明:指示集装箱/包装内容的代码。

表示:an..3

1 整票货载 Full load
集装箱内装有在一份报关单上申报的整票货物(例如,集装箱里的全部货物仅与一份报关单有关)。

2 分票货载 Part load
集装箱内装有在一份报关单上申报的部分货物(例如,报关单包括一个以上的集装箱)。

3 混装的整票货载 Full load mixed consignments
集装箱内装有报关单的整票托运货物,但也装有与其他报关单有关的货物。

4 混装的分票货载 Part load mixed consignments
集装箱内装有在一份报关单上申报的部分托运货物,其余部分装在其他集装箱内。该集装箱内还装有另外申报的其他货物。

5 单张发票的货载 Single invoiced load
在一张发票上包括了一件集装箱/包装中的商品。

6 多张发票货载 Multi invoiced load
在多张发票上包括了一件集装箱/包装中的商品。

7 空载 Empty
集装箱未装货物。

8 整票货载,多提单 Full load,multiple bills
一票货物的一个集装箱对应于具有多个提单号的一个收货人。

8281 运输工具所有权指示符代码 Transport means ownership indicator code [B]

说明:说明运输工具所有权的代码。

表示:an..3

1 为持有人账户运输 Transport for the owner's account
所运货物的持有人也是运输工具的持有人或运输工具的出租人。

2 为另外的账户运输 Transport for another account
所运货物的持有人不拥有运输工具或不是运输工具出租人。

3 私人运输 Private transport
指出私人运输的代码。

8323 运输搬移代码 Transport movement code [B]

说明:指示运输搬移的代码。

表示:an..3

1 出口 Export
运输搬移为从一个国家出口货物。
2 进口 Import
运输搬移为从一个国家进口货物。
3 转口 Transit
运输搬移为从一个国家转口货物。
4 多程转运 Relay
货物由同一承运人通过多程运输工具逐次连续运输。
5 中转 Transshipment
货物由多程运输工具接续运输。

8335 动态类型描述代码 Movement type description code [B]
说明:说明动态类型的代码。
表示:an..3
1 杂货 Breakbulk
定义不适用装在国际标准集装箱里的一般货物的搬移。
2 拼箱货/拼箱货 LCL/LCL
定义由代表船方/托运人的承运人装入并取出货物的搬移。LCL为非满集装箱载货。
3 整箱货/整箱货 FCL/FCL
定义由船方或船方的代理人装入货物和收货人或收货人的代理人取出货物的移动。FCL为满集装箱载货。
4 整箱货/拼箱货 FCL/LCL
定义由船方或船方的代理人装入货物和承运人取出货物的搬移。FCL为满集装箱载货。LCL为非满集装箱载货。
5 拼箱货/整箱货 LCL/FCL
定义由承运人装入并由收货人或收货人的代理人取出货物的搬移。FCL为满集装箱载货。LCL非满集装箱载货。
6 拼装 Consolidation
到同一目的地的多票货物的装运。
7 邮包 Parcel post
通过邮递包裹运送物资。
8 紧急卡车运输 Expedited truck
通过紧急卡车运输物资。
9 发货人确定运输工具 Consignor determined means
由发货人确定物资的运输工具。
10 专用包裹服务 Private parcel service
通过专用包裹服务运送物资。
11 货方到货方 House to house
货物在始发地由托运人包装成组并在最终目的地由收货人拆开。
12 货方到码头/场站 House to terminal
货物在始发地由托运人包装成组并在卸船地点和最终目的地之间承运人的内陆地点拆开。
13 货方到码头 House to pier
货物在始发地由托运人包装成组并在卸船地点(码头)由承运人拆开。

14 包机 Air charter

通过包租飞机运送物资。

15 航空快运 Air express

通过航空快运运送物资。

16 地域分组运输 Geographic grouped transport

由单一承运人使用单一运输单据从多个启运地进行物资运输。

17 不足一车货载 Less than truck load

卡车运送的物资未满载。

18 铁路平车运输 Pooled piggyback

通过火车装载拖车运送物资。

19 收货人负责运输 Consignee transportation provided

由收货人承担物资的运输。

20 铁路运输 Rail

通过铁路将物资运送到收货人。

21 码头/场站到货方 Terminal to house

货物在始发地点和装船地点之间的承运人内陆地点包装成组并在最终目的地由收货人拆开。

22 码头/场站到码头/场站 Terminal to terminal

货物在始发地点和装船地点之间的承运人内陆地点包装成组并在卸船地点和最终目的地之间的承运人内陆地点拆开。

23 码头/场站到码头 Terminal to pier

货物在始发地点和装船地点之间的承运人内陆地点包装成组并在卸船地点(码头)由承运人拆开。

31 码头到货方 Pier to house

货物在装船地点包装成组并在最终目的地由收货人拆开。

32 码头到码头/场站 Pier to terminal

货物在装船地点包装成组并在卸船地点和最终目的地之间的承运人内陆地点拆开。

33 码头到码头 Pier to pier

货物在装船地点包装成组并在卸船地点(码头)由承运人拆开。

41 场站到场站 Station to station

货物移动是从一个集装箱场站到另一个集装箱场站。

42 货方到仓库 House to warehouse

货物移动是从一个货方到仓库。

43 仓库到货方 Warehouse to house

货物移动是从仓库到货方。

44 场站到货方 Station to house

货物移动是从场站到货方。

45 地域分组运输,多个启运地,多个目的地

Geographic grouped transport,multiple origins,multiple destinations

用单一承运人和单一运输单据进行的从多个启运地到多个目的地的物资运输。

46 地域分组运输,多个启运地,单一目的地

Geographic grouped transport,multiple origins,single destination

用单一承运人和单一运输单据进行的从多个启运地到单一目的地的物资运输。

47 分地域收货 Geographic receiving

由单一启运地、多个目的地，以及单量拖车并根据单一货运单据支付的货物收取。

8339　包装物危险等级代码　Packing danger level code　[B]

说明：说明包装物危险等级的代码。

表示：an..3

1　高度危险性　Great danger

包装符合包装高度危险性的有害物质的准则。符合 IATA/IMDG/ADR/RID 的规则的第一类。

2　中度危险性　Medium danger

包装符合包装高度危险性的有害物质的准则。符合 IATA/IMDG/ADR/RID 的规则的第二类。

3　轻度危险性　Minor danger

包装符合包装高度危险性的有害物质的准则。符合 IATA/IMDG/ADR/RID 的规则的第三类。

4　未指定　Not assigned

尚未指定危险品包装级别。

8341　搬运安排代码　Haulage arrangements code　[B]

说明：说明搬运安排的代码。

表示：an..3

1　承运人　Carrier

承运人安排调运。

2　货方　Merchant

货方(托运人、收货人或其代理人)安排调运。

8393　可返还包装装载内容代码　Returnable package load contents code　[B]

说明：说明可返还包装装载内容的代码。

表示：an..3

1　装有 4 个空的块　Loaded with empty 4-block for blocking purposes

装有 4 个空的块。

2　带有衬垫的空箱　Empty container with dunnage

带有衬垫的空箱。

3　空箱　Empty container

集装箱是空箱。

4　装有生产物资　Loaded with production material

包装为装有生产物资。

6　废弃物资　Obsolete material

包装为废弃物资。

7　载有溢装回运的生产物资　Loaded with excess returned production material

包装为载有溢装回运的生产物资。

8　载有拒收的物资　Loaded with rejected material

包装为载有拒收的物资。

9　辅助装置失效的集装箱　Service part obsolete container

包装为辅助装置失效的集装箱。

10 载有返工物资 Loaded with returned processed material

包装为载有返工物资。

11 空集装箱,已折叠 Empty container,folded

空集装箱,已折叠。

8395 可退还包装运送付款责任代码 Returnable package freight payment responsibility code [B]

说明:说明可退还包装运送付款责任的代码。

表示:an..3

1 客户支付 Paid by customer

由客户支付退还包装物运费。

2 免费 Free

免费退还包装物。

3 由货方支付 Paid by supplier

由货方支付退还包装物运费。

ZZZ 相互协商约定 Mutually defined

8457 额外运输原因代码 Excess transportation reason code [B]

说明:说明额外运输原因的代码。

表示:an..3

A 计划增加预计变动,增开专列 Special rail car order,schedule increase forecast change

额外运输原因为计划增加预计变动,增开专列。

B 工程变动或推迟放行 Engineering change or late release

额外运输原因为工程变动或推迟放行。

C 规程(计划表)错误/过多 Specification (schedule) error/overbuilding

额外运输原因为规程(计划表)错误/过多。

D 装运查询延误 Shipment tracing delay

额外运输原因为装运查询延误。

E 工厂库存缺乏 Plant inventory loss

额外运输原因为工厂库存缺乏。

F 计划提前建造 Building ahead of schedule

额外运输原因为计划提前建造。

G 卖方迟于计划表 Vendor behind schedule

额外运输原因为卖方迟于计划表。

H 未能列入最后装运 Failed to include in last shipment

额外运输原因为未能列入最后装运。

I 承运人丢失索赔 Carrier loss claim

额外运输原因为承运人丢失索赔。

J 运输失误 Transportation failure

额外运输原因为运输失误。

K 装车重量不足 Insufficient weight for carload

额外运输原因为装车重量不足。

L　拒收或不符(物资前次的装运被拒绝)
Reject or discrepancy (material rejected in prior shipment)
额外运输原因为拒收或不符(物资前次的装运被拒绝)。

M　运输延误　Transportation delay
额外运输原因为运输延误。

N　缺乏火车车辆或铁路设备　Lack of railcar or railroad equipment
额外运输原因为缺乏火车车辆或铁路设备。

P　放行错误　Releasing error
额外运输原因为放行错误。

R　记录错误或报告不符　Record error or cate reported discrepancy report
额外运输原因为记录错误或报告不符。

T　普通或特殊部分计划增加　Common or peculiar part schedule increase
额外运输原因为普通或特殊部分计划增加。

U　负责运输的供应方是可选的　Alternative supplier shipping for responsible supplier
额外运输原因为负责运输的供应方是可选的。

V　直接安排或局部调节　Direct schedule or locally controlled
额外运输原因为直接安排或局部调节。

W　同意放弃购买　Purchasing waiver approval
额外运输原因为同意放弃购买。

X　待定授权代码　Authorization code to be determined
额外运输原因为待定授权代码。

Y　飞行员物资　Pilot material
额外运输原因为飞行员物资。

ZZZ　相互协商约定　Mutually defined

8459　额外运输责任代码　Excess transportation responsibility code　[B]

说明:额外运输责任的指示。

表示:an..3

B　货物放行的签发人　Material release issuer
额外运输责任方为货物放行的签发人。

S　供货方授权　Supplier authority
额外运输责任方为供货方授权人。

X　将确定责任　Responsibility to be determined
额外运输责任方将要确定。

ZZZ　相互协商约定　Mutually defined

9003　雇佣细目代码限定符　Employment details code qualifier　[B]

说明:限定雇佣细目的代码。

表示:an..3

1　主要的　Primary
主要雇佣。

2　第二　Secondary
第二个雇佣。

3　第三　Tertiary

第三个雇佣。

4　专业　Profession

说明专业。

9013　状态原因描述代码型　Status reason description code　[B]

说明:说明状态原因的代码。

表示:an..3

1　交付地区以外的地址　Address ex delivery area

交付地址在承运人地区之外。

2　运输工具离港后　After transport departed

运输工具离港后货物/托运物/设备到达。

3　代理人拒绝　Agent refusal

客户的代理人拒绝接收交付。

4　变更铅封　Altered seals

设备上注明的铅封已变更。

5　已安排　Appointment scheduled

在特定时间已做出交付安排。

6　尝试失败　Attempt unsuccessful

交付货物/托运物/设备的尝试已失败。

7　终止业务　Business closed

因业务终止不能交付/托收货物/托运物/设备。

8　已变更计划　Changed schedule

由于计划变更,货物/托运物/设备不能在计划时间交付或收集。

9　需要补充地址　Complementary address needed

为有效交付/接收货物/托运物/设备需要补充详细地址。

10　计算机系统关闭　Computer system down

计算机系统已关闭。

11　已申请信用许可　Credit approval requested

收货人申请在信用的基础上交付。

12　客户安排　Customer arrangements

根据客户需求安排交付货物/托运物/设备。

13　海关拒绝　Customs refusal

海关当局拒绝对货物/托运物/设备清关。

14　残损　Damaged

货物/托运物/设备已残损。

15　在特定要求日期/时间/期限交付　Delivery at specific requested dates/times/periods

所需货物/托运物/设备交付在特定日期/时间/期限。

16　目的地错误　Destination incorrect

货物/托运物/设备被送至错误的目的地。

17　启运延迟　Departure delay

启运时运输已延迟。

18　脱轨　Derailment

载有货物/托运物/设备的火车已脱轨。

19 差异 Discrepancy

先前所提供的货物/设备的细目与实际情况存在差异。

20 码头罢工 Dock strike

由于码头罢工不能交付或收集货物/托运物/设备。

21 客户原因 Due to customer

由于客户的原因影响运输。

22 空的 Empty

包装/设备是空的。

23 设备故障 Equipment failure

由于设备故障影响交付或收集。

24 有关当局查验 Examination required by relevant authority

有关当局要求查验货物/设备。

25 出口限制 Export restrictions

货物/托运物/设备已被禁止出口，需进一步调查。

26 出口失败 Frustrated export

出口货物/托运物/设备的尝试失败。

27 货物单元减少 Goods units missing

货物/托运物/设备的理货数与每个所报告的数不符。结果：少于所报数。

28 进口限制 Import restrictions

货物/托运物/设备需要进口查验延迟进口放行。

29 错误提货信息 Incorrect pick information

由于错误提货信息，货物/托运物/设备没有被收集。

30 错误地址 Incorrect address

所给地址是错误的。

31 行业纠纷 Industrial dispute

因行业纠纷，该行动受挫。

32 等待指示 Instructions awaited

需要进一步指示。

33 丢失货物/托运物/设备 Lost goods/consignments/equipment

货物/托运物/设备已丢失在运输过程中。

34 运输工具损坏 Means of transport damaged

正式或将要搬移货物/托运物/设备的运输工具已损坏。

35 机械故障 Mechanical breakdown

正式或将要搬移货物/托运物/设备的运输工具/设备存有机械故障。

36 机械检查 Mechanical inspection

正式或将要搬移货物/托运物/设备的运输工具/设备要求机械检查。

37 丢失和/或不正确的单证 Missing and/or incorrect documents

货物/托运物/设备需要完整和正确的单证。

38 新的交付安排 New delivery arrangements

交付失败后，按收货人的要求另安排交付。

39 无接收方联系信息 No recipient contact information

在交付地点没有得到与责任人联系的信息。

40 无标识 Not identified
在运输中期望定位并标识的货物/托运物/设备没有被标识。
41 无装载 Not loaded
将要装在运输工具上的货物/托运物/设备还未装到预计的运输工具上。
42 在甲板上 On deck
货物/托运物/设备已装在甲板上。
43 包装未准备 Package not ready
收集用包装没有准备好。
44 包装跟踪号不明 Package tracking number unknown
包装跟踪号不明。
45 部分丢失 Partly missing
货物/托运物/设备部分丢失。
46 支付没收到 Payment not received
运输预计的支付未收到。
47 支付拒绝 Payment refused
付款人拒绝支付服务费。
48 已抢劫 Plundered
货物/托运物/设备已被抢劫。
49 没有给出原因拒绝 Refused without reason given
运输行动/文件已被无解释地拒绝。
50 计划超过期限 Scheduled past cut-off
应交付/收集的货物/托运物/设备按计划已超过期限。
51 搁置一边 Shunted to siding
需要安排货物/托运物/设备的运输已搁置一边。
52 不需要签署 Signature not required
53 分检错误路径 Sorted wrong route
货物/托运物/设备错误地分检至错误路径。
54 要求特殊服务 Special service required
货物/托运物/设备需要特殊服务。
55 分批 Split
托运物已分成两件或多件托运物。
56 全部丢失 Totally missing
货物/托运物/设备全部丢失。
57 跟踪信息未得到 Tracking information unavailable
未得到货物/托运物/设备的跟踪信息。
58 转运延迟 Transit delay
货物/托运物/设备在转运中延迟。
59 不能定位 Unable to locate
货物/托运物/设备不能定位。
60 不可接受的原因 Unacceptable condition
货物/托运物/设备在交付/收集时处于不可接受的原因。
61 在甲板下 Under deck
货物/托运物/设备已装在甲板下。

62 不明 Unknown
原因不明。
63 天气原因 Weather conditions
天气原因影响交付/收集。
64 超过自由时间 Expired free time
货物/托运物/设备在储存设备中的收集比允许的自由时间长。
65 未解决索赔已解决 Outstanding claims settled
货物/托运物/设备未解决的索赔已解决。
66 被窃 Stolen
货物被窃。
67 管理失误 Administrative error
出现管理上的失误。
68 由买方引起的未定义突发事件 Undefined incident attributed to buyer
由买方引起的未定义突发事件。
69 由承运人引起的未定义突发事件 Undefined incident attributed to carrier
由承运人引起的未定义突发事件。
70 由物流服务供应商引起的未定义突发事件 Undefined incident attributed to logistic service provider
由物流服务供应商引起的未定义突发事件。
71 变更商定的产品标准 Change in agreed product reference
关于产品的一项商定标准发生了变更。
72 进货数字差异 Difference in replenishment figures
确定在期初存货结余、实际清点进货,以及期末存货结余之间出现的差异。
73 变量产品损失 Lost quantity of variable measurement product
变量产品的数量遭受损失。
74 仓库作业期间受损 Damaged during manipulation in warehouse
产品在仓库作业流程中受损。
75 产品在储存和运输期间变质 Product degenerated during storage or transport
产品在储存和运输期间变质。
76 毁损 Destroyed
货物或设备已被毁坏。
77 最佳食用期已过 Best before date expired
产品的最佳食用期已过。
78 日志参考号分配 Log number assignment
指定日志的参考号。
79 输入点对数据维护申请(DMR)的初始评估意见
Entry point assessment of Data Maintenance Request (DMR) initial comment
输入点最初提供的 DMR 的意见。
80 输入点对数据维护申请(DMR)的最新评估意见
Entry point assessment of Data Maintenance Request (DMR) latest comment
输入点最新提供的对 DMR 的意见。
81 无法采取纠正措施 Unable to take corrective action
不能采取纠正措施。

82 国际评估小组关于数据维护申请(DMR)的报告
International assessment group reporting on Data Maintenance Request (DMR)
国际评估小组确定数据维护申请(DMR)是否应列入下一次的标准发布。

84 中心秘书处审核周期开始 Central secretariat review cycle start
报告中心秘书处审核周期开始。

85 指定数据结构的标志 Data structure tag assigned
对数据结构分配以一个永久标志。

87 错误 Error
信息错误。

88 涉及运输工具的事故 Accident involving means of transport
用于运输货物的运输工具卷入一起事故。

89 指令或指示状态变更 Order or instruction status change
指令或指示状态已经变更。

90 交付方不接受 Not accepted by delivery party
交付方不接受交付。

91 订购方要求在另一地点交付 Delivery requested to another location by ordering party
根据订货方指示,要在另一地点交付货物。

92 交货错误 Incorrect goods delivered
货物的交付不正确。

93 由海关引起的未定义突发事件 Undefined incident attributed to customs authority
由海关引起的未定义突发事件。

94 处理品 Imperfect item
物品有缺陷。

95 额外交付 Excess goods delivered
交付了额外的货物。

96 部分交货 Goods partially delivered
交付了部分货物。

97 移送联邦法庭 Remove to federal court
案件被移送至联邦法庭。

98 准许变更审判地点 Change of venue granted
变更审判地点已被核准。

99 补充库存 Replenish inventory
货物和/或设备已经充实库存。

100 未收到卸货日期和/或时间 Unloading date and or time not received
卸货日期和/或时间没有收到。

101 不接受堆叠式托盘 Stacked pallets not acceptable
收货方不接受堆叠式托盘。

102 不接受含混装货物托盘 Pallets containing mixed goods not acceptable
收货方不接受含混装货物的托盘。

103 不接受到期产品 Product expiry date not acceptable
不接受到期产品。

104 托盘及货物高度超过许可 Pallet and goods height higher than permitted
托盘与货物组合的高度超过了许可的高度。

105 未收到提货单 Delivery order not received
没有收到提货单。
106 收货方不允许延期交货 Back-orders not permitted by goods recipient
收货方不允许延期交货。
107 计算机系统中未找到物品标识 Article identification not found in computer system
计算机系统中未找到物品标识。
108 货物未加条码 Goods not barcoded
货物未加条码。

9015 状态类别代码 Status category code [B]
说明:说明状态类别的代码。
表示:an..3
1 运输 Transport
有关运输的状态类型。
2 订单管理 Order administration
有关订单管理的状态类型。
3 检验结果 Inspection result
描述一项检验的结果。
4 申请期刊号 Publication issue claim
有关一项期刊号申请的状态报告。
5 法律类 Legal category
状态类型与法律相关。
6 合同 Contract
与合同相关的状态报告。
7 交易 Transaction
与交易相关的状态报告。
8 计量表读取质量 Meter reading quality
读取计量表的质量。
9 额定能力 Capacity
有关额定能力的状态报告。
10 计量分类 Measurement classification
有关计量分类的状态。

9017 属性功能代码限定符 Attribute function code qualifier [B]
说明:限定属性功能的代码。
表示:an..3
1 成员 Member
属性指一群人中的或一服务方案里的成员。
2 个人 Person
属性指个人。
3 数组结构成分 Array structure component
数组的结构成分。
4 大学学位 University degree

说明大学学位的属性。

5 专业职称 Professional title

说明专业职称的属性。

6 尊称 Courtesy title

说明人的称呼的属性。

7 目录设置定义 Directory set definition

属性指一项目录设置定义。

8 结构对象属性 Structure object attribute

属性指结构中的一个对象。

9 账户 Account

标识关于账户的属性。

10 财务报表 Financial statement

标识有关财务报表的属性。

11 支付方式 Payment manner

提供有关支付方式的信息。

12 贷款信息 Loan information

描述适用于贷款的信息。

13 合同 Contract

标识合同的属性。

14 基金 Funding

标识基金的属性。

15 购置状态 Acquisition phase

标识产品或服务购置状态的属性。

16 拨款 Monetary appropriation

标识为完成任务而拨付资金的属性。

17 实验室分析 Laboratory investigation

有关一项实验室分析的属性。

18 临床试验 Clinical investigation

有关一项临床实验的属性。

19 申请原因 Reason for request

有关一项申请原因的属性。

20 处方的理由 Reason for prescription

有关处方理由的属性。

21 处方说明 Comment to prescription

有关处方说明的属性。

22 观察 Observation

有关一项观察的属性。

23 对一项申请的说明 Comment to a request

有关对一项申请的说明的属性。

24 事件 Event

关于事件的属性。

25 附加功能 Additional function

描述一项附加功能的属性。

ZZZ 相互协商约定 Mutually defined

9023 定义功能代码 Definition function code [B]

说明：说明定义功能的代码。

表示：an..3

1 别名 Alias

指定别名功能。

2 约束 Constraint

指定约束功能。

3 执行 Implementation

指定执行功能。

9025 定义范围代码 Definition extent code [B]

说明：说明定义范围的代码。

表示：an..3

1 开始 Begin

指定义开始。

2 结束 End

指定义结束。

3 使用 Use

指定义使用。

9029 值定义代码限定符 Value definition code qualifier [B]

说明：限定值定义的代码。

表示：an..3

1 模型 Pattern

以值定义为模型。

2 最小值 Minimum

定义为最小值。

3 特定值 Specific value

定义为特定值。

4 最大值 Maximum

定义为最大值。

5 默认值 Default

定义为默认值。

9031 编辑屏表示代码 Edit mask representation code [B]

说明：限定值定义的代码。

表示：an..3

1 COBOL 数据项 COBOL picture

相关的屏蔽编辑为 COBOL 数据项语句的表示。

2 C printf

相关的屏蔽编辑为 C 语言中“printf”格式控制输出的表示。

3 FORTRAN 格式 FORTRAN format
相关的屏蔽编辑为 FORTRAN 语言格式语句的表示。
4 UNIX^{TM}正规表示法 Unix(tm) regular expression
相关的屏蔽编辑为 UNIX^{TM}正规表示法。

9035 资质应用领域代码 Qualification application area code [B]
说明:资质应用领域的代码。
表示:an..3
1 公共管理部门 Public administration sector
公共管理部门。
2 农业部门 Agricultural sector
农业部门。
3 汽车部门 Automotive sector
汽车部门。
4 运输部门 Transport sector
运输部门。
5 财务部门 Finance sector
财务部门。
6 旅游部门 Tourism sector
旅游部门。
7 建筑部门 Construction sector
建筑部门。

9037 资质类型代码限定符 Qualification type code qualifier [B]
说明:限定资质类型的代码。
表示:an..3
1 正式专业资格 Formal professional qualification
人的正式专业资格。

9039 设施类型描述代码 Facility type description code [I]
说明:说明设施类型的代码。
表示:an..70
1 电影 Movie
电影可以使用的屏幕。
2 电话 Telephone
电话可以使用。
3 电传 Telex
电传可以使用。
4 无线电系统 Audio programming
无线电系统可以使用。
5 电视 Television
电视可以使用。
6 预订服务 Reservation booking service

预订服务可以使用。

7 免税销售 Duty free sales

可以免税销售。

8 吸烟 Smoking

设施允许吸烟。

9 不能吸烟 Non-smoking

设施不能吸烟。

9043 预订标识符代码限定符 Reservation identifier code qualifier [I]

说明：限定预订标识符的代码。

表示：an..3

1 确认号 Confirmation number

提供方系统参考预订签发的号码。

2 取消号 Cancellation number

提供方系统参考标注取消的预订签发的号码。

3 档案 Dossier

预订标识指的是一份个人资料。

4 订舱 Booking

预订标识为订舱。

5 早餐 Breakfast

预订标识为早餐的预订。

6 午餐 Lunch

预订标识为午餐的预订。

7 正餐 Dinner

预订标识为正餐的预订。

8 混合预订 Composite booking

预订标识为含有多项预订的预约。

9045 基准代码限定符 Basis code qualifier [B]

说明：限定基准的代码。

表示：an..3

1 投保额 Coverage

基准为保险总额。

2 扣减 Deductible

基准为减除额。

3 保险费 Premium

基准为保险费。

9051 应用代码限定符 Applicability code qualifier [B]

说明：限定应用的代码。

表示：an..3

1 基础 Basis

基础或起点。

9141 关系类型代码限定符 Relationship type code qualifier [B]
说明:限定关系类型的代码。
表示:an..3
1 受益人 Beneficiary
关系适用于受益人。
2 从属 Dependency
指出相关的关系为从属关系的值。
3 项目 Project
关系适用于项目。
4 作业 Activity
适用于一项作业的关系。
5 账户 Account
适用于账户的关系。
6 实体 Entity
适用于实体的关系。
7 病人 Patient
适用于病人的关系。
8 报表结构 Reporting structure
适用于报表结构的关系信息。
9 统计矩阵 Statistical array
适用于统计数据阵列的关系。
10 服务供应商 Service provider
适用于提供服务的参与方的关系。
11 个人 Person
适用于个人的关系。
12 最近的亲属 Next of kin
作为亲族关系最近的亲属的个人所适用的关系。
13 社团 Association
适用于社团的关系。

9143 关系描述代码 Relationship description code [C]
说明:说明关系的代码。
表示:an..3
1 父母 Parent
指出父母关系的代码。
2 子女 Child
指出子女关系的代码。
3 内部同级 Peer,internal
指出内部同一层级关系的代码。
4 外部同级 Peer,external
指出外部同一层级关系的代码。
5 完成到开始的约束 Finish to start constraint

标志完成到开始约束关系的代码。

6 开始到开始的约束 Start to start constraint

指出开始到开始约束关系的代码。

7 完成到完成的约束 Finish to finish constraint

指出完成到完成约束关系的代码。

8 开始到完成的约束 Start to finish constraint

指出开始到完成约束关系的代码。

9 所有人 Owner

指定所有人关系的代码。

10 联系人 Contact

指定联系人关系的代码。

11 配偶 Spouse

指出配偶关系的代码。

12 兄弟姐妹 Sibling

指出兄弟和/或姐妹之间关系的代码。

13 父亲 Father

指出关系为父亲的代码。

14 母亲 Mother

指出关系为母亲的代码。

15 邻居 Neighbour

指出关系为邻居的代码。

16 朋友 Friend

指出关系为朋友的代码。

17 监护人 Guardian

指出关系为监护人的代码。

18 连接 Connecting to

指定对象连接到相关对象。

9153 简单数据元字符表示代码 Simple data element character representation code [B]

说明:说明简单数据元的字符表示。

表示:an..3

1 字母 Alphabetic

简单数据元字符类型是字母型的。

2 字母数字 Alphanumeric

简单数据元字符类型是字母数字型的。

3 数字 Numeric

简单数据元字符类型是数字型的。

4 二进制 Binary

简单数据元字符类型是二进制的。

5 日期 Date

简单数据元字符类型是日期。

6 标识符 Identifier

简单数据元字符类型是标识符。

7 时间 Time
简单数据元字符类型是时间。
8 数字,小数点后 0 位 Numeric,implied decimal point of 0 places
简单数据元字符类型是从右至左无小数点。
9 字符串 String
简单数据元字符类型是字符串。
10 数字,小数点后 1 位 Numeric,implied decimal point of 1 place
简单数据元字符类型是从右至左小数点后 1 位数字。
11 数字,小数点后 2 位 Numeric,implied decimal point of 2 places
简单数据元字符类型是从右至左小数点后 2 位数字。
12 数字,小数点后 3 位 Numeric,implied decimal point of 3 places
简单数据元字符类型是从右至左小数点后 3 位数字。
13 数字,小数点后 4 位 Numeric,implied decimal point of 4 places
简单数据元字符类型是从右至左小数点后 4 位数字。
14 数字,小数点后 5 位 Numeric,implied decimal point of 5 places
简单数据元字符类型是从右至左小数点后 5 位数字。
15 数字,小数点后 6 位 Numeric,implied decimal point of 6 places
简单数据元字符类型是从右至左小数点后 6 位数字。
16 数字,小数点后 7 位 Numeric,implied decimal point of 7 places
简单数据元字符类型是从右至左小数点后 7 位数字。
17 数字,小数点后 8 位 Numeric,implied decimal point of 8 places
简单数据元字符类型是从右至左小数点后 8 位数字。
18 数字,小数点后 9 位 Numeric,implied decimal point of 9 places
简单数据元字符类型是从右至左小数点后 9 位数字。

9155 长度类型代码 Length type code [B]
说明:标识简单数据元长度类型的代码。
表示:an..3
1 固定 Fixed
简单数据元的长度是固定的。
2 可变 Variable
简单数据元的长度是可变的。

9161 代码集指示符代码 Code set indicator code [B]
说明:指明数据元是否有相关的代码集。
表示:an..3
1 相关代码集 Associated code set
数据元有相关代码集。
2 无相关代码集 No associated code set
数据元没有相关代码集。

9169 数据表示类型代码 Data representation type code [B]
说明:说明数据表示类型的代码。

表示:an..3

1 字节 Byte

数据表示为字节。

2 字符 Character

数据表示为字符。

3 枚举类型 Enumerated type

数据表示为枚举的类型。

4 32位浮点计算数字 32-bit floating point number

数据表示为32位浮点计算数字。

5 64位浮点计算数字 64-bit floating point number

数据表示为64位浮点计算数字。

6 通用浮点计算数字 Generic floating point number

数据表示为通用的浮点计算数字。

7 16位整数 16-bit integer

数据表示为16位整数。

8 32位整数 32-bit integer

数据表示为32位整数。

9 64位整数 64-bit integer

数据表示为64位整数。

10 8位整数 8-bit integer

数据表示为16位整数。

11 通用整数 Generic integer

数据表示为通用的整数。

12 字符串 String

数据表示为字符串。

9175 数据元用法类型代码 Data element usage type code [B]

说明:说明数据元用法的代码。

表示:an..3

1 成分数据元 Component data element

相关数据元在一项组合中被使用。

2 简单数据元 Simple data element

相关数据元被用作独立数据元。

3 复合数据元 Composite data element

相关数据元为复合数据元。

9213 关税制度类型代码 Duty regime type code [B]

说明:说明关税制度类型的代码。

表示:an..3

1 符合欧洲委员会/欧洲自由贸易协定的优惠待遇原产地

Origin subject to EC/EFTA preference

符合欧洲委员会/欧洲自由贸易协定的优惠待遇原产地。

2 其他优惠待遇的原产地 Origin subject to other preference agreement

其他优惠待遇的原产地。

3 非优惠的原产地 No preference origin

没有规定优惠的原产地。

8 其他的原产地 Excluded origin

其他的原产地。

9 征税的原产地 Imposed origin

征税的原产地。

9285 有效的标准代码 Validation criteria code [B]

说明:说明有效的标准的代码。

表示:an..3

1 使用任何指定值 Use any specified value

任何指定值都允许。

2 全部使用标准代码 Use any code in the standard

允许使用标准中任意代码。

9303 封志方名称代码 Sealing party name code [B]

说明:说明封志方名称的代码。

表示:an..3

AA 拼装方 Consolidator

拼装货物的参与方。

AB 未知 Unknown

封志方未知。

AC 检疫机构 Quarantine agency

负责对流动人员、动物和植物的法定病害控制进行监管的机构。

CA 承运人 Carrier

在指定地点之间承担或安排货物运输的参与方。

CU 海关 Customs

依据本国(或地区)海关法律、行政法规行使进出口监督管理职权的国家行政机关。

SH 托运人 Shipper

按照与承运人所订的合同,将货物委托或递交承运人,或由自己发送货物的参与方。

TO 码头经营人 Terminal operator

经营海船装卸的参与方。

9353 政府程序代码 Government procedure code [B]

说明:说明政府程序的代码。

表示:an..3

1 在进口国已清关 Already customs cleared in the importing country

不需安排检验,因为在此之前已经清关。

2 单证要求已完成 Documents requirements completed

单证的全部要求均已完成。

3 需要的单证 Documents required

需要的有关单证。

4 查验安排已完成 Inspection arrangements completed
货物查验的安排已完成。

5 要求安排查验 Inspection arrangements required
要求安排货物的检查。

6 不需海关手续 No customs procedure
不需要清关。

7 安全措施已完成 Safety arrangements completed
货物的安全措施已完成。

8 要求的安全措施 Safety arrangements required
要求安排货物安全措施。

9 要求的保安措施 Security arrangements required
要求安排货物的安全措施。

10 完成的存储安排 Storage arrangements completed
货物存储的安排已完成。

11 要求的存储安排 Storage arrangements required
要求安排货物的存储。

12 完成的运输安排 Transport arrangements completed
全部运输的安排已完成。

13 要求的运输安排 Transport arrangements required
要求安排的运输。

9411 政府参与代码 Government involvement code [B]

说明:指出政府参与的要求和状态的代码。

表示:an..3

1 已按指示执行 Carried out as instructed
指示已被执行。

2 已按修正执行 Carried out as amended
已按修正后的手续执行。

3 已完成 Completed
手续已完成。

4 不适用 Not applicable
指示不适用。

5 最佳的 Optimal
最合乎要求但未要求的行动。

6 必要的 Required
手续是必要的。

7 可用于 Applicable
程序是可用的。

9415 政府机构标识代码 Government agency identification code [B]

说明:标识涉及到的政府机构的代码。

表示:an..3

1 农业 Agriculture

负责农业及动植物进口产品检验的政府机构。

2 军用品 Ammunition

负责军用品安全运输的政府机构。

3 商业 Commerce

负责国内和国际商业的政府机构。

4 海岸警卫 Coastguard

负责水路公共安全的政府机构。

5 海关 Customs

海关机构。

6 食品和药品 Food and drug

负责食品和药品安全的政府机构。

7 健康证书 Health certificate

卫生机构。

8 港口警察 Harbour police

负责港口公共安全的警察当局。

9 移民 Immigration

负责移民事务的政府机构。

10 动物 Live animals

负责动物进口的政府机构。

11 港务局 Port authority

负责港口事务的政府或半政府机构。

12 公共卫生 Public health

负责公共卫生事务的政府机构。

13 运输 Transportation

负责运输政策和其他运输事务的政府机构。

14 港口国监督 Port state control

负责管辖港口的政府机关。

9417 政府行为代码 Government action,coded [B]

说明:说明政府行为的代码。

表示:an..3

1 清关 Clearance

货物已经或将要清关。

2 扣留 Detention

货物已经或将被扣押。

3 熏蒸 Fumigation

货物已经或将被熏蒸。

4 查验 Inspection

货物已经或将被查验。

5 担保 Security

货物已经或将被担保。

6 运输工具获准进入 Means of transport admittance

运输工具将要或已经获准进入。

7 货舱查验 Cargo hold inspection
货舱将要或已经查验。
8 集装箱查验 Container inspection
集装箱将要或已经查验。
9 货物包装查验 Cargo packaging inspection
货物包装将要或已经查验。

9421 处理阶段代码限定符 Process stage code qualifier [B]
说明:限定处理阶段的代码。
表示:an..3
1 分摊 Amortization
工具费用分摊。

9437 临床干预描述代码 Clinical intervention description code [B]
说明:说明临床干预的代码。
表示:an..3
1 提供全残证明 Full disability certificate issue
从医学角度证明某一个人完全丧失工作能力的临床干预。
2 提供部分残疾证明 Partial disability certificate issue
从医学角度证明某一个人部分丧失工作能力的临床干预。

9441 临床干预限定符 Clinical intervention qualifier [B]
说明:限定临床干预的代码。
表示:an..3
1 药物治疗 Drug treatment
药物治疗。
2 外科手术 Surgical procedure
外科手术。
3 调查 Investigation
对治疗信息的干预。
4 医疗 Medical
医疗服务相关的干预。

9443 护理类型代码限定符 Attendance type code qualifier [B]
说明:说明护理类型的代码。
表示:an..3
1 住院 Hospital stay
从进医院到出医院。
2 指定康复病房陪护 Designated rehabilitation unit attendance
在指定康复治疗病房进行陪护。
3 其他 Other
其他专门指定的陪护。
4 非急性病治疗的陪护 Non-acute care attendance

非急性病治疗的陪护。

5 指定缓解疗程陪护 Designated palliative program attendance
在指定缓解疗程中的陪护。

6 指定复原疗程陪护 Designated rehabilitation program attendance
在指定复原疗程中的陪护。

7 急性病治疗的陪护 Acute care attendance
急性病治疗的陪护。

8 指定缓解治疗病房陪护 Designated palliative unit attendance
在指定缓解治疗病房的陪护。

9447 处理类型描述代码 Discharge type description code [C]

说明:说明处理类型的代码。

表示:an..3

1 送往急诊机构 To acute care facility
送往或转往急诊治疗机构。

2 送交疗养院 To nursing home facility
送往或转往疗养院。

3 送往精神病治疗机构 To psychiatric facility
送往或转往精神病治疗机构。

4 统计出院 Statistical discharge
统计意义上的出院。

9453 代码值来源代码 Code value source code [B]

说明:说明代码值来源的代码。

表示:an..3

1 外部 External
来自外部代码表的代码值。

2 标准 Standard
来自标准所规定的代码表的代码值。

3 未发布 Non-published
采用来自尚未发布的代码表的代码值。

9501 公式类型代码限定符 Formula type code qualifier [B]

说明:限定公式类型的代码。

表示:an..3

1 订单价格修订 Order price revision
使之能够对订货日期到交货日期的价格进行修订的方案。

2 支付罚款 Penalty payment
计算罚款支付的公式。

3 系数 Coefficient
系数计算的公式。

4 调整商品目录 Catalogue adjustment
调整商品目录的方案。

5 最高限额 Ceiling amount
计算最高限额的公式。
6 暂定分期付款 Provisional instalment payment
计算暂定分期付款的公式。
7 最后一期分期付款 Final instalment payment
计算最后一期分期付款的公式。
8 奖金支付 Bonus payment
计算奖金支付的公式。
9 报价修订 Offer price revision
使之能够对报价日期到接受日期或招标的价格进行修订的方案。
10 理算 Adjustment
计算一项金额理算的公式。
11 不可修改的分期付款 Non-revisable instalment payment
计算不可修改分期付款的公式。

9507 公式顺序代码限定符 Formula sequence code qualifier [B]
说明：限定公式顺序的代码。
表示：an..3
1 算法运用 Arithmetic operation
公式中运用单一算法。
2 左括号 Open bracket
左括号表示一项特定运算序列的开始。
3 右括号 Close bracket
右括号表示一项特定运算序列的结束。
4 单值 Disjoint value
单独的数值。

9509 公式顺序运算代码 Formula sequence operand code [B]
说明：说明公式顺序运算的代码。
表示：an..3
1 加法 Plus
公式的运算序列为做加法。
2 减法 Minus
公式的运算序列为做减法。
3 乘法 Multiply
公式的运算序列为做乘法。
4 除法 Divide
公式的运算序列为做除法。
5 乘方 Exponent
公式的运算序列为做乘方。

9601 信息类别代码 Information category code [I]
说明：说明信息类别的代码。

表示:an..3

1 时间表 Timetable

信息为一份时间表,以此排列所发生的事件。

2 价格 Price

信息为相关价格。

3 当地设施和服务 Location facilities and services

有关当地的设施和服务的信息。

4 旅行产品和/或服务的构成 Travel product and/or service composition

有关旅行产品和/或服务构成的信息。

5 未列明 Miscellaneous

未列明类别的相关信息。

9623 诊断类型代码 Diagnosis type code [I]

说明:说明信息类别的代码。

表示:an..3

1 入院诊断 Admitting diagnosis

入院诊断的类型。

2 主要诊断 Primary diagnosis

主要的疾病或病情。

3 次要诊断 Secondary diagnosis

并发的疾病或病情。

9625 相关原因代码 Related cause code [I]

说明:说明相关原因的代码。

表示:an..3

1 事故 Accident

相关的原因为一起事故。

9633 信息细目代码限定符 Information details code qualifier [B]

说明:说明信息细目的代码。

表示:an..3

1 业务信息 Business information

标识有关业务的信息。

9635 事件代码限定符 Event details code qualifier [B]

说明:说明事件的代码。

表示:an..3

1 索赔 Claim

为一起事件进行索赔。

2 破产案 Bankruptcy case

事件为一起破产案件。

9641 服务基准代码限定符 Service basis code qualifier [I]

说明:说明服务基准的代码。

表示:an..3

1 条件 Condition

履行服务基于一项条件。

2 事件 Occurrence

履行服务基于某一事件的发生。

3 事件跨度 Occurrence span

履行服务基于发生于某一期间的某一事件。

4 程序 Procedure

履行服务基于某一程序。

5 价值代码 Value code

履行服务基于某一价值代码。

9643 支撑证据类型代码限定符 Supporting evidence type code qualifier [I]

说明:说明支撑证据类型的代码。

表示:an..3

1 放射透视胶片 Radiology film

X 光影像。

9645 支付方责任等级代码 Payer responsibility level code [I]

说明:说明支付方责任等级的代码。

表示:an..3

1 第一位 Primary

第一付款责任。

2 第二顺位 Secondary

第二付款责任。

3 第三顺位 Tertiary

第三付款责任。

4 未确认 Unconfirmed

尚未确认付款责任。

5 无责任 None

无付款责任。

6 未知 Unknown

付款责任不明。

9649 处理信息代码限定符 Processing information code qualifier [B]

说明:限定处理信息的代码。

表示:an..3

1 实体资产报告 Entity asset reporting

有关实体资产拥有的信息。

2 会计数据 Accounting data

标识有关会计数据的信息。

3 进度安排类型信息 Scheduling type information

标识有关进度安排类型的信息。

4 参与方类型信息 Party type information

标识有关参与方的信息。

5 托运货物类型信息 Consignment type information

标识有关托运货物类型的信息。

6 统计矩阵处理 Statistical array processing

定义处理统计数组内容所需的信息。

索　引

检22